中 国 国 家 标 准 汇 编

2014 年修订-2

中国标准出版社　编

中国标准出版社

北　京

图书在版编目(CIP)数据

中国国家标准汇编:2014年修订.2/中国标准出版社编.—北京:中国标准出版社,2015.10
ISBN 978-7-5066-7937-4

Ⅰ.①中… Ⅱ.①中… Ⅲ.①国家标准-汇编-中国-2014 Ⅳ.①T-652.1

中国版本图书馆CIP数据核字(2015)第168137号

中国标准出版社出版发行
北京市朝阳区和平里西街甲2号(100029)
北京市西城区三里河北街16号(100045)

网址 www.spc.net.cn
总编室:(010)68533533 发行中心:(010)51780238
读者服务部:(010)68523946

中国标准出版社秦皇岛印刷厂印刷
各地新华书店经销

*

开本 880×1230 1/16 印张 33.75 字数 1 037 千字
2015年10月第一版 2015年10月第一次印刷

*

定价 220.00 元

出 版 说 明

1.《中国国家标准汇编》是一部大型综合性国家标准全集。自1983年起，按国家标准顺序号以精装本、平装本两种装帧形式陆续分册汇编出版。它在一定程度上反映了我国建国以来标准化事业发展的基本情况和主要成就，是各级标准化管理机构，工矿企事业单位，农林牧副渔系统，科研、设计、教学等部门必不可少的工具书。

2.《中国国家标准汇编》收入我国每年正式发布的全部国家标准，分为"制定"卷和"修订"卷两种编辑版本。

"制定"卷收入上一年度我国发布的、新制定的国家标准，顺延前年度标准编号分成若干分册，封面和书脊上注明"20××年制定"字样及分册号，分册号一直连续。各分册中的标准是按照标准编号顺序连续排列的，如有标准顺序号缺号的，除特殊情况注明外，暂为空号。

"修订"卷收入上一年度我国发布的、被修订的国家标准，视篇幅分设若干分册，但与"制定"卷分册号无关联，仅在封面和书脊上注明"20××年修订-1,-2,-3,……"字样。"修订"卷各分册中的标准，仍按标准编号顺序排列(但不连续)；如有遗漏的，均在当年最后一分册中补齐。需提请读者注意的是，个别非顺延前年度标准编号的新制定的国家标准没有收入在"制定"卷中，而是收入在"修订"卷中。

读者配套购买《中国国家标准汇编》"制定"卷和"修订"卷则可收齐由我社出版的上一年度我国制定和修订的全部国家标准。

3. 由于读者需求的变化，自1996年起，《中国国家标准汇编》仅出版精装本。

4. 2014年我国制修订国家标准共1 611项。本分册为"2014年修订-2"，收入新制修订的国家标准20项。

中国标准出版社
2015年8月

目　　录

ICS 29.130.10
K 43

中华人民共和国国家标准

GB 1984—2014
代替 GB 1984—2003

高压交流断路器

High-voltage alternating-current circuit-breakers

(IEC 62271-100:2008,High-voltage switchgear and controlgear—
Part 100:Alternating-current circuit-breakers,MOD)

2014-06-24 发布 2015-01-22 实施

中华人民共和国国家质量监督检验检疫总局
中国国家标准化管理委员会 发布

前 言

本标准的全部技术内容为强制性(除术语和定义)。

本标准按照 GB/T 1.1—2009 给出的规则起草。

本标准代替 GB 1984—2003《高压交流断路器》,与 GB 1984—2003 相比主要技术变化如下:

——按照 GB/T 11022—2011 的规定进行了修改,增加了额定电压 1 100 kV 及相关参数;

——增加术语和定义,如"中性点有效接地系统、中性点非有效接地系统、电缆系统、线路系统、S1 级断路器、S2 级断路器、操动机构、动力传动链、替代的操动机构、最短开断时间";

——增加了"X 射线发射"和"腐蚀"的相关要求和试验;

——型式试验中增加了型式试验有效期的具体要求;

——型式试验中增加了"辅助和控制回路的附加试验";

——型式试验中对"电磁兼容性(EMC)试验"增加了相关要求;

——型式试验中对"基本短路试验方式"增加了"非对称判据";

——为了与 GB/T 11022—2011 保持一致,编辑性增加"产品对环境的影响"一章;

——增加了附录 L"额定电压 1 kV 以上,100 kV 以下断路器 TRV 修正的注解";

——增加了附录 M"额定电压 3.6 kV 及以上,126 kV 以下断路器开断变压器限制的故障的要求";

——增加了附录 N"机械特性的应用和相关要求"(编辑性调整);

——增加了附录 O"金属封闭和落地罐式断路器的短路和开合试验程序的导则";

——增加了附录 P"非对称故障状态下(T100a)TRV 参数的计算";

——增加了附录 Q"非对称试验方式 T100a 中,非对称判据应用的例子";

——增加了附录 R"带有分闸电阻的断路器的要求";

——增加了附录 S"本标准与 IEC 62271-100:2008 的技术性差异及其原因";

——增加了附录 T"本标准与 IEC 62271-100:2008 的章条编号对照"。

本标准使用重新起草法修改采用 IEC 62271-100:2008《高压开关设备和控制设备　第 100 部分:交流断路器》。

本标准与 IEC 62271-100:2008 相比存在技术性差异,这些差异所涉及的条款已通过在其外侧页边空白处位置的垂直单线(|)进行了标识,附录 S 中给出了相应技术性差异及其原因一览表。

本标准对 IEC 62271-100:2008 部分章条编号作了编辑性修改,附录 T 中给出了本标准与 IEC 62271-100:2008 章条编号对照情况。

本标准与 IEC 62271-100:2008 的主要差异:

——适用范围:根据我国电网实际情况,删除了 IEC 62271-100:2008 中的额定频率 60 Hz 的有关内容,适用的系统的最低电压由 IEC 62271-100:2008 的 1 000 V 改为 3 000 V;

——额定电压:删除了与我国电网无关的额定电压值,按照 GB/T 11022—2011(或 GB/T 156)中所列的电压给出;

——删除了 3.8"定义索引";

——增加了额定电压 40.5 kV 和 1 100 kV 及相关参数;

——端子静负载试验,将表 14 中的 252 kV～363 kV 的纵向水平拉力由 1 250 N 改为 1 500 N;将 550 kV～800 kV 的纵向水平拉力 1 750 N 和垂直水平拉力 1 250 N 分别改为 2 000 N 和 1 500 N;并增加了 1 100 kV 的参数要求;

——并联脱扣器动作的最低电源电压,根据 GB/T 11022—2011 的 5.8 的要求,将 5.8.103 中的

“20%”改为“30%”；

——6.108“单相和异相接地故障试验”中的6.108.3“试验方式”，将“试验方式由一个单独的开断操作组成”改为“试验方式由一个额定操作顺序组成”；

——8.103.6中额定短路持续时间的标准值，根据GB/T 11022—2011的4.8的要求，由“1 s”改为“2 s”；推荐值由“0.5 s、2 s和3 s”改为“3 s和4 s”；

——表21中，额定电压3.6 kV及以上126 kV以下S1级断路器的预期瞬态恢复电压的标准值，T10和T30的振幅系数由“1.6”和“1.7”改为“1.5”和“1.5”。

本标准应与GB/T 11022—2011一起使用，除非标准中另有规定，本标准参照GB/T 11022—2011。为了简化相同要求的表述，本标准的章条号与GB/T 11022—2011相同。对于补充在同一引用标题下的新增的条款从101开始编号。

本标准由中国电器工业协会提出。

本标准由全国高压开关设备标准化技术委员会(SAC/TC 65)归口。

本标准负责起草单位：西安高压电器研究院有限责任公司。

本标准起草单位：中国电力科学研究院、河北省电力科学院、施耐德电气华电开关(厦门)有限公司、ABB(中国)有限公司、西安西电开关电气有限公司、西安西电高压开关有限责任公司、平高集团有限公司、新东北电气(集团)高压开关有限公司、机械工业高压电器产品质量检测中心、天水长城开关厂有限公司、长江勘测规划设计研究院、上海西门子高压开关有限公司、施耐德电气(中国)投资有限公司、北京北开电气股份有限公司、伊顿(EATON)公司、北京科锐配电自动化股份有限公司、锦州锦开电器集团有限责任公司、库柏耐吉(宁波)电气有限公司、华仪电气股份有限公司、西安森源开关技术研究所有限公司、上海天灵开关厂有限公司、苏州阿尔斯通高压电气开关有限公司、国网电力科学研究院。

本标准主要起草人：田恩文、李鹏、张实。

本标准起草人：张文兵、孔祥军、潘瑾、张海峰、周小琳、谢建波、吴鸿雁、王建西、王传川、阎关星、孙永恒、杨英杰、马炳烈、石凤翔、沈威、雷小强、杨钦、刘莉、胡兆明、成守勇、刘成学、祝存春、王岩、谭燕、吴钊、聂小龙、郑占锋、吕广潜、张姝、杨夙峰、王天祥、张文波、杨新洁、王向克。

本标准所代替标准的历次版本发布情况为：

——GB 1984—1980、GB 1984—1989、GB 1984—2003；

——GB 4474—1984、GB/T 4474—1992；

——GB/T 7675—1987。

高压交流断路器

1 概述

1.1 范围

本标准适用于设计安装在户内或户外且运行在频率 50 Hz、电压为 3 000 V 及以上的系统中的交流断路器。

本标准仅适用于三相系统中的三极断路器和单相系统中的单极断路器。用于单相系统中的两极断路器及用于频率低于 50 Hz 时应遵从制造厂和用户之间的协议。

本标准也适用于断路器的操动机构和其辅助设备。然而，本标准不涉及仅依靠人力操动合闸机构的断路器，因为它不能规定额定短路关合电流，而且从安全的角度考虑，这种仅靠人力操作的方式是不应该提倡的。

具有预定的极间不同期性的断路器见 GB/T 30846—2014；具有单极自动重合闸功能的断路器包含在本标准的范围内。

注 1：在某些情况下，具有预定的极间不同期性的断路器可以按照本标准进行试验。例如，对于机械错列极的设计，可以按照本标准进行三相直接试验。对于合成试验，确定最适合的试验时，特别是与试验电流、恢复电压和瞬态恢复电压相关的，由用户和制造厂之间协商。

本标准不涉及用于电力牵引设备的移动电站中的断路器，它们包含在 IEC 60077[1][1)]中。

安装在发电机和升压变压器之间的发电机断路器也不包含在本标准的范围内。

感性负载开合包含在 GB/T 29489—2013 中。

涉及具有机械脱扣装置或不能失效的装置的自脱扣断路器可参照本标准。

与线路串联电容器及其保护设备并联作为旁路开关的断路器不包含在本标准的范围内。它们包含在 GB/T 28565—2012 和 IEC 60143-2[3]中。

注 2：验证在异常条件下性能的试验应根据制造厂和用户之间的协议。这些异常条件是：如由于长线路或电缆突然失掉负荷时可能出现电压高于断路器额定电压的情况。

1.2 规范性引用文件

下列文件对于本文件的应用是必不可少的。凡是注日期的引用文件，仅注日期的版本适用于本文件。凡是不注日期的引用文件，其最新版本（包括所有的修改单）适用于本文件。

GB/T 311.2—2013　绝缘配合　第 2 部分：使用导则(IEC 60071-2:1996,MOD)

GB/T 762—2002　标准电流等级(eqv IEC 60059:1999)

GB 1985—2004　高压交流隔离开关和接地开关(IEC 62271-102:2002,MOD)

GB 2536—2011　电工流体　变压器和开关用的未使用过的矿物绝缘油(IEC 60296:2003,MOD)

GB/T 2900.20—1994　电工术语　高压开关设备(neq IEC 60050-441:1984)

GB/T 2900.50—2008　电工术语　发电、输电及配电　通用术语(IEC 60050-601:1985,MOD)

GB/T 2900.57—2008　电工术语　发电、输电及配电　运行(IEC 60050-604:1987,MOD)

GB/T 4109—2008　交流电压高于 1 000 V 的绝缘套管(IEC 60137 Ed.6.0,MOD)

GB 4208—2008　外壳防护等级(IP 代码)(IEC 60529:2001,IDT)

GB/T 4473—2008　高压交流断路器的合成试验(IEC 62271-101:2006,MOD)

1) 方括号中的数字见参考文献。

GB 7674—2008 额定电压 72.5 kV 及以上气体绝缘金属封闭开关设备(IEC 62271-203:2003,MOD)

GB/T 8905—2012 六氟化硫电气设备中气体管理和检测导则(IEC 60480:2004,MOD)

GB/T 11022—2011 高压开关设备和控制设备标准的共用技术要求(IEC 62271-1:2007,MOD)

GB/T 12022—2006 工业六氟化硫(IEC 60376:1971;IEC 60376A:1973;IEC 60376B:1974,MOD)

GB/T 14598.7—1995 电气继电器 第3部分:它定时限或自定时限的单输入激励量量度继电器(idt IEC 60255-3:1989)

GB/T 16927.1—2011 高电压试验技术 第1部分:一般定义及试验要求(IEC 60060-1:2010,MOD)

GB/T 28565—2012 高压交流串联电容器用旁路开关(IEC 62271-109:2008,MOD)

GB/T 29489—2013 高压交流开关设备和控制设备的感性负载开合(IEC 62271-110:2009,MOD)

GB/T 30846—2014 具有预定极间不同期操作交流断路器(IEC/TR 62271-302:2010,MOD)

2 正常和特殊使用条件

GB/T 11022—2011 的第2章适用。

3 术语和定义

GB/T 2900.20—1994 和 GB/T 11022—2011 界定的以及下列术语和定义适用于本文件。为了便于使用,以下重复列出了某些术语和定义。

3.1 通用术语

3.1.101

开关设备和控制设备 switchgear and controlgear

开关及与其相关的控制、测量、保护和调节设备的组合,以及这些装置和设备同相关的电气联结辅件外壳和支撑件的总装的总称。

3.1.102

户内开关设备和控制设备 indoor switchgear and controlgear

[GB/T 2900.20—1994 的 3.3]

3.1.103

户外开关设备和控制设备 outdoor switchgear and controlgear

[GB/T 2900.20—1994 的 3.4]

3.1.104

短路电流 short-circuit current

[GB/T 2900.20—1994 的 2.9]

3.1.105

中性点绝缘系统 isolated neutral system

[GB/T 2900.20—1994 的 2.30]

3.1.106

(中性点)固定接地系统 solidly earthed (neutral) system

[GB/T 2900.50—2008 的 601-02-25]

3.1.107

(中性点)阻抗接地系统 impedance earthed (neutral) system

[GB/T 2900.50—2008 的 601-02-26]

3.1.108

(中性点)谐振接地系统 resonant earthed (neutral) system

(中性点)消弧线圈接地系统 arc-suppression-coil-earth (neutral) system

[GB/T 2900.50—2008 的 601-02-27]

3.1.109

接地故障系数 earth fault factor

在三相系统的选定地点(通常为设备的安装地点)以及给定的系统结构,接地故障(系统中任一点发生的单相或多相)时,健全相的最高相对地工频电压有效值与该选定地点无故障时的相对地工频电压有效值之比。

注 1:该系数为纯数值比(通常大于 1),概括地表征了从选定地点观察到的系统的接地条件,而与选定地点的实际运行电压无关。“接地故障系数”是过去使用的“接地系数”与$\sqrt{3}$的乘积。

注 2:接地故障系数是从选定地点观察到的系统的相序阻抗分量计算来的,对于旋转电机,采用次瞬变电抗。

注 3:对于所有稳定的系统结构,如果其零序电抗小于 3 倍的正序电抗且零序电阻不超过正序电抗,则接地故障系数不超过 1.4。

3.1.110

周围空气温度 ambient air temperature

[GB/T 2900.20—1994 的 2.39]

3.1.111

(断路器部件的)温升 temperature rise (of a part of a circuit-breaker)

部件温度和周围空气温度之差。

3.1.112

单个电容器组 single capacitor bank

一组并联的电容器,其涌流被电源系统的电感和已充电的电容器组的电容所限制,并且没有足够近的、会显著提高涌流的其他电容器并联在系统中。

3.1.113

多个(并联)电容器组 multiple (parallel) capacitor bank

背对背电容器组 back-to-back capacitor bank

一组并联的电容器或电容器组合,它的各个单元可以独立的投入或退出电源系统,已经接入电源的电容器会显著地增加其他单元的涌流。

3.1.114

(系统中的)过电压 overvoltage (in a system)

在相对地或相间,峰值超过设备最高电压峰值的电压。

[GB/T 2900.57—2008 的 604-03-09,修改过]

3.1.115

失步条件 out-of-phase conditions

电力系统在断路器两侧失去或缺乏同步的异常回路条件,断路器操作瞬间,其两侧电压的矢量间的相角超过了正常值。

注:本标准的要求涵盖了用于开合失步条件的断路器的绝大多数应用。相应于规定的工频恢复电压的失步相角在 6.110.3 中给出。极端条件见 8.103.3。

3.1.116

失步(作为特性参量的前缀)　out-of-phase (as prefix to a characteristic quantity)

限定性的术语,表示在失步条件下断路器的操作适用的特性参量。

3.1.117

单元试验　unit test

在一个或一组关合或开断单元上进行的试验,其关合电流和开断电流为断路器整极试验的规定值,其外施电压或恢复电压为断路器整极试验规定的适当部分。

3.1.118

半波　loop

由两个连续的电流零点所包含的电流波部分。

注:大半波和小半波之间的差别取决于两个连续电流零点间的时间间隔比电流的交流分量的半周期长或短。

3.1.119

近区故障　short-line fault;SLF

在架空线上,距断路器端子距离短,但还有一定距离处的短路。

注:作为原则,这一距离不超过几千米。

3.1.120

(回路的)功率因数　power factor(of a circuit)

假定由电感和电阻串联组成的等效回路,在工频时电阻与阻抗的比值。

3.1.121

外绝缘　external insulation

空气间隙及设备固体绝缘的外露表面,它承受着电应力作用和大气条件以及其他外部条件诸如污秽、潮湿、虫害等的影响。

[GB/T 2900.57—2008 的 604-03-02]

3.1.122

内绝缘　internal insulation

设备内部的固体、液体或气体绝缘,它不受大气及其他外部条件的影响。

[GB/T 2900.57—2008 的 604-03-03]

3.1.123

自恢复绝缘　self-restoring insulation

破坏性放电后,能完全恢复其绝缘性能的绝缘。

[GB/T 2900.57—2008 的 604-03-04]

3.1.124

非自恢复绝缘　non-self restoring insulation

破坏性放电后,丧失其绝缘性能或不能完全恢复其绝缘性能的绝缘。

[GB/T 2900.57—2008 的 604-03-05,修改过]

3.1.125

破坏性放电　disruptive discharge

在电压作用下与绝缘失效有关的现象,其中放电全部桥接了受试绝缘,电极间的电压降低到零或接近零。

注1:本术语适用于固体、液体和气体介质及它们的组合体中的放电。

注2:固体介质中的破坏性放电导致绝缘强度永久丧失(非自恢复绝缘);在液体或气体介质中,绝缘强度的丧失可能仅仅是暂时的(自恢复绝缘)。

注3:破坏性放电发生在气体或液体介质中时,使用术语"火花放电"。破坏性放电发生在处于气体或液体中的固体绝缘表面时,使用术语"闪络"。破坏性放电穿过固体介质时,使用术语"击穿"。

3.1.126

非保持破坏性放电　non-sustained disruptive discharge;NSDD

与电流开断有关的破坏性放电,不会导致工频电流的恢复,或者在容性电流开断的情况下不会导致主负载回路中产生电流。

注:NSDD后的振荡与断路器自身电感和寄生的局部并联电容有关。NSDD也可能涉及附近设备的对地杂散电容。

3.1.127

重击穿性能　restrike performance

由规定的型式试验所证实的、容性电流开断过程中预期的重击穿概率。

注:在断路器的整个使用寿命中,某一具体数值的概率不适用。

3.1.128

中性点有效接地系统　effectively earthed neutral system

系统通过足够低的阻抗接地,使得在所有的系统条件下的零序感抗和正序感抗的比值(X_0/X_1)为正数且小于3,且零序电阻和正序感抗的比值(R_0/X_1)为正数且小于1。通常,这样的系统称为中性点固定接地系统或中性点低阻抗接地系统。

注:为了正确地评估接地条件,不仅需要考虑相关地点周围的物理接地条件,还需要考虑整个系统。

3.1.129

中性点非有效接地系统　non-effectively earthed neutral system

不同于中性点有效接地系统的系统,不满足3.1.128中给出的条件。通常,这样的系统为中性点绝缘系统,中性点高阻抗接地或者谐振接地系统。

注:为了正确地评估接地条件,不仅需要考虑相关地点周围的物理接地条件,还需要考虑整个系统。

3.1.130

(交流机械开关装置的)复燃　re-ignition (of an a.c mechanical switching device)

[GB/T 2900.20—1994的2.14]

3.1.131

(交流机械开关装置的)重击穿　restrike (of an a.c mechanical switching device)

[GB/T 2900.20—1994的2.15]

3.1.132

电缆系统　cable system

在开断100%短路开断电流出线端故障过程中TRV不超过本标准的表1导出的两参数包络线的系统。

注1:本定义限定于标称电压大于3 kV、小于110 kV的系统。

注2:通常认为电缆连接的户内变电站中的断路器处于电缆系统中。

注3:如果断路器电源侧连接的电缆的总长度(或者存在电容器时的等效长度)至少为100 m,认为户外变电站中的断路器处于电缆系统中。但是,如果实际情况下的电缆的等效长度小于100 m,计算能够表明实际的TRV由表1确定的包络线所涵盖,认为这样的系统为电缆系统。

注4:断路器电源侧的电缆系统的电容由电缆和/或电容器和/或绝缘母线提供。

3.1.133

线路系统　line system

在开断100%短路开断电流出线端故障过程中TRV不超过本标准的表2导出的两参数包络线,但超过本标准的表1导出的两参数包络线的系统。

注1:本定义限定于标称电压等于或大于20 kV、小于110 kV的系统。

注2:线路系统中,没有电缆连接在断路器的电源侧,可能的例外情况,断路器和电源变压器之间的总的电缆长度小于100 m。

注3:架空线路直接和母线连接(没有中间电缆)的系统是线路系统的典型示例。

3.2 装置

没有特别的定义。

3.3 装置的零件

没有特别的定义。

3.4 开关装置

3.4.101

开关装置　switching devices

用于关合和开断一个或多个电路中的电流的装置。

[GB/T 2900.20—1994 的 3.1,修改过]

3.4.102

机械开关装置　mechanical switching device

用可分离的触头分闸和合闸一个或多个电气回路的开关设备。

注:所有的机械开关装置都可根据其触头分闸和合闸的中间介质(如:空气、SF_6、油)进行设计。

[IEV 441-14-02]

3.4.103

断路器　circuit-breaker

[GB/T 2900.20—1994 的 3.13]

3.4.104

落地罐式断路器　dead tank circuit-breaker

[GB/T 2900.20—1994 的 3.14]

3.4.105

外壳带电的断路器　live tank circuit-breaker

灭弧室在一个与大地绝缘的箱壳中的断路器。

[GB/T 2900.20—1994 的 3.15,修改过]

3.4.106

空气断路器　air circuit-breaker

大气压力下,触头在空气中分闸和合闸的断路器。

[IEV 441-14-27]

3.4.107

油断路器　oil circuit-breaker

[GB/T 2900.20—1994 的 3.17]

3.4.108

真空断路器　vacuum circuit-breaker

[GB/T 2900.20—1994 的 3.21]

3.4.109

气吹断路器　gas-blast circuit-breaker

电弧产生在压缩气体中的断路器。

3.4.110

六氟化硫断路器　sulphur hexafluoride circuit-breaker

SF_6 断路器　SF_6 circuit-breaker

[GB/T 2900.20—1994 的 3.20]

3.4.111

压缩空气断路器 air-blast circuit-breaker

[GB/T 2900.20—1994 的 3.16]

3.4.112

E1 级断路器 circuit-breaker class E1

一种不属于 3.4.113 定义的 E2 级断路器范畴内的、具有基本的电寿命的断路器。

3.4.113

E2 级断路器 circuit-breaker class E2

一种断路器，在其预期的使用寿命期间，主回路中的开断用的零件不要求维护，其他零件只需很少的维护(具有延长的电寿命的断路器)。

注 1：很少的维护是指润滑，如果适用时，更换气体以及清洁外表面。

注 2：本定义仅适用于额定电压 3.6 kV 及以上、40.5 kV 及以下的配电断路器。引入 E2 级的理论基础参见附录 G。

3.4.114

C1 级断路器 circuit-breaker class C1

一种断路器，在规定的型式试验验证容性电流开断过程中具有低的重击穿概率。

3.4.115

C2 级断路器 circuit-breaker class C2

一种断路器，在规定的型式试验验证容性电流开断过程中具有非常低的重击穿概率。

3.4.116

M1 级断路器 circuit-breaker class M1

一种不属于 3.4.117 定义的 M2 级断路器范畴内的、具有基本的机械寿命(2 000 次机械操作的型式试验)的断路器。

3.4.117

M2 级断路器 circuit-breaker class M2

用于特殊使用要求的频繁操作的、要求非常有限的维护且通过特定的型式试验(具有延长的机械寿命的断路器，10 000 次机械操作的型式试验)验证的断路器。

注：关于电寿命、机械寿命和容性电流开断过程中的重击穿概率，断路器的不同等级的组合是可能的。对于这些断路器的描述，不同等级的标志应按照字母的顺序组合，例如 C1-M2。

3.4.118

自脱扣断路器 self-tripping circuit-breaker

由主回路中的电流而不借助任何形式的辅助电源脱扣的断路器。

3.4.119

S1 级断路器 circuit-breaker class S1

用于电缆系统中的断路器。

3.4.120

S2 级断路器 circuit-breaker class S2

用于线路系统或者与架空线路直接连接(没有电缆)的电缆系统中的断路器。

3.5 断路器的部件

3.5.101

极 pole

[GB/T 2900.20—1994 的 2.23]

3.5.102

主回路 main circuit

[GB/T 2900.20—1994 的 2.24]

3.5.103

控制回路 control circuit

[GB/T 2900.20—1994 的 2.25]

3.5.104

辅助回路 auxiliary circuit

[GB/T 2900.20—1994 的 2.26]

3.5.105

触头 contact

[GB/T 2900.20—1994 的 4.1]

3.5.106

触片 contact piece

构成触头的导电部件之一。

3.5.107

主触头 main contact

[GB/T 2900.20—1994 的 4.4]

3.5.108

弧触头 arcing contact

[GB/T 2900.20—1994 的 4.5]

3.5.109

控制触头 control contact

[GB/T 2900.20—1994 的 4.6]

3.5.110

辅助触头 auxiliary contact

[GB/T 2900.20—1994 的 4.7]

3.5.111

辅助开关 auxiliary switch

[GB/T 2900.20—1994 的 4.28]

3.5.112

"a"触头 "a" contact

关合触头 make contact

[GB/T 2900.20—1994 的 4.8,修改过]

3.5.113

"b"触头 "b" contact

开断触头 break contact

[GB/T 2900.20—1994 的 4.9,修改过]

3.5.114

滑动触头 sliding contact

[GB/T 2900.20—1994 的 4.11]

3.5.115

滚动触头 rolling contact

[GB/T 2900.20—1994 的 4.12]

3.5.116

脱扣器 release

[GB/T 2900.20—1994 的 4.29]

3.5.117

灭弧装置 arc control device

围绕机械开关装置的弧触头，用来限制电弧并辅助灭弧的装置。

3.5.118

位置指示装置 position indicating device

[GB/T 2900.20—1994 的 4.40]

3.5.119

(螺栓的或等效的)连接 connection (bolted or equivalent)

两个或更多的导体用螺钉、螺栓或等效的方法紧固在一起以保证回路的持久连续性。

3.5.120

端子 terminal

用来把装置和外部导体连接的元件。

[GB/T 2900.20—1994 的 4.49，修改过]

3.5.121

关合(或开断)单元 making (or breaking) unit

断路器的部件，它本身就可以作为断路器，它与一个或多个相同的且同时操作的关合或开断单元串联组成完整的断路器。

注 1：关合单元和开断单元可以是独立的或组合的。每一单元可以有数个触头。

注 2：控制各单元间电压分布的方法可以各不相同。

3.5.122

组件 module

通常由关合或开断单元、支柱绝缘子和机械部件组成的组件，与其他相同的组件通过机械和电气连接组成断路器的一极。

3.5.123

外壳 enclosure

开关设备和控制设备的部件，它提供了设备防止外部影响所规定的防护等级(见 GB 4208—2008)和防止靠近或接触带电部件以及触及运动部件规定的防护等级。

3.5.124

操动机构 operating mechanism

驱动主触头的断路器的部件。

3.5.125

动力传动链 power kinematic chain

从(并包括)操动机构直到(并包括)动触头的机械连接系统。

3.5.126

替代的操动机构 alternative operating mechanism

当完成试验的操动机构的动力传动链发生变化或者使用完全不同的操动机构获得相同的机械特性时得到的操动机构。

注 1：机械特性在 6.101.1.1 中定义。机械特性的使用和相关的要求在附录 N 中描述。

注 2：替代的操动机构可以采用不同于经过试验的操动机构的动作原理(例如，替代的操动机构可以是弹簧操动的，而原来的操动机构是液压的)。

注 3：二次设备的变化不会导致产生替代的操动机构。但是，应该检查分闸时间/最小开断时间的变化不会带来试验方式 T100a 的不同要求(见 6.102.10)。

3.6 操作

3.6.101

操作 operation

[GB/T 2900.20—1994 的 5.1]

3.6.102

操作循环 operating cycle

[GB/T 2900.20—1994 的 5.5]

3.6.103

操作顺序 operating sequence

[GB/T 2900.20—1994 的 5.6]

3.6.104

合闸操作 closing operation

[GB/T 2900.20—1994 的 5.3]

3.6.105

分闸操作 opening operation

[GB/T 2900.20—1994 的 5.2]

3.6.106

自动重合闸 auto-reclosing

[GB/T 2900.20—1994 的 5.7]

3.6.107

正向分闸操作 positive opening operation

按规定要求，当执行器所处位置相当于开关装置的分闸位置时，保证所有主触头都处于分闸位置的一种分闸操作。

3.6.108

正向驱动操作 positively driven operation

按规定要求，设计用来保证机械开关装置的辅助触头所处位置与主触头分闸或合闸位置一致的操动。

3.6.109

人力操作 dependent manual operation

[GB/T 2900.20—1994 的 5.9]

3.6.110

动力操作 dependent power operation

[GB/T 2900.20—1994 的 5.10]

3.6.111

储能操作 stored energy operation

借助于开合操作前储存在机构自身中的且足以完成预定条件下规定的操作顺序的能量进行的操作。

3.6.112

不依赖人力的操作 independent manual operation

[GB/T 2900.20—1994 的 5.12]

3.6.113

合闸位置 closed position

[GB/T 2900.20—1994 的 5.32]

3.6.114

分闸位置　**open position**

［GB/T 2900.20—1994 的 5.33］

3.6.115

瞬时脱扣器　**instantaneous release**

［GB/T 2900.20—1994 的 4.31］

3.6.116

关合电流脱扣器　**making-current release**

合闸操作过程中，如果关合电流超过预先整定值，允许断路器无任何人为延时的分闸，而断路器处于合闸位置时就不动作的脱扣器。

3.6.117

过电流脱扣器　**over-current release**

［GB/T 2900.20—1994 的 4.30］

3.6.118

定时限过电流脱扣器　**definite time-delay over-current release**

［GB/T 2900.20—1994 的 4.32］

3.6.119

反时限过电流脱扣器　**inverse time-delay over-current release**

［GB/T 2900.20—1994 的 4.33］

3.6.120

直接过电流脱扣器　**direct over-current release**

［GB/T 2900.20—1994 的 4.34］

3.6.121

间接过电流脱扣器　**indirect over-current release**

［GB/T 2900.20—1994 的 4.35］

3.6.122

并联脱扣器　**shunt release**

［GB/T 2900.20—1994 的 4.38］

3.6.123

欠电压脱扣器　**under-voltage release**

［GB/T 2900.20—1994 的 4.39］

3.6.124

反向电流脱扣器（仅用于直流）　**reverse current release (d.c. only)**

当电流反向并超过预定值时，允许机械开关装置有延时或无延时地分闸的并联脱扣器。

3.6.125

（过电流脱扣器的）动作电流　**operating current (of an over-current release)**

在该电流值或大于该电流值时脱扣器能够动作。

3.6.126

（过电流脱扣器的）电流整定值　**current setting (of an over-current release)**

适用于脱扣器并确定其操作条件的操作电流值。

［IEV 441-16-46］

3.6.127

（过电流脱扣器的）电流整定范围　current setting range (of an over-current release)

脱扣器的电流整定值适用的最小和最大值之间的范围。

[IEV 441-16-47]

3.6.128

防跳跃装置　anti-pumping device

在合-分操作后，只要其起动合闸的装置保持在供合闸的位置就能防止重合闸的装置。

[GB/T 2900.20—1994 的 4.24]

3.6.129

联锁装置　interlocking device

使开关装置的操作取决于设备的一个或几个其他部件的位置或动作的装置。

[GB/T 2900.20—1994 的 4.25]

3.6.130

防止合闸闭锁的断路器　circuit-breaker with lock-out preventing closing

在导致分闸操作的状态仍然存在时，即使出现合闸指令，也不会使动触头关合电流的断路器。

3.7　特性参量

图 1～图 7 图解了本条款中的某些定义。

时间参量，见 3.7.133～3.7.147 的定义，以毫秒或周波数表示。当用周波数表示时，应在括号内说明工频值。断路器装有分合闸电阻时，如果适合，应把触头开合全电流和触头开合被分合闸电阻限制的电流的时间参量加以区别。

除非另有规定，时间参量是指与触头分、合全电流相关的参量。

3.7.101

额定值　rated value

通常为制造厂对元件、装置或设备在规定的操作条件下所规定的参数值。

[GB/T 2900.20—1994 的 6.1，修改过]

3.7.102

（回路的并对开关装置或熔断器而言的）预期电流　prospective current (of a circuit and with respect to a switching device or a fuse)

[GB/T 2900.20—1994 的 6.6]

3.7.103

预期峰值电流　prospective peak current

电流出现后的瞬态过程中预期电流的第一个大半波的峰值。

注：本定义假定用理想断路器关合电流，即断路器各极端子间的阻抗瞬时并同时从无穷大变到零。一极与另一极的电流峰值可以不同，它取决于电流出现时刻对应各极端子间的电压波形。

3.7.104

峰值电流　peak current

电流出现后瞬态过程中第一个大半波的峰值。

3.7.105

（交流回路的）预期对称电流　prospective symmetrical current (of an a.c. circuit)

电流出现时没有瞬变现象的预期电流。

注 1：对于多相回路，无瞬变时期的条件一次只能满足一极的电流。

注 2：预期对称电流用其有效值表示。

[IEV 441-17-03]

3.7.106

(交流回路的)最大预期峰值电流 maximum prospective peak current (of an a.c. circuit)

电流出现时产生在瞬间导致最高可能值的预期峰值电流。

注:对于多相回路的多极装置,最大预期峰值电流仅指单一极的。

[IEV 441-17-04]

3.7.107

(开关装置一极的)预期关合电流 prospective making current(for a pole of a switching device)

在规定条件下产生的预期电流。

注:规定条件可能与产生方式(例如:由理想的开关装置)或产生瞬间(例如:在交流回路导致最大预期峰值电流或最高上升率)有关。这些条件的规范见相关出版物。

[IEV 441-17-05]

3.7.108

(峰值)关合电流 (peak) making current

关合操作时,电流出现后的瞬态过程中,断路器一极中电流的第一个大半波的峰值。

注1:一极与另一极,一次操作与另一次操作的峰值可以不同,因为该值取决于电流出现时刻对应的外施电压的波形。

注2:除非另有说明,在多相回路中,(峰值)关合电流的单个值是指任意相中的最大值。

3.7.109

(开关装置一极的)预期开断电流 prospective breaking current (for a pole of a switching device)

开断过程中,对应于起弧时刻计算的预期电流值。

3.7.110

开断电流 breaking current

[GB/T 2900.20—1994 的 6.17]

3.7.111

临界(开断)电流 critical (breaking) current

小于额定短路开断电流的开断电流值,在该电流下,其燃弧时间最长,且明显长于额定短路开断电流下的燃弧时间。

注:它假定是在试验方式 T10、T30 和 T60 中的任一最短燃弧时间长于相邻试验方式的最短燃弧时间一个半波或更多的情况。

3.7.112

开断能力 breaking capacity

在规定的使用和性能条件以及规定的电压下,开关装置或熔断器能够开断的预期电流值。

[IEV 441-17-08]

3.7.113

空载线路充电开断能力 no-load line-charging breaking capacity

在规定的使用和性能条件下,断开空载运行的架空线的开断能力。

3.7.114

空载电缆充电开断能力 no-load cable-charging breaking capacity

在规定的使用和性能条件下,断开空载运行的绝缘电缆的开断能力。

3.7.115

电容器组开断能力 capacitor bank breaking capacity

在规定的使用和性能条件下,断开电容器组的开断能力。

3.7.116

关合能力　making capacity

在规定的使用和性能条件以及规定的电压下，开关装置能够关合的预期关合电流值。

[IEV 441-17-09]

3.7.117

电容器组涌流的关合能力　capacitor bank inrush making capacity

在规定的使用和性能条件下，接通电容器组的关合能力。

3.7.118

失步(关合或开断)能力　out-of-phase (making or breaking) capacity

在规定的使用和性能条件下，在断路器两侧的电网间失去或缺乏同步时的关合或开断能力。

3.7.119

短路关合能力　short-circuit making capacity

包括在开关装置的端子处短路的规定条件下的关合能力。

[IEV 441-17-10]

3.7.120

短路开断能力　short-circuit breaking capacity

包括在开关装置的端子处短路的规定条件下的开断能力。

[IEV 441-17-11]

3.7.121

短时耐受电流　short-time withstand current

在规定的使用和性能条件下，在规定的短时间内，回路和处于合闸位置的开关装置能够承载的电流。

[IEV 441-17-17]

3.7.122

峰值耐受电流　peak withstand current

在规定的使用和性能条件下，回路和处于合闸位置的开关装置能够耐受的峰值电流。

[IEV 441-17-18]

3.7.123

外施电压　applied voltage

[GB/T 2900.20—1994 的 6.13]

3.7.124

恢复电压　recovery voltage

[GB/T 2900.20—1994 的 6.30]

3.7.125

瞬态恢复电压　transient recovery voltage；TRV

[GB/T 2900.20—1994 的 6.31]

3.7.126

(回路的)预期瞬态恢复电压　prospective transient recovery voltage (of a circuit)

[GB/T 2900.20—1994 的 6.33]

3.7.127

工频恢复电压　power frequency recovery voltage

[GB/T 2900.20—1994 的 6.32]

3.7.128

电弧电压峰值　peak arc voltage

[GB/T 2900.20—1994 的 6.9]

3.7.129

间距　clearance

两个导电部件间的、沿这些导电部件间最短路径的直线距离。

3.7.130

极间距离　clearance between poles

相邻极的任何导电部件的间距。

3.7.131

对地距离　clearance to earth

任何导电部件和任何接地或打算接地的部件间的间距。

3.7.132

触头开距　clearance between open contacts

处于分闸位置的开关装置的一极的触头间或任何与其相连的导电部件间的总的间距。

3.7.133

分闸时间　opening time

断路器的分闸时间是按下述脱扣方法并把构成断路器一部分的任何时延装置调整到它的最小整定值来定义的：

a) 对于用任何形式辅助动力脱扣的断路器，分闸时间是指处于合闸位置的断路器，从分闸脱扣器带电时刻到所有各极弧触头分离时刻的时间间隔；

b) 对于自脱扣断路器，分闸时间是指处于合闸位置的断路器，从主回路电流达到过电流脱扣器的动作值时刻到所有各极弧触头分离时刻的时间间隔。

注1：分闸时间可能随开断电流的变化而变化。

注2：对于每极装有多个开断单元的断路器，所有各极弧触头分离时刻是指最后一极的第一个单元触头分离的时刻。

注3：分闸时间包括断路器分闸必需的、并与断路器构成一个整体的任何辅助设备的动作时间。

3.7.134

(多极开关装置的)燃弧时间　arcing time (of a multipole switching device)

从第一极电弧起始时刻到所有极电弧熄灭时刻的时间间隔。

[GB/T 2900.20—1994 的 6.53]

3.7.135

开断时间　break time

机械开关装置分闸时间起始时刻到燃弧时间终了时刻的时间间隔。

[GB/T 2900.20—1994 的 6.54，修改过]

3.7.136

合闸时间　closing time

处于分闸位置的断路器，从合闸回路带电时刻到所有极的触头都接触时刻的时间间隔。

注：合闸时间包括断路器合闸必需的、并与断路器构成一个整体的任何辅助设备的动作时间。

3.7.137

关合时间　make time

处于分闸位置的断路器，从合闸回路带电时刻到第一极中电流出现时刻的时间间隔。

[GB/T 2900.20—1994 的 6.44，修改过]

注1：关合时间包括断路器合闸必需的、并与断路器构成一个整体的任何辅助设备的动作时间。

注2：关合时间可能随预击穿时间的变化而不同。

3.7.138

预击穿时间　pre-arcing time

合闸操作期间，第一极出现电流时刻，对于三相条件，到所有极触头接触时刻的时间间隔；对于单相条件，到起弧极的触头接触时刻的时间间隔。

注1：预击穿时间取决于在规定的合闸操作过程中外施电压的瞬时值，因此，可能有显著的变化。

注2：断路器的预击穿时间的定义不应与熔断器的弧前时间的定义混淆。

3.7.139

（自动重合闸过程中的）分—合时间　open-close time (during auto-reclosing)

所有极弧触头分离时刻到重合闸操作时第一极触头接触时刻的时间间隔。

3.7.140

（自动重合闸过程中的）无电流时间　dead time (during auto-reclosing)

分闸操作中所有各极的电弧熄灭时刻到随后的合闸操作中任一极首先重新出现电流时刻的时间间隔。

注：无电流时间可能随预击穿时间的变化而不同。

3.7.141

重合闸时间　reclosing time

重合闸循环过程中，分闸时间的起始时刻到所有各极触头都接触时刻的时间间隔。

3.7.142

（重合闸过程中的）重关合时间　re-making time(during reclosing)

分闸时间的起始时刻到随后的合闸操作中任一极首先重新出现电流时刻的时间间隔。

注：重关合时间可能随着预击穿时间的变化而不同。

3.7.143

合—分时间　close-open time

合闸操作中第一极触头接触时刻到随后的分闸操作中所有极弧触头都分离时刻的时间间隔。

[GB/T 2900.20—1994 的 6.49，修改过]

注：除非另有说明，即认为合闸过程中断路器的分闸脱扣器在第一极的触头接触时刻开始带电。这即是最短合—分时间。

3.7.144

关合—开断时间　make-break time

合闸操作时第一极中出现电流时刻到随后的分闸操作时燃弧时间终了时刻的时间间隔。

注1：除非另有说明，即认为关合过程中断路器的分闸脱扣器在主回路开始通流半个周波后才带电。应注意到使用具有较短动作时间的继电器可能会使断路器承受超过 6.106.5 中提出的非对称电流。

注2：关合—开断时间可能随着预击穿时间的变化而不同。

3.7.145

预插入时间　pre-insertion time

任一极的合闸操作过程中，合闸电阻单元中的触头接触时刻到该极主开断单元的触头接触时刻的时间间隔。

注：对具有串联开断单元的断路器，预插入时间定义为合闸电阻单元中的最后触头接触时刻到主开断单元中触头最后接触时刻的时间间隔。

3.7.146

脱扣指令最短持续时间　minimum trip duration

为保证完成断路器的分闸，辅助电源施加到分闸脱扣器上的最短时间。

3.7.147

合闸指令最短持续时间　minimum close duration

为保证完成断路器的合闸，辅助电源施加到合闸装置上的最短时间。

3.7.148

额定电流　normal current

在规定的使用和性能条件下，断路器主回路能够连续承载的电流。

3.7.149

(线路瞬态电压的)峰值系数　peak factor (of the line transient voltage)

近区故障电流开断后，架空线路一相的线路对地瞬态电压最大幅值与起始值之比。

注：瞬态电压的初始值对应于该极中熄弧时刻的电压。

3.7.150

(三相系统中的)首开极系数　first-pole-to-clear factor (in a three-phase system)

开断三相对称电流时，首开极系数是指在其他极电流开断之前，首先开断极两端的工频电压与三极都开断后一极或所有极两端的工频电压之比。

3.7.151

振幅系数　amplitude factor

瞬态恢复电压的最大幅值与工频恢复电压的峰值之比。

3.7.152

绝缘水平　insulation level

由一个或两个表示绝缘耐受电压的数值确定的断路器的一种特性。

[GB/T 2900.57—2008 的 604-03-47，修改过]

3.7.153

工频耐受电压　power frequency withstand voltage

在规定的条件和规定的时间下进行试验时，断路器所能耐受的正弦工频电压有效值。

[GB/T 2900.57—2008 的 604-03-40，修改过]

3.7.154

冲击耐受电压　impulse withstand voltage

在规定的试验条件下，断路器的绝缘所能耐受的标准冲击电压波的峰值。

注：取决于电压波的形状，该术语可以称为“操作冲击耐受电压”和“雷电冲击耐受电压”。

3.7.155

操作用的最低功能压力　minimum functional pressure for operation

在+20 ℃和 101.3 kPa 的标准大气条件下的压力，可以用相对的或绝对的术语来表示，在该压力或高于该压力时，断路器的额定特性才能得到保证。在该压力时，操动机构应该补充压力。

注：该压力通常设计成闭锁压力(见 GB/T 11022—2011 的 3.6.5.6)。

3.7.156

开断和绝缘用的最低功能压力　minimum functional pressure for interruption and insulation

在+20 ℃和 101.3 kPa 的标准大气条件下，用于开断和绝缘的压力，可以用相对的或绝对的术语表示，在该压力和高于该压力时，断路器的额定特性才能保证。在该压力时，开断和/或绝缘用的流体应该补充。

注 1：见 GB/T 11022—2011 的 3.6.5.5。

注 2：对于密封压力系统的断路器(也称为终身都密封的断路器)，开断用的最低功能压力是指：考虑到预期运行寿命末的压力降低，能够保证断路器额定特性的压力。

3.7.157

最短开断时间　minimum clearing time

制造厂规定的最短分闸时间、最短继电器时间(0.5 周波)以及仅在试验方式 T100a 期间首开极小半波后电流开断的最短燃弧时间之和。

注：该定义仅用于按照试验方式 T100a 确定短路开断试验期间的试验参数。

4　额定值

4.1　概述

用来确定断路器及其操动机构和辅助设备额定值的特性如下：

对于所有断路器都应给出的额定特性：

a)　额定电压；

b)　额定绝缘水平；

c)　额定频率；

d)　额定电流；

e)　额定短时耐受电流；

f)　额定峰值耐受电流；

g)　额定短路持续时间；

h)　合闸和分闸装置以及辅助回路的额定电源电压；

i)　合闸和分闸装置以及辅助回路的额定电源频率；

j)　适用时，操作、开断和绝缘用的压缩气源和/或液源的额定压力；

k)　额定短路开断电流；

l)　与额定短路开断电流相关的瞬态恢复电压；

m)　额定短路关合电流；

n)　额定操作顺序；

o)　额定时间参量。

在下列特殊情况下应给出的额定特性：

p)　与额定短路开断电流相关的近区故障特性，适用于额定电压 24 kV 及以上，额定短路开断电流 12.5 kA 及以上，不论电源侧的电网类型，设计成直接与架空线路连接的断路器；

q)　额定线路充电开断电流，适用于开合架空输电线路的三极断路器(对于额定电压 72.5 kV 及以上的断路器是强制性的)；

r)　额定电缆开断电流，适用于开合电缆的三极断路器(对于额定电压 40.5 kV 及以下的断路器是强制性的)。

要求时应给出的额定特性：

s)　额定失步关合和开断电流；

t)　额定单个电容器组开断电流；

u)　额定背对背电容器组开断电流；

v)　额定电容器组关合涌流；

w)　额定背对背电容器组关合涌流。

断路器的额定特性与额定操作顺序有关。

本标准中使用的符号和缩写参见附录 K。

4.2 额定电压(U_r)

GB/T 11022—2011 的 4.2 适用。

4.3 额定绝缘水平

GB/T 11022—2011 的 4.3 适用,并作如下补充:

断路器断口间额定耐受电压的标准值在 GB/T 11022—2011 的表 1 和表 2 中给出。

但是,对于用在具有显著的瞬态或暂时过电压进行同步操作的额定电压 363 kV 及以上的断路器,标准断路器的绝缘可能是不够的。在这种情况下,建议使用较高额定电压的标准断路器或提高断路器断口间试验严酷度的特殊断路器。该试验的试验程序在 6.2.7.2 中给出的试验方法中考虑瞬态过电压。对于额定电压 363 kV 及以上的断路器,开关装置断口间的额定工频耐受电压和额定操作冲击耐受电压的标准值在 GB/T 11022—2011 的表 2 的栏(3)和栏(6)中给出。

4.4 额定频率(f_r)

GB/T 11022—2011 的 4.4 适用,并作如下补充:

高压断路器额定频率的标准值为 50 Hz。

4.5 额定电流和温升

GB/T 11022—2011 的 4.5 适用。

如果断路器装有串联附件,例如直接过电流脱扣器,则附件的额定电流是该附件在额定频率下能连续承载而不损坏,且温升不超过 GB/T 11022—2011 表 3 中规定值的电流有效值。

4.6 额定短时耐受电流(I_k)

GB/T 11022—2011 的 4.6 适用,并作如下补充:

额定短时耐受电流等于额定短路开断电流(见 4.101)。

4.7 额定峰值耐受电流(I_p)

GB/T 11022—2011 的 4.7 适用,并作如下补充:

额定峰值耐受电流等于额定短路关合电流(见 4.103)。

4.8 额定短路持续时间(t_k)

GB/T 11022—2011 的 4.8 适用,并作如下补充:

如果断路器接在预期开断电流等于额定短路开断电流的回路中,过电流脱扣器整定到最大延时并按照其额定操作顺序进行操作时,断路器能够在要求的开断时间内承载产生的电流,则对于自脱扣断路器不需要规定额定短路持续时间。

注:直接过电流脱扣器包括集成的脱扣装置。

4.9 合、分闸装置和辅助、控制回路的额定电源电压(U_a)

GB/T 11022—2011 的 4.9 适用。

4.10 合、分闸装置和辅助回路的额定电源频率

GB/T 11022—2011 的 4.10 适用。

4.11 绝缘、操作和/或开断用的压缩气源的额定压力

GB/T 11022—2011 的 4.11 适用。

4.101 额定短路开断电流(I_{sc})

4.101.1 概述

额定短路开断电流是在本标准规定的使用和性能条件下，断路器所能开断的最大短路电流。出现这样电流的回路的工频恢复电压等于断路器的额定电压且瞬态恢复电压等于 4.102 中的规定值。对于三极断路器，交流分量与三相短路相关。适用时，应考虑到 4.105 关于近区故障的规定。

额定短路开断电流由两个值表征：

——交流分量有效值；

——导致触头分离时刻直流分量百分数的额定短路开断电流的直流时间常数。

注 1：如果触头分离时刻的直流分量百分数不超过 20%，额定短路开断电流仅由交流分量的有效值表征。

注 2：直流分量百分数是额定短路开断电流的直流时间常数(见 4.101.3)和短路电流起始时刻的函数。

电流起始后任何时刻交流分量和直流分量百分数的确定见图 8。

在上述条件下，断路器应能开断直到额定短路开断电流的任一短路电流，该电流包含直到额定值的任一交流分量及与其相关与规定的直流时间常数相应的任一直流分量。

下列规定适合于标准断路器：

a) 电压低于或等于额定电压时，断路器应能开断其额定短路开断电流；

b) 电压高于额定电压时，短路开断电流不予保证，但 4.106 中给定的范围除外。

4.101.2 额定短路开断电流的交流分量

额定短路开断电流的交流分量标准值应在 GB/T 762—2002 规定的 R10 系列中选取。

注：R10 系列是 1、1.25、1.6、2、2.5、3.15、4、5、6.3、8 及这些数与 10^n 的乘积。

4.101.3 额定短路开断电流的直流时间常数

标准直流时间常数为 45 ms。下述时间常数为与断路器额定电压相关的特殊工况下的直流时间常数：

——额定电压 40.5 kV 及以下时为 120 ms；

——额定电压 72.5 kV 到 363 kV 时为 60 ms；

——额定电压 550 kV 到 800 kV 时为 75 ms；

——额定电压 1 100 kV 时为 100 ms、120 ms。

这些特殊工况下的时间常数值说明了标准时间常数在某些系统中是不足的。这些数值作为特殊系统需要的统一值，考虑到额定电压不同范围的特性，例如特定的系统结构、线路设计等。

注 1：另外，某些特殊用途中，可能要求更高的值，如靠近发电机的断路器。在这些情况下，要求的直流时间常数和附加的试验要求应在询问单中规定。

注 2：关于标准时间常数和特殊工况时间常数的用法，更详细的资料在附录 I.2.1 的解释性的注解中给出。不同时间常数的直流分量百分数和时间的关系在图 9 中表示。

注 3：触头分离时刻的直流分量百分数可以用 6.106.5 中给出的公式导出。对于对称试验方式，本标准中仍然采用触头分离时刻的直流分量百分数的概念。对于非对称试验方式 T100a，该概念已经变化(见 I.2.1 以及附录 P 和附录 Q)。

4.102 与额定短路开断电流相关的瞬态恢复电压

按 4.101 规定的额定短路开断电流相关的瞬态恢复电压(TRV)是一种参考电压，它构成了断路器

在故障条件下应能承受的回路预期瞬态恢复电压的极限值。

4.102.1 TRV 波形的表示

瞬态恢复电压的波形随着实际回路的布置变化而不同。

在某些情况下，特别是在电压 110 kV 及以上的系统中，当短路电流相对于所考虑地点的最大短路电流而言是比较大时，瞬态恢复电压包括一个高上升率的起始阶段，和继之而来的较低上升率的阶段。这种波形一般可以用四参数法确定的三条线段组成的包络线充分地表示。绘制 TRV 包络线的方法参见附录 E，用四参数包络线表示的预期试验的 TRV 示例见图 41。

在另外一些情况下，特别是在系统电压低于 110 kV，或系统电压虽高于 110 kV 而短路电流相对于最大短路电流较小且经过变压器供电的条件下，瞬态恢复电压近似于一种阻尼的单频振荡。这种波形一般可以用两参数法确定的两条线段组成的包络线充分地表示。绘制 TRV 包络线的方法参见附录 E，用两参数包络线表示的预期试验的 TRV 示例见图 40。

该两参数表示法是四参数表示法的特殊情况。

由于断路器电源侧局部电容的影响，在 TRV 的最初几个微秒内产生了一个较低的电压上升率，这可以通过引入时延来考虑。

TRV 波形的每一部分都可能影响断路器的开断能力。对某些类型的断路器，TRV 的初始部分变化可能是重要的。TRV 的这一部分就叫做初始 TRV(ITRV)，是由沿着母线从第一个主要不连续点的反射波形成的低幅值的起始振荡引起的。ITRV 主要是由变电站的母线和线路间隔的结构决定的。ITRV 是一种与近区故障非常相似的物理现象。与近区故障相比，其第一个电压波的峰值很低，但到达第一个电压波峰的时间极短，即在电流过零后最初几微秒内。因此，可能会影响到热方式开断。

如果断路器具有近区故障额定值，且近区故障试验是用无明显时延的回路(见 6.104.5.2 和 6.109.3)进行的，除非，从电气的角度来看，断路器的两个端子不同(例如，使用了 6.109.3 的注 4 中提及的附加电容)，那么认为涵盖了 ITRV 的要求。在这种情况下，断路器两端产生等效 TRV 的试验回路可以作为替代。

由于 ITRV 正比于母线波阻抗和电流，对于额定短路开断电流小于 25 kA 和额定电压小于 126 kV 的所有断路器，可以忽略 ITRV 的要求。另外，由于波阻抗较小，安装在气体绝缘金属封闭开关设备(GIS)中的断路器也可以忽略 ITRV 的要求。

4.102.2 TRV 的表示

TRV 采用下列参数表示：

a) 四参数参考线(见图 10)

u_1＝第一参考电压，kV；

t_1＝到达 u_1 的时间，μs；

u_c＝第二参考电压(TRV 峰值)，kV；

t_2＝到达 u_c 的时间，μs。

TRV 参数定义为额定电压(U_r)、首开极系数(k_{pp})和振幅系数(k_{af})的函数如下：

$$u_1 = 0.75 \times k_{pp} \times \sqrt{\frac{2}{3}} \times U_r;$$

t_1 是由 u_1 和上升率 u_1/t_1＝RRRV 的规定值导出的；

对于失步，$t_1 = 2 \times t_1$(出线端故障的)

$$u_c = k_{af} \times k_{pp} \times \sqrt{\frac{2}{3}} \times U_r$$，这里 k_{af} 等于：

——对于出线端故障和近区故障，1.4；

——对于失步，1.25。

对于出线端故障和近区故障，$t_2=4\times t_1$；

对于失步，$t_2=t_2$（出线端故障的）～$2\times t_2$（出线端故障的）。

b) 两参数参考线（见图 11）

u_c＝参考电压（TRV 峰值），kV；

t_3＝参考时间，μs；

TRV 参数是由额定电压（U_r）、首开极系数（k_{pp}）和振幅系数（k_{af}）的函数确定如下：

$u_c=k_{af}\times k_{pp}\times\sqrt{\frac{2}{3}}\times U_r$，这里 k_{af} 等于：

——对于电缆系统中的出线端故障，1.4；

——对于线路系统中的出线端故障和近区故障，1.54；

——对于失步，1.25；

——对于近区故障的电源侧回路，$t_3=t_3$（出线端故障的）；

——对于失步，$t_3=2\times t_3$（出线端故障的）。

c) TRV 的时延线（见图 10 和图 11）

t_d＝时延，μs；

u'＝参考电压，kV；

t'＝到达 u' 的时间，μs。

时延线为从时间轴上的额定时延点作与额定 TRV 第一段参考线平行的、在电压为 u'（时间坐标 t'）的点终止的线段。

对于额定电压低于 126 kV：

对于电缆系统中的出线端故障和失步，$t_d=0.15\times t_3$；

对于线路系统中的出线端故障和近区故障，$t_d=0.05\times t_3$；

对于线路系统中的失步，$t_d=0.15\times t_3$；

$u'=u_c/3$；

t' 是按照图 11 由 t_d 和 t_3 导出的，$t'=t_d+t_3/3$。

对于额定电压大于或等于 126 kV：

对于出线端故障和近区故障的电源侧回路，$t_d=2$ μs；

对于失步，$t_d=2$ μs 到 $0.1\times t_1$；

$u'=u_1/2$；

t' 是按照图 10 由 u'，u_1/t_1（RRRV）和 t_d 导出的，$t'=t_d+u'/\mathrm{RRRV}$。

d) ITRV（见图 12）：

u_i＝参考电压（ITRV 峰值），kV；

t_i＝到达 u_i 的时间，μs。

ITRV 的上升率取决于开断的短路电流，其幅值取决于沿母线到第一个不连续点的距离。ITRV 由电压 u_i 和时间 t_i 确定。固有的波形应按照 ITRV 峰值电压 u_i 的 20％和 80％两点之间的直线及要求的 ITRV 上升率进行绘制。

4.102.3 与额定短路开断电流相关的 TRV 的标准值

额定电压 126 kV 以下的三极断路器，TRV 标准值用两参数法表示。其值在下面给出：

——对于电缆系统，表 1；

——对于线路系统，表 2。

额定电压 126 kV 及以上的断路器，TRV 标准值用四参数法表示。表 3 给出了额定电压 126 kV 的有效接地系统中的数值。表 4 给出了额定电压 126 kV 的非有效接地系统中的数值。表 5 给出了额定电压 252 kV 及以上的数值。

这些表中还给出了上升率的值，用 u_c/t_3 和 u_1/t_1 表示，分别对应于两参数和四参数，和 TRV 的峰值 u_c 一起就可确定 TRV。

表中给出的值均为预期值。它们适用于一般三相输电和配电系统中的断路器，该系统由变压器、架空线路和电缆组成，运行频率为 50 Hz。

对于单相系统或更严酷条件下运行的断路器，TRV 的值可能不同，尤其是在下述工况：

a) 靠近发电机回路的断路器；

b) 直接与变压器连接的断路器，变压器与断路器之间无明显的附加电容，且变压器提供的短路电流近似等于或大于断路器额定短路开断电流的 50%；但是，对于额定电压小于 126 kV 与变压器通过小电容连接的断路器的特殊工况涵盖在附录 M 中；

c) 电站中用于串联电抗器的断路器(对于额定电压小于 126 kV 的断路器，8.103.7 和 L.5 中给出了信息)；

d) 用于串联补偿线路中的断路器；

e) 电站中用于电容器组的断路器。

发生出线端故障时，与额定短路开断电流相应的瞬态恢复电压用来试验短路开断电流等于额定值的情况。然而，对短路开断电流小于 100% 额定短路开断电流下的试验，亦规定了相应的瞬态恢复电压值(见 6.104.5)。对于可能在近区故障条件下运行的额定电压 24 kV 及以上且额定短路开断电流超过 12.5 kA，并直接与架空线路连接的断路器，还应有附加要求(见 4.105)。

表 1 S1 级断路器瞬态恢复电压的标准值(额定电压 3.6 kV 及以上 126 kV 以下)——用两参数表示

额定电压 U_r kV	试验方式	首开极系数 k_{pp} p.u.	振幅系数 k_{af} p.u.	TRV 峰值 u_c kV	时间 t_3 μs	时延 t_d μs	电压 u' kV	时间 t' μs	RRRV[a] u_c/t_3 kV/μs
3.6	出线端故障	1.5	1.4	6.2	41	6	2.1	20	0.15
	失步	2.5	1.25	9.2	77	12	3.1	38	0.12
7.2	出线端故障	1.5	1.4	12.3	51	8	4.1	25	0.24
	失步	2.5	1.25	18.4	102	15	6.1	49	0.18
12	出线端故障	1.5	1.4	20.6	61	9	6.9	29	0.34
	失步	2.5	1.25	30.6	118	18	10	56	0.26
24	出线端故障	1.5	1.4	41	87	13	13.7	42	0.47
	失步	2.5	1.25	61	174	26	20	83	0.35
40.5	出线端故障	1.5	1.4	69.4	114	17	23.1	55	0.61
	失步	2.5	1.25	103.4	225	34	34.5	111	0.46
72.5	出线端故障	1.5	1.4	124	165	25	41.4	80	0.75
	失步	2.5	1.25	185	336	50	62	163	0.55

[a] RRRV=恢复电压的上升率。

表 2 S2 级断路器的瞬态恢复电压标准值(额定电压 24 kV 及以上 126 kV 以下)[a]——用两参数表示

额定电压 U_r kV	试验 方式	首开极系数 k_{pp} p.u.	振幅系数 k_{af} p.u.	TRV 峰值 u_c kV	时间 t_3 μs	时延 t_d μs	电压 u' kV	时间 t' μs	RRRV[b] u_c/t_3 kV/μs
24	出线端故障	1.5	1.54	45.3	43	2	15.1	16	1.05
	近区故障	1	1.54	30.2	43	2	10.1	16	0.70
	失步	2.5	1.25	61	86	13	20.4	42	0.71
40.5	出线端故障	1.5	1.54	76.4	62	3	25.5	24	1.23
	近区故障	1	1.54	51	62	3	17	24	0.82
	失步	2.5	1.25	103	124	19	34.3	60	0.83
72.5	出线端故障	1.5	1.54	137	93	5	45.6	36	1.47
	近区故障	1	1.54	91.2	93	5	30.4	36	0.98
	失步	2.5	1.25	185	186	28	61.7	90	0.99

[a] 对于近区故障:瞬态恢复电压和时间参量为电源回路的。近区故障仅适用于和架空线路直接连接的断路器。

[b] RRRV=恢复电压的上升率。

表 3 瞬态恢复电压的标准值(有效接地系统中额定电压 126 kV)[a]——用四参数表示

额定电压 U_r kV	试验 方式	首开极系数 k_{pp} p.u.	振幅系数 k_{af} p.u.	第一参考电压 u_1 kV	时间 t_1 μs	TRV 峰值 u_c kV	时间 t_2 μs	时延 t_d μs	电压 u' kV	时间 t' μs	RRRV[b] u_1/t_1 kV/μs
126	出线端故障	1.3	1.4	100	50	188	200	2	50	27	2.0
	近区故障	1	1.4	77	38	144	152	2	38	21	2.0
	失步	2	1.25	154	100	257	400	10	77	60	1.54

[a] 近区故障时,瞬态恢复电压和时间参数为电源回路的。

[b] RRRV=恢复电压的上升率。

表 4 瞬态恢复电压的标准值(非有效接地系统中额定电压 126 kV)[a]——用四参数表示

额定电压 U_r kV	试验 方式	首开极系数 k_{pp} p.u.	振幅系数 k_{af} p.u.	第一参考电压 u_1 kV	时间 t_1 μs	TRV 峰值 u_c kV	时间 t_2 μs	时延 t_d μs	电压 u' kV	时间 t' μs	RRRV[b] u_1/t_1 kV/μs
126	出线端故障	1.5	1.4	116	58	216	231	2	58	31	2.0
	近区故障	1	1.4	77	38	144	152	2	38	21	2.0
	失步	2.5	1.25	193	115	321	460	12	96	70	1.67

[a] 近区故障时,瞬态恢复电压和时间参数为电源回路的。

[b] RRRV=恢复电压的上升率。

为了获得第二和第三开断极恢复电压的上升率（RRRV）和 u_c 的数值，对相关的首开极系数，引入了首开极的 RRRV 和 u_c 值的乘数。这些乘数的数值在表 6 中给出。

RRRV 的乘数与 u_1/t_1 有关；首先开断极、第二和第三开断极的时间 t_1 和 t_2 相同。

表 5 瞬态恢复电压的标准值（额定电压 252 kV 及以上）[a]——用四参数表示

额定电压 U_r kV	试验方式	首开极系数 k_{pp} p.u.	振幅系数 k_{af} p.u.	第一参考电压 u_1 kV	时间 t_1 μs	TRV 峰值 u_c kV	时间 t_2 μs	时延 t_d μs	电压 u' kV	时间 t' μs	RRRV[b] u_1/t_1 kV/μs
252	出线端故障	1.3	1.4	201	100	374	400	2	100	52	2.0
	近区故障	1	1.4	154	77	288	308	2	77	40	2.0
	失步	2	1.25	309	201	514	400～800	2～20	155	121	1.54
363	出线端故障	1.3	1.4	289	144	539	576	2	144	74	2.0
	近区故障	1	1.4	222	111	414	444	2	111	57	2.0
	失步	2	1.25	445	288	741	576～1 152	2～29	222	173	1.54
550	出线端故障	1.3	1.4	438	219	817	876	2	219	111	2.0
	近区故障	1	1.4	337	168	629	672	2	168	86	2.0
	失步	2	1.25	674	438	1 123	876～1 752	2～44	337	263	1.54
800	出线端故障	1.3	1.4	637	318	1 189	1 272	2	318	161	2.0
	近区故障	1	1.4	490	245	914	980	2	245	124	2.0
	失步	2	1.25	980	636	1 633	1 272～2 544	2～64	490	382	1.54
1 100	出线端故障	1.3	1.4	876	438	1 634	1 752	2	438	221	2.0
	近区故障	1	1.4	674	337	1 257	1 348	2	337	170	2.0
	失步	2	1.25	1 347	875	2 245	1 752～3 500	2～87	674	525	1.54

[a] 近区故障时，瞬态恢复电压和时间参数为电源回路的。

[b] RRRV＝恢复电压的上升率。

表 6 额定电压 3.6 kV 及以上第二和第三开断极瞬态恢复电压的标准乘数

首开极系数 k_{pp}	乘数			
	第二开断极		第三开断极	
	RRRV	u_c	RRRV	u_c
对于非有效接地系统				
1.5	0.70	0.58	0.70	0.58
对于有效接地系统				
1.3	0.95	0.98	0.70	0.77

表 6 中乘数的计算基于下列假定条件：

——仅考虑三相接地故障。

——100%短路电流时恢复电压的上升率(RRRV)主要取决于架空线路，并用电流零点的 di/dt 和等效波阻抗的乘积来计算。

——等效波阻抗是用从断路器端子看去的零序波阻抗(Z_0)和正序波阻抗(Z_1)计算出来的，Z_0/Z_1 的关系选取的近似值为 2。

——TRV 的峰值(u_c)正比于开断时工频恢复电压的瞬时值。

亦可见图 13 和图 14。

注 1：表 6 对试验方式 T10、T30、T60、T100s 和 T100a 均有效。对试验方式 T100a，采用附录 P 中所示的对首开极规定的降低方法。为了便于试验并经过制造厂的同意，也可以不降低 TRV。

注 2：这些值是圆整后的值，并取决于 TRV 回路的 Z_0/Z_1、系统的时间常数和额定电压。

4.102.4 ITRV 的标准值

见表 7。

表 7 初始瞬态恢复电压的标准值——额定电压 126 kV 及以上

额定电压 U_r kV	确定 u_i 作为短路开断电流 I_{sc} 有效值的函数的乘数[a] f_i kV/kA 50 Hz	时间 t_i μs
126	0.046	0.4
252	0.069	0.6
363	0.092	0.8
550	0.116	1.0
800	0.159	1.1
1 100	0.173	1.2

注：这些数值覆盖了三相和单相故障并基于如下假定：母线，包括与其相连的元件(支撑件、电流和电压互感器、隔离开关等)，额定电压低于 800 kV 时，可以粗略地用大约 260 Ω 波阻抗 Z_i 表征；额定电压为 800 kV 及以上时，可以粗略地用大约 325 Ω 波阻抗 Z_i 表征。f_i 和 t_i 之间的关系为：$f_i = t_i \times Z_i \times \omega \times \sqrt{2}$

式中，$\omega = 2\pi \times f_r$ 是与断路器额定频率相应的角频率。

[a] 实际的初始峰值电压由这些栏中的数值乘以短路开断电流的有效值获得。

4.103 额定短路关合电流

具有极间同期性的断路器的额定短路关合电流(见图 8)是与额定电压和额定频率相对应的额定参数。下述值适用：

——对于额定频率为 50 Hz 且时间常数标准值为 45 ms(见 4.101.3)，额定短路关合电流等于额定短路开断电流交流分量有效值(见 4.101.2)的 2.5 倍；

——对于所有特殊工况的时间常数(见 4.101.3)，额定短路关合电流等于额定短路开断电流交流分量有效值的 2.7 倍，与断路器的额定频率无关(见 4.101)。

4.104 额定操作顺序

断路器的额定特性与断路器的额定操作顺序有关。有以下两种可供选择的额定操作顺序：

a) O—t—CO—t'—CO

除非另有规定，否则：

t=3 min 不用于快速自动重合闸的断路器；

t=0.3 s 用于快速自动重合闸的断路器(无电流时间)；

t'=3 min。

注：取代 t'=3 min 的其他值：t'=15 s 和 t'=1 min 也可用于快速自动重合闸的断路器。

b) CO—t''—CO

其中：t''=15 s 对不用于快速自动重合闸的断路器。

这里：

O 表示一次分闸操作；

CO 表示一次合闸操作后立即(即无任何故意的时延)进行分闸操作；

t,t'和 t''是连续操作之间的时间间隔；

t 和 t'应以分钟或秒表示；

t''应以秒表示。

如果无电流时间是可调的，应规定调整的极限。

4.105 近区故障特性

对于额定电压 24 kV 及以上、额定短路开断电流大于 12.5 kA 的 S2 级断路器要求具有近区故障特性。对于额定电压 126 kV 及以上的断路器要求具有近区故障特性。这些特性与中性点固定接地系统中单相接地故障的开断有关，其首开极系数等于 1.0。

注：在本标准中，认为在相电压下的单相试验覆盖了所有类型的近区故障(见表 8)。

近区故障回路是由断路器电源侧的电源回路和其负载侧的短线路组成(见图 15)，其特性如下：

a) 电源回路特性：

——电压等于相应于断路器额定电压 U_r 的相对地电压 $U_r/\sqrt{3}$；

——短路电流，在出线端故障情况下，等于断路器的额定短路开断电流；

——预期瞬态恢复电压，在近区故障情况下，由下列表中的标准值给出：

- 对于额定电压 24 kV 及以上 126 kV 以下的线路系统中的断路器，表 2；
- 对于额定电压 126 kV 的断路器，表 3 和表 4；
- 对于额定电压 252 kV 及以上的断路器，表 5。

——额定电压 126 kV 及以上的断路器的 ITRV 特性，从表 7 中导出。

b) 线路特性：

——基于波阻抗 Z 为 450 Ω 的 RRRV 系数、峰值系数 k 和线路侧时延 t_{dL} 的标准值在表 8 中给出。线路侧时延、线路侧电压上升率的确定见图 16；

——根据特性计算瞬态恢复电压的方法见附录 A。

表 8 近区故障线路特性的标准值

额定电压 U_r kV	每相导体数	波阻抗 Z Ω	峰值系数 k	RRRV 系数 50 Hz s^* kV/(μs·kA)	时延 t_{dL} μs
24≤U_r≤40.5	1	450	1.6	0.200	0.1
72.5≤U_r≤126	1～4	450	1.6	0.200	0.2

表 8（续）

额定电压 U_r kV	每相导 体数	波阻抗 Z Ω	峰值系数 k	RRRV 系数 50 Hz s^* kV/(μs·kA)	时延 t_{dL} μs
$U_r \geqslant 252$	1～4	450	1.6	0.200	0.5
注：这些数值覆盖了本标准中涉及的近区故障。对于非常短的线路（$t_L < 5t_{dL}$），不是本表中的所有要求都可满足。处理非常短的线路的程序在 CIGRE 技术手册 305[4]中给出。					
* 关于 RRRV 系数 s，见附录 A。					

4.106 额定失步关合和开断电流

额定失步开断电流是在本标准规定的使用和性能条件下，具有下述规定的恢复电压的回路中，断路器能够开断的最大失步电流。

额定失步关合和开断电流的规定是非强制性的。如果规定有额定失步开断电流，下述内容适用：

a） 工频恢复电压，对于中性点有效接地系统应为 $2.0/\sqrt{3}$ 倍的额定电压；对于其他系统应为 $2.5/\sqrt{3}$ 倍的额定电压。

b） 瞬态恢复电压应符合：

——表 1，额定电压 126 kV 以下的电缆系统中的断路器；

——表 2，额定电压 126 kV 以下的线路系统中的断路器；

——表 3，额定电压 126 kV 的有效接地系统中的断路器；

——表 4，额定电压 126 kV 的非有效接地系统中的断路器；

——表 5，额定电压 252 kV 及以上的断路器。

c） 除非另有规定，额定失步开断电流应为额定短路开断电流的 25％，额定失步关合电流应为额定失步开断电流的峰值。

考虑到额定失步关合、开断电流，使用的标准条件如下：

——分闸和合闸操作应与制造厂提供的断路器及其辅助设备操作和正确使用的说明书一致；

——电力系统中性点的接地条件应与断路器试验过的条件一致；

——断路器的两侧均无故障。

4.107 额定容性开合电流

容性开合电流可能包含了断路器的部分或全部操作职能，例如空载输电线路或电缆的充电电流，或并联电容器组的负载电流。

适用时，用于容性电流开合的断路器，其额定值应包括：

——额定线路充电开断电流；

——额定电缆充电开断电流；

——额定单个电容器组开断电流；

——额定背对背电容器组开断电流；

——额定单个电容器组关合涌流；

——额定背对背电容器组关合涌流。

表 9 中给出了额定容性开合电流的优选值。

容性电流开合的恢复电压取决于：

——系统的接地；

——容性负载(如屏蔽电缆、电容器组、输电线路)的接地；

——容性负载(如铠装电缆、敞开空气中的线路)相邻相的相互影响；

——同一线路(走廊)中相邻架空线系统的相互影响；

——存在单相或两相接地故障。

根据断路器的重击穿性能，可以把其分成两级：

——C1 级：容性电流开断过程中低的重击穿概率；

——C2 级：容性电流开断过程中非常低的重击穿概率。

注 1：该概率与 6.111 规定的型式试验系列中的性能有关。

注 2：断路器对于一种类型的应用(例如中性点有效接地系统中)可以是 C2 级，而对恢复电压更严酷的另一种应用场合(例如中性点非有效接地系统中)，可以是 C1 级。

注 3：具有不同于 C1 和 C2 级重击穿概率的断路器不包含在本标准范围内。

4.107.1 额定线路充电开断电流

额定线路充电开断电流是指断路器在本标准规定的使用和性能条件以及在其额定电压下所能开断的最大线路充电电流。额定线路充电开断电流的规定对于额定电压 72.5 kV 及以上的断路器是强制性的。

4.107.2 额定电缆充电开断电流

额定电缆充电开断电流是指断路器在本标准规定的使用和性能条件以及在其额定电压下所能开断的最大电缆充电电流。额定电缆充电开断电流的规定不是强制性的；仅对电缆充电电流开合规定为 C1 级和 C2 级的断路器有要求。

4.107.3 额定单个电容器组开断电流

额定单个电容器组开断电流是指断路器在本标准规定的使用和性能条件以及在其额定电压下所能开断的最大电容器电流。该开断电流是指在断路器的电源侧没有连接并联电容器时一台并联电容器组的开合。

4.107.4 额定背对背电容器组开断电流

额定背对背电容器组开断电流是断路器在本标准规定的使用和性能条件以及在其额定电压下所能开断的最大电容器电流。

该开断电流是指断路器的电源侧接有一组或几组并联电容器，且它能提供的关合涌流等于额定背对背电容器组关合涌流时并联电容器组的开合。

注：类似的条件适用于带电缆的变电站中的开合。

4.107.5 额定单个电容器组关合涌流

没有规定额定值或优选值。这是因为认为与单个电容器组有关的涌流不重要。

4.107.6 额定背对背电容器组关合涌流

额定背对背电容器组关合涌流是断路器在其额定电压以及与使用条件相应的涌流频率下所能关合的电流的峰值(见表 9)。

表 9 额定容性开合电流的优选值

	线 路	电 缆	单个电容器组	背对背电容器组		
额定电压 U_r kV(有效值)	额定线路充电开断电流 I_l A(有效值)	额定电缆充电开断电流 I_c A(有效值)	额定单个电容器组开断电流 I_{sb} A(有效值)	额定背对背电容器组开断电流 I_{bb} A(有效值)	额定背对背电容器组关合涌流 I_{bi} kA(峰值)	涌流的频率 f_{bi} Hz
3.6	10	10	400	400	20	4 250
7.2	10	10	400	400	20	4 250
12	10	25	400	400	20	4 250
24	10	31.5	400	400	20	4 250
40.5	10	50	400	400	20	4 250
72.5	10	125	400	400	20	4 250
126	31.5	140	400	400	20	4 250
252	125	250	400	400	20	4 250
363	315	355	400	400	20	4 250
550	500	500	400	400	20	4 250
800	900	—	—	—	—	—
1 100	1 200	—	—	—	—	—

注 1：选择本表中给出的数值是出于标准化的目的。它们是优选值且涵盖了大多数典型应用。如果需要不同的数值，可以规定适当的数值作为额定值。

注 2：对于实际工况，涌流可以按照附录 H 计算。

注 3：如果做了背对背电容器组开合试验，就不要求单个电容器组开合试验。

注 4：取决于系统条件，例如是否使用了限流电抗器，涌流的频率和涌流的峰值可能高于或低于表中的优选值。

4.108 感性负载开合

未规定额定值。见 GB/T 29489—2013。

4.109 额定时间参量

参照图 1、图 2、图 3、图 4、图 5、图 6 和图 7。

可以对下列时间参量规定额定值：

——分闸时间(空载)；

——开断时间；

——合闸时间(空载)；

——分—合时间(空载)；

——重合闸时间(空载)；

——合—分时间(空载)；

——预插入时间(空载)。

额定时间参量基于：

——合闸和分闸装置以及辅助和控制回路的额定电源电压(见 4.9)；

——合闸和分闸装置以及辅助回路的额定电源频率(见 4.10);
——操作、绝缘和/或开断用压缩气源的额定压力,适用时(见 4.11);
——操作用液压源的额定压力;
——周围空气温度为(20±5)℃。

注:由于燃弧时间和预击穿时间的分散性,规定关合时间或关合—开断时间的额定值通常是不现实的。

4.109.1 额定开断时间

在 6.106.2、6.106.3 和 6.106.4 的出线端故障试验方式 T30、T60 和 T100s 中,断路器在其额定辅助电源电压和频率以及气源或液源的额定压力、周围空气温度为(20±5)℃下操作时测定的最长开断时间不应超过额定开断时间。

注 1:按照 6.102.3.1 的规定,除了 T100a 以外,基本短路试验方式应在操作和/或开断用的最低电压和/或压力下进行。为了验证这些试验方式时的额定开断时间,考虑到较低的辅助电源电压和压力,记录到的最长开断时间应按下述方法进行修正:

$$t_b \geqslant t_1 - (t_2 - t_3)$$

式中:

t_b ——额定开断时间;

t_1 ——试验方式 T30、T60 和 T100s 时记录到的最长开断时间;

t_2 ——按照试验方式 T30、T60 和 T100s 所采用的辅助电源电压和操作和/或开断用的压力时测取的最长空载分闸时间;

t_3 ——额定分闸时间。

如果按该方法确定的开断时间超过额定开断时间,则具有最长开断时间的试验方式应在辅助电源电压和频率以及开断和/或操作用的压力的额定值下重复进行。

注 2:单相试验模拟三相操作时,记录到的开断时间,按照注 1 进行修正后可能会超出额定开断时间 0.1 个周波,因为在这种情况下,电流零点的出现频率小于三相试验时的出现频率。

注 3:试验方式 T100s 中的关合—开断操作循环时的开断时间超出额定开断时间的部分不应大于工频的半个周波。

4.110 机械操作的次数

考虑到制造厂规定的维护程序,断路器应能完成下述次数的操作:
——标准断路器(基本的机械寿命)M1 级:2 000 次操作顺序
——特殊使用要求的断路器(延长的机械寿命)M2 级:10 000 次操作顺序。

4.111 断路器按照电寿命的分类

按 3.4.113 定义的且按 6.112.2 和表 30 试验的、要求具有电寿命能力、用于自动重合闸方式、通常用于架空线路网络且额定电压为 40.5 kV 及以下的断路器,划分为 E2 级。

按 3.4.113 定义的且按 6.112.1 试验的、要求具有电寿命能力、但用于无自动重合闸方式(例如电缆连接的网络中的)且额定电压为 40.5 kV 及以下的断路器,划分为 E2 级。

E2 级称为延长的电寿命。

不要求具有这种电寿命能力的断路器,划分为 3.4.112 所定义的 E1 级,称为基本的电寿命。

注:对于额定电压 72.5 kV 及以上的断路器,IEC 62271-310[5]中给出了导则。

5 设计与结构

5.1 断路器中液体的要求

GB/T 11022—2011 的 5.1 适用。

5.2 断路器中气体的要求

GB/T 11022—2011 的 5.2 适用。

5.3 断路器的接地

GB/T 11022—2011 的 5.3 适用。

5.4 辅助设备

GB/T 11022—2011 的 5.4 适用，并做如下补充：

——使用并联分闸和合闸脱扣器的场合，当施加永久的合闸或分闸指令时，应采取适当的措施避免脱扣器损坏；例如，那些措施可以是使用串联控制触头的布置使得当断路器处于合闸位置时，合闸脱扣器的控制触头（"b"触头或开断触头）处于分闸位置，分闸脱扣器的控制触头（"a"触头或关合触头）处于合闸位置；当断路器处于分闸位置时，分闸脱扣器的控制触头是分开的，合闸脱扣器的控制触头是闭合的；

注 1：也可能采用不同于触头的其他装置。

——对于并联合闸脱扣器，上述第一个破折号所述的并联合闸脱扣器的保护措施的动作不应早于断路器的合闸指令最短持续时间（3.7.147），也不应迟于断路器的额定合闸时间；

注 2：如果并联合闸脱扣器的电流是由控制触头开断的，合闸指令应该长于额定合闸时间。

——对于并联分闸脱扣器，上述第一个破折号所述的并联分闸脱扣器的保护措施的动作不应早于断路器要求的脱扣指令最短持续时间（3.7.146），也不应迟于断路器主触头分离后 20 ms；

——对于具有短的合—分闸时间要求的场合，上述第一个破折号所述的并联分闸脱扣器的保护措施的动作不应早于断路器主触头的合闸时刻，也不应迟于断路器主触头合闸后一个半波；

——辅助开关用作位置指示器时，应指示断路器处于休止、分闸或合闸的终了位置，信号还应保持；

——连接件应能承受由断路器产生的应力，尤其是那些由于操作时的机械力而产生的应力；

——户外断路器的所有辅助设备包括接线，应进行充分的防雨和防潮保护；

——使用控制设备的特殊元件时，应在辅助和控制回路的电源电压、开断和/或绝缘以及操作用的介质的规定的限值范围内工作，并能开合断路器制造厂规定的负载；

——辅助设备的特殊元件，诸如液体指示器、压力指示器、释放阀、充排设备、加热器和联锁的触点，应在辅助和控制回路电源电压的规定的限值范围内、开断和/或绝缘以及操作用介质的规定的限值范围内工作；

——加热器在额定电压下的能量消耗应在制造厂规定值的±10%公差范围内；

——防跳跃装置作为断路器控制回路的一部分时，如果安装的不止一个，它们应在每一个控制回路中动作；

——极间不同期的控制回路作为断路器的一部分时，应对极的位置（分闸或合闸）进行监控；根据使用情况，延时应在 0.1 s～3 s 间可调。

5.5 动力合闸

GB/T 11022—2011 的 5.5 适用，并做如下补充：

——用外部能源进行动力合闸的断路器也应该能在额定短路关合电流的合闸操作后立即分闸。

5.6 储能合闸

GB/T 11022—2011 的 5.6 适用，并对其第一段做如下补充：

储能合闸的断路器应该能在额定短路关合电流的合闸操作后立即分闸。

5.7 不依赖人力的操作

GB/T 11022—2011 的 5.7 不适用于断路器。

5.8 脱扣器的操作

GB/T 11022—2011 的 5.8 适用，并做如下补充：

5.8.101 过电流脱扣器

5.8.101.1 动作电流

过电流脱扣器应标明其额定电流和电流整定范围。

在电流整定范围内，过电流脱扣器应在电流整定值的 110%及以上时可靠动作，而在电流整定值的 90%及以下时不动作。

5.8.101.2 动作时间

对于反时限延时过电流脱扣器，动作时间应从过电流出现时刻起，到脱扣器启动断路器脱扣机构的时刻为止的这段时间进行测量。

制造厂应提供带有适当公差的表格或曲线，表明动作时间与 2 倍～6 倍动作电流间的电流的函数关系。这些表格或曲线应提供极限电流整定值和极限延时整定值。

5.8.101.3 复位电流

在过电流脱扣器的延时终了以前，如果主回路中的电流降到低于某一值时，则脱扣器不应完成其动作而应恢复到其初始位置。

制造厂应给出相关的信息。

5.8.102 多个脱扣器

若断路器安装有同样功能的多个脱扣器时，则一个脱扣器的缺陷不应干扰其他脱扣器的功能。相同功能使用的脱扣器应在物理上独立，即磁场隔离。

对于额定电压 72.5 kV 及以上的断路器，应提供一个附加的并联合闸脱扣器和一个附加的并联分闸脱扣器。

5.8.103 脱扣器的动作限值

在额定电源电压下，并联分闸脱扣器的脱扣指令最短持续时间和并联合闸脱扣器的指令最短持续时间不应小于 2 ms。

并联脱扣器动作的最低电源电压不应小于额定电源电压的 30%。

5.8.104 脱扣器的功耗

三极断路器的并联分闸或合闸脱扣器的功耗不应超过 1 200 V·A。

注：对于某些断路器的设计，可能需要更高的值。

5.8.105 自脱扣断路器的集成继电器

集成继电器用于自脱扣断路器时，应符合 GB/T 14598.7—1995。输入的激励量是流过主触头的电流。

5.9 低压力和高压力闭锁装置

下述内容取代 GB/T 11022—2011 的 5.9：

所有具有储气筒和蓄压筒储能的断路器(见 GB/T 11022—2011 的 5.6.2)及所有除密封压力装置外采用开断用压缩气体的断路器(见 5.103)，均应装设低压力闭锁装置，也应装设高压力闭锁装置，这些闭锁装置应设定在制造厂规定的压力或适当的压力极限范围内动作。

5.10 铭牌

GB/T 11022—2011 的 5.10 适用，并做如下补充：断路器和其操动机构的铭牌应按表 10 的内容标注。

操动机构的线圈应有一个参考标识，以便用户能从制造厂获得全部数据。

脱扣器应带有适当的数据。

在正常工作和安装位置铭牌均应明显可见。

表 10 铭牌参数

项　　目	缩写	单位	断路器	操动机构	条件：仅当需要时才标注
1	2	3	4	5	6
制造厂			×	×	
型号或系列号			×	×	
额定电压	U_r	kV	×		
额定雷电冲击耐受电压	U_p	kV	×		
额定操作冲击耐受电压	U_s	kV	Y		额定电压 363 kV 及以上时
额定频率	f_r	Hz	×		
额定电流	I_r	A	×		
额定短路持续时间	t_k	s	Y		不同于 2 s 时
额定短路开断电流	I_{sc}	kA	×		
额定短路开断电流的直流时间常数	τ	ms	Y		不同于 45 ms 时
触头分离时刻对应于额定短路开断电流的直流时间常数的额定短路开断电流的直流分量	p_{cs}	%	Y		大于 20%时
首开极系数	k_{pp}		Y		对于额定电压 126 kV，不同于 1.3 时
额定失步开断电流	I_d	kA	(×)		
额定线路充电开断电流	I_l	A	Y		额定电压 72.5 kV 及以上时
额定电缆充电开断电流	I_c	A	(×)		
额定单个电容器组开断电流	I_{sb}	A	(×)		
额定背对背电容器组开断电流	I_{bb}	A	(×)		
额定背对背电容器组关合涌流	I_{bi}	kA	(×)		
操作用的额定压力	p_{rm}	MPa		(×)	

表 10（续）

项　　目	缩写	单位	断路器	操动机构	条件:仅当需要时才标注
1	2	3	4	5	6
开断用的额定压力	p_{re}	MPa	(×)		
合闸和分闸装置的额定电源电压	U_{op}	V		(×)	
合闸和分闸装置的额定电源频率		Hz		(×)	
辅助回路的额定电源电压	U_a	V		(×)	
辅助回路的额定电源频率		Hz		(×)	
质量(包括油断路器的油)	M	kg	Y	Y	超过 300 kg 时
流体的质量	m	kg	Y		包含流体时
额定操作顺序			×		
制造年份			×		
温度等级			Y	Y	不同于:户内 −5 ℃;户外 −25 ℃
分级			Y		对于额定电压 126 kV 以下,不同于 E1、M1 和 S1 级时;对于额定电压 126 kV 及以上,不同于 E1 和 M1 级时
标有发布日期的相关标准			×	×	

×=这些值的标注是强制性的;空格表示此值为零。
(×)=这些值的标注是可选的。
Y=按照栏 6 中的条件标注的值。
注:栏 2 中的缩写可以代替栏 1 中的术语。采用栏中的术语时可不出现“额定”。

5.11 联锁装置

GB/T 11022—2011 的 5.11 适用。

5.12 位置指示

GB/T 11022—2011 的 5.12 适用。

5.13 外壳的防护等级

GB/T 11022—2011 的 5.13 适用。

5.14 爬电距离

GB/T 11022—2011 的 5.14 适用。

5.15 气体和真空的密封

GB/T 11022—2011 的 5.15 适用。

5.16 液体的密封

GB/T 11022—2011 的 5.16 适用。

5.17 易燃性

GB/T 11022—2011 的 5.17 适用。

5.18 电磁兼容性(EMC)

GB/T 11022—2011 的 5.18 适用。

5.19 X 射线发射

GB/T 11022—2011 的 5.19 适用。

5.20 腐蚀

GB/T 11022—2011 的 5.20 适用。

5.101 单合和单分操作时的极间同期性要求

如果对极间同期操作没有规定特别的要求,各极合闸时触头接触时刻的最大差异不应超过额定频率的 1/4 周波。如果一极由多个串联的开断单元组成,则这些串联的开断单元之间触头接触时刻的最大差异不应超过额定频率的 1/6 周波。如果使用了合闸电阻,各合闸电阻合闸时触头接触时刻之间的最大差异不应超过额定频率的半个周波。如果一极使用了多个合闸电阻,每个对应一个串联连接的开断单元,这些串联连接的合闸电阻的触头接触时刻之间的最大差异不应超过额定频率的 1/3 周波。

如果对极间同期操作没有规定特别的要求,分闸时触头分离时刻的最大差异不应超过额定频率的 1/6 周波。如果一极由多个串联的开断单元组成,则这些串联的开断单元之间触头分离时刻的最大差异不应超过额定频率的 1/8 周波。

注:对于分极式断路器,如各极的动作条件相同,则本要求适用;单极重合闸操作后,三个机构的动作条件可能会不同。

5.102 操作的一般要求

断路器及其操动机构应能在 GB/T 11022—2011 的第 2 章确定的温度级别的整个环境温度范围内按 5.5～5.9 和 5.103 相关的规定完成其额定操作顺序(见 4.104)。

此要求不适用于辅助的手动操动装置;若装有这种装置,则仅供不带电回路的维护和紧急操作之用。

装有加热器的断路器应该设计成加热器在最短 2 h 内不工作时,断路器在温度级别确定的最低周围空气温度下能够进行分闸操作。

5.103 操作用流体的压力极限

制造厂应规定操作用流体的最高和最低压力,断路器在此极限压力下应能按其额定值使用,并应按此极限压力整定合适的低压力和高压力闭锁装置(见 5.9)。制造厂应规定操作和开断用的最低功能压力(见 3.7.155 和 3.7.156)。

制造厂可规定断路器能够进行下述每一种操作的压力极限:

a) 开断其额定短路开断电流,即一个"分(O)"操作;

b) 关合其额定短路关合电流后,立即开断其额定短路开断电流,即一个"合分(CO)"操作循环;

c) 对于用于快速自动重合闸的断路器：开断其额定短路开断电流后，经过额定操作顺序（见4.104）的时间间隔 t，关合其额定短路关合电流后，紧接着再次开断其额定短路开断电流，即一个“分—t—合分（O—t—CO）”操作顺序。

断路器应具有足够容量的能量储存，以便在规定的相应最低压力下进行适当的操作时获得满意的性能。

5.104 排逸孔

排逸孔是断路器在操作过程中专门用来释放其内部压力的装置。

注：本定义适用于空气、压缩空气和油断路器。

断路器排逸孔的设置应使排油或排气或排逸两者时，不致引起电击穿，且不朝向任何可能出现人员的地方。制造厂应规定必要的安全距离。

断路器或其辅助设备正常操作时，排逸孔的结构应使气体不会聚集在由于操作中或操作后产生的火花所能点燃的任何位置。

6 型式试验

6.1 总则

6.1.1 总述

GB/T 11022—2011 的第 6 章适用，并作如下补充：

断路器的型式试验项目列于表 11 中。试品的数量在 6.1.2 和 6.102.2 中给出。对于型式试验，试验参量的公差见附录 B。

表 11 型式试验

强制的型式试验项目	条款号
绝缘试验	6.2
主回路电阻测量	6.4
温升试验	6.5
短时耐受电流和峰值耐受电流试验	6.6
辅助和控制回路的附加试验	6.10
常温下的机械操作试验	6.101.2.1～6.101.2.3
短路电流关合和开断试验	6.102～6.106

取决于应用、额定值或设计的型式试验项目	要求型式试验的条件	条款号
无线电干扰电压试验	$U_r \geqslant 126$ kV	6.3
防护等级验证	规定的防护等级	6.7
密封试验	可控的、密封或封闭的压力系统	6.8
EMC 试验	二次系统中包含电子设备或元件	6.9
特殊使用条件下断路器延长的机械寿命试验 * #	规定有 M2 级额定值	6.101.2.4
低温和高温试验	规定的温度级别	6.101.3

表 11（续）

取决于应用、额定值或设计的型式试验项目	要求型式试验的条件	条款号
湿度试验	承受电压作用和凝露的绝缘	6.101.4
端子静负载试验	U_r≥40.5 kV 的户外断路器	6.101.6
临界电流试验	性能符合 6.107.1 条件的断路器	6.107
近区故障试验 * #	U_r≥24 kV 且 I_{sc}>12.5 kA、有效接地系统中的直接和架空线路连接的断路器	6.109
失步关合和开断试验 * #	规定有失步额定值	6.110
电寿命试验（仅适用于额定电压 40.5 kV 及以下）*	规定有 E2 级额定值	6.112
严重冰冻条件下的操作验证试验 * #	具有额定覆冰厚度（10 mm/20 mm）的断路器	6.101.5
单相试验 * #	中性点有效接地系统	6.108
异相接地故障试验 * #	中性点非有效接地系统	6.108
容性电流开合试验： ——线路充电电流开合试验 * ——电缆充电电流开合试验 * # ——单个电容器组开合试验 * # ——背对背电容器组开合试验 * #	规定有相关的额定值和类别（C1 或 C2）	 6.111.5.1 6.111.5.1 6.111.5.2 6.111.5.2
并联电抗器和电动机的开合试验 * #	规定有开合额定值	GB/T 29489—2013

注 1：本表的上半部分所列出的强制性型式试验是对所有断路器适用的，不论其额定电压、设计和既定的用途。本表的下半部分所列出的其他型式试验适用于规定有相关的额定值的所有断路器，例如失步开合或者满足特定条件，例如仅对额定电压 126 kV 及以上的要求 RIV。

注 2：本表的下半部分的某些试验标有 * 或 #。对于额定电压为 40.5 kV 及以下的断路器用 * 标记，对于额定电压为 72.5 kV 及以上的断路器，用 # 标记。对每项带有标记的试验，允许使用一台附加的试品。

原则上，各项型式试验应该在新的、干净的断路器上进行。对于采用 SF_6 作为绝缘、开断和/或操作的断路器，气体的质量至少应达到 GB/T 12022—2006 或者 GB/T 8905—2012 的接受水平。

制造厂的责任仅限于所声明的额定值，而不是型式试验中获得的值。

通过示波器或等效设备（例如瞬态记录仪）包括相关设备来确定额定参数（例如短路电流、外施电压和恢复电压）量值的每项测量的不确定度应在±5%（等于包含因子为 2.0）范围内。

注：关于包含因子的含义，测量不确定度的表达式见 ISO 导则（1995）[6]。

6.1.2 概述

GB/T 11022—2011 的 6.1.1 适用，其中项 c）和 d）做如下修改：

c) 当产品的设计、工艺或所使用的关键材料、关键零件改变而影响到产品的性能时，应进行相应的型式试验：

——当操动机构的参考机械行程特性曲线（见 6.101.1.1）变化时，应进行全部型式试验；

——当替代的操动机构或者原来的操动机构布置方式发生改变，但符合 6.102.7 的规定时，可只进行基本短路试验方式 T100s、峰值耐受电流试验、机械试验。

注：如果操动机构布置方式发生改变影响到绝缘水平，则应进行相应的绝缘试验。

d) 正常生产的产品，每隔八年应进行一次温升试验、常温下的机械试验、基本短路试验方式 T100s、短时耐受电流和峰值耐受电流试验。其他项目的试验必要时也可抽试。

6.1.3 试验的分组

GB/T 11022—2011 的 6.1.2 适用。

6.1.4 确认试品用的资料

GB/T 11022—2011 的 6.1.3 适用。

6.1.5 型式试验报告包含的资料

GB/T 11022—2011 的 6.1.4 适用，并作如下补充：

附录 C 中给出了关于关合、开断和短时电流型式试验报告和记录的更详细的说明。

6.1.101 无效试验

如果出现无效试验，则可能有必要进行比本标准要求更多次数的试验。无效试验是指本标准要求的一个或多个试验参数未满足。这包括，例如关合、开断和开合试验时的电流、电压和时间参数以及相位要求（如有规定）和合成试验时的附加参数，例如：辅助断路器的正确动作和正确的注入时间。

与本标准的偏差可导致试验偏松或偏严。表 12 中考虑了四种不同情况。

试验方式中的无效部分可在断路器不经修整时重复进行。但是，如果断路器在该附加的试验时失败或根据制造厂的决定，断路器可以修整而重复进行整个试验方式。在这些情况下，试验报告应包括相关的无效试验。

注：在快速自动重合闸方式循环中，认为 O—t—CO 是一部分，紧接着的 CO 也是一个部分。

E2 级断路器可以修整，但在这种情况下应重复整个试验系列。

如果由于技术原因，某个操作不能再现时，只要以其他的方式提供证据说明断路器没有失败且要求的试验值已满足，则本次操作不应被认为无效。

表 12 无效试验

与标准相关的试验条件	断路器	
	通过	未通过
偏严	试验有效，接受结果	用正确的参数重复试验； 不要求修改断路器的设计
偏松	用正确的参数重复试验； 不要求修改断路器的设计	断路器试验失败。要求修改断路器的设计以改进断路器的性能。 在修改过的断路器上重复试验方式。 修改可能会影响进行过的型式试验的结果

6.2 绝缘试验

6.2.1 试验时的周围大气条件

GB/T 11022—2011 的 6.2.2 适用。

6.2.2 湿试程序

GB/T 11022—2011 的 6.2.3 适用并增加下面的注：

注：对于落地罐式断路器，如果套管已按相关标准试验过，则湿条件下的试验可以免去。

6.2.3 绝缘试验时断路器的状态

GB/T 11022—2011 的 6.2.4 适用。

6.2.4 通过试验的判据

GB/T 11022—2011 的 6.2.5 适用，并作如下补充：

如果试验过程中出现破坏性放电，且不能给出任何证据来证明该破坏性放电出现在自恢复绝缘上，则在完成绝缘试验系列后应对断路器进行解体检查。如果发现非自恢复绝缘损坏(例如痕迹、击穿等)，则断路器就没有通过该试验。

注 1：如果大气校正因数 K_t 小于 1.00 且大于 0.95，且试验期间没有施加大气校正因数，允许按照 GB/T 11022—2011 的 6.2.5 中规定的判据。在外绝缘上的 15 次冲击中出现 1 次或 2 次破坏性放电，出现闪络的特定试验系列应在施加适当的校正因数后重复进行使得不再出现破坏性放电。

注 2：带有试验套管的气体绝缘开关设备中的断路器进行试验时，因试验套管不是断路器的一部分，故不应考虑试验套管上出现的闪络。

6.2.5 试验电压的施加和试验条件

GB/T 11022—2011 的 6.2.6 适用。

6.2.6 U_r≤252 kV 的断路器的试验

6.2.6.1 工频电压试验

GB/T 11022—2011 的 6.2.7.2 适用，并增加下面的注：

注：对于落地罐式断路器，如果套管已按相关标准试验过，则湿条件下的试验可以免去。

6.2.6.2 雷电冲击电压试验

GB/T 11022—2011 的 6.2.7.3 适用。

6.2.7 U_r>252 kV 的断路器的试验

6.2.7.1 工频电压试验

GB/T 11022—2011 的 6.2.8.2 适用，并作如下补充：

按照替代方法的试验程序比按照优选方法的试验程序更严酷。

6.2.7.2 操作冲击电压试验

GB/T 11022—2011 的 6.2.8.3 适用，并作如下补充：

户外断路器的干试应仅使用正极性电压进行。断路器处于合闸位置时，对于 GB/T 11022—2011 的表 9 规定的每个试验条件，均应施加额定对地耐受电压。

断路器处于分闸位置时，对于 GB/T 11022—2011 的表 9 规定的每个试验条件，均应施加额定对地耐受电压。

对于 4.3 中规定的特殊用途的断路器，应按 GB/T 11022—2011 的表 2 栏(6)规定的试验电压进行第二试验系列。对于 GB/T 11022—2011 表 11 规定的每个试验条件，一个端子施加操作冲击电压，另一个端子施加工频电压。

征得制造厂的同意，断路器分闸状态下的试验可以不使用工频电压源。这个试验系列包括依次对每个端子施加的电压等于操作冲击电压和 GB/T 11022—2011 表 2 栏(6)规定的峰值电压之和，而另一个端子应接地。

应考虑到 GB/T 11022—2011 的 6.2.6.3 的项 b)。通常，本试验程序比规定的试验程序更苛刻。

6.2.7.3 雷电冲击电压试验

GB/T 11022—2011 的 6.2.8.4 适用，并作如下补充：

断路器处于合闸位置时，对于 GB/T 11022—2011 表 9 规定的每个试验条件，应施加额定对地耐受电压。

断路器处于分闸位置时，对于 GB/T 11022—2011 表 11 规定的每个试验条件，应施加额定断口耐受电压。

征得制造厂的同意，断路器分闸状态下的试验可以不使用工频电压源。这个试验系列包括依次对每个端子施加的电压等于额定雷电冲击耐受电压和 GB/T 11022—2011 表 2 栏(8)规定的峰值电压之和，进行连续 15 次冲击试验，而对面端子应接地。应考虑到 GB/T 11022—2011 的 6.2.6.3 的项 a)和项 b)。通常，本试验程序比规定的试验程序更苛刻。

6.2.8 人工污秽试验

GB/T 11022—2011 的 6.2.9 适用。

6.2.9 局部放电试验

GB/T 11022—2011 的 6.2.10 适用，并作如下补充：

完整的断路器一般不需要进行局部放电试验。然而，如果断路器采用的某些元件有相关标准，且包括有局部放电测量(例如套管，见 GB/T 4109—2008)时，制造厂应提供证据说明这些元件已按相关标准通过了规定的局部放电试验。

6.2.10 辅助和控制回路的试验

GB/T 11022—2011 的 6.2.11 适用。

6.2.11 作为状态检查的电压试验

GB/T 11022—2011 的 6.2.12 不适用；其规定的试验由下述代替：

机械或环境试验(见 6.101.1.4)后断路器打开的触头间的绝缘性能不能通过外观检查充分可靠地验证的场合，应对断路器断口施加 GB/T 11022—2011 的 6.2.12 在干条件下的工频耐受电压试验作为状态检查。此外，对于落地罐式和 GIS 断路器，要求进行断路器处于合闸位置时的对地试验。

对于气体封闭的真空断路器，作为状态检查的电压试验可能不充分。对于这种情况，应验证真空的完整性。

关合、开断或开合试验(见 6.102.9)后，进行作为状态检查的电压试验时，下述条件适用：

对于电流路径不对称的断路器，连接线应倒换。应对每一种连接线布置进行一次完整的试验。

——$U_r \leqslant 72.5$ kV 的断路器

应进行 1 min 工频电压试验。试验电压应为 GB/T 11022—2011 表 1 栏(2)中数值的 80%。

——72.5 kV$<U_r\leqslant$252 kV 的断路器

应进行冲击电压试验。冲击电压的峰值应为 GB/T 11022—2011 表 1 栏(4)中的最高相关值的 60%。

——U_r 为 363 kV 的断路器

应进行冲击电压试验。冲击电压的峰值应为 GB/T 11022—2011 表 2 中给出的额定操作冲击耐受电压的 80%。对于 GIS 断路器，冲击电压的峰值应为 GB 7674—2008 的表 103 中给出的额定操作冲击耐受电压的 80%。

——550 kV≤U_r≤1 100 kV 的断路器

应进行冲击电压试验。冲击电压的峰值应为 GB/T 11022—2011 表 2 中给出的额定操作冲击耐受电压的 90%。对于 GIS 断路器,冲击电压的峰值应为 GB 7674—2008 的表 103 中给出的额定操作冲击耐受电压的 90%。

进行冲击电压试验时,冲击电压的波形应为标准的操作冲击或者按照出线端故障试验方式 T10 规定的 TRV 波形。每一极性应施加 5 次冲击。如果未出现破坏性放电,则认为断路器通过了试验。在使用大容量试验室的合成试验设备的情况下,TRV 波形的时间 t_3 允许的偏差为－10%和＋200%。

注 1:比较试验已经证明:不论断路器是新的还是烧蚀过的状态,分别用标准操作冲击或出线端故障 T10 规定的 TRV 的波形进行试验,对断路器性能的考核几乎没有差别。

注 2:采用出线端故障 T10 规定的 TRV 的波形进行试验时,如果符合下述规则,则保证了与标准操作冲击的等效性:

——TRV 的阻尼应使得 TRV 振荡的第二个峰值不高于第一个峰值的 80%;

——峰值后大约 2.5 ms 处,恢复电压的实际值应在峰值的 50%以上。

6.3 无线电干扰电压(r.i.v.)试验

GB/T 11022—2011 的 6.3 适用,并作如下补充:

试验可以在断路器的一极上进行,断路器应分别处于分闸和合闸位置进行试验。试验期间,断路器应装有可能影响无线电干扰性能的所有附件,例如均压电容器、电晕环、高压连接件等。

6.4 主回路电阻的测量

GB/T 11022—2011 的 6.4 适用。

6.5 温升试验

6.5.1 受试断路器的状态

GB/T 11022—2011 的 6.5.1 适用。

6.5.2 断路器的布置

GB/T 11022—2011 的 6.5.2 适用,并作如下补充:

对于未装有串联连接的附件的断路器,试验应该用断路器的额定电流进行。

对于装有一定额定电流范围的串联连接附件的断路器,应进行下列试验:

a) 装有额定电流等于断路器额定电流的串联连接附件的断路器,应按断路器的额定电流进行试验;

b) 装有预期附件的断路器,应分别按各个附件的额定电流进行一系列试验。

注:如果断路器的附件可移开,且有证据说明断路器和附件的温升不产生明显的相互影响,则上述试验 b)可用各附件单独进行的一系列试验来代替。

6.5.3 温度和温升的测量

GB/T 11022—2011 的 6.5.3 适用。

6.5.4 周围空气温度

GB/T 11022—2011 的 6.5.4 适用。

6.5.5 辅助和控制设备的温升试验

GB/T 11022—2011 的 6.5.5 适用。

6.5.6 温升试验的解释

GB/T 11022—2011 的 6.5.6 适用。

6.6 短时耐受电流和峰值耐受电流试验

6.6.1 断路器以及试验回路的布置

GB/T 11022—2011 的 6.6.2 适用，并作如下补充：

如果断路器装有直接过电流脱扣器，则应把最小动作电流的线圈整定到在最大电流和最长时延下动作时进行试验；线圈应接到试验回路的电源侧。如果断路器也可以在不装直接过电流脱扣器时使用，则也应在无过电流脱扣器时进行试验。

对于其他的自脱扣断路器，过电流脱扣器应整定在最大电流和最长延时下动作时进行试验。如果断路器可以在不带脱扣器时使用，则也应在无脱扣器时进行试验。

6.6.2 试验电流和持续时间

GB/T 11022—2011 的 6.6.3 适用，并作如下补充：

对于自脱扣断路器，应进行仅限于分闸操作的额定操作顺序。除非试验在额定电压下进行时，可以采用预期电流值，否则，所有相和操作中的开断电流的交流分量有效值的平均值应作为短时电流的有效值。

6.6.3 断路器在试验中的性能

GB/T 11022—2011 的 6.6.4 适用。

6.6.4 试验后断路器的状态

GB/T 11022—2011 的 6.6.5 适用，并作如下补充：

自脱扣断路器试验后，断路器的状态应符合 6.102.9，并应证明过电流脱扣器仍然是正确、有序的动作。正如制造厂所声明的，在最小脱扣电流的 110%的条件（单相或三相）下进行一次注入试验，应得到一个满意的验证。

6.7 防护等级的检验

6.7.1 IP 代码的检验

GB/T 11022—2011 的 6.7.1 适用于正常使用条件下断路器可触及的所有部件。

6.7.2 机械撞击试验

GB/T 11022—2011 的 6.7.2 适用。

6.8 密封试验

GB/T 11022—2011 的 6.8 适用。

在真空断路器的情况下，应根据 6.2.11 用工频试验的方式或者等效的试验进行真空绝缘的密封验证。

6.9 电磁兼容性(EMC)试验

6.9.1 发射试验

GB/T 11022—2011 的 6.9.1 适用。

6.9.2 辅助和控制回路的抗扰性试验

GB/T 11022—2011 的 6.9.2 适用。

6.9.3 辅助和控制回路附加的 EMC 试验

6.9.3.1 直流电源输入接口的纹波抗扰性试验

GB/T 11022—2011 的 6.9.3.2 适用，并作如下补充：

如果控制单元中没有使用电子元件且按照 6.101.2 对装有其整个控制单元的整台断路器进行了常温下的机械操作试验，则认为按照 GB/T 11022—2011 的 6.9.3.3 的直流输入功率接口的纹波抗扰性试验已经涵盖且免去附加的试验。如果整台断路器的试验不实际，可以接受符合 6.101.1.2 的单元试验。

使用了电子元件的场合，按照 GB/T 11022—2011 的 6.9.3.3 对各个元件进行的试验是充分的。

注：本条款适用于完整的电路板(例如控制模块)和至少包含一台电子设备(例如电子式时间继电器)的装置。

6.9.3.2 电源输入接口的电压跌落、短时中断和电压变化抗扰性试验

GB/T 11022—2011 的 6.9.3.3 适用。

6.10 辅助和控制回路的附加试验

6.10.1 概述

GB/T 11022—2011 的 6.10.1 适用。

6.10.2 功能试验

GB/T 11022—2011 的 6.10.2 适用，并作如下补充：

如果按照 6.101.2 对装有其整个控制单元的整台断路器进行了常温下的机械操作试验，则认为按照 GB/T 11022—2011 的 6.10.2 的功能试验已经涵盖且免去附加的试验。如果整台断路器的试验不实际，可以接受符合 6.101.1.2 的单元试验。

6.10.3 接地金属部件的电气连续性试验

GB/T 11022—2011 的 6.10.3 适用。

6.10.4 辅助触头的动作特性验证

GB/T 11022—2011 的 6.10.4 适用。

6.10.5 环境试验

GB/T 11022—2011 的 6.10.5 适用，并作如下补充：

如果对装有其整个控制单元的整台断路器进行了符合 6.101.2 的常温下的机械操作试验、符合 6.101.3 的高低温试验以及如果适用，符合 6.101.4 的湿度试验或者单独对控制设备进行过湿度试验，则认为按照 GB/T 11022—2011 的 6.10.5 的环境试验已经涵盖且免去附加的试验。如果整台断路器的试

验不实际,可以接受符合 6.101.1.2 的单元试验。

注:不包含抗震试验。如果要求抗震试验,则应根据制造厂和用户之间的协议进行。

6.10.6 绝缘试验

GB/T 11022—2011 的 6.10.6 适用。

6.11 真空灭弧室的 X 射线试验程序

GB/T 11022—2011 的 6.11 适用。

6.101 机械和环境试验

6.101.1 机械和环境试验的各项规定

6.101.1.1 机械特性

型式试验前,应建立断路器的机械特性,例如,记录空载行程曲线。这也可以通过采用特性参数来完成,例如,在某一行程处的瞬时速度等。机械特性将作为表征断路器机械性能的参考。此外,机械特性还用来确认用于机械、关合、开断和开合型式试验的不同试品的机械性能类似。获得该参考的试验称为参考的空载试验,并且根据该试验得到的曲线或其他参数作为参考的机械特性。参考的空载试验可以取自作为独立型式试验一部分的任何适当的空载试验。

应记录下述动作特性:

——分闸和合闸操作的机械特性;

——合闸时间;

——分闸时间。

机械特性应在操动机构及辅助和控制回路的额定电源电压、操作用的额定功能压力以及为了试验方便,在开断用的最低功能压力下进行单分操作(O)和单合操作(C)的空载试验来获得。

参考的空载试验中记录的分闸时间和合闸时间应该用作参考的分闸和参考的合闸时间。在和建立参考的机械特性程序采用相同的条件下,这些参考时间的偏差应与制造厂给出的偏差相对应。

附录 N 给出了机械特性使用的要求和解释。

6.101.1.2 单元试验

当对整台断路器进行试验不可行时,单元试验也可以作为型式试验。制造厂应确定适合进行试验的单元。

单元是具有独立功能的分装,可以独立于整台断路器而操作(例如极、开断单元、操动机构)。

进行单元试验时,制造厂应证明试验时单元上承受的机械和环境应力不小于整台断路器试验时施加在同一单元上的机械和环境应力。如果个别试验适于在单元上进行,单元试验应包含整台断路器所有不同类型的单元。单元型式试验的条件应该和其在整台断路器中所起作用时的试验条件相同。

按照有关标准制造的辅助和控制设备的部件应符合这些标准。应对与断路器其他部件的功能有关的这些部件的固有功能进行验证。

6.101.1.3 试验前后应记录的断路器的特性和整定值

试验前后,下列动作特性或整定值应予以记录和计算:

a) 合闸时间;

b) 分闸时间;

c) 一极中各单元之间的时间差;

d) 极间时间差(如果进行多极试验时);
e) 操动机构的恢复时间;
f) 控制回路的损耗;
g) 脱扣装置的损耗,可能时还应记录脱扣器的电流;
h) 分闸或合闸指令的持续时间;
i) 适用时,密封性;
j) 适用时,气体密度或压力;
k) 主回路电阻;
l) 时间-行程特性曲线;
m) 制造厂规定的其他重要特性或整定值。

上述动作特性应在下列情况下记录:
——额定电源电压和操作用的额定充入压力;
——最高电源电压和操作用的最高充入压力;
——最高电源电压和操作用的最低功能压力;
——最低电源电压和操作用的最低功能压力;
——最低电源电压和操作用的最高充入压力。

6.101.1.4 断路器在试验中和试验后的状态

断路器在试验中及试验后应处于这样的状态:能够正常操作,能够承载额定电流,能够关合、开断其额定短路电流及按照其额定绝缘水平耐受电压。

通常,如果断路器符合下列条件,则认为上述要求已被满足:
——试验中,断路器按指令动作,无指令不动作;
——试验后,按照6.101.1.3测出的特性在制造厂给出的偏差范围内;
——试验后,所有部件,包括触头无过度磨损;
——试验后,在接触区有镀层的触头,表面的镀层仍应保持,否则,触头被认为是裸露的,而且仅当温升试验中(按照6.5)的触头温升不超过裸露触头的允许值时才满足试验要求;
——试验中及试验后,机械部件的任何变形对断路器的操作不得有不利的影响,或者不得妨碍可更换零件的正常装配;
——试验后,断路器在分闸位置的绝缘性能应该和试验前的状况基本相同。试验后断路器的外观检查通常足以验证其绝缘性能。对于灭弧室终身密封的断路器,按照6.2.11,作为状态检查的电压试验可能是必要的。

6.101.1.5 辅助和控制设备在试验中和试验后的状态

试验中及试验后,辅助及控制设备应满足下列条件:
——试验中,应注意防止过热;
——试验中,应安排一组触头(包括关合和开断辅助触头),用以开合所控制的回路的电流(见5.4);
——试验中及试验后,辅助和控制设备应满足其功能;
——试验中及试验后,辅助开关和控制设备的辅助回路的功能不应受到损坏;若有怀疑,应按照GB/T 11022—2011的6.2.11进行试验;
——试验中及试验后,辅助开关的接触电阻不应受到不利的影响。承载额定电流时,其温升不应超过规定值(见GB/T 11022—2011的表3)。

6.101.2 常温下的机械操作试验

6.101.2.1 概述

机械操作试验应在试验地点的周围空气温度下进行。周围空气温度应记录在试验报告中。应包括作为操动机构组成部件的辅助设备。

机械操作试验应由 2 000 次操作顺序组成。

除了装有过电流脱扣器的断路器外，试验应在主回路中既无电压又无电流的条件下进行。

对于装有过电流脱扣器的断路器，大约 10％的操作顺序应该是在分闸装置由主回路中的电流激励的情况下进行的。电流应是过电流脱扣器动作所必需的最小电流。对于这些试验，通过过电流脱扣器的电流，也可由一个合适的低压电源供给。

试验中，允许按照制造厂的说明书进行润滑，但不允许进行机械调整或其他类型的维修。

注：断路器的设计中可能配装有几种变量的辅助设备（并联脱扣器和电动机），以兼容 4.9 和 4.10 规定的各种各样的额定控制电压和频率。如果它们的设计相近且最终的空载机械特性在附录 N 给出的公差范围内，没有必要对这些变量进行试验。

6.101.2.2 试验前断路器的状态

被试断路器应安装在其自身的支架上，且其操动机构应按照规定的方式进行操作。根据断路器的类型，按照下列规定进行试验：

由一个操动机构操作和/或所有极装在一个共用基架上的多极断路器，都应当作为一个整体进行试验。

试验应按 6.101.1.3 的项 j)，在开断用的额定充入压力下进行。

每极或者甚至每个柱分别由单独的操动机构操作的多极断路器最好作为一台完整的多极断路器进行试验。但是，为了方便，或者由于试验间尺寸的限制，只要在整个试验范围内它与用完整的多极断路器的试验等价或者不会更有利时，可以用断路器的一个极单元进行试验，例如在下列几个方面：

——参考的机械行程特性；

——合闸和分闸机构的功率和强度；

——结构的刚度。

6.101.2.3 M1 级断路器试验的说明

断路器应按照表 13 进行试验。

表 13 操作顺序的次数

操作顺序	电源电压和操作压力	操作顺序的次数	
		自动重合闸断路器	非自动重合闸断路器
C—t_a—O—t_a	最低	500	500
	额定	500	500
	最高	500	500
O—t—CO—t_a—C—t_a	额定	250	—
CO—t_a	额定	—	500

O＝分闸；
C＝合闸；
CO＝合闸操作后，紧接着（即没有任何人为延时）进行一个分闸操作；
t_a＝两次操作之间的时间间隔，对断路器恢复到起始状态和/或防止断路器的某些部件过热（这个时间可以根据操作的类型而不同）是有必要的；
t＝如无其他规定，对于快速自动重合闸断路器为 0.3 s。

6.101.2.4 特殊使用要求下 M2 级断路器的延长的机械寿命试验

对有特殊使用要求的、需频繁操作的断路器，应进行延长的机械寿命试验，试验程序如下：

试验应按 6.101.1、6.101.2.1、6.101.2.2 和 6.101.2.3 进行，并作如下补充：

——试验应由 5 倍于表 13 规定的相关试验系列，即 10 000 次操作顺序组成；

——规定的试验系列之间，允许根据制造厂的说明书进行一些维护，如：润滑和机械调整；不允许更换触头；

——试验过程中的维修程序应由制造厂在试验前确定，并记录在试验报告中。

6.101.2.5 机械操作试验的接受判据

下面给出的判据适用于 M1 和 M2 级断路器的机械操作试验。

a) 全部试验程序完成前、后，应进行下述操作：

——在合分闸装置以及辅助和控制回路的额定电源电压和/或操作用的额定压力下，进行 5 次合—分操作顺序；

——在合分闸装置以及辅助和控制回路的最低电源电压和/或操作用的最低压力下，进行 5 次合—分操作顺序；

——在合分闸装置以及辅助和控制回路的最高电源电压和/或操作用的最高压力下，进行 5 次合—分操作顺序。

在这些操作顺序中，应记录或计算其动作特性（见 6.101.1.3）。不需给出记录到的所有示波图。但是，试验报告中至少应对上述的每一组条件给出一张示波图。

另外，还应进行下面的检查和测量（见 10.2.102）：

——如果适用，操作过程中操作流体压力特性和损耗的测量；

——额定操作顺序的验证；

——如果适用，某些规定操作的检查。

延长的机械寿命试验前、后测量到的每个参数与平均值之差应在制造厂给出的公差范围内。

b) 每一个 2 000 次操作顺序后，6.101.1.3 中的 a)、b)、c)、d)、e)和 l)的动作特性应予以记录；

c) 完成所有试验程序后，断路器的状态应该符合 6.101.1.4。

6.101.3 低温和高温试验

6.101.3.1 概述

两类试验不需要连续进行，试验的顺序是任意的。对于 −5 ℃级的户内断路器和 −10 ℃级的户外断路器不要求低温试验。

对于单箱壳型断路器或共用一个操动机构的多箱壳型断路器应该进行三极试验。对于每极为一个独立单元的多箱壳型断路器，允许用一个完整的极进行试验。

由于受试验设备的限制，如果在试验的布置上，断路器处于不比正常的机械操作条件更有利的条件（见 6.101.2.2）下，多箱壳型断路器可以采用下列一个或几个替代方案进行试验：

a) 降低相对地绝缘的高度；

b) 缩小极间距离；

c) 减少单元数。

如果需要热源，可以将其投入使用。

除非断路器的设计要求为供给断路器操作用的液体或气体源提供热源，否则，应处于试验时的空气温度。

试验过程中,不允许对断路器进行检修、更换零部件、润滑或调整。

注 1:为了确定材料的温度特性、老化等,可能需要比下列条款所规定的更长持续时间的试验。

作为本标准规定的试验方法的一种替代办法,是由制造厂提供断路器良好的现场运行的经验资料,来证明已有的某断路器系列符合本条款的要求,这些运行经验包括:至少在一个地点其周围空气温度经常等于或高于所规定的最高周围空气温度 40 ℃的运行经验,及至少在一个地点其周围空气温度为断路器级别(见 GB/T 11022—2011 的第 2 章)所规定的最低温度的运行经验。

如果满足了 6.101.1.4 和 6.101.1.5 规定的条件,断路器就通过了试验。此外,应满足 6.101.3.3 和 6.101.3.4 中的条件且记录到的泄漏率不应超过 GB/T 11022—2011 的表 13 中给出的限值。在试验报告中,试验条件和断路器在试验前、试验中和试验后的状态应予以报告。记录到的参量应以适当的方式表示且应给出采集到的示波图。为了减少试验报告中示波图的数量,允许给出每种规定的试验条件下每一相关操作类型的一张典型示波图。

高温和低温试验期间,不包括真空断路器的密封性验证试验。真空的完整性应在高温和低温试验后通过工频电压(或等效的)试验来验证。但是,如果真空断路器用于充有绝缘气体(例如,SF_6)的外壳中,应对该外壳进行密封性验证试验。

注 2:断路器的设计中可能配装有几种变量的辅助设备(并联脱扣器和电动机),以兼容 4.9 和 4.10 规定的各种各样的额定控制电压和频率。如果它们的设计相近且最终的空载机械特性在 6.101.1.1 给出的公差范围内,没有必要对这些变量进行试验。

6.101.3.2 周围空气温度的测量

试验地点的周围空气温度应该在断路器高度一半及距断路器 1 m 处进行测量。

断路器高度上的最大温度偏差应不超过 5 K。

6.101.3.3 低温试验

试验顺序的图示和规定的试验点的确定见图 17a)。

如果低温试验是紧接着高温试验后进行的,则低温试验可以在高温试验完成项 u)后继续进行,这时,下面的项 a)和项 b)可以省略。

a) 受试断路器应按照制造厂的说明书进行调整。

b) 在周围空气温度(20±5)℃(T_A)下,按照 6.101.1.3 的规定记录断路器的特性和整定值。如果适用,应按照 6.8 进行密封试验。

c) 断路器处于合闸位置,根据 GB/T 11022—2011 中 2.2.1、2.2.2 和 2.3.4 给出的断路器的级别将周围空气温度降低到相应的最低周围空气温度(T_L)。周围空气温度稳定在 T_L 后,断路器应保持在合闸位置 24 h。

d) 在温度 T_L 下,断路器保持合闸位置 24 h 期间,应进行密封试验(如果适用的话)。如果使断路器恢复到周围空气温度 T_A,并处于热稳定状态时,其泄漏率能恢复到原始值,增大的泄漏率是允许的。但这种暂时增大的泄漏率不得超过 GB/T 11022—2011 表 13 中的允许暂时泄漏率。

注 1:如果气体用于操作、开断和/或绝缘,密封试验适用。对于真空断路器不要求密封试验。但是,如果真空断路器用于充有绝缘气体(例如,SF_6)的外壳中,应对该外壳进行密封性验证试验。

e) 保持在温度 T_L 24 h 后,断路器应在额定电源电压及操作压力的额定值下进行分闸和合闸,记录下分闸和合闸时间,以确定断路器的低温操作特性。如果可行,还要记录触头的运动速度。

f) 切断所有加热设备,包括防止凝露的加热元件的电源,持续时间 t_X,以检验断路器的低温性能及其报警和闭锁系统。在此期间,允许报警,但不允许闭锁。在时间间隔 t_X 末,在额定电源电压和操作压力的额定值下给出分闸指令,断路器应分闸。分闸时间应予以记录(如果可行,还应测量机械行程特性),以便估算开断能力。

制造厂应规定在没有二次电源对加热设备供电的条件下，断路器依旧能够操作的最长 t_X 值（不小于 2 h）。如果没有上述规定，优选值为 2 h。

注 2：如果所使用的位移传感器的安装位置可触及，机械特性的测量是可行的。

g) 断路器应置于分闸位置 24 h。

h) 在温度 T_L 下，断路器处于分闸位置的 24 h 期间，应进行密封试验（如果适用的话）。如果断路器恢复到周围空气温度 T_A，并处于热稳定状态时，其泄漏率能恢复到原始值，增大的泄漏率是允许的。但这种暂时增大的泄漏率不得超过 GB/T 11022—2011 表 13 中的允许暂时泄漏率。

i) 在 24 h 终了时，在温度 T_L 下，断路器应以其额定电源电压及操作压力进行 50 次合闸和 50 次分闸操作。对于每个循环或顺序允许至少有 3 min 的时间间隔。应记录第一次合闸和分闸操作，以确定其低温操作特性。如果可行的话，应记录触头的速度。在第一次合闸操作（C）和第一次分闸操作（O）后，应进行三个合分（CO）操作循环（无人为延时）。其余的操作应按"C—t_a—O—t_a"操作顺序进行（t_a 的定义见表 13）。

j) 完成 50 次分闸和 50 次合闸操作后，空气温度应以每小时大约 10 K 的变化率升高到周围空气温度 T_A。

在温度变化的过渡期间，断路器应以额定电源电压和操作压力交替地进行"C—t_a—O—t_a—C"和"O—t_a—C—t_a—O"操作顺序。交替的操作顺序间的时间间隔为 30 min，以使断路器在操作顺序之间的 30 min 期间处于分闸位置和合闸位置。

k) 断路器在周围空气温度 T_A 下达到热稳定状态后，应按照项 a）和项 b）重新检查断路器的整定值、动作特性和密封性，以便同起始特性进行比较。

在进行从项 b）～项 j）的完整的低温试验顺序过程中，其累积的泄漏应不致达到闭锁压力（但是，达到报警压力是允许的）。

6.101.3.4 高温试验

试验顺序的图示和规定的试验点的确定见图 17b）。

如果高温试验是紧接着低温试验进行的，则高温试验可以在低温试验项 j）完成后继续进行，这时，下面的项 l）和 m）可以省略。

l) 被试断路器应按照制造厂的说明书进行调整。

m) 在周围空气温度（20±5）℃（T_A）下，按照 6.101.1.3 的规定，记录断路器的特性及其整定值。如果适用，应按照 6.8 进行密封试验。

n) 断路器处于合闸位置，将空气温度升高到适当的、符合 GB/T 11022—2011 的 2.2.1、2.2.2 和 2.3.4 给出的周围空气温度的上限，即最高周围空气温度（T_H）。断路器的周围空气温度稳定在 T_H 后，断路器应保持合闸位置 24 h。

注 1：没有考虑太阳辐射的影响。

o) 在温度 T_H 下，断路器处于合闸位置的 24 h 期间，应进行密封试验（如果适用的话）。如果使断路器恢复到周围空气温度 T_A，并处于热稳定状态时，泄漏率能恢复到原始值，则增大的泄漏率是允许的。但这种暂时增大的泄漏率不得超过 GB/T 11022—2011 表 13 中的允许暂时泄漏率。

注 2：如果气体用于操作、开断和/或绝缘，密封试验适用。对于真空断路器不要求密封试验。但是，如果真空断路器用于充有绝缘气体（例如，SF_6）的外壳中，应对该外壳进行密封性验证试验。

p) 保持温度 T_H 24 h 后，断路器应在其额定电源电压及操作压力下进行分闸和合闸，记录下分闸和合闸时间，以确定其高温操作特性。如果可行，还应记录触头的运动速度。

注 3：如果所使用的位移传感器的安装位置可触及，机械特性的测量是可行的。

q) 在温度 T_H 下断路器分闸，并处于分闸位置 24 h。

r) 在温度 T_H 下，断路器处于分闸位置的 24 h 期间，应进行密封试验(如果适用的话)。如果使断路器恢复到周围空气温度 T_A，并处于热稳定状态时，其泄漏率能恢复到原始值，则增大的泄漏率是允许的。但这种暂时增大的泄漏率不得超过 GB/T 11022—2011 表 13 中的允许暂时泄漏率。

s) 24 h 终了时，在温度 T_H 下，断路器应以额定电源电压和操作压力进行 50 次合闸和 50 次分闸操作，对于每个循环或顺序允许至少有 3 min 时间间隔，应记录第一次合闸和分闸操作，以确定其高温操作特性。如果可行，还应记录触头的运动速度。

在第一次合闸和第一次分闸操作后，应进行三个"合分"操作循环(无人为延时)。其余的操作按"C—t_a—O—t_a"操作顺序进行(t_a 的定义见表 13)。

t) 完成 50 次分闸和 50 次合闸操作后，空气温度应以大约每小时 10 K 的变化率降低到周围空气温度 T_A。

在温度变化的过渡期间，断路器应以额定电源电压和操作压力交替地进行"C—t_a—O—t_a—C"和"O—t_a—C—t_a—O"操作顺序，交替的操作顺序之间的时间间隔应为 30 min，以使断路器在操作顺序之间的 30 min 期间处于分闸位置和合闸位置。

u) 断路器在周围空气温度 T_A 下达到热稳定状态后，应按照项 l)和 m)重新检查断路器的整定值、操作特性和密封性，以便同起始特性进行比较。

在进行从项 l)～项 t)完整的高温试验顺序过程中，其累积的泄漏应不致达到闭锁压力(但是，达到报警压力是允许的)。

6.101.4 湿度试验

6.101.4.1 概述

湿度试验不应对设计用在直接曝露于降雨环境中的设备(如户外断路器的一次元件)实施。如果因为温度的骤变，在长期承受电压作用的绝缘表面可能出现凝露，则应对断路器或断路器的部件进行湿度试验。该试验主要针对户内安装的断路器的二次接线的绝缘。也没有必要对已采取了有效的防凝露措施的设备(如带有防凝露加热器的控制柜)实施。

通过 6.101.4.2 中叙述的试验程序，以加速的方式来确定试品、断路器的一次元件耐受湿度效应。该效应可以在试品的表面产生凝露。

6.101.4.2 试验程序

试品应安装在空气流通的试验室中，试验室的温度及湿度应按下面给出的循环：

该循环的一半，试品表面应是湿的，该循环的另一半，试品表面应是干燥的。为此，在试验室内，试验循环由低空气温度[T_{min}=(25±3)℃]阶段 t_4 和高空气温度[T_{max}=(40±2)℃]阶段 t_2 组成。两个阶段的时间应相等。对于施加低空气温度的半个循环，雾的产生应予以保持(见图 18)。

雾产生的开始，原理上与低空气温度阶段同时开始。然而为了加湿具有高的热时间常数的材料的垂直表面，有必要在低空气温度阶段内延迟开始雾的产生。

试验循环的持续时间取决于试品的热特性，并在高温和低温度阶段均应足够长，以使得所有的绝缘表面变湿和干燥。为了达到这些条件，可以向试验室内直接注入蒸汽或将热水以雾状喷入室内；蒸汽或雾状热水供给热量，或者必要时使用加热器，可以使温度从 25 ℃上升到 40 ℃。把试品放在试验室内进行的第一个循环是为了观察和检查这些条件。

注：高压断路器的低压元件的时间常数通常小于 10 min，图 18 中给出的时间间隔的持续时间为 t_1=10 min、t_2=20 min、t_3=10 min 和 t_4=20 min。

通过连续的或间断的在试验室每立方米的空间内雾化 0.2 L/h～0.4 L/h 的水(电阻特性在下面给

出)来获得雾。喷嘴的直径应小于 10 μm;这样的雾可以通过机械喷雾器获得。喷洒的方向应使得试品的表面不被直接喷到。试品上面的顶板不应有水滴落。产生雾的期间,试验室应关闭,不允许有额外的强迫空气流通。

用于产生湿度的水,应该是在试验室内收集到的,其电阻率应等于或大于 100 Ω·m,且既不含盐(NaCl)也不含腐蚀性元素。

试验室内空气的温度和相对湿度应在试品附近测量,并应在整个试验期间进行记录。温度下降时,不规定相对湿度的数值,但是,温度保持在 25 ℃期间,湿度应在 80%以上。试验室内的空气应是流通的,以保证试验室内的湿度得以均匀分布。

循环次数应为 350 次。

试验中和试验后,试品的操作特性不应受到影响。辅助和控制回路应能耐受 1 500 V 工频电压 1 min。腐蚀的程度(如果有的话),应在试验报告中说明。

6.101.5 验证严重结冰条件下的操作试验

严重结冰条件下的试验,仅适用于具有可动的外部部件的户外断路器,规定的结冰厚度等级为 10 mm 或 20 mm。试验应在 GB 1985—2004 规定的条件下进行。

6.101.6 端子静负载试验

6.101.6.1 概述

端子静负载试验仅适用于户外断路器。

如果制造厂通过计算可以证明断路器能够耐受规定的应力,则不需要进行试验。

进行端子静负载试验是为了验证在冰、风及连接导体作用下断路器能正确地操作。

断路器上的覆冰和风压,应符合 GB/T 11022—2011 的 2.2.2 的规定。

作为导则,表 14 中给出了由于软连接和管形连接导体产生的作用力的一些例子(不包括作用在断路器本体上的风和冰负载或动态负载)。

假定由连接导体产生的拉力作用在断路器端子的最外端上。

冰、风和连接导线同时作用时,端子合力 F_{sr1}、F_{sr2}、F_{sr3} 和 F_{sr4}(见图 19)定义为额定端子静负载。

6.101.6.2 试验

试验应在试验室的周围空气温度下进行。

试验至少应在断路器的一个完整极上进行。如果制造厂能够证明一个极中各柱之间无相互作用,则仅试验一个柱已足够。对于相对一个极的垂直中心线是对称的断路器,则仅需以额定端子静负载对一个端子进行试验。对于不对称的断路器,应对每一个端子进行试验。

可以采用两种试验方法:

a) 试验应采用 3 个分量:垂直力、纵向力和横向力(如图 20 的定义)的合力 F_{sr1}、F_{sr2}、F_{sr3} 和 F_{sr4} 进行。应进行下述试验:

——试验 1:$F_{sr1}=F_{thA}+F_{thB1}+F_{tvC2}+F_{wh}$

——试验 2:$F_{sr2}=F_{thA}+F_{thB1}+F_{tvC1}+F_{wh}$

——试验 3:$F_{sr3}=F_{thA}+F_{thB2}+F_{tvC2}+F_{wh}$

——试验 4:$F_{sr4}=F_{thA}+F_{thB2}+F_{tvC1}+F_{wh}$

为了便于试验,各个试验的次序是随意的。如果断路器的结构对于开断单元的纵向轴是对称的,试验序号 2 和 4 或者试验序号 1 和 3 可以免去。

b) 作为替代方法,试验可以分开进行,施加力的顺序如下:

——水平力，F_{shA}施加在端子的纵向轴上（图 20 中的方向 A_1 和 A_2）；

——水平力，F_{shB}依次施加在与端子纵向轴成 90°的两个方向（图 20 中的方向 B_1 和 B_2）；

——垂直力，F_{sv}依次施加在两个方向（图 20 中的方向 C_1 和 C_2）。

对于共底座的三极断路器，应对中间极进行试验。

为了避免施加一个专门的力来代表作用在断路器的承压中心的风力，这个风负载可以施加在端子上（见图 19），其大小可按较长的杠杆臂的比例缩小（断路器最低部分的弯矩应该相同）。

每一独立的端子负载试验前后应进行两个操作循环（CO 操作）。为此，断路器可能需要加压。由于安全方面的原因，压力可以是任何适当的数值。

施加机械负载时，如果断路器操作正常，则认为满足试验。如果经过一系列试验后触头行程、分闸和合闸时间和试验前记录的数值没有明显变化就认为满足了该要求；因此应采用 6.101.1.1 和附录 N 中给出的规则。

注：因为端子静负载试验的断路器中的压力可能偏离 6.101.1.1 和附录 N 中试验所规定的数值，端子静负载试验期间记录的机械参数和参考的机械特性的直接比较是不切实际的。但是，应以适当的方式采用 6.101.1.1 和附录 N 中给出的规则。

试验后，不应出现密封的泄漏和劣化。

表 14　端子静负载试验的静态水平和垂直力示例

额定电压范围 U_r kV	额定电流范围 I_r A	静态水平力 F_{th}		静态垂直力（垂直轴向上和向下）F_{tv} N
		纵向 F_{thA} N	横向 F_{thB} N	
40.5、72.5	800～1 250	500	400	500
	1 600～2 500	750	500	750
126	1 250～2 000	1 000	750	750
	2 500～4 000	1 250	750	1 000
252～363	1 600～4 000	1 500	1 000	1 250
550～800	2 000～4 000	2 000	1 500	1 500
1 100	4 000～8 000	4 000	4 000	2 500

6.102　关合和开断试验的各项规定

6.102.1　概述

除非在相关条款中另有规定，下列条款适用于所有的关合和开断试验。

如果适用，在进行试验之前，制造厂应声明下列值：

——保证额定操作顺序的操动机构的最低条件（例如液压操动机构的操作用的最低功能压力）；

——保证额定操作顺序的开断装置的最低条件（例如 SF_6 断路器的开断用的最低功能压力）。

断路器应能关合和开断直到并包括额定短路开断电流在内的所有的对称的和非对称的短路电流，如果断路器在额定电压下关合和开断 10%（或 6.107.2 中规定的更小的电流，如果 6.107.1 适用）和 100%额定短路开断电流之间所规定的所有三相对称和非对称电流，则可以认为断路器的上述性能已被验证。

此外，用于中性点有效接地系统或单极操作的断路器，在相对地电压（$U_r/\sqrt{3}$）下应该关合和开断

10%(或 6.107.2 中规定的更小的电流，如果 6.107.1 适用)和 100%额定短路开断电流之间的单相短路电流。此外，在异相接地故障情况下，断路器应能开断短路电流(见 6.108)。

具有任何容性电流开合额定值的断路器，应能在直到并包括规定值(见 6.111.7)的电压水平下开合直到并包括其额定容性开合电流的任何容性电流。这一点可以通过在规定的试验电压下断路器开合其额定容性开合电流来验证。

三相关合和开断要求应优先在三相回路中验证。

如果试验在试验室进行，外施电压、电流、瞬态和工频恢复电压可以从一个单独的电源获得(直接试验)，或者从几个电源获得，其中电流的全部或大部分从一个电源获得，而瞬态恢复电压可以全部地或部分地从一个或多个独立的电源获得(合成试验)。

如果受试验设备的限制，断路器的短路性能不能按上述方法验证时，根据断路器的类型可采用下列一种试验方法或几种组合的试验方法，这些验证方法应用直接试验法或合成试验法：

a) 单极试验(见 6.102.4.1)；

b) 单元试验(见 6.102.4.2)；

c) 多部试验(见 6.102.4.3)。

6.102.2 试品的数量

GB/T 11022—2011 的 6.1.2 适用，并做如下补充：

作为进行短路关合、开断试验和开合试验(适用时包括出线端故障、近区故障、失步和容性电流开合试验)的推荐经验，这些试验应用一台试品。短路试验时，每个独立的试验方式之间和其他非短路试验时每个独立的试验系列之间，需要时，如果允许，可以进行维修。制造厂应向试验室说明试验过程中需要更换的零部件。

然而，应注意到几个试验方式应该在同一个试验站的同一位置进行的情况下，上述限制条件可能会成为不经济的制约。在这种情况下，最多允许使用两台试品进行上述试验。此时，应按 GB/T 11022—2011 的 6.1.2 对两台试品进行全面确认；另外，两台试品的机械行程特性应在 6.101.1.1 给出的公差范围内。

作为补充，仅限于每极具有独立机构的断路器，应进行单相整极试验。作为对两台试品的补充，也可以使用最多两极的开断单元。

如果对一极的一个单元或多个单元进行单元试验时，单个试验中使用的单元总数，考虑到 6.102.4.2.3 的规定，可以认为是一台试品。在这种情况下，可以使用两台试品及相应的操动机构和最多附加的两台试品(适当的开断单元)。

关合、开断和开合试验允许的试品数量的图解说明见图 21。按 GB/T 11022—2011 的 3.2.1，试品的定义的图解说明见图 22。

如果完成试验后，对断路器的检查表明非可更换零部件未发现过分的损坏，但不更换非可更换零部件可能会影响断路器完成整个型式试验，则允许按补充要求。如果不是这种情况，则应该用同一台试品完成整个型式试验，而仅更换制造厂说明的可更换零部件。

需要进行附加的非强制性试验时，可以使用附加的试品，超过上述规定的试品数量是允许的(见表 11)。

6.102.3 受试断路器的布置

6.102.3.1 概述

受试断路器应安装在自己的支架或与之等效的支架上。作为封闭单元的一个组成部分的断路器，应完整装配在自己的支持结构件和外壳内，即装有隔离装置和构成单元部件的排逸孔，如果可行的话，还要有主连接和母线。

操动机构应按规定的方式进行操作，特别电动或弹簧操作的，合闸线圈或并联合闸脱扣器和并联分闸脱扣器分别应在最低电源电压下保证成功地操作（合闸线圈和并联合闸脱扣器为额定电压的85%，分闸脱扣器，交流为额定电压的85%，直流则为额定电压的65%）。为了便于稳定地控制分闸和合闸操作，在T100a试验、容性电流开合试验、小感性电流开合试验和6.108中规定的单相试验时，应供给脱扣器最高操作电压。除非相关条款中另有规定，对于具有最低操作条件（即压力、能量等）的操动机构，应该在完成4.104规定的额定操作顺序的最低操作条件下操作。如果受试验方式和试验站条件的限制，允许操作顺序由O、CO和O—t—CO操作顺序构成，下列程序适用于气动和液压操动机构：

a) 开断、关合和开合试验前，应从3.7.155规定的操作用的最低功能压力开始，应记录所进行的空载额定操作顺序时的所有压力；

b) 应把记录到的压力值与制造厂提供的保证O、CO和O—t—CO成功操作的最低值进行比较；

c) 试验应在上述a)和b)获得的最低值下进行，试验方式中相应操作的压力不论如何低，该压力值应记录在试验报告中。

与压力闭锁相关的闭锁装置，如果与试验目的相矛盾，则在试验过程中应不起作用。

应表明断路器在上述条件和6.102.6规定的空载条件下能够满意地操作。按照3.7.156，开断用的压缩气体的压力（如果有的话）应整定到其最低功能值。

断路器应根据6.102.3.2和6.102.3.3规定的类型进行试验。

6.102.3.2 共箱型

全部弧触头均装在一个共用的箱壳内的三极断路器，应在三相回路中对完整的三极断路器进行试验，且应考虑附录O。

理由如下：

——由于排出气体的影响，存在极间或极对地间破坏性放电的可能性；

——灭弧介质的状态（压力、温度、污秽水平等）可能不同；

——三相故障时，相间的电动力产生的巨大影响；

——操动机构所受的应力可能不同。

6.102.3.3 多箱型

由三个独立的单极开合装置组成的三极断路器，可按照6.102.4.1进行单相试验。制造厂应提供试验证据表明符合5.101。

对不具有完全独立的开合装置的三极断路器，应用整台三极断路器进行试验。但是，如果受可供使用的试验设备的限制，可以用断路器的一个单极进行试验，只要这在整个试验过程中在下列各方面同整台三极断路器等价或不处于较之更有利的条件下：

——关合操作时的机械行程特性（计算方法见6.102.4.1）；

——开断操作时的机械行程特性（计算方法见6.102.4.1）；

——灭弧介质的利用率；

——合闸和分闸装置的功率与强度；

——结构的刚度。

6.102.3.4 自脱扣断路器

对于自脱扣断路器，按照6.103.4的规定，在关合、开断和开合试验过程中过电流脱扣器应不动作，且过电流脱扣器或电流互感器应接到试验回路的带电侧。

6.102.4 关于试验方法的一般考虑

6.102.4.1 三极断路器单极的单相试验

按照本方法，三极断路器的单极在单相回路中进行试验，施加与完整的三极断路器在三相开断和关合中最高应力的极上在相应的条件下承受的相同的电流和几乎相同的工频电压。

当断路器的设计允许用单相试验去模拟三相条件且断路器的三极共用一个操动机构时，应该提供一台装配完整的三极断路器进行试验。

对于短路试验，为了确定断路器能否允许用单相试验模拟三相试验条件，应进行的验证性试验包括非对称的和对称的关合操作和开断操作。此外，应该检查单相试验时断路器的动作特性和6.101.1.1的规定一致。

开断的验证性试验包括进行一个三相短路开断试验，试验电流和试验方式T100s的相同，在任何方便的试验电压下不施加TRV，而且在后开极中达到最长的预期燃弧时间。

关合的验证性试验包括在与6.104.2相同条件下的两次三相关合操作。一次关合操作应为完全对称的电流，且在一极中获得最长的预击穿时间；另一次关合操作应在一极中获得最大的非对称电流，在这种情况下，关合操作可以在任何方便的低电压下进行。

在这些关合和开断的验证试验过程中，应记录触头运动的轨迹。它可以作为下述程序[见图23a)]的参考。用于记录触头运动轨迹的传感器应安装在适当的位置，以便能够直接或间接地提供最佳的触头运动轨迹。

根据该参考轨迹，画出开断操作时，从触头分离时刻到触头运动终止时刻；关合操作时，从触头运动开始到触头接触时刻的两条包络线。两条包络线和原始轨迹的距离应为三相验证试验估算的触头总行程的±5%[见图23b)]。

应记录相同条件(具有最长燃弧时间和最长预击穿时间的试验方式T100s)下，单相试验过程中的触头运动轨迹。如果单相试验时的触头运动轨迹在三相试验时的开断操作从触头分离时刻到触头运动终止间和关合操作从触头运动开始到触头接触时刻间的机械行程特性的包络线内，则用单相试验代表三相试验是有效的。

包络线可以在垂直方向移动，直到一条曲线覆盖了参考线。这就给出和参考触头行程曲线的最大允许偏差分别为−0%、+10%和+0%、−10%[见图23c)和图23d)]。为了得到和参考线10%的最大的总偏差，包络线的移动在整个试验过程中只允许一次。

注：为获得正确的单极触头运动特性，根据其设计(单极或三极操作)，有必要进行调整，如采用转换功能。

应特别注意电弧分解物的喷射。例如，如果认为这种喷射可能损害相邻极间的绝缘距离，则应采用接地金属屏进行检查(见6.102.8)。

6.102.4.2 单元试验

某些断路器是由装配完全相同的开断和关合单元串联组成，使用并联阻抗通常可以改善每一极的各单元之间的电压分布。

这种型式的设计，可以使断路器的开断和关合性能通过一个或多个单元上进行的试验来验证。

6.101.1.1、6.102.3和6.102.4.1的要求也适用于单元试验。因此，至少制造一个装配完整的极，适合于在一个或多个单元上进行验证试验，试验结果仅与特定设计的极有关。

应该区分以下几种情况：

a) 断路器的极由独立操作的单元(或单元装配)组成，且灭弧介质没有相互连通：

这种情况下，可以进行单元试验。但是，应该考虑到单元中电流的电动力和单元中电弧的相互影响(见图24)。这可以用等效形状的导体代替第二开断单元来实现。

b) 断路器的极由独立操作的单元(或单元装配)组成,但其灭弧介质是相互连通的:
这种情况下,如果未进行试验的单元在试验过程中处于燃弧状态(例如,在合成试验时用作辅助断路器),则可以进行单元试验。

c) 断路器的极由不是独立操作的单元(或单元装配)组成:
这种情况下,如果单个单元试验时和整极试验时的机械行程特性相同,则可以进行单元试验。可以采用相应于 6.102.4.1 中对三极断路器的单极试验所给出的方法。此外,还应考虑到电动力的影响[亦可见上述项 a)]。
然而,如果未进行试验的单元在试验过程中处于燃弧状态(例如合成试验时作为辅助断路器),则认为和机械行程特性相关的要求已经满足。在这种情况下,单元间灭弧介质相互连通[亦可见上述项 b)]的断路器的要求也就同时满足。

d) 如果受试单个单元中灭弧介质的体积正比于具有相同灭弧介质的单元装配的适当部分,则可以进行试验电流小于或等于 60%额定短路开断电流的单个单元试验。
单个单元试验时应和整极试验时的机械行程特性相同。应采用相应于 6.102.4.1 中对三极断路器的单极试验所给出的方法。

进行单元试验的基础是所有单元完全相同,且不同试验类型(如出线端故障、近区故障、失步等)的静态电压分布是已知的。

6.102.4.2.1 单元的同一性

断路器所有单元的形状、尺寸及操作条件应该是相同的;仅允许控制各单元间电压分布的装置可以不同。特别是,应满足下列条件:

a) 触头的操作
一极的各个触头在开断试验的分闸和关合试验的合闸中应该是这样:首先动作单元的触头的分闸或合闸与最后动作单元的触头的分闸或合闸之间的时间间隔不应超出额定频率的 1/8 周波。应采用额定操作压力和电压来确定这个时间间隔。

b) 灭弧介质的供应
对于从单元以外的来源向单元供应灭弧介质的断路器,供应给每个单元的介质,实际上应与其他单元无关,且供应管道的布置,应保证同时且以相同的方式对所有单元供应介质。

6.102.4.2.2 电压分布

通过对一极中各单元间电压分布的分析来确定试验电压。

受大地影响,一极中各单元之间的电压分布,应按整极试验的下述相关试验条件来确定:

——对于出线端故障条件,见 6.103.3 的项 c)和项 d)以及图 27a)、图 27b)、图 28a)和图 28b);

注 1:图 27b)和图 28b)所示的试验回路,不适用于相间和/或对地绝缘比较关键的断路器(例如 GIS 或落地罐式断路器)。对于这些断路器,适当的试验方法在本标准的附录 O 和 GB/T 4473—2008 中给出。

——对于近区故障条件,见 6.109.3;

——对于失步条件,见 6.110.1 以及图 51、图 52 和图 53;

——对于容性电流开合条件,见 6.111.3、6.111.4 和 6.111.5。

当各单元是非对称布置时,电压分布还应按方向相反的接线来确定。

电压分布既可以通过测量也可以通过计算来确定。计算时使用的数值,应有对断路器的杂散电容的测量的支持。验证计算中所用的假定条件的这种计算和测量支持是制造厂的责任。

如果断路器装有并联电阻,电压分布应按 TRV 的等效频率进行计算或静态测量。

注 2:在四参数法情况下,可以认为等效频率等于 $1/(2t_1)$;在两参数法情况下,可以认为等效频率等于 $1/(2t_3)$(见图 39 和图 40)。

对于近区故障单元试验，电压分布应以线路侧电压和电源侧电压为基础进行计算或静态测量，这时，线路侧电压的频率等于线路振荡的基波频率，电源侧电压的频率等于出线端故障时 TRV 的等效频率，此两电压的公共点为地电位。

如果仅用电容器均压，则电压分布可按工频进行计算或测量。

应考虑到电阻和电容器在制造中的偏差，制造厂应规定这些偏差值。

注 3：应考虑到失步和容性电流开断试验中的电压分布比出线端故障或近区故障试验中的情况更为有利。在中性点有效接地系统中应该以不接地故障条件进行试验的例外情况下，这一点也适用。

注 4：在确定电压分布时，没有考虑污秽的影响。在某些情况下，污秽可能影响该电压分布。

6.102.4.2.3 单元试验的要求

当进行单个单元试验时，试验电压按 6.102.4.2.2 确定，应为断路器整极中作用电压最高的单元上的电压。对于近区故障条件，该单元是在线路侧瞬态恢复电压出现第一个峰值的规定时间内作用电压最高的单元。

当试验一组单元时，该组中作用电压最高的单元的端子上出现的电压应等于整极中作用电压最高的单元上的电压，两者均应按 6.102.4.2.2 确定。

单元试验中，断路器对地绝缘未承受整台断路器开断操作时所产生的全电压。因此，对于某些类型的断路器，例如，金属外壳中的断路器，需要验证其对地绝缘在全部单元的最长燃弧时间条件下开断额定短路电流后能够耐受该全电压。还要考虑排出气体的影响。

补充的导则在本标准的附录 O 中给出。应考虑到 GB/T 4473—2008。

6.102.4.3 多部试验

对于给定的试验方式，如果所有的 TRV 要求不能同时得到满足，试验可以分成两个连续的部分进行，见图 43 的图解。

第一部分，瞬态恢复电压(TRV)的起始部分应满足直到电压 u_1、时间 t_1 规定的参考线，且不得与时延确定的直线相交。

第二部分，应获得电压 u_c、时间 t_2。

每一部分的试验次数应和该试验方式要求的次数相同，每一部分的燃弧时间应满足 6.102.10 的要求。作为多部试验一部分的独立试验的燃弧时间应相同且留有±1 ms 的裕度。此外，如果一部分的最短燃弧时间与其他部分的最短燃弧时间相差超过 1 ms 时，则这两部分均应采用的最长燃弧时间为两个最短燃弧时间中较长者所对应的最长燃弧时间。

第一部分和第二部分之间，断路器可以按照 6.102.9.5 修整。

在极少数情况下，可能需要进行多于两部的试验。在这种情况下，上述原则同样适用。

6.102.5 合成试验

合成试验方法可用于做 6.106～6.111 所规定的关合、开断和开合试验。合成试验技术和方法在 GB/T 4473—2008 中阐述。

6.102.6 试验前的空载操作

在关合和开断试验开始前应按空载操作顺序进行空载操作(O、CO 和 O—t—CO)，并应记录断路器的操作特性的细节，例如合闸时间和分闸时间。

另外，应证明被试断路器或试品的机械性能与 6.101.1.1 中要求的参考的机械行程特性一致。对于本试验，6.101.1.1 中规定的操作条件适用。更换触头或任何方式的维修后，应重新进行这些空载试验，并对机械行程特性重新确认。

对于装有关合电流脱扣器的断路器，应验证其在空载时不动作。

开断用的流体压力应按照 3.7.156 整定到其最低功能值。

对于电动或弹簧操作的断路器，操作应按下列条件进行：在其合闸线圈或并联合闸脱扣器上施加 100%及 85%的合闸装置的额定电源电压；在其并联分闸脱扣器上施加 100%及 85%额定电源电压（交流）和 100%及 65%额定电源电压（直流）。

对于气动或液压操动机构，应在下列条件下进行操作：

a) 操作用的流体压力应整定在 3.7.155 定义的最低功能值且以 85%（交流）或 65%（直流）额定电源电压加于并联分闸脱扣器，以及 85%的额定电源电压加于并联合闸脱扣器。

b) 操作用的流体压力整定在 4.11 规定的额定值且以额定电源电压加于并联脱扣器。

6.102.7 替代的操动机构

对于装有替代操动机构的断路器，在短路和失步条件下的型式试验和容性电流开合型式试验没有必要重复。

注 1：在本条款中，认为采用某一操动机构的断路器按照本标准经过了全部型式试验，该断路器称为完全试验过的断路器。仅操动机构（见 3.5.124 的定义）不同的其他断路器称为替代操动机构的断路器。

需要进行的试验仅限于：

a) 对每一台断路器（完全试验过的断路器和带替代操动机构的断路器）都应按照 6.101.1.1 记录和比较机械特性（机械特性的使用和相关要求在附录 N 中描述）。

b) 对每一台断路器（完全试验过的断路器和带替代操动机构的断路器）都应进行试验方式 T100s。此外，应按照 6.101.1.1 中规定的方法估算在最长燃弧时间下开断操作期间的机械特性（机械特性的使用和相关要求在附录 N 中描述）。

注 2：按照 b)，在一个频率（50 Hz 或 60 Hz）下进行的验证试验已经足够。

c) 在特定情况下，如果替代的操动机构的分闸时间的变化导致断路器落入另一个范围的最短开断时间（见 3.7.157），则对替代操动机构的断路器应进行试验方式 T100a。

如果满足了上述 a)、b)和 c)的要求，完全试验过的断路器的参考机械特性也适用于替代操动机构的断路器。

6.102.8 试验中断路器的性能

关合和开断试验过程中，断路器不应：

——表现出损坏的迹象；

——表现出极间和对地有害的相互作用；

——表现出与相邻的试验设备之间有害的相互作用；

——表现出可能危及操作者的性能。

对于设计在关合和开断试验过程中具有开断介质对大气排放的断路器，如果符合下述条件，则认为断路器已满足了上述要求：

——对于油断路器，不应有火焰的外喷，产生的气体以及带油的气体应得到控制和导向，以远离所有的带电导体以及可能有人员出现的地方；

——对于其他类型的断路器，如气吹或空气断路器，可能会有外喷的火焰、气体和/或金属粒子。如果这种喷射比较显著，可能要求在带电体附近并与其离开一段制造厂规定的安全间距处放置金属屏后进行试验。该金属屏应对地绝缘且通过能够指示任何明显的对地泄漏电流的适当装置接地。试验过程中，对断路器的接地构件（或装有的金属屏）不应指示有明显的泄漏电流。

注 1：如果无其他可用装置，接地件等应通过一个直径 0.1 mm、长度为 5 cm 的铜丝构成的熔断器接地。如果试验后该熔丝完好无损，则认为没有出现明显的泄漏电流。

如果出现的故障不是持续的或不是由于设计上的缺陷造成的，而是由于装配或维修失误造成的，则该故障可以纠正，断路器可以重复进行相应的试验方式。在这些情况下，试验报告应包含无效试验的附注。

开断操作后的恢复电压阶段可能会出现 NSDD。但是，它们的出现并不是受试开关装置损坏的标志。因此，它们的次数对于解释受试装置的性能没有影响。为了将它们和重击穿区分开来，应在试验报告中予以报告。

注 2：没有必要要求专门的测量回路探测 NSDD。它们仅在示波图上看到时才应予以报告。

6.102.9 试验后断路器的状态

6.102.9.1 概述

在任何一个试验方式后，可以对断路器进行检查。其机械部件和绝缘件应基本上和试验前的状态相同。外观检查通常足以验证绝缘性能。若有怀疑，按照 6.2.11 的状态检查试验就足以验证其绝缘性能。

对于开断单元终身密封的断路器，状态检查试验是强制性的，6.102.9.4 中规定的情况例外。

6.102.9.2 一个短路试验方式后的状态

断路器在每一个短路试验方式后，虽然其短路关合和开断性能可能有所下降，但仍应能在额定电压下关合和开断其额定电流。在试验方式 L_{90} 后，应按 6.2.11 进行状态检查试验。如果没有做过试验方式 L_{90}，则应在试验方式 T100s 后进行状态检查试验。

如果开断单元置于不同特性的绝缘流体中，灭弧介质被替换后(例如真空灭弧室置于充有 SF_6 气体的外壳中)也可能承受试验电压，6.2.11 要求的状态检查试验可能不足以验证装置的完整性。在这种情况下，还应进行短路开断试验作为补充。如果进行了多于一个试验方式而没有修整，该附加的试验应该在短路试验方式后的空载试验前后按下述进行：

——如果进行三相试验，应采用至少提供额定短路开断电流的 10% 和额定电压的 50% 的回路，电源侧中性点和短路点都应接地；

——如果进行单相试验，同样的程序适用且试验应在每一极上重复。

上面提到的要求也适用于合成试验。

可在每极上成功的开断是开断单元保持完整性的证据。

对于不同于开断单元终身密封的开断单元，外观检查通常足以验证断路器承载额定电流以及在其额定电压下关合和开断其额定电流的能力。

主触头试验后的状态，特别是关于烧伤、接触区、压力和运动的自由度方面，应该能承载断路器的额定电流而其温升不超出 GB/T 11022—2011 表 3 中规定值的 10 K。

注：经验表明断路器两端的电压降的升高不能单独作为温升升高的可靠证据。

触头在经过任何一个短路试验方式后，只有在接触点上保留有镀银层时，才被认为是“镀银的”；否则，触头应按“未镀银的”来处理(见 GB/T 11022—2011 中 4.5.3 中的说明 6)。

为了检查试验后断路器的操作，试验方式后如果计划更换触头或进行其他类型的维护，应进行空载操作。这些操作应与按照 6.102.6 进行的相应操作比较，且应无明显变化。

6.102.9.3 一个短路试验系列后的状态

为了检查试验后断路器的操作，在完成整个短路试验系列后应进行空载合闸和空载分闸操作。这些操作应在与试验前进行的相应操作相同的条件下进行。试验系列后的空载操作应与按照 6.102.6 进行的相应操作比较，且应无明显变化。应满足 6.101.1.1 和附录 N 的要求。断路器应能满意地合闸和扣锁。

断路器的额定短路电流关合、开断和承载能力已经降低,但其载流回路元件的劣化不应降低断路器的机械支撑件和绝缘件的完整性。关于主触头,6.102.9.2 的相关规定适用。

对于流体(气体、油、空气等)绝缘的可接受的劣化水平不能给出判据,因为它们要求的绝缘强度与具体断路器的设计依据有关。

6.102.9.4 一个容性电流开合试验系列后的状态

断路器经过 6.111.9 规定的线路充电、电缆充电和电容器组电流开合试验系列后,修整前,在其额定电压下应能在直至其额定短路关合和开断电流的任何短路开断和关合电流下满意地操作。

此外,断路器应能承载其额定电流而温升不超过 GB/T 11022—2011 表 3 中的允许温升值。对于 C2 级断路器,温升不应超过 GB/T 11022—2011 表 3 中允许值的 10 K。

对于不同于开断单元终身密封的开断单元,外观检查通常足以验证断路器承载额定电流以及在其额定电压下关合和开断直到其额定短路关合和开断电流的任何电流的能力。

内部绝缘材料不应有击穿、闪络的证据或痕迹,但灭弧装置中暴露于电弧的部件允许有适度的烧损。

载流回路中元件的劣化不应降低正常载流回路的完整性。

如果在容性电流开合试验中出现一次或多次重击穿,且容性电流开合试验时的峰值恢复电压低于规定的绝缘状态检查试验的峰值电压,则应在外观检查之前按照 6.2.11 进行绝缘状态检查试验。紧接着的外观检查仅用来验证重击穿出现在弧触头之间。内部绝缘材料不应有击穿、闪络的证据或永久性痕迹。只要没有降低开断能力,则灭弧装置中暴露于电弧的部件允许烧损。此外,应检查主触头之间的绝缘间隙(如果它们不同于弧触头),不应有任何重击穿的痕迹。

如果在容性电流开合试验中未发生重击穿,则外观检查已经足够。不需要按照 6.2.11 进行绝缘状态检查试验。

如果对同一极还要进一步进行试验,绝缘状态检查试验应在容性电流开合试验后进行。如果容性电流开合试验中没有出现重击穿,该绝缘状态检查试验不需要进行,该状态检查试验可在附加的试验后进行。

注:如果断路器在附加的试验中失败,则该程序会使容性电流开合试验无效。

对具有开断单元终身密封的断路器,无论其在试验过程中发生重击穿与否,只要其在容性电流开合试验时峰值恢复电压低于规定的绝缘状态检查试验的峰值电压,应按照 6.2.11 进行绝缘状态检查试验。

6.102.9.5 一个短路试验方式和其他试验系列后的修整

经过一个短路试验方式或其他试验系列后,为了使断路器恢复到制造厂规定的初始状态,有必要对断路器进行维护。例如,可能需要进行下列维护:

a) 修理或更换弧触头和制造厂推荐的其他可更换部件;

b) 油或其他灭弧介质的更换或过滤,以及补充适量的介质使其恢复到正常水平或密度;

c) 清除内绝缘件上因灭弧介质分解而形成的沉积物。

E2 级断路器在 6.106 中的基本短路试验方式期间不能进行修整。

6.102.10 燃弧时间的说明

进行三次有效开断操作的优选顺序,应是最后一次开断操作的燃弧时间为中燃弧时间。本条款中描述的程序与预期燃弧时间的调整有关。实际的燃弧时间可能不同于预期的燃弧时间,只要实际的燃弧时间在附录 B 给出的允差范围内,则试验有效。

对于额定操作顺序为 CO—t''—CO 的断路器,一个 CO 应验证最短燃弧时间,另一个 CO 应验证最长燃弧时间。

6.102.10.1.2、6.102.10.2.1.2 和 6.102.10.2.2.2 中的出线端故障试验 T100a，由与额定操作顺序无关的三次有效操作组成。做完额定操作顺序中规定的操作次数后，断路器可以按照 6.102.9.5 进行修整。

注：本条款中描述的燃弧时间足以覆盖断路器的极间不同期性所产生的影响。

6.102.10.1 三相试验

下面给出的程序适用于直接试验。进行合成试验时，在开始程序之前，应首先确定首开极的最短燃弧时间。确定该最短燃弧时间的方法在 6.102.10.2 中给出。

6.102.10.1.1 试验方式 T10、T30、T60、T100s、T100s(b)、OP1 和 OP2

对于这些试验，每次分闸操作间脱扣脉冲应提前 40 电度(40°)。对于 T100s(b)，见 6.106 中的注。

三次有效开断操作的图形表示，对于首开极系数为 1.5 的情况，在图 29 中给出；对于首开极系数为 1.3 的情况，在图 30 中给出。

6.102.10.1.2 试验方式 T100a

对于该试验方式，由于试验的严酷度随着触头分离时刻的不同而有很大的变化，为了使受试断路器承受真实的负荷，开发了一个试验程序。为了使非对称的要求从一相转移到另一相，各次试验之间短路起始相角要变化 60°。

目的是为了获得一系列的三次有效操作且如果满足下述条件则认为该试验方式通过：

a) 一次操作的首开极灭弧时刻出现在大半波末且具有尽可能最长的燃弧时间以及 6.106 中给出的为了满足 TRV 要求所要求的非对称判据。

注：某些断路器不会在大半波末开断。电弧继续到随后的小半波末且变成后开极。然而，如果在随后的试验期间证明达到了尽可能最长的燃弧时间，认为该试验是有效的。

b) 一次操作的后开极灭弧时刻出现在延长的电流大半波末且具有尽可能最长的燃弧时间以及 6.106 中给出的要求的非对称判据。

断路器在满足非对称判据的相中的缩小的电流大半波末或者小半波末开断的试验无效[上述 a)中的注描述的情况除外]。

c) 具有 6.106 中给出的要求的非对称判据的一次操作来证明上述 a)和 b)中描述的试验条件的有效性。

只要试验系列满足 a)、b)和 c)中提到的试验条件，试验的顺序没有影响。

如果因为断路器的特性不可能达到上述要求，应延长操作的次数来证明在这种特定情况下达到了最严酷的试验条件。试图满足上述要求时断路器承受的分闸操作次数不宜多于六次。

进行增加的操作之前，断路器可以利用可更换的部件进行修整(见 6.102.9.5)。对于增加的操作，也可以使用附加的试品。

推荐的程序如下：

对于第一次有效操作，短路起始相角和脱扣脉冲控制的整定值应为：

——在一相中获得要求的非对称判据；

——在具有要求的非对称判据的相中，若是首开极，电弧应在一个大半波(或在半波中尽可能大的部分)末熄灭；若是后开极，电弧应在延长的大半波(或在半波中尽可能大的部分)末熄灭。

对于第二次有效操作，短路起始相角应提前 60°，脱扣脉冲控制的整定值应为：

——如果第一次有效操作是在非对称要求的相中经过大半波后开断，则脱扣脉冲控制的整定值应调整到比第一次有效操作提前约 130°；

——如果第一次有效操作是要求的非对称判据的相中经过延长的大半波后开断，则脱扣脉冲控制的整定值应调整到比第一次有效操作提前约 25°。

对于第三次操作，可以重复第二次操作的程序，即短路起始相角应比第二次操作提前 60°，脱扣脉冲控制的整定值应为：

——如果第二次有效操作是在要求的非对称判据的相中经过大半波后开断，则脱扣脉冲控制的整定值应调整到比第二次有效操作提前约 130°；

——如果第二次有效操作是在要求的非对称判据的相中经过延长的大半波后开断，则脱扣脉冲控制的整定值应调整到比第二次有效操作提前约 25°。

如果断路器的特性不稳定，可能需要采取其他程序来获得上述的三次有效操作。

该试验程序适用于中性点非有效接地系统（首开极系数为 1.5）和中性点有效接地系统（首开极系数为 1.3）。

图 31 和图 32 给出了三次有效开断操作的图形表示。

6.102.10.2 单相试验代替三相试验条件

下面给出的程序，部分是由合成试验方法导出的。进行直接试验时，确定最短燃弧时间的程序可能导致最长燃弧时间或超过最长燃弧时间的燃弧时间下的有效操作。

下述单相试验的目的是为了在同一试验回路中满足每个试验方式中首开极和后开极的条件。

如果额定操作顺序的所有操作满足 5.101 的要求，下述程序适用。否则，使用下述表 15～表 19 时应谨慎。

6.102.10.2.1 中性点非有效接地系统

6.102.10.2.1.1 试验方式 T10、T30、T60、T100s、T100s(b)、OP1 和 OP2

第一次有效开断操作，应验证在尽可能短的燃弧时间时的开断性能，所产生的燃弧时间被称为最短燃弧时间（$t_{arc,min}$）。它可以通过这样的方法获得：触头分离相对于电流波形增加任一额外时延后，可导致在下一个电流零点开断。这个最短燃弧时间可以通过步长为 18°(dα) 改变脱扣脉冲的整定值来获得。

第二次有效开断操作，应验证在最长燃弧时间时的开断性能。要求的最长燃弧时间被称为 $t_{arc,min}$，并由下式确定：

$$t_{arc,max} \geqslant t_{arc,min} + T\,\frac{150° - d\alpha}{360°}$$

式中：

$t_{arc,min}$——第一次有效开断操作中获取的最短燃弧时间；

$d\alpha$ ——18°；

T ——工频的一个周期。

这一燃弧时间通常可以通过比第一次有效开断操作的脱扣脉冲的整定值提前至少（150°－dα）来获得。

第三次有效开断操作，应验证在燃弧时间近似等于第一次和第二次有效开断操作燃弧时间的平均值时的开断性能。该燃弧时间称为中燃弧时间（$t_{arc,med}$）并由下式确定：

$$t_{arc,med} = (t_{arc,max} + t_{arc,min})/2$$

第三次有效开断操作的脱扣脉冲应比第二次有效开断操作延迟 75°(±18°)。

三次有效开断操作的图形表示见图 33。

6.102.10.2.1.2 试验方式 T100a

a) 燃弧时间

第一次有效开断操作，应验证在尽可能短的燃弧时间且在小半波末的开断性能，所产生的燃弧时间在本标准中被称为最短燃弧时间 $t_{arc,min}$。它可以通过这样的方法获得：触头分离相对于电流波形增加任一额外时延后，可导致在下一个大半波末的电流零点开断。该最短燃弧时间可以通过步长为 18°(dα)来改变脱扣脉冲的整定值来获得。

注 1：对于某些断路器，小半波的最短燃弧时间可能长到断路器能够在同一触头分离时刻在随后的大半波开断。在这种情况下，应在大半波末验证最短燃弧时间，且不要求小半波的试验。

获得的最短燃弧时间($t_{arc,min,major,loop}$)用于计算最短开断时间和确定所有操作的大半波参数(表 15～表 19 中的参数)。对于具有最长燃弧时间的第二次有效开断操作，用于公式中的最短燃弧时间($t_{arc,min}$)为 $t_{arc,min}=t_{arc,min,major,loop}+\Delta t_2$。

如果需要附加的试验，允许按照 6.102.9.5 进行断路器的修整或者按照 6.102.2 采用一台附加的试品。

第二次有效开断操作，应验证在最长燃弧时间时的开断性能。要求的最长燃弧时间在本标准中称为 $t_{arc,max}$ 并由下式确定：

$$t_{arc,max} \geqslant t_{arc,min} + \Delta t_1 - T\frac{30^\circ + d\alpha}{360^\circ}$$

式中的时间间隔 Δt_1 是表 15～表 19 中给出的大半波的持续时间。

时间间隔 Δt_1 是直流时间常数(τ)、系统的额定频率以及断路器的分闸时间和最短燃弧时间的函数。时间间隔 Δt_1 等于最短开断时间后出现的随后的大半波(适当的非对称电流波形的)的持续时间(圆整的)。开断应该出现在大半波末或断路器在要求的大半波末未开断后的小半波末。这可以通过把脱扣脉冲整定到晚于第一次有效开断操作的脱扣脉冲来获得。

表 15～表 19 考虑的继电器时间为额定频率的一个半波(50 Hz 为 10 ms)。如果断路器在要求的大半波末未开断而在随后的小半波末开断，则要求的最长燃弧时间应该延长表 15～表 19 给出的适当的小半波的持续时间 Δt_2。

注 2：在直接试验回路中，在试验 $t_{arc,min}$ 后脱扣脉冲的任何时延都会导致随后的大半波，燃弧时间为：

$$t_{arc,max} = t_{arc,min} + \Delta t_1 - T \times \frac{d\alpha}{360^\circ}$$

因此，在单相试验回路中仅能够验证 180°的燃弧窗口。该条件可以导致断路器过负荷。如果是这样，仅对于中性点非有效接地系统适用，允许进一步延迟脱扣脉冲来获得要求的最长燃弧时间。

第三次有效开断操作，应验证在燃弧时间近似等于第一次和第二次有效开断操作燃弧时间的平均值时的开断性能。该燃弧时间在本标准中被称为中燃弧时间($t_{arc,med}$)并由下式确定：

$$t_{arc,med} = (t_{arc,max} + t_{arc,min})/2$$

本次开断也应出现在大半波末或断路器在要求的大半波末未开断后的小半波末。

注 3：在长燃弧时间试验期间的小电流半波末开断的特殊场合，应采用考虑了大电流半波后开断的预期最长燃弧时间来确定中燃弧时间。

第三次有效开断操作的脱扣脉冲应比第二次有效开断操作延迟以便获得该燃弧时间。

三次有效开断操作的图形表示见图 34。

b) 燃弧期间的短路电流

若能满足下列条件，开断操作是有效的：

——开断前的最后半波的短路电流峰值在要求值的 90%和 110%之间；

——开断前的短路电流半波的持续时间在要求值的 90%和 110%之间。

——或者，如果上述偏差不能满足：

——乘积“$I \times t$”在要求值的 81%和 121%之间，“I”为最后短路电流半波的要求的峰值，“t”为最后短路电流半波的要求的持续时间。

表 15～表 19 给出了开断前的最后半波应该获得的短路电流峰值和半波持续时间的要求值。要求的乘积“$I \times t$”也可以从这些表中导出。

注 4：对于直接试验，只要电流起始瞬间在预期电流校准试验期间获得的±10°以内，这些条件仅适用于预期的短路电流。

注 5：对于具有相对较高电弧电压的断路器，合成试验期间获得要求的电流半波幅值和持续时间的程序在 GB/T 4473—2008 中解释。

注 6：表 15～表 19 中给出的相应的 di/dt 值仅适用于首开极。对于第二和第三开断极，在对称故障电流的情况下，该 di/dt 近似作为第二和第三开断极的 di/dt。相应的 TRV 数值见表 6。

表 15 与短路试验方式 T100a 相关的运行频率为 50 Hz 时最后电流半波的参数(τ=45 ms)

τ=45 ms	大半波				小半波			
最短开断时间 ms	$\hat{I}$ p.u.	Δt_1 ms	电流零点直流分量的百分数 %	电流零点相应的 di/dt(额定对称电流 di/dt 的百分数) %	$\hat{I}$ p.u.	Δt_2 ms	电流零点直流分量的百分数 %	电流零点相应的 di/dt(额定对称电流 di/dt 的百分数) %
10.0<t≤22.5	1.52	13.5	44.6	92.7	0.36	5.5	60.2	75.6
22.5<t≤43.5	1.33	12.0	28.9	97.8	0.59	7.5	37.9	89.9
43.5<t≤64.0	1.21	11.5	18.7	99.6	0.74	8.5	24.1	95.3
64.0<t≤84.5	a	[illegible]	[illegible]	a	a	a	a	a
84.5<t≤104.5	a	a	a	a	a	a	a	a

$\hat{I}$ ——与对称短路电流峰值相关的峰值电流的标幺值；

Δt_1——大半波的持续时间(圆整到 0.5 ms)；

Δt_2——小半波的持续时间(圆整到 0.5 ms)；

τ ——系统回路的时间常数。

本表中的所有数值都是根据保护继电器时间 10 ms 计算的。

注 1：按照 4.101.3，系统回路的时间常数 τ=45 ms 是标准的时间常数，τ=60 ms、75 ms、100 ms 和 120 ms 是特殊工况的时间常数。

注 2：如果试验期间获得的最短燃弧时间不同于制造厂所声明的数值且实际的最短燃弧时间导致落入另一个最短开断时间等级(开断另一个电流半波)，则有必要用适当的电流半波数值重复试验。如果要重复，允许按照 6.102.9.5 对断路器进行修整或者根据 6.102.2 采用附加的试品。

[a] 试验方式 T100a 不适用，对于两种电流半波，直流分量小于 20%。

表 16 与短路试验方式 T100a 相关的运行频率为 50 Hz 时最后电流半波的参数(τ=60 ms)

τ=60 ms	大半波				小半波			
最短开断时间 ms	$\hat{I}$ p.u.	Δt_1 ms	电流零点直流分量的百分数 %	电流零点相应的 di/dt(额定对称电流 di/dt 的百分数) %	$\hat{I}$ p.u.	Δt_2 ms	电流零点直流分量的百分数 %	电流零点相应的 di/dt(额定对称电流 di/dt 的百分数) %
10.0<t≤22.5	1.61	14.0	54.2	86.9	0.28	5.0	68.7	69.0
22.5<t≤43.0	1.44	13.0	39.2	94.1	0.49	6.5	48.6	84.8
43.0<t≤63.5	1.31	12.0	28.3	97.4	0.63	7.5	34.5	92.0

表 16（续）

τ=60 ms	大半波				小半波			
最短开断时间 ms	$\hat{I}$ p.u.	Δt_1 ms	电流零点直流分量的百分数 %	电流零点相应的 di/dt(额定对称电流 di/dt 的百分数) %	$\hat{I}$ p.u.	Δt_2 ms	电流零点直流分量的百分数 %	电流零点相应的 di/dt(额定对称电流 di/dt 的百分数) %
63.5<t≤84.0	1.22	11.5	20.3	99.0	0.74	8.5	24.6	95.6
84.0<t≤104.5	[a]	[a]	[a]	[a]	[a]	[a]	[a]	[a]

$\hat{I}$ ——与对称短路电流峰值相关的峰值电流的标幺值；

Δt_1——大半波的持续时间(圆整到 0.5 ms)；

Δt_2——小半波的持续时间(圆整到 0.5 ms)；

τ ——系统回路的时间常数。

本表中的所有数值都是根据保护继电器时间 10 ms 计算的。

注 1：按照 4.101.3，系统回路的时间常数 τ=45 ms 是标准的时间常数，τ=60 ms、75 ms、100 ms 和 120 ms 是特殊工况的时间常数。

注 2：如果试验期间获得的最短燃弧时间不同于制造厂所声明的数值且实际的最短燃弧时间导致落入另一个最短开断时间等级(开断另一个电流半波)，则有必要用适当的电流半波数值重复试验。如果要重复，允许按照 6.102.9.5 对断路器进行修整或者根据 6.102.2 采用附加的试品。

[a] 试验方式 T100a 不适用，对于两种电流半波，直流分量小于 20%。

表 17　与短路试验方式 T100a 相关的运行频率为 50 Hz 时最后电流半波的参数(τ=75 ms)

τ=75 ms	大半波				小半波			
最短开断时间 ms	$\hat{I}$ p.u.	Δt_1 ms	电流零点直流分量的百分数 %	电流零点相应的 di/dt(额定对称电流 di/dt 的百分数) %	$\hat{I}$ p.u.	Δt_2 ms	电流零点直流分量的百分数 %	电流零点相应的 di/dt(额定对称电流 di/dt 的百分数) %
10.0<t≤22.0	1.67	15.0	61.0	81.8	0.23	4.5	74.3	63.8
22.0<t≤43.0	1.51	13.5	47.1	90.2	0.41	6.0	56.4	80.2
43.0<t≤63.5	1.39	12.5	36.3	94.7	0.55	7.0	42.9	88.5
63.5<t≤84.0	1.30	12.0	27.9	97.2	0.66	8.0	32.7	93.1
84.0<t≤104.0	1.23	11.5	21.4	98.6	0.74	8.5	25.0	95.8

$\hat{I}$ ——与对称短路电流峰值相关的峰值电流的标幺值；

Δt_1——大半波的持续时间(圆整到 0.5 ms)。

Δt_2——小半波的持续时间(圆整到 0.5 ms)。

τ ——系统回路的时间常数。

本表中的所有数值都是根据保护继电器时间 10 ms 计算的。

注 1：按照 4.101.3，系统回路的时间常数 τ=45 ms 是标准的时间常数，τ=60 ms、75 ms、100 ms 和 120 ms 是特殊工况的时间常数。

注 2：如果试验期间获得的最短燃弧时间不同于制造厂所声明的数值且实际的最短燃弧时间导致落入另一个最短开断时间等级(开断另一个电流半波)，则有必要用适当的电流半波数值重复试验。如果要重复，允许按照 6.102.9.5 对断路器进行修整或者根据 6.102.2 采用附加的试品。

表 18 与短路试验方式 T100a 相关的运行频率为 50 Hz 时最后电流半波的参数($\tau=100$ ms)

$\tau=100$ ms	大半波				小半波			
最短开断时间 ms	$\hat{I}$ p.u.	Δt_1 ms	电流零点直流分量的百分数 %	电流零点相应的 di/dt(额定对称电流 di/dt 的百分数) %	$\hat{I}$ p.u.	Δt_2 ms	电流零点直流分量的百分数 %	电流零点相应的 di/dt(额定对称电流 di/dt 的百分数) %
10.0<t≤22.0	1.72	15.0	67.4	71.7	0.19	4.0	79.4	63.3
22.0<t≤43.0	1.60	14.0	56.0	81.8	0.34	5.5	64.2	78.7
43.0<t≤63.5	1.49	13.5	45.1	87.8	0.47	6.5	51.7	87.2
63.5<t≤84.0	1.41	12.5	36.9	91.8	0.57	7.5	41.9	91.1
84.0<t≤104.0	1.34	12	30.3	94.3	0.65	8.0	34.2	95.1

$\hat{I}$ ——与对称短路电流峰值相关的峰值电流的标幺值;

Δt_1——大半波的持续时间(圆整到 0.5 ms);

Δt_2——小半波的持续时间(圆整到 0.5 ms);

τ ——系统回路的时间常数。

本表中的所有数值都是根据保护继电器时间 10 ms 计算的。

注 1:按照 4.101.3,系统回路的时间常数 $\tau=45$ ms 是标准的时间常数,$\tau=60$ ms、75 ms、100 ms 和 120 ms 是特殊工况的时间常数。

注 2:如果试验期间获得的最短燃弧时间不同于制造厂所声明的数值且实际的最短燃弧时间导致落入另一个最短开断时间等级(开断另一个电流半波),则有必要用适当的电流半波数值重复试验。如果要重复,允许按照 6.102.9.5 对断路器进行修整或者根据 6.102.2 采用附加的试品。

表 19 与短路试验方式 T100a 相关的运行频率为 50 Hz 时最后电流半波的参数($\tau=120$ ms)

$\tau=120$ ms	大半波				小半波			
最短开断时间 ms	$\hat{I}$ p.u.	Δt_1 ms	电流零点直流分量的百分数 %	电流零点相应的 di/dt(额定对称电流 di/dt 的百分数) %	$\hat{I}$ p.u.	Δt_2 ms	电流零点直流分量的百分数 %	电流零点相应的 di/dt(额定对称电流 di/dt 的百分数) %
10.0<t≤22.0	1.78	15.5	73.1	70.2	0.15	3.5	83.4	53.0
22.0<t≤42.5	1.66	14.5	62.1	80.0	0.28	5.0	70.2	69.4
42.5<t≤63.0	1.56	14.0	52.8	86.3	0.39	6.0	59.2	79.0
63.0<t≤83.5	1.47	13.0	44.8	90.6	0.49	6.5	50.0	85.3

表 19（续）

τ=120 ms	大半波				小半波			
最短开断时间 ms	$\hat{I}$ p.u.	Δt_1 ms	电流零点直流分量的百分数 %	电流零点相应的 di/dt(额定对称电流 di/dt 的百分数) %	$\hat{I}$ p.u.	Δt_2 ms	电流零点直流分量的百分数 %	电流零点相应的 di/dt(额定对称电流 di/dt 的百分数) %
$83.5<t\leqslant103.5$	1.40	12.5	38.0	93.5	0.57	7.0	42.2	89.5

$\hat{I}$ ——与对称短路电流峰值相关的峰值电流的标幺值；

Δt_1——大半波的持续时间(圆整到 0.5 ms)；

Δt_2——小半波的持续时间(圆整到 0.5 ms)；

τ ——系统回路的时间常数。

本表中的所有数值都是根据保护继电器时间 10 ms 计算的。

注 1：按照 4.101.3，系统回路的时间常数 τ=45 ms 是标准的时间常数，τ=60 ms、75 ms、100 ms 和 120 ms 是特殊工况的时间常数。

注 2：如果试验期间获得的最短燃弧时间不同于制造厂所声明的数值且实际的最短燃弧时间导致落入另一个最短开断时间等级(开断另一个电流半波)，则有必要用适当的电流半波数值重复试验。如果要重复，允许按照 6.102.9.5 对断路器进行修整或者根据 6.102.2 采用附加的试品。

6.102.10.2.2 中性点有效接地系统(包括近区故障试验)

6.102.10.2.2.1 试验方式 T10、T30、T60、T100s、T100s(b)、OP1、OP2、L_{90}、L_{75} 和 L_{60}

获得三次有效开断操作的程序和中性点非有效接地系统的一样，并做如下修正：

要求的最长燃弧时间应为：

$$t_{\text{arc,max}} \geqslant t_{\text{arc,min}} + T\,\frac{180^\circ - d\alpha}{360^\circ}$$

该燃弧时间通常可以通过比第一次有效开断操作的脱扣脉冲至少提前(180°－dα)来获得。

第三次有效开断操作，应验证燃弧时间近似等于第一次和第二次有效开断操作的燃弧时间的平均值时的开断性能。该燃弧时间由下式确定：

$$t_{\text{arc,med}} = (t_{\text{arc,max}} + t_{\text{arc,min}})/2$$

第三次有效开断操作可由比第二次有效开断操作的脱扣脉冲滞后 90°(±18°)来获得。

三次有效开断操作的图形表示见图 35。

6.102.10.2.2.2 试验方式 T100a

获得三次有效开断操作的程序和中性点非有效接地系统的一样，并做如下修正：

要求的最长燃弧时间应为：

$$t_{\text{arc,max}} \geqslant t_{\text{arc,min}} + \Delta t_1 - T \times \frac{d\alpha}{360^\circ}$$

其中 Δt_1 在表 15～表 19 中给出。

三次有效开断操作的图形表示见图 36。

6.102.10.2.3 断路器中燃弧时间试验失败时的变更程序

6.102.10.2.3.1 对称电流开断试验

如果断路器在中燃弧时间开断对称电流时，断路器未能在期望的电流零点开断，则有必要进行一次或二次附加试验。

a) 直接试验

应考虑两种情况：

——对于 $k_{pp}=1.3$（中性点有效接地系统）

如果断路器在预期的中燃弧时间未开断，而在随后的电流零点开断，则此次试验的燃弧时间称为"最终的最长燃弧时间"$t_{arc,ult,max}$。如果断路器能够在附加的"新的最短燃弧时间"（比预期的中燃弧时间长 18°）开断，则本次试验有效。在这种情况下，该单个的附加试验已经足够，把脱扣脉冲的整定值提前 18°。

——对于 $k_{pp}=1.5$（中性点非有效接地系统）

如果断路器在预期的中燃弧时间以及随后的电流零点未开断，需要进行两次附加试验：

1) 一次试验的燃弧时间为"新的最短燃弧时间"$t_{arc,new,min}$，它比预期的中燃弧时间长 18°；

2) 另外一次试验的燃弧时间为"新的最长燃弧时间"，它比"新的最短燃弧时间"长 150°。

本次试验可能在经过的电流零点需要强迫复燃的回路中进行。

b) 合成试验

第一次有效的附加试验应验证在"新的最短燃弧时间"$t_{arc,new,min}$时的开断性能。该燃弧时间是在中燃弧时间试验时的触头分离时刻任何一个额外的提前将会导致开断成功。"新的最短燃弧时间"可以通过步长为 18°（dα）来改变脱扣脉冲的整定值获得。

第二次有效的开断操作，应验证在"最终的最长燃弧时间"时的开断性能。"最终的最长燃弧时间"$t_{arc,ult,max}$应为：

$$t_{arc,ult,max} \geqslant t_{arc,new,min} + T\frac{150° - d\alpha}{360°} \qquad k_{pp}=1.5$$

$$t_{arc,ult,max} \geqslant t_{arc,new,min} + T\frac{180° - d\alpha}{360°} \qquad k_{pp}=1.3 \text{ 或 } 1.0$$

式中：

$t_{arc,new,min}$——"新的"最短燃弧时间；

$t_{arc,ult,max}$——"最终的"最长燃弧时间；

$d\alpha=18°$。

如果断路器在第二次附加试验中开断失败，允许按照 6.102.9.5 对断路器进行检修，并且以长于失败的中燃弧时间作为最短燃弧时间开始，重复该试验方式。

6.102.10.2.3.2 非对称电流开断试验

如果断路器在非对称电流开断试验（试验方式 T100a）中的中燃弧时间试验时在预期的大半波末的电流零点未开断，则应该在随后的小半波末开断。

6.102.10.2.4 中性点有效和非有效接地系统条件合并的试验

中性点非有效接地系统（6.102.10.2.1）和中性点有效接地系统（6.102.10.2.2）的两种条件可以合并成一个试验系列。所采用的瞬态和工频恢复电压应为中性点非有效接地系统所适用的，燃弧时间应为中性点有效接地系统所适用的。

6.102.10.2.5 考虑到每一开断极相关的 TRV,试验系列中试验方式的分解

众所周知,代替三相条件的单相试验比三相试验更严酷,因为采用了后开极的燃弧时间和首开极的 TRV。作为替代的方法,制造厂可以选择把每一个试验方式分成两个或三个独立的试验系列,每一个试验系列验证在每一个开断极相应的 TRV 以及最短、最长和中燃弧时间时的成功开断。表 6 中给出了额定电压 72.5 kV 以上第二、三开断极 TRV 值的标准乘数。

每一个试验系列后断路器可以修整,但应满足 6.102.9.5 的要求。

假定额定操作顺序中的所有操作的极间同期性都在 5.101 规定的允差范围内,且如果把首开极的最短燃弧时间开断时刻作为参考,对称电流试验时每一相的开断窗口应在表 20 规定的区间内。开断窗口和决定单极 TRV 的电压系数 k_p 的图形表示,对于首开极系数为 1.3 的系统在图 37 中给出,对于首开极系数为 1.5 的系统在图 38 中给出。

表 20 对称电流试验时的开断窗口

首开极系数	首开极	第二开断极	第三开断极
1.5	0°~42°	90°~132°	90°~132°
1.3	0°~42°	77°~119°	120°~162°

6.103 短路关合和开断试验的试验回路

6.103.1 功率因数

各相的功率因数应按附录 D 所阐述的方法之一来确定。

三相回路的功率因数应取各相功率因数的平均值。

试验时,此平均值不得超过 0.15。

任意一相的功率因数与平均值之差不应超出平均值的 25%。

6.103.2 频率

断路器应在额定频率下进行试验,频率允差为±8%。

然而,为了试验方便,超出上述允差的偏差是允许的。例如额定频率为 50 Hz 的断路器在 60 Hz 下进行试验,反之亦然,但在解释试验结果时要谨慎,要考虑到所有重要的因素,如断路器的类型和所进行试验的类型。

6.103.3 试验回路的接地

短路关合和开断试验时,试验回路的对地连接应符合下述要求,并应在所有情况下,在试验报告[见 C.2.4 的项 g)]的试验回路图中予以指明。

a) 三极断路器的三相试验,首开极系数为 1.5:

断路器(其构架与运行时一样接地)应接到电源中性点绝缘且短路点接地的试验回路中,如图 25a)所示;或者反过来,如图 25b)所示,若试验仅能按后一种方式进行的话。

这些试验回路给出的首开极系数为 1.5。

按照图 25a),电源中性点可以通过电阻接地,其电阻值应尽可能大,以欧姆表示,任何情况下不得小于 $U/10$,其中 U 为试验回路的线间电压的伏特数值。

如果采用图 25b)所示的试验回路,在被试断路器一个端子接地故障的情况下,可能会产生危险的接地电流。因此,允许电源的中性点通过一个适当的阻抗接地。

b) 三极断路器的三相试验，首开极系数为1.3：

断路器（其构架与运行时一样接地）应接到电源中性点通过适当的阻抗接地且短路点接地的试验回路中，如图26a)所示；或者反过来，如图26b)所示，若试验只能按后一种方式进行的话。

中性点连接的阻抗应选择适当，以获得首开极系数1.3。假定 $Z_0=3.25Z_1$，则中性点连接的阻抗的适当值为0.75倍的相阻抗。

注1：对于用于首开极系数小于1.3的系统中的断路器，可能有必要降低中性点的接地阻抗以满足第二和第三开断极的开断电流条件。应注意所有三极的TRV。

注2：图26b)中所示的试验回路不适用于相间和/或相对地绝缘关键的断路器（例如GIS和落地罐式断路器）。对于这些断路器，适当的试验方法在本标准的附录O和GB/T 4473—2008中给出。

c) 三极断路器单极的单相试验，首开极系数为1.5：

试验回路和断路器构架应按图27a)连接，以便使电弧熄灭后带电部件和构架间的电压条件和按图25a)所示的试验回路进行试验时三极断路器的首开极的电压条件一样。

优选的试验回路如图27a)所示。如果受试验站设备的限制，可以采用图27b)所示的试验回路。

注3：图27b)中所示的试验回路不适用于相间和/或相对地绝缘关键的断路器（例如GIS和落地罐式断路器）。对于这些断路器，适当的试验方法在本标准的附录O和GB/T 4473—2008中给出。

d) 三极断路器单极的单相试验，首开极系数为1.3：

试验回路和断路器构架应按图28a)连接，以便使电弧熄灭后带电部件和构架间的电压条件和按图26a)所示的试验回路进行试验时三极断路器的首开极的电压条件近似一样。

优选的试验回路如图28a)所示。如果受试验站设备的限制，可以采用图28b)所示的试验回路。

注4：图28b)中所示的试验回路不适用于相间和/或对地绝缘关键的断路器（例如GIS和落地罐式断路器）。对于这些断路器，适当的试验方法在本标准的附录O和GB/T 4473—2008中给出。

e) 单极断路器的单相试验：

试验回路和断路器构架应连接成在电弧熄灭后断路器内部带电部件和地之间的电压条件能重现运行时的电压条件。试验报告中应表示出所用的接线图。

6.103.4 试验回路与断路器的连接

如果断路器一侧的物理布置不同于另一侧的物理布置时，试验时试验回路的带电侧应接到能给断路器施加在对地电压方面更严酷条件的 侧，除非断路器是仅从一侧供电的特殊设计。

若不能满意地验证哪种连接更严酷时，试验方式T10和T30(6.106.1和6.106.2)应以相反的接线方式来进行，试验方式T100s和T100a亦如此。如果试验方式T100a省略，则试验方式T100s应对两种接线方式均进行试验。

6.104 短路试验参数

6.104.1 短路关合试验前的外施电压

对于6.106的短路关合试验，外施电压应为：

a) 对于三极断路器的三相试验，外施电压相间的平均值应不低于额定电压 U_r，且未经制造厂的同意不得超过该值的10%。

各极的外施电压与平均值之差不应超过5%。

b) 对于三极断路器的单相试验，外施电压应不低于相对地电压值 $U_r/\sqrt{3}$，且未经制造厂的同意不得超过该值的10%。

注：为了试验的方便，在征得制造厂同意后，允许外施电压等于相对地电压与断路器的首开极系数(1.3或1.5)的

乘积。

对于可供单极重合闸循环的断路器，在随后的三极合闸操作中各触头接触之间的最大时差超过额定频率的1/4周波(与5.101的注比较)时，则外施电压应等于相对地电压与断路器的首开极系数(1.3或1.5)的乘积。

c) 对于单极断路器，外施电压应不低于额定电压，且未经制造厂的同意不得超过该值的10%。

进行合成试验时，GB/T 4473—2008适用，亦可见6.106.4.1a)、6.106.4.2a)和6.106.4.3。

6.104.2 短路关合电流

6.104.2.1 概述

断路器关合额定短路关合电流的能力在试验方式T100s(见6.106.4)中验证。

当在电压波的任一点发生预击穿电弧时，断路器应能关合该预击穿电流。两种极端的情况规定如下(见图1)：

——在电压波的峰值处关合，产生一个对称的短路电流以及最长的预击穿电弧；

——在电压波的零点处关合，无预击穿，产生一个完整的非对称短路电流。

下文所述的试验程序旨在验证断路器满足以下两项要求的能力：

a) 断路器能够关合预击穿始于外施电压峰值处而产生的对称电流。该电流应为额定短路开断电流的对称分量(见4.101.1)。

b) 断路器能够关合完整的非对称短路电流。该电流应为额定短路关合电流(见4.103)。

电压低于额定电压时[见4.101的项a)]，断路器应能运行，且在该电压下断路器确有可能关合完整的非对称电流。电压的下限值，如有的话，应由制造厂规定。

注1：如果电流起始于外施电压峰值的±15°内，则认为短路电流是对称的。

注2：对于预击穿时间超过10 ms的断路器，为满足最严酷的条件，可能需要超过两次的关合操作。

注3：合闸时，由于极间不同期性，触头接触时刻可能不同，因而在一极中可能会引起更高的峰值关合电流(也可见5.101)。特别当一极中开始流过电流的时间比其他两极滞后大约1/4周波且又没有预击穿时。在这种情况下，如果断路器关合失败，则认为断路器未通过该试验方式。

6.104.2.2 试验程序

6.104.2.2.1 三相试验

对于三极断路器的三相试验，在试验方式T100s中，可认为上述的项a)和项b)的要求已经得到充分的验证。

时间的控制，应使试验方式T100s的两个合—分(CO)操作循环中至少有一次获得额定短路关合电流。

当断路器呈现的预击穿达到这样的程度，以致试验方式T100s的第一次“合分”操作循环时未获得额定短路关合电流，并且调整时间后，在第二次“合分”操作循环中仍然未达到额定短路关合电流，则应在降低的电压下进行第三次“合分”操作循环。该操作循环前断路器可以修整。

6.104.2.2.2 单相试验

对于单相试验，试验方式T100s或T100s(a)应以这样方法进行：即在一次合闸操作中满足6.104.2.1中的项a)规定的要求，而在另一次合闸操作中满足6.104.2.1中的项b)规定的要求。这些操作的顺序不作规定。如果在试验方式T100s或T100s(a)(见6.106的注)中的项a)和项b)规定的要求之一未充分地受到检验，则必需附加一次“合分”操作循环。该操作循环之前，断路器可以修整。

取决于正常的试验方式T100s或T100s(a)中获得的结果，该附加的“合分”操作循环应验证下列要求之一：

——6.104.2.1 项 a)或项 b)中的要求；

——表明所获得的短路关合电流代表了运行中因断路器预击穿特性所遇到的条件。

由于断路器的特性，如果在试验方式 T100s 或 T100s(a)中未达到额定短路关合电流，则可在较低的外施电压下进行附加的“合分”试验。

如果方式 T100s 或 T100s(a)中未获得上述 a)项要求的对称电流，则可以在 6.104.1 所述的外施电压范围内进行附加的“合分”试验。

6.104.3 短路开断电流

断路器所开断的短路电流，应按照图 8 在触头分离时刻确定，且用下述两个数值予以规定：

——各相交流分量有效值的平均值；

——任一相中最大直流分量的百分数。

在任何一相中交流分量的有效值与平均值的差异，应不大于平均值的 10%。

虽然短路开断电流是在相应于触头分离时刻测量的，但是，断路器的开断性能取决于最后燃弧半波中开断的电流值及其他因素。因此，短路电流的交流分量的衰减是十分重要的，特别是当燃弧为好几个电流半波的断路器试验时。为了避免试验条件的减轻，短路电流交流分量的衰减应该是：在对应于最后开断极主电弧最终熄灭时刻，预期电流的交流分量不得小于试验方式所规定的电流值的 90%。这一点可以通过试验前的预期电流的记录来证明。

如果断路器的特性能使短路电流值减小到低于预期开断电流，或者如果在示波图上不能成功地把电流波的包络线画出来，则可以认为所有相的预期短路开断电流的平均值就等于短路开断电流，且在预期电流的示波图上相应于触头分离的时刻进行测量。

触头分离的时刻，可以根据试验站的经验和受试断路器的类型用不同的方法确定，例如，试验时记录触头行程、电弧电压或对断路器作空载试验。

6.104.4 短路开断电流的直流分量

对于操作时分闸时间妨碍直流分量控制的断路器，如自脱扣断路器，按 6.102.3 的条件整定进行试验时，直流分量可能大于 6.106 对试验方式 T10、T30、T60 和 T100s 所规定的值。

断路器在试验方式 T100a 中，即使在某一次分闸操作中的直流分量百分数小于规定值，只要在试验方式的各分闸操作中直流分量百分数的平均值超过规定的直流分量百分数，则认为断路器已满足了试验方式 T100a 的要求。在该试验方式的任何一次试验中，直流分量不应小于规定值的 90%。

如果任一开断操作的示波图是这样：不能成功地画出电流波的包络线，这时，只要短路起始时刻是可比的，则预期的直流分量百分数可以作为试验时触头分离时刻的直流分量百分数。直流分量的百分数应在预期电流的示波图上对应于触头分离时刻的时间进行测量。

6.104.5 短路开断试验的瞬态恢复电压(TRV)

6.104.5.1 概述

试验回路的预期 TRV，应该使用那种产生和测量 TRV 波形而对其无明显影响的方法来确定。应在与断路器连接的端子上进行测量，包括所有必需的试验测量装置，如分压器等。附录 F 中叙述了一些适当的方法(亦可见 6.104.6)。在不可能进行测量的情况下，例如在某些合成试验回路中，允许计算预期的 TRV。附录 F 给出了导则。

对于三相回路，预期 TRV 是对按 6.103.3 的规定布置的一个合适的试验回路的首开极而言，即指一个分闸极两端的电压，而其余两极均合闸。

试验的预期 TRV 是由附录 E 所示的方法画出的包络线和它的起始部分来表示。

试验中所规定的 TRV，按照 4.102.2 和图 10、图 11 及图 12 中与额定短路开断电流相关的 TRV 同样的方式，用一参考线、一时延线及起始瞬态恢复电压(ITRV)的包络线来表示。

TRV 参数定义为额定电压(U_r)、首开极系数(k_{pp})和振幅系数(k_{af})的函数如下。k_{pp} 和 k_{af} 的实际值在表 1、表 2、表 3、表 4、表 5、表 21、表 22、表 23 和表 24 中规定。如表 23 中所列出的首开极系数 k_{pp} 为 1.3 适用于额定电压 126 kV 及以上的所有断路器，其系统通常是有效接地的。对于 126 kV 的非有效接地系统，表 24 中列出的 $k_{pp}=1.5$ 适用。

a) 额定电压 126 kV 以下

用于所有试验方式的预期 TRV，用两参数表示。

——表 21 中，对于电缆系统中的断路器。

TRV 峰值 $u_c=k_{pp}\times k_{af}\times U_r\sqrt{2}/\sqrt{3}$

其中 k_{af}(振幅系数)对于试验方式 T100，1.4；对于试验方式 T60，1.5；对于试验方式 T30，1.5；对于试验方式 T10，1.5；对于失步开断，1.25。

对于试验方式 T100，时间 t_3 取自表 21；对于试验方式 T60、T30 和 T10，由试验方式 T100 的 t_3 分别乘以乘数 0.44(T60)、0.22(T30)和 0.22(T10)来获得。

——表 22 中，对于线路系统中的断路器。

TRV 峰值 $u_c=k_{pp}\times k_{af}\times U_r\sqrt{2}/\sqrt{3}$

其中 k_{af}(振幅系数)对于试验方式 T100 和近区故障的电源侧回路，1.54；对于试验方式 T60，1.65；对于试验方式 T30，1.74；对于试验方式 T10，1.8；对于失步开断，1.25。

对于试验方式 T100，时间 t_3 取自表 22；对于试验方式 T60、T30 和 T10，由试验方式 T100 的 t_3 分别乘以乘数 0.67(T60)、0.40(T30)和 0.40(T10)来获得。

——试验方式 T100 的时延 t_d，对于电缆系统为 $0.15t_3$；对于线路系统和近区故障的电源侧回路为 $0.05t_3$。

——对于试验方式 T60、T30、T10 和失步开断的时延 t_d 为 $0.15t_3$。

——电压 $u'=u_c/3$。

——时间 t' 是由图 11 中的 u'、t_3 和 t_d 导出的，$t'=t_d+t_3/3$。

b) 额定电压 126 kV～1 100 kV

试验方式 T100、T60、近区故障试验方式 L_{90} 和 L_{75} 的电源侧回路以及失步试验方式 OP1 和 OP2 的预期 TRV 用四参数法表示，试验方式 T10 和 T30 用两参数法表示。

——第一参考电压 $u_1=0.75\times k_{pp}\times U_r\sqrt{2}/\sqrt{3}$。

——时间 t_1 是由 u_1 和上升率 u_1/t_1 的规定值导出的。

——TRV 峰值 $u_c=k_{pp}\times k_{af}\times U_r\sqrt{2}/\sqrt{3}$。

其中 k_{af}(振幅系数)在试验方式 T100 和近区故障的电源侧回路时等于 1.4；试验方式 T60 时等于 1.5；试验方式 T30 时等于 1.54；试验方式 T10 时等于 0.9×1.7；失步开断时等于 1.25；

——时间 t_2 对应于试验方式 T100 和近区故障的电源侧回路时等于 $4t_1$；失步开断时介于 t_2(T100 的)和 $2t_2$(T100 的)之间。对于 T60 等于 $6t_1$。

——对于试验方式 T30 和 T10，时间 t_3 是由 u_c 和上升率 u_c/t_3 的规定值导出的。

——时延 t_d，对于试验方式 T100 在 2 μs 和 $0.28t_1$ 之间；对于试验方式 T60 在 2 μs 和 $0.3t_1$ 之间；对于试验方式 OP1 和 OP2 在 2 μs 和 $0.1t_1$ 之间；对于试验方式 T30 和 T10 时延等于 $0.15t_3$。对于近区故障的电源侧回路时延等于 2 μs；试验中所用 t_d 的相应值在 6.104.5.2～6.104.5.5 中给出。

——对于试验方式 T100、T60、近区故障的电源侧回路以及失步开断试验，电压 $u'=u_1/2$；对于试验方式 T30 和 T10，$u'=u_c/3$。

——对于试验方式 T100、T60、近区故障的电源侧回路以及失步开断试验，时间 t' 按照图 10 由 u'、u_1/t_1 和 t_d 导出；对于试验方式 T30 和 T10，时间 t' 按照图 11 由 u'、u_c/t_3 和 t_d 导出。

试验回路的预期 TRV 波形应满足以下两项要求：

——要求 a)

任何时候其包络线应不低于规定的参考线；

注 1：应该强调，包络线超出规定的参考线的程度应得到制造厂的同意(见 6.104)；特别重要的是在规定的是四参数参考线而用两参数包络线的场合，以及当规定的是用两参数参考线而用四参数包络线的场合。

注 2：为了试验方便，允许对规定用四参数 TRV 的试验方式用两参数法进行试验，只要其恢复电压的上升率与 u_1/t_1 的标准值一致且电压峰值与 u_c 的标准值一致。该试验程序需得到制造厂的同意。

——要求 b)

其起始部分应满足规定的 ITRV 要求。ITRV 应该像近区故障一样处理。因此，有必要按照传统的方法独立于电源侧测量 ITRV。ITRV 由峰值 u_i 和时间 t_i 确定[见图 12b)]。传统的波形大多是由 ITRV 的起始点到 u_i 和 t_i 确定的点画参考直线。固有的 ITRV 波形应符合要求的 ITRV 峰值的 20% 和 80%间的参考直线。因为 ITRV 的幅值低于 20%和高于 80%规定的 ITRV 峰值，因此，与参考线的偏差是允许的。不应明显地高出上述的参考线。如果不显著地提高 TRV 上升率就不能达到峰值的 80%时，优选的方法是将 ITRV 的峰值 u_i 提高到规定值以上，以达到 80%的点。不应提高 ITRV 的上升率，因为这样会使连接的阻抗产生变化继而导致试验的苛刻程度发生根本改变。

对于 T100a、T100s 和 L_{90}，有必要在 ITRV 条件下进行试验。如果断路器具有近区故障额定值，且采用了无明显时延的线路进行近区故障试验，则认为已覆盖了 ITRV 的要求(见 6.104.5.2)。

因为 ITRV 正比于母线波阻抗和电流，对于波阻抗较低的装在气体绝缘金属封闭开关设备中的断路器，额定短路开断电流小于 25 kA 的断路器可以不考虑 ITRV 的要求。对于额定电压低于 126 kV 的断路器，因其母线尺寸较小，也同样适用。

6.104.5.2 试验方式 T100s 和 T100a

对于额定电压 126 kV 以下，规定的标准值在下面给出：

——对于电缆系统中的断路器，见表 21；

——对于线路系统中的断路器，见表 22。

对于额定电压 126 kV 及以上，规定的标准值在表 23 和表 24 中给出。

规定的参考线、时延线和 ITRV 的标准值在表 1、表 2、表 3、表 4、表 5、表 6 和表 7 中给出。

参考 ITRV，如果试验是在符合 6.104.5.1 的要求 b)规定的和图 12b)表示的参考线的 TRV 下做的，则认为对断路器的影响与 6.104.5.1 的要求 b)和图 12b)确定的 ITRV 类似。

如果受试验站的限制，要在表 3、表 4 和表 5 所规定的时延 t_d 方面满足 6.104.5.1 的项 b)的要求可能不可行。在需要进行近区故障试验的场合，用提高线路侧电压振荡的第一峰值(见 6.109.3)来补偿电源回路 TRV 的这些缺陷。电源回路的时延应尽可能的小，但在任何情况下不能超出表 22、表 23 或表 24 的括号中给出的数值。

对于还要做近区故障试验的场合，将 ITRV 和近区故障(SLF)在线路侧回路的要求综合起来考虑可能更方便。当 ITRV 与表 8 规定的具有时延 t_{dL} 的短线的瞬态电压合并时，总的负荷实际上等于无明显时延的短线。因此，当用无时延 t_{dL}(见 6.109.3)的短线进行近区故障试验时，则认为试验方式 T100s 和 T100a 的 ITRV 要求已得到满足，除非，从电气的观点来看，断路器的两端子不同(例如，采用了 6.109.3 的注 4 中提及的附加电容)。

6.104.5.3 试验方式 T60

对于额定电压 126 kV 以下,规定的标准值在下面给出:

——对于电缆系统中的断路器,见表 21;

——对于线路系统中的断路器,见表 22。

对于额定电压 126 kV 及以上,规定的标准值在表 23 和表 24 中给出。

6.104.5.4 试验方式 T30

a) 对于额定电压 126 kV 以下,规定的标准值在下面给出:

——对于电缆系统中的断路器,见表 21;

——对于线路系统中的断路器,见表 22。

在直接或合成试验中,满足小的时间 t_3 值可能比较困难。应该采用能够达到的最小值,但不能小于规定的数值。所采用的数值应在试验报告中指明。

b) 对于额定电压 126 kV 及以上,规定的标准值在表 23 和表 24 中给出。

注:T30 和 T10 条件的短路电流值较小时,变压器阻抗对短路电流的影响相对较大。然而,额定电压 126 kV 及以上时,大多数系统为中性点有效接地系统。当系统和变压器中性点有效接地时,除 T10 外,首开极系数 1.3 适用于所有的试验方式,通常,首开极系数取 1.5 是为了考虑变压器馈入故障的工况。对于额定电压 126 kV 的某些系统,变压器在运行时中性点为非有效接地,即使系统的剩余部分为有效接地系统。认为此类系统为特殊工况且涵盖在表 4 和表 24 中,其中规定的 TRV 对所有试验方式基于的首开极系数均为 1.5。对于额定电压 126 kV 以上的,认为所有的系统及其变压器的中性点是有效接地的。

6.104.5.5 试验方式 T10

a) 对于额定电压 126 kV 以下,规定的标准值在下面给出:

——对于电缆系统中的断路器,见表 21;

——对于线路系统中的断路器,见表 22。

b) 对于额定电压 126 kV 及以上,规定的标准值在表 23 和表 24 中给出。时间 t_3 是变压器固有频率的函数。

在直接或合成试验中,可能很难满足小的 t_3 值。应采用所能达到的最小值,但不应小于规定值。所使用的数值应在试验报告中指明。

6.104.5.6 试验方式 OP1 和 OP2

对于额定电压 72.5 kV 及以下,规定的标准值在表 1 和表 2 中给出。

对于额定电压 126 kV 及以上,规定的标准值在表 3、表 4 和表 5 中给出。时间 t_d 和 t' 给出了两个数值。它们表示试验中应采用的上限和下限。

6.104.6 试验期间瞬态恢复电压的测量

短路试验时,断路器的特性诸如电弧电压、弧后电导和分合闸电阻(如装有的话)将对瞬态恢复电压产生影响。因此,试验中的瞬态恢复电压不同于以一定性能要求为基础的试验回路的预期瞬态恢复电压波形,其程度取决于断路器的特性。

除非断路器对 TRV 的影响不明显,且开断电流不包含明显的直流分量,试验时所做的记录不应用来评定回路的预期瞬态恢复电压特性;而应通过如附录 F 中阐述的其他方法来进行。

应记录试验中的瞬态恢复电压。

表 21　S1 级断路器的预期瞬态恢复电压的标准值(额定电压等于高于 3.6 kV 小于 126 kV)——用两参数表示

额定电压 U_r kV	试验方式	首开极系数 k_{pp} p.u.	振幅系数 k_{af} p.u.	TRV峰值 u_c kV	时间 t_3 μs	时延 t_d μs	电压 u' kV	时间 t' μs	RRRV[a] u_c/t_3 kV/μs
3.6	T100	1.5	1.4	6.2	41	6	2.1	20	0.15
	T60	1.5	1.5	6.6	18	3	2.2	9	0.37
	T30	1.5	1.5	6.6	9	1	2.2	4	0.77
	T10	1.5	1.5	6.6	9	1	2.2	4	0.77
7.2	T100	1.5	1.4	12.3	51	8	4.1	25	0.24
	T60	1.5	1.5	13	22	3	4.4	11	0.60
	T30	1.5	1.5	13	11	2	4.4	6	1.20
	T10	1.5	1.5	13	11	2	4.4	6	1.20
12	T100	1.5	1.4	20.6	61	9	6.9	29	0.34
	T60	1.5	1.5	22	26	4	7.3	13	0.85
	T30	1.5	1.5	22	13	2	7.3	6	1.70
	T10	1.5	1.5	22	13	2	7.3	6	1.70
24	T100	1.5	1.4	41	87	13	14	43	0.47
	T60	1.5	1.5	44	38	6	15	18	1.16
	T30	1.5	1.5	44	19	3	15	9	2.32
	T10	1.5	1.5	44	19	3	15	9	2.32
40.5	T100	1.5	1.4	69.5	114	17	23.2	55	0.61
	T60	1.5	1.5	74.5	49	7	24.8	23	1.52
	T30	1.5	1.5	74.5	24	4	24.8	12	3.10
	T10	1.5	1.5	74.5	24	4	24.8	12	3.10
72.5	T100	1.5	1.4	124	165	25	41	80	0.75
	T60	1.5	1.5	133	72	11	44	35	1.85
	T30	1.5	1.5	133	36	5	44	17	3.70
	T10	1.5	1.5	133	36	5	44	17	3.70

[a] RRRV＝恢复电压的上升率。

表 22　S2 级断路器的预期瞬态恢复电压的标准值(额定电压等于高于 24 kV 小于 126 kV)[a]——用两参数表示

额定电压 U_r kV	试验方式	首开极系数 k_{pp} p.u.	振幅系数 k_{af} p.u.	TRV峰值 u_c kV	时间 t_3 μs	时延 t_d μs	电压 u' kV	时间 t' μs	RRRV[b] u_c/t_3 kV/μs
24	T100	1.5	1.54	45.3	43	2(6)	15.1	16(20)	1.05
	T60	1.5	1.65	48.4	29	4	16.1	14	1.67
	T30	1.5	1.74	51.2	17	3	17.0	8	3.01
	T10	1.5	1.80	52.9	17	3	17.6	8	3.11
40.5	T100	1.5	1.54	76.4	62	3(9)	25.5	24(30)	1.23
	T60	1.5	1.65	81.8	42	6	27.3	20	1.95
	T30	1.5	1.74	86.3	25	4	28.8	12	3.45
	T10	1.5	1.80	89.3	25	4	29.8	12	3.57
72.5	T100	1.5	1.54	137	93	5(14)	45.6	36(45)	1.47
	T60	1.5	1.65	146	62	9	48.8	30	2.35
	T30	1.5	1.74	155	37	6	51.5	18	4.19
	T10	1.5	1.80	160	37	6	53.3	18	4.32

[a] t_d 和 t'(T100)给出两个数值的地方，通过括号分开，如果还要进行近区故障试验，则采用括号中的数值。否则，则采用 t_d 和 t'较小的数值。

[b] RRRV＝恢复电压的上升率。

表 23　预期瞬态恢复电压的标准值(中性点有效接地系统中额定电压 126 kV～800 kV)——用四参数(T100、T60、OP1 和 OP2)或两参数(T30、T10)表示

额定电压 U_r kV	试验方式	首开极系数 k_{pp} p.u.	振幅系数 k_{af} p.u.	第一参考电压 u_1 kV	时间 t_1 μs	TRV峰值 u_c kV	时间 t_2 或 t_3 μs	时延 t_d μs	电压 u' kV	时间 t' μs	上升率 u_1/t_1 u_c/t_3 kV/μs
126	T100	1.3	1.4	100	50	188	200	2(14)	50	27(39)	2
	T60	1.3	1.5	100	33	201	198	2～10	50	19～27	3
	T30	1.3	1.54	—	—	206	41	6	69	20	5
	T10	1.5	0.9×1.7	—	—	236	34	5	79	16	7
	OP1-OP2	2	1.25	154	100	258	200～400	2～10	77	52～60	1.54
252	T100	1.3	1.4	201	100	374	400	2(28)	100	52(78)	2
	T60	1.3	1.5	201	67	401	402	2～20	100	35～53	3
	T30	1.3	1.54	—	—	412	82	12	137	39	5

表 23（续）

额定电压 U_r kV	试验方式	首开极系数 k_{pp} p.u.	振幅系数 k_{af} p.u.	第一参考电压 u_1 kV	时间 t_1 μs	TRV 峰值 u_c kV	时间 t_2 或 t_3 μs	时延 t_d μs	电压 u' kV	时间 t' μs	上升率 u_1/t_1 u_c/t_3 kV/μs
252	T10	1.5	0.9×1.7	—	—	472	67	10	157	32	7
	OP1-OP2	2	1.25	309	201	514	400～800	2～20	155	103～121	1.54
363	T100	1.3	1.4	289	144	539	576	2(40)	144	74(112)	2
	T60	1.3	1.5	289	96	578	576	2～28	144	50～76	3
	T30	1.3	1.54	—	—	593	119	18	198	58	5
	T10	1.5	0.9×1.7	—	—	680	97	15	227	47	7
	OP1-OP2	2	1.25	445	288	741	576～1 152	2～29	222	146～173	1.54
550	T100	1.3	1.4	438	219	817	876	2(61)	219	111(171)	2
	T60	1.3	1.5	438	146	876	876	2～44	219	75～117	3
	T30	1.3	1.54	—	—	899	180	27	300	87	5
	T10	1.5	0.9×1.7	—	—	1 031	147	22	344	71	7
	OP1-OP2	2	1.25	674	438	1 123	876～1 752	2～44	337	221～263	1.54
800	T100	1.3	1.4	637	318	1 189	1 272	2(89)	318	161(248)	2
	T60	1.3	1.5	637	212	1 274	1 272	2～64	318	108～170	3
	T30	1.3	1.54	—	—	1 308	262	39	436	126	5
	T10	1.5	0.9×1.7	—	—	1 499	214	32	500	103	7
	OP1-OP2	2	1.25	980	636	1 633	1 272～2 544	2～64	490	320～382	1.54
1 100	T100	1.3	1.4	876	438	1 634	1 752	2(123)	438	221(342)	2
	T60	1.3	1.5	876	292	1 751	1 752	2(88)	438	148～234	3
	T30	1.3	1.54	—	—	1 798	360	54	599	174	5
	T10	1.5	0.9×1.7	—	—	2 061	294	44	687	142	7
	OP1-OP2	2	1.25	1 347	875	2 245	1 752～3 500	2～87	674	440～525	1.54

注 1：时间 t_d 和 t'（出线端故障试验方式 T100）给出两个数值的地方，通过括号分开，如果还要进行近区故障试验，则采用括号中的数值。否则，则采用括号前面的数值。

t_d 和 t'（出线端故障试验方式 T60 以及失步试验方式 OP1 和 OP2）给出两个数值的地方，这些值表示用于试验的上限和下限。在试验中的时延 t_d 和时间 t' 不能短于它们相应的下限值，也不能长于它们的上限值。

注 2：规定首开极系数 $k_{pp}=1.5$ 是为了涵盖变压器限制故障且 X_0/X_1 大于 3.2 的故障条件（例如中性点有效接地系统中的非有效接地的变压器，或者变压器的一侧有效接地而另一侧与中性点非有效接地系统连接的情况）。规定的 TRV 也涵盖了中性点有效接地系统（$k_{pp}=1.3$）中的三相线路故障的工况，此时的相间耦合可能导致振幅系数达到 1.76。因此，对 T10 规定了中性点有效接地系统采用的燃弧时间窗口（见 6.102.10.2.2.1）。

表 24 预期瞬态恢复电压的标准值(中性点非有效接地系统中额定电压 126 kV)——用四参数(T100、T60、OP1 和 OP2)或两参数(T30、T10)表示

额定电压 U_r kV	试验方式	首开极系数 k_{pp} p.u.	振幅系数 k_{af} p.u.	第一参考电压 u_1 kV	时间 t_1 μs	TRV 峰值 u_c kV	时间 t_2 或 t_3 μs	时延 t_d μs	电压 u' kV	时间 t' μs	上升率 u_1/t_1 u_c/t_3 kV/μs
126	T100	1.5	1.40	116	58	216	232	2(16)	58	31(45)	2
	T60	1.5	1.50	116	39	231	234	2～11	58	21(30)	3
	T30	1.5	1.54	—	—	238	48	7	79	23	5
	T10	1.5	0.9×1.7	—	—	236	34	5	79	16	7
	OP1-OP2	2.5	1.25	193	115	321	230～460	2～10	97	60～68	1.67

注 1：时间 t_d 和 t'(出线端故障试验方式 T100)给出两个数值的地方，通过括号分开，如果还要进行近区故障试验，则采用括号中的数值。否则，则采用括号前面的数值。

t_d 和 t'(出线端故障试验方式 T60 以及失步试验方式 OP1 和 OP2)给出两个数值的地方，这些值表示用于试验的上限和下限。在试验中的时延 t_d 和时间 t' 不能短于它们相应的下限值，也不能长于它们的上限值。

注 2：规定首开极系数 $k_{pp}=1.5$ 是为了涵盖变压器限制故障且 X_0/X_1 高于 3.2 的故障条件(例如中性点有效接地系统中的非有效接地的变压器，或者变压器的一侧有效接地而另一侧与中性点非有效接地系统连接的情况)。规定的 TRV 也涵盖了中性点有效接地系统($k_{pp}=1.3$)中的三相线路故障的工况，此时的相间耦合可能导致振幅系数达到 1.76。因此，对 T10 规定了中性点有效接地系统采用的燃弧时间窗口(见 6.102.10.2.2.1)。

6.104.7 工频恢复电压

试验回路的工频恢复电压可以用下面规定的工频恢复电压百分数来表示。它应不小于规定值的 95%，并应维持至少 0.3 s。

对于合成试验回路，细节和允差在 GB/T 4473—2008 中给出。

对于 6.106 的基本短路试验方式，工频恢复电压在上述的 95% 的最低值的条件下，应为：

a) 对于三极断路器的三相试验，工频恢复电压的平均值应等于断路器的额定电压 U_r 除以 $\sqrt{3}$。

任一极的工频恢复电压在电压保持终了时刻与电压平均值的偏差不应超过 20%。

中性点有效接地系统中，应该证明在断路器一极中绝缘强度的建立不充分时，不会导致燃弧延长或开断失败。应采用单相试验(6.108)进行验证。

b) 对于三极断路器的单相试验，其工频恢复电压应等于相对地电压值 $U_r/\sqrt{3}$ 与首开极系数(1.3 或 1.5)的乘积；在额定频率一个周波后工频恢复电压可以降低到 $U_r/\sqrt{3}$。

c) 对于单极断路器，工频恢复电压应等于断路器的额定电压 U_r。

工频恢复电压应在试验回路的每一相中断路器一极的端子间进行测量。其有效值应在示波图上电弧最终熄灭后试验频率的半个周波和一个周波之间的时间间隔内确定，如图 44 所示。应量出从第二半波的峰值至其前一个与其后一个半波峰值间的连线间的垂直距离(分别为 V_1、V_2 和 V_3)，将这些值除以 $2\sqrt{2}$ 再乘以适当的标尺，即为所记录的工频恢复电压的有效值。

6.105 短路试验程序

6.105.1 试验间的时间间隔

基本短路试验和近区故障试验(如果适用的话)包括 6.106 和 6.109 规定的一系列试验方式。

一个试验顺序的各个操作之间的时间间隔应是 4.104 给出的断路器的额定操作顺序的时间间隔,并应遵循以下规定:

由于试验站的限制,有可能达不到额定操作顺序的 15 s、1 min 或 3 min 时间间隔。在这种情况下,时间间隔可以延长至 10 min 而不应认为试验无效;也可能需要长于 10 min 的时间间隔。延长的时间间隔不应是由断路器的故障操作引起的。操作之间的实际时间间隔应在试验报告中给出。如果长于 10 min,该延时的原因应记录在试验报告中。

对于具有额定操作顺序为 O—t—CO—t'—CO 的断路器,且其具有不同的额定值 t',试验应该在最短的时间间隔 t'下进行。认为该试验已覆盖了具有较长时间间隔 t'的所有额定操作顺序。这样就有可能把 4.104 的 a)和 b)规定的额定操作顺序的试验合并进行。应记录实际的时间间隔。

6.105.2 分闸脱扣器辅助电源的施加——开断试验

辅助电源应在短路起始后施加在分闸脱扣器上,但如果受试验站的限制而不可行时,可在短路起始前施加辅助电源(但有一个限制条件:触头不应在短路起始前开始移动)。

6.105.3 分闸脱扣器辅助电源的施加——关合—开断试验

在关合—开断试验中,不应在断路器到达合闸位置之前给分闸脱扣器施加辅助电源。在试验方式 T100s(见 6.106.4)的合—分操作循环中,触头关合后一个半波内不应施加辅助电源。为使直流分量不超过允许值,允许断路器延迟分闸,但合—分时间应尽可能保持接近 3.7.143 中规定的合—分时间。

6.105.4 短路扣锁

当主载流触头在合闸位置静止、完全通电而且在没有机械或电气的脱扣之前应保持在该位置,断路器应扣锁。除非断路器装有关合电流脱扣器或等效装置,否则,应验证在合闸期间电流的交流分量的衰减可以忽略不计时,断路器能毫无迟滞的扣锁。

断路器对短路关合电流的扣锁能力可在试验方式 T100s(见 6.106.4)或关合验证试验(见 6.102.4.1)中验证。本试验过程中,下列情况适用:

——对于三极断路器的三相试验,合闸相角的控制应使远离机构的极上出现峰值关合电流。

——如果进行单相试验,应注意施加在远离机构的极上的应力和三相试验时施加在该极上的外施电压以及流过该极的电流的方式相同。

如果试验设备的特性不可能在 6.104.1 规定的外施电压规定的范围内进行试验方式 T100s 时,试验可以在降低的试验电压下进行,用一个能产生额定短路关合电流且交流分量衰减忽略不计的回路重复进行此项试验。

有几种方法可以用来确定断路器是否已合闸和扣锁,例如:

——通过适当地记录辅助触头和触头的行程;

——关合试验完成后,目力检查扣锁的位置;

——通过记录装置的动作来检查锁扣(例如,适合于安装在机构上的微型开关)。

试验报告应记录证明断路器满意扣锁所采用的方法。

6.106 基本短路试验方式

基本短路试验系列应由下面规定的试验方式 T10、T30、T60、T100s 和 T100a 组成。

对于试验方式 T10 和 T30,开断电流与规定值的偏差不应超出规定值的 20%,对于试验方式 T60 不应超出 10%。

在试验方式 T100s、T100s(b)和 T100a 的开断电流试验中,短路电流的峰值不应超出断路器额定短路关合电流的 110%。

注:在 6.106.4 说明的情况下,可能有必要把试验方式 T100s 分成关合试验和开断试验。此时,构成关合操作的部分称为 T100s(a),构成开断操作的部分称为 T100s(b)。

为了试验方便,在试验方式 T10、T30 和 T60 中,允许在任何开断操作之前省略关合操作。各个开断操作之间的时间间隔,应是断路器额定操作顺序中的时间间隔(见 6.105.1)。

6.106.1 试验方式 T10

试验方式 T10 由触头分离时刻的直流分量不超过 20% 的 10% 的额定短路开断电流以及在 6.104.5.5和 6.104.7(亦可见表 21、表 22、表 23 和表 24)规定的瞬态和工频恢复电压下的额定操作顺序组成。

6.106.2 试验方式 T30

试验方式 T30 由触头分离时刻的直流分量不超过 20% 的 30% 的额定短路开断电流以及在 6.104.5.4和 6.104.7(亦可见表 21、表 22、表 23 和表 24)规定的瞬态和工频恢复电压下的额定操作顺序组成。

6.106.3 试验方式 T60

试验方式 T60 由触头分离时刻的直流分量不超过 20% 的 60% 的额定短路开断电流以及在 6.104.5.3和 6.104.7(亦可见表 21、表 22、表 23 和表 24)规定的瞬态和工频恢复电压下的额定操作顺序组成。

6.106.4 试验方式 T100s

试验方式 T100s 由额定操作顺序组成,其开断电流为 6.104.3 规定的 100%额定短路开断电流,6.104.7(亦可见表 21、表 22、表 23 和表 24)规定的瞬态和工频恢复电压,6.104.2 规定的 100%额定短路关合电流和 6.104.1 规定的外施电压。

对于本试验方式,触头分离时刻的直流分量百分数不应超过交流分量的 20%。

对三极断路器的一极进行单相试验时,或者试验设备的特性不可能在 6.104.1 中的外施电压、6.104.2的关合电流、6.104.3 的开断电流和 6.104.5.2 及 6.104.7 的瞬态和工频恢复电压的规定限值内实施试验方式 T100s 时,并考虑到 6.105.3 和 6.105.4 的规定,试验方式 T100s 中的关合和开断试验可以分开进行。单独的关合操作中的短路电流应保持至少 100 ms。试验程序如下。

6.106.4.1 试验回路的直流分量的时间常数等于规定值

试验回路的直流分量的时间常数等于 4.101.3 确定的规定值时,进行上述试验方式 T100s 的替代试验方法如下:

a) 关合试验,试验方式 T100s(a)

应按与额定操作顺序 O—t—CO—t'—CO 或 CO—t''—CO 相应的顺序 C—t'—C 或 C—t''—C 进行试验,其中第一个合闸操作对应于额定短路开断电流的对称电流,第二个合闸操作对应于符合 6.104.2 规定的额定短路关合电流。第一个合闸操作应在 6.104.1 规定的外施电压下进行。

b) 开断试验,试验方式 T100s(b)

紧接着 a)中述及的这些合闸操作，应该在 100%额定短路开断电流及 6.104.5.2 和 6.104.7 规定的瞬态和工频恢复电压下进行与额定操作顺序 O—t—CO—t'—CO 或 CO—t''—CO 相应的 O—t—CO—t'—CO 或 CO—t''—CO 操作。

本试验过程中，下列规定适用：

——a)和 b)之间不允许检修；

——如果在 b)中的一个合闸操作已经达到额定短路关合电流，则 a)中的第二个合闸操作可以免去；

——对于合成试验，GB/T 4473—2008 适用。

6.106.4.2 试验回路的直流分量的时间常数小于规定值

试验回路的直流分量的时间常数小于由 4.101.3 确定的规定值时，进行上述试验方式 T100s 的替代试验方法如下：

a) 关合试验，试验方式 T100s(a)

应按照 6.104.2 进行一个额定短路关合电流下的单合操作。该合闸操作可以在 6.104.2 规定范围内降低的电压下进行。

b) 开断试验，试验方式 T100s(b)

紧接着这个合闸操作，应在 100%额定短路开断电流、6.104.1 规定的外施电压以及 6.104.5.2 和 6.104.7 规定的瞬态和工频恢复电压下，进行与额定操作顺序 O—t—CO—t'—CO 或 CO—t''—CO 相应的 O—t—CO—t'—CO 或 CO—t''—CO 操作。在这第二部分，其中一次合闸操作应关合等于额定短路开断电流的对称电流。

注：由于采用了相对于规定值较小的试验回路直流分量时间常数进行额定短路开断电流试验，a)中的电流对称值须大于额定值。b)中的电流峰值，已经在 a)中验证过，由于同样的原因，就会小于额定短路关合电流。

本试验过程中，下列规定适用：

——a)和 b)之间不允许检修；

对于合成试验，GB/T 4473—2008 适用。

6.106.4.3 试验回路的直流分量的时间常数大于规定值

试验回路直流分量的时间常数大于由 4.101.3 确定的规定值时，进行上述试验方式 T100s 的替代试验方法如下：

a) 应在 100%额定短路开断电流、6.104.1 规定的外施电压以及 6.104.5.2 和 6.104.7 规定的瞬态和工频恢复电压下，进行与额定操作顺序 O—t—CO—t'—CO 或 CO—t''—CO 相应的 O—t—CO—t'—CO 或 CO—t''—CO 操作顺序。在这个操作顺序中，一个合闸操作对应的对称电流等于额定短路开断电流，另一个合闸操作对应于完全的非对称电流。由于试验回路直流分量的时间常数大于 4.101.3 的规定值，非对称合闸时的峰值电流将会大于额定短路关合电流。因此，应选相控制合闸操作，以达到要求的额定短路关合电流。但是，按试验程序 a)进行试验应征得制造厂的同意。

注 1：因为在非对称合闸操作中出现了较大的峰值电流，不需要进行 6.104.2 规定的额定短路关合电流下的单独的合闸操作。

b) 作为上述试验程序 a)的替代方法，第一个合闸操作对应的对称电流等于额定短路开断电流，第二个合闸操作为空载操作。也就是说，在 100%额定短路开断电流、6.104.1 规定的外施电压以及 6.104.5.2 和 6.104.7 规定的瞬态和工频恢复电压下，进行与额定操作顺序 O—t—CO—t'—CO 或 CO—t''—CO 相应的 O—t—CO—t'—O 或 CO—t''—O 操作顺序。

在这种情况下，验证断路器能够进行额定操作顺序的能力通过重复试验程序 a)来实现，在相关的要求以及小于额定短路开断电流的对称电流的条件下，使得在一次合闸操作中得到额定短路关合电流。在这个重复的试验方式中，合闸操作可以在6.104.2规定范围内降低的电压下进行。

注2：由于断路器关合额定短路关合电流的能力已在重复的试验方式中得到验证，因此，不需要进行6.104.2规定的额定短路关合电流下的单独的合闸操作。

本试验过程中，下列规定适用：

——如果采用试验程序b)，重复额定操作顺序之前允许检修；

——对于合成试验，GB/T 4473—2008适用。

6.106.4.4 试验回路交流分量的显著衰减

如果试验回路的交流分量的衰减显著时，就不可能在断路器没有大范围过负荷的情况下进行额定操作顺序试验。在此情况下，只要相应于交流分量衰减的试验回路交流分量的时间常数至少长于应用受试断路器的系统规定的直流时间常数三倍，允许把试验方式T100s中的关合和开断试验分开如下：

a) 关合试验，试验方式T100s(a)

对于额定操作顺序O—t—CO—t'—CO，为C—t'—C；

对于额定操作顺序CO—t''—CO，为C—t''—C。

且应符合6.104.2规定的关合电流以及6.104.1规定的外施电压。对于各个试验之间的时间间隔，6.105.1适用。

b) 开断试验，试验方式T100s(b)

试验程序取决于额定操作顺序。

——对于额定操作顺序O—t—CO—t'—CO，试验方式T100s(a)的合闸操作后应在6.104.3规定的100%额定短路开断电流以及6.104.5.2和6.104.7规定的瞬态和工频恢复电压下进行O—t—CO—t'—CO操作。对于各个试验之间的时间间隔，6.105.1适用。

对于操作顺序O—t—CO(额定操作顺序O—t—CO—t'—CO的初始部分)，可以通过两个试验来验证。在此情况下，下述规定适用：

第一个试验，第一个分闸操作应在6.104.3规定的100%额定短路开断电流以及6.104.5.2和6.104.7规定的瞬态和工频恢复电压下进行。随后的合闸和分闸操作的关合电流、外施电压、开断电流以及瞬态和工频恢复电压，应尽可能分别接近试验方式T100s的规定值。

第二个试验，附加的CO操作循环应在6.104.3规定的100%额定短路电流以及6.104.5.2和6.104.7规定的瞬态和工频恢复电压下进行。该CO操作循环之前应增加一个空载的分闸操作，以完成操作顺序O—t—CO。对于合闸操作，6.104.1和6.104.2的规定可以免去，但是，关合电流和外施电压应尽可能地满足规定值。

CO操作循环(额定操作顺序O—t—CO—t'—CO的最后一个部分)由另一个CO操作验证。该CO操作的分闸操作应在6.104.3规定的100%额定短路电流以及6.104.5.2和6.104.7规定的瞬态和工频恢复电压下进行。对于合闸操作，6.104.1和6.104.2的规定可以免去，但是关合电流和外施电压应尽可能地满足规定值。

——对于额定操作顺序为CO—t'—CO，试验方式T100s(a)的合闸操作后应在6.104.3规定的100%额定短路开断电流以及6.104.5.2和6.104.7规定的瞬态和工频恢复电压下进行CO—t'—CO操作顺序。对于各个试验之间的时间间隔，6.105.1适用。对于两个合闸操作，6.104.1和6.104.2的规定可以免去，但是，关合电流和外施电压应尽可能地满足规定值。

——如果试验方式T100s(b)中的合闸操作已经满足上述a)中给出的要求，则试验方式T100s(a)中相应的合闸操作可以免去。为了不使断路器过负荷，试验方式T100s(b)中有必要进行合闸控制。如果需要，可以使用辅助断路器。如果由于分闸时间或合闸时间不稳定而不能满足规定的试验值，允许按脱扣器的最高动作电压供给其电源；在这种情况下，6.102.3.1关于合分闸装置的额定电源电压的规定可以免去。

试验方式 T100s(a)和 T100s(b)之间不允许维修。如果该试验程序产生的实际应力超过了表 B.1 规定的限值，需征得制造厂的同意。

6.106.5 试验方式 T100a

试验方式 T100a 仅适用于制造厂规定的断路器的最短分闸时间 T_{op}加继电器时间后触头分离时刻的直流分量大于 20%的情况。触头分离时刻的直流分量按下式确定：

$$\%dc = 100 \times e^{\frac{-(T_{op}+T_r)}{\tau}}$$

式中：

%dc ——触头分离时刻的直流分量百分数；

T_{op} ——制造厂声明的最短分闸时间；

T_r ——继电器时间(0.5 周波；对于 50 Hz 为 10 ms)；

τ ——额定短路电流的直流时间常数(45 ms、60 ms、75 ms、100 ms 或 120 ms；见 4.101.3)。

试验方式 T100a 是由时间间隔 t'符合 6.105.1、在 100%额定短路开断电流、6.106.6 给出的非对称判据以及 6.104.5.2 和 6.104.7 规定的预期瞬态和工频恢复电压(亦可见 6.104.6 和附录 P；参考的表见 6.104.5.2)时的三个分闸操作组成。

此外，根据实际的试验参数，如果满足每个额定值以及它们相关的公差所对应的适用的非对称判据，单个试验可能涵盖几个额定值(详见 I.2.1)。

注：分闸和合闸脱扣器的变更不构成替代的操动机构。如果断路器的分闸时间因为采用了快速执行的脱扣器而减小，则对该脱扣器应检查表 15～表 19 中规定的直流分量百分数是否仍然被实际试验所涵盖。如果需要更高的直流分量百分数，只要脱扣器已按照相关的条款和标准通过了试验，仅重复试验方式 T100a 就足以，其余的型式试验仍然有效。

6.106.6 非对称判据

进行试验方式 T100a 时应满足下述非对称判据。

——最后电流半波幅值；

——最后电流半波持续时间；

——电流零点的直流分量(控制 di/dt 和随后 TRV 参数的参数)。

为了获得有效的开断，T100a 期间几个参数应该同时再现。这些判据根据试验是在直接试验回路中还是采用合成试验方法进行的而不同。

电流零点预期的直流分量百分数应为：

——从预期的电流校准试验测量的；或者

——根据试验期间触头分离时刻直流分量的百分数和试验回路的直流时间常数计算。试验回路的直流时间常数应在预期电流校准试验的示波图上相应于触头分离时刻的区域测量。

实际试验和预期电流校准试验期间的短路电流起始时刻应可比(±10°以内)。

对于预期电流校准试验，有必要将电流的持续时间延长至少一个额外的电流半波，以便能够准确地测量预定电流零点的预期直流分量。

注：实际试验中电流零点的直流分量百分数也可以通过下式计算：

$$p_o = p_{cs} \times e^{\left(-\frac{t_a}{\tau}\right)}$$

式中：

p_o ——实际试验中电流零点的直流分量；

p_{cs} ——实际试验中在触头分离处测量的直流分量；

t_a ——燃弧时间；

τ ——预期电流校准试验中测量的试验回路的直流时间常数。

每个特定试验方法适用的非对称判据在 6.106.6.1 和 6.106.6.2 中描述。

6.106.6.1 三相试验

6.106.6.1.1 试验电流幅值和最后电流半波持续时间

6.102.10.2.1.2 的 b)针对单相试验给出的判据也适用于具有最大直流分量的相(大半波或延长的大半波)。其他两相中的电流半波的最终幅值和持续时间自动满足合理的公差。

注： 延长大半波的预期持续时间应该根据预期电流校准试验确定。会在实际开断试验中延长的预期电流校准试验中的大电流半波的持续时间，应在 6.102.10.2.1.2 的 b)给出的限值内。如果半波的持续时间满足 6.102.10.2.1.2 的 b)给出的判据，则实际开断试验中延长的大半波的持续时间就会自动满足合理的公差。

断路器可能会改变最后电流半波的波形而超出 6.102.10.2.1.2 的 b)给出的判据。在这种情况下，预期电流半波的波形应根据事先的预期电流校准试验确定。如果电流起始时刻在预期电流校准试验获得的起始时刻±10°之内，则认为试验有效。

6.106.6.1.2 电流零点的直流分量百分数

具有最大直流分量的相中的电流零点的直流分量百分数应等于或小于(见注 1)表 15～表 19 中给出的数值。其余两相中的最终直流分量自动满足。

对于电流校准试验，建议电流持续时间延长至少一个附加的电流半波以便准确测量预定的电流零点的预期直流分量。

如果在一次分闸操作中电流零点的直流分量百分数高于(见注 1)规定值，只要试验方式中的分闸操作的电流零点的直流分量百分数的平均值未超过规定的电流零点直流分量百分数，认为断路器满足试验方式 T100a。在试验方式的任一次试验中，电流零点的直流分量不应高于规定值的 110％。

注 1： 电流零点的直流分量控制最终的 di/dt 和 TRV。较低的电流零点直流分量会导致较高的 di/dt 以及较高的 TRV 幅值和 du/dt。附录 B 中给出的公差为－5％。

注 2： 因为断路器会改变最后半波电流的波形，所以很难准确测量电流零点的直流分量。电流零点的直流分量可根据事先的预期电流校准试验获得的结果确定。如果电流起始时刻在预期电流校准试验获得的起始时刻±10°之内，则认为试验有效。

6.106.6.2 单相试验

6.106.6.2.1 试验电流幅值和最后电流半波持续时间

应满足 6.102.10.2.1.2 的 b)给出的判据。

断路器可能会改变最后电流半波的波形而超出 6.102.10.2.1.2 的 b)给出的判据。在这种情况下，预期电流半波的波形应根据事先的预期电流校准试验确定。如果电流起始时刻在预期电流校准试验获得的起始时刻±10°之内，则认为试验有效。

6.106.6.2.2 电流零点的直流分量百分数

电流零点的直流分量百分数应等于或小于(见注 1)表 15～表 19 中给出的数值。

如果在一次分闸操作中电流零点的直流分量百分数高于(见注 1)规定值，只要试验方式中的分闸操作的电流零点的直流分量百分数的平均值未超过规定的电流零点直流分量百分数，认为断路器满足试验方式 T100a。在试验方式的任一次试验中，电流零点的非对称度不应高于规定值的 110％。

注 1： 电流零点的直流分量控制最终的 di/dt 和 TRV。较低的电流零点直流分量会导致较高的 di/dt 以及较高的

TRV 幅值和 du/dt。附录 B 中给出的公差为－5％。

注 2：因为断路器会改变最后半波电流的波形，所以很难准确测量电流零点的直流分量。电流零点的直流分量可根据事先的预期电流校准试验获得的结果确定。如果电流起始时刻在预期电流校准试验获得的起始时刻±10°之内，则认为试验有效。

6.106.6.3 调节措施

为了满足非对称判据，几个试验参数需要修正。例如：

a) 最后电流半波的幅值和持续时间可以通过下述方法调节：

——提高或降低短路试验电流的有效值(要求值的±10％以内)；

——在 6.103.2 给出的公差范围内改变试验电流的频率；

——采用预脱扣或延时脱扣;仅在电流起始后触头系统开始运动的情况下才允许预脱扣。

注 1：预脱扣定义为分闸脱扣器在运行条件预期的时刻之前带电(最短的继电器时间：0.5 周波之前)。预脱扣可能意味着在电流起始之前分闸脱扣器带电。仅在电流起始后触头系统开始运动的情况下才允许这样。

注 2：延时脱扣定义为分闸脱扣器在运行条件预期的时刻之后带电(最短的继电器时间：0.5 周波之后)。

——改变电流的起始时刻(初始直流分量)。

b) TRV 参数可以通过改变 TRV 调节支路的振幅系数来补偿。附录 P 给出了在非对称故障条件下确定适用的预期 TRV 参数的计算方法。

6.107 临界电流试验

6.107.1 适用性

这些试验是对 6.106 中的基本短路试验方式补充的短路试验，仅适用于具有临界电流的断路器。如果试验方式 T10、T30 或 T60 中的任一试验方式的最短燃弧时间超过相邻的一个试验方式的最短燃弧时间一个半波或更长，则认为属于这种情况。对于三相试验，应考虑所有三相的燃弧时间。

6.107.2 试验电流

适用时，考虑到临界电流，应根据两个试验方式对断路器的性能进行试验。

这两个试验方式的试验电流应等于相应于出现延长的燃弧时间的试验方式(见 6.107.1)的开断电流和下列相应电流的平均值：

a) 一个试验方式：开断电流相应于相邻的较高开断电流；

b) 另一个试验方式：开断电流相应于相邻的较低开断电流。

如果延长的燃弧时间出现在试验方式 T10 中，临界电流开断试验应该在 20％额定短路开断电流时进行一个方式，在 5％额定短路开断电流下进行另一个试验方式。

6.107.3 临界电流试验方式

临界电流试验方式是由 6.107.2 规定的电流且触头分离时刻直流分量小于 20％的额定操作顺序构成。其瞬态和工频恢复电压与基本短路试验方式中下一个较高开断电流的试验方式的一致。

临界电流试验可以在修整过的断路器上进行。

6.108 单相和异相接地故障试验

6.108.1 适用性

断路器应能开断出现在下述两种不同情况下的单相短路电流：

——中性点有效接地系统中的单相故障；或

——中性点非有效接地系统中的异相接地故障，即接地故障出现在不同的相，一个点在断路器的一侧，另一个点在断路器的另一侧。

根据使用断路器的系统的中性点接地条件、断路器操动机构的设计(单极或三极操作)以及试验方式 T100s 进行的是单相试验还是三相试验，可能有必要进行附加的单相开断试验(见图 45)。

这些试验是为了证明：

——断路器在相应参数时能够开断单相故障电流；

——对于三极共用一个操动机构且装有一个共用分闸脱扣器的断路器，单相故障电流产生的不平衡应力对断路器的操作不产生负面影响。

单相故障试验应在对共用操动机构的中间极产生最大应力的边极上进行，而异相接地故障试验可在任一极上进行。

注：如果两个单相试验在一台共用操动机构的三极断路器上进行，为了防止一极过负荷，试验可在两个不同的极上进行。

6.108.2 试验电流和恢复电压

附加的单相开断试验的开断电流和恢复电压如图 45 所示。

触头分离时刻开断电流的直流分量不应超过交流分量的 20%。瞬态恢复电压应满足 6.104.5.1 的项 a)和项 b)的要求，标准值应从表 1、表 2、表 3 和表 4 导出。用于单相故障和异相接地故障试验的数值在表 25 中给出，并标有角标(sp)：

表 25 单相故障和异相接地故障试验的 TRV 参数

系统中性点	额定电压					
	$U_r<126$ kV 两参数 TRV		$U_r\geqslant126$ kV 四参数 TRV			
	$u_{c,sp}$	$t_{3,sp}$	$u_{1,sp}$	$t_{1,sp}$	$u_{c,sp}$	$t_{2,sp}$
有效接地	$k_{af}\times U_r\times\sqrt{2}/\sqrt{3}$	$t_3\times u_{c,sp}/u_c$	$0.75\times U_r\times\sqrt{2}/\sqrt{3}$	$t_1\times u_{1,sp}/u_1$	$k_{af}\times u_{1,sp}/0.75$	$4\times t_{1,sp}$
非有效接地	$k_{af}\times U_r\times\sqrt{2}$		$0.75\times U_r\times\sqrt{2}$			

与 $u_{1,sp}$、$u_{c,sp}$、$t_{1,sp}$ 和 $t_{3,sp}$ 相关的其他参数见 6.104.5.1 中关于试验方式 T100 的定义。必要时，可以优先采用 6.104.5.2 中关于试验站条件限制方面的措施。

6.108.3 试验方式

对于两种规定的故障情况的每一种情况，试验方式由一个额定操作顺序组成。

开断操作时的燃弧时间不应小于下面的 t_a：

$$t_a\geqslant t_{a100s}+0.7\times T/2$$

式中：

t_{a100s} 是：

——如果出线端故障试验方式 T100s 进行的是三相试验，试验方式 T100s 的三次开断操作中首开极燃弧时间的最小值；

——如果出线端故障试验方式 T100s 进行的是单相试验，出线端故障试验方式 T100s 的最短燃弧时间。

T——工频一个周期的持续时间。

如果单相或异相接地故障试验条件下的最短燃弧时间小于出线端故障试验方式 T100s 的最短燃弧时间的时差超过 $0.1\times T$，则试验可在基于下述公式的较短的燃弧时间下进行：

$$t_a \geqslant t_{arc,\,min,\,single,\,phase} + 0.9\times T/2$$

式中：

$t_{arc,\,min,\,single,\,phase}$——单相或异相接地故障试验条件下的最短燃弧时间；

T——工频一个周期的持续时间。

注：没有必要确定单相或异相接地故障开断试验的最短燃弧时间。但是，制造厂应说明在这些条件下可以获得比 T100s 更短的最短燃弧时间。然后，如上所述，试验可以在该较短的最短燃弧时间下进行。

为了减少试验次数，允许用一次试验代替两次试验，只要两个试验条件同时满足。该替代的允许条件仅限于制造厂同意的。

6.109 近区故障试验

6.109.1 适用性

近区故障试验是对 6.106 涵盖的基本短路试验方式补充的短路试验。进行这些试验的目的是确定断路器在近区故障条件下，瞬态恢复电压由电源侧和线路侧组合时断路器开断短路电流的能力。

近区故障试验仅适用于直接和架空线连接的、不考虑电源侧的网络类型、额定电压 24 kV 及以上且额定短路开断电流超过 12.5 kA 的 S2 级断路器。

6.109.2 试验电流

试验电流应计及电源侧和线路侧的阻抗。电源侧的阻抗应是相应于近似 100% 额定短路开断电流 I_{sc} 和额定电压 U_r 的相对地值时的阻抗值。

线路侧阻抗的标准值分别规定为相应于额定短路开断电流交流分量减少到：

——对于额定电压高于 40.5 kV 的断路器，90%(L_{90})和 75%(L_{75})；

——对于额定电压 24 kV 和 40.5 kV 的断路器，75%(L_{75})。

试验中，代表断路器线路侧的线路长度可能不同于与电流等于额定短路开断电流的 90% 和 75% 相应的线路长度。

对于额定电压高于 40.5 kV 的断路器，线路长度与这些标准长度的偏差，对 90% 额定短路开断电流为 −20%～0%，对 75% 额定短路开断电流为 ±20%。

对于额定电压 24 kV 和 40.5 kV 的断路器，线路长度与这些标准长度的偏差，对 75% 额定短路开断电流为 −20%～0%。

线路长度的这些偏差导出了短路电流的下述偏差：

——L_{90}　线路长度偏差在 0% 时：　　$I_L = 90\% I_{sc}$

——L_{90}　线路长度偏差在 −20% 时：　　$I_L = 92\% I_{sc}$

——L_{75}　线路长度偏差在 +20% 时：　　$I_L = 71\% I_{sc}$

——L_{75}　线路长度偏差在 0% 时：　　$I_L = 75\% I_{sc}$

——L_{75}　线路长度偏差在 −20% 时：　　$I_L = 79\% I_{sc}$

对于 6.109.4 项 c) 规定的情况，要求在 60% 额定短路开断电流时进行另一次试验(L_{60})。相应标准线路长度的偏差为 ±20%。这样导出短路电流的偏差为：

——L_{60}　线路长度偏差在 +20% 时：　　$I_L = 55\% I_{sc}$

——L_{60}　线路长度偏差在 −20% 时：　　$I_L = 65\% I_{sc}$

更详细的资料，参见附录 J 和 L.3。

6.109.3 试验回路

试验回路应是单相的，且由电源回路和线路回路(见图 46、图 47 和图 48)组成。基本要求在 4.105

中给出。

考虑到电源侧和线路侧的时延以及 ITRV(见 4.102.1),规定了两项主要要求且应把它们区分开来:

a) 电源侧:有时延(t_d)而无 ITRV;
   线路侧:有时延(t_{dL});

b1) 电源侧:)有 ITRV;
   线路侧:有时延(t_{dL});

b2) 电源侧:有时延(t_d);
   线路侧:无明显时延(t_{dL})。

如果线路侧振荡不采用时延(见 6.104.5.2),则代表电源侧的 ITRV 可以忽略。只要线路侧的时延不超过 100 ns 就可以认为没有明显的时延。

注 1:如果电源侧无 ITRV,线路侧无明显的时延,且在规定的范围内并接近 100 ns,根据断路器的额定值,在时间 t_i 时断路器两端的电压可能在某种程度上低于电源侧有 ITRV、线路侧有时延时的情况。

考虑到这些规定,根据它们的时延表征的三种试验回路适用于近区故障试验:

——SLF 回路 a):电源侧有时延(t_d)且线路侧有时延(t_{dL})(见 A.4.1);回路如图 46 所示。

——SLF 回路 b1):电源侧有 ITRV 且线路侧有时延(t_{dL})(见 A.4.2);回路如图 47 所示。

——SLF 回路 b2):电源侧有时延(t_d)且线路侧无明显时延(t_{dL})(见 A.4.3);回路如图 48 所示。

回路 a)仅适用于没有 ITRV 要求的场合。回路 b2)可以作为回路 b1)的替代回路,除非断路器的两个端子在电气上不一样(例如 6.109.3 的注 4 中提及的使用附加电容的场合)。

试验回路的选择见图 49 的流程图。

试验回路电源侧和线路侧的其他特征应与附录 A 中给出的解释和计算一致。

如果由于试验室条件的限制,电源侧的 TRV 要求不能满足时,电源侧 TRV 时延的缺陷可以通过提高线路侧电压的幅值来补偿。线路侧电压的提高值 $u_{L,mod}{}^*$ 可按下述方法计算(亦可见图 16 和图 50):

$$t_d < t'_d \leqslant t_L \qquad u_{L,mod}{}^* = u_L{}^* + L_f \times RRRV \times (t'_d - t_d)$$

$$t_d < t_L \leqslant t'_d \qquad u_{L,mod}{}^* = u_L{}^* + L_f \times RRRV \times (t_L - t_d)$$

式中:

RRRV ——要求的电源侧恢复电压上升率,单位为千伏每微秒(kV/μs);
L_f ——SLF 的电流系数 I_L/I_{sc}(0.9 或 0.75 或 0.60);
t_d ——要求的电源侧时延,单位为微秒(μs);
t'_d ——电源侧的实际时延,单位为微秒(μs);
t_L ——线路侧瞬态电压到达峰值电压 $u_L{}^*$ 的时间,单位为微秒(μs);
$u_L{}^*$ ——要求的线路侧峰值电压,单位为千伏(kV);
$u_{L,mod}{}^*$ ——调节的线路侧峰值电压,单位为千伏(kV)。

如果试验是在断路器一个端子接地的情况下进行的,如在合成试验时,应该对线路侧和电源侧振荡的电压分布系数进行测量或计算。线路侧振荡较高的应力单元就是电源侧振荡较低的应力单元。认为更显著的作用来自线路侧。电压分布系数应为:

——单元试验:应测量或计算线路侧单元的系数。

——多单元试验:应测量或计算邻近线路侧的多单元的系数。应该注意到在多个单元内电压的分布不使断路器过负荷。对受试部分应采用新的测量或计算方法。

测量预期 TRV 时,应该把线路连接到实际的回路中以便考虑到试验回路中分压器、杂散电容和电感产生的所有影响。

可以在线路侧或电源侧或断路器的断口间接上一个附加的电容,用来调节试验回路中各个部分的时延。

注 2：术语“实际的”是用来和标称值(90%、75%、60%)相区别；不排除使用 6.104.3 定义的预期短路开断电流。

注 3：为了调节线路侧的时延使其达到表 8 中的标准值而接入了额外的电容，则在该电容的延时效应衰减后，线路侧 TRV 的上升率应达到其标准值($du_L/dt=-s\times I_L$)。

注 4：当断路器的开断能力不足以开断近区故障时，不论在试验或运行时，可以在线路侧或断路器断口间使用一个附加的并联电容器。通过这个方法可以降低断路器所承受的应力。试验中所使用附加电容器的数值和位置都应在试验报告中表示出来。

对于大容量的附加电容，由于该附加电容的效应，线路侧的波阻抗和线路侧的延时可能会降低。然而，线路自身的波阻抗(事先已按表 8 中给出的标准值调整过)保持不变。因为附加电容的延时效应的衰减时间可能长于到达线路侧 TRV 峰值的时间，所以，TRV 上升阶段斜率的较低的上升率可能被误解为线路侧减小的波阻抗。因此，对于接有附加电容的线路，计算的时延和波阻抗值与试验无关。

试验报告应给出适合于断路器额定值的规定的瞬态恢复电压，且为了比较起见，还应给出所用的试验回路的预期瞬态恢复电压。

6.109.4 试验方式

近区故障试验应为单相试验。试验方式的系列规定如下。每一试验方式由额定操作顺序组成。为了便于试验，合闸操作可以是空载操作。

试验回路应符合 6.109.3。

对于这些试验方式，触头分离时刻的直流分量百分数应小于交流分量的 20%。

与符合 6.109.2 的试验电流相关的试验方式如下：

a) 试验方式 L_{90}

在 6.109.2 给出 L_{90} 的电流和适当的预期瞬态恢复电压下进行。

该试验方式仅对额定电压高于 40.5 kV 的断路器是强制性的。

b) 试验方式 L_{75}

在 6.109.2 给出 L_{75} 的电流和适当的预期瞬态恢复电压下进行。

c) 试验方式 L_{60}

在 6.109.2 给出 L_{60} 的电流和适当的预期瞬态恢复电压下进行。

仅对额定电压高于 40.5 kV 的断路器且仅当试验方式 L_{75} 中的最短燃弧时间长于试验方式 L_{90} 中的最短燃弧时间四分之一周波或更多时，这个试验方式才是强制性的。

6.109.5 用容量有限的试验电源进行近区故障试验

当试验站可供利用的最大短路容量不足以对断路器整极进行近区故障试验时，允许进行单元试验(见 6.102.4.2)。

放宽 6.109.3 的规定时，近区故障试验也可以在降低的工频电压下进行。应尽可能地满足这些规定，且瞬态恢复电压应至少在三倍于线路侧恢复电压第一幅值的规定时间内予以满足。如果 6.106 中的基本短路试验方式已满足，且假定断路器在瞬态恢复电压的峰值附近的介质强度与电流过零后施加在其上的电压无关，就可以使用这一方法。这个试验方法也可以和单元试验结合使用。

如果近区故障试验是在降低的工频电压下进行的，且任何一个近区故障试验方式按照 6.102.10.2.2.1 确定的最长燃弧时间长于试验方式 T100s 的最长燃弧时间 2 ms，则应在出线端故障 T100s 的试验条件下进行一个具有近区故障试验获得的最长燃弧时间的分闸操作。这个附加操作的 TRV 参数可以降低到相应于首开极系数为1.0，和正常的近区故障试验相同的值。如果附加的分闸操作成功地开断了电流，则认为断路器仅通过了近区故障试验。

6.110 失步关合和开断试验

6.110.1 试验回路

试验回路的功率因数应不超过0.15。

试验通常在单相试验回路中进行，因此，本条款仅涉及单相试验程序。

注：除了单相试验以外，也允许三相试验。如果进行三相试验，试验程序应按照制造厂和用户之间的协议。

试验回路应这样布置，约有一半的外施电压和恢复电压施加在断路器的每一侧（见图51）。

如果在试验站使用这种回路不现实时，征得制造厂的同意，只要断路器两端的总电压符合6.110.2中的规定，可以采用相差120°的两个相同的电压代替180°（见图52）。

制造厂同意时，允许断路器的一端接地（见图53）。

6.110.2 试验电压

合闸和分闸操作期间使用的试验电压下述内容适用：

a） 对用于中性点有效接地系统中的断路器，外施电压和工频恢复电压应该为$2.0/\sqrt{3}$倍的额定电压；

b） 对用于中性点非有效接地系统中的断路器，合闸操作期间的外施电压应为$2.0/\sqrt{3}$倍的额定电压，工频恢复电压应为$2.5/\sqrt{3}$倍的额定电压。

瞬态恢复电压应符合4.106。

6.110.3 试验方式

应进行的试验方式列于表26中。燃弧时间见6.102.10.2.1和6.102.10.2.2。

对于每一个试验方式的分闸操作，触头分离时刻开断电流的直流分量应小于交流分量的20%。

对于试验方式OP2中的合—分操作循环中的合闸操作：

a） 外施电压应为$2U_r/\sqrt{3}$；为了便于试验，用于中性点非有效接地系统中的断路器的外施电压在征得制造厂的同意后可以提高到$2.5U_r/\sqrt{3}$。

注1：2.0 p.u的工频电压规定为合闸时首先合闸极（最长预击穿时间作用的极）的正常出现的最高值。

注2：为中性点有效接地系统和中性点非有效接地系统中的开断规定的工频电压分别为2.0 p.u.和2.5 p.u.，它们涵盖了失步开合条件下断路器应用的绝大多数场合（见8.103.3）。有效接地系统中对应于2.0 p.u.的失步相角近似为105°，非有效接地系统中对应于2.5 p.u.的失步相角近似为115°。

b） 关合应出现在外施电压峰值的±15°内。

c） 合闸操作应产生具有最长预击穿时间的对称电流。关合电流应等于额定失步关合电流。

1） 如果关合在外施电压峰值处的预击穿时间短于或等于额定频率周波的一半，则关合电流可以降低到任何较小的值，但不应小于1 kA；

2） 如果关合在外施电压峰值处的预击穿时间不超过工频周波的1/4（偏差为20%），由于试验设施可能的制约允许将OP2中的CO操作循环按下述顺序替代：

——C 在全电压下；

——CO 空载合闸。

表 26　验证失步额定值的试验方式

试验方式	操作顺序	开断电流占额定失步开断电流的百分数 %
OP1	O—O—O	30
OP2	CO—O—O 或替代的 C* —C** O—O—O C* ：全电压下的 C； C** ：空载时的 C	100
注 1：装有合闸电阻的断路器，合闸电阻的热耐受能力可以单独试验。 注 2：如果断路器的燃弧特性是：按照 6.107.1 规定的临界电流试验，其电流值低于出线端故障 T10 的试验电流时，则试验方式 OP1 可以免去。		

6.111　容性电流开合试验

6.111.1　适用性

容性电流开合试验适用于规定有下述一个或多个额定值的所有断路器：

——额定线路充电开断电流；

——额定电缆充电开断电流；

——额定单个电容器组开断电流；

——额定背对背电容器组开断电流；

——额定背对背电容器组关合涌流；

额定容性开合电流的优选值在表 9 中给出。

注 1：开合容性电流时过电压的确定不在本标准的范围内。

注 2：关于容性电流开合的解释性的注解在 I.3 中给出。

6.111.2　概述

容性电流开合试验时允许出现复燃。根据断路器的重击穿性能可以将其分成两级：

——C1 级：特定的型式试验（6.111.9.2）验证的容性电流开合试验中具有低的重击穿概率。

——C2 级：特定的型式试验（6.111.9.1）验证的容性电流开合试验中具有非常低的重击穿概率。

注 1：该概率与断路器型式试验系列中的性能有关。

注 2：重击穿或复燃后出现的现象不能代表运行条件，因为试验回路并不能完全再现事后的电压条件。

试验室试验，线路和电缆可以部分或全部用电容器、电抗器和电阻等集中元件组成的人工回路代替。

试验回路的频率应为额定频率，允差为±2%。

注 3：在 60 Hz 时进行的试验可以认为已证明了 50 Hz 时的开断特性。

注 4：只要能证明断路器断口上的电压在开断后的第一个 8.3 ms 内不低于规定电压下 60 Hz 试验时的情况，则认为 50 Hz 时的试验也可以验证 60 Hz 时的特性。如果重击穿出现在 8.3 ms 以后，因为其瞬时电压高于在 60 Hz时规定电压试验的瞬时电压，则试验应在 60 Hz 时重复进行。

注 5：回路的要求可以用恢复电压的要求代替。

6.111.3　电源回路特性

试验回路应满足下述要求：

a) 在开合时，试验回路的特性应该是：工频电压的变化，对试验方式 1(LC1、CC1 和 BC1)小于 2%；对试验方式 2(LC2、CC2 和 BC2)小于 5%。如果电压变化超过规定值，允许使用规定的恢复电压(6.111.10)或合成试验来替代进行试验。

b) 电源回路的阻抗不应低至使其短路电流超过断路器的额定短路电流。

对于线路充电、电缆充电或单个电容器组电流开合试验，电源回路的预期瞬态恢复电压不应比 6.104.5.2中对试验方式 T100 规定的瞬态恢复电压更严酷。

对于背对背电容器组开断电流试验，电源回路的电容以及电源侧的电容和负载侧的电容之间的阻抗，应使得在 100%额定背对背电容器组开断电流试验时达到额定背对背电容器组关合涌流。

注 1：如果断路器用于电源侧有适当长度电缆的系统中时，电源回路就应采用适当的附加电容。

注 2：对于背对背电容器组开合电流试验，如果单独进行关合试验，可以为开断试验选择较低的电源回路电容。该电容值不应太低以使得电源回路的预期瞬态恢复电压超过 6.104.5.2 中对短路试验所规定的值。

6.111.4 电源回路的接地

对于试验室单相试验，单相电源回路的任一端可以接地。但是，如果应该保证断路器各单元之间正确的电压分布，可以换到电源回路的另一端接地。

三相试验应按下列规定接地：

a) 对于电容器组电流开合试验，电源回路的中性点应接地。对于中性点有效接地的电容器组，零序阻抗应不大于三倍的正序阻抗；对于中性点绝缘的电容器组，与该比值无关。

b) 对于线路充电和电缆充电电流开合试验，电源回路的接地原则上应相应于断路器使用时回路的接地条件；

——对用于中性点有效接地系统中的断路器的三相试验，电源回路的中性点应接地，其零序阻抗应不大于三倍的正序阻抗；

——对用于中性点非有效接地系统中的断路器的三相试验，电源侧的中性点应绝缘。

注：为了试验方便，只要试验室能证明获取的恢复电压值是等价的，可以使用替代的试验回路，例如：中性点接地的系统和中性点绝缘的电容器组构成的试验回路，在很多情况下可以用中性点绝缘的系统和中性点接地的电容器组代替。

另外，应注意 TRV 控制电容对恢复电压值的影响，尤其是对小的容性电流。表 29 中给出了要求的恢复电压值。

6.111.5 被开合的容性回路的特性

有三种可能性：

a) 三相试验，在线路充电和电缆充电电流开合试验的情况下，允许采用并联线路或电缆，或者用集中电容器组部分地或全部地替代实际的三相线路或电缆线路。对于 72.5 kV 及以上，其最终的正序电容应近似等于两倍的零序电容以再现三芯铠装电缆；对于额定电压 72.5 kV 以下，其正序电容应近似等于 3 倍的零序电容。

b) 用三相试验回路进行单相试验，容性回路的两相直接连接到三相电源回路，而另一相通过断路器的被试极连接到电源回路。

c) 试验室单相试验，在电缆充电或线路充电电流开合试验的情况下，允许用集中电容器组部分地或全部地取代实际的线路或电缆，也允许采用几条不同相的导线并联连接，电流通过地或一个导线返回。

包括所有必需的测量装置如分压器在内的容性回路特性，应为在电弧最终熄灭后 300 ms 时负载侧电压的衰减不超过 10%。

如果试验回路不能提供 300 ms 的恢复电压，断路器的耐受能力应以其他方式验证。该试验可以通过无电流、在触头分离后施加要求的恢复电压持续工频的一个周波的附加试验来完成。该要求的恢复电压可以通过，例如在要求的时间内一端施加直流电压，另一端施加交流电压来获得。施加电压的次数应为每个极性各5次。如果进行的容性电流开合试验是三相试验，该附加的绝缘试验应对每一相实施。如果适用，该试验期间的开断和绝缘压力应为相应于容性电流开合试验规定的压力。

6.111.5.1 线路充电和电缆充电电流开合试验

当利用电容器模拟架空线路或电缆时，最大值为5%容抗的无感电阻可以与电容器串联。更高的电阻值可能会过分地影响恢复电压。如果串联这个电阻后，涌流峰值仍然是高得不可接受，只要开断时刻的电流和电压条件以及恢复电压没有明显的偏离规定值，可以用一个替代阻抗（例如 LR）来替代电阻。

采用该替代阻抗应注意，因为该阻抗在复燃后会产生过电压，将可能导致更进一步复燃或重击穿。

注：对于电缆充电电流开合试验，只要线路充电电流不超过电缆充电电流的1%，可以采用一条短架空线路与电缆串联做此试验。

6.111.5.2 电容器组电流开合试验

除了额定电压高于或等于72.5 kV以外，电容器的中性点应绝缘，如果断路器打算用于中性点有效接地系统，则试验电容器的接地条件应与电容器运行中的条件相同。

注：如果满足下述条件就涵盖了背对背电容器组关合性能：

——试验的峰值关合涌流等于或大于额定值；

——试验的涌流频率等于或大于额定值的77%。该原则的适用性限于频率6 000 Hz以下。

6.111.6 电流波形

被开断电流的波形应尽可能地接近正弦波。如果电流有效值与其基波分量有效值之比不超过1.2，则认为满足该条件。

被开断电流在每个工频半波中过零不得多于一次。

6.111.7 试验电压

对于三相直接试验和单相试验，被开合的容性回路应按照6.111.5的项b)进行布置，试验电压应在断路器分闸前的时刻，于断路器所在处的相间测得，应不小于断路器的额定电压 U_r。

对于试验室单相直接试验，在断路器临分闸前，于断路器所在处测得的试验电压应不小于 $U_r/\sqrt{3}$ 与下列容性电压系数 k_c 的乘积：

a) 1.0

适用的试验相应于中性点固定接地系统的正常运行条件，且容性回路相邻的相间无明显的相互影响，典型的回路如中性点接地的电容器组和屏蔽电缆。

b) 1.2

适用于按6.111.5的项c)规定的相应于额定电压72.5 kV及以上的中性点有效接地系统中正常运行条件下铠装电缆和线路充电电流的开合试验。

c) 1.4

适用的这类试验相应于以下情况：

——中性点非有效接地系统中的正常运行条件下的开断；

——中性点绝缘的电容器组的开断。

另外，系数1.4也适用于按照6.111.5的项c)规定的相应于额定电压小于72.5 kV，中性点有效接地系统中正常使用条件下铠装电缆和线路充电电流的开合试验。

存在单相或两相接地故障时，要求验证容性电流开合能力时，下列系数适用(亦可见 6.111.9.3 的试验电流)：

d) 1.4

适用的试验相应于在中性点有效接地系统中存在单相或两相接地故障条件下开断。

e) 1.7

适用的试验相应于在中性点非有效接地系统中存在单相或两相接地故障条件下开断。

对于单元试验，其试验电压应选定为相应于断路器整极中承受最高电压单元的电压。

容性回路上的工频试验电压和由残余电荷产生的直流电压在开断后应保持至少 0.3 s。

注 1：上述 b)到 c)中的电压系数适用于单回线路结构。多回架空线路结构的开合试验要求可能大于这些系数。

注 2：当断路器不同极中触头分离的不同期性超过额定频率的 1/6 周波时，建议进一步提高电压系数，或仅实施三相试验。

6.111.8 试验电流

应按照本标准给出的原则确定各试验方式的试验电流。表 9 规定了额定容性电流的优选值。选择这些数值是为了标准化的目的并涵盖了大多数典型应用。如果需要不同的数值，不同于优选值的任何适当的数值可以规定为额定值。

6.111.9 试验方式

每一个试验系列的试验方式应在不经任何维修的一个样品上进行。采用下述缩写：

——线路充电电流，试验方式 1　LC1

——线路充电电流，试验方式 2　LC2

——电缆充电电流，试验方式 1　CC1

——电缆充电电流，试验方式 2　CC2

——电容器组电流，试验方式 1　BC1

——电容器组电流，试验方式 2　BC2

为了验证断路器适应几种应用和额定值(例如 LC 和/或 CC 和/或 BC)的性能，这些试验方式可以合并。如果采用合并的方法，下述原则适用：

——6.111.7 中规定的试验电压应等于断路器性能需要验证所规定的最高值；

——试验方式和试验电流如下：

1) 试验方式 2，涵盖组合的所有试验方式 2，电流不小于需要验证的最高容性电流额定值的 100%；

2) 试验方式 1 的电流为需要验证的最高容性电流额定值的 10%～40%；

3) 如果额定值的 10%～40%没有被先前的试验方式 1 涵盖，对每一个较低容性电流额定值的试验方式 1；

4) 各个试验方式的所有其他要求(例如操作的类型和次数、压力条件和试验回路)也应满足。如果对一种应用规定了 CO 操作，对另一种应用规定了 O 操作，如果试验条件相同，认为 CO 操作涵盖了 O 操作。

注：后面给出了对额定电压 126 kV 断路器进行 C2 级单相试验应用该原则的示例；假定电压系数对所有的额定值相同。

如果规定了线路充电电流和电缆充电电流额定值，应进行下述试验：

——在操作和开断的最低功能压力下的试验方式 1，由 48 个 O 操作组成；试验电流应涵盖两个额定值的 10%～40%，额定线路充电开断电流(额定电压 126 kV 为 31.5 A)和额定电缆充电开断电流(额定电压 126 kV为 140 A)。因此，试验电流应在 14 A 和 12.6 A 之间。

——在操作和开断的额定压力下的试验方式 2，由 24 个 O 操作和 24 个 CO 操作循环组成；试验电流不应小于两者，额定线路充电开断电流(额定电压126 kV为31.5 A)和额定电缆充电开断电流(额定电压126 kV为140 A)。因此，电流应为140 A或更高。

如果还规定有电容器组电流额定值，三个不同额定值的试验的组合试验应按如下进行：

首先，在操作和开断的额定压力下的试验方式2，由120个CO操作循环组成；试验电流不应小于额定线路充电开断电流(额定电压126 kV为31.5 A)、额定电缆充电开断电流(额定电压126 kV为140 A)和额定单个电容器组开断电流(所有的额定电压均为400 A)。因此，电流应为400 A或更高。

——在操作和开断的最低功能压力下的试验方式1，由48个O操作组成；电流应为需要验证的最高电流的10%～40%，即400 A。因此，试验电流应在40 A和160 A之间。本试验方式也能涵盖电缆充电电流的开合要求，此时电流应在40 A和64 A之间。

——在操作和开断的最低功能压力下补充的试验方式1，由48个O操作组成；电流应为5 A～20 A——在前面进行的试验方式1的电流为40 A～64 A的情况下，如上面所解释的，已经满足了电缆充电电流的开合要求；或者16 A～20 A——在这种情况下，该第二个试验方式1涵盖了线路充电和电缆充电电流开断要求。

6.111.9.1 C2级断路器的试验条件

6.111.9.1.1 C2级试验方式

C2级断路器的容性电流开合试验应在断路器完成了作为预备试验的试验方式T60(T60与额定短路开断电流的交流分量有关)后进行。试验的布置有必要使得各试验之间断路器无相互干扰。但是，如果不可能，且地方安全法规要求降低压力以进入试验小室，只要断路器补气时重新使用了这些气体，允许降低断路器中的压力。

作为替代，预备试验可包括：

——和试验方式T60相同的电流；

——低的电压且不规定TRV；

——3次分闸操作；

——燃弧时间：和T60相同或者制造厂给出的期望的T60的燃弧时间值；

——额定的或闭锁的条件。

注1：出于实际原因，对于额定电压小于72.5 kV的断路器，制造厂可以选择对T60预备试验增加其他试验方式。

注2：如果几个容性电流开合试验如线路充电、电缆充电和电容器组电流开合试验在同一台断路器上进行且不经调整，则T60预备试验仅需在容性电流开合试验开始时进行一次。

容性电流开合试验应由表27规定的试验方式组成。

表27 C2级试验方式

试验方式	脱扣器的操作电压	操作和开断用的压力	试验电流作为额定容性开断电流的百分比 %	操作类型或操作顺序
1 LC1、CC1和BC1	最高电压	最低功能压力	10～40	O
2 LC2、CC2和BC2	最高电压	额定压力	不小于100	O和CO 或CO
注1：在脱扣器的最高操作电压下进行试验是为了便于稳定地控制分闸操作。 注2：为了试验方便，试验方式1(LC1、CC1、BC1)也可进行CO操作循环。				

对于终身密封的流体断路器，可用开断用的额定压力代替最低功能压力，这是因为在整个寿命期间由泄漏引起的压力降较小。对于真空断路器，开断的压力条件不适用。

对于关合—开断试验，瞬态电流消失之前断路器的触头不应分离。为此，可能需要调节合闸和分闸之间的时间间隔，但应尽可能地保持 3.7.143 定义的合—分时间。

关合操作之前，容性回路中不应有明显的电荷。

试验背对背电容器组开合电流时，关合涌流应等于额定的背对背电容器组关合涌流，偏差为 ±10%。背对背电容器组关合涌流的固有值的公差为 $^{+10}_{-0}$%。对于所有的关合操作，关合应发生在外施电压峰值±25°内（在三相试验的一相上）且两个极性均匀分布。

对于背对背电容器组开合试验，如果受试验站的限制而不能在 CO 操作循环中满足这些要求时，则允许把试验方式 2(BC2)的要求按照一系列单独的关合试验紧随着一系列 CO 试验后进行。

也允许不在两个连续的组内进行这些拆分试验，一组由所有的 C 操作组成而另一组由所有的 CO 操作组成，只要本试验期间任何时刻关合操作的次数大于或等于开断操作的次数，可以将 C 和 CO 操作混合。

本试验系列的单独的关合试验包括：

——相同的操作次数；

试验背对背电容器组开合电流时，关合涌流至少应等于额定背对背电容器关合涌流；

——试验电压应与试验方式 2(BC2)相同；

——关合应发生在电压峰值±15°内(三相试验的同一相上)且两个极性均匀分布。

单独的关合操作后，CO 操作应在相同的极上进行而不进行中间检修，并应在空载条件下合闸。

注 3：开合容性电流时，CO 操作循环中的分闸操作不会受到前面的合闸操作时预击穿的影响，但可能会受到合闸操作引起的开断用流体的实际性能（如密度、平衡度和流体运动的差异）的影响。因此，仅考虑电气强度而没有考虑开断用流体的运动条件，上述提到的合闸和分闸操作可以分开进行。正因为这些原因，才有必要在分闸操作前进行空载合闸操作。

背对背电容器组开合试验时，涌流的预期阻尼系数，即同一极性的第二个峰值与第一个峰值的比值，对于额定电压小于 72.5 kV 的断路器应等于或大于 0.75；对于额定电压等于或大于 72.5 kV 的断路器应等于或大于 0.85。

对于分闸操作，通过改变触头分离时刻的整定值，依次大约 6°，来确定最短燃弧时间。采用该方法，应该进行几次试验，以验证最短燃弧时间和最长燃弧时间。

注 4：为了获得更稳定的断路器的分闸时间和合闸时间，征得制造厂的同意后，这些试验可以施加甚至高于操动机构额定电源电压上限的电压。

如果没有得到预期的最短燃弧时间，而是一个最长燃弧时间，本次试验仍然有效，而且应计在总的要求中。在这种情况下，有必要：

——提前脱扣脉冲控制的整定值 6°，重复该试验；新的整定值可用于最短燃弧时间的其他试验；

——少做一次分闸操作以保证总的试验次数。

即使超过规定的总的操作次数，仍应达到在 6.111.9.1.2、6.111.9.1.3、6.111.9.1.4 和 6.111.9.1.5 规定的最短燃弧时间下的操作次数。

随后一个电流零点开断的复燃应被视为长燃弧时间时的开断操作。

对于线路充电或电缆充电电流开合试验的优选次序如下：

——出线端故障 T60(开始时为强制性的)；

——容性电流开合试验，试验方式 1(LC1 或 CC1)；

——容性电流开合试验，试验方式 2(LC2 或 CC2)。

对电容器组(单个或背对背)电流开合试验的强制性次序如下：

——出线端故障 T60；

——容性电流开合试验，试验方式 2(BC2)；

——容性电流开合试验，试验方式 1(BC1)。

在每一个试验方式内，6.111.9.1.2 至 6.111.9.1.5 中的操作次序是推荐性的而不是强制性的。

对于电流回路不对称的断路器，端子接线应在试验方式 1(LC1、CC1 和 BC1)和试验方式 2(LC2、CC2 和 BC2)间倒换。

6.111.9.1.2 三相线路充电和电缆充电电流开合试验

每个试验方式包括下述的 24 次操作或操作循环：

试验方式 1(LC1 和 CC1)：

——4 个 O，分布在一个极性上(步长：15°)；

——6 个 O，在一个极性上的最短燃弧时间；

——4 个 O，分布在另一个极性上(步长：15°)；

——6 个 O，在另一个极性上的最短燃弧时间；

——其余的试验应达到总计 24 次分闸操作，均匀分布(步长：15°)。

试验方式 2(LC2 和 CC2)：

——4 个 CO，分布在一个极性上(步长：15°)；

——6 个 CO，在一个极性上的最短燃弧时间；

——4 个 CO，分布在另一个极性上(步长：15°)；

——6 个 CO，在另一个极性上的最短燃弧时间；

——其余的试验应达到总计 24 次合分操作，均匀分布(步长：15°)。

这些试验中，所有的最短燃弧时间均应在同一相上获得。

注：如果断路器的分闸时间妨碍了触头分离的精确控制，最短燃弧时间在一相上的要求可以忽略。

合闸操作可以是空载操作。

6.111.9.1.3 单相线路充电和电缆充电电流开合试验

每个试验方式包括下述要求的 48 次操作或操作循环：

试验方式 1(LC1 和 CC1)：

——12 个 O，分布在一个极性上(步长：15°)；

——6 个 O，在一个极性上的最短燃弧时间；

——12 个 O，分布在另一个极性上(步长：15°)；

——6 个 O，在另一个极性上的最短燃弧时间；

——其余的试验应达到总计 48 次分闸操作，均匀分布(步长：15°)。

试验方式 2(LC2 和 CC2)：

——6 个 O 和 6 个 CO，分布在一个极性上(步长：30°)；

——3 个 O 和 3 个 CO，在一个极性上的最短燃弧时间；

——6 个 O 和 6 个 CO，分布在另一个极性上(步长：30°)；

——3 个 O 和 3 个 CO，在另一个极性上的最短燃弧时间；

——其余的试验应达到总计 24 次分闸操作和 24 次合分操作，均匀分布(步长：30°)。

合闸操作可以是空载操作。

6.111.9.1.4 三相电容器组(单个或背对背)电流开合试验

试验方式 1(BC1)应包括总计 24 次分闸操作试验。试验方式 2(BC2)包括总计 80 次合分操作试验，如下所示：

试验方式 1(BC1)：

——4 个 O，分布在一个极性上(步长：15°)；

——6 个 O，在一个极性上的最短燃弧时间；

——4 个 O,分布在另一个极性上(步长:15°);

——6 个 O,在另一个极性上的最短燃弧时间;

——其余的试验应达到总计 24 次分闸操作,均匀分布(步长:15°)。

试验方式 2(BC2):

——4 个 CO,分布在一个极性上(步长:15°);

——32 个 CO,在一个极性上的最短燃弧时间;

——4 个 CO,分布在另一个极性上(步长:15°);

——32 个 CO,在另一个极性上的最短燃弧时间;

——其余的试验应达到总计 80 次合分操作,均匀分布(步长:15°)。

这些试验中,所有的最短燃弧时间应在同一相上获得。

对于单个电容器组的试验的合闸操作,认为试验回路提供的关合电流足够。在背对背电容器组开合试验的情况下,为了便于试验,试验方式 2 的合闸操作可以是空载操作,然后应按照 6.111.9.1.1 进行一系列单独的关合试验。

注:如果断路器的分闸时间妨碍了触头分离的精确控制,最短燃弧时间在一相上的要求可以忽略。

6.111.9.1.5 单相电容器组(单个或背对背)电流开合试验

试验方式 1(BC1)应包括总计 48 次分闸操作的试验。试验方式 2(BC2)应包括总计 120 次合分操作试验。

试验方式 1(BC1):

——12 个 O,分布在一个极性上(步长:15°);

——6 个 O,在一个极性上的最短燃弧时间;

——12 个 O,分布在另一个极性上(步长:15°);

——6 个 O,在另一个极性上的最短燃弧时间;

——其余的试验应达到总计 48 次分闸操作,均匀分布(步长:15°)。

试验方式 2(BC2):

——12 个 CO,分布在一个极性上(步长:15°);

——42 个 CO,在一个极性上的最短燃弧时间;

——12 个 CO,分布在另一个极性上(步长:15°);

——42 个 CO,在另一个极性上的最短燃弧时间;

——其余的试验应达到总计 120 次合分操作,均匀分布(步长:15°)。

对于单个电容器组的试验的合闸操作,认为试验回路提供的关合电流足够。在背对背电容器组开合试验的情况下,为了便于试验,试验方式 2 的合闸操作可以是空载操作,然后应按照 6.111.9.1.1 进行一系列单独的关合试验。

6.111.9.2 C1 级断路器的试验条件

6.111.9.2.1 C1 级试验方式

C1 级断路器的容性电流开合试验由表 28 规定的试验方式组成,没有预备性试验(6.111.9.1.1)。

对于关合—开断试验,断路器的触头在瞬态电流消失之前不应分离。为此,应调整合闸和分闸操作之间的时间间隔,但应尽可能地保持 3.7.143 定义的合—分时间。

关合操作之前,容性回路上不应有明显的电荷存在。

对于所有的关合操作,关合应发生在外施电压峰值±15°内(在三相试验的一相上)且两个极性均匀地分布。如果试验背对背电容器组开合电流,关合涌流至少应等于背对背电容器组关合涌流。

在背对背电容器组开合试验的情况下，如果受试验站的限制而不能在CO操作循环中满足这些要求时，则允许把试验方式2(BC2)的要求按照一系列单独的关合试验紧随着一系列CO试验进行。

也允许不在两个连续的组内进行这些拆分试验，一组由所有的C操作组成而另一组由所有的CO操作组成，只要本试验期间任何时刻关合操作的次数大于或等于开断操作的次数，可以将C和CO操作混合。

本试验系列的单独的关合试验包括：

——相同的操作次数；

试验背对背电容器组开合电流时，关合涌流至少应等于额定背对背电容器关合涌流；

——试验电压应与试验方式2(BC2)相同；

——关合应发生在电压峰值±15°内(三相试验的同一相上)且两个极性均匀分布。

单独的关合操作后，CO操作应在相同的极上进行而不进行中间检修，并应在空载条件下合闸。

表28　C1级试验方式

试验方式	脱扣器的操作电压	操作和开断用的压力	试验电流作为额定容性开断电流的百分比 %	操作类型或操作顺序
1　LC1、CC1和BC1	最高电压	额定压力	10～40	O
2　LC2、CC2和BC2	最高电压	额定压力[a]	≥100	CO

注1：在脱扣器的最高操作电压下进行试验是为了便于稳定地控制分闸操作。

注2：为了试验方便，试验方式1(LC1、CC1、BC1)也可进行CO操作循环。

[a] 如果适用，开断和操作用的压力，应在最低功能压力条件下至少进行3次CO操作循环。一次在最短燃弧时间时进行，两次在最长燃弧时间时进行。本要求不适用于终身密封的断路器。

注1：开合容性电流时，CO操作循环中的分闸操作不会受到前面的合闸操作时预击穿的影响，但可能会受到合闸操作引起的开断用流体的实际性能(如密度、平衡度和流体运动的差异)的影响。因此，仅考虑电气强度而没有考虑开断用流体的运动条件，上述提到的合闸和分闸操作可以分开进行。正因为这些原因，才有必要在分闸操作前进行空载合闸操作。

背对背电容器组开合试验时，涌流的预期阻尼系数，即同一极性的第二个峰值与第一个峰值的比值，对于额定电压小于72.5 kV的断路器，应等于或大于0.75；对于额定电压等于或大于72.5 kV的断路器，应等于或大于0.85。

对于分闸操作，通过改变触头分离时刻的整定值，依次大约6°，来确定最短燃弧时间。采用该方法，应该进行几次试验以验证最短燃弧时间和最长燃弧时间。

注2：为了获得更稳定的断路器的分闸时间和合闸时间，征得制造厂的同意后，进行这些试验时，可以施加甚至高于操动机构额定电源电压上限的电压。

如果没有得到预期的最短燃弧时间，而是一个最长燃弧时间，本次试验仍然有效，而且应计在总的要求中。在这种情况下，有必要：

——提前脱扣脉冲控制的整定值6°，重复该试验；新的整定值可作为最短燃弧时间的其他试验；

——少做一次分闸操作以保证总的试验次数。

应达到6.111.9.2.2规定的在最短燃弧时间下的操作和操作循环次数，即使超过规定的总的操作次数。

后一个电流零点开断后出现的复燃应被视为长燃弧时间时的开断操作。

在每一个试验方式内，6.111.9.2.2 中规定的操作的顺序是推荐性的，而不是强制性的。

对于电流路径不对称的断路器，端子的接线应在试验方式 1(LC1、CC1 和 BC1)和试验方式 2(LC2、CC2 和 BC2)之间倒换。

6.111.9.2.2 单相和三相容性电流开合试验

试验方式 1(LC1、CC1 和 BC1)包括总计 24 次分闸操作试验。试验方式 2(LC2、CC2 和 BC2)包括总计 24 次合分操作试验。

试验方式 1(LC1、CC1 和 BC1)：

——6 个 O，分布在一个极性上(步长：30°)；

——3 个 O，在一个极性上的最短燃弧时间；

——3 个 O，在另一个极性上的最短燃弧时间；

——6 个 O，在另一个极性上的最长燃弧时间；

——其余的试验应达到总计 24 次分闸操作，均匀分布(步长：30°)。

试验方式 2(LC2、CC2 和 BC2)：

——6 个 CO，分布在一个极性上(步长：30°)；

——3 个 CO，在一个极性上的最短燃弧时间；

——3 个 CO，在另一个极性上的最短燃弧时间；

——6 个 CO，在另一个极性上的最长燃弧时间；

——其余的试验应达到总计 24 次合分操作，均匀分布(步长：30°)。

对于线路充电和电缆充电开合试验，合闸操作可以是空载操作。对于单个电容器组试验中的合闸操作，认为试验回路提供的关合电流已经足够。在背对背电容器组开合试验中，为了便于试验，试验方式 2 的合闸操作可以是空载操作；然后应按照 6.111.9.1.1 进行一系列单独的关合试验。

本试验优选的顺序如下：

——容性电流开合试验方式 1(LC1 或 CC1 或 BC1)；

——容性电流开合试验方式 2(LC2 或 CC2 或 BC2)。

6.111.9.3 存在接地故障时相应的开断试验条件

a) 线路和电缆

要求在存在接地故障时相应于线路和电缆充电电流开合的试验应按下述规定。

应进行单相试验室试验，试验电压按 6.111.7，容性电流等于：

——1.25 倍额定容性开断电流，中性点有效接地系统中；

——1.7 倍额定容性开断电流，中性点非有效接地系统中；

试验程序在 6.111.9.1 和 6.111.9.2 中给出，除此之外，对每一个相关的试验方式，要求的总试验次数被 2 除。

注：如果存在接地故障时相应的开断试验分别采用 6.111.9.1 或 6.111.9.2 规定的操作次数来进行，则这些试验覆盖了 6.111.9.1 或 6.111.9.2 中给出的要求，且不需进行 6.111.9.1 和 6.111.9.2 规定的那些试验。

b) 单个电容器组

中性点有效接地系统中的电容器组不需要该试验。

在中性点非有效接地系统中开合中性点有效接地的电容器组可导致较高的应力(电压)。因为这不是正常的系统条件，本标准中未考虑该试验要求。

c) 背对背电容器组

因为这不是正常的系统条件，本标准中未考虑该试验要求。

6.111.10 规定 TRV 的试验

作为采用 6.111.3～6.111.5 中确定的试验回路的替代回路，开合试验可以在预期恢复电压满足下述要求的回路中进行：

——预期试验恢复电压的包络线确定为（见图 54）：

$u_c' \geqslant u_c$

$t_2' \leqslant t_2$

——作为补充，预期恢复电压的初始部分应保持原点到 u_1 和 t_1 确定的点组成的线段以下。

——应注意保证实际的恢复电压不超过相应于单相直接试验（1－cos 波形）的试验电压的峰值 6%（即图 54 中所示的峰值恢复电压 u_c 的 3%）。

注：负载回路中采用串联电阻（6.111.5.1 和 6.111.5.2）产生的相位移可能会导致超出上面给出的限值。在这些情况下，可以降低电阻的数值或者采用适当的 LR 回路代替（6.111.5.1 和 6.111.5.2）。

u_1、t_1、u_c 和 t_2 的规定值在表 29 中给出。

表 29 u_1、t_1、u_c 和 t_2 的规定值

试验方式	与试验电压峰值有关的图 54 中的恢复电压值		图 54 中的时间值	
	u_c p.u.	u_1 p.u.	t_1	t_2
1	≥1.98	≤0.02×k_{af} *	≥t_1 或 t_3（4.102.3 中为出线端故障规定的值）	8.7 ms(50 Hz)
2	≥1.95	≤0.05×k_{af} *		
注：对于单相合成试验，预期恢复电压是根据与单相直接试验相应的试验电压计算得来的。				
* 对于额定电压 126 kV 及以上的断路器以及 S1 级断路器，k_{af}＝ 振幅系数＝1.4（见表 1、表 3 和表 5）。 对于 S2 断路器，k_{af}＝ 振幅系数 ＝ 1.54（见表 2）。				

6.111.11 通过试验的判据

6.111.11.1 概述

如果满足下述条件，各个等级的断路器就成功地通过了试验：

a) 在所有前述试验方式的容性电流开断和关合过程中，断路器的性能满足 6.102.8 给出的条件；

b) 试验系列后断路器的状态相应于 6.102.9.4 中给出的状态。如果在试验方式 1（LC1、CC1 或 BC1）和试验方式 2（LC2、CC2 或 BC2）中未出现重击穿，外观检查就已足够。

如果进行的是符合 6.111.9 的组合试验，通过试验的判据适用于与涵盖的应用和额定值所进行的试验相关的试验方式 1 和试验方式 2 的每一种组合。

6.111.11.2 C2 级断路器

如果在试验方式 1（LC1、CC1 或 BC1）和试验方式 2（LC2、CC2 或 BC2）中未出现重击穿，则断路器成功地通过了试验。

如果在整个试验方式 1（LC1、CC1 或 BC1）和方式 2（LC2、CC2 或 BC2）中出现 1 次重击穿，则两个试验方式均应在未经检修的同一台断路器上重复进行。如果在该延长的试验系列中没有出现重击穿，则断路器成功地通过了试验。不应发生外部闪络和相对地闪络。

在按照6.111.9的组合试验的情况下，对于那些应用和额定值，进行试验方式2和匹配的试验方式1时没有出现重击穿，则断路器应通过了试验。如果因为出现重击穿的试验方式应该重复进行，匹配的试验方式(试验方式1和试验方式2)的受影响的部分应予以重复。如果在多于一个试验方式1中出现一次重击穿，它们中每一个应与一个单独的试验方式2重复进行。如果在试验方式2中出现一次重击穿，则该试验方式2和任一个试验方式1应予以重复。

6.111.11.3 C1级断路器

如果在试验方式1(LC1、CC1或BC1)和试验方式2(LC2、CC2或BC2)中出现的重击穿次数不超过一次，断路器就成功地通过了试验。

如果在整个试验方式1(LC1、CC1或BC1)和试验方式2(LC2、CC2或BC2)中出现2次重击穿，则两个试验方式均应在未经检修的同一台断路器上重复进行。如果在该延长的试验系列中出现的重击穿不超过1次，则断路器就成功地通过了试验。不应发生外部闪络和相对地闪络。

在按照6.111.9的组合试验的情况下，对于那些应用和额定值，进行试验方式2和匹配的试验方式1时出现的重击穿总次数小于2，则断路器应通过了试验。如果因为出现重击穿的试验方式应该重复进行，匹配的试验方式(试验方式1和试验方式2)的受影响的部分应予以重复。如果在多于一个试验方式1中出现一次重击穿，它们中每一个应与一个单独的试验方式2重复进行。如果仅在试验方式2中出现了重击穿，则该试验方式2和任一个试验方式1应予以重复。

6.111.11.4 按C2级要求进行试验的断路器重新划分为C1级断路器的判据

对于特定开合方式(LC、CC、BC)，如果断路器满足C2级的要求，可以不需要进一步试验划分为C1级。

如果满足6.111.11.1的要求，并且满足下述条件，则按C2级试验程序进行试验但未达到C2级性能的断路器可以看作C1级断路器：

a) 线路或电缆充电电流开合试验

   在试验操作的第一个系列中，即单相试验时的96次和三相试验时的48次，分别见6.111.9.1.2和6.111.9.1.3，在线路充电电流开合试验(LC1和LC2)或电缆充电电流开合试验(CC1和CC2)期间总的重击穿次数不超过2次。在第一个试验系列出现1次重击穿则可能按照6.111.11.2进行重复试验系列。断路器在重复试验系列中的性能与等级的重新划分无关。

b) 电容器组电流开合试验

   在试验操作的第一个系列中，即单相试验时的168次和三相试验时的104次，分别见6.111.9.1.4和6.111.9.1.5，在电容器组开合试验(BC1和BC2)期间总的重击穿次数不超过5次。在第一个试验系列出现1次重击穿则可能按照6.111.11.2进行重复试验系列。断路器在重复试验系列中的性能与等级的重新划分无关。

   重新划分等级的程序如图55和图56所示。

6.112 E2级断路器关合和开断试验的特殊要求

6.112.1 用于无自动重合闸方式的E2级断路器

打算用于无自动重合闸方式的断路器(如在电缆连接的网络中的断路器)的电寿命能力，是通过不进行中间检修完成6.106规定的基本短路试验方式来验证。不要求进行附加的试验。

6.112.2 用于自动重合闸方式的E2级断路器

打算用于自动重合闸方式的断路器，通常是用在架空线路网络中的断路器，除6.106的基本短路试验方式以外还应按表30及其规定的次序进行电寿命试验，而且，不应进行中间检修。

试验应在与6.106规定的基本短路试验同样的、干净的、新的断路器上实施，不应进行中间检修，试验参数应按6.106的规定，但下述情况除外：

a) 气体断路器，应在绝缘和/或操作用的额定压力以及合闸和分闸装置以及辅助和控制回路的额定电源电压下进行试验；

b) 应选取对试验方便的 t 值；

c) 试验操作顺序间的最短时间间隔应由制造厂规定。

对于10%和30%的试验，燃弧时间应是随机的；对于60%和100%的试验，燃弧时间按照6.102.10进行调整。

试验后断路器的状态应满足6.102.9.2和6.102.9.3的规定。

表30 按照6.112.2用于自动重合闸方式的E2级断路器电寿命试验的操作顺序

<table>
<tr><th rowspan="2">试验电流(额定短路开断电流的百分数)
%</th><th rowspan="2">操作顺序</th><th colspan="6">操作顺序的次数</th></tr>
<tr><th>(序列1)[a]</th><th>(序列2)[a]</th><th>(序列3)[a]</th><th colspan="3">(序列4)[a]</th></tr>
<tr><td rowspan="3">10</td><td>O</td><td>84</td><td>12</td><td>—</td><td colspan="3" rowspan="3"></td></tr>
<tr><td>O—0.3 s—CO</td><td>14</td><td>6</td><td>—</td></tr>
<tr><td>O—0.3 s—CO—t—CO</td><td>6[b]</td><td>4[b]</td><td>1[b]</td></tr>
<tr><td rowspan="3">30</td><td>O</td><td>84</td><td>12</td><td>—</td><td colspan="3" rowspan="3"></td></tr>
<tr><td>O—0.3 s—CO</td><td>14</td><td>6</td><td>—</td></tr>
<tr><td>O—0.3 s—CO—t—CO</td><td>6[b]</td><td>4[b]</td><td>1[b]</td></tr>
<tr><td rowspan="2">60</td><td>O</td><td>2</td><td>8</td><td>15</td><td colspan="3" rowspan="2"></td></tr>
<tr><td>O—0.3 s—CO—t—CO</td><td>2[b]</td><td>8[b]</td><td>15[b]</td></tr>
<tr><td rowspan="4">100(对称的)</td><td>O—0.3 s—CO—t—CO</td><td>2[b]</td><td>4[b]</td><td>2[b]</td><td colspan="3">1[b]</td></tr>
<tr><td>O</td><td></td><td></td><td></td><td>8</td><td>13</td><td>23</td></tr>
<tr><td>CO</td><td></td><td></td><td></td><td>6</td><td>11</td><td>21</td></tr>
<tr><td>O—0.3 s—CO—t—CO</td><td></td><td></td><td></td><td colspan="3">1</td></tr>
</table>

[a] 序列1是优选。序列2是适用于中性点有效接地系统中断路器所用的序列1的替代。基于出版物[7]进行了计算。这些计算适用于某些断路器类型(单压式 SF_6 断路器和真空断路器)。对于其他类型的断路器，计算结果可能不同。采用这些计算和整定值，序列1产生的磨损为100%，序列2产生的磨损为125%，序列3产生的磨损为134%。因此，序列3可以用来代替序列1和序列2以减少不同试验回路的次数。

[b] 当经过6.106的基本短路试验顺序后，断路器未经修整时，为满足本表的要求，确定附加的操作循环顺序时，应考虑已进行过的试验。实际上，这就意味着标有[b]的数字减去1。

7 出厂试验

7.1 主回路的绝缘试验

GB/T 11022—2011的7.2适用，并作如下补充：

如果断路器由相同的开断和关合单元串联组成，在分闸状态时加于每个单元上的试验电压应当是断路器完全打开且一端接地时，由实际工频电压分布得出的在总耐受电压中占较高分压比的单元上的电压。

参见 GB/T 11022—2011 中图 2 所示的三极断路器，试验电压应按表 31 施加。

表 31　主回路绝缘试验电压的施加

试验条件序号	断路器状态	电压施加于	接地于
1	合闸状态	AaCc	BbF
2	合闸状态	Bb	AaCcF
3	分闸状态	ABC	abcF
注：如果极间绝缘是在大气压下的空气，则试验条件序号 1 和序号 2 可以合并，试验电压加在连接在一起的主回路的各部分和底座之间。			

7.2　辅助和控制回路的试验

GB/T 11022—2011 的 7.3 适用。

7.3　主回路电阻的测量

GB/T 11022—2011 的 7.4 适用。

7.4　密封性试验

GB/T 11022—2011 的 7.5 适用。

7.5　设计和外观检查

GB/T 11022—2011 的 7.6 适用，并作如下补充：

应检查断路器以验证其与订货技术要求的符合性。

适用时，可对下列项目进行检查：

——铭牌上的语言和数据；

——所有辅助设备的确认；

——油漆的颜色和质量以及金属表面的防腐蚀保护；

——连接到主回路的电容和电阻的值。

7.101　机械操作试验

机械操作试验应包括：

a）在操动机构以及辅助和控制回路的最高电源电压和操作用的最高压力下（适用时）：

——5 次合闸操作；

——5 次分闸操作。

b）在操动机构以及辅助和控制回路的最低电源电压和操作用的最低功能压力下（适用时）：

——5 次合闸操作；

——5 次分闸操作。

c）在操动机构以及辅助和控制回路的额定电源电压和操作用的额定功能压力下（适用时）：

——对主触头闭合时脱扣机构带电的断路器，进行 5 次合—分操作循环；

——此外，对于用作快速自动重合闸的断路器（见 4.104），则进行 5 次分—t—合的操作循环，其中 t 应不大于对额定操作顺序规定的时间间隔。

机械操作试验应在完整的断路器上进行。但是，如果断路器分成单元装配和运输，出厂试验可以按照6.101.1.2的规定对元件进行。在这种情况下，制造厂应给出在现场使用的交接试验的程序，以保证这样的单元试验和装配整台断路器的一致性。交接试验的导则在10.2.101中给出。

对所有要求的操作顺序，对合分闸操作都应进行下述记录：

——动作时间测量；

——适用时，操作过程中液体消耗量的测量，例如压力差。

应有证据证明机械性能与型式试验使用的试品的机械性能一致。例如，在出厂试验结束后还应进行一次如6.101.1.1中规定的空载操作循环，以记录空载触头行程曲线。如果进行了该操作，从触头分离时刻到触头运动终了时，该曲线应在6.101.1.1定义的参考机械行程特性规定的包络线内。

如果出厂机械试验是在分装件上进行的，在现场交接试验结束时，其参考机械行程特性应归算到上述的正确曲线上。

如果在现场进行测量，制造厂应规定出优选的测量程序。如果采用其他测量程序，可能导致测量结果不同且不可能对触头瞬时运动轨迹进行比较。

采用一个行程传感器或断路器触头系统中的或与驱动触头系统直接连接的方便位置安装的类似装置，可以直接记录到机械行程特性，并且可以得到具有代表性的触头运动轨迹。优选的机械行程特性应是如图23a)所示的连续曲线。如果在现场进行测量，操作期间的行程记录点也可使用其他方法。

在这种情况下，记录点的数量应足够多以便能导出触头接触和触头分离的时间和触头速度以及整个行程时间。

在完成要求的操作顺序后，应进行下列试验和检查(适用时)：

——检查连接；

——控制和/或辅助开关应正确指示断路器的分合闸位置；

——所有辅助设备在操动机构以及辅助和控制回路的电源电压和/或操作压力的限值时应正确动作。

此外，适用时，还应进行下列试验和检查：

——加热器(如有的话)电阻和控制线圈电阻的测量；

——按订货技术要求，检查控制的连接线，加热器和辅助设备的回路，并检查辅助触头的数量；

——控制柜(电气、机械、气动和液压系统)的检查；

储能时间(s)；

——压力释放阀的功能操作；

——电气、机械、气动或液压的联锁和信号装置的操作；

——防跳跃装置的操作；

——在电源电压要求的允差范围内设备的一般性能；

——断路器接地端子的检查。

对于自脱扣断路器，脱扣器或继电器应整定在电流整定值范围内的最小刻度上。

应证明经过主回路的电流不超过电流整定值范围内最小脱扣电流的110%时，过电流脱扣器或继电器应能正确启动断路器分闸。可以使用二次注入试验作为替代。

对于这些试验，通过过流脱扣器或电流互感器的电流可以由适当的低压电源提供。

对于装有欠压分闸脱扣器的断路器，应该证明，当脱扣器上施加的电压在规定的限定值内时，断路器应能分闸并能被合闸(见GB/T 11022—2011的5.8.4)。

如果在机械操作试验过程中需要调整，则在调整后应重复进行完整的试验顺序。

8 断路器运行的选用导则

8.101 概述

选择适合于给定运行方式的断路器时，最好要考虑到负载条件和故障条件要求的各个额定值。

完整的额定特性的清单在第4章中给出。本章中仅涉及下列额定值：

额定值和特性的类型	条款
——额定电压	8.102.1
——额定绝缘水平	8.102.2
——额定频率	8.102.3
——额定电流	8.102.4
——额定短路开断电流	8.103.1
——出线端故障的瞬态恢复电压	8.103.2
——额定失步关合和开断电流	8.103.3
——额定短路关合电流	8.103.4
——额定操作顺序	8.103.5
——额定短路持续时间	8.103.6
——电寿命的分级[E1和E2级(有/无自动重合闸方式)](适用时)	8.104

对于在本章中未涉及的额定特性，适用时，应参考第4章的如下部分：

额定值和特性的类型	条款
——额定短时耐受电流	4.6
——额定峰值耐受电流	4.7
——合分闸装置以及辅助和控制回路的额定电源电压	4.9
——合分闸装置及辅助回路的额定电源频率	4.10
——绝缘、操作和/或开断用的压缩气源的额定压力	4.11
——近区故障特性	4.105
——容性电流开合过程中的重击穿特性(C1或C2级)	4.107
——容性电流开合试验条件的特性(如接地条件，容性负载的类型等)	4.107
——额定线路充电开断电流	4.107.1
——额定电缆充电开断电流	4.107.2
——额定单个电容器组开断电流	4.107.3
——额定背对背电容器组开断电流	4.107.4
——额定单个电容器组关合涌流	4.107.5
——额定背对背电容器组关合涌流	4.107.6
——机械操作的次数(M1或M2级)	4.110

选用断路器时需考虑的其他参数，例如：

——当地的大气条件和气候条件	8.102.5
——在高海拔地区使用	8.102.6
——分闸时间	8.103.1
——感性负载开断电流	4.108

要求断路器在故障条件下承担的任务，应该根据某些公认的方法计算电力系统中断路器安装地点的故障电流来确定。

选择断路器时，应充分考虑电力系统整体的未来发展，使断路器不仅可以满足当前的需要，也可以满足未来的要求。

对额定值(即电压、电流、关合和/或开断电流)相配合圆满地完成了型式试验的断路器,适用于任何较低的额定值(额定频率除外),无须进一步试验。感性负载(变压器的励磁电流、高压电动机和并联电抗器)开合在 GB/T 29489—2013 中规定。

注:某些故障条件如发展性故障和某些运行条件如电弧炉的开合,本标准不涉及,因此,应作为制造厂和用户协商的特殊条件来考虑。

同样的原则也适用于这样的断路器:由于某种操作,该断路器的工频恢复电压高于断路器在额定电压下操作时相应的值。这种情况可能发生在系统的某些点上,特别是在长线路的末端。在这种特殊情况下,在断路器分闸时,断路器两端可能出现的最高电压下的开断电流值应由制造厂和用户协商。

8.102 运行条件下额定值的选择

8.102.1 额定电压的选择

选择的断路器的额定电压至少应等于断路器安装处系统的最高电压。

断路器的额定电压应从 GB/T 11022—2011 的 4.2 给出的标准值中选取。

选择额定电压时,还应考虑 4.3 规定的相应的绝缘水平(也可见 8.102.2)。

8.102.2 绝缘配合

断路器的额定绝缘水平应按 4.3 选取。

这些表中的规定值适用于户内和户外断路器。应该在询问单中明确断路器用于户内还是户外。

电力系统的绝缘配合用来减少过电压对电力设备的危害,并有助于将闪络点(当不能经济地避免时)限制在不产生危害的地方。

应采取措施将断路器端子上的过电压限制到绝缘水平以下的规定值(见 GB/T 311.2—2013)。

要求断路器用在绝缘水平较高的地方时,应在询问单中说明(见 9.101)。

对打算用于同步操作并且在操作时可能出现显著操作波的断路器,见 4.3 和 6.2.7.2。

选用断路器时,还有必要考虑其相应于瞬态现象和过电压的特性。经验表明,在某些临界的使用情况下,瞬态现象的不良影响和过电压的危害可以通过下述方法减少:

——适当选择断路器的类型;

——系统变更或采用阻尼或限制瞬态现象的附加设备(如 RC 回路、避雷器、非线性电阻等)。

对于各种情况的这些预防措施可以和制造厂协商。选择方案的评估可以通过协议的特殊试验来进行。

8.102.3 额定频率

如果断路器使用在额定频率(见 GB/T 11022—2011 的 4.4)以外的其他频率时,应向制造厂咨询。

当额定频率为 50 Hz 的断路器在 60 Hz 下进行试验,或者相反,在解释试验结果时要谨慎,要考虑到所有重要因素,如断路器的类型和所进行试验的类型。

8.102.4 额定电流的选择

断路器的额定电流应从 4.5 给出的标准值中选取。

应注意,没有规定断路器的连续过电流能力。所以当选择断路器时,应使其额定电流适应于运行中可能出现的任何负载电流。在有频繁的和严重的间歇过电流的场合,应向制造厂咨询。

8.102.5 当地的大气条件和气候条件

断路器的正常大气条件和气候条件在第 2 章中给出。

适用于不同的最低周围空气温度的断路器，以等级“户内－5”“户内－15”“户内－25”“户外－10”“户外－25”和“户外－40”来区分。当断路器安装地点的周围空气温度，对于户内断路器可能低于－25 ℃，和对于户外断路器低于－40 ℃或温度可能超过40 ℃（或24小时平均温度超过35 ℃）时，应向制造厂咨询。

对于户外断路器，由于烟尘、化学烟雾、盐雾和类似情况，某些地区的大气条件是不利的。如果知道存在这些不利条件，对通常暴露在大气中的断路器部件（特别是绝缘子）的设计应给予特殊考虑。

在这类大气中，绝缘子的性能也取决于清洗或清扫的频度和雨的自然清洗频度。由于在这些条件下，绝缘子的性能取决于如此多的因素，因而不可能对正常污秽和严重污秽的大气作出准确的定义。该地区使用绝缘子的经验是最好的导则。

当断路器安装处的风压超过700 Pa时，应向制造厂咨询。

对于覆冰，规定了三种不同等级的断路器。这些等级对应的覆冰厚度不超过1 mm、10 mm和20 mm。如果断路器安装在预期覆冰厚度超过20 mm的地方，要使断路器在此条件下能够正常运行，则需经制造厂和用户协商。

适用时，应考虑到GB/T 11022—2011的2.3.5中规定的抗震要求水平。

对户内设施，湿度条件在GB/T 11022—2011的2.2.1 e)中给出。选用断路器时，要求有高的湿度和可能出现凝露的场合，应说明这些使用条件。关于GB/T 11022—2011的2.2.1 e)注3中提到的预防出现凝露的措施的数量和责任应由用户与制造厂协商。

对户内断路器，任何特殊运行条件，例如存在化学烟雾、腐蚀性大气、盐雾等时，应向制造厂咨询。

8.102.6 使用于高海拔地区

GB/T 11022—2011的第2章规定了正常运行条件，适用于海拔不超过1 000 m的断路器。

对安装于海拔1 000 m以上的断路器，GB/T 11022—2011的2.3.2适用。

8.103 故障条件下额定值的选择

8.103.1 额定短路开断电流的选择

如4.101规定的，额定短路开断电流由两个数值表示：

a) 交流分量有效值；

b) 导致触头分离时刻直流分量百分数的额定短路开断电流的直流时间常数。

直流分量的百分数随着距短路开始的时间和相应的额定短路开断电流的直流时间常数而变化。断路器满足4.101.3规定的标准要求或特殊工况直流时间常数时，在相应的最短开断时间范围内，最早可能的电流零点处的断路器的直流分量百分数由表15～表19中的值确定。最短开断时间的定义见3.7.157。

图9中的曲线是以表32中规定的恒定交流分量和短路功率因数为基础的，分别对应于标准的时间常数τ＝45 ms，特殊工况下的时间常数60 ms、75 ms、100 ms和120 ms。

只要电流半波参数（峰值和持续时间）在6.102.10.2.1.2项b)给出的公差内且满足较低直流分量相关的TRV条件，则电流零点较高直流分量的试验就可以覆盖较低直流分量的试验。

当断路器安装在电气上距发电机足够远时，则交流分量的衰减可以忽略，只需验证50 Hz标准时间常数τ＝45 ms时，短路功率因数不小于0.071，且保护设备的最小延时不小于额定频率的一个半波。在这种条件下，选择的断路器的额定短路开断电流不小于断路器安装处短路电流的有效值就足够了。

表 32　短路功率因数、时间常数和工频之间的关系

时间常数 τ ms	短路的功率因数 $\cos\varphi$
	50 Hz
45	0.071
60	0.053
75	0.042
100	0.031
120	0.026

可以选用基本的短路试验方式(6.106)、临界电流试验(6.107)和适用时的近区故障试验(6.109),来验证断路器在各种电流值直至额定短路开断电流时的性能。所以,当预期的短路电流较低时,没有必要进行基于较低的额定短路开断电流的一系列短路试验。

在某些情况下,在可能最早的电流零点的直流分量的百分数可能高于表 15～表 19 中给出的值。例如,当断路器临近发电中心时,交流分量可能比正常情况衰减得更快,短路电流甚至可以几个周波不过零。在这种情况下,断路器的任务可以通过延迟分闸或由另外的断路器接入附加的阻尼装置以及使断路器依次分闸来减轻。如果不能遵守标准或特殊工况的直流时间常数,则所要求的百分数应在询问单中规定,并应根据制造厂和用户之间的协议来试验。有关这方面的注意事项见 8.103.2 的项 b)。

注:电流零点可能由于电弧电压和/或开断其他相中具有较早的电流零点的短路电流的影响而提前。在这种情况下,标准断路器的适用性应进一步仔细研究。

额定短路开断电流应从 4.101.2 给出的标准值中选取。

8.103.2　出线端故障的瞬态恢复电压(TRV),首开极系数和近区故障特性的选择

电力系统的预期瞬态恢复电压(TRV)不应超过对断路器所规定的表示额定瞬态恢复电压的参考线。TRV 在接近于零电压时与规定的时延线相交,但以后不与它再相交(见 4.102.2)。标准值见6.104.5。

注 1:当开断最大短路电流时,出现的瞬态恢复电压未必比其他情况下出现的更严酷。例如,当开断较小的短路电流时可能有较高的瞬态恢复电压上升率。

在标称电压高于 3 kV 低于 110 kV 的范围内,为了涵盖所有类型的网络(配电、工业和次输电网络)且为了标准化的目的,确定了两种类型的系统:

——电缆系统(见 3.1.132);

——线路系统(见 3.1.133)。

对于额定电压 3.6 kV 及以上 126 kV 以下断路器的等级,用户应针对下述方面进行选择:

——TRV 的标准值仍然可用于规定 S1 级(TRV 的这些标准值在表 21 中给出);

——除了下述的项 a)、b)和 c)提及的那些情况外,为了涵盖电缆系统和线路系统的所有情况,规定了断路器的 S2 级(TRV 的标准值在表 22 中给出)。

注 2:断路器电源侧电缆的总长度(或者存在电容器时的等效长度)在 20 m 和 100 m 之间时,除非能够通过计算证明实际的 TRV 由表 21 确定的包络线所涵盖,否则,认为该系统为线路系统。如果 TRV 涵盖了系统,则认为是电缆系统。

对于额定电压低于 126 kV 的标准值,适用的首开极系数(k_{pp})为 1.5。对额定电压为 126 kV～1 100 kV的标准值,适用的首开极系数(k_{pp})为 1.3,因为 126 kV 及以上的系统大部分是有效接地的。对额定电压 126 kV ,如果对于中性点非有效接地系统的特殊情况(亦可见 6.104.5.4 的注),选择的首开极系数为 1.5。

首开极系数 1.3 是基于中性点有效接地的系统，且认为不接地的三相故障是根本不可能的。对于中性点非有效接地的系统，应采用的首开极系数为 1.5。对于出现三相不接地故障的可能性不容忽视的中性点有效接地系统的应用以及除中性点有效接地系统之外的系统的应用，有必要采用的首开极系数应为 1.5。

通常不必考虑替代的瞬态恢复电压，因为规定的标准值已经覆盖了大多数的实际情况。

在某些情况下可能出现更严酷的条件，例如：

a） 一种情况是短路出现在靠近变压器但在断路器出线侧时，且变压器和断路器之间无任何显著的附加电容。在这种情况下，瞬态恢复电压的峰值和上升率都可能超出本标准的规定值。

注 3：也应当注意，为变压器一次侧选择的断路器可能需要开断变压器二次侧出现的短路。

对于额定电压低于 126 kV 的断路器，此类工况涵盖在附录 M 中。

注 4：对于额定电压 126 kV 及以上的断路器，变压器限制的故障的 TRV 数值，是针对快速瞬态恢复电压上升时间的 ANSI C37.06.1[8]中建议的。

b） 紧挨限流电抗器的断路器，由于电抗器的固有频率较高，可能会使断路器开断失败（见 8.103.7）。

c） 靠近发电机的断路器出现短路时，瞬态恢复电压的上升率可能会超出本标准的规定值。

在这些情况下，有必要由用户和制造厂协商确定特殊的 TRV 特性。

近区故障试验仅适用于直接和架空线连接的、不考虑电源侧的网络类型、额定电压 24 kV 及以上且额定短路开断电流超过 12.5 kA 的断路器。当断路器要求用于具有额定近区故障特性的地点时，断路器安装处的线路的波阻抗和峰值系数应不大于且时延不小于表 8 中给出的额定线路特性的标准值。然而，如果实际的条件不同，则标准的断路器仍然有可能是适用的，特别是当电力系统的短路电流小于断路器的额定短路开断电流时。关于这一点，可以通过附录 A 中给出的方法，根据额定特性计算近区故障的预期 TRV，并与系统的实际特性导出的预期 TRV 进行比较。

如果要求特殊的近区故障特性，则应由用户和制造厂协商。

如果断路器的一个端子和变压器连接，可能出现比表 1、表 2、表 3、表 4 和表 5 规定更高的上升率。如果它们满足了基本短路试验系列的试验方式 T30（见 6.106.2），则认为按照本标准进行试验的断路器满足该较高的上升率要求。

8.103.3 失步特性的选择

本标准的要求满足了在失步条件下开合操作的断路器的大多数使用条件。几种情况合并起来产生的严酷度会超出本标准中试验所能涵盖的严酷度，而且，失步条件下的开合操作是很少的，所以，按最极端的条件去设计断路器是很不经济的。

当预期有经常性的失步开合，或可能存在过负荷时，则应考虑实际的系统条件。

有时候可能需要特殊的断路器或较高额定电压的断路器。作为替代方案，在一些系统中，可用配有阻抗敏感元件的继电器来控制脱扣时刻，以便使开断出现在显著地提前或滞后相位达到 180°的时刻，从而减轻失步开合的严酷度。

8.103.4 额定短路关合电流的选择

如 4.103 规定的，额定短路关合电流应与额定电压相对应，与系统的额定频率和直流时间常数相关。对于额定频率为 50 Hz 和标准时间常数 τ=45 ms，其值应为断路器额定短路开断电流交流分量的 2.5 倍（即，近似为 $1.8\sqrt{2}$ 倍）。

如果 4.101.3 中规定的特殊工况的时间常数（60 ms、75 ms、100 ms 或 120 ms）适用时，考虑到 I.2 给出的解释，额定短路关合电流应为断路器的额定短路开断电流的 2.7 倍，该值与额定频率无关，对 50 Hz和 60 Hz 均适用。

选择的断路器的额定短路关合电流应不小于使用地点的预期短路电流的最大峰值。

在某些情况下，例如在电气上接近感应电动机时，故障电流的最大峰值可能会大于短路电流的交流分量与上述系数的乘积。在这种情况下，应避免采用特殊设计，而应选择具有适当额定短路关合电流的标准断路器。

8.103.5 运行中的操作顺序的选择

断路器的额定操作顺序应是 4.104 中给出的操作顺序之一。除非另有说明，4.104 给出的时间间隔值是适用的。提供的额定操作顺序有：

a) O—3 min—CO—3 min—CO；

b) CO—15 s—CO；

c) O—0.3 s—CO—3 min—CO(用于快速自动重合闸的断路器)。

注：若不用 3 min，其他时间间隔，即 15 s 用于额定电压 40.5 kV 及以下且 1 min 也可以用于快速自动重合闸的断路器。时间间隔的选择原则上取决于系统的要求，如运行的连续性。

如果断路器在自动重合闸时能够开断的短路电流小于额定短路开断电流，应由制造厂规定。

如果运行中的操作顺序比本标准规定的更苛刻，用户应在其询问单和/或订单中予以规定，以使制造厂可以适当地修正断路器的额定值。特殊方式下工作的断路器如：用于控制电弧炉、电极锅炉和在某些情况下控制整流器的断路器。多极断路器的单极操作，例如单相关合和开断，也属于特殊工作方式。

8.103.6 额定短路持续时间的选择

额定短路持续时间的标准值为 2 s(GB/T 11022—2011 的 4.8)。

然而，如果需要其他的持续时间，应选择推荐的值：3 s 和 4 s 作为额定值。

当短路持续时间大于额定持续时间时，除非制造厂另有规定，否则电流和时间的关系就按下列公式计算：

$$I^2 \times t = 常数$$

对于自脱扣断路器，仅在最大时间间隔大于预期值时，才应规定额定短路持续时间。在这种情况下，应按上述确定。

8.103.7 应用限流电抗器时的选择

由于一些限流电抗器的固有电容非常小，涉及这些电抗器的瞬态固有频率可能非常高。直接与此类电抗器串联的断路器在开断出线端故障(电抗器在断路器的电源侧)和电抗器后面的故障(电抗器在断路器的负载侧)时将面临高频率的 TRV。最终的 TRV 频率通常远远超过标准的 TRV 数值。

在这些情况下，有必要采取调节措施，例如采用电容器和电抗器并联或者接地。该调节方法非常有效且经济。除非能够通过试验证明断路器能够成功开断具有要求的高频率 TRV 的故障，强烈建议使用这些调节措施。

调节方法应如此：如串联电抗器所限制的故障电流的 TRV 的上升率降低到根据断路器的额定值确定的表 21 或表 22 给出的标准值以下。应该认为故障电流可能接近断路器额定值的 100%。

基于前面的考虑，对于这种故障情况，没有规定额定的 TRV 数值以及没有特别的试验方式。

8.104 标称电压 3 kV 以上 35 kV 及以下网络中电寿命的选择

3.4.113 中定义了 E2 级断路器。在这种使用条件下，断路器的电寿命能力通过进行 6.106 的短路试验方式未经中间检修来验证。这种电寿命对用于不需要自动重合闸的电缆连接的网络的断路器已经足够。

对更严酷的使用条件，如架空线连接的、有自动重合闸方式的网络，推荐使用能够满足 6.112 规定的电寿命要求的少维护断路器。

8.105 容性电流开合的选择

在使用电缆的变电站安装电容器组时应注意，反之亦然，因为这可以使这些线路的控制断路器承受背对背开合方式。该背对背方式可能与 4.107.4 中描述的类似。

9 与询问单、标书和订单一起提供的资料

9.101 与询问单和订单一起提供的资料

当询问或订购断路器时，询问者应提供下列特征信息：

a） 电力系统的特征信息，即标称电压和最高电压、频率、相数和中性点接地情况的详细说明。

b） 运行条件，包括最低和最高周围空气温度；高于 1 000 m 时的海拔，以及可能存在或出现的任何特殊条件，例如过度地暴露在水蒸气、湿气、烟雾、爆炸性气体、过量灰尘或含盐的空气中（见 8.102.5 和 8.102.6）。

c） 断路器的特性。

应提供下列资料：

资料的类型	参见
1） 极数	
2） 类别：户内或户外	8.102.5
3） 额定电压	8.102.1
4） 额定绝缘水平，在与给定的额定电压对应的几个不同的绝缘水平中选择，或者如果是非标的，则应为要求的绝缘水平	8.102.2
5） 额定频率	8.102.3
6） 额定电流	8.102.4
7） 额定短路开断电流	8.103.1
8） 首开极系数	8.103.2
9） 额定操作顺序	8.103.5
10） 开断时间	4.109
11） 机械寿命等级（M1 或 M2 级）	4.110
12） 特殊要求下规定的型式试验（例如：人工污秽试验和无线电干扰试验等）	6.2.8 和 6.3
如果要求的信息是非标准的，应给出下列信息：	
13） 要求的出线端故障的瞬态恢复电压	8.103.2
14） 要求的近区故障特性	8.103.2
15） 要求的短路关合电流	8.103.4
16） 要求的短路持续时间	8.103.6
适用时，应给出的信息：	
17） 容性电流开合时的重击穿性能（C1 或 C2 级）	4.107
18） 容性电流开合条件的特性（如接地条件，容性负载的类别等）	4.107
19） 额定线路充电开断电流	4.107.1
20） 额定电缆充电开断电流	4.107.2
21） 额定单个电容器组开断电流	4.107.3
22） 额定背对背电容器组开断电流	4.107.4
23） 额定单个电容器组关合涌流	4.107.5

24）额定背对背电容器组关合涌流　4.107.6
25）额定失步关合和开断电流　4.106
26）电寿命特性[E1 或 E2 级(有/无自动重合闸方式)]　4.111
27）感性负载开断电流　4.108
28）超出标准的型式试验、出厂试验和交接试验

d）断路器的操动机构和辅助设备的特性，特别是：
1）操作的方法，手力的或动力的；
2）备用辅助开关的数量和型式；
3）额定电源电压和额定电源频率；
4）如果多于一个，分闸脱扣器的数量；
5）如果多于一个，合闸脱扣器的数量。

e）有关压缩空气的使用要求和压力容器的设计与试验要求。

注：除上述内容外，询问者应提供可能影响投标和订货的特殊条件的资料(也可见 8.101 的注)。

9.102　与标书一起提供的资料

当询问者要求断路器的技术特征时，制造厂应提供下列资料(适用的部分)，并应附有说明和图纸：

a）额定值和特性：

资料的类型	参见
1）极数	
2）类别：户内或户外、温度、覆冰	8.102.5
3）额定电压	8.102.1
4）额定绝缘水平	8.102.2
5）额定频率	8.102.3
6）额定电流	8.102.4
7）额定短路开断电流	8.103.1
8）首开极系数	8.103.2
9）额定操作顺序	8.103.5
10）额定开断时间，额定分闸时间和额定合闸时间	4.109
11）机械寿命等级(M1 或 M2 级)	4.110
12）特殊要求下规定的型式试验(例如人工污秽试验和无线电干扰试验等)	6.2.8 和 6.3
如果要求的信息是非标准的，应给出下列信息：	
13）要求的出线端故障的瞬态恢复电压	8.103.2
14）近区故障特性	8.103.2
15）要求的短路关合电流	8.103.4
16）要求的短路持续时间	8.103.6
适用时，应给出的信息：	
17）容性电流开合时的重击穿性能(C1 或 C2 级)	4.107
18）容性电流开合条件的特性	4.107
19）额定线路充电开断电流	4.107.1
20）额定电缆充电开断电流	4.107.2
21）额定单个电容器组开断电流	4.107.3
22）额定背对背电容器组开断电流	4.107.4
23）额定单个电容器组关合涌流	4.107.5

24）额定背对背电容器组关合涌流 4.107.6
25）额定失步关合和开断电流 4.106
26）电寿命特性(E1 或 E2 级(有/无自动重合闸方式)) 4.111
27）S1 级或 S2 级断路器(额定电压低于 126 kV 的断路器) 6.104.5
28）感性负载开断电流 4.108
29）超出标准类型的所有试验、出厂试验和交接试验

b） 型式试验：

根据要求提供的证书或报告。

c） 结构特点：

如果适用于断路器的设计，应提供下列详细资料：

1） 不包括绝缘、开断和操作用的流体时整台断路器的质量；
2） 绝缘用的流体的质量/体积，其质量和工作的范围，包括最低功能值；
3） 开断用的流体[不同于项 2)和/或项 4)中述及的流体]的质量/体积，其质量和工作的范围，包括最低功能值；
4） 操作用的流体[不同于项 2)和/或项 3)中述及的流体]的质量/体积，其质量和工作的范围，包括最低功能值；
5） 密封性的规定；
6） 在运输和储存过程中，为防止内部元件性能劣化，每一极中需要充入的流体的质量/体积；
7） 每一极中串联的单元数量；
8） 最小空气间隙：
——极间；
——对地；
——对于向外喷射游离气体和火焰的断路器，开断操作时的安全边界；
9） 在所要求的周围空气温度下，为保持断路器的额定特性而采取的任何特别措施(例如加热或冷却)。

d） 断路器的操动机构和辅助设备：

1） 操动机构的类型；
2） 断路器是否适用于自由脱扣或固定脱扣操作，以及是否具有防止合闸的闭锁装置；
3） 合闸机构的额定电源电压和/或额定压力，不同或超出 9.102 的 c)4)时的压力限值；
4） 额定电源电压下断路器合闸要求的电流；
5） 断路器合闸时的能量消耗，例如，压力降的测量；
6） 并联分闸脱扣器的额定电源电压；
7） 在额定电源电压下并联分闸脱扣器要求的电流；
8） 备用辅助开关的数量和类型；
9） 在额定电源电压下其他辅助设备要求的电流；
10）高低压闭锁装置的整定值；
11）多于一个时，分闸脱扣器的数量；
12）多于一个时，合闸脱扣器的数量。

e） 外形尺寸和其他资料：

制造厂应提供有关断路器外形尺寸的资料和基础设计必需的细节。

应提供断路器维护及连接的一般资料。

10 运输、储存、安装、运行和维护规则

GB/T 11022—2011 的第 10 章适用，并作如下补充：

10.1 运输、储存和安装的条件

GB/T 11022—2011 的 10.2 适用。

10.2 安装

GB/T 11022—2011 的 10.3.2 到 10.3.5 适用，并作如下补充：

10.2.101 交接试验

断路器安装完好并完成所有的连接后，推荐进行交接试验。这些试验的目的是在于确认断路器没有因运输和储存而损坏。此外，当安装和/或调整的大部分工作是在现场进行时，如 7.101 所确定的，要求在交接试验中确认现场工作和由它决定的功能特征的满意性和与分装件的兼容性。

作为对 10.2.102 中要求的补充，对于主要分装是在现场组装的且没有在整台断路器上做过出厂试验的断路器应在现场进行最少 50 次空载操作。这些操作应在装配、所有的连接和检查后及交接试验程序完成后进行。这些操作包括现场调整和密封检查完成后形成交接试验程序一部分的延缓的出厂试验操作。这些试验的目的是为了减少断路器运行寿命期间的早期故障和误操作。

制造厂应给出现场进行交接检查和试验的程序。应避免完全重复进行工厂做过的出厂试验程序。交接试验是为了确认：

——无损坏；

——各个单元的兼容性；

——正确的装配；

——装配完整的断路器的正确特性。

一般地，交接试验应包括这些项目，但又不限于 10.2.102 中给出的程序。试验结果应记录在试验报告中。

10.2.102 交接检查和试验程序

10.2.102.1 安装后的检查

10.2.101 要求制造厂给出交接检查和试验的程序。该程序应基于但又不限于本条款中给出的检查和试验程序。

10.2.102.1.1 一般检查

——装配符合制造厂的图纸和说明书；

——断路器、其紧固件、流体系统和控制装置的密封性；

——外绝缘以及(适用时的)内绝缘未被损坏且干净；

——油漆和其他防腐保护完好；

——操动机构，尤其是动作脱扣器应没有污损；

——足够和完整的接地连接以及和变电站接地系统连接的接口；

以及，适用时：

——应记录发送时动作计数器的数字；

——记录所有现场试验完成后动作计数器的数字；
——记录第一次送电时动作计数器的数字。

10.2.102.1.2 电路检查

——与接线图的一致性；
——信号装置(位置、报警、闭锁等)的正确工作；
——加热和照明装置的正确工作。

10.2.102.1.3 绝缘和/或灭弧流体的检查

——油：类型、绝缘强度(GB 2536—2011)、油位。
——SF_6：充入的压力/密度和质量检查，以确定分别和GB/T 12022—2006、GB/T 8905—2012和IEC 61634的接受水平一致。对于密封设备和密封瓶中取出的新气体，这些质量检查不要求。应进行露点和杂质总含量的检查，以确定达到制造厂的接受水平。
——混合气体：送电前应确认其质量。
——压缩空气：质量(适用时)和压力。

10.2.102.1.4 现场充入的或增补的操作流体的检查

——液压油：除非另有协议，油位和含水量应足够低以防止内部腐蚀或对液压系统的其他损坏。
——氮气：充入压力和纯净度(例如不含氧气或1%的示踪气体)。

10.2.102.1.5 现场操作

应确认完成7.101要求的交接检查和试验的程序，并在适用时，应按10.2.101的要求另外进行50次附加的操作试验。

10.2.102.2 机械试验和测量

10.2.102.2.1 绝缘和/或开断用流体压力特性的测量(适用时)

10.2.102.2.1.1 概述

应进行下列测量，以把它们和出厂试验记录的及制造厂所保证的值进行比较。这些值可作为将来维护和其他检查的参考，还可以用来探测操作特性的任何变化。

适用时，这些测量包括报警和闭锁装置(压力开关、继电器、传感器等)的检查。

10.2.102.2.1.2 应进行的测量

a) 适用时，在压力上升阶段：
——分闸/脱扣闭锁的复位值；
——合闸闭锁的复位值；
——自动重合闸闭锁的复位值；
——低压力报警解除值。
b) 适用时，在压力下降阶段：
——低压力报警值；
——自动重合闸闭锁的动作值；
——合闸闭锁的动作值；
——分闸闭锁的动作值。

10.2.102.2.2 操作流体的压力特性的测量(适用时)

10.2.102.2.2.1 概述

应进行下列测量(必要时列出清单),以把它们和出厂试验的数值及制造厂所保证的数值进行比较。这些值可作为将来维护和其他检查的参考,还可以用来探测操作特性的任何变化。

这些测量包括报警或闭锁装置(压力开关、继电器等)的动作检查。

10.2.102.2.2.2 应进行的测量

a) 泵装置(泵、压缩机、控制阀等)运行时的压力上升阶段:
   ——分闸闭锁的复位值;
   ——合闸闭锁的复位值;
   ——自动重合闸闭锁的复位值(适用时);
   ——低压力报警解除值;
   ——泵装置的停止压力;
   ——安全阀打开压力(适用时)。

注:这些测量可以和操动机构的恢复时间的测量合并进行(见 10.2.102.2.5.2)。

b) 泵装置停止时的压力下降阶段:
   ——安全阀的关闭(适用时);
   ——泵装置的启动;
   ——低压力报警;
   ——自动重合闸闭锁(适用时);
   ——合闸闭锁;
   ——分闸闭锁。

对于液压控制,应在试验前指明储压筒的预充压力以及周围空气温度。

10.2.102.2.3 操作过程中消耗的测量(适用时)

关掉泵装置,且各个储压筒处于泵装置的接入压力,应确定下述每一个操作或操作顺序时的损耗值:

——三极分闸;
——三极合闸;
——三极分—0.3 s—合分(适用时)。

应记录每个操作或操作顺序后的稳态压力。

10.2.102.2.4 额定操作顺序的验证

应该验证断路器完成其规定的额定操作顺序的能力。该试验应在储能装置工作的情况下进行,使用现场的电源电压,并在适用时,从 10.2.102.2.3 规定的泵装置的接入压力开始。

应提供证据证明联锁装置的干涉水平和在额定操作顺序过程中测到的最低操作压力间的配合。

现场电源电压是指来自正常现场电源的、适用于断路器的负载电压且应与辅助和控制回路的额定电源电压兼容。

10.2.102.2.5 时间参量的测量

10.2.102.2.5.1 断路器的时间参量特性

a) 合闸和分闸时间,时间的分散性

在辅助和控制回路的电源电压和最大压力(切断泵装置时)下、在电源电压的典型负载条件时于设备端子处测量：

——每一极的合闸时间，极间的时间分散性和可能时的开断单元或每一极各单元组之间的时间分散性；

——每一极的分闸时间，极间的时间分散性和可能时的开断单元或每一极各单元组之间的时间分散性。

这些测量应针对独立的分闸操作和合闸操作以及在断路器的额定操作顺序为 CO—t''—CO 时的 CO 操作循环中的分闸和合闸操作，或者在断路器的额定操作顺序为 O—t—CO—t'—CO 时的 O—t—CO 操作顺序。

在多个脱扣线圈的情况下，应对所有的脱扣线圈进行试验并记录每一个的时间。

应记录操作前和操作中的电源电压。如有三极控制继电器的话，也应记录其带电时刻，以便能够计算出三极操作时总的时间(继电器时间加上合闸或分闸时间)。

如果断路器装有合闸或分闸电阻单元，应记录电阻的接入时间。带有分闸电阻的断路器的要求见附录 R。

b) 控制和辅助触头的动作

断路器的分闸和合闸时，应确定与主触头操作相关的每一种控制和辅助触头的动作(关合和开断)时间。

10.2.102.2.5.2 操动机构的储能时间

a) 流体操动机构

应该测量泵装置(泵、压缩机、控制阀等)的动作时间：

——最低和最高压力之间(泵装置的接入和切断)；

——在下列操作或操作顺序过程中，每次从最低压力(接入泵装置时)开始：

——三极合闸；

——三极分闸；

——三极分—0.3 s—合分(适用时)。

b) 弹簧操动机构

在现场电源电压下，应测量在合闸操作后电动机的储能时间。

10.2.102.2.6 机械行程特性的记录

按照 7.101 的要求，断路器第一次在现场装配完整时或所有或部分出厂试验在现场进行时，应记录机械行程特性。通过和 6.101.1.1 中的参考空载试验得到的参考机械行程特性比较，记录到的机械行程特性应与其达到一致。

10.2.102.2.7 某些特定操作的检查

10.2.102.2.7.1 在操作用的最低功能压力时的自动重合闸操作(适用时)

当泵装置不工作时，把控制压力降低到自动重合闸时的闭锁值，进行自动重合闸操作顺序(在现场条件下，可能需要一个独立的时序装置来实施重合闸操作)。试验应在设备流过满负荷电流时的电源电压下进行。应记录操作前和操作中的电源电压。应记录最终的压力并应保证对分闸操作的最低功能压力留有足够的安全裕度，作为对压力开关分散性和瞬态压力的保护。

如有怀疑时，可从低于自动重合闸(短路的触头)操作用的最低功能压力的压力值开始，按照不同于上述方法的替代方法进行试验，接着应该验证分闸操作仍然是可行的。

10.2.102.2.7.2 在操作用的最低功能压力时的合闸操作(适用时)

当泵装置不工作时,把控制压力尽量降低到合闸时的闭锁值,进行合闸操作。试验应在设备流过满负荷电流时的电源电压下进行。应记录操作前和操作中的电源电压。应记录最终的压力并应保证对分闸操作的最低功能压力留有足够的安全裕度。

如有怀疑时,可从低于合闸(短路的触头)操作用的最低功能压力的压力开始,按照不同于上述方法的替代方法进行试验,接着应该验证分闸操作仍然是可行的。

10.2.102.2.7.3 在操作用的最低功能压力时的分闸操作(适用时)

当泵装置不工作时,把控制压力尽量降低到分闸时的闭锁值,进行分闸操作。试验应在设备流过满负荷电流时的电源电压下进行。应记录操作前和操作中的电源电压。应记录最终的压力。

10.2.102.2.7.4 故障关合操作的模拟和防跳跃装置的检查

断路器进行 CO 操作循环且辅助触头闭合使脱扣回路带电时,应测量断路器保持在合闸位置的时间。

由于分闸命令的过早施加,该试验也可以对防跳跃装置的动作和由于机械的、液压的和气动的原因引起的任何误动作进行检查。

为了能检查防跳跃装置的有效动作,合闸命令应保持 1 s~2 s。

注:采用现场的控制设施,也可以进行简化的防跳跃试验。在这种情况下,施加并保持合闸命令,继而再施加分闸命令。

10.2.102.2.7.5 存在分闸命令时施加合闸命令后断路器的性能

应该验证断路器在预先施加并维持有分闸命令后,再出现合闸命令时能够满足技术条件的要求。

10.2.102.2.7.6 对两个脱扣器同时施加分闸命令(适用时)

有可能出现两个脱扣器(正常的和紧急的)同时(或事实上同时)带电的情况。

特别是,如果脱扣器不在同一个水平时动作,应保证断路器的动作不受任何机械的、液压的或气动的干扰。

10.2.102.2.7.7 极间不同期的防护(适用时)

极间不同期的防护措施可以通过下列任一试验来检查:

——断路器处于分闸状态,一极的合闸脱扣器带电,以检查断路器是先合闸后分闸;

——断路器处于合闸状态,一极的分闸脱扣器带电,以检查断路器的其他两极是否分闸。

10.2.102.3 电气试验和测量

10.2.102.3.1 绝缘试验

应对辅助回路进行绝缘试验,以确认断路器的运输和储存没有损坏这些回路。然而,应认识到这些回路中包含脆弱的分装元件,施加全部的试验电压并保持全部的持续时间可能会导致损坏。为了避免出现这种情况和试验连接线的临时移开,供应商应详细规定说明不会出现损坏的试验程序以及根据本试验程序记录试验结果的方法。

对于金属封闭开关设备和控制设备主回路的绝缘试验,IEC 62271—200[9]和 IEC 62271—203[10]适用。

10.2.102.3.2 主回路电阻的测量

如果开断单元是在现场装配的，才应进行主回路电阻测量。测量应按照GB/T 11022—2011中7.4规定，在直流下进行。

10.3 运行

GB/T 11022—2011的10.4适用。

10.4 维护

GB/T 11022—2011的10.5适用，并做如下补充：

另外，制造厂应给出关于断路器进行下列操作后的维护资料：

a) 短路操作；

b) 正常运行时的操作。

这些资料包括检修后按照项a)和项b)断路器能完成的操作次数。

GB/T 11022—2011的10.5.2～10.5.4适用。10.2.102.1.3中要求的检查适用。

10.4.101 电阻和电容器

检查电阻器和电容器时应给出数值的允许偏差。

11 安全性

GB/T 11022—2011的第11章适用，并做如下补充：

任何已知的化学危害和环境危害应在断路器手册/使用说明中明确。

12 产品对环境的影响

GB/T 11022—2011的第12章适用。

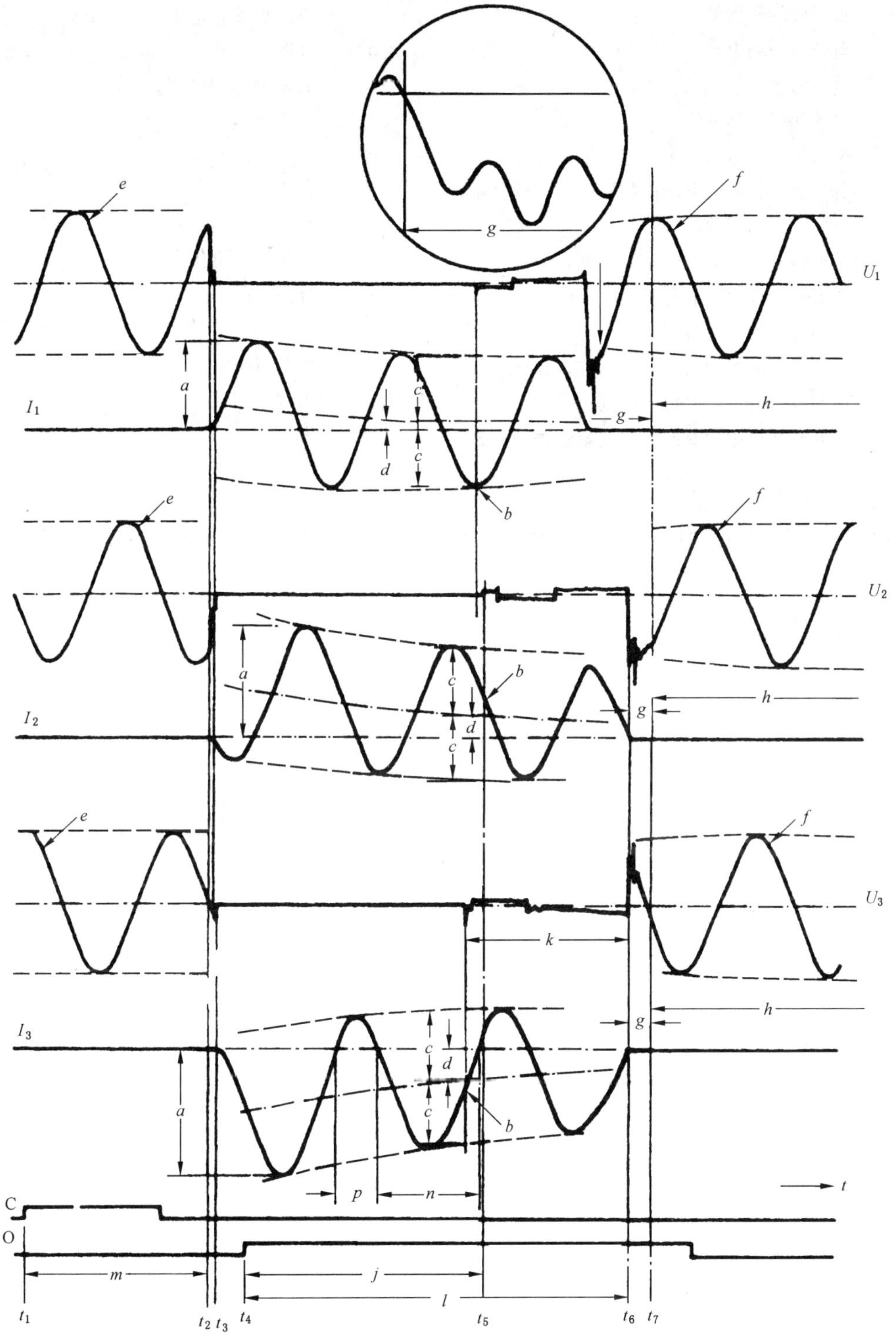

图 1　三相短路关合—开断循环的典型示波图

图 1 中的图例：

U_1 ——首开极端子间的电压；

I_1 ——首开极中的电流；

U_2,U_3——其他两极端子间的电压；

I_2,I_3 ——其他两极中的电流；

C ——合闸命令，例如，合闸回路端子间的电压；

O ——分闸命令，例如，分闸脱扣器端子间的电压；

t_1 ——合闸操作的起始时刻；

t_2 ——主回路中开始流过电流的时刻；

t_3 ——所有极中都通流的时刻；

t_4 ——分闸脱扣器带电时刻；

t_5 ——所有极中的弧触头分离时刻(起弧时刻)；

t_6 ——所有极中电弧最终熄灭时刻；

t_7 ——最后开断极中的瞬态电压现象消失的时刻；

a ——(峰值)关合电流；

b ——开断电流；

c ——交流分量的峰值；

d ——直流分量；

e ——外施电压；

f ——恢复电压；

g ——瞬态恢复电压；

h ——工频恢复电压；

j ——分闸时间；

k ——燃弧时间；

l ——开断时间；

m ——关合时间；

n ——大半波；

p ——小半波。

对后面的图 2～图 7 的注：

注 1：实际上，三极触头运动间存在时间的分散性。为了清楚起见，对于所有的三极，图中的触头运动用一根单线表示。

注 2：实际上，三极中电流开始和终了均存在时间的分散性。为了清楚起见，对于所有的三极，图中的电流开始和终了均用一根单线表示。

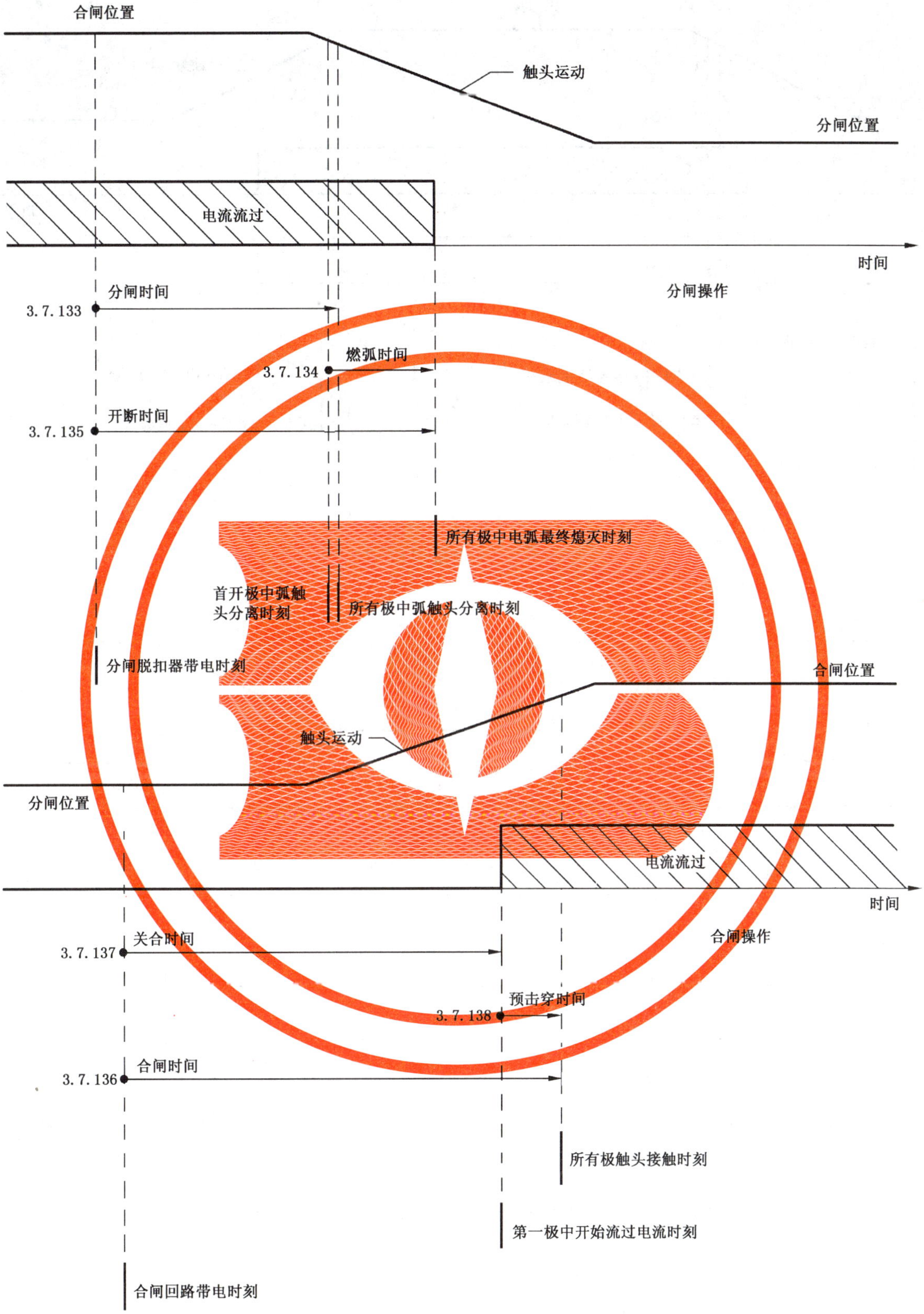

图 2 没有开合电阻的断路器的分闸和合闸操作

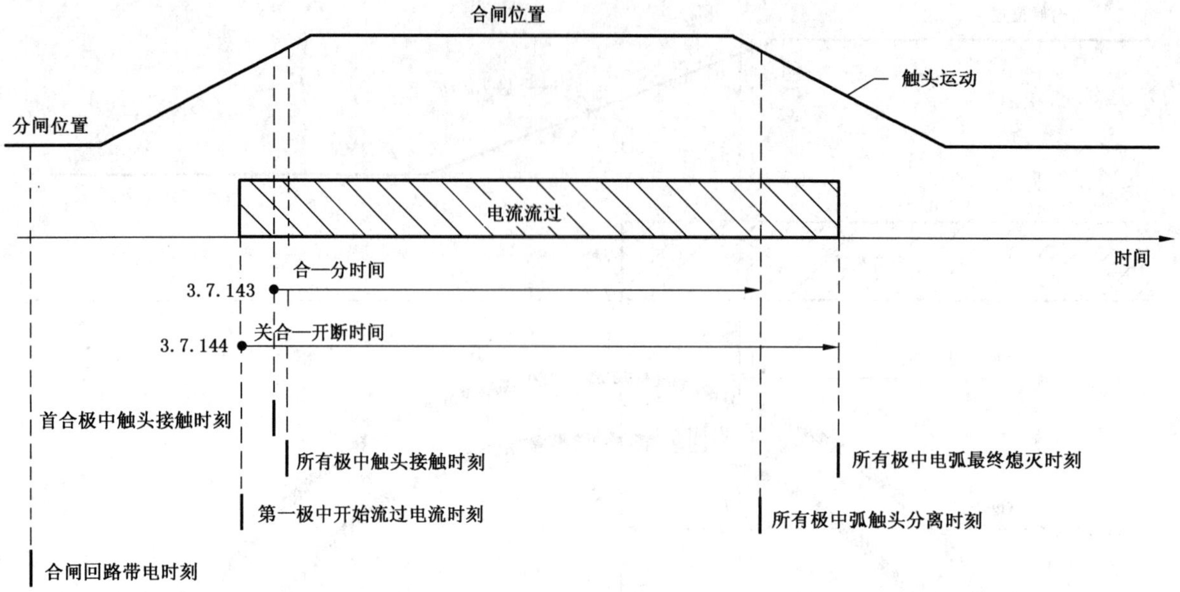

图 3　没有开合电阻的断路器的合—分循环

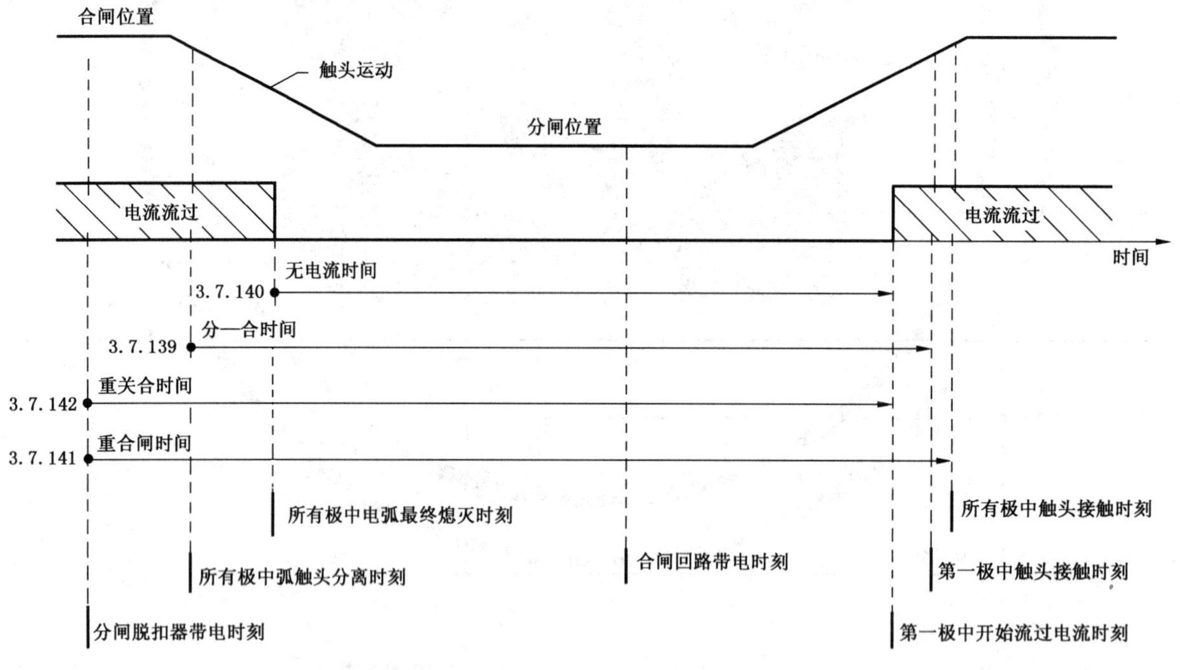

图 4　没有开合电阻的断路器的重合闸(自动重合闸)

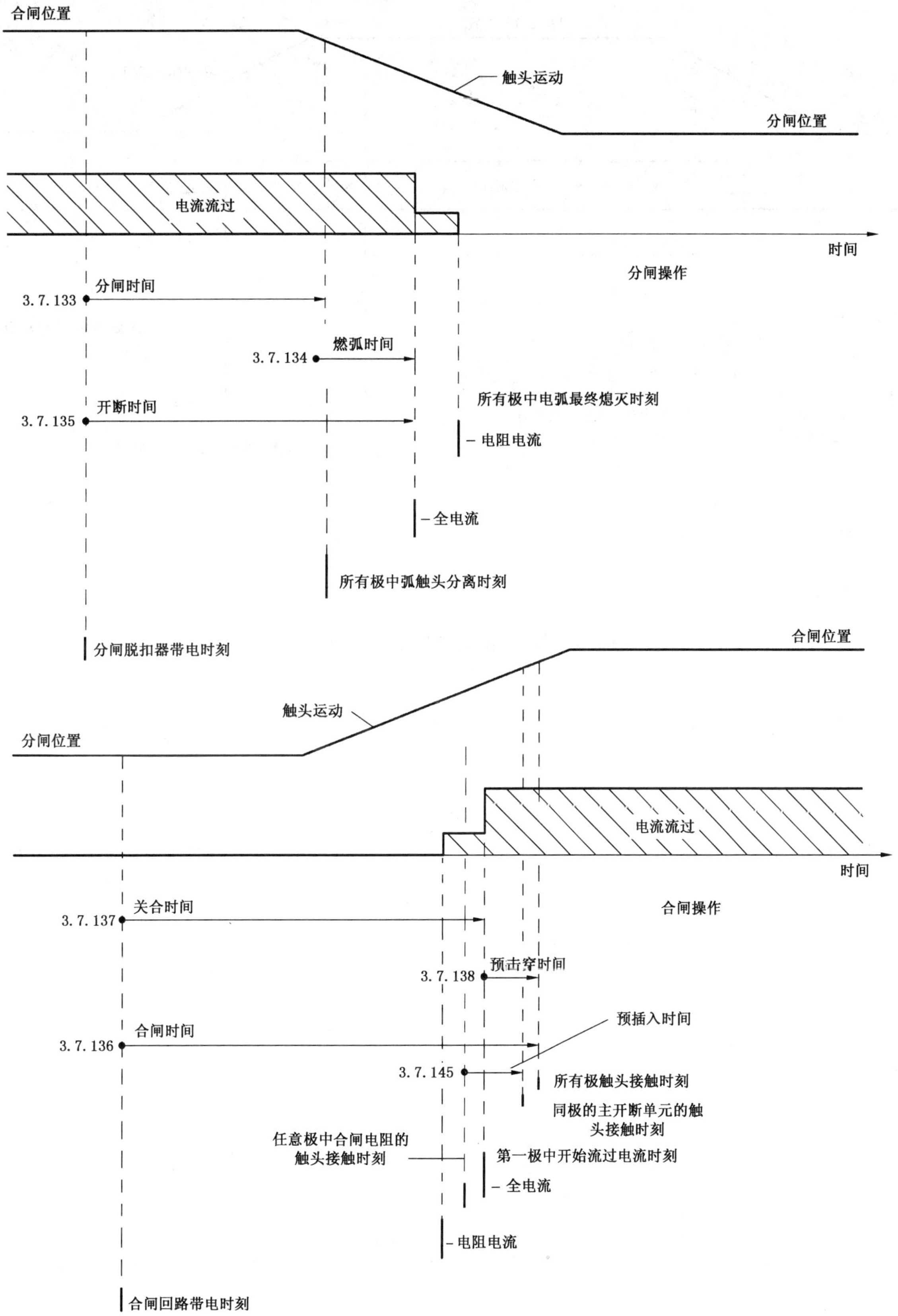

图5　有开合电阻的断路器的分闸和合闸操作

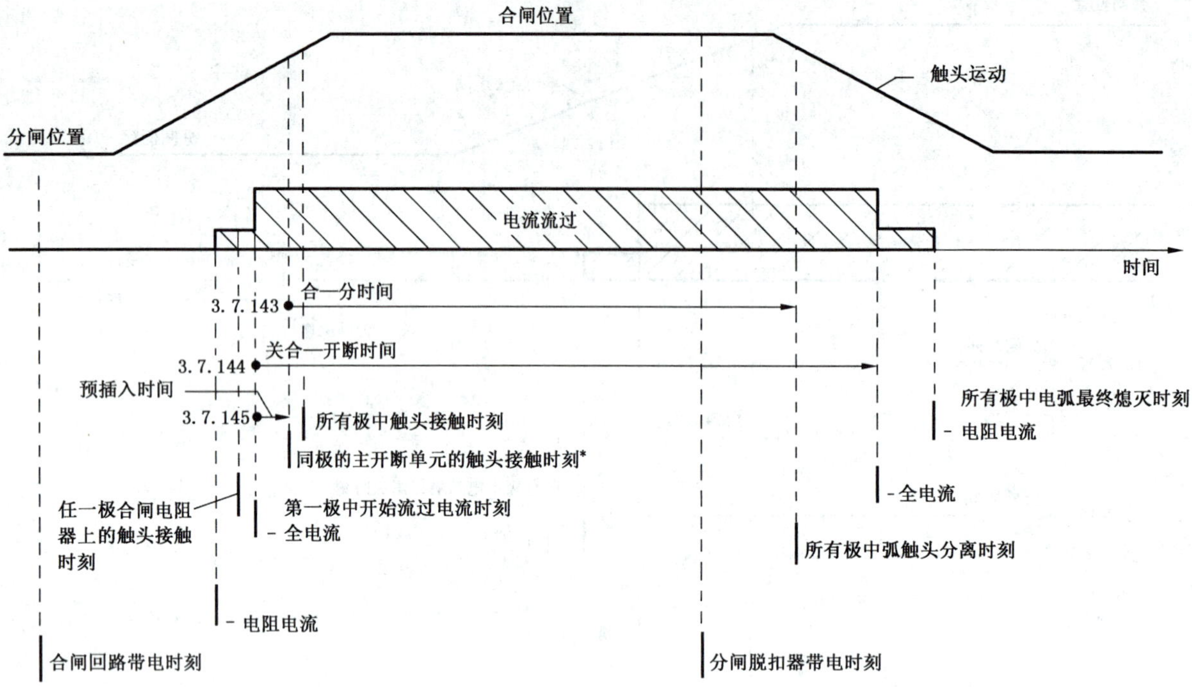

* 为了简化该图，假设该极也为首合极。

图 6　有开合电阻的断路器的合—分循环

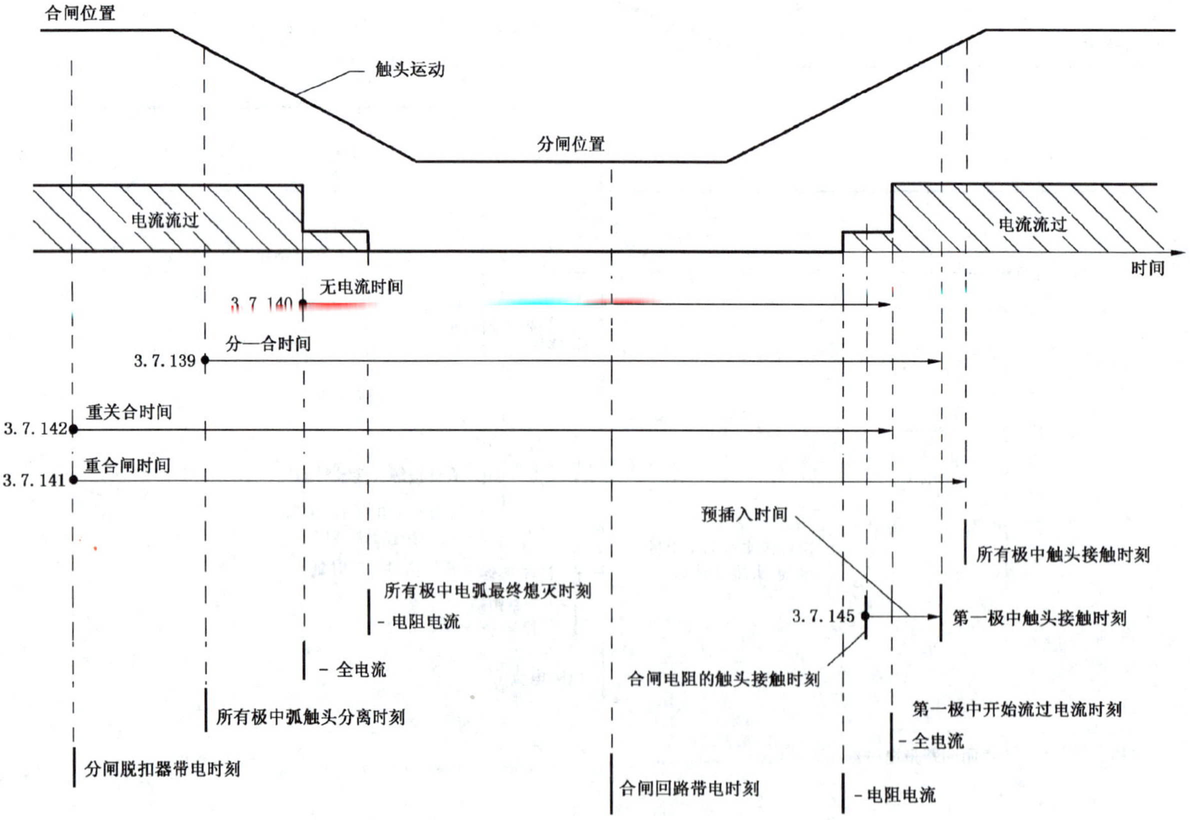

图 7　有开合电阻的断路器的重合闸(自动重合闸)

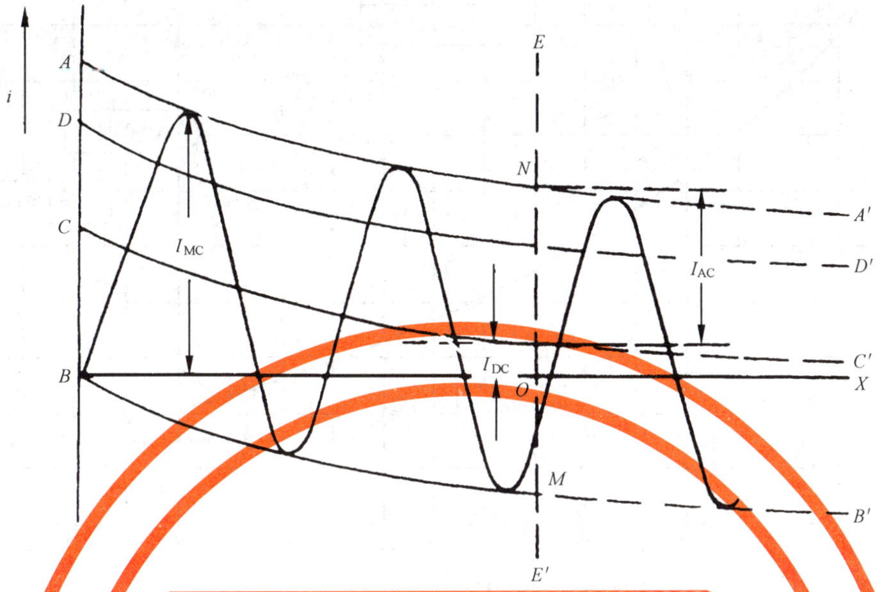

说明：

AA' \} ——电流波的包络线；
BB' \}

BX ——正常的零线；

CC' ——任一时刻电流波形零线的偏移；

DD' ——任一时刻交流分量的有效值，从 CC' 测取；

EE' ——触头分离时刻(起弧)；

I_{MC} ——关合电流；

I_{AC} ——EE'时刻电流的交流分量峰值；

$\frac{I_{AC}}{\sqrt{2}}$ ——EE'时刻电流的交流分量有效值；

I_{DC} ——EE'时刻电流的直流分量；

$\frac{I_{DC}}{I_{AC}}\times 100=\frac{\overline{ON}-\overline{OM}}{\overline{MN}}\times 100=\left[\frac{2\times\overline{ON}}{\overline{MN}}-1\right]\times 100$ 直流分量的百分数。

图 8 短路关合和开断电流以及直流分量百分数的确定

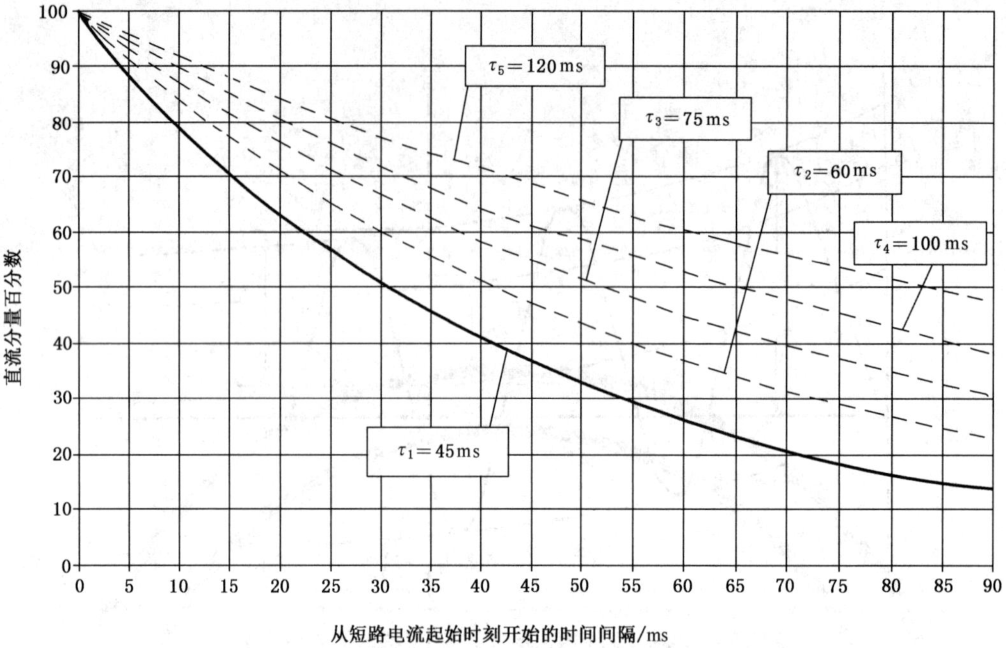

图 9　对于标准时间常数 τ_1 和特殊工况的时间常数 τ_2、τ_3、τ_4 以及 τ_5，直流分量的百分数与从短路起始时刻开始的时间间隔的关系曲线

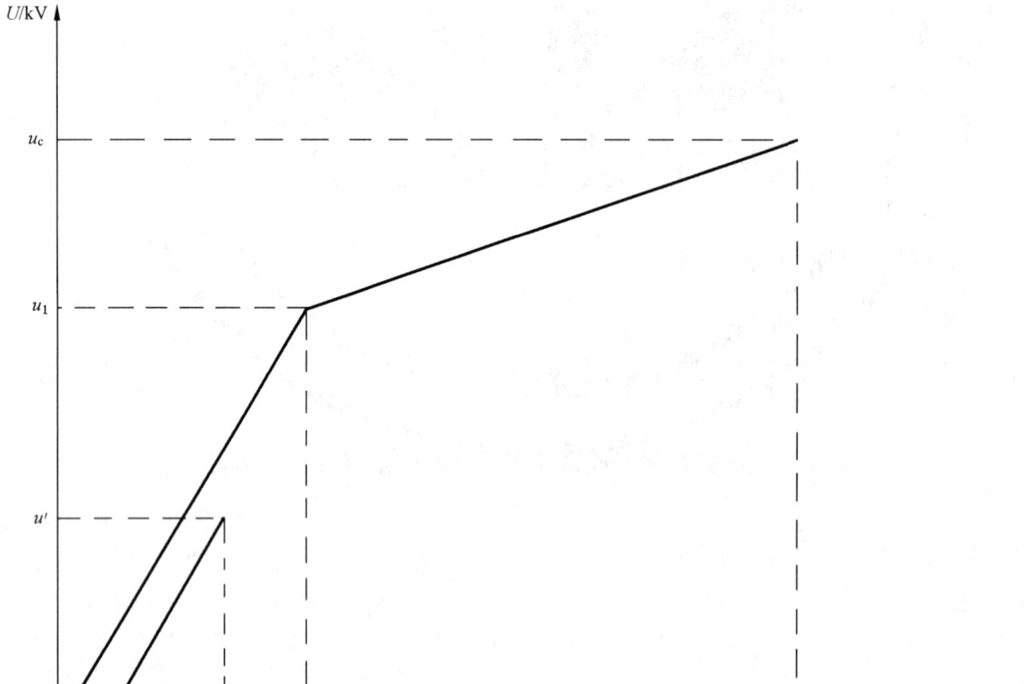

图 10　规定的四参数 TRV 以及 T100、T60、近区故障和失步条件的时延线的表示

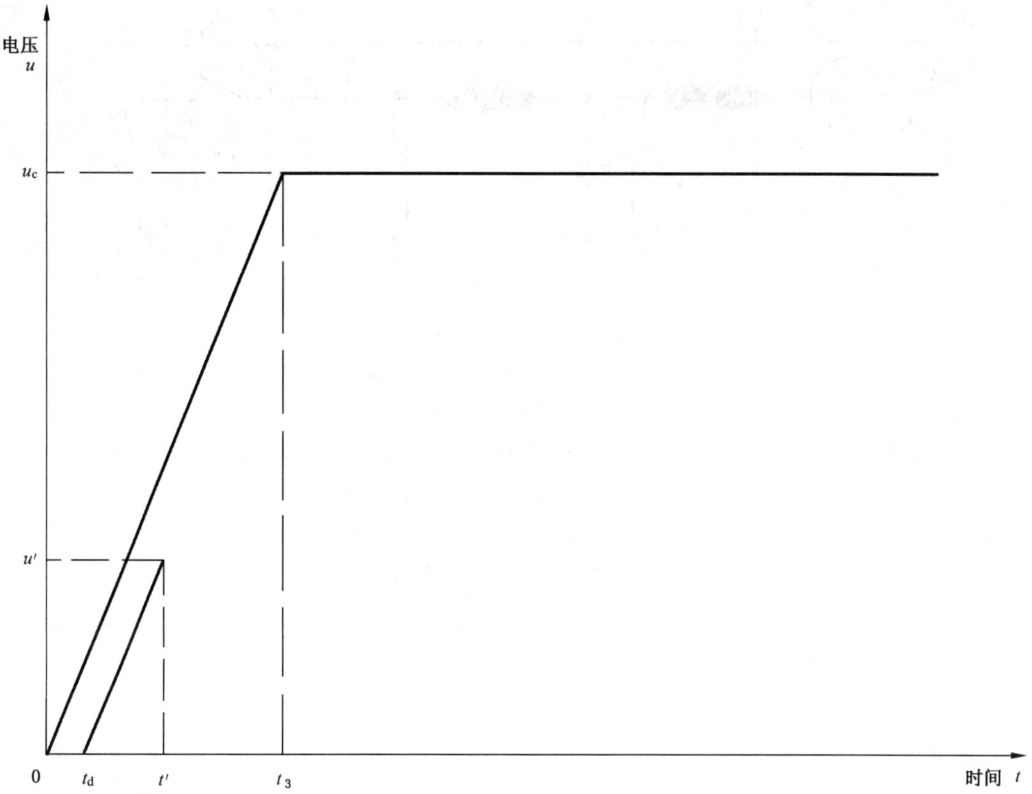

图 11 用两参数参考线和时延线对规定的 TRV 的表示

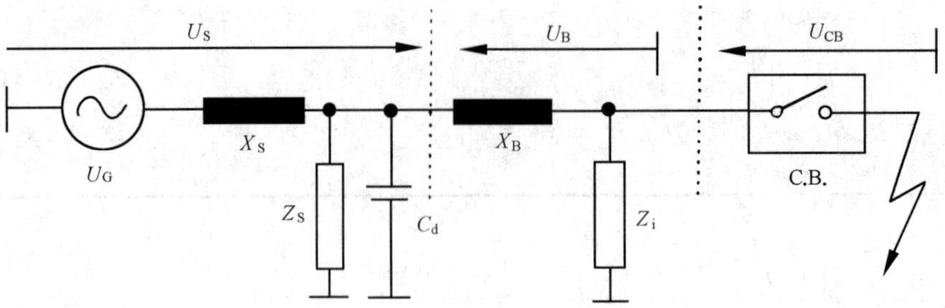

说明：

C.B. ——断路器；

U_G ——供电侧电压；

U_B ——母线电压；

U_{CB} ——断路器两端的电压；

U_S ——电源侧的电压；

C_d ——电源侧的时延电容；

Z_S ——电源侧 TRV 控制元件；

Z_i ——ITRV 控制元件；

X_S——电源侧工频电抗；

X_B——母线工频电抗。

注：如果 X_S 使用集中电感，则 ITRV 控制元件可以和该电感并联。

a）　具有 ITRV 的出线端故障的基本回路

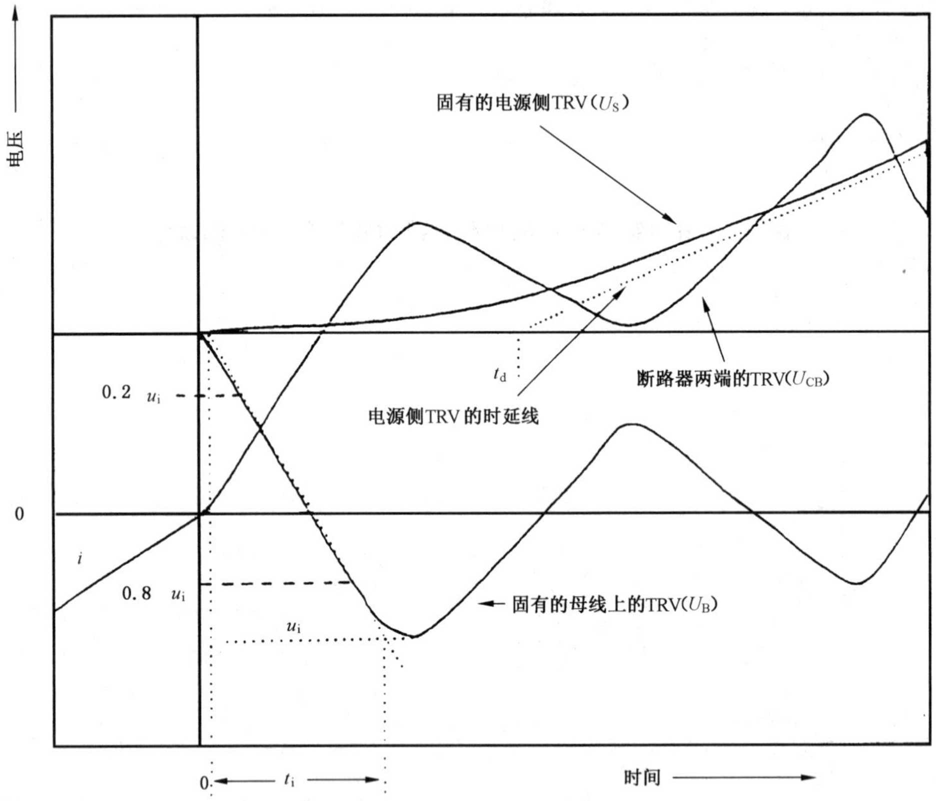

b）　ITRV 与 TRV 关系的表示

图 12　ITRV 回路以及 ITRV 与 TRV 关系的表示

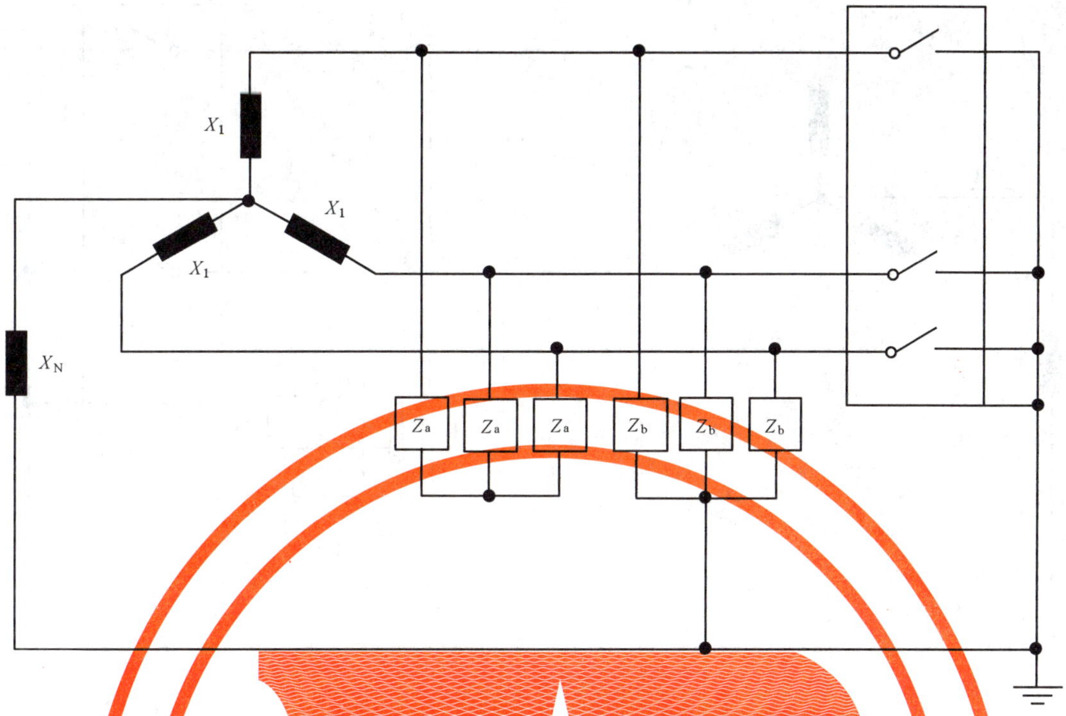

说明：

X_N ——电源中性点阻抗；

X_1 ——正序短路电抗；

Z_a ——TRV 回路的相对相阻抗；

Z_b ——TRV 回路的相对地阻抗；

X_N ——对于首开极系数为 1.5 时远远大于 X_1；

X_N ——对于首开极系数为 1.3 时等于 $0.75X_1$；

因为：$Z_0/Z_1=2$

$Z_a=Z_b=2Z_1$

Z_0 ——电源侧短路阻抗的零序分量。

图 13 三相短路的表示

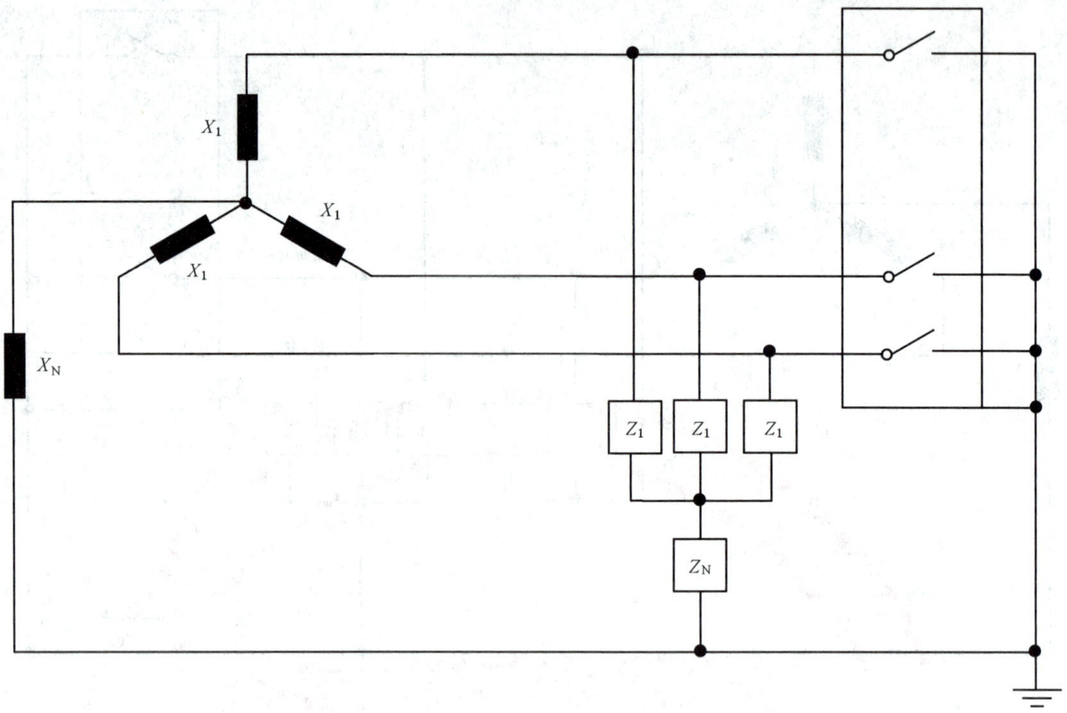

说明：

X_N ——电源中性点阻抗；

X_1 ——正序短路电抗；

Z_1 ——TRV 回路的相对中性点阻抗；

Z_N ——TRV 回路的中性点阻抗；

因为：$\frac{Z_0}{Z_1}=2$　　$Z_N=\frac{Z_1}{3}$

Z_0 ——电源侧短路阻抗的零序分量。

图 14　图 13 替代的表示

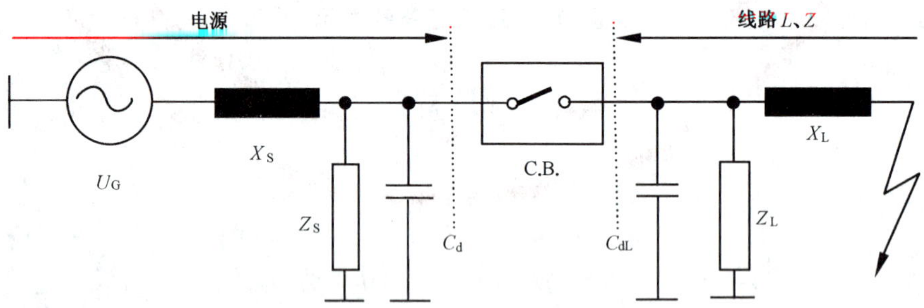

说明：

U_G ——电源电压，相对地值；

X_S ——电源侧工频电抗；

Z_S ——电源侧 TRV 控制元件；

C_d ——电源侧时延电容；

C.B.——断路器；

X_L——线路侧工频电抗；

Z_L——线路侧 TRV 控制元件；

C_{dL}——线路侧时延电容；

Z ——线路的波阻抗；

L ——到故障点的线路长度。

图 15　近区故障的基本回路

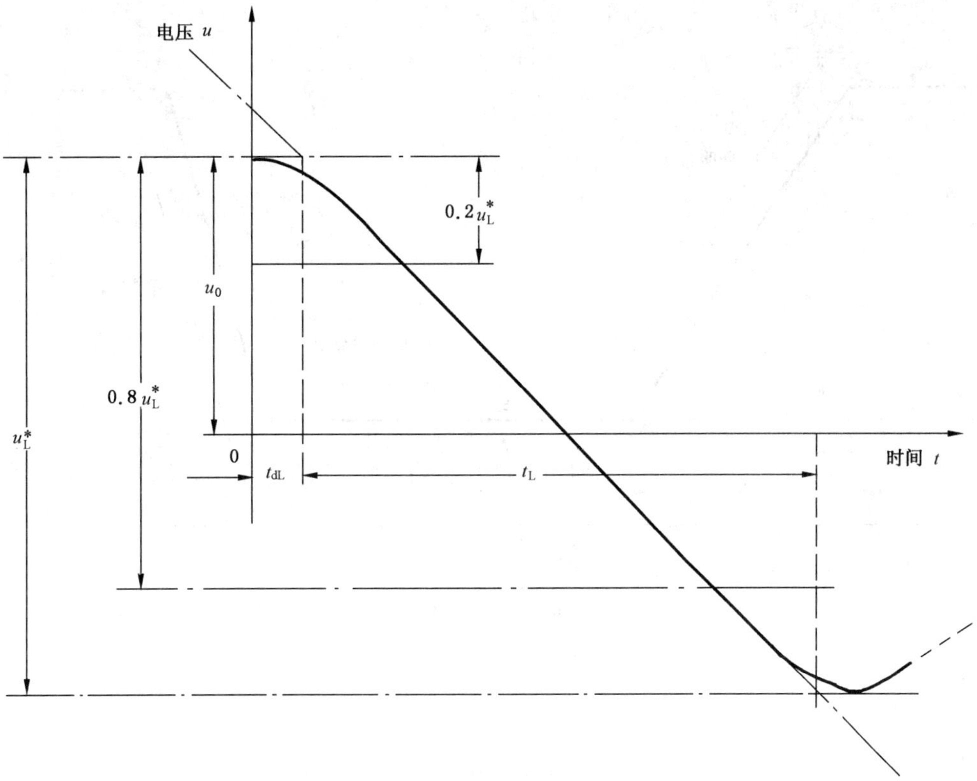

图 16 有时延的线路侧瞬态电压以及圆形的波峰导出 u_L^*、t_L 和 t_{dL} 方法的说明

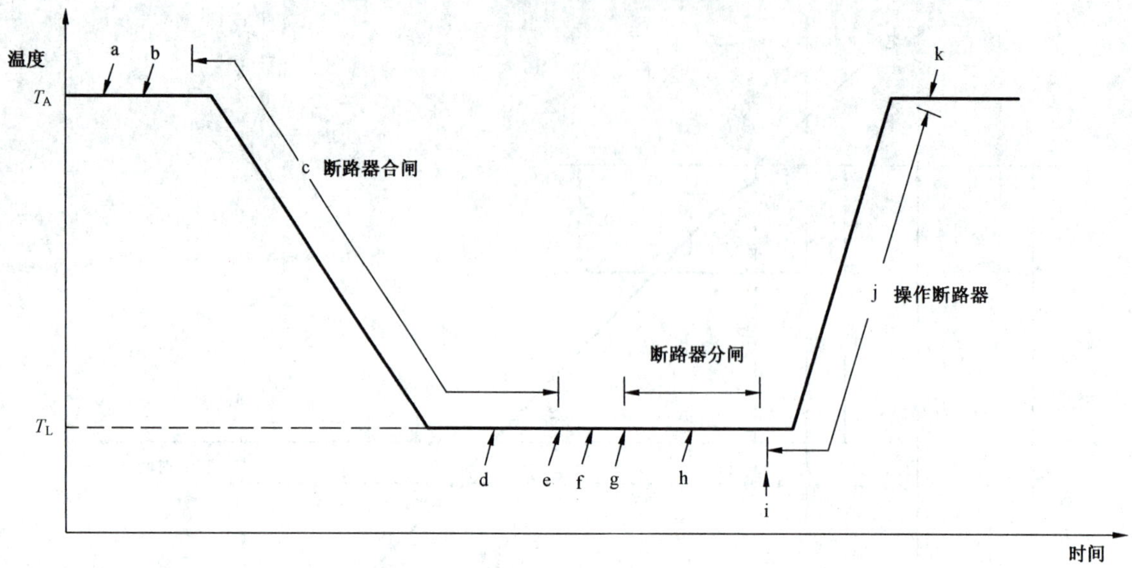

a） 低温试验

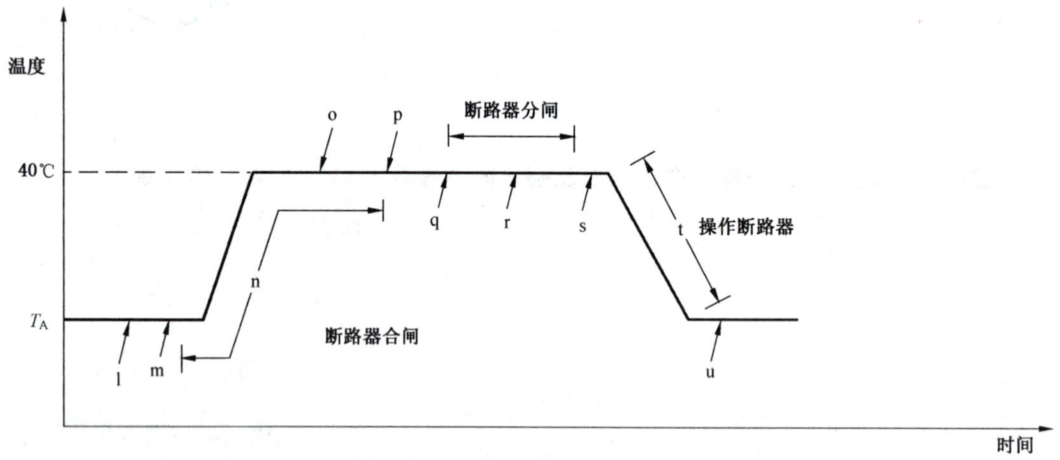

b） 高温试验

注：字母 a～u 表示 6.101.3.3 和 6.101.3.4 中规定试验的应用点。

图 17 低温和高温试验的试验顺序

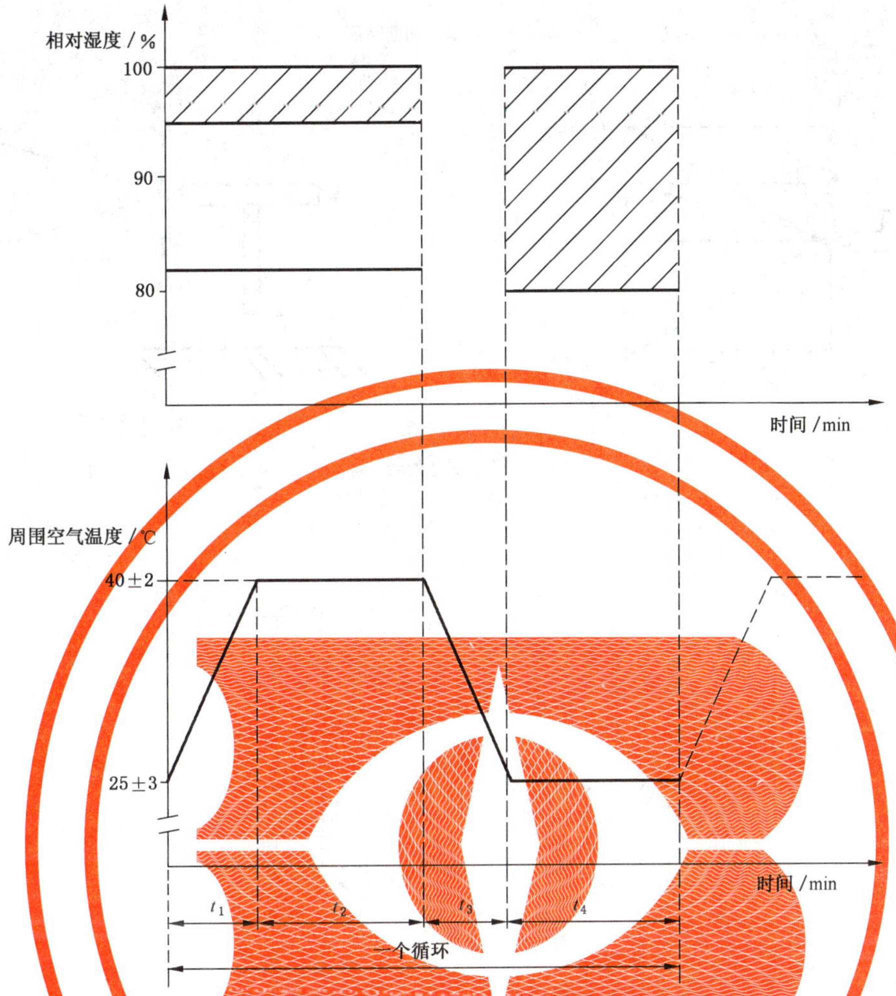

图18　湿度试验

具有多个灭弧室的断路器

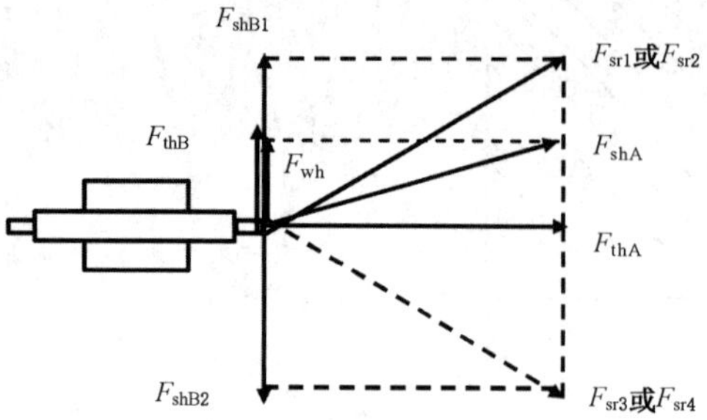

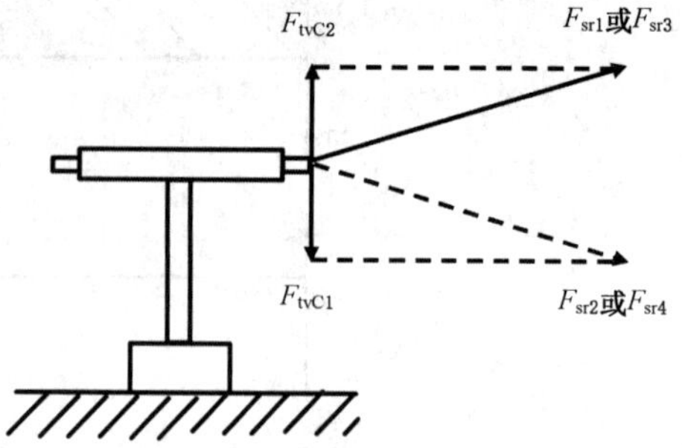

$F_{shB1}=F_{thB1}+F_{wh}$和$F_{shB2}=F_{thB2}+F_{wh}$

$F_{tv}=F_{sv}$（见6.101.6.2）

具有一个灭弧室的断路器

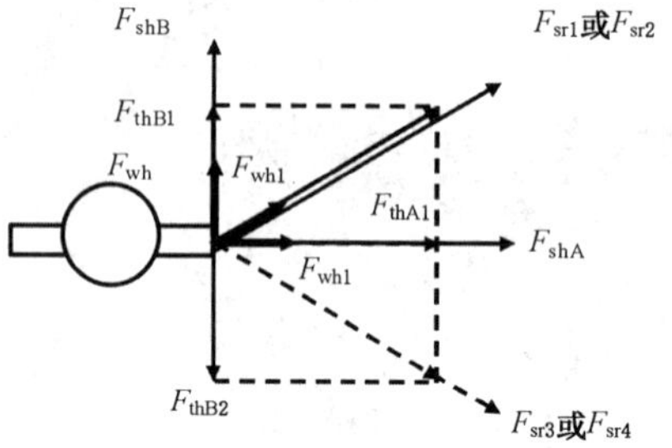

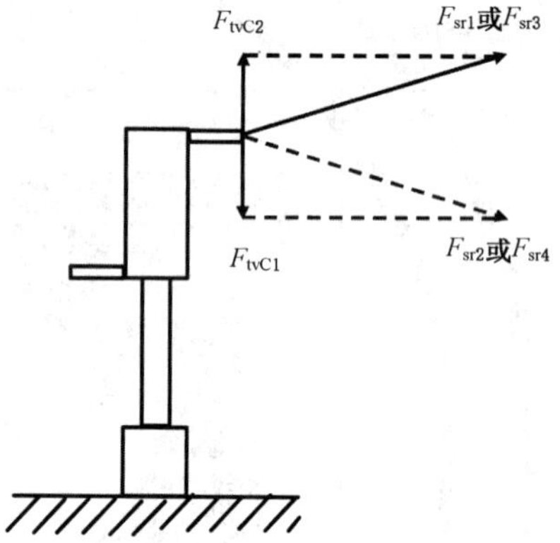

6.101.6.2 a)的试验：F_{wh}在F_{thB}和F_{thA}合力的方向上

6.101.6.2 b)的试验：F_{wh}在F_{thB}或F_{thA}的方向上

F_{thA} ——连接导体引起的水平拉力(A向)；

F_{thB} ——连接导体引起的水平拉力(B向)；

F_{tv} ——连接导体引起的垂直拉力(C向)；

F_{wh} ——覆冰的断路器上风压引起的水平力；

F_{shA}、F_{shB} ——由F_{thA}、F_{thB}和F_{wh}引起的水平力；

F_{sr1}、F_{sr2}、F_{sr3}、F_{sr4}——额定端子静负载(合力)。

注1：关于A、B和C向，参见图20。

注2：脚标字母“s”表示试验值。

	水平的	垂直的	标注
因连接导体上的重量、风和冰产生的力	F_{thA}、F_{thB}	F_{tv}	按照表14
因断路器上的风和冰产生的力[a]	F_{wh}	0	由制造厂计算

[a] 断路器上的水平力，由于风的作用，可能会从压力中心向端子移动且与较长的杠杆臂成比例地降低数值(断路器最低部分的弯矩应相同)。

图19 端子静负载

具有多个灭弧室的断路器　　具有一个灭弧室的断路器

水平力　　水平力

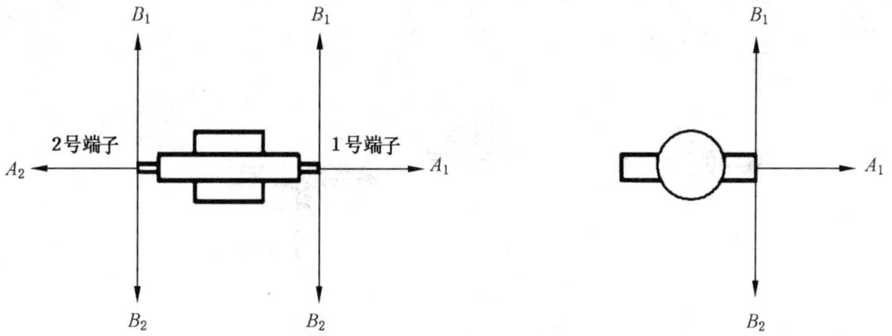

力的方向：1 号端子为 A_1、B_1 和 B_2

力的方向：2 号端子为 A_2、B_1 和 B_2

水平试验力：F_{shA} 和 F_{shB}（见图 19）

垂直力　　垂直力

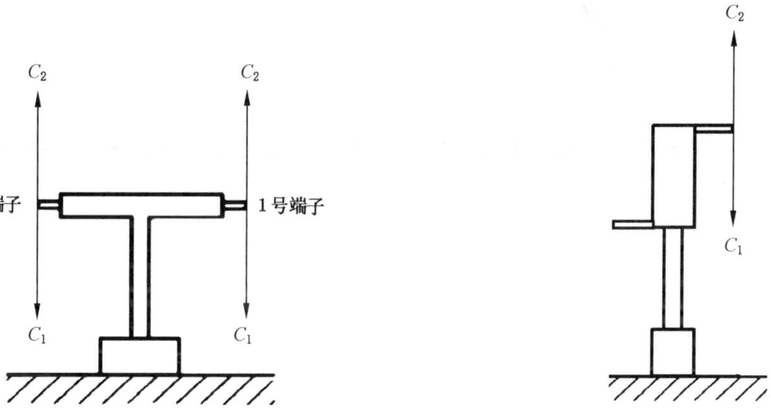

力的方向：1 号端子为 C_1、C_2

力的方向：2 号端子为 C_1、C_2

垂直试验力（两个方向）：F_{sv}（见图 19）

注：对于以极单元垂直中心线对称的断路器，仅需要对一个端子进行试验。

图 20　端子静负载试验的方向

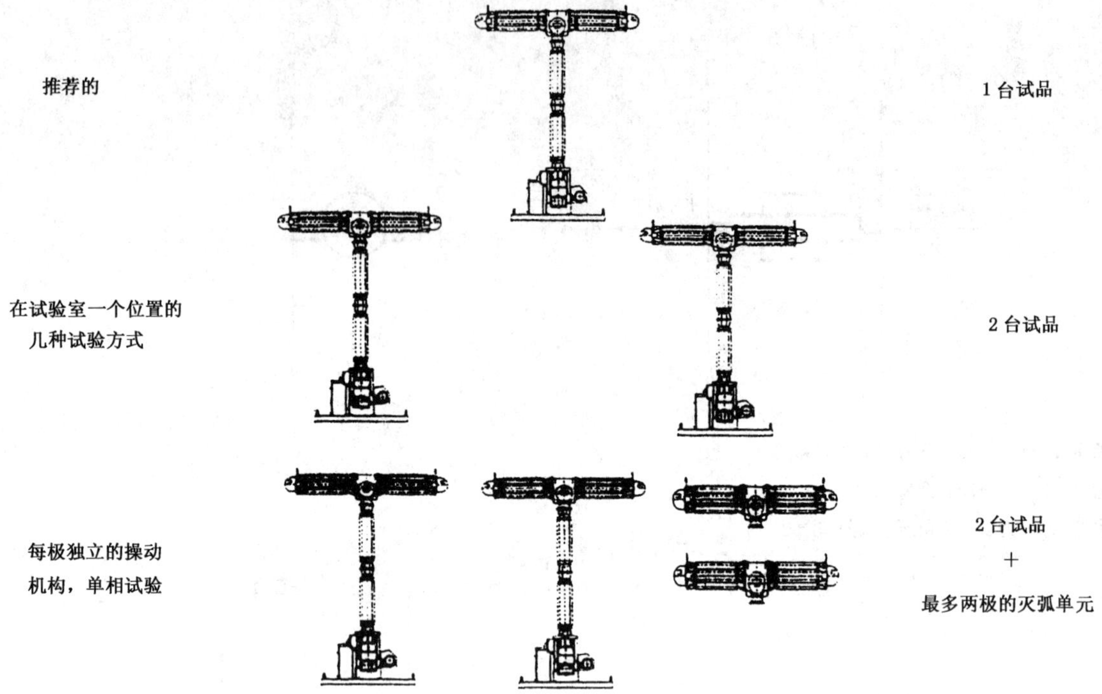

图21 关合、开断和开合试验允许的试品数量，6.102中的规定的图示

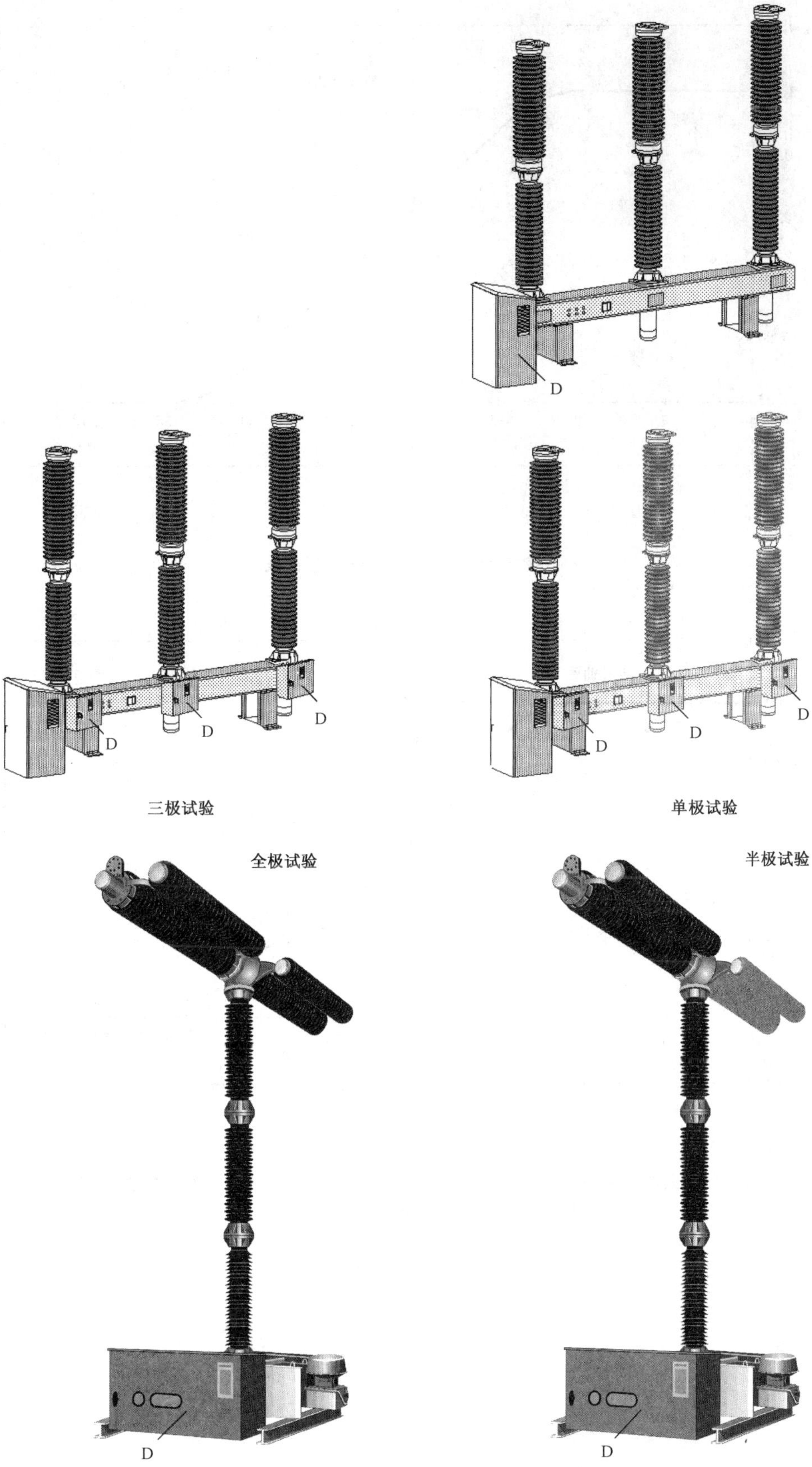

D =操动机构

图 22　按照 GB/T 11022—2011 的 3.2.1，单个试品的定义

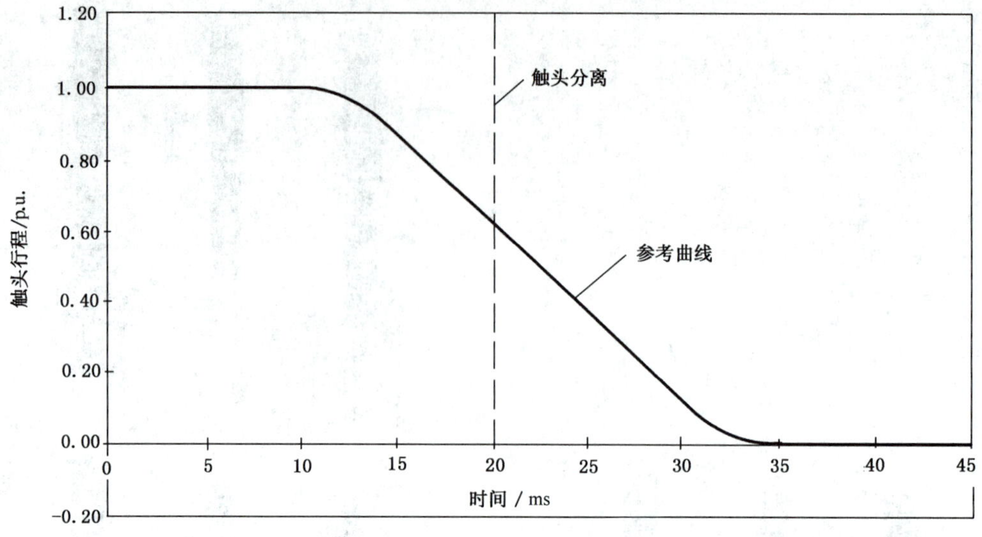

a） 参考的机械行程特性(理想曲线)

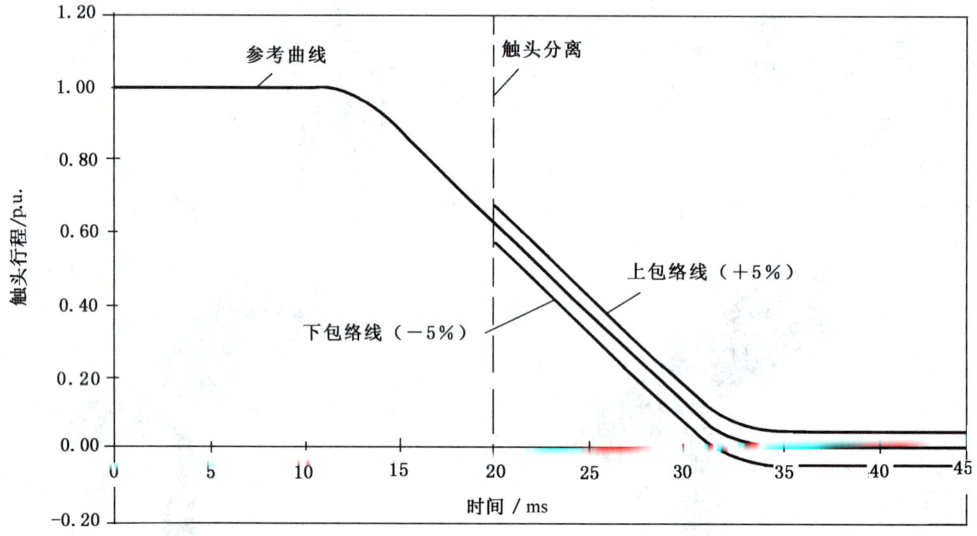

b） 具有以参考曲线为中心的规定的包络线(+5%,-5%)的参考机械行程特性(理想曲线),本例中触头分离时刻为 $t=20$ ms

图 23 参考的机械行程特性

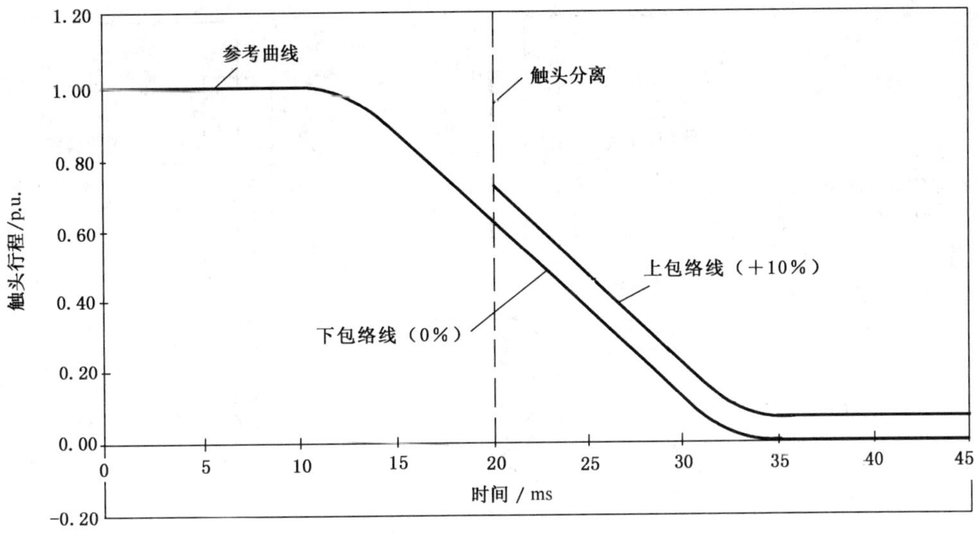

c）具有以参考曲线为基准完全上移的规定的包络线（+10%，0%）的参考机械行程特性（理想曲线），本例中触头分离时刻为 $t=20$ ms

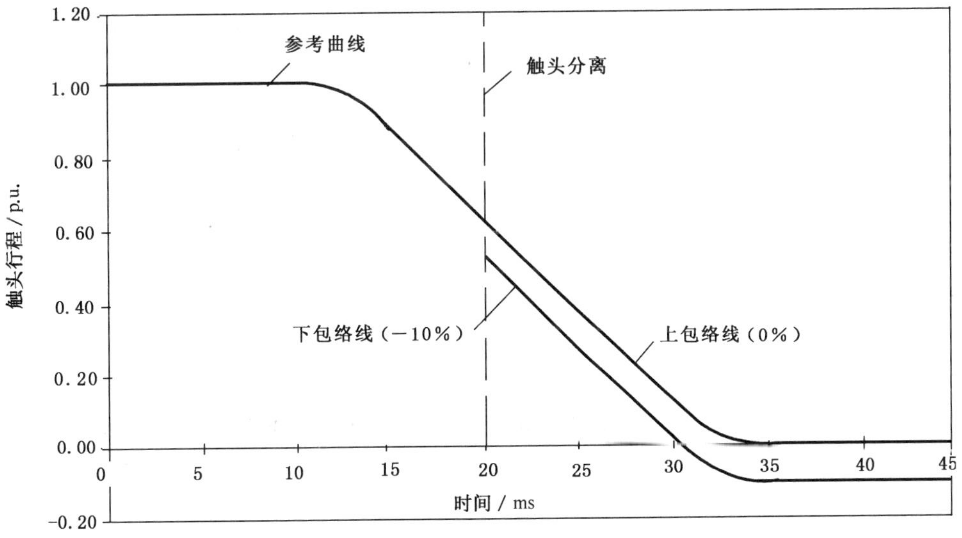

d）具有以参考曲线为基准完全下移的规定的包络线（0%，−10%）的参考机械行程特性（理想曲线），本例中触头分离时刻为 $t=20$ ms

图 23（续）

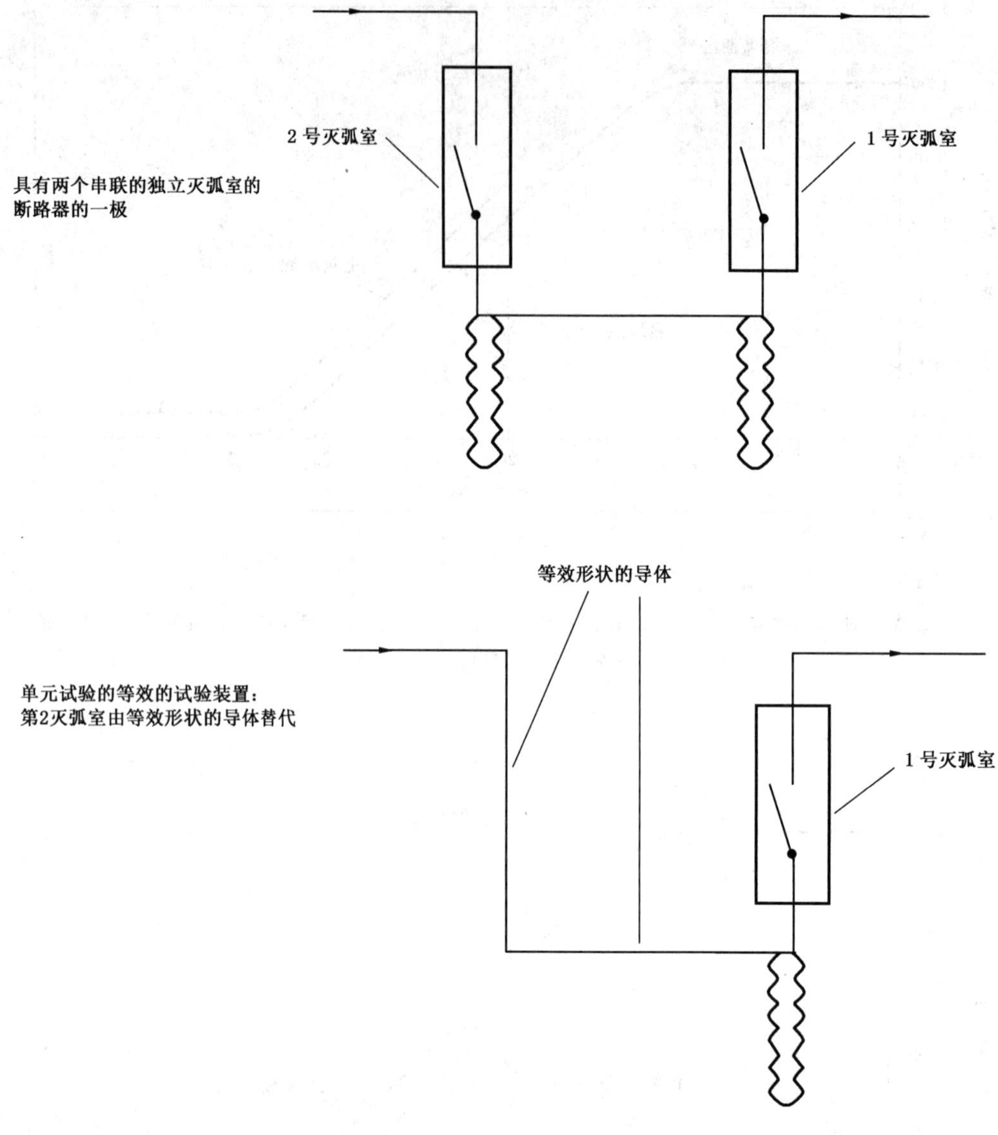

图 24　多于一个独立灭弧室的断路器的单元试验的等效试验装置

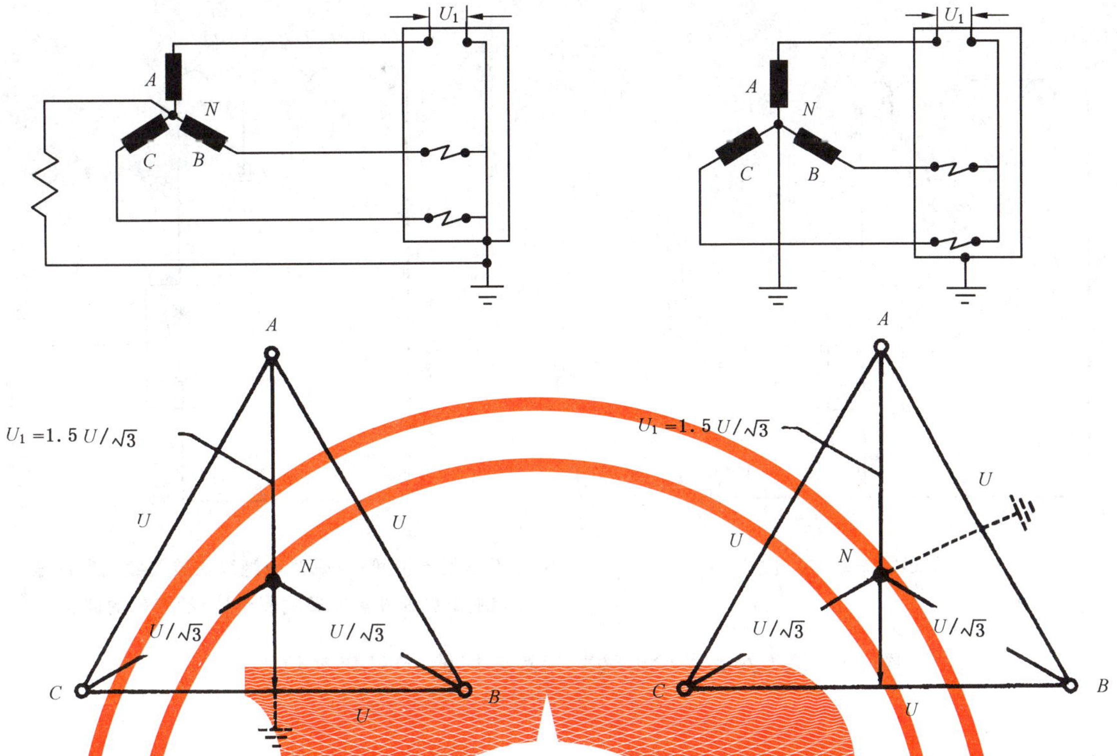

a) 优选的回路　　　　b) 替代的回路

图 25　三相短路试验的试验回路的接地，首开极系数为 1.5

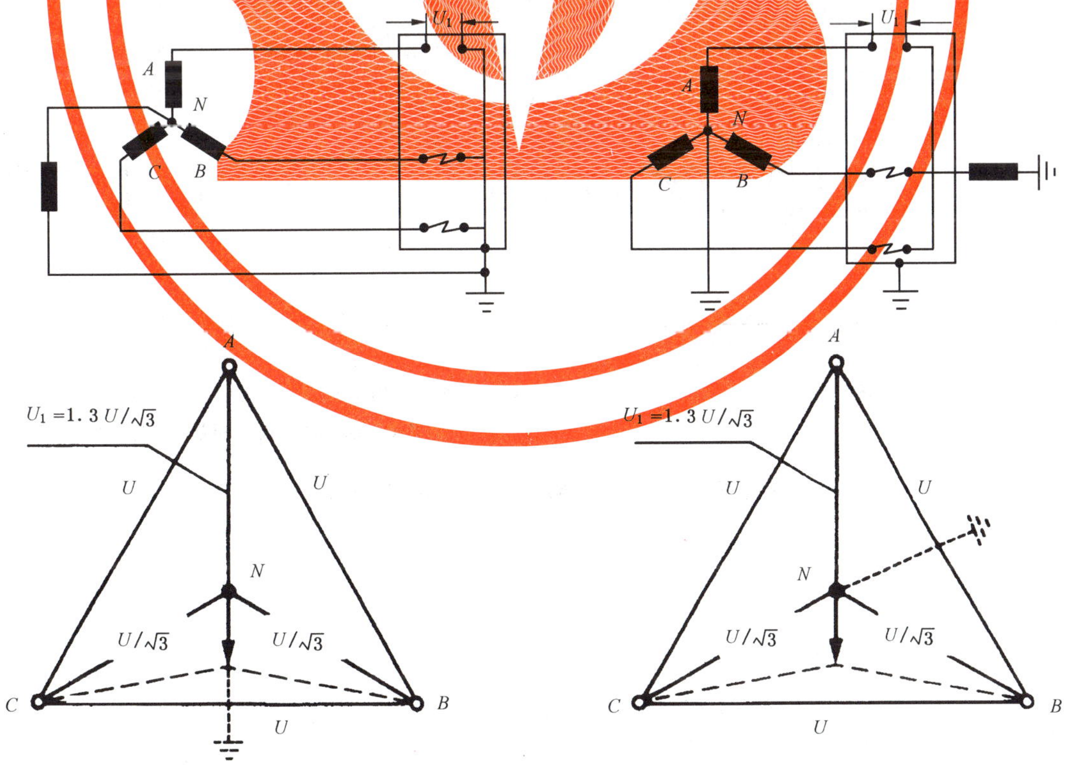

a) 优选的回路　　　　b) 替代的回路

图 26　三相短路试验的试验回路的接地，首开极系数为 1.3

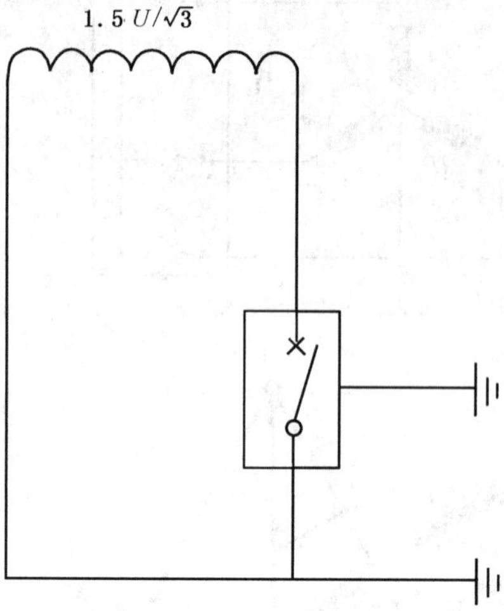

a) 优选的回路

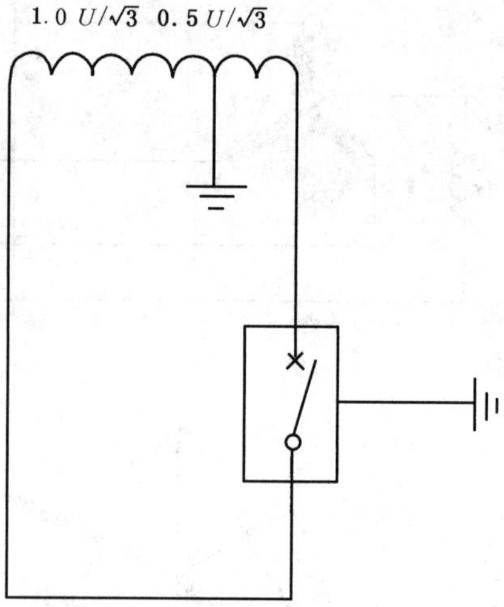

b) 不适用于相间和/或对地绝缘比较关键的断路器（例如，GIS 或落地罐式断路器）的替代的回路

图 27 单相短路试验的试验回路的接地，首开极系数为 1.5

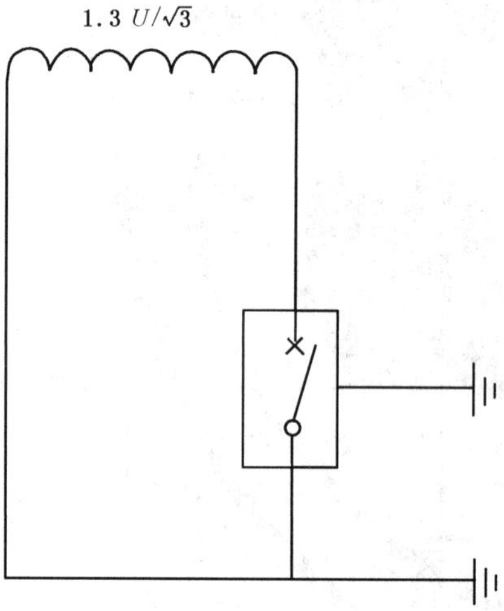

a) 优选的回路

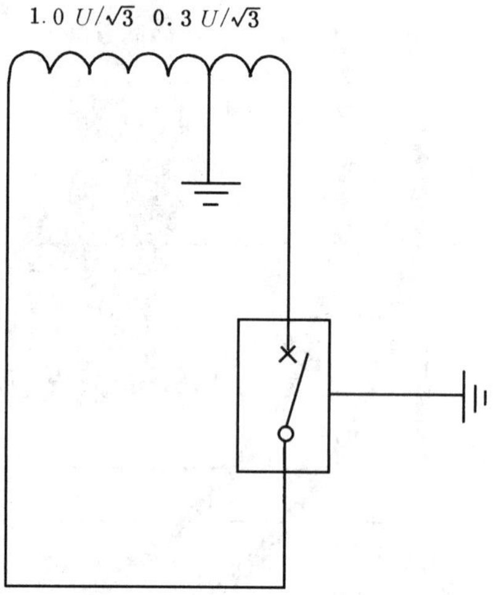

b) 不适用于相间和/或对地绝缘比较关键的断路器（例如，GIS 或落地罐式断路器）的替代的回路

图 28 单相短路试验的试验回路的接地，首开极系数为 1.3

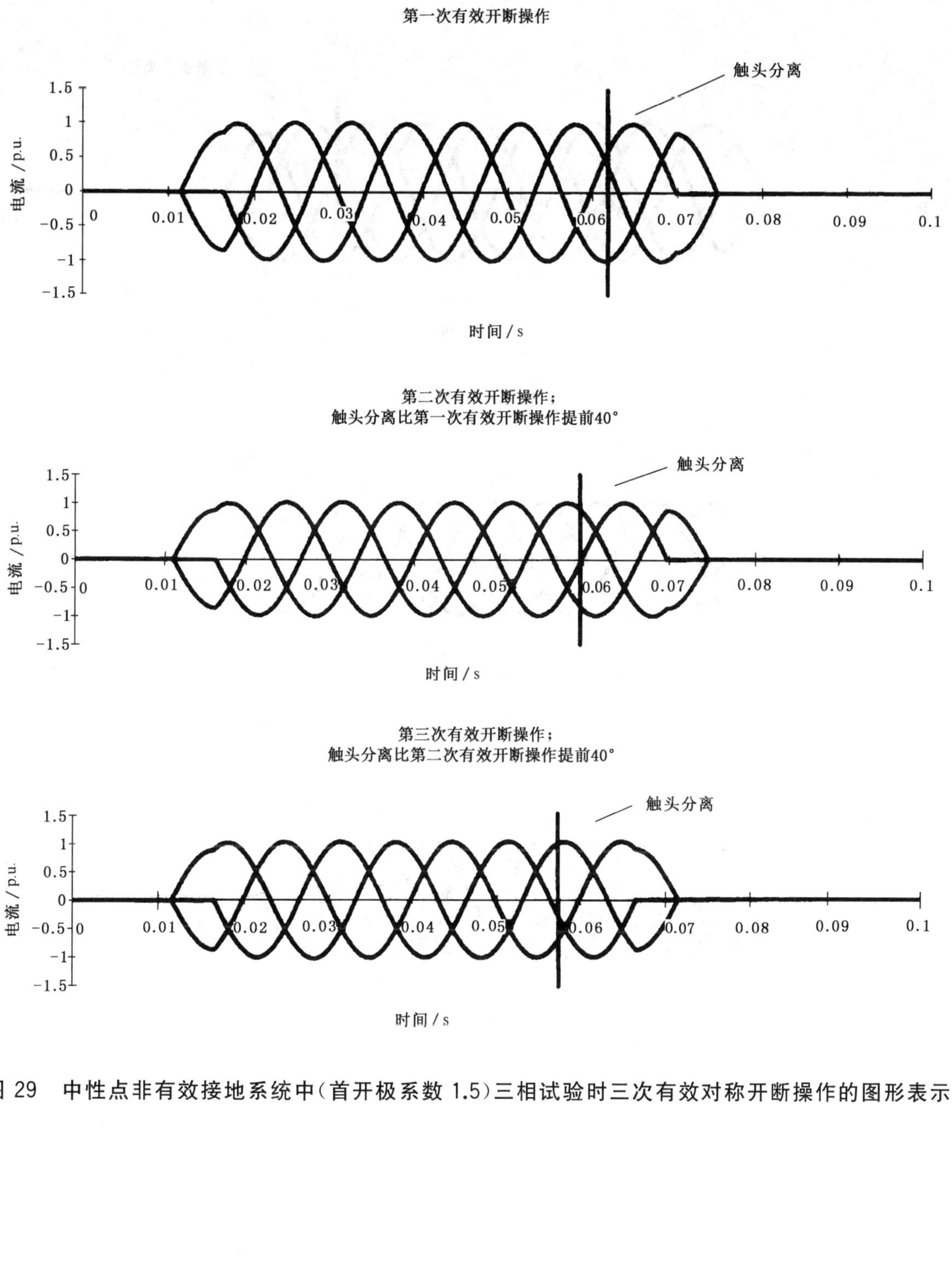

图 29　中性点非有效接地系统中(首开极系数 1.5)三相试验时三次有效对称开断操作的图形表示

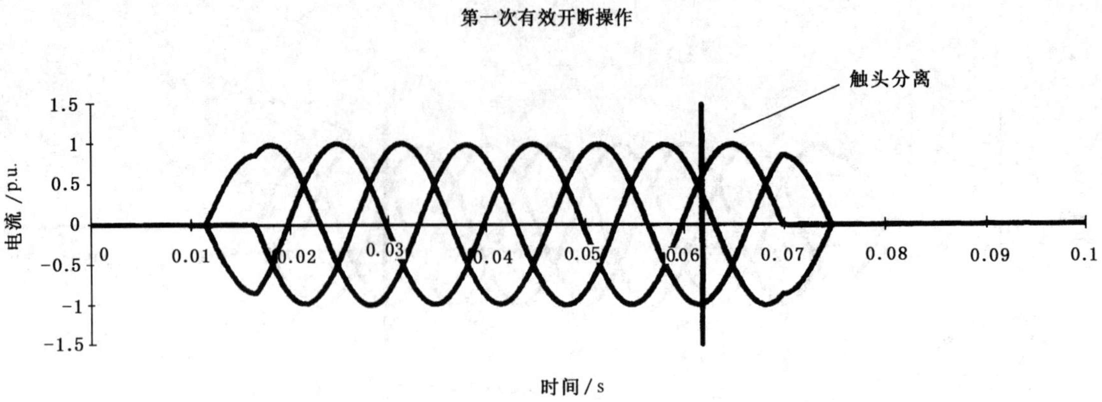

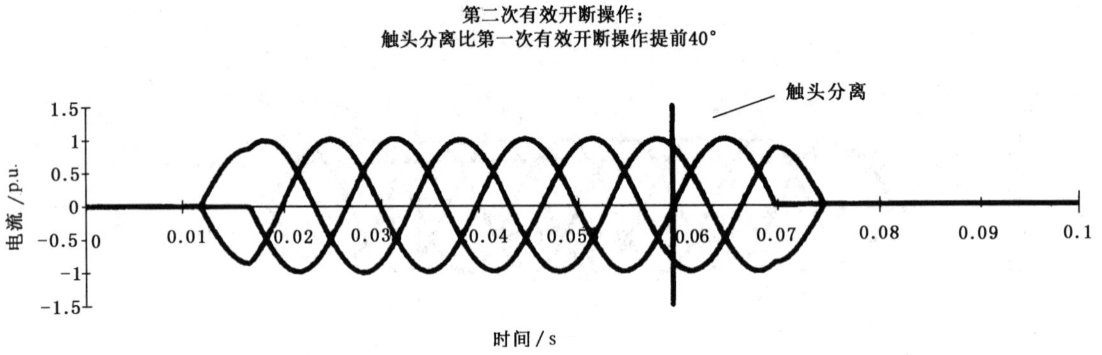

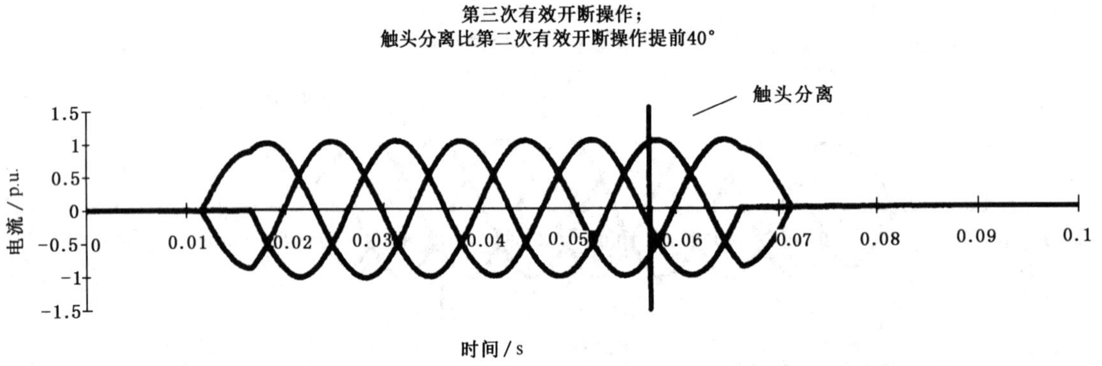

图 30　中性点有效接地系统中(首开极系数 1.3)三相试验时三次有效对称开断操作的图形表示

第一次有效开断操作；首开极大半波
并在触头分离时刻具有要求的直流分量

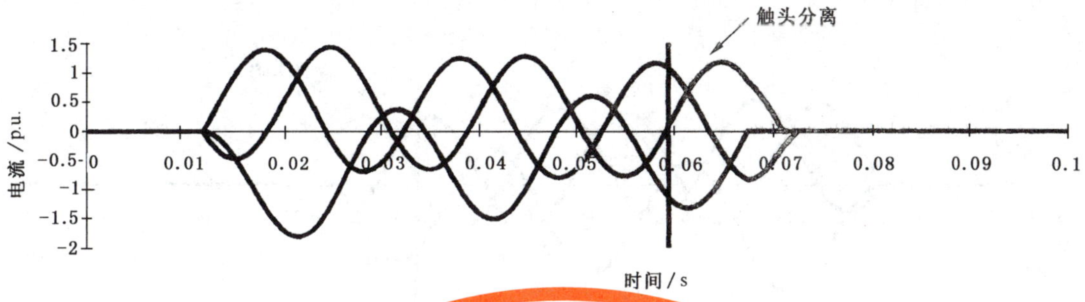

第二次有效开断操作；后开的一极中
出现延长的大半波且在触头分离时刻具有要求的直流分量

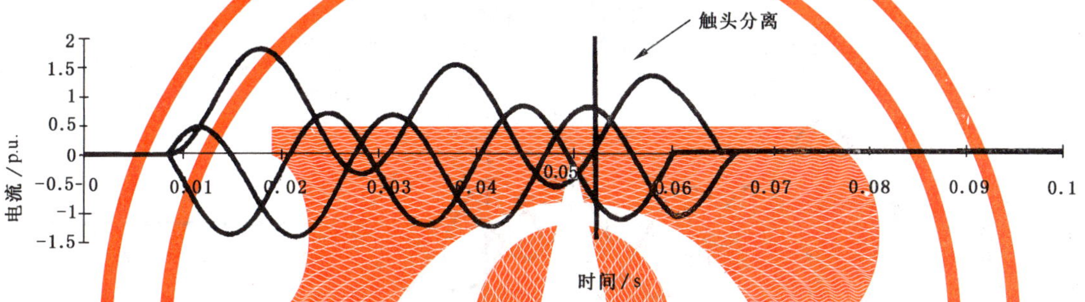

电流起始时刻较第一次有效开断操作
提前60°；触头分离时刻较第一次
有效开断操作提前130°

第三次有效开断操作；首开极大半波
并在触头分离时刻具有要求的直流分量

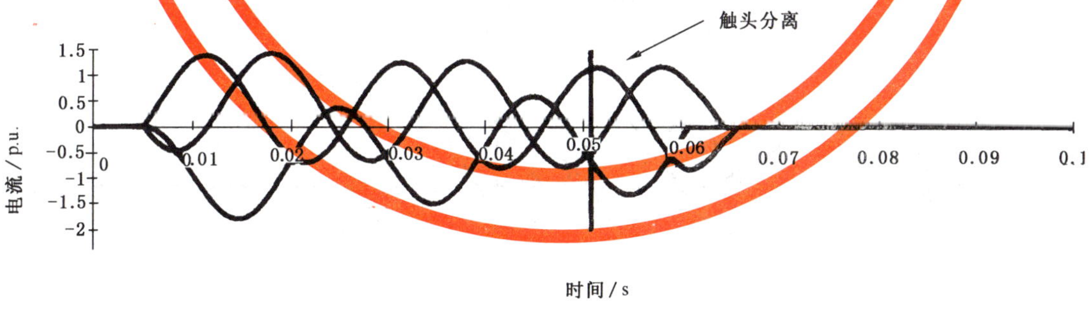

电流起始时刻较第二次有效开断操作
提前60°；触头分离时刻较第二次
有效开断操作提前25°

图 31　中性点非有效接地系统中(首开极系数 1.5)三相试验时三次有效非对称开断操作的图形表示

第一次有效开断操作;首开极大半波
并在触头分离时刻具有要求的直流分量

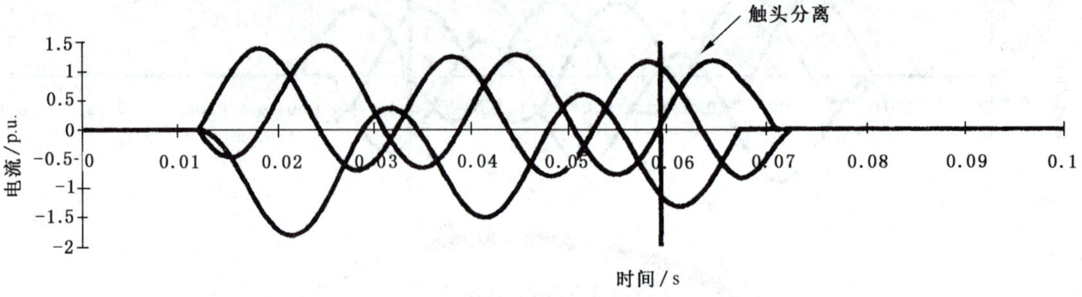

第二次有效开断操作;第二极开断
出现在延长的大半波末且在触头分离时刻具有要求的直流分量

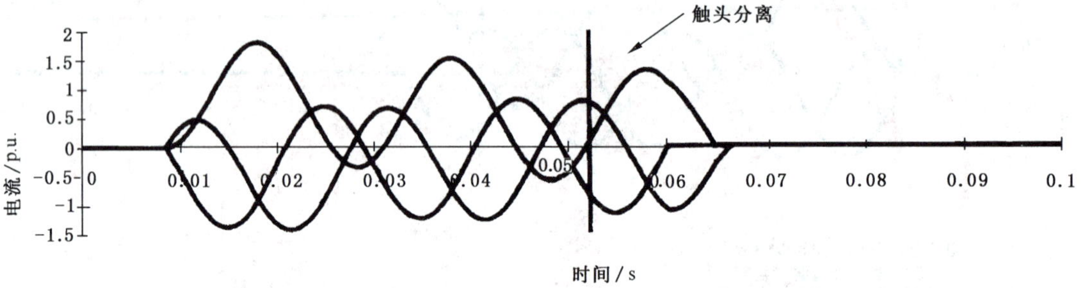

电流起始时刻较第一次有效开断操作
提前 60°;触头分离时刻较第一次
有效开断操作提前 130°

第三次有效开断操作;首开极出现在大半波
末并在触头分离时刻具有要求的直流分量

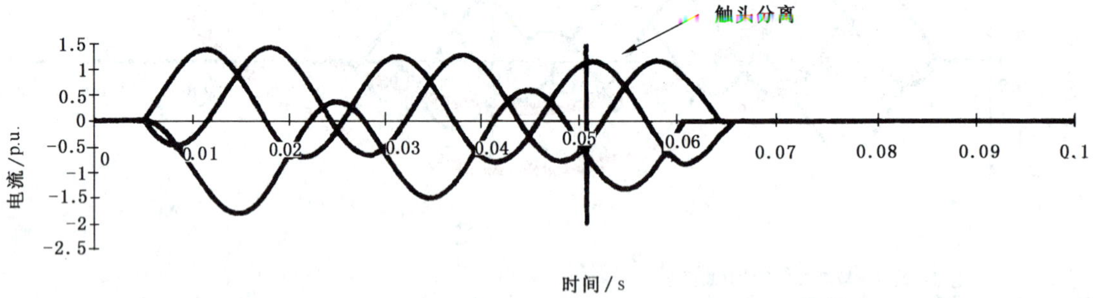

电流起始时刻较第二次有效开断操作
提前 60°;触头分离时刻较第二次
有效开断操作提前 25°

图 32 中性点有效接地系统中(首开极系数 1.3)三相试验时
三次有效非对称开断操作的图形表示

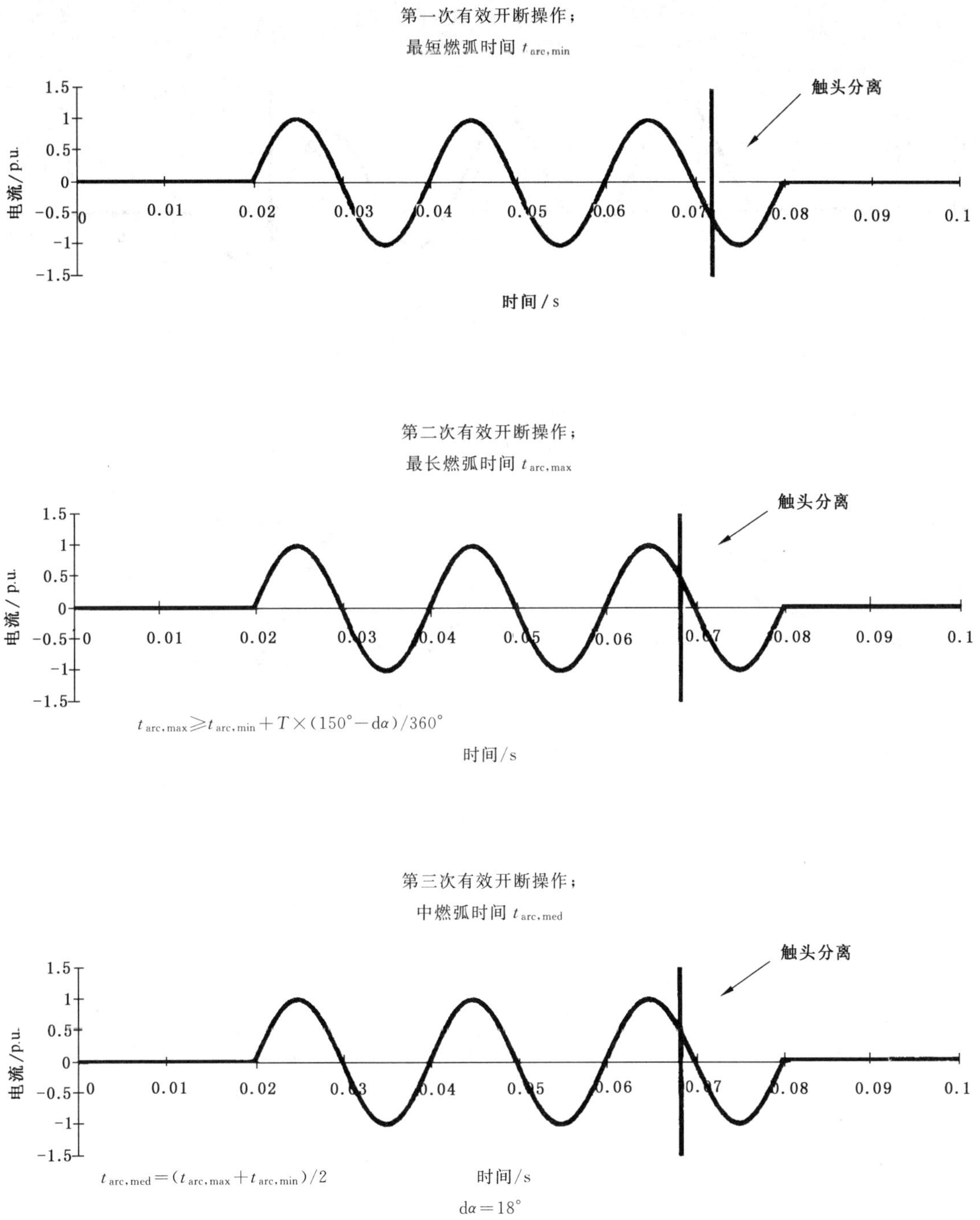

注：电流的极性可以相反。

图 33　中性点非有效接地系统中(首开极系数 1.5)单相试验代替三相条件时三次有效对称开断操作的图形表示

第一次有效开断操作；
最短燃弧时间 $t_{arc,min}$

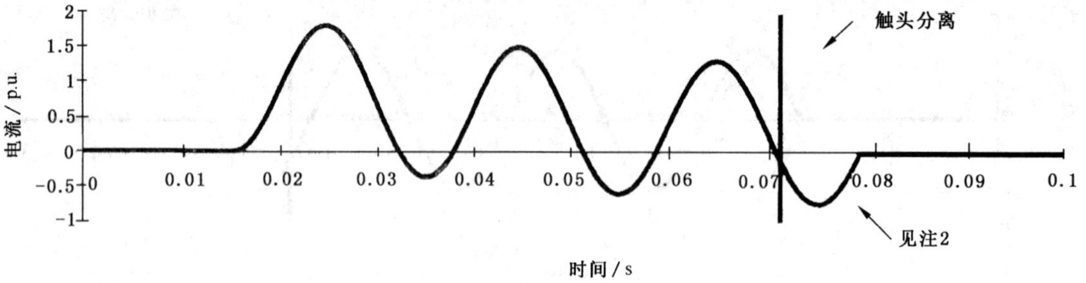

第二次有效开断操作；
最长燃弧时间 $t_{arc,max}$

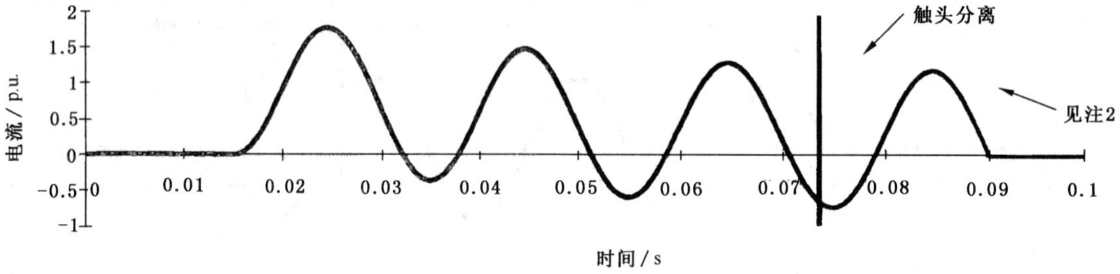

$t_{arc,max} \geqslant t_{arc,min} + \Delta t_1 - T \times (30° + d\alpha)/360°$

第三次有效开断操作；
中燃弧时间 $t_{arc,med}$

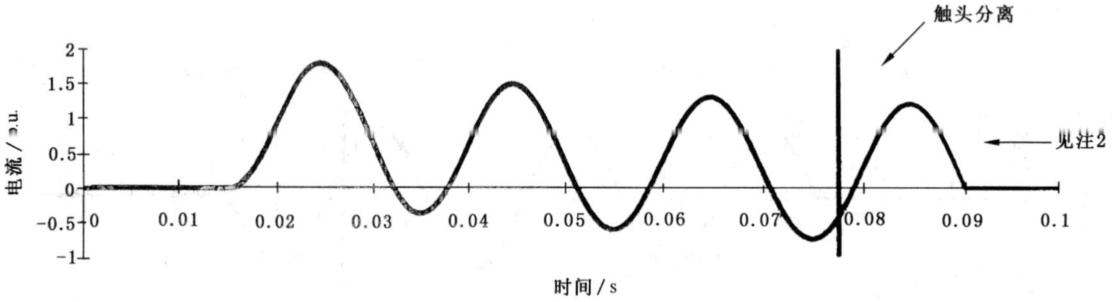

$t_{arc,med} = (t_{arc,max} + t_{arc,min})/2$

$d\alpha = 18°$

注 1：电流的极性可以相反。

注 2：最后电流半波的幅值和持续时间必须满足 6.102.10 中规定的判据。

图 34　中性点非有效接地系统中(首开极系数 1.5)单相试验代替三相条件时三次有效非对称开断操作的图形表示

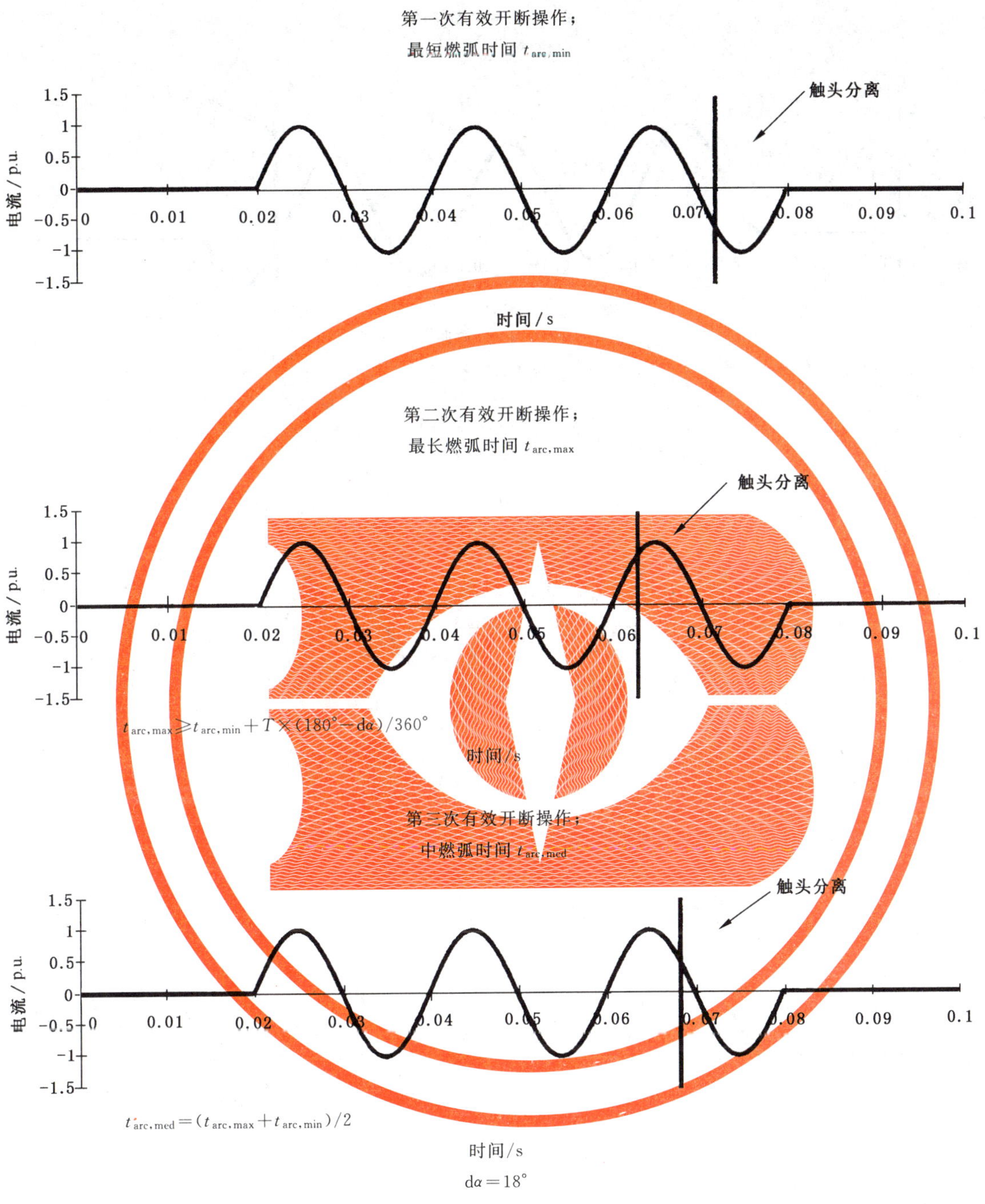

注：电流的极性可以相反。

图 35　中性点有效接地系统中(首开极系数 1.3)单相试验代替三相条件时三次有效对称开断操作的图形表示

第一次有效开断操作；

最短燃弧时间 $t_{arc,min}$

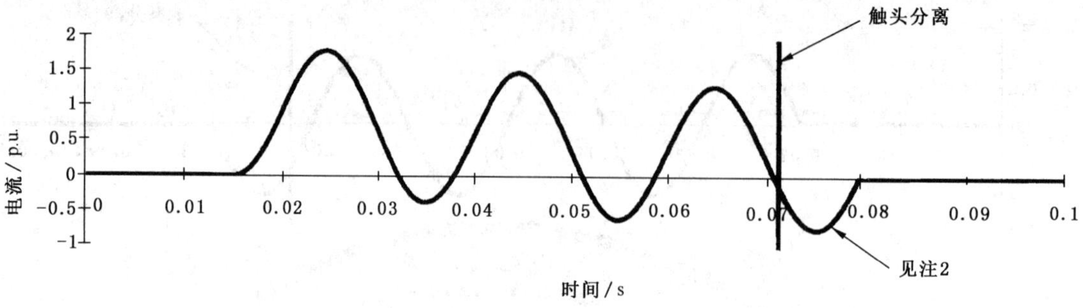

第二次有效开断操作；

最长燃弧时间 $t_{arc,max}$

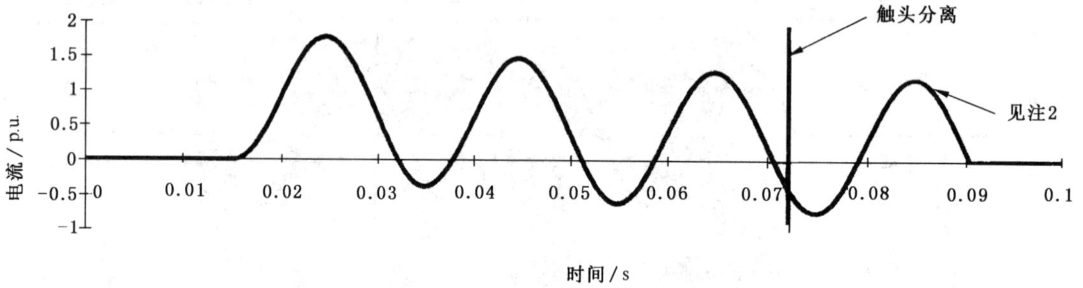

$t_{arc,max} \geqslant t_{arc,min} + \Delta t_1 - T \times d\alpha / 360°$

第三次有效开断操作；

中燃弧时间 $t_{arc,med}$

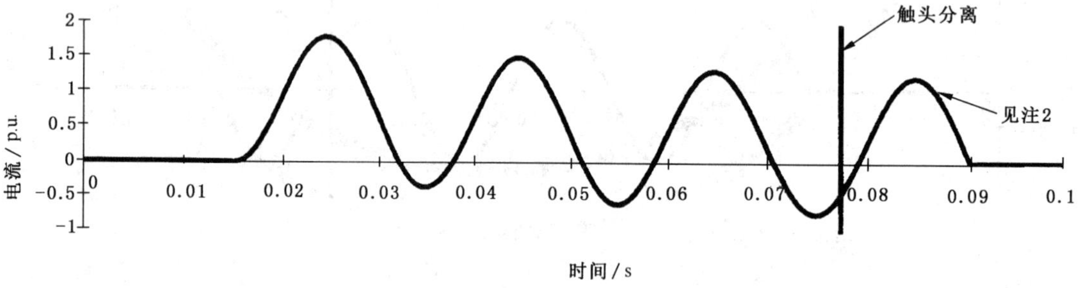

$t_{arc,med} = (t_{arc,min} + t_{arc,max}) / 2$

$d\alpha = 18°$

注 1：电流的极性可以相反。

注 2：最后电流半波的幅值和持续时间必须满足 6.102.10 中规定的判据。

图 36　中性点有效接地系统中(首开极系数 1.3)单相试验代替三相条件时三次有效非对称开断操作的图形表示

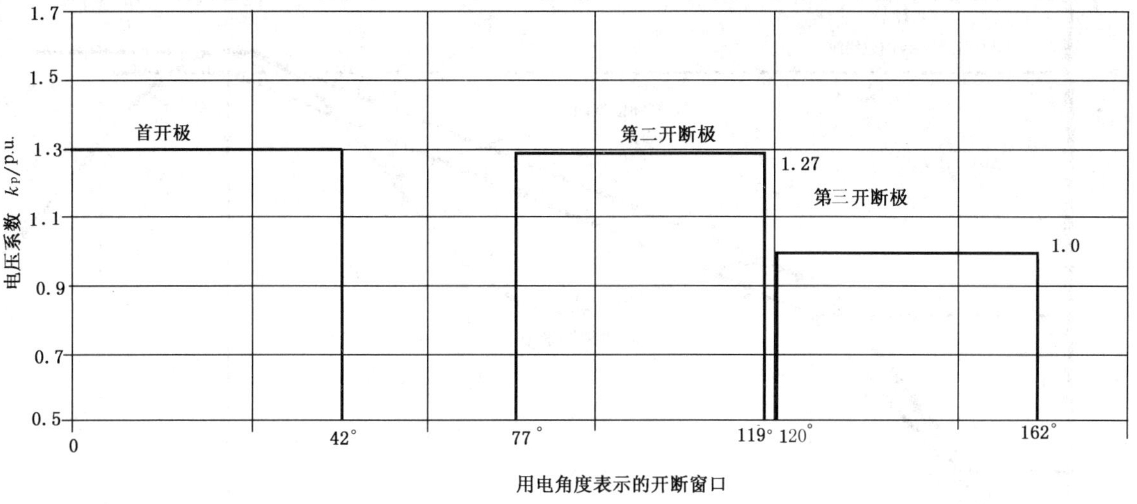

图 37　对于首开极系数为 1.3 的系统,决定各极 TRV 的开断窗口和电压系数 k_p 的图形表示

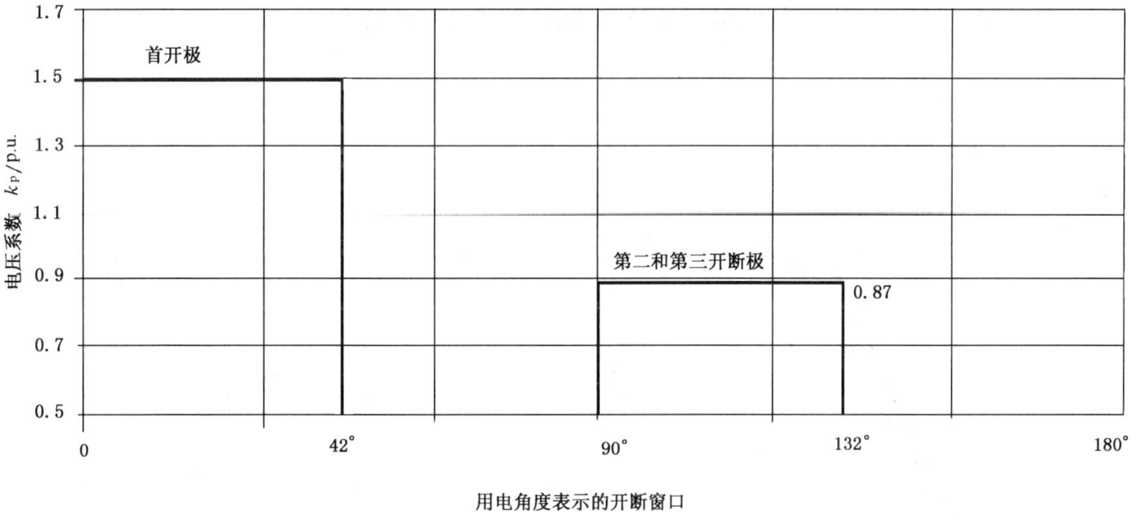

图 38　对于首开极系数为 1.5 的系统,决定各极 TRV 的开断窗口和电压系数 k_p 的图形表示

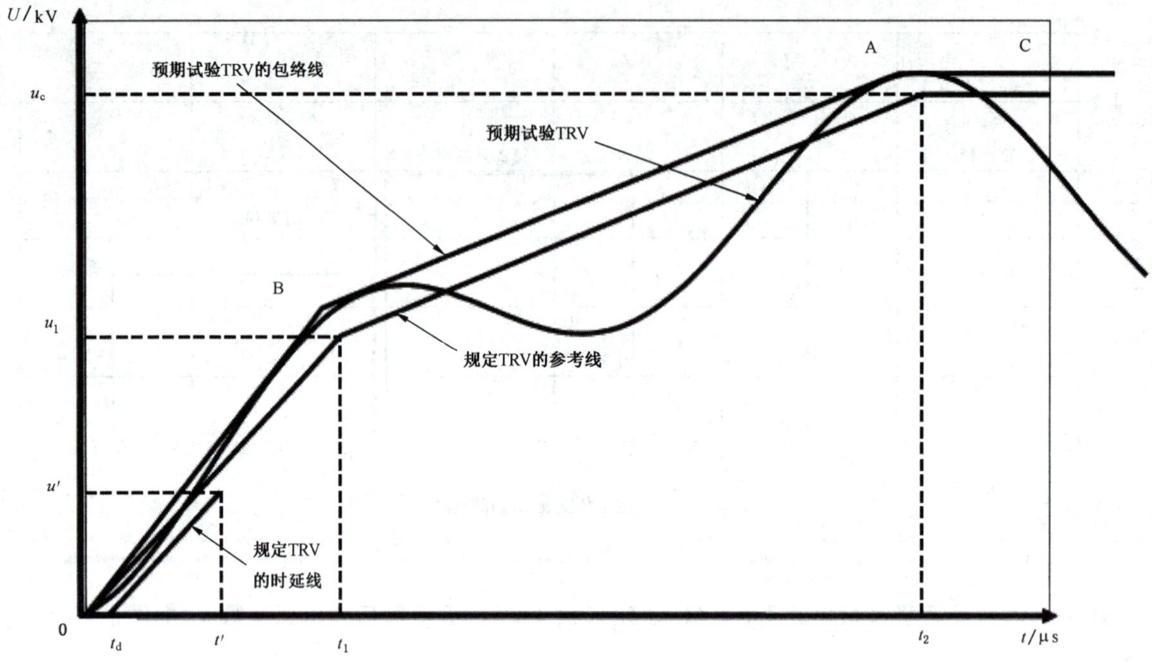

图 39 满足型式试验条件的、用四参数包络线表示的预期试验的 **TRV** 示例：具有四参数参考线的规定的 **TRV** 的情况

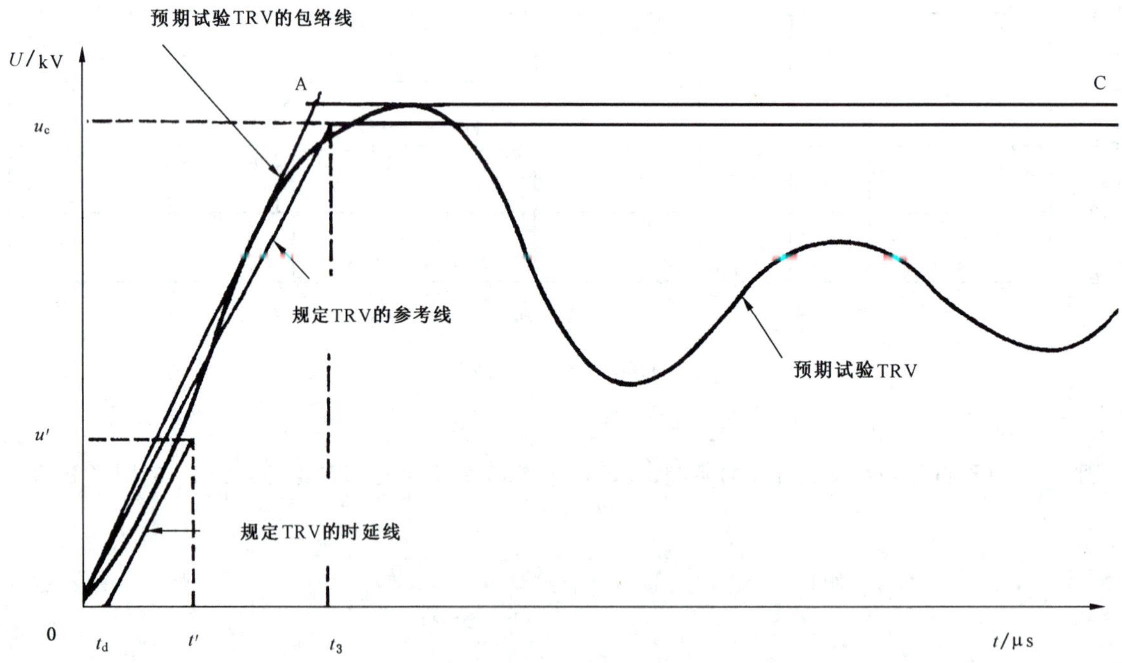

图 40 满足型式试验条件的、用两参数包络线表示的预期试验的 **TRV** 示例：具有两参数参考线的规定的 **TRV** 的情况

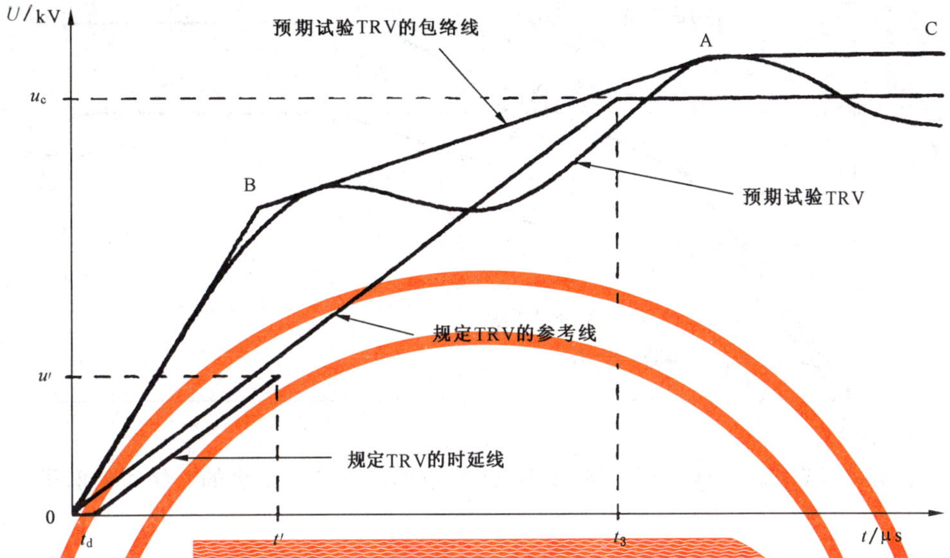

图 41 满足型式试验条件的、用四参数包络线表示的预期试验的 TRV 示例：
具有两参数参考线的规定的 TRV 的情况

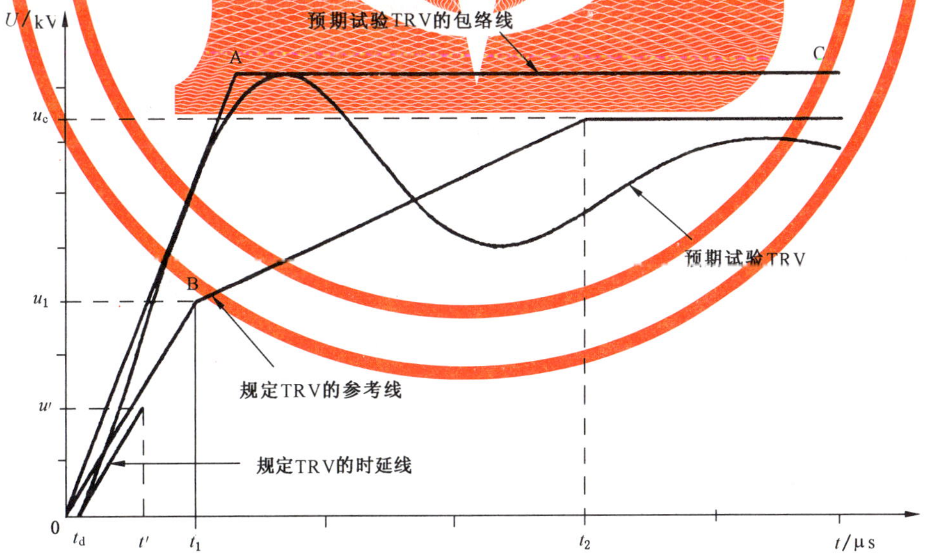

图 42 满足型式试验条件的、用两参数包络线表示的预期试验的 TRV 示例：
具有四参数参考线的规定的 TRV 的情况

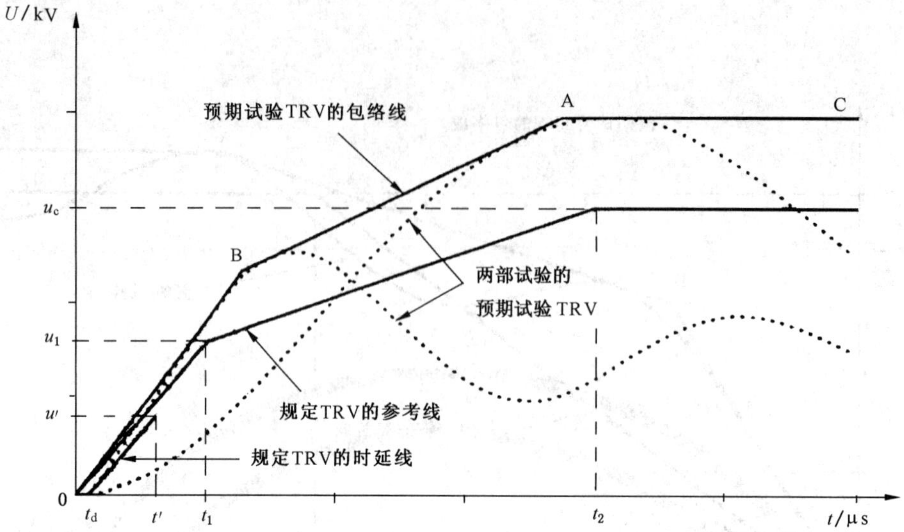

图 43　两部试验中两个预期的试验 TRV 波形以及它们组合的包络线的例子

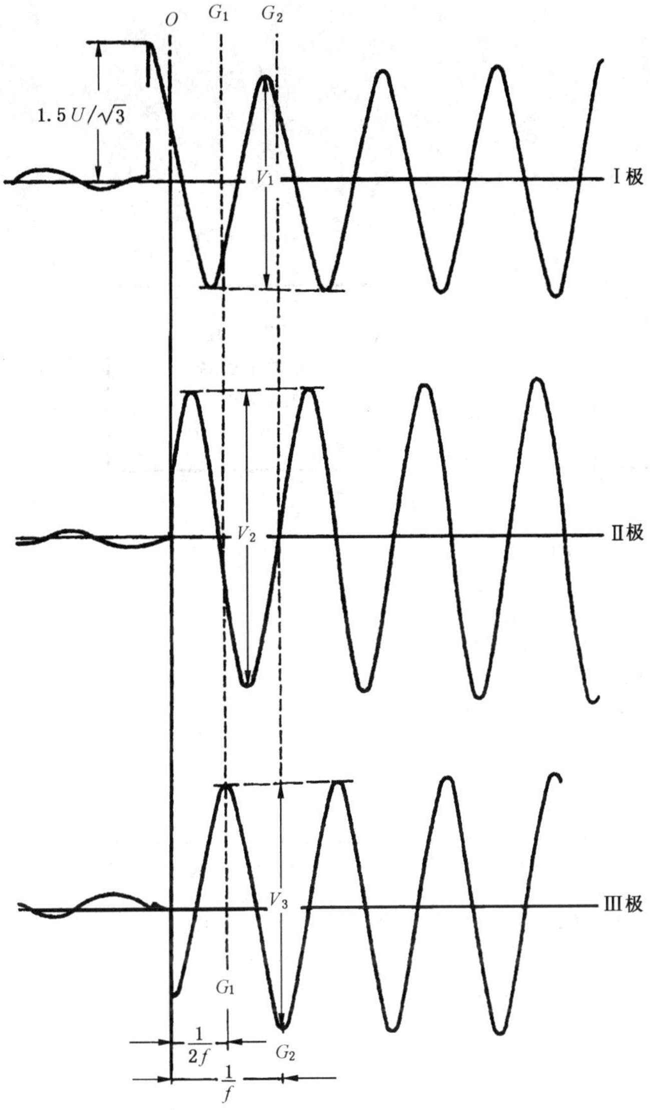

Ⅰ极——首开极；

OO——所有相中电弧最终熄灭时刻；

G_1G_1——OO 后$\frac{1}{2f}$时刻；

G_2G_2——OO 后$\frac{1}{f}$时刻；

f——试验频率；

$\frac{V_1}{2\sqrt{2}}$——Ⅰ极工频恢复电压的数值；

$\frac{V_2}{2\sqrt{2}}$——Ⅱ极工频恢复电压的数值；

$\frac{V_3}{2\sqrt{2}}$——Ⅲ极工频恢复电压的数值。

在Ⅲ极中，电压峰值准确出现在 G_1G_1 时刻。

在这种情况下，在后面的 G_2G_2 处测量。

$$\text{Ⅰ极、Ⅱ极和Ⅲ极的工频恢复电压的平均值}=\frac{\frac{V_1}{2\sqrt{2}}+\frac{V_2}{2\sqrt{2}}+\frac{V_3}{2\sqrt{2}}}{3}$$

该示例图解了三极断路器在中性点绝缘的三相试验回路[见图 25a)或图 25b)]中进行试验时获得的三个电压，导致首开极的恢复电压暂时提高 50%，如Ⅰ极所示。

图 44　工频恢复电压的确定

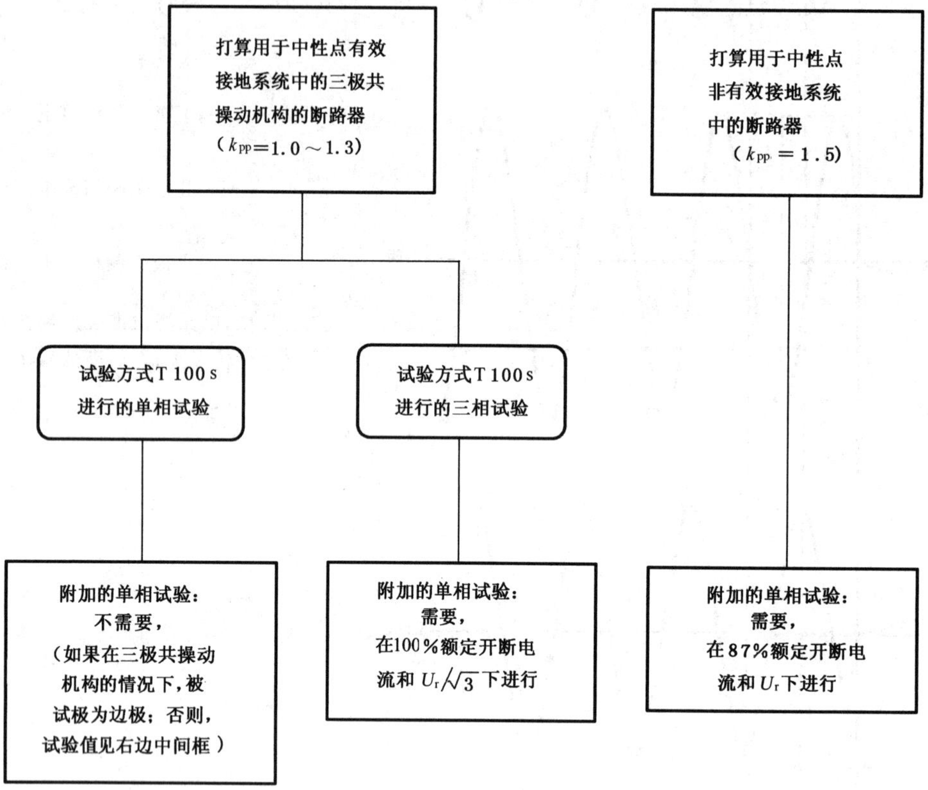

图 45　附加的单相试验的必要性和试验要求

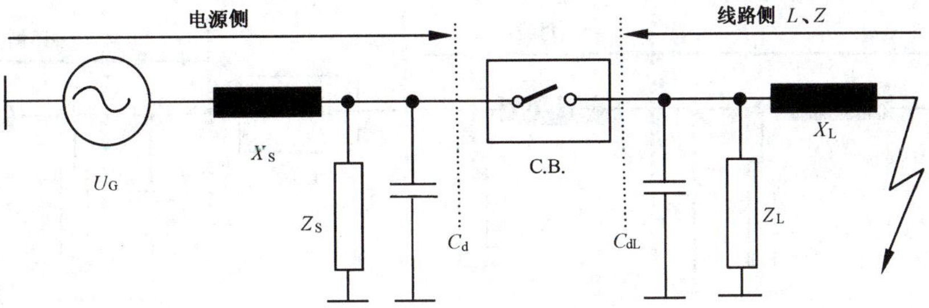

说明：

U_G——电源电压，相对地值；

X_S——电源侧工频电抗；

Z_S——电源侧 TRV 控制元件；

C_d——电源侧时延电容；

C.B.——断路器；

X_L——线路侧工频电抗；

Z_L——线路侧 TRV 控制元件；

C_{dL}——线路侧时延电容；

Z——线路波阻抗；

L——至故障点的线路长度。

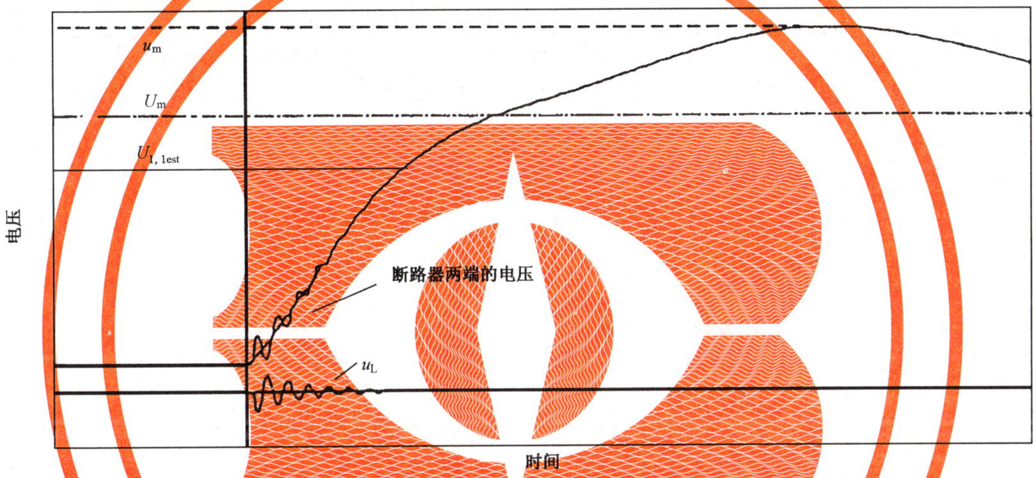

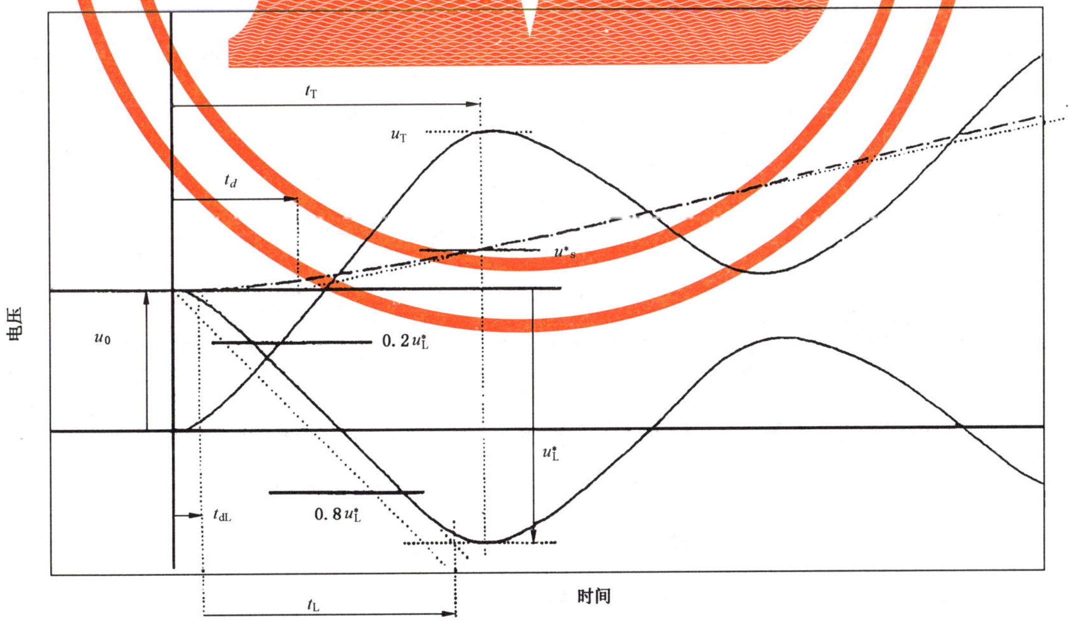

图 46　符合 6.109.3 的近区故障试验的基本回路布置和 a）类预期 TRV 回路：电源侧和线路侧均有时延

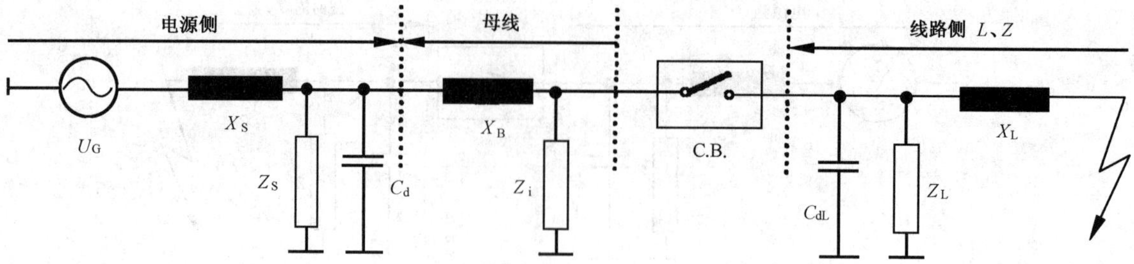

说明：

U_G——电源电压，相对地值；
X_S——电源侧工频电抗；
Z_S——电源侧 TRV 控制元件；
C_d——电源侧时延电容；
C.B.——断路器；
X_B——母线工频电抗；
X_L——线路侧工频电抗；
Z_L——线路侧 TRV 控制元件；
C_{dL}——线路侧时延电容；
Z——线路波阻抗；
L——至故障点的线路长度；
Z_i——ITRV 控制元件。

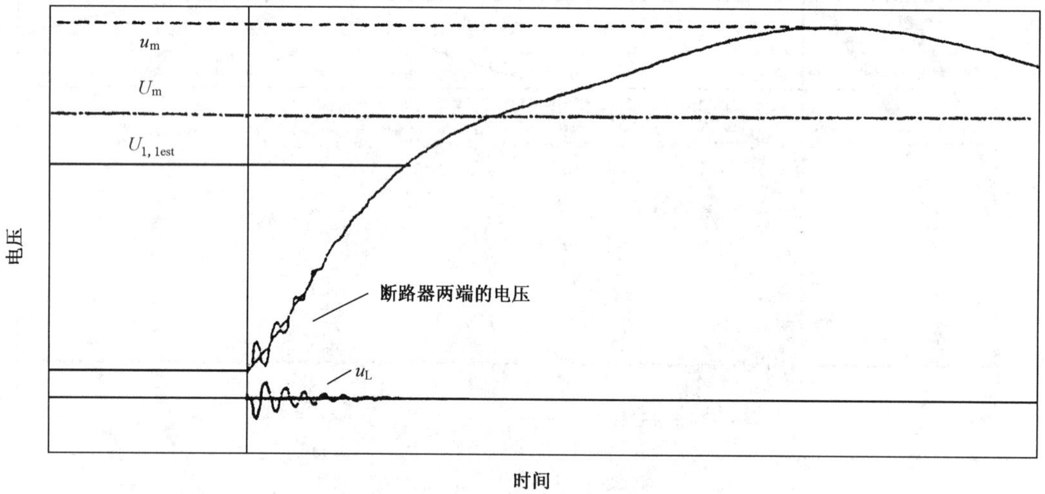

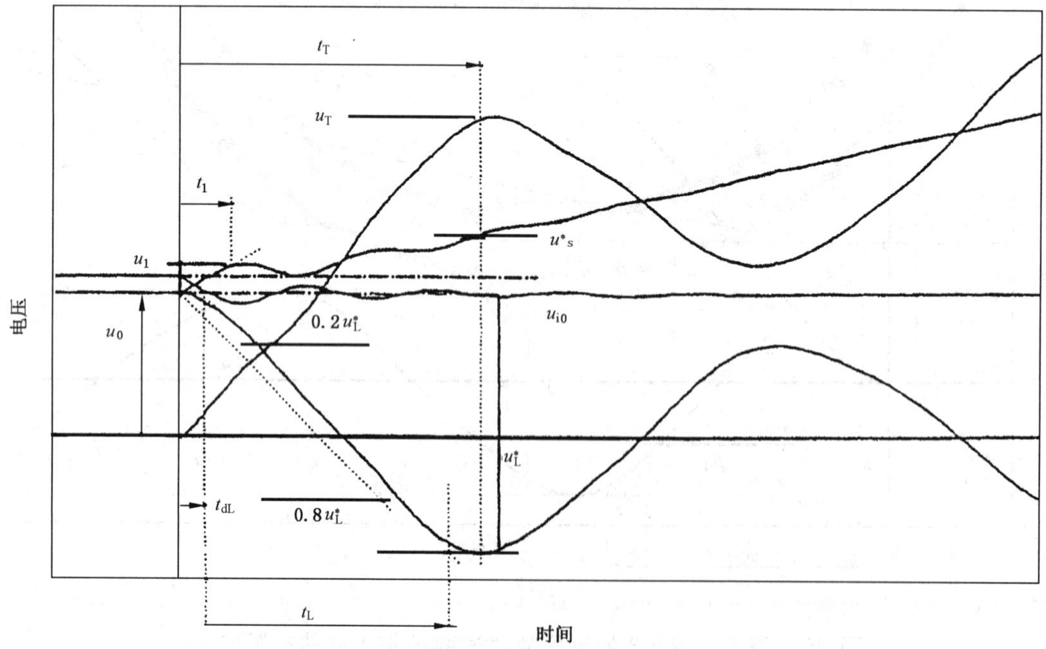

图 47　符合 6.109.3 的近区故障试验的基本回路布置和 b1)类预期 TRV 回路：电源侧有 ITRV 和线路侧有时延

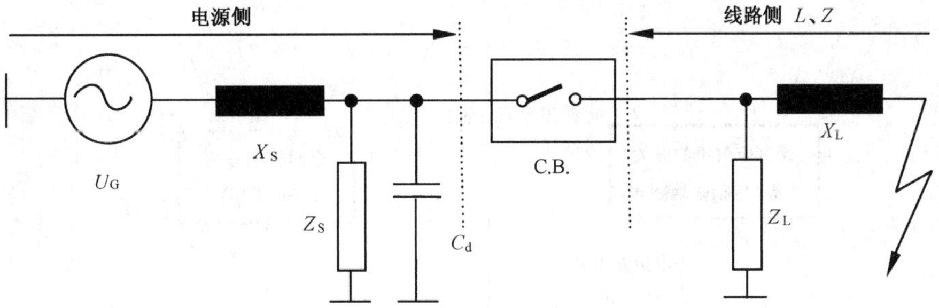

说明：

U_G——电源电压，相对地值；

X_S——电源侧工频电抗；

Z_S——电源侧 TRV 控制元件；

C_d——电源侧时延电容；

C.B.——断路器；

X_L——线路侧工频电抗；

Z_L——线路侧 TRV 控制元件；

Z——线路波阻抗；

L——至故障点的线路长度。

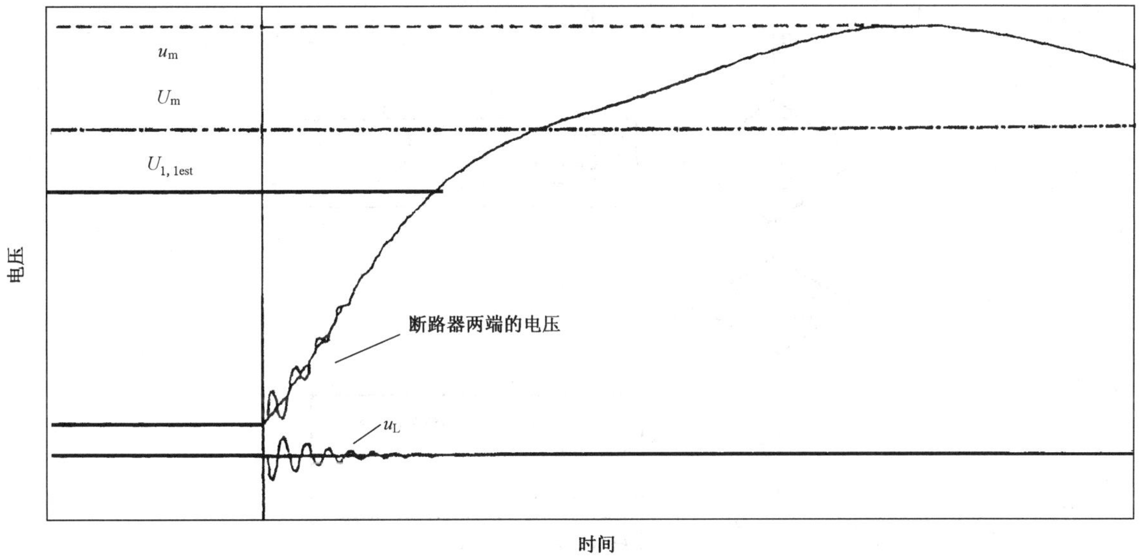

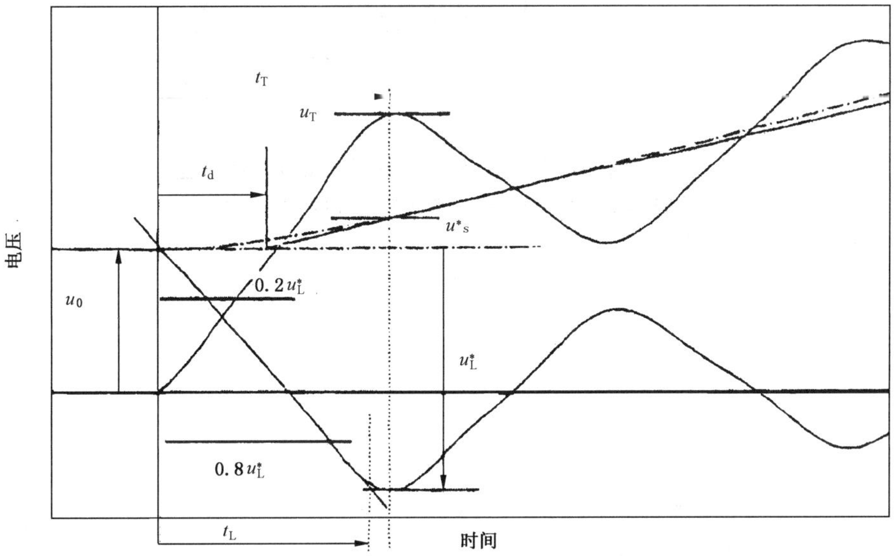

图 48　符合 6.109.3 的近区故障试验的基本回路布置和 b2)类预期 TRV 回路：电源侧有时延和线路侧无时延

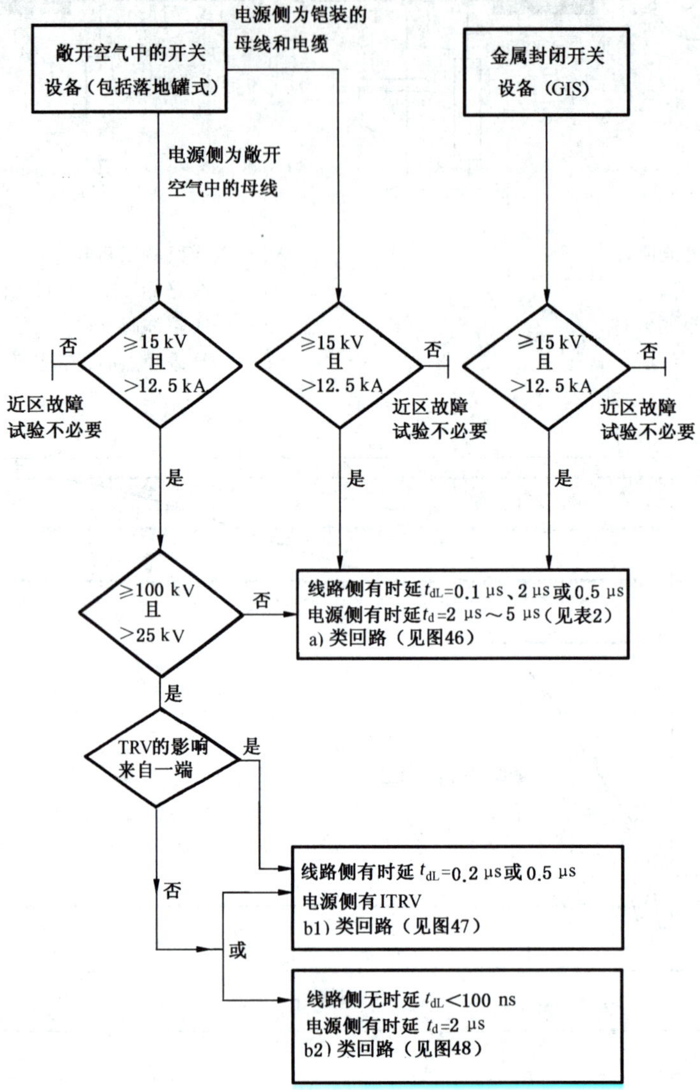

图 49　S2 级断路器以及额定电压 126 kV 及以上的断路器选择近区故障试验回路的流程图

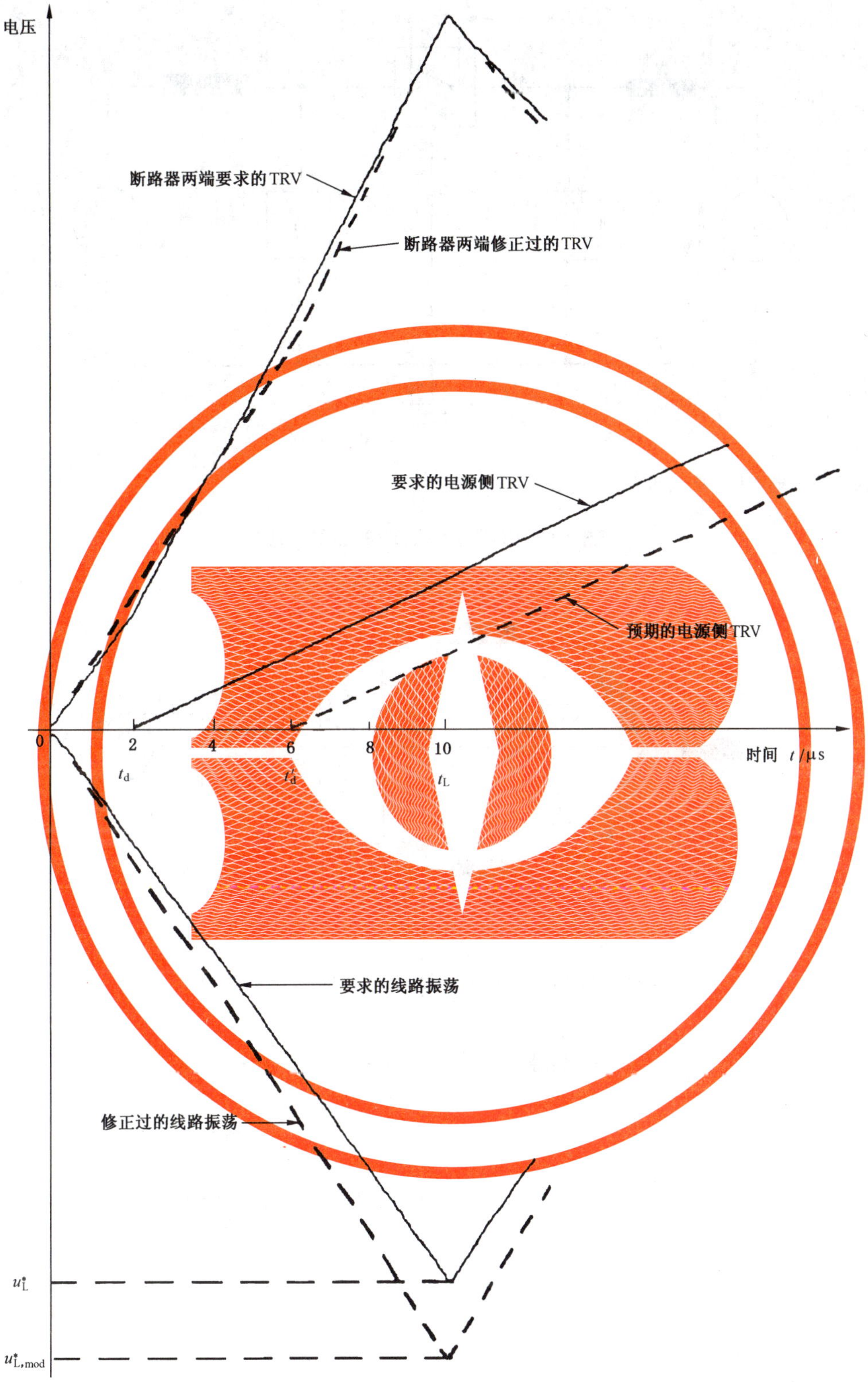

图 50 通过提高线路侧电压的幅值补偿电源侧时延的缺陷

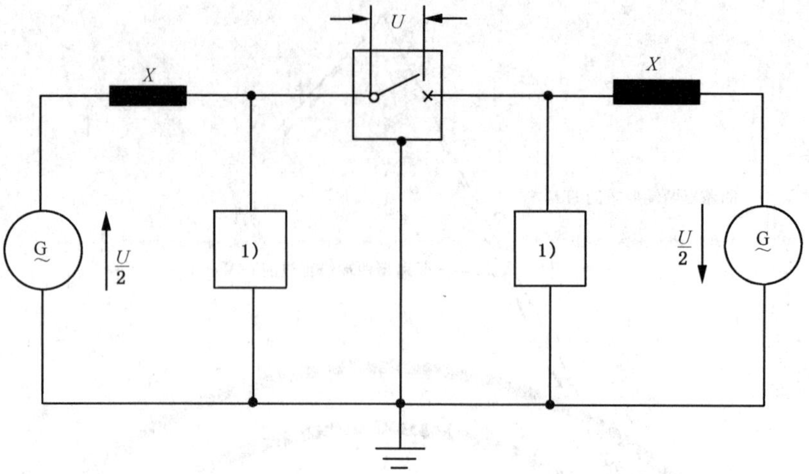

1)该方框表示电容和电阻的组合。

图 51　单相失步试验的试验回路

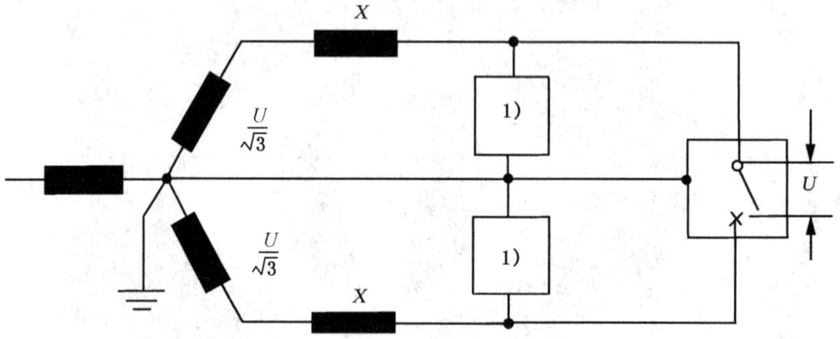

1)该方框表示电容和电阻的组合。

图 52　利用两个相差 120°的电压进行失步试验的试验回路

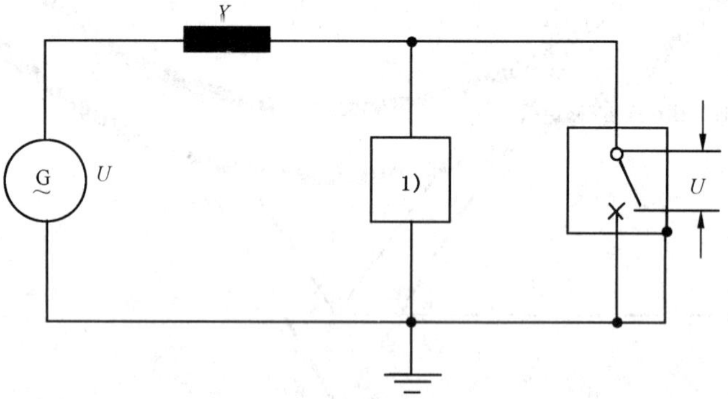

1)该方框表示电容和电阻的组合。

图 53　断路器一端接地时失步试验的试验回路(征得制造厂的同意)

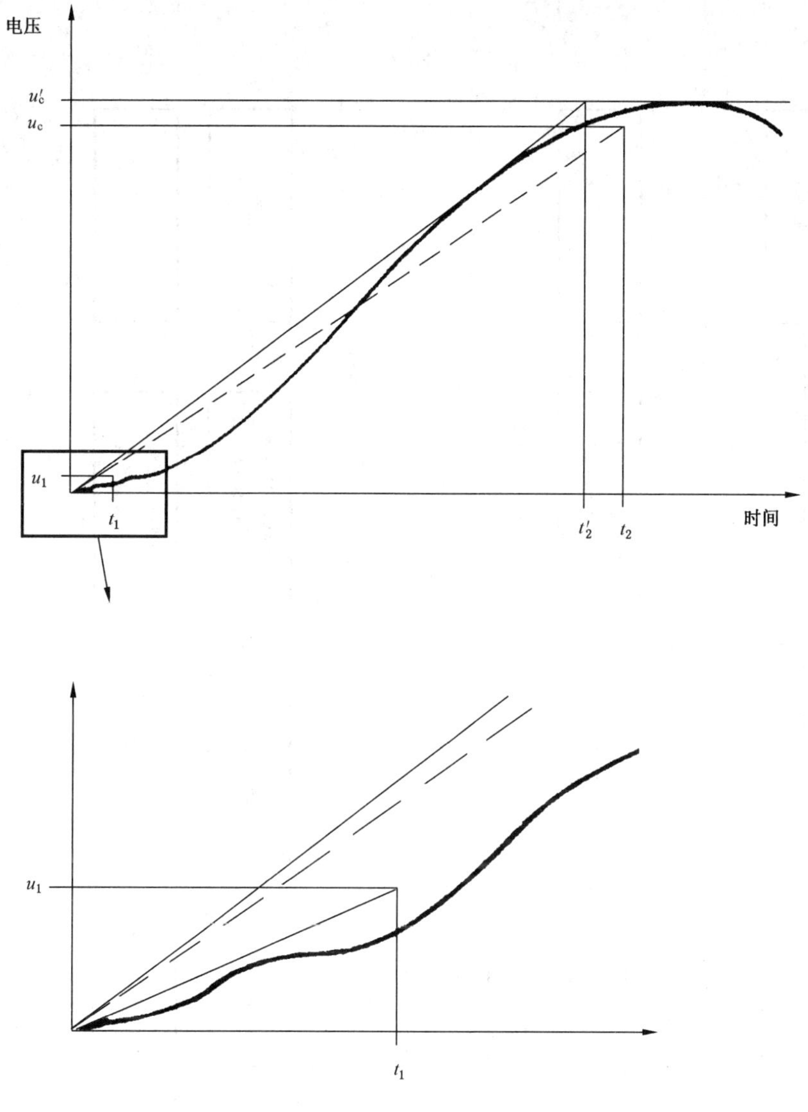

图 54　容性电流开断试验的恢复电压

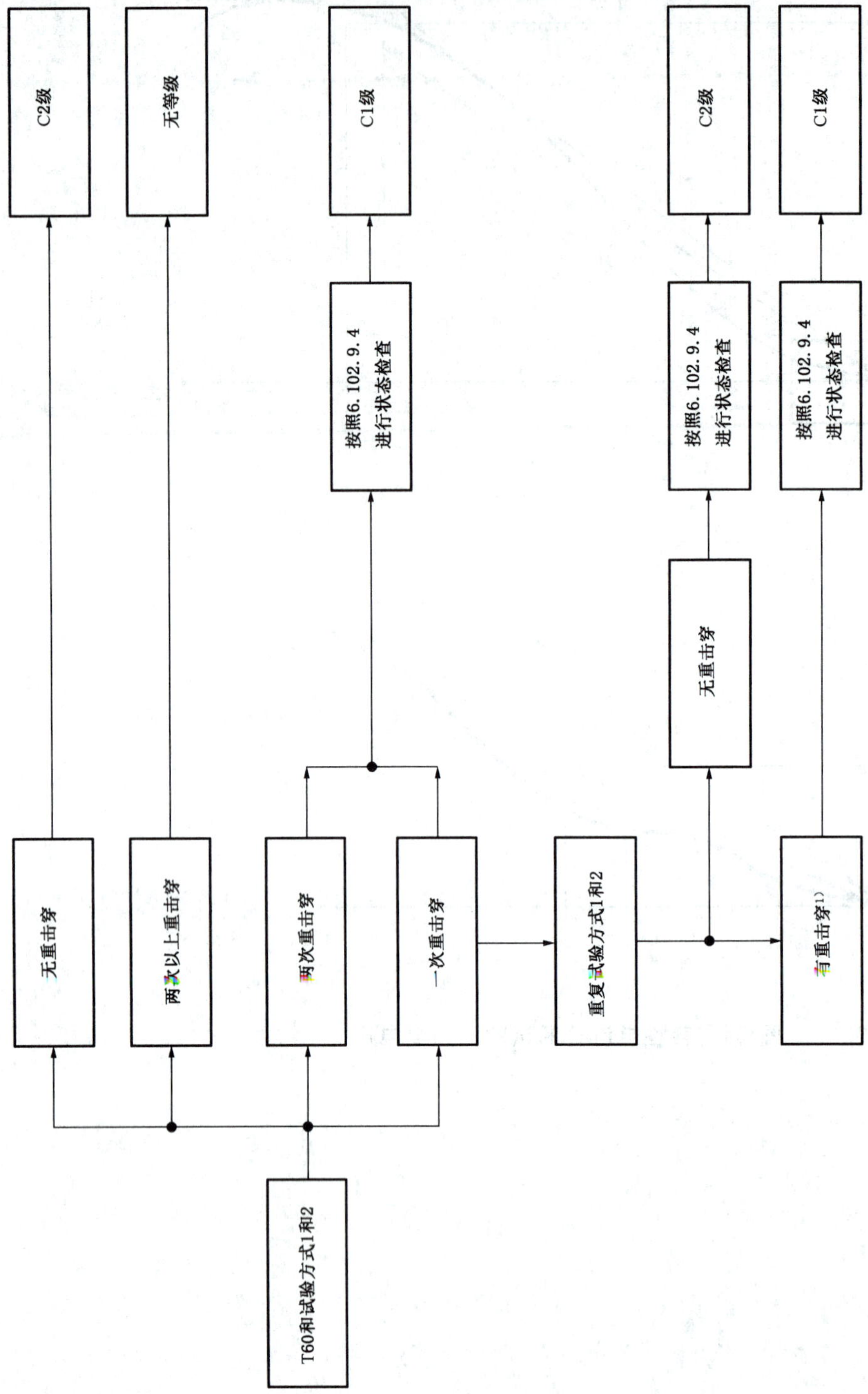

图55 线路和电缆充电电流开合试验的重新分类程序

1） 重试时一次重击穿后可停止试验。

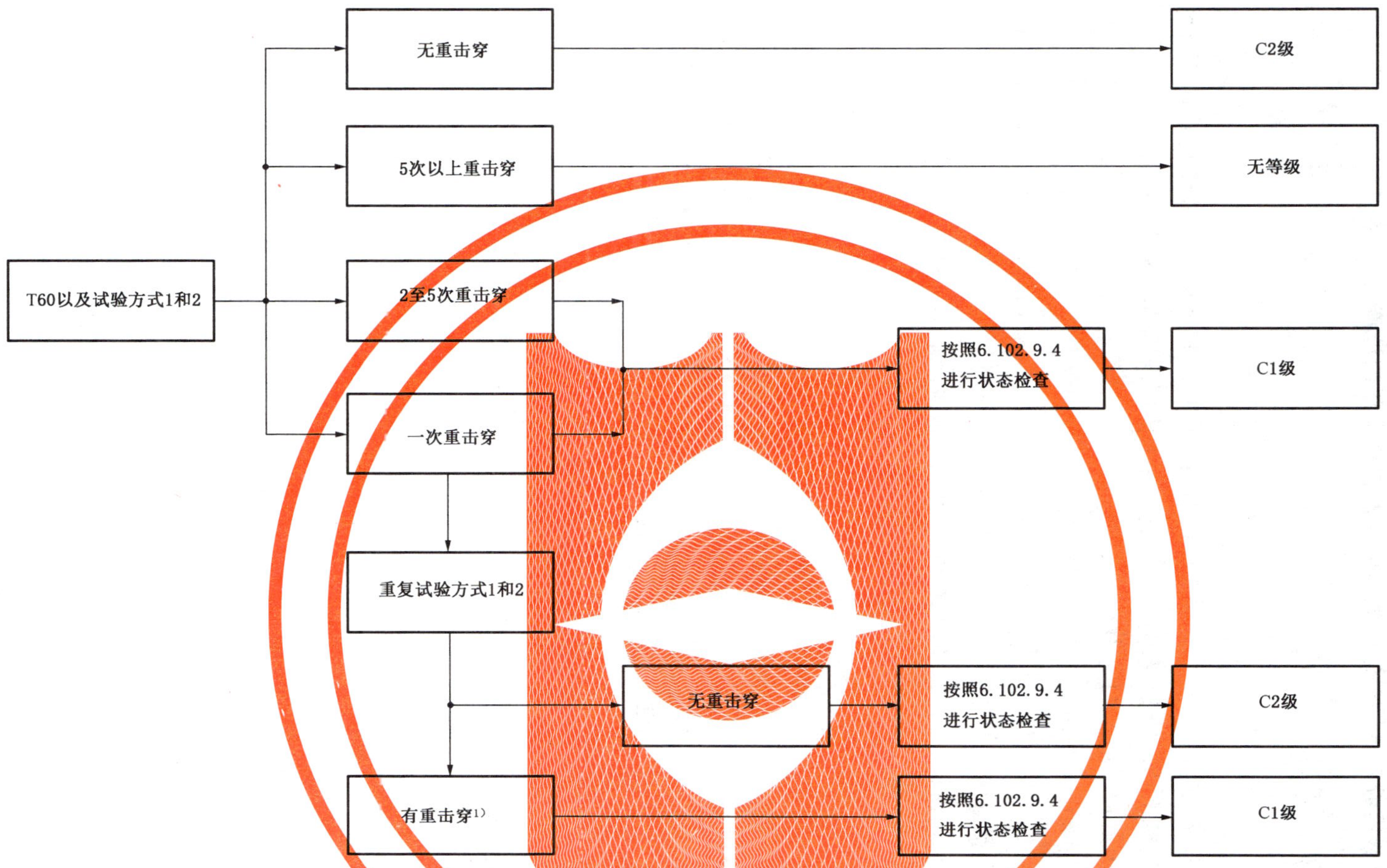

1） 重试时一次重击穿后可停止试验。

图 56 电容器组电流开合试验的重新分类程序

附　录　A
（规范性附录）
根据额定特性对近区故障的瞬态恢复电压的计算

A.1　基本方法

为了确定额定参数和进行试验，决定只考虑中性点接地系统中单相接地的近区故障且其首开极系数等于1.0，其严酷程度足以覆盖其他情况，系统参数可能比标准值更严酷的特殊情况除外。

简化的单相回路可以用图46、图47和图48表示。

在短路时，电源电压 U_G 为：

$$U_G = U_r/\sqrt{3} \qquad \text{(A.1)}$$

此处，U_r 是断路器的额定电压。

电压 U_G 使电流 I_L 流经由电抗 X_S、X_B（如果有的话）和 X_L 组成的串联回路。

其中，X_S 为电源侧电抗；X_B 为电源侧母线电抗；X_L 为线路侧电抗。

相应的电感为：

$$L_S = X_S/\omega \qquad \text{(A.2a)}$$

$$L_B = X_B/\omega \qquad \text{(A.2b)}$$

$$L_L = X_L/\omega \qquad \text{(A.2c)}$$

因为数值较小，不考虑 X_B，电源侧电压降的有效值为：

$$U_S = I_L \times X_S = U_G \frac{I_L}{I_{SC}} \qquad \text{(A.3)}$$

式中：

I_{SC}——额定短路开断电流；

I_L——近区故障开断电流。

沿线路的电压降的有效值为：

$$U_L = I_L \times X_L = U_G \left(1 - \frac{I_L}{I_{SC}}\right) \qquad \text{(A.4)}$$

电流开断瞬时，线路电感上感应的电压降为：

$$u_0 = U_L\sqrt{2} = L_L \frac{di}{dt} \qquad \text{(A.5a)}$$

对称电流时：

$$u_0 = \omega \times L_L \times I_L\sqrt{2} \qquad \text{(A.5b)}$$

该电压降经过在断路器和故障点之间的沿线路的一系列行波来回反射，然后降到零，在线路上产生了衰减的锯齿形振荡形式的瞬态电压[2)]。

电流开断瞬时，电源侧电抗上感应的电压降为：

2）　实际上，由于断路器端子上有集中参数电容（电压互感器、电流互感器等的电容）的存在，而产生时延，从而使锯齿波在一定程度上畸变，振荡波顶部轻微变圆。

$$u_X = U_X\sqrt{2} = L_S \frac{di}{dt} \qquad \cdots\cdots (A.6a)$$

对称电流时：

$$u_X = \omega \times L_S \times I_L\sqrt{2} \qquad \cdots\cdots (A.6b)$$

该电压经过一系列振荡后衰减到零。它叠加在电源电压上共同形成断路器电源侧的电压 u_S。

电流开断瞬时，总的感应电压的峰值 U_m 为：

$$U_m = u_0 + u_X = (L_L + L_S)\frac{di}{dt} \qquad \cdots\cdots (A.7a)$$

对称电流时：

$$U_m = \omega(L_L + L_S)I_L\sqrt{2} = U_G\sqrt{2} = U_r\sqrt{2}/\sqrt{3} \qquad \cdots\cdots (A.7b)$$

断路器电源侧端子上的电压是电源电压和电抗 X_S 上电压降的差。近区故障时出现在断路器两端的规定的瞬态恢复电压是图 A.1 中所示的电源侧瞬态电压 u_S 和线路侧瞬态电压 u_L 之差。

开断瞬间的电压 u_0 和电源电压的峰值 U_m 之比决定于线路侧电抗两端与电源侧电抗两端电压降之比，因此：

$$u_0/U_m = u_0/(u_0 + u_X) = L_L/(L_L + L_S) = 1 - I_L/I_{SC} \qquad \cdots\cdots (A.8)$$

近区故障电流的标准比值关系如表 A.1 所示。

表 A.1 开断瞬间电压和电源侧瞬态恢复电压之比

U_r	I_L/I_{SC}	u_0/U_m	u_m/U_m	$u_{1,test}/u_1$
<126 kV	0.90	0.10	1.49	—
	0.75	0.25	1.41	—
	0.60	0.40	1.32	—
≥126 kV	0.90	0.10	1.36	1.033
	0.75	0.25	1.30	1.083
	0.60	0.40	1.24	1.133

A.2 线路侧瞬态电压

线路侧瞬态电压第一个波峰的峰值电压 u_L^* 可以用电压 u_0 乘以峰值系数 k 获得：

$$u_L^* = ku_0 = kL_L\frac{di}{dt} \qquad \cdots\cdots (A.9)$$

时间 t_L 可用线路侧瞬态电压 u_L 的上升率 du_L/dt 及其峰值 u_L^* 求得：

$$du_L/dt = sI_L = Z\frac{di}{dt} \qquad \cdots\cdots (A.10)$$

然后

$$t_L = \frac{u_L^*}{\frac{du_L}{dt}} = \frac{u_L^*}{sI_L} = kL_L/Z \qquad \cdots\cdots (A.11)$$

式中：

s ——恢复电压上升率(RRRV)的系数，单位为千伏每微秒千安[kV/(μs · kA)]；

Z——线路波阻抗；

f——额定频率。

额定线路参数 Z、k 和 s 在表 8 中给出(见 4.105)。

注:对给定的近区故障,线路长度的近似值可用下式获得:

$$l = c \times t_L / 2 \qquad \text{(A.12)}$$

式中的 c 为行波传播速度,假定 $c = 0.3\ \mathrm{km}/\mu\mathrm{s}$。

A.3 电源侧瞬态电压

A.3.1 额定电压 126 kV 及以上

从初始值 u_0 到峰值 u_m 的电源侧瞬态电压过程可以由表 3、表 4 和表 5 导出。这些表中给出的 t_1、t_2、t_3 和 t_d 可以直接引用。表 3、表 4 和表 5 中的电压 u_1 等于电流开断瞬间 0.75 倍的感应电压 U_m(电源电压的瞬时值),上升到更高的值 $U_{1,\text{test}}$:

$$U_{1,\text{test}} = u_1 \times \left[1 + \frac{1}{3} \times \left(1 - \frac{I_L}{I_{SC}}\right)\right] \qquad \text{(A.13)}$$

$u_{1,\text{test}}/u_1$ 的实际值在表 A.1 中给出。

TRV 的峰值电压 u_c 下降到一个较低的值 u_m。

$$u_m = u_0 + k_{af} u_X \qquad \text{(A.14)}$$

所以

$$u_m / U_m = (u_0 + k_{af} u_X) / U_m \qquad \text{(A.14a)}$$

使用式(A.8)后:

$$u_m / U_m = 1 + (k_{af} - 1) I_L / I_{SC} \qquad \text{(A.14b)}$$

如表 A.1 中给出的。

电源侧 TRV 的实际上升率 $\mathrm{d}u/\mathrm{d}t_{SLF}$ 与线路故障 T100 时上升率 $\mathrm{d}u/\mathrm{d}t_{SLF,\text{stand}}$ 的标准值相比较低,在表 1、表 2、表 3 和表 4 中给出:

$$\left(\frac{\mathrm{d}u}{\mathrm{d}t}\right)_{SLF} = \left(\frac{\mathrm{d}u}{\mathrm{d}t}\right)_{SLF,\text{stand}} \times \frac{I_L}{I_{SC}} \qquad \text{(A.15)}$$

达到电压 U_m 的时间为:

$$t_m = t_1 \times \frac{k_{af}}{k_{af} - \frac{3}{4}} \qquad \text{(A.16)}$$

正如一般情况,在时间 t_2(或 t_3)之前,只要线路上振荡电压已经降到零,则电源侧瞬态恢复电压峰值 u_m 就是断路器两端的瞬态恢复电压的峰值。电源侧 TRV 的生成过程在图 A.3 中表示。

瞬态恢复电压最重要的部分是经过时间 t_T 后线路侧瞬态恢复电压上升到的第一个峰值 u_L^*。

——线路侧有时延(见图 46 和图 47):$t_T = 2t_{dL} + t_L$ ……(A.17a)

——线路侧无时延(见图 48):$t_T = t_{dL} + t_L$ ……(A.17b)

注:与通过包络线确定瞬态恢复电压的一般程序相反,为了估计线路侧电压到达第一峰值 u_L^* 瞬间断路器两端的总电压,须使用实际的波形。应用这一修改后的程序是由于包络线方法会在断路器两端总电压峰值稍前的 TRV 上升沿产生一个中间电压,而不是断路器两端总电压的实际峰值,这与试验条件的评估有关。如果瞬态恢复电压波上不迭加两种或两种以上其他电压分量,包络线法完全可以满足。在此情况下,估算断路器两端总的瞬态恢复电压时,应考虑到三种不同分量:电源侧 TRV、电源侧 ITRV 和线路侧 TRV。

计算 t_T 时刻电源侧电压 u_s^*,须区分两种不同情况:

——无 ITRV 要求(见图 A.1)

$$u_s^* = \left(\frac{du}{dt}\right)_{SLF} \times (t_T - t_d) \quad\cdots\cdots(A.18)$$

且

$$u_T = u_L^* + u_s^* \quad\cdots\cdots(A.19)$$

——有 ITRV 要求(见图 A.2)

$$u_s^* = u_{i0} + \left(\frac{du}{dt}\right)_{SLF} \times (t_T - t_d) \quad\cdots\cdots(A.20)$$

且

$$u_T = u_L^* + u_s^* \quad\cdots\cdots(A.21)$$

对于有 ITRV 要求的情况(如表 7 中给出的),下面公式适用:

$$u_i = f_i \times I_L = k_i \times L_B \frac{di}{dt} \quad\cdots\cdots(A.22)$$

式中:

k_i——1.4(峰值系数);

f_i——表 7 中的乘数。

那么,母线的电压降为:

$$u_{i0} = u_i / k_i \quad\cdots\cdots(A.23)$$

且母线的电感为:

$$L_B = u_{i0} / (di/dt) \quad\cdots\cdots(A.24)$$

A.3.2 额定电压大于等于 24 kV,小于 126 kV

A.3.1 适用,除了下列情况:

电源侧瞬态电压从起始值 u_0 到峰值 u_m 的过程见表 22。表中给出的时间坐标 t_3 和 t_d 可直接使用,TRV 峰值 u_c 导致更低的 u_m 值:

$$u_m = u_0 + k_{af} u_x \quad\cdots\cdots(A.25)$$

然后

$$u_m / U_m = (u_0 + k_{af} u_x) / U_m \quad\cdots\cdots(A.26)$$

A.4 计算示例

以试验回路(见 6.109.3)的三个基本类型为例进行计算,结果在 A.4.1~A.4.3 中给出:

——电源侧和线路侧均有时延(A.4.1);

——电源侧有 ITRV 和线路侧有时延(A.4.2);

——电源侧有时延和线路侧无时延(A.4.3)。

A.4.1 电源侧和线路侧均有时延(252 kV、50 kA、50 Hz 时的 L_{90}、L_{75})

参数名称	公式	试验参数		
		单位	L_{90}	L_{75}
电源侧工频				
额定电压 U_r	—	kV	252	252
额定短路电流 I_{SC}	—	kA	50	50

参数名称	公式	试验参数		
		单位	L_{90}	L_{75}
额定频率 f_r	—	Hz	50	50
电源电压 U_G	A.1	kV	145.5	145.5
电源侧电抗 X_S	—	Ω	2.91	2.91
电源侧电感 L_S	A.2a	mH	9.27	9.27
线路侧工频				
规定的线路设置	—	%	90	75
近区故障开断电流 I_L	—	kA	45	37.5
电流开断时刻 di/dt	—	A/μs	20	16.7
线路侧电压 U_L	A.4	kV	14.6	36.4
线路侧电抗 X_L	—	Ω	0.32	0.97
线路侧电感 L_L	A.2c	mH	1.0	3.1
线路侧 TRV 参数				
电流开断时刻电压 u_0	A.8	kV	20.6	51.5
峰值系数 k	—	p.u.	1.6	1.6
线路侧 TRV 的第一峰值 u_L^*	A.9	kV	33	82.4
时延 t_{dL}	—	μs	0.5	0.5
线路侧 TRV 的上升率 du_L/dt	A.10	kV/μs	9	7.5
规定的线路波阻抗 Z	—	Ω	450	450
上升时间 t_L	A.11	μs	3.66	11.0
电源侧 TRV 参数				
时延 t_d	—	μs	2	2
额定短路开断电流 I_{sc} 时的电压上升率(du/dt_{TF})	—	kV/μs	2	2
近区故障开断电流 I_L 时的电压上升率(du/dt_{SLF})	A.15	kV/μs	1.8	1.5
电流开断时刻的电压 u_X	A.7a	kV	185	154
t_1 时的电压 $u_{1,test}$	A.13	kV	155	162.5
达到 U_m 的时间 t_m	A.16	μs	162	162
瞬态峰值电压 u_m	A.14	kV	280	267
瞬态系数 u_m/U_m	A.14a	p.u.	1.36	1.3
断路器两端第一峰值				
到达第一峰值的时间 t_T	A.17a	μs	4.66	12.0
t_T 时刻电源侧 TRV 的电压增量 u_s^*	A.18	kV	4.8	15.0
第一峰值电压 u_T	A.19	kV	37.8	97.4

A.4.2 电源侧有 ITRV，线路侧有时延（252 kV、50 kA、50 Hz 时的 L_{90}）

参数名称	公式	试验参数	
		单位	L_{90}
电源侧工频	同 A.4.1		
线路侧工频	同 A.4.1		
线路侧 TRV 参数	同 A.4.1		
电源侧 TRV 参数	同 A.4.1		
电源侧 ITRV 参数			
时间 t_i	表 7	μs	0.6
乘数 f_i	表 7	kV/kA	0.069
初始峰值电压 u_i	A.22	kV	3.1
母线电压降 u_{i0}	A.23	kV	2.21
母线电感 L_B	A.24	μH	111
断路器两端的第一峰值电压			
到达第一峰值的时间 t_T	A.17a	μs	4.66
时间 t_T 时电源侧的电压增量 u_s^*	A.20	kV	7
第一峰值电压 u_T	A.21	kV	40

A.4.3 电源侧有时延，线路侧无时延（252 kV、50 kA、50 Hz 时的 L_{90}）——简化方法的计算

参数名称	公式	试验参数	
		单位	L_{90}
电源侧工频	同 A.4.1		
线路侧工频	同 A.4.1		
线路侧 TRV 参数	同 A.4.1		
电源侧 TRV 参数	同 A.4.1		
断路器两端的第一峰值电压			
到达第一峰值的时间 t_T	A.17b	μs	4.16
时间 t_T 时电源侧的电压增量 u_s^*	A.18	kV	3.9
第一峰值电压 u_T	A.19	kV	36.9

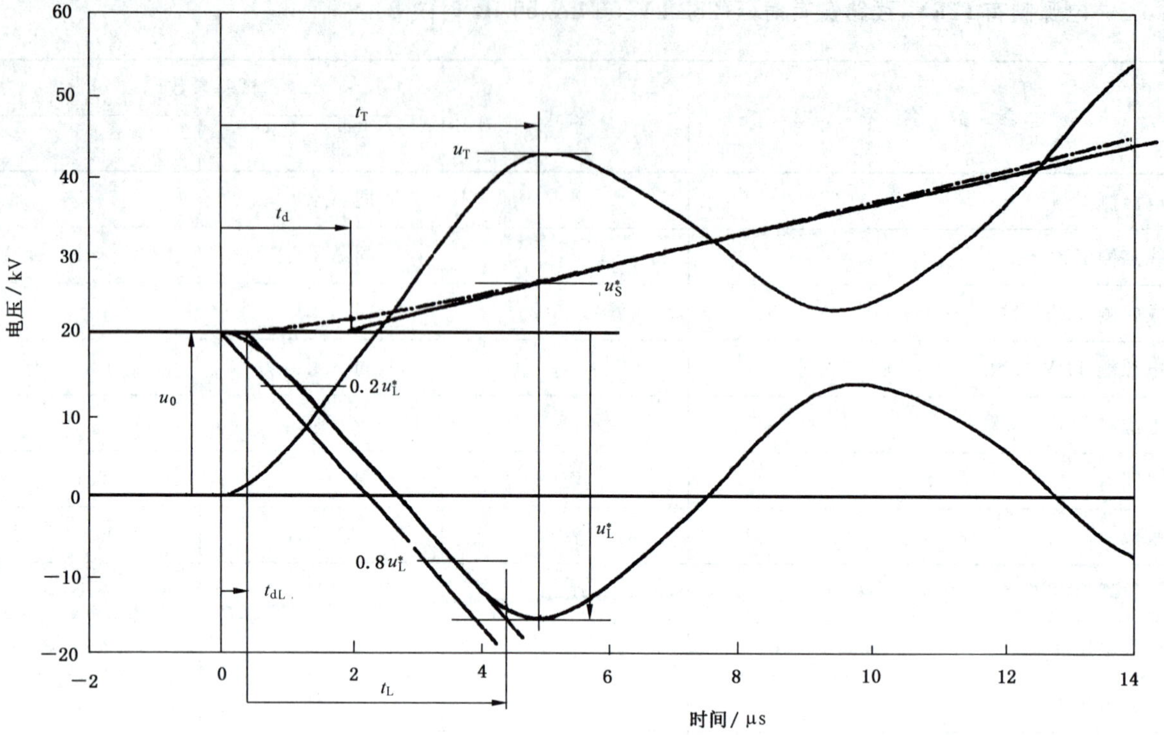

图 A.1　线路侧和电源侧 TRV 参数的典型图示——线路侧和电源侧均有时延

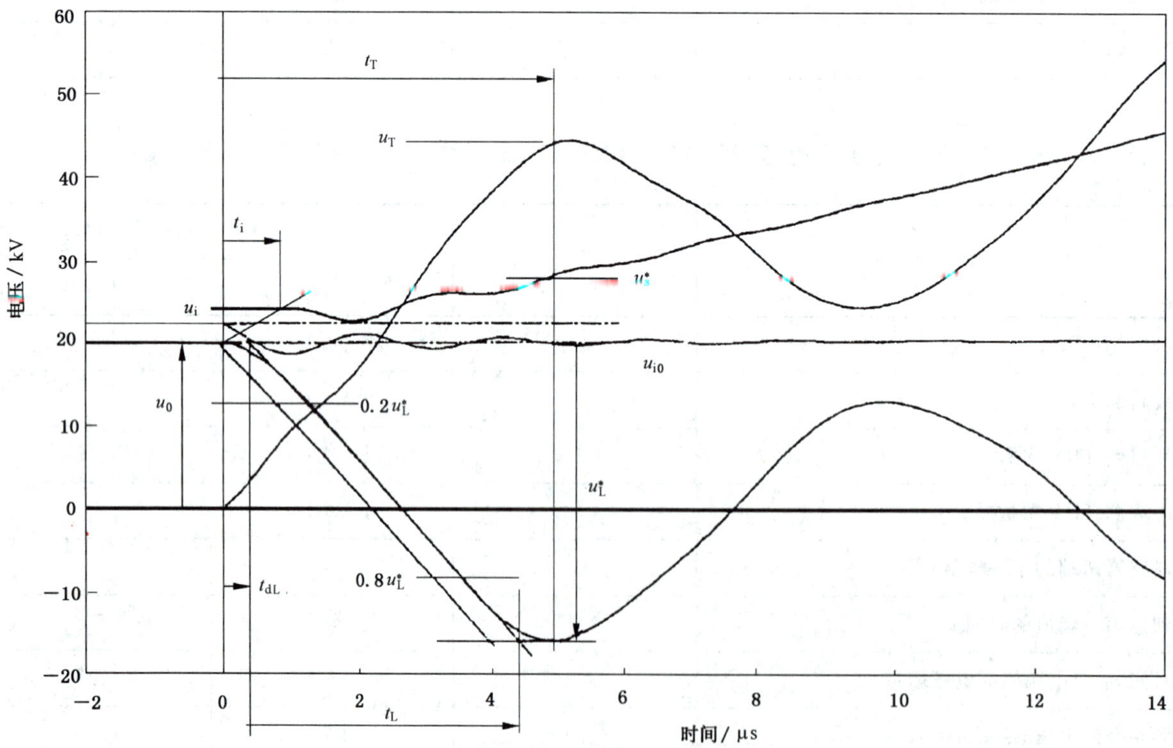

图 A.2　线路侧和电源侧 TRV 参数的典型图示——线路侧和电源侧均有时延，电源侧有 ITRV

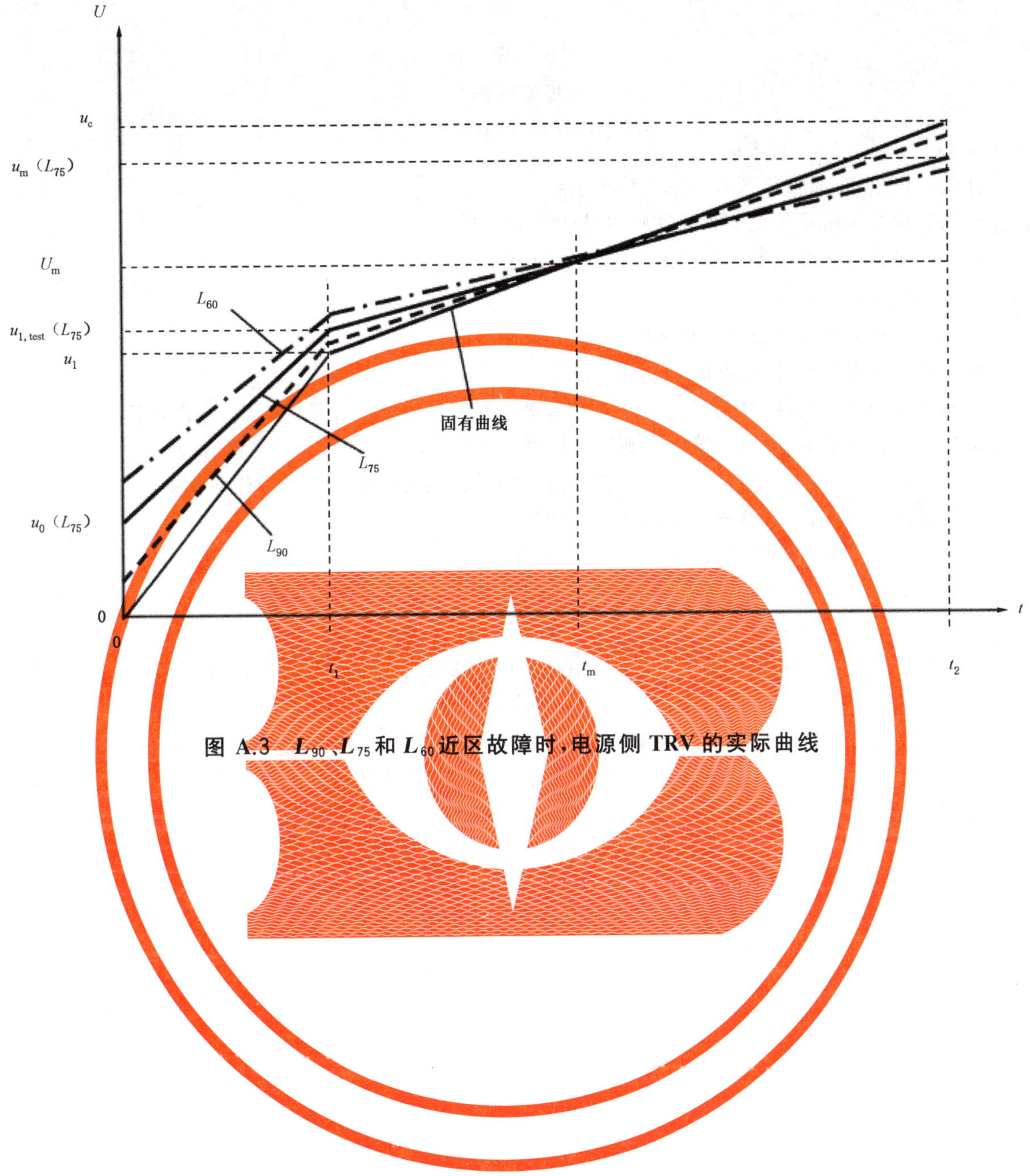

图 A.3 L_{90}、L_{75}和 L_{60}近区故障时，电源侧 TRV 的实际曲线

附　录　B
（规范性附录）
型式试验中试验参量的公差

在型式试验中，通常应区分下述类型的公差：

——直接决定试品承受应力的试验参量的公差；

——与试品在试验前后的状态及性能相关的公差；

——试验条件的公差；

——与使用的测量设备参数相关的公差。

在后面的表 B.1 中，仅考虑试验参量的偏差。

偏差定义为在本标准规定的试验值的范围，测量到的试验值应在该范围内，本次试验方有效。在某些情况（见 6.1.101 和表 12）下，即使测量到的数值落在偏差以外，试验仍然可能有效。

在此，不考虑因测量不确定度所引起的测量到的试验值与真实试验值的任何偏差。

型式试验中，应用试验参量公差的基本规则如下：

a） 在任何情况下，试验站的目标是标准规定的试验值。

b） 试验站应观测规定的试验参量的偏差。仅当制造厂同意时，才允许断路器承受的应力超过这些公差的较高值。试品承受较低的应力会导致试验无效。

c） 当本标准或其他适用的标准没有给出试验参量的公差时，型式试验应在不比规定值欠严的数值下进行。其上限应力值应征得制造厂的同意。

d） 若只给出某试验参量一侧的限值，则认为另一侧限值应为尽可能地接近标准的规定值。

注：术语“试验参量的公差”不能和一侧可能开断的试验参量的测量带宽相混淆，例如，LC2、CC2 和 BC2 的试验电流。

表 B.1　型式试验时试验参量的公差

条款号	试验名称	试验参量	规定的试验值	试验公差/试验值的限值	引用标准
6.2	绝缘试验				
6.2.6.1 和 6.2.7.1	工频电压试验	试验电压(有效值)	额定短时工频耐受电压	±1%	GB/T 11022—2011 GB/T 16927.1—2011
		频率		45 Hz～65 Hz	GB/T 16927.1—2011
		波形	峰值/有效值=$\sqrt{2}$	±5%	
6.2.6.2 和 6.2.7.3	雷电冲击电压试验	峰值	额定雷电冲击耐受电压	±3%	
		波前时间	1.2 μs	±30%	
		半波峰时间	50 μs	±20%	
6.2.7.2	操作冲击电压试验	峰值	额定操作冲击耐受电压	±3%	
		波前时间	250 μs	±20%	
		半波峰时间	2 500 μs	±60%	
6.2.11	用标准操作冲击电压进行状态检查的电压试验	操作冲击电压的峰值	见 6.2.11	±3%	
		波前时间	250 μs	±20%	GB/T 16927.1—2011
		半波峰时间	2 500 μs	±60%	
	用 T10 的 TRV 回路进行状态检查的电压试验	操作冲击电压的峰值	见 6.2.11	±3%	
		到达峰值的时间	T10 的标准值	$^{+200}_{-10}$ %	
6.3	无线电干扰电压试验	试验电压	见 GB/T 11022—2011 的 6.3	±1%	GB/T 16927.1—2011
6.4	主回路电阻测量	直流试验电流 I_{DC}		50 A≤I_{DC}≤额定电流	GB/T 11022—2011
6.5	温升试验	周围空气速度	—	≤0.5 m/s	GB/T 11022—2011

表 B.1（续）

条款号	试验名称	试验参量	规定的试验值	试验公差/试验值的限值	引用标准
6.5	温升试验	试验电流频率	额定频率	$^{+2}_{-5}\%$	GB/T 11022—2011
		试验电流	额定电流	$^{+2}_{0}\%$ 这些限值仅在试验期间的最后两个小时保持	
		周围空气温度 T	—	+10 ℃<T<40 ℃	
6.6	短时耐受电流和峰值耐受电流试验	试验频率	额定频率	±10%	GB/T 11022—2011
		峰值电流(在一个边相)	额定峰值耐受电流	$^{+5}_{0}\%$	
		三相试验电流交流分量的平均值	额定短时耐受电流	±5%	
		任一相试验电流交流分量/平均值	1	±10%	
		短路电流持续时间	额定短路持续时间	见 I^2t 的公差	
		I^2t 的值	额定 I^2t 值	$^{+10}_{0}\%$	
6.101.3	高低温试验	在试品高度方向周围空气温度的偏差	—	≤5 K	
		试验前记录的周围空气温度	20 ℃	±5 K	
		试验过程中周围空气温度的最大值和最小值	根据断路器的温度级别（见 GB/T 11022—2011）	±3 K	
6.101.4	湿度试验	每个循环的最低温度	25 ℃	±3 K	
		每个循环的最高温度	40 ℃	±2 K	
6.101.6	端子静拉力试验导则	力	规定于 6.101.6	$^{+10}_{0}\%$	

表 B.1（续）

条款号	试验名称	试验参量	规定的试验值	试验公差/试验值的限值	引用标准
6.102	关合、开断及开合试验的各项规定	应控制的最长燃弧时间 应控制的中燃弧时间	规定的试验值	±0.5 ms ±1 ms	
6.103	短路关合和开断试验的试验回路	功率因数（平均值）	—	≤0.15	
		任一相的功率因数/平均功率因数	—	±25%	
		频率	额定频率	±8%	
6.104	短路试验参量				
6.104.1	短路关合试验前的外施电压	外施电压	见 6.104.1	$^{+10}_{0}$%	
		施加的相电压/（三相）平均电压	1	±5%	
6.104.3	短路开断电流	任一相的交流分量/平均交流分量	1	±10%	
		最后开断极电弧熄灭时预期电流的交流分量	相关试验方式开断电流的规定值	≥90% **注：** 对于试验方式 T100a，最后电流半波波形（幅值和持续时间）在 6.102.10.2.1.2b）和 6.106.6.1 中给出	
6.104.4	短路开断电流的直流分量	T10、T30、T60、T100s 中的直流分量	—	≤20%	
		T100a 中的直流分量	对于直接试验：见 6.106.6.2（单相）和 6.106.6.1（三相）	≤规定值的 110% 和≥规定值的 95%	
		T100a 中的直流分量的平均值	对于直接试验：见 6.106.6.2（单相）和 6.106.6.1（三相）	≤规定值的 100% 和≥规定值的 95%	

表 B.1（续）

条款号	试验名称	试验参量	规定的试验值	试验公差/试验值的限值	引用标准
6.104.5	出线端故障试验的瞬态恢复电压(TRV)	TRV 峰值 断路器的额定电压 ≤40.5 kV >40.5 kV	见表 21 和表 22 见表 21、表 22、表 23 和表 24	$^{+10}_{0}$% $^{+5}_{0}$%	
		TRV 上升率 断路器额定电压 ≤40.5 kV >40.5 kV	见表 21 和表 22 见表 21、表 22、表 23 和表 24	$^{+15}_{0}$%[1)] $^{+8}_{0}$%	
		时延 t_d	见表 21、表 22、表 23 和表 24	±20%	
6.104.7	工频恢复电压(RV)	工频恢复电压	根据 6.104.7 的规定值	±5%	
		恢复电压持续时间末任一极 RV 与平均值的偏差/平均值	1	±20%	
6.106	基本短路试验方式	T10 的开断电流	额定短路开断电流的 10%	±20%	
		T30 的开断电流	额定短路开断电流的 30%	±20%	
		T60 的开断电流	额定短路开断电流的 60%	±10%	
		T100s 的开断电流	额定短路开断电流的 100%	$^{+5}_{0}$%	
		T100a 的开断电流	额定短路开断电流的 100%	±10%	
		T100s 和 T100a 的短路电流峰值	额定短路关合电流	$^{+10}_{0}$%	
6.107	临界电流试验	开断电流	见 6.107.2	±20%	
		开断电流的直流分量	≤20%	上限 25%	
6.108	单相和异相接地故障试验	开断电流	见图 45	$^{+5}_{0}$%	
		开断电流的直流分量	≤20%	上限 25%	

表 B.1（续）

条款号	试验名称	试验参量	规定的试验值	试验公差/试验值的限值	引用标准
6.108	单相和异相接地故障试验	TRV 峰值　断路器额定电压≤40.5 kV >40.5 kV	见 6.108.2 及表 21、表 22、表 23 和表 24	$^{+10}_{0}$% $^{+5}_{0}$%	
		TRV 上升率　断路器额定电压≤40.5 kV >40.5 kV	见 6.108.2 及表 21、表 22、表 23 和表 24	$^{+15}_{0}$% $^{+8}_{0}$%	
6.109	近区故障试验	开断电流直流分量	≤20%	上限 25%	
		开断电流 L_{90}	90%额定短路开断电流	90%～92%	
		开断电流 L_{75}	75%额定短路开断电流	71%～79%	
		开断电流 L_{60}	60%额定短路开断电流	55%～65%	
		波阻抗	450 Ω	±3%	
		线路侧电压峰值		$^{+20}_{0}$%	
		线路侧电压上升率	见表 8 和附录 A	$^{+5}_{0}$%	
		时延 t_{dl}		$^{0}_{-10}$%	
6.110	失步关合和开断试验	功率因数	—	≤0.15	
		开断电流的直流分量	≤20%	上限 25%	
		外施电压和工频恢复电压	见 6.110.2 的规定	±5%	
		TRV 峰值　断路器额定电压≤40.5 kV >40.5 kV	见表 1 和表 2 见表 1、表 2、表 3、表 4 和表 5	+10%～−0% $^{+5}_{0}$%	
		TRV 上升率　断路器额定电压≤40.5 kV >40.5 kV	见表 1 和表 2 见表 1、表 2、表 3、表 4 和表 5	+15%～−0% +8%～−0%	
		试验方式 OP2 的合闸时刻	在一极外施电压的峰值处	±15°	
		试验方式 OP1 的开断电流	额定失步开断电流的 30%	规定值的±20%	
		试验方式 OP2 的开断电流	额定失步开断电流的 100%	+10%～−0%	

表 B.1（续）

条款号	试验名称	试验参量	规定的试验值	试验公差/试验值的限值	引用标准
6.111	容性电流开合试验	工频电压变化： ——对试验方式：LC1、CC1 和 BC1 ——对试验方式：LC2、CC2 和 BC2		 ≤2% ≤5%	
		电弧熄灭后 300 ms 工频恢复电压衰减		≤10%	
		有效值/基波分量有效值		≤1.2	
		试验电压	见 6.111.7 的规定	+3%～−0%	
		恢复电压的频率	额定频率	±2%	
		开断电流/额定容性开断电流	LC1，CC1，BC1 LC2，CC2，BC2	10%～40% ≥100%	
		涌流的阻尼系数	断路器额定电压<72.5 kV	≥0.75	
			断路器额定电压≥72.5 kV	≥0.85	
		背靠背电流开合：关合涌流的峰值	BC2	±10%。背靠背关合涌流的固有值的公差应为 $^{+10}_{\ 0}\%$	
		背靠背电流开合：关合涌流的频率	BC2	尽可能接近要求值，不应低于运行条件的 77%，且频率不应高于 6 000 Hz	
	规定 TRV 的容性电流开合试验	恢复电压的波形	相应的单相直接试验的理论试验电压波形（1−cos 曲线）	试验电压峰值的 $^{+6}_{\ 0}\%$（即近似于图 54 中恢复电压 u_c 峰值的 3%）	

表 B.1（续）

条款号	试验名称	试验参量	规定的试验值	试验公差/试验值的限值	引用标准
附录 M	对于额定电压小于 126 kV 的与连有小电容的变压器相连的断路器，T30 的瞬态恢复电压(TRV)	TRV 的峰值	见表 M.1	$^{+10}_{\ 0}$ %	
		TRV 的上升率		$^{+5}_{-10}$ %	

注：近区故障试验的优先参数是线路侧电压的波形，而不是线路的波阻抗。

[1] 对于 T10 和 T30，如果超过上限，则应尽可能使用最小值。

附　录　C
（资料性附录）
型式试验的记录及报告

C.1　应记录的资料及结果

型式试验报告中应包括所有相关的型式试验资料及结果。

应记录所有符合 C.2 的短路操作、失步关合和开断操作、容性电流开合操作和空载操作的示波图。

型式试验报告应包括和试验用测量系统不确定度相关的叙述。该叙述应参考试验室内部程序，通过该程序可以建立测量不确定度的溯源性。

型式试验报告应包括每一试验方式中断路器性能及每一试验方式后（在检查范围内）和一系列试验方式结束时断路器状态的叙述。叙述应包括下列内容：

a）断路器的状态，给出所做的所有替换或调整的细节以及触头、灭弧室和油（包括油量的减少）的状态。电弧屏蔽、外壳、绝缘子及套管损坏情况的描述。

b）试验方式中性能的描述，包括油、气体或火焰的喷出。

C.2　型式试验报告应包括的内容

C.2.1　概述

a）试验日期；

b）参考的报告编号；

c）试验个数；

d）示波图个数。

C.2.2　受试电器

GB/T 11022—2011 的 6.1.4 和附录 A.2 及下列条件适用：

试验报告中给出的参考图号应指明制造商的参考号、修订号和相关内容。

适用时，应包含参考的机械行程特性，或通过用参考图号或等效的方法记录在试验报告中。

C.2.3　断路器，包括其操动机构和辅助设备的额定参数

制造厂应给出本标准第 4 章中规定的额定参数值及最短分闸时间。

C.2.4　试验条件（对试验的每个系列）

a）极数；

b）功率因数；

c）频率，Hz；

d）发电机中性点（接地或绝缘）；

e）变压器中性点（接地或绝缘）；

f）短路点或负载侧中性点（接地或绝缘）；

g）包括接地的试验回路图；

h） 断路器接入试验回路的细节(例如,方向)；
i） 绝缘和/或灭弧用流体的压力；
j） 操作用流体的压力。

C.2.5 短路关合和开断试验

a） 操作顺序和时间间隔；
b） 外施电压,kV；
c） 关合电流(峰值),kA；
d） 开断电流：
 1） 每相及平均的交流分量有效值,kA；
 2） 直流分量的百分数；
 3） 最后电流半波的电流峰值(仅适用于 T100a,且针对具有最大直流分量的那一相)；
 4） 最后电流半波的持续时间(仅适用于 T100a,且针对具有最大直流分量的那一相;对于延长的大半波,预期的半波持续时间,应根据预期电流校验试验确定)；
e） 工频恢复电压,kV；
f） 预期瞬态恢复电压；
 1） 按照 6.104.5.1 的 a)的要求;可引用电压和时间坐标；
 2） 按照 6.104.5.1 的 b)的要求；
g） 燃弧时间,ms；
h） 分闸时间,ms；
i） 开断时间,ms；
 如适用,应给出直到主电弧熄灭瞬间的开断时间和直到阻性电流开断瞬间的开断时间。
j） 合闸时间,ms；
k） 关合时间,ms；
l） 试验中断路器的性能,适用时,包括喷出的火焰、气体、油等;应记录发生的 NSDD；
m） 试验后的状态；
n） 试验期间零部件的更新和修复。

C.2.6 短时耐受电流试验

a） 电流
 1） 有效值,kA；
 2） 峰值,kA；
b） 持续时间,s；
c） 试验期间断路器的性能；
d） 试验后的状态；
e） 试验前后主回路的电阻,$\mu\Omega$。

C.2.7 空载操作

a） 关合和开断试验前(见 6.102.6)；
b） 关合和开断试验后(见 6.102.9.2 和 6.102.9.3)。

C.2.8 失步关合和开断试验

a） 每相的开断电流,kA；

b） 每相的关合电流，kA；
c） 每相的电压，kV；
d） 预期瞬态恢复电压；
e） 燃弧时间，ms；
f） 分闸时间，ms；
g） 开断时间，ms；
h） 合闸时间，ms；
i） 关合时间，ms；
j） 阻性电流持续时间（如果适用的话），ms；
k） 试验中断路器的状态，适用时，包括喷出的火焰、气体、油等，应记录发生的 NSDD；
l） 试验后的状态。

C.2.9 容性电流开合试验

a） 试验电压，kV；
b） 每相的开断电流，A；
c） 每相的关合电流，kA；
d） 相对地间电压的峰值，kV：
  1） 断路器的电源侧；
  2） 断路器的负载侧；
e） 重击穿（如果有的话）的次数；应记录发生的 NSDD（如果有的话）；
f） 选相整定的详细情况，燃弧时间，ms；
g） 合闸时间，ms；
h） 关合时间，ms；
i） 试验中断路器的状态；
j） 试验后的状态。

C.2.10 示波图和其他记录

应记录整个操作的示波图。应记录下述参量。其中某些量可能需要单独记录，可能需要多个具有不同时间刻度的示波图。

a） 外施电压；
b） 每极中的电流；
c） 恢复电压（充电电流试验时断路器电源侧及负载侧的电压）；
d） 合闸线圈中的电流；
e） 分闸线圈中的电流；
f） 适用于要求准确度的恰当的幅值和时间刻度；
g） 机械行程特性（适用时）。

不能严格满足本标准要求的全部情况及所有偏差应在试验报告的开始部分明确指出。

附　录　D
（规范性附录）
短路功率因数的确定

没有准确的方法来确定短路功率因数，但是，对于本标准，采用下述更合适的两种方法中的任一种方法来确定试验回路每相的短路功率因数，具有足够的精度。

D.1　方法 1——由直流分量计算

可以根据短路起始时刻和触头分离时刻间的非对称短路电流的直流分量曲线来确定角度 φ（电压向量和电流向量间的夹角），如下所示：

D.1.1　直流分量公式

直流分量的公式为：

$$i_{d} = I_{do} \times e^{-\frac{R}{L}t} = I_{do} \times e^{-\frac{t}{\tau}} \qquad (D.1)$$

式中：

i_{d} ——任意时刻的直流分量值；

I_{do}——直流分量的初始值；

τ ——L/R 回路时间常数，单位为秒（s）；

t ——i_{d} 和 I_{do} 之间的时间间隔，单位为秒（s）；

e ——自然对数底数。

由上述公式按如下方法可以确定时间常数 L/R：

a）测量短路瞬间 I_{do} 的数值及在触头分离前的任何时刻 t 的 i_{d} 值；

b）用 i_{d} 除以 I_{do} 确定 $e^{-Rt/L}$ 的值；

c）由 e^{-x} 的值确定与 i_{d}/I_{do} 对应的 $-x$；

d）x 代表 Rt/L，由此可以确定 L/R。

D.1.2　相角 φ

由下式可以确定相角 φ：

$$\varphi = \arctan\left(\omega \frac{L}{R}\right) \qquad (D.2)$$

式中：

ω——2π 乘以实际频率。

D.2　方法 2——由控制发电机确定

如果控制发电机和试验发电机装在同一个轴上时，示波图上控制发电机的电压首先和试验发电机的电压进行相位比较，然后和试验发电机的电流进行相位比较。

控制发电机电压和试验发电机电压间的相角和控制发电机电压和试验发电机电流间的相角之差即为试验发电机电压和电流间的相角，由此可以确定功率因数。

附 录 E
（资料性附录）
回路预期瞬态恢复电压包络线的画法及特征参数的确定方法

E.1 简介

瞬态恢复电压可能具有不同的波形，振荡的和非振荡的都有。

可以通过由三条连续线段构成的包络线来定义波形；当波形接近单频阻尼振荡时，包络线变为两条连续的线段。所有情况下，包络线均应尽可能准确地反映瞬态恢复电压的实际波形。这里所述的方法在大多数实际情况下可以足够近似地达到这一目的。

注：然而，可能出现这样的情况，即建议的方法得出的参数比由瞬态恢复电压曲线证明是正确的参数严酷得多。这种情况应作为例外对待，因此，它应成为制造厂、用户和试验室间协议的主题。

E.2 画包络线

用下述方法画预期瞬态恢复电压曲线包络线的构成线段：

a） 第一条线段通过原点 O 和曲线相切，但不和曲线相交（见图 E.1～图 E.3 的线段 OB 和图 E.4 的线段 OA）。

当曲线的初始部分朝左凹进时，切点常常在第一峰值附近（见图 E.1～图 E.2 的线段 OB）。

如果朝右凹进时，如指数曲线，切点在原点附近（见图 E.3 的线段 OB）。

b） 第二条线段在曲线的最高峰值处同曲线水平相切（见图 E.1～图 E.4 的线段 AC）。

c） 第三条线段在前面两个切点之间的一个或多个点同曲线相切，但不和曲线相交。

最后一条线段有三种可能的画法：

1） 画一条线段同曲线切于两点（或可能多于两点）。

在这种情况下，就构成了部分包络线（见图 E.1 的线段 BA）。

这样，就获得四参数包络线 O，B，A，C。

2） 可能画出多条同曲线切于两点（或多于两点）但不相交的线段。

在这种情况下，用于包络线的线段与曲线只有一个切点。线段的位置应使得切点两边曲线和包络线之间区域的面积近似相等（见图 E.2 的线段 BA）。

这样，就获得四参数包络线 O，B，A，C。

3） 画不出一条同曲线切于多于一点但不相交的线段：

这种情况下，应做如下区别：

ⅰ） 第一线段的切点远离最高峰值点，这是指数曲线或近似指数曲线的典型情况。

这种情况下，线段与曲线切于一点，使得切点两边曲线和包络线之间区域的面积近似相等，如 E.2 的 c)2)（见图 E.3 的线段 BA）。

这样，就获得四参数包络线 O，B，A，C。

ⅱ） 第一线段的切点靠近最高峰值点。

这是单频阻尼振荡或类似形状的波形的情况。

这种情况下，不画第三线段，采用与起初的两个线段对应的两参数表示（见图 E.4）。

这样，就获得两参数包络线 O，A，C。

E.3 参数的确定

根据定义,特征参数就是构成包络线各线段交点的坐标。

当包络线由三条线段组成时,交点 B 和 A 的坐标就是图 E.1、图 E.2 和图 E.3 中所表示的四参数 u_1、t_1、u_c 和 t_2。

当包络线仅由两条线段组成时,交点 A 的坐标就是图 E.4 中所表示的两参数 u_c 和 t_3。

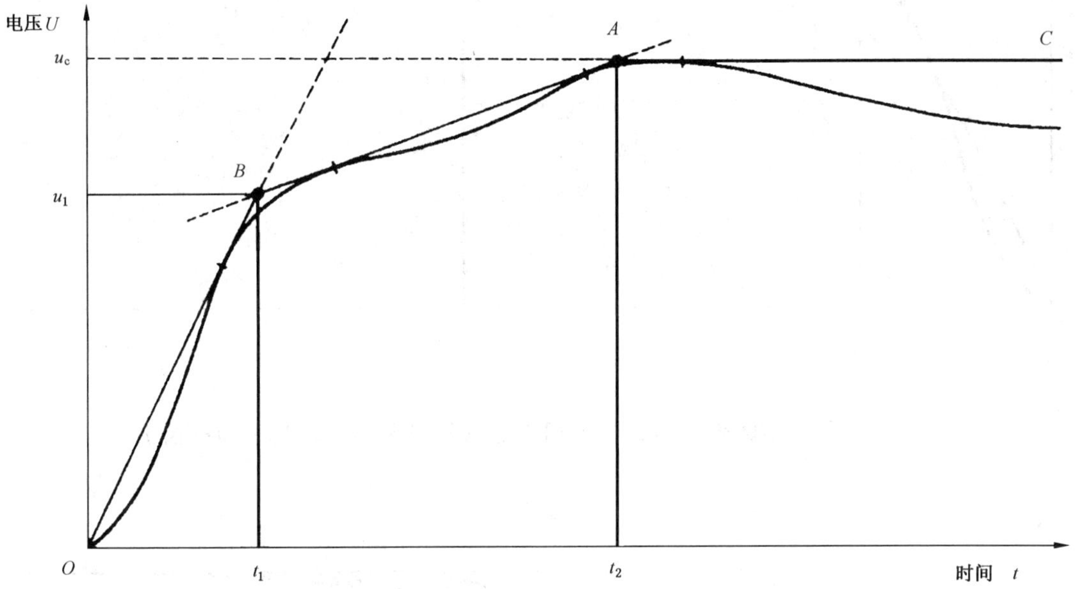

图 E.1 用四参数表示回路的预期瞬态恢复电压——E.2 c) 1)的情况

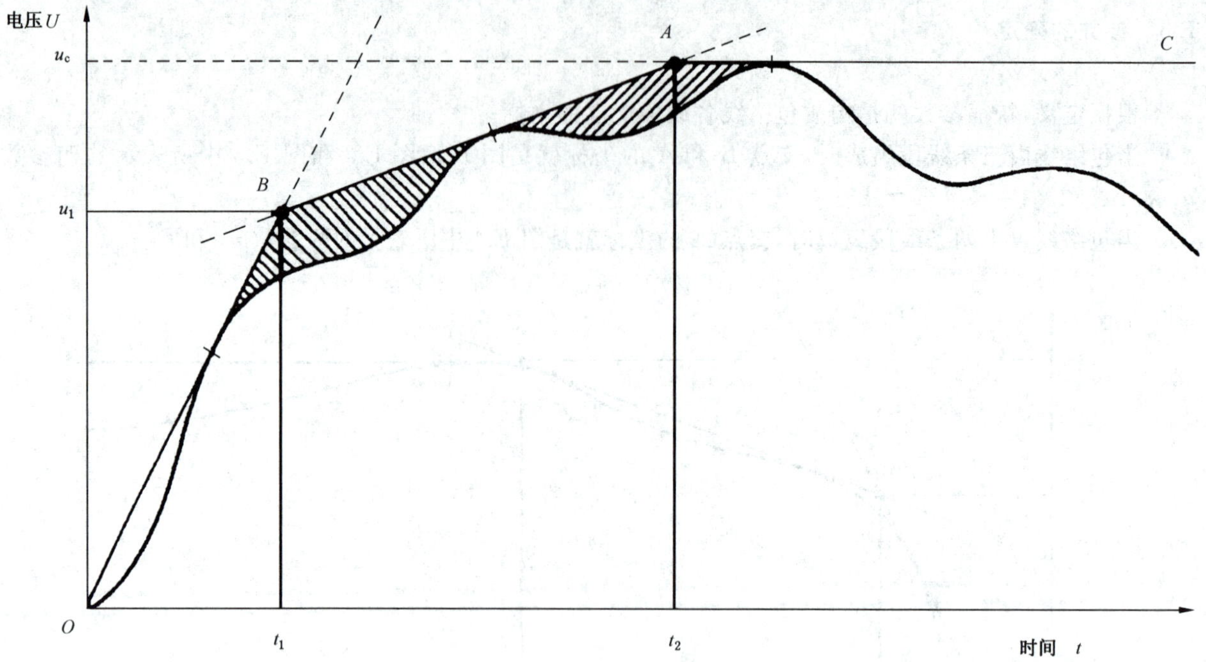

图 E.2　用四参数表示回路的预期瞬态恢复电压——E.2 c) 2)的情况

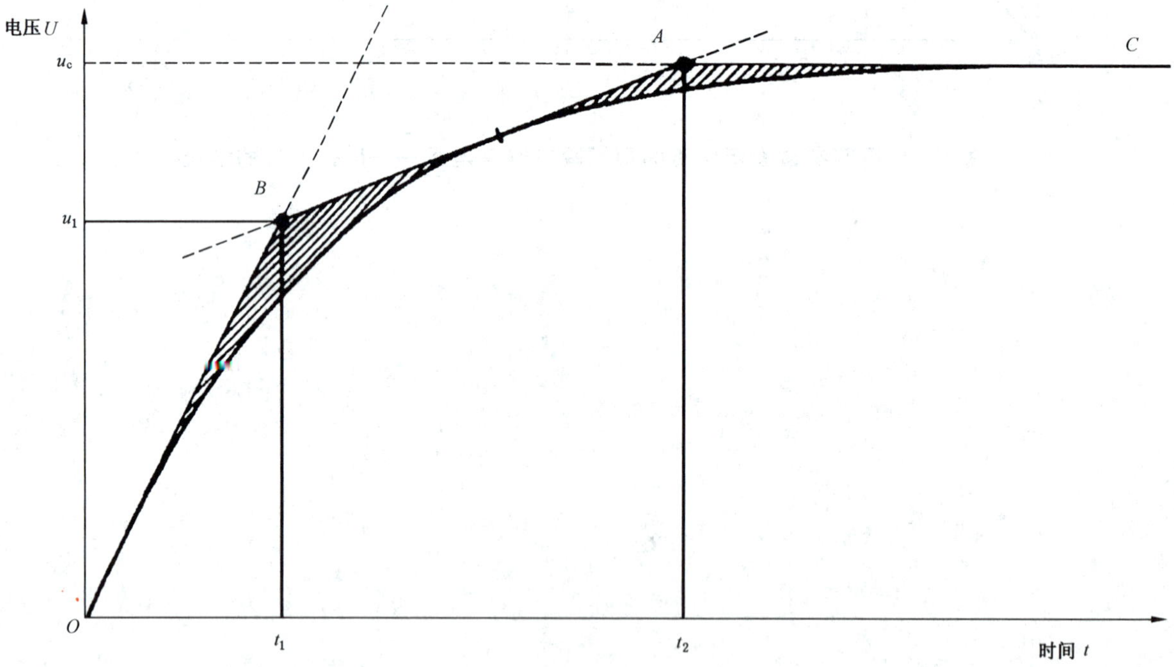

图 E.3　用四参数表示回路的预期瞬态恢复电压——E.2 c) 3) ⅰ)的情况

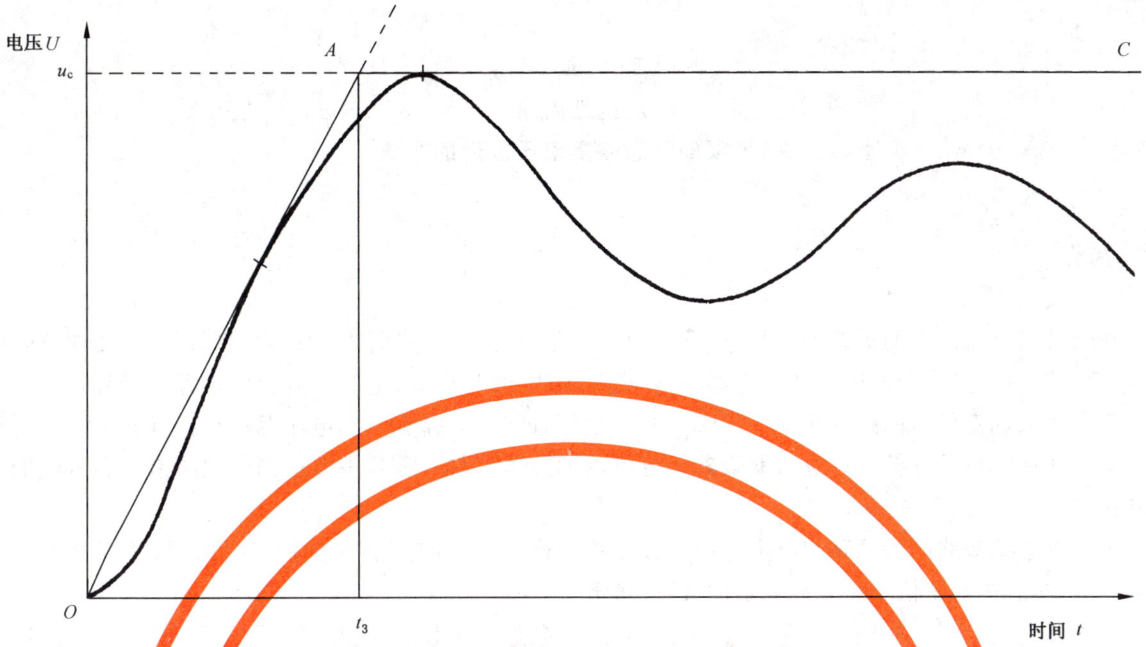

图 E.4 用两参数表示回路的预期瞬态恢复电压——E.2 c) 3) ⅱ)的情况

附 录 F
（规范性附录）
确定预期瞬态恢复电压波形的方法

F.1 简介

开断短路电流产生的瞬态恢复电压（TRV）波形取决于两个方面主要因素，即回路参数（电感、电容、电阻、波阻抗等）决定的因素和断路器特性（电弧电压、弧后电导、电容和开合电阻等）决定的因素。

给出用来确定仅由回路参数决定的瞬态恢复电压，即“预期瞬态恢复电压”波形的方法。

由于任何测量设备都会影响预期瞬态恢复电压的波形，因此，需要采取适当的预防措施和可能的校正措施。

确定试验站短路试验回路和电力系统的预期瞬态恢复电压的方法有多种，这里列举并简介推荐的方法，并考虑到为额定值和试验而规定的 TRV 特性。

试验站和电力系统的经验表明：开断短路电流后，叠加在工频电压波上的不仅有单频或多频的振荡波，而且还有幅值和持续时间相当大的指数波。后者的时间常数取决于回路元件，例如发电机、变压器、线路等的特性。这些指数分量具有抑制 TRV 峰值和上升率的作用，使这些值低于只有振荡分量叠加在工频电压上时可能出现的值。如图 F.1 所示，测量的所有方法均应考虑这一效应。

测量表明：由于导体、大地和磁回路内部涡流的屏蔽作用，各种回路元件的电感都随频率而变化。加上有助于减小瞬态电压的其他因素，在此引入时间常数，它由发电机的几百微秒下降到变压器的几十微秒，其准确值取决于特定设备的设计及 TRV 分量的频率。在某些情况下，它可以抑制 TRV 峰值多达 25%。

因此，确定试验站或系统预期瞬态恢复电压时，考虑到这些因素很重要，并给出了与推荐方法有关的导则。

不论采用哪种方法，试验站预期瞬态恢复电压的实测值应与本标准的规定值一致。

如果 TRV 到达峰值时间 t_2 超过比如说 1 250 μs 时，除了上述效应外，在任何情况下，瞬时工频电压，50 Hz 时降低 6%以上，60 Hz 时降低 10%以上。因此，当使用确定包括工频恢复电压的预期 TRV 的方法时，或用回路常数进行计算时，还应考虑这些影响。

电流过零后工频分量的瞬时值也与短路功率因数和电流最后半波的直流分量百分比有关，这样，就可能小于全峰值。对于对称电流及短路功率因数为 0.15 或更小的情况，降低量不超过 1.5%，所以，它对试验站的试验回路并不重要。因为运行中可能存在较高的功率因数，降低量可能会很明显。

对于出线端故障的额定 TRV（见 4.102），考虑到局部电容对断路器电源侧的影响，引入了一个时延。也规定了相关试验回路相应的时延（见 6.104.5），TRV 的测量方法应能分辨出这一时延。

对一些断路器，还规定了近区故障的额定特性（见 4.105）及近区故障试验期间产生的 TRV。断路器和线路之间的局部电容也会在线路侧 TRV 分量中产生时延。试验期间，希望测量和记录线路侧的时延，所用的方法应适于测到此值。

F.2 推荐方法简述

确定预期恢复电压基本方法分类如下：

——第 1 组：直接短路开断法；

——第 2 组：工频电流注入法；

——第 3 组：电容电流注入法；

——第 4 组：模型网络法；

——第 5 组：回路参数计算法；

——第 6 组：空载开合包括变压器的试验回路；

——第 7 组：不同方法的组合。

第 1 组、第 4 组和第 5 组推荐用于电力系统。

第 2 组和第 3 组可用于电力系统的局部。

仅第 1 组到第 3 组或它们的组合适用于确定短路试验站试验回路的预期瞬态恢复电压。

当使用第 1 组、第 2 组、第 3 组、第 4 组、第 5 组、第 6 组或第 7 组时，应仔细检查电压记录回路，确保在所要记录的 TRV 频率范围内总的校准刻度是恒定的，且时间的偏转是线性的。然后应当用一个已知电压来校准示波器及所有分压器。使用具有扫描时基的阴极射线示波器时，应准确知道偏转/时间刻度，且最好是线性的，以免为了比较等目的而重复描绘。

适用时，注入电流和所研究的回路两端的电压应该采用具有适当速度的时基进行记录，此外，还应在电流零点处对电流和电压进行高速记录。TRV 应由具有适当灵敏度和适当时间刻度的示波器来记录。

F.3 推荐方法的细节

F.3.1 第 1 组——直接短路开断法

这一方法包括开断在所研究系统中通过金属连接建立的实际短路电流和通过示波器记录产生的 TRV。理想状况下，开断电流应是对称的。如果有明显的不对称，也应考虑到 di/dt 的变化。对这种方法，不可忽略断路器的影响。这方面最重要的特性为电弧电压和弧后电导。

由于电弧电压，断路器触头间的电压在开断电流的瞬间可能不为零，因此，TRV 不是从零电压而是从电流零点的电弧电压值开始上升。这样，TRV 开始低于零电压轴然后与电压轴相交（见图 F.3）。

因此，峰值电压比理想断路器（零电弧电压）的情况（见图 F.2）要高。如果电流很小，电流零点可能明显提前（电流截断），在这点开断可能会引起类似且更加明显的结果（见图 F.4）。更进一步，如果预期 TRV 包括多个振荡分量，电流截断产生的波形会与用理想断路器得到的波形明显不同。

因此，电流零点前的电弧电压低和不截流的断路器特别适合于直接短路开断使用。

可以补偿电弧电压的影响，如图 F.6 所示。

原则上，电弧电压补偿仅适合于具有单频瞬态分量的 TRV，但是，对具有多频瞬态分量的 TRV，如果主振荡分量的幅值占主流，作为一个好的近似方法也可使用它。

弧后电流，即 TRV 上升期间电弧间隙流过的电流，由于衰减作用会影响 TRV 的波形，这样，降低了它的上升率和峰值（见图 F.5）。使用与断路器灭弧室并联的电阻会产生类似的效果。

所以，除了与低电弧电压和无电流截断相关的要求外，直接短路开断方法所用断路器不应安装并联电阻且不应有明显的弧后电导。

特别是在试验站可以在适当降低励磁运行的条件下，真空断路器通常近似用做“理想”断路器。但是，应当确定所用的任何装置不会在研究的具体回路中有明显的电流截断。用于直接电流开断的断路器特性有时可做适当地改进，例如安排触头分离的时间以缩短电弧持续时间和降低电弧电压。

这一方法在开断所研究回路中的实际短路电流以及记录的 TRV 应或多或少地考虑到恢复电压抑制的效应。因此，直接短路开断方法可能是确定预期 TRV 最合适的方法（这与断路器的特性有关），常被用做检查其他方法的基础。但是，直接短路开断方法不适合于测量时延，尤其是在近区故障情况下的线路侧 TRV 的时延。

F.3.2 第2组——工频电流注入法

本方法仅用于不带电回路，所以，大多数用于试验站或者不带电时可分离的系统的一部分。因此也不考虑电晕或磁饱和现象。

本方法的基础是向回路中注入一较小电流，并记录由理想开关装置(即可以忽略电弧电压和弧后电流的装置)开断这一电流时回路的响应。

合适的注入电流源是由当地低压主网供电的单相变压器，二次输出一系列电压和电流，例如，在200 V时的2 A和25 V时的300 A之间。这一系列覆盖了需要确定的大多数回路的阻抗。本方法使用的示例简图见图F.7，并附有元件的详细说明。图F.8表示其操作顺序。

应注意确保电源及测量装置的固有电容不影响测量结果。

应在回路的输入端测量电压响应，适用时，回路的一端应接地。回路的两端均不接地时，测量和注入设备应完全与地绝缘。这可以用一个与地绝缘且对地电容可以忽略的辅助发电机可以做到这一点。

用于这一方案最方便的开关装置是半导体二极管。通常，反向恢复时间不超过100 ns的半导体二极管是很适合的。当TRV具有低的等效固有频率时，时间稍长也可以接受。为了得到正确的载流能力，可几个二极管并联运行。

注：二极管的特性与多个因素有关，例如，正向电流值、反向电压的波形和幅值以及与确定其特性所使用的方法有关的工厂数据。

为了获得对称的电流波形，可能需要通流达20个周期。在这一时间的大部分中，二极管被一开关旁路，这一开关在该段时间的末尾打开，使得电流流过二极管，在随后的电流零点二极管开断回路电流。

为了准确地确定时延，需要放大波形初始部分的电压和时间刻度。

较低速记录电流可以表明开断电流是否对称，高速记录可以给出电流零前的变化率 di/dt，这也可表明是否有引起TRV衰减的不可忽略的弧后电流，或有影响TRV幅值的不可忽略的电流抑制。

记录的TRV可以再现所研究的回路的固有瞬态振荡，还有引起电压衰减的诸多因素。

回路满载时，采用电压校准可以确定其数值。详细内容见F.3.4。

F.3.3 第3组——电容电流注入法

本方法除了流过回路的电流来自于电容器放电外，其余类似于第二组。这样，注入电流的频率取决于回路的电容值和电感值。

由于注入电流的频率通常远高于工频，所以，本方法不考虑引起电压衰减的因素。

由于放电电流的频率应为回路等效固有频率的1/8，这意味着这种方法适合于测量包含高固有频率分量回路的TRV。这种方法对近区故障试验回路线路侧分量特性的测量特别有用，这种回路的固有频率很高，且时延相当小。

电容电流注入回路的一个原理图例见图F.9，包含元件的详细情况。图F.10为该方法的操作顺序。

校准方法及注意事项同第2组，详细内容见F.3.4。

F.3.4 第2组和第3组——校准方法

由电流零点前注入电流的变化率 di/dt 的测量值计算注入电流的等价有效值 I_i：

$$I_i = \frac{\frac{di_i}{dt}}{2\pi f_i \sqrt{2}} \qquad \text{(F.1)}$$

式中：

f_i——注入电流的频率。

该公式假定：

$$i_{\mathrm{i}} = I_{\mathrm{i}}\sqrt{2}\sin(2\pi f_{\mathrm{i}} t) \cong I_{\mathrm{i}}\sqrt{2}\pi f_{\mathrm{i}} t \qquad \cdots\cdots\cdots\cdots\cdots\cdots\cdots\cdots\cdots\cdots(\text{F.2})$$

当 $t_2 < 1\ 250\ \mu s$ 时，该假定近似有效。

基于上述近似值，可得出如下规律：

注入电流的频率应小于或等于被测量回路等效固有频率的 1/8。对于预期 TRV 的 t_2 大于 1 250 μs 的情况，注入电流的频率应等于额定频率。

注：如果系数为 1/8，在（$t_2 - t_0$）阶段，注入电流的斜率与直线的最大偏差可达 15%；系数为 1/4 时，最大偏差为 5%。

如果回路的最大短路电流的有效值为 I_{sc}，则对应于 I_{sc} 的 TRV 电压校准刻度 V_{sc}(mm)为：

$$V_{\mathrm{sc}}(\mathrm{mm}) = V_{\mathrm{i}}(\mathrm{mm})(I_{\mathrm{sc}}/I_{\mathrm{i}})(f_{\mathrm{sc}}/f_{\mathrm{i}}) \qquad \cdots\cdots\cdots\cdots\cdots\cdots\cdots\cdots\cdots\cdots(\text{F.3})$$

式中：

f_{sc}——短路电流的频率。

根据上述关于具有较长 t_2 时的预期 TRV 的规定，当电流曲线与对称的正弦曲线的偏差过大而不可忽略时，应使用下述基本公式：

$$V_{\mathrm{sc}}(\mathrm{mm}) = V_{\mathrm{i}}(\mathrm{mm}) \frac{\left(\frac{\mathrm{d}i_{\mathrm{sc}}}{\mathrm{d}t}\right)_{i_{\mathrm{sc}}\to 0}}{\left(\frac{\mathrm{d}i_{\mathrm{i}}}{\mathrm{d}t}\right)_{i_{\mathrm{sc}}\to 0}} \qquad \cdots\cdots\cdots\cdots\cdots\cdots\cdots\cdots\cdots\cdots(\text{F.4})$$

式中：

$\left(\frac{\mathrm{d}i_{\mathrm{sc}}}{\mathrm{d}t}\right)_{i_{\mathrm{sc}}\to 0}$——电流零点的工频短路电流的变化率，电流的函数为：

$$i_{\mathrm{sc}} = I_{\mathrm{sc}}\sqrt{2}\sin(2\pi f_{\mathrm{sc}} t) \cong I_{\mathrm{sc}}\sqrt{2} \times 2\pi f_{\mathrm{sc}} t \qquad \cdots\cdots\cdots\cdots\cdots\cdots\cdots\cdots\cdots\cdots(\text{F.5})$$

这一公式特别适用于轻微衰减振荡形式的电流的电容电流注入法。

确定近区故障试验的校准刻度时，下述方法比较合适：

从高速记录测量：

$\frac{\mathrm{d}u_{\mathrm{i}}}{\mathrm{d}t}$——注入电流零点 TRV 的 RRRV；

u_{i}——注入电流的第一电压峰值；

$\left(\frac{\mathrm{d}i_{\mathrm{i}}}{\mathrm{d}t}\right)_{i_{\mathrm{i}}\to 0}$——注入电流在其零点的变化率。

然后，通过计算可以得到波阻抗 Z 的值：

$$Z = \frac{\frac{\mathrm{d}u_{\mathrm{i}}}{\mathrm{d}t}}{\left(\frac{\mathrm{d}i_{\mathrm{i}}}{\mathrm{d}t}\right)_{i_{\mathrm{i}}\to 0}} \qquad \cdots\cdots\cdots\cdots\cdots\cdots\cdots\cdots\cdots\cdots(\text{F.6})$$

F.3.5 第 4 组——模型网络

在这种方法中，模型网络由能真正代表整个回路元件的单元组成。通常需要采用具有集中参数的模型单元来模拟具有分布参数的实际回路元件。另外，模型单元的阻抗（特别是电抗和电阻）特性应尽可能真实地模拟实际元件在频率高到至少和考虑中的 TRV 频率相当情况下的阻抗特性。

这种方法的准确性取决于被模拟回路参数的准确值，这些数据经常很难获得，也难在一个小的模型网络上模拟。

这种方法特别适用于随频率变化的参数，所以，本方法通常不直接考虑 TRV 的衰减，用它求得的值比在实际系统上直接短路得到的稍高。

本方法主要用于研究电力系统，由于它不需要系统停止运行，如果认识到其局限性，也可给出有用的导则。

F.3.6 第 5 组——由回路参数计算

如果知道与回路元件参数有关的数据，和第 4 组一样，特别是在回路不太复杂时，TRV 波形的计算常常很方便。

通常，这一方法不考虑衰减效应，如果已知回路的相关数据，可做一些修正；类似于工频分量的减少，对那些时间 t_2 超过 1 250 μs 的 TRV，也可考虑衰减效应。

本方法受到第 4 组的制约，除非在使用第 1 组、第 2 组、第 3 组或第 6 组的技术从试验中获得的实际 TRV 波形检查试验结果方面已经有经验，加上计算中的固有误差。

F.3.7 第 6 组——空载开合包括变压器的试验回路

本方法由连接开路回路中的试验变压器和记录二次回路的开路间隙上瞬态电压特性的示波器组成。

在由发电机产生短路电流的试验站，这种方法特别有用。但是，用于开合的断路器应没有并联电阻，且没有明显的预击穿，安装位置紧靠被试断路器。本方法仅限用于产生单频 TRV、不再产生与涡流相关的指数分量的回路。

F.3.8 第 7 组——不同方法的组合

如果使用由不同试验回路组合而成的合成试验回路，可能需要组合使用上述推荐的方法。如果 TRV 上叠加多个电源(通常多达三个电源)的输出，通常就是这种情况。例如，在电压注入试验回路中，可能由电流源来校核 TRV，但电流源与电压注入回路产生的 TRV 无关。也就是说，每个单独回路用一种推荐方法来校核。不同的回路可以采用不同的方法。可由数学方法得出总的 TRV(不同回路产生的 TRV 总和)。如果用数字记录仪，通过综合不同方法得到的数据也可能得出总的 TRV。

表 F.1 给出了这些方法的具体制约因素，组合使用这些方法时应加以考虑。

F.4 各种方法的比较

各种方法的特征及其优缺点列于表 F.1。

表 F.1 确定预期 TRV 的各种方法

方法	理论上的制约因素	实际上的制约因素
F.1.1 用理想断路器进行实际试验	没有。所有现象都能正确再现	不存在可以满足全部要求的理想断路器
F.1.2 全电压且有限流干扰时的工频试验(理想断路器试验或“合闸”试验均可)	不必考虑试验回路中可能存在的非线性，即在一特定频率下，电流和电压间不存在线性关系(不要和与时间有关的回路元件的影响相混淆)	不存在可以满足全部要求的理想断路器。分离出 TRV，需要熟练的测量技术；否则，存在大的工频分量时很难解释试验结果。 对于关合试验，最合适的限流装置是电感；否则，适用时试验回路的其他元件(如电阻、电容)也可使用。 所用元件可能体积庞大或价钱昂贵

表 F.1（续）

方法	理论上的制约因素	实际上的制约因素
F.1.3　用理想断路器在其他都不变的试验回路中降压进行的工频试验（即低励磁试验）	不用考虑试验回路中可能存在的非线性，即在一特定频率下，电流和电压间不存在线性关系（不要和与时间有关的回路元件的影响相混淆）	当还不存在可以满足全部要求的理想断路器时，所用理想断路器的选择受到限制。 当回路使用一台以上的发电机时，同步很难满足。 励磁应足够高以防波形畸变。 一般在网络试验站不可能
F.1.4　用普通断路器在实际试验回路中进行试验	难于从试验中记录的 TRV 特性中分离出断路器的影响	选择具有低的电弧电压、在电流零点产生的电流畸变可以忽略、弧后电流可以忽略、没有并联阻抗的断路器。 当不能做到上述这些时，会产生误差，试验站之间由于使用了具有不同特性的断路器而有可能缺乏一致性
F.2　在“不带电”回路中注入工频电流的理想断路器试验	不必考虑试验回路中可能存在的非线性，即在一特定频率下，电流和电压间不存在线性关系（不要和与时间有关的回路元件的影响相混淆）	在网络供电的试验站，仅适用于“不带电”的回路元件，例如，近区故障元件，或网络阻抗与回路阻抗的剩余部分相比可以忽略的情况。 发电机应停止工作以防残压。 如果直轴和交轴电抗间的差异很大，则转子的位置可能很重要。 用以代替理想断路器、能够承载需要注入的工频电流的开关二极管的反向恢复时间可能影响包括高频分量的 TRV，例如，在近区故障试验回路中。 由于回路阻抗低，测量电压相对较小时，外界电源在“不带电”回路中感应引起的干扰可能影响 TRV，例如，与近区故障相关的
F.3　在“不带电”回路中注入频率高于工频的电流的理想断路器试验	不必考虑试验回路中可能存在的非线性。 不能直接给出工频阻抗。 假如注入电源的频率高于工频但远低于 TRV 的频率，只能给出单频或多频回路的 TRV 由零到第一最大值的正确波形和数值。不可能正确地确定振幅系数	在网络供电的试验站，仅适用于“不带电”的回路元件，例如，近区故障元件，或网络阻抗与回路阻抗的剩余部分相比可以忽略的情况。 发电机应停止工作以防残压。 如果直轴和交轴电抗间的差异很大，则转子的位置可能很重要
F.4　模型网络试验（暂态网络分析）	并非能经常得到网络的非线性及与频率相关特性的准确资料。 需要回路元件及其杂散参数的准确情况	需要充分表现瞬态网络分析元件中的回路元件的特性，包括其非线性和与时间有关的特性

表 F.1（续）

方法	理论上的制约因素	实际上的制约因素
F.5　由回路参数计算	并非能经常得到电网的非线性及与频率相关特性的准确资料。 需要回路元件及其杂散参数的准确情况	网络阻抗与试验站阻抗相比不可忽略时，需要与瞬态网络条件相关的全部知识。 准确或充分地表现回路元件的特性，包括它们的非线性以及与时间有关的特性，特别是杂散参数
F.6　空载开合试验变压器	除非在电压波的峰值附近使变压器带电，否则，需要校正工频电压的波前	要求实际的短路试验回路。 仅适用于单频回路

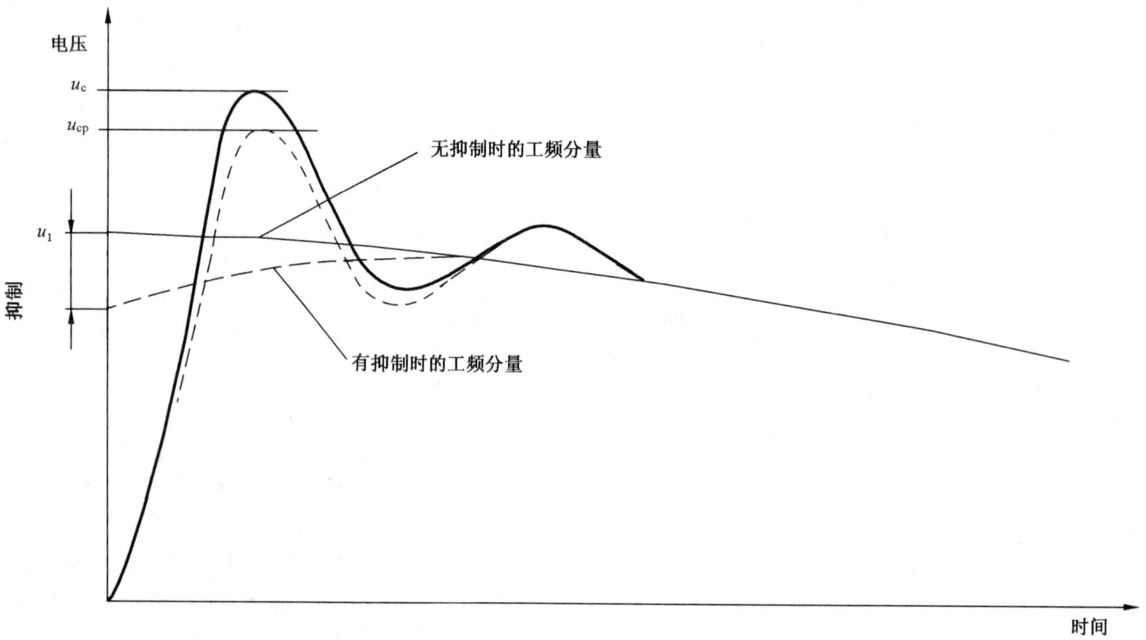

说明：

u_c ——规定 TRV 的峰值；

u_{cp} ——具有抑制效应时测得的 TRV 的峰值；

u_1 ——无抑制作用时工频电压的峰值。

图 F.1　抑制对 TRV 峰值的影响

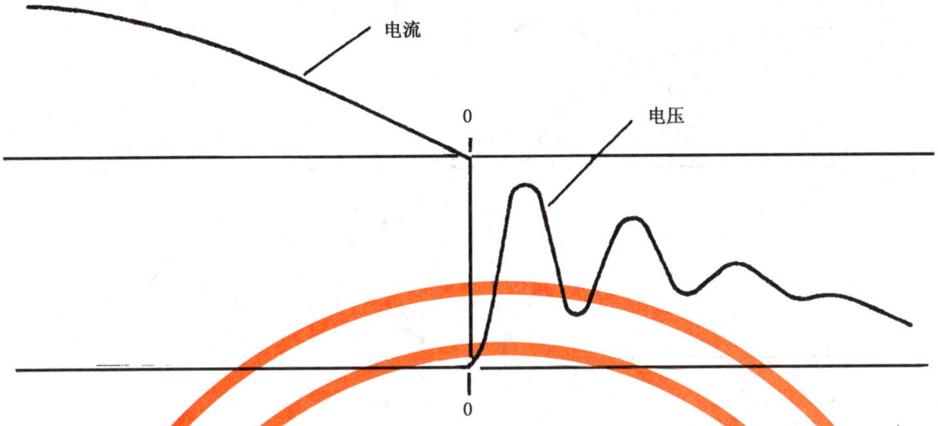

图 F.2 理想开断时的 TRV

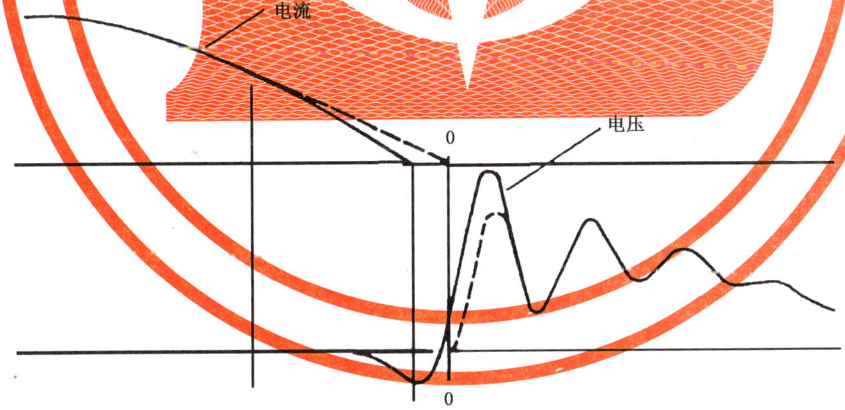

图 F.3 存在电弧电压时的开断

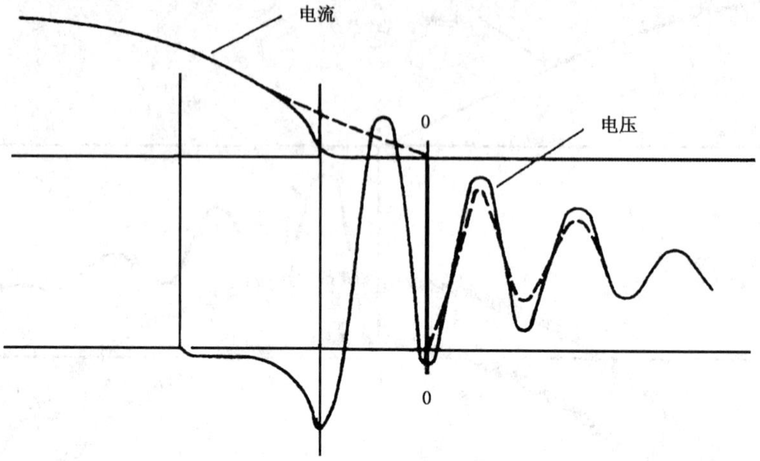

图 F.4 电流零点显著提前时的开断

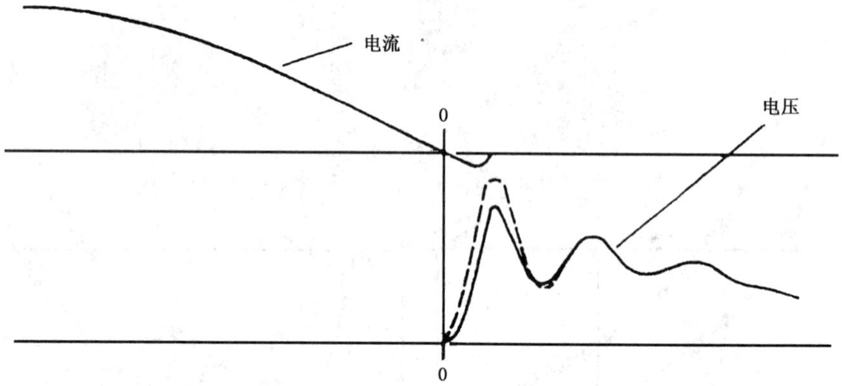

图 F.5 有弧后电流时的开断

注：电弧、提前的电流零点以及弧后电导对瞬态恢复电压的影响。图 F.3～图 F.5 的虚线部分表示理想开断时的特性。

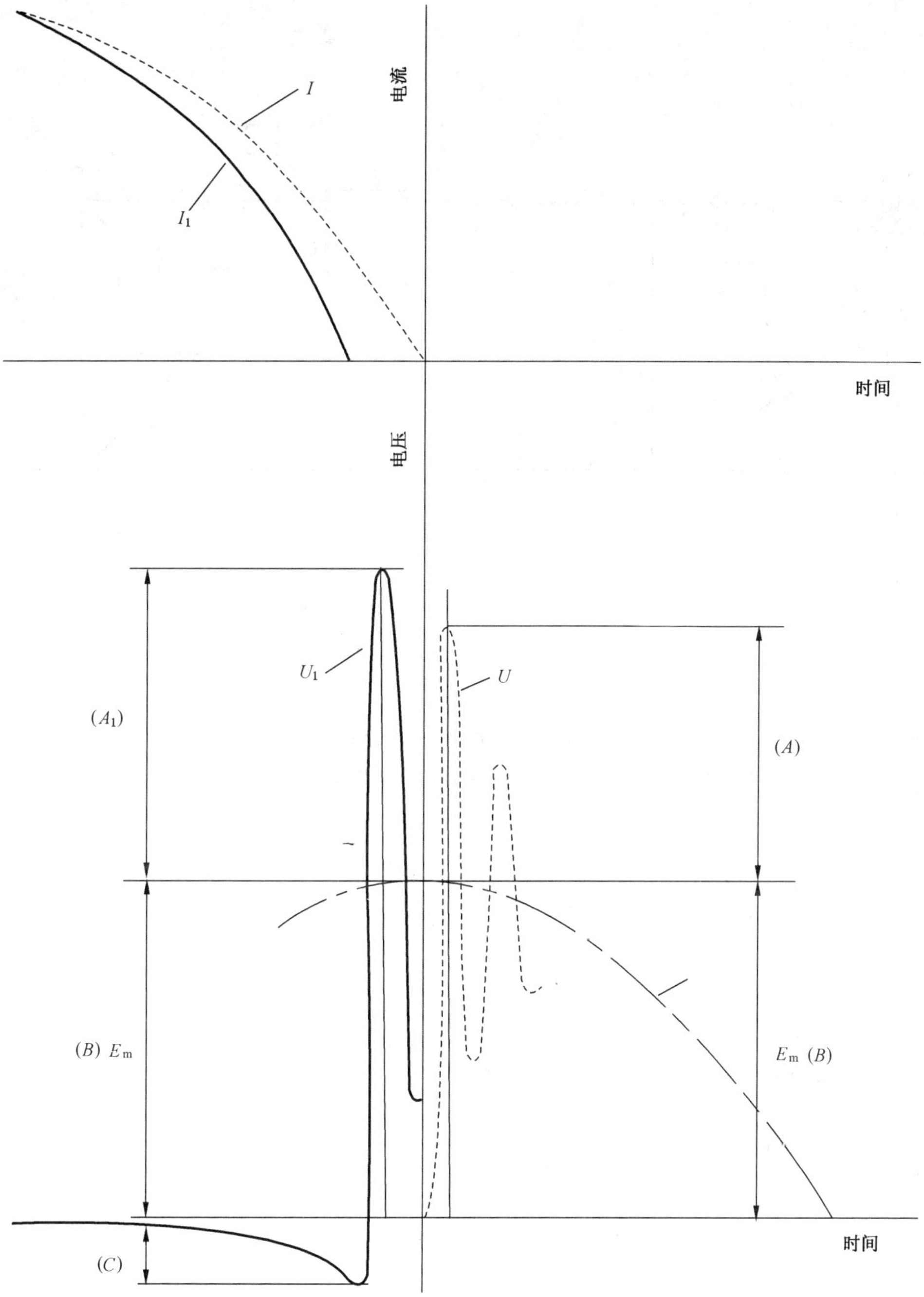

说明：

I_1, U_1	——分别在试验中获得的电流和电压；
I, U	——分别为系统的预期电流和电压；
E	——工频恢复电压；
$A+B=A_1\dfrac{B}{B+C}+B$	——瞬态恢复电压的峰值。

图 F.6　试验中出现的和系统预期的电流值与 TRV 间的关系

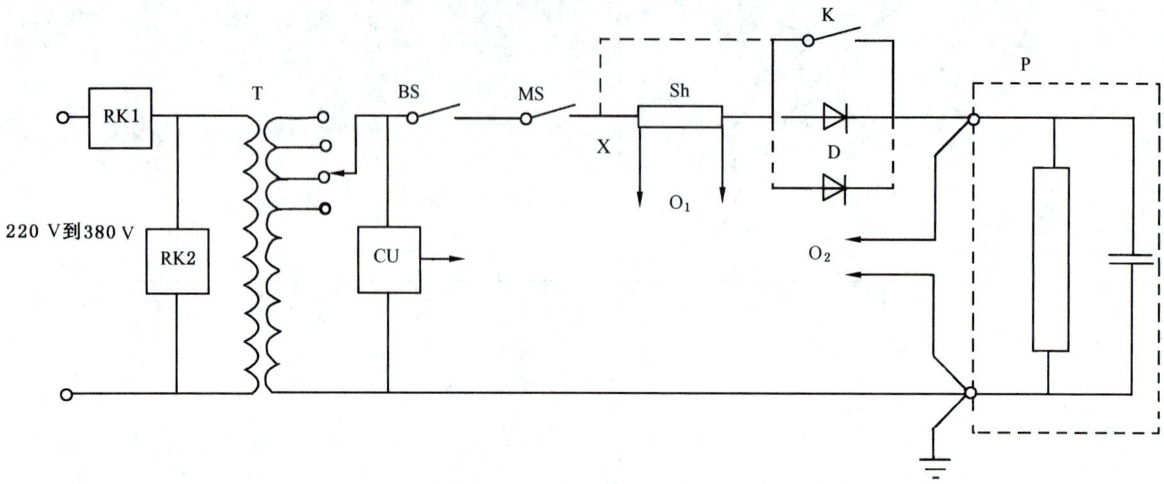

说明：

RK1,RK2——如果有要求,用于抑制谐波的串联和并联谐振电路；

T ——把注入回路和电源隔离并提供可调节的输出电压的变压器；

BS ——备用开关；

MS ——合闸开关；

K ——二极管旁路开关；

X ——允许使用具有较低时间电流额定值的分流器的 K 的替代连接；

D ——直到 5 个快速开关硅二极管的并联连接；

Sh ——测量电流的分流器；

O_1 ——阴极射线示波器,通道 1 记录用于检查二极管动作的电流的幅值和线性度；

O_2 ——阴极射线示波器,通道 2 记录回路的响应；

P ——需要测量的预期 TRV 的回路；

CU ——提供图 F.8 中给出的动作程序的控制单元。

注：注入电流的测量也可在地电位处同样进行。

图 F.7 工频电流注入装置的原理图

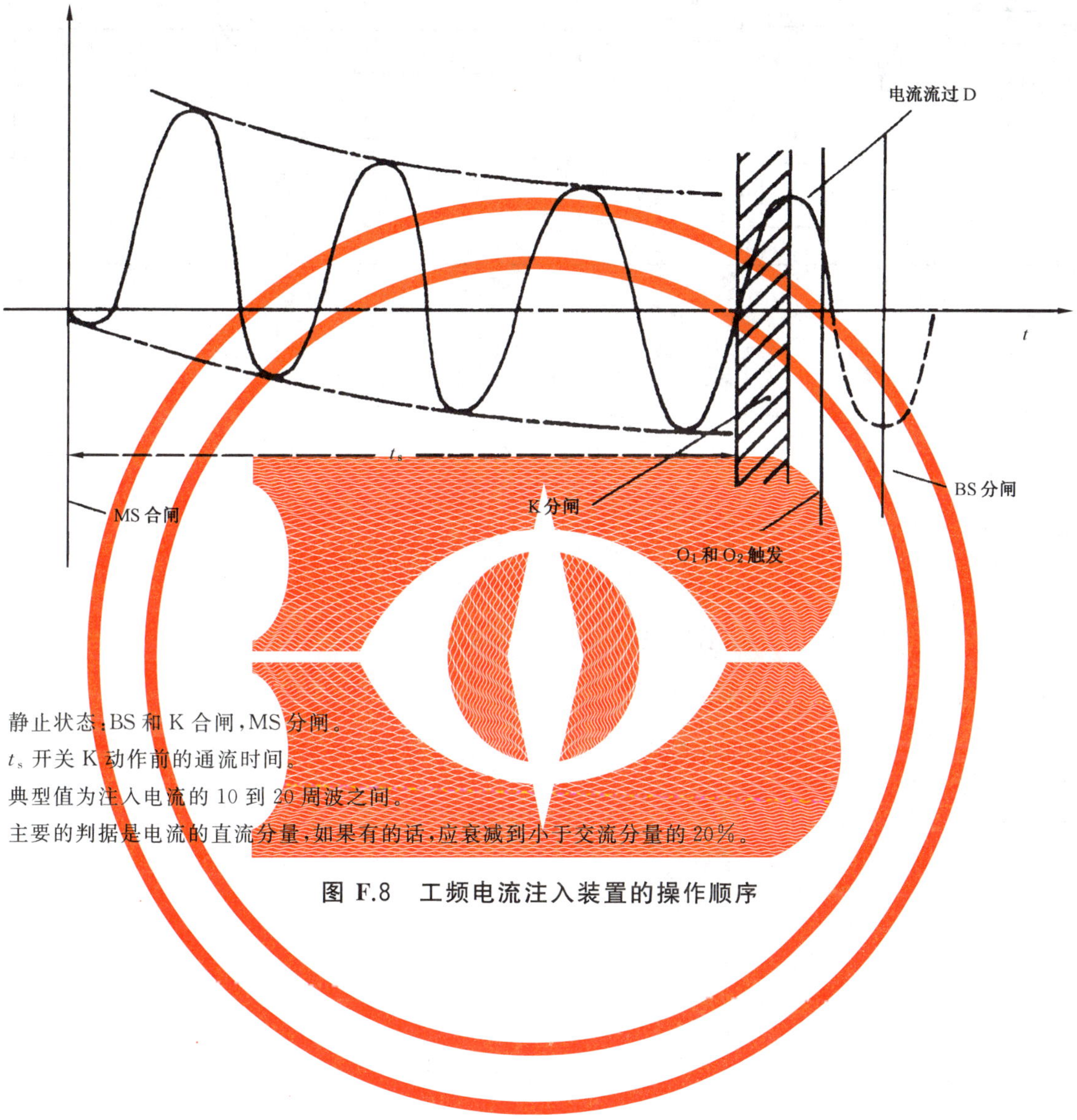

静止状态：BS 和 K 合闸，MS 分闸。

t_s 开关 K 动作前的通流时间。

典型值为注入电流的 10 到 20 周波之间。

主要的判据是电流的直流分量，如果有的话，应衰减到小于交流分量的 20%。

图 F.8 工频电流注入装置的操作顺序

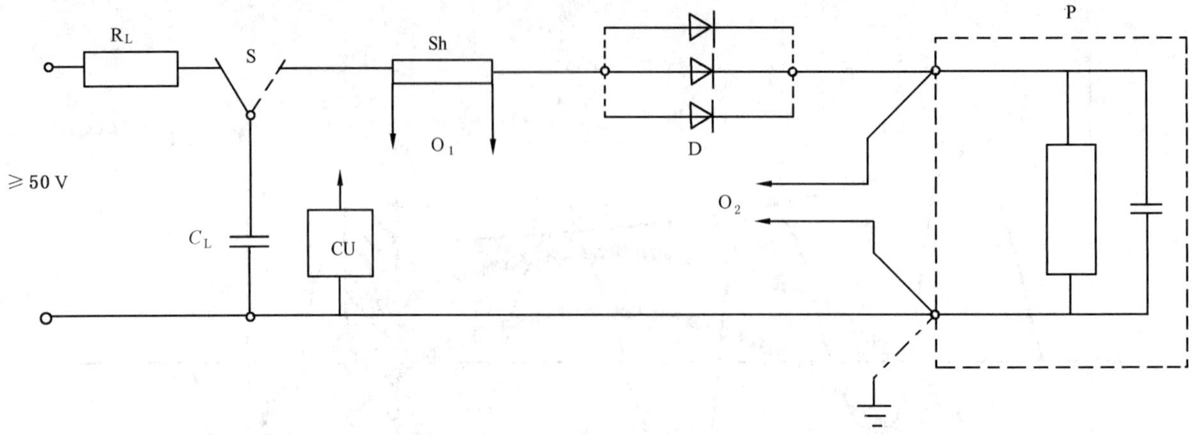

说明：

R_L ——充电电阻；

S ——开关继电器；

C_L ——电源电容；

注 1：如果充电电容 C_L 通过开关继电器 S 连接到回路 P，流过频率为 f_i 的振荡电流。应调节 C_L 的值使得：$f_i \leqslant \frac{f_e}{8}$，这里 f_e 是回路 P 的固有频率，$f_e = \frac{1}{2T_e/2}$。

f_i ——应该是叠加的电流振幅，在电流零点之前消失；

Sh ——测量电流的分流器；

O_1 ——阴极射线示波器，通道 1 记录用于检查二极管动作的电流的幅值和线性度；

O_2 ——阴极射线示波器，通道 2 记录回路的响应；

D ——直到 100 个快速开关硅二极管的并联连接；

P ——需要测量的预期 TRV 的回路；

CU——提供图 F.10 中给出的动作程序的控制单元。

注 2：注入电流的测量也可在地电位处同样进行。

图 F.9 电容注入装置的原理图

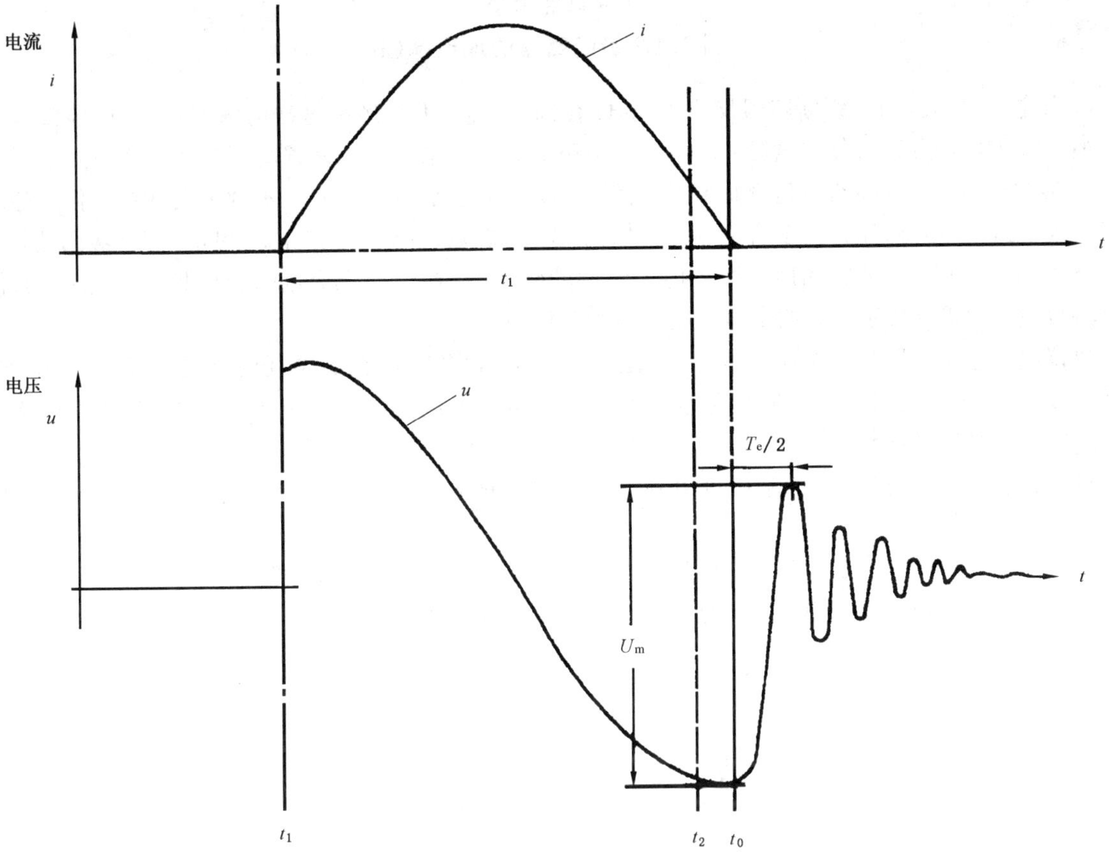

说明：

t_1 ——S的开合；

t_2 ——阴极射线示波器的触发；

u ——回路P两端的电压波形；

i ——注入电流的波形；

U_m ——二极管上的最高电压；

t_0 ——电流过零时刻(TRV振荡开始)；

t_i ——电流流过二极管D的持续时间，$f_i=\frac{1}{2t_i}$；

$\frac{T_e}{2}$ ——TRV半波的持续时间。

图 F.10　电容注入装置的操作顺序

附 录 G
（资料性附录）
引入 E2 级断路器的理论基础

应当注意到，引入 E2 级断路器仅限于配电断路器。本标准已经有这样的情况：一些试验仅限于一定的电压范围内，所以，对额定电压 40.5 kV 及以下断路器的增加电寿命试验不会产生任何问题。

现在生产的大部分断路器是密封型或封闭型的，只事先充气（适用时），不做中间维护。传统的断路器不要求少维护，但是，用户为了合理的经济原因，希望（多数情况下确实希望）规定出 E2 级断路器。

所以，有两种选择：要么采用可维护内部元件的断路器，在预期寿命内需要时即可维修；要么使用 E2 级断路器，但需要特别繁杂的试验程序来检验其能力。

建议电缆连接电网的电寿命试验为从试验方式 T10 到 T100a 全部系列的试验，且不做中间维修。几乎可以确定，所有密封型 SF_6 或真空型的配电断路器已经这样试验了多年。所以，对基本短路型式试验不需要增加额外试验。

对于架空线电网，标准的试验应该单独进行。附加试验是用户在统计运行经验的基础上提出的要求。

应当注意比较不同的试验程序。电流与磨损的关系不像其表现的那么简单。

最后，应当注意到，仅当用户为满足这些要求时才选择附加的试验。

附　录　H
（资料性附录）
单个及背对背电容器组的涌流

H.1　概述

通过断路器合闸关合电容器组会由于电容器组充电而产生瞬态现象。振荡引起过流（涌流），其幅值和频率与网络、电容器组特性、合闸的时刻有关。涌流的幅值和波形与外施电压、回路的电容、回路中电感的大小及安装位置、回路闭合时电容器上的充电量以及开合瞬间的衰减有关。计算涌流时，通常假定电容器组没有预充电，且回路在产生最大涌流时合闸。

当关合有预充电的电容器组时，产生的涌流比关合没有预充电的电容器组时产生的涌流要高。下面给出一个估算系数，通过它可以得出可增加的电流值：

$$\frac{\text{合闸时预充电的电容器组上的电压变化}}{\text{合闸时未充电的电容器组上的电压变化}}$$

应当说明的是，重击穿断路器也会在电容器上产生危险的电压。

如果知道网络阻抗，也可以计算涌流。图 H.3 为分别已有 0、1 和 n 组电容器连接到母线上时接入一个电容器组的三种不同情况。

通常，图 H.3 中 b）和 c）的简化计算是可以接受的。

当两个或更多的电容器组互相紧密相连且其间电感很小时，从电容器和断路器来看，可能需要通过接入与电容器串联的阻抗来减小涌流。通常串联一个电感可以使涌流的峰值和频率降到可以接受的数值。

实践中，利用涌流峰值小于用表 9 中规定的优选值的原理可以计算这一电感值。此电感值还应该为降低涌流频率在表 9（4 250 Hz）中规定的优选值之下标出尺寸。

在 GB/T 1984—2003 中，试验情况和运行条件的等效原则是基于“$i_{\text{maxpeak}} \times f_{\text{inrush}}$”的乘积，$i_{\text{maxpeak}}$是关合涌流峰值，$f_{\text{inrush}}$是涌流频率。最近计算表明关合操作时，对于预击穿时间大于涌流频率的半周期情况，燃弧能量不依赖于涌流频率，对于背对背电容器组开合是普遍情况。对于背对背电容器组开合，关合操作的燃弧能量是涌流峰值唯一的函数。另一方面，众所周知，燃弧触头磨损的情况以及压力冲击波的作用与频率略有关系且不能忽视。由于后种原因，运行中可以使用对允许的涌流频率规定的 +130% 的上偏差。换句话说，试验时所用的涌流频率应不低于运行中预期的涌流频率的 77%。这个概念限定在涌流频率到 6 000 Hz，因为更高频率的有效信息是有限的。

计算的两个示例见 H.2 和 H.3。

H.2 例 1——开合一个并联电容器(见图 H.1)

H.2.1 被开合电容器组简介

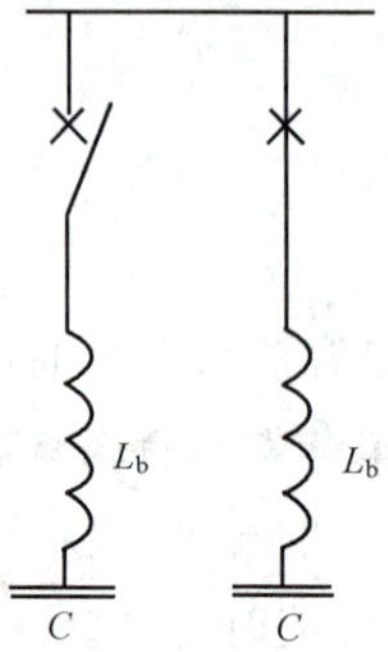

图 H.1 例 1 的回路图

额定电压 U_r=145 kV

额定频率 f_r=50 Hz

单个电容器组的容量 Q_b=16 MV·A(三相在 126 kV 有效值时)

电容器组间导体的总长度 l=40 m

单位长度导体的电感 L'=1 μH/m

根据这些值可以计算出电容 C 和电感 L_b。

C=3.2 μF;L_b=20 μH

H.2.2 没有任何限流设施时的计算

用图 H.3 中的公式,可以确定涌流的峰值 $\hat{i}$ 和频率 f_{ib}:

$$\hat{i}=U_r\sqrt{\frac{C}{6L_b}}=145\times10^3\sqrt{\frac{3.2\times10^{-6}}{6\times20\times10^{-6}}}=23.7\times10^3\ \text{A}=23.7\ \text{kA}$$

$$f_{ib}=\frac{1}{2\pi\sqrt{L_BC}}=\frac{1}{2\pi\sqrt{3.2\times10^{-6}\times20\times10^{-6}}}=19\ 900\ \text{Hz}$$

这些值远高于额定值,所以,应该采用限制设施。有时,在断路器合闸时预击穿的瞬间,第二组电容器组可能已经反极性充满了电,则 $\hat{i}$ 的值甚至加倍。

H.2.3 有限流设施时的计算

母线上所加的电感 L_a 应使涌流的峰值和频率低于表 9 中规定的优选值(20 kA 和 4 250 Hz,在规定公差内)。

计算涌流和频率时,用下列公式:

$$\hat{i}=U_r\sqrt{\frac{C}{6(L_b+L_a)}}\leqslant20\ \text{kA}\quad 峰值$$

$$f_{ib}=\frac{1}{2\pi\sqrt{(L_b+L_a)C}}\leqslant4\ 250\ \text{Hz}\times1.3$$

基于上述给出的公式,L_a 应该≥8.0 μH 来获得关合涌流峰值≤20 kA,L_a 应该≥239 μH 来获得涌流频率小于 5 525 Hz(4 250 Hz 的 130%)。因此,L_a 应该≥239 μH 来满足涌流频率的判断标准。

具有这样的电感值,涌流峰值将会达到 6.6 kA,涌流频率会达到 5 525 Hz。如果根据表 9 给出的优选值试验,甚至如果当合闸断路器发生预击穿,第二组立即反向完全预充电,这些值会很好的在断路器的性能内。

H.3 例 2——开合两个并联电容器(见图 H.2)

H.3.1 被开合电容器组简介

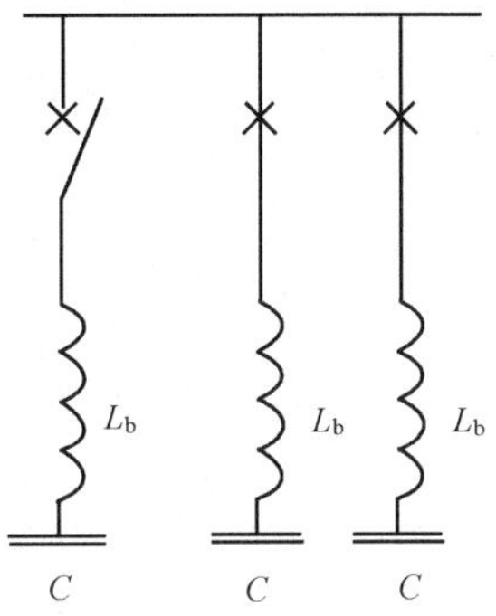

图 H.2 例 2 的回路图

额定电压 $U_r = 24$ kV

额定频率 $f_r = 50$ Hz

单个电容器组的容量 $Q_b = 5$ MV·A(三相在 22 kV 有效值时)

电容器组间导体的总长度 $l = 5$ m

单位长度导体的电感 $L' = 1\ \mu$H/m

根据这些值可以计算出电容 C 和电感 L_b。

$C = 32.9\ \mu F$;$L_b = 5\ \mu H$

H.3.2 没有任何限流设施时的计算

用图 H.3 中的公式,可以确定涌流的峰值 $\hat{i}$ 和频率 f_{ib}:

$$\hat{i} = U_r \frac{n}{n+1}\sqrt{\frac{2C}{3L_b}} = 24 \times 10^3 \times \frac{2}{3} \times \sqrt{\frac{2 \times 32.9 \times 10^{-6}}{3 \times 5 \times 10^{-6}}} = 33.5 \times 10^3\ \text{A} = 33.5\ \text{kA}$$

$$f_{ib} = \frac{1}{2\pi\sqrt{L_b C}} = \frac{1}{2\pi\sqrt{32.9 \times 10^{-6} \times 5 \times 10^{-6}}} = 12\ 400\ \text{Hz}$$

这些值远高于额定值,所以,应该采用限制设施。某些情况下,在断路器合闸时预击穿的瞬间,电容器组可能已经反极性充满了电,则 $\hat{i}$ 的值加倍。

H.3.3 有限流设施时的计算

母线上所加的电感 L_a 应使涌流的峰值和频率低于表 9 中规定的优选值(20 kA 和 4 250 Hz,在规定公差内)。

$$\hat{i} = U_r \frac{n}{n+1}\sqrt{\frac{2C}{3(L_b + L_a)}} \leqslant 20\ \text{kA 峰值},\ f_{ib} = \frac{1}{2\pi\sqrt{(L_b + L_a)C}} \leqslant 4\ 250\ \text{Hz} \times 1.3$$

基于上述给出的公式,L_a 应该≥9.0 μH 来获得关合涌流峰值≤20 kA,L_a 应该≥20.2 μH 来获得涌流频率小于 5 525 Hz(4 250 Hz 的 130%)。因此,L_a 应该≥20.2 μH 来满足涌流频率的判断标准。具有这样的电感值,涌流峰值将会达到 14.9 kA,涌流频率会达到 5 525 Hz。如果根据表 9 给出的优选值试验,这些值会很好的在断路器的性能内。应当注意当合闸断路器发生预击穿,最后一组立即反向完全预充电的情况。如果这种情况是可能的,L_a 的值应该进一步增大来限制关合涌流峰值在测试值以下。

a) 连接一个单组

$$\hat{i}=U_r\sqrt{\frac{2}{3}\frac{C}{L_0+L}}\approx U_r\sqrt{\frac{2}{3}\frac{C}{L_0}} \qquad L_0>>L$$

$$f_{ib}=\frac{1}{2\pi\sqrt{C(L_0+L)}}\approx\frac{1}{2\pi\sqrt{CL_0}}$$

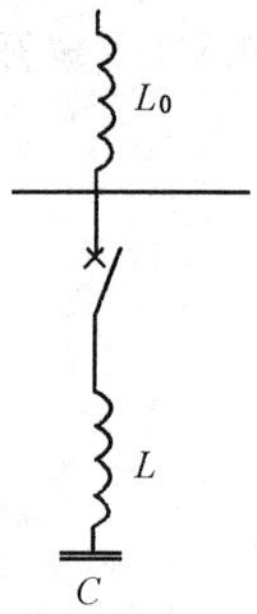

b) 当已接有一组时的连接

$$\hat{i}=U_r\sqrt{\frac{2}{3}\frac{C_1C}{C_1+C}\times\frac{1}{L_1+L}} \qquad f_{ib}=\frac{1}{2\pi\sqrt{\frac{C_1C}{C_1+C}(L_1+L)}}$$

$$S=\frac{U_r}{L_1+L}\sqrt{\frac{2}{3}}$$

当 $L_1=L$ 且 $C_1=C$ 时,则:

$$\hat{i}=U_r\sqrt{\frac{C}{6L}} \text{ 且 } f_{ib}=\frac{1}{2\pi\sqrt{LC}}$$

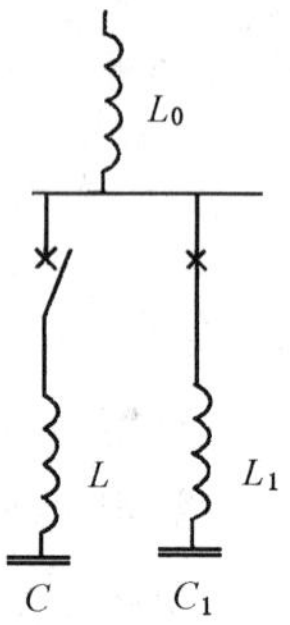

c) 当已接有 n 组时的连接

$$L'=\frac{1}{\frac{1}{L_1}+\frac{1}{L_2}+\cdots\frac{1}{L_n}} \text{ 且 } C'=C_1+C_2+\cdots C_n$$

当 $L_1=L_2=\cdots=L_n=L$ 且 $C_1=C_2=\cdots=C_n=C$ 时,则:

$$L'=\frac{L}{n} \text{ 且 } C'=nC$$

$$\hat{i}=U_r\frac{n}{n+1}\sqrt{\frac{2C}{3L}} \text{ 且 } f_{ib}=\frac{1}{2\pi\sqrt{LC}}$$

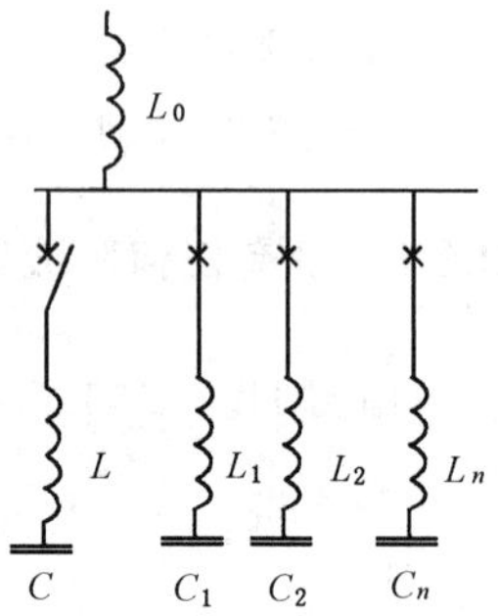

用 L' 和 C' 代替图 H.3b)中的 L_1 和 C_1。

当 $L_1\times C_1=L_2\times C_2=\cdots=L_n\times C_n$ 时,则计算是正确的,其他情况下则是近似的。

图例:

U_r ——额定电压;

$\hat{i}$ ——涌流峰值;

f_{ib} ——涌流频率;

S ——涌流的上升率;

L_0 ——电源电感;

L ——与被开合的电容器组串联的电源电感;

C ——被开合的电容器组的电容(等效的星形值);

$L_1,L_2,\cdots L_n$ ——电源侧与电容器组串联的电感;

$C_1,C_2,\cdots C_n$ ——电源侧的电容器组电容(等效的星形值)。

图 H.3 计算电容器组涌流的公式

附 录 I
(资料性附录)
解释性的注解

I.1 概述

在本标准的使用导则发布以前,本附录中收集了现有的或将来的所有解释性的注解。

I.2 关于额定短路开断电流的直流分量(4.101.2)的解释性的注解——选择适当时间常数的建议

I.2.1 选取适当的时间常数的建议

45 ms 的标准时间常数足以覆盖大多数实际工况。与断路器额定电压相关的、特殊工况的时间常数应覆盖 45 ms 时间常数不足的场合。例如,额定电压非常高的系统(如 800 kV 系统,线路具有较高的 X/R 比值),一些辐射式结构的中压系统或具有特殊系统结构或线路特性的系统,这种情况适用。考虑到 CIGRE WG 13-04(I.2.2)的调查结果,确定了特殊工况的时间常数。

确定特殊工况的时间常数时,应考虑到下述方面:

a) 本标准中提及的时间常数仅对三相故障电流有效。单相对地短路的时间常数小于三相故障电流的时间常数。

b) 至少在一相短路电流的起始时刻出现在系统电压零点最大的非对称电流。

c) 时间常数与断路器的最大额定短路开断电流相关。例如,如果要求高于 45 ms 的时间常数,但短路开断电流小于其额定值,这种情况可以被 45 ms 时间常数时的非对称额定短路开断电流试验所覆盖。

d) 一个完整系统的时间常数是一个与时间相关的参数,被认为是从该系统的各个支路短路电流的衰减导出的等效常数,而不是一个真实的、单一的时间常数。

e) 可以采用各种方法计算直流分量的时间常数,计算结果可能有显著的差异。应注意选择适当的计算方法。

f) 选择特殊工况的时间常数时,应切记断路器在触头分离后承受非对称短路电流。触头分离时刻对应于断路器的分闸时间和保护继电器的响应时间。本标准中仅考虑了一个工频半波的继电器时间。如果保护时间大于该值,则应予以考虑。

I.2.2 T100a 试验期间的直流分量

GB 1984—2003 中引入特殊工况时间常数,这个决定性的参数包括其相应的公差(在开断非对称故障时应被遵循)需要确定,以便:

——确保进行非对称试验,其中试验回路的直流时间常数不同于额定短路开断电流的额定直流时间常数,因为试验室不可能调整试验回路的直流时间常数。对于直接试验,当试验回路的直流时间常数长于额定短路开断电流的额定直流时间常数时,生成的 di/dt 和 TRV 峰值比其在运行条件下要低。相反情况同样是正确的,在 GB 1984—2003 中介绍了主要的特殊工况直流时间常数(60 ms、75 ms、100 ms 和 120 ms);

——确保使用结果,此结果是由包含不止一个直流时间常数额定值的一个特定试验得到的。非对称等价性的概念也可以帮助用户在系统需求和额定值要求之间建立等价性。

大量的计算已经确认,以前的触头分离时刻的直流分量的概念(例如GB 1984—1989和GB 1984—2003),试验(包括小半波和大半波开断)过程中导致的应力不同于其在运行条件下的预期应力。这就是为什么出版IEC 62271-308并且现在编入本标准的原因。

获得等价性的唯一方法是引入电流零点时直流分量的概念。这个概念已经在GB/T 4473—2008中使用。

试验期间,电流零点要求的最大的预期直流分量由使用相应于最短开断时间后面一个完整电流半波给出的直流分量决定。

表15～表19给出的值由一个完全的非对称电流波形得出,此波形与额定短路开断电流的额定直流时间常数一致。对于大半波各值,振幅、持续时间、电流零点时刻直流分量百分数和相应的di/dt是在最短开断时间范围的最大值之后的电流大半波的这些值。对于小半波各值,振幅、持续时间、电流零点时刻直流分量百分数和相应的di/dt是在最短开断时间范围的最小值之前的电流小半波的这些值。

与一般等价性判据相关的参数是:

——最后电流半波的振幅;

——开断前最后电流半波的持续时间;

——燃弧时间;

——电流零点的di/dt;

——TRV峰值电压、波形。

前两点与燃弧能量有关。

根据此概念,为了达到等价性可能导致修改一些公差;例如,试验电流对称值上的公差(0%,+10%)应扩大到−10%～+10%之间的任何值用来确保调整最后电流半波的振幅和持续时间到规定的值。对于一些情况,有必要从额定对称短路电流中减小或增加这些值。

此程序,取决于实际试验参数,如果满足具有相关公差的每个额定值适用的非对称判据,则某一特定的试验可以涵盖若干额定值。

附录Q给出了如何使用非对称判据的导则。

I.3 关于容性电流开合试验(6.111)的解释性的注

I.3.1 重击穿性能

由于在运行中所有的断路器都有一定的重击穿概率,因此,不可能定义一个无重击穿的断路器。取而代之,在运行中引入重击穿性能的概念似乎更符合逻辑。

重击穿概率的水平还取决于运行条件(例如绝缘配合、每年的操作次数、用户的维修方案等),因此,不可能引入与运行条件相关的一个公用的概率水平。

为了把断路器的重击穿性能分类,故而引入了两级断路器:C1级和C2级。

I.3.2 试验程序

在确定两级断路器的试验程序时,考虑了下述因素:

——断路器每年完成的容性负载开合的平均操作次数;

——通过在最短燃弧时间时增加开合操作次数来减少试验次数的能力,通常,对断路器来说,最困难的是容性开合操作,因此,应具有高的可靠性水平。

预期的重击穿概率仅与型式试验有关。因为型式试验的严酷度,在运行中的开合性能有可能提高。

因为对概率计算的假定条件不同,推荐的试验次数可能存在疑问。然而,这些值体现了一个良好的组合(也是存在矛盾时标准的作用),反映了用户的需要(市场要求作出的反应)。综上所述,避免了不实际的要求。这些试验不是可靠性试验,而是验证设备在运行中满足容性电流开合能力的型式试验。

I.3.3 关于表 9

表 9 并没有涵盖容性电流开合的所有实际工况。对于线路和电缆的数值涵盖了大多数情况，电容器组（单个电容器组和背对背电容器组）的电流值是典型值和运行中实际数值的代表。

I.3.4 关于 6.111.1

因为 10 kV 及以上的网络中，大多数断路器用于电缆回路，所以，有理由对于额定电压 12 kV 及以上的断路器要求电缆充电开合试验。

I.3.5 关于 6.111.3

因为在试验中系数 k/f_{ϕ} 既没有用，也不需要，所以，删去了涉及系数 k/f_{ϕ} 的那一段。

工频电压的变化，对试验方式 2（LC2、CC2 和 BC2）选为 5%，对于试验方式 1（LC1、CC1 和 BC1）选为 2%。考虑到试验室的制约因素，这些数值是折中值。把型式试验作为一个整体来考虑，因为各个试验方式的严酷程度不同，应避免试验中电气强度的任何不适当降低。工频电压的实际变化（取决于系统的短路容量和容性负载）在 1%～2%的范围。

I.3.6 关于 6.111.5

电弧最终熄灭后的一段时间内，电压衰减不应超过 10%，基于运行条件，这一段时间间隔的变化在 100 ms～300 ms 之间。

I.3.7 关于 6.111.9.1.1

在修整过的断路器上对 C2 级设备进行的这些容性电流开合试验，一方面是相应的 CIGRE 工作组的建议；另一方面，它接近运行的实际条件，没有因该修整是否改善了断路器的容性电流开合性能而存在的不公正。

合—分操作循环可以在空载合闸操作的情况下进行。任何情况下，为了验证断路器在动态条件下，即在前面的合闸操作引起的流体运动过程中的分闸，应进行完整的循环试验。

I.3.8 关于 6.111.9.1.1 和 6.111.9.2.1

试验方式 1（LC1、CC1 和 BC1）的试验电流的偏差从原来的 20%～40%提高到新的 10%～40%，是为了使试验中不同应用的试验方式的组合更加自由。

试验室中试验时的试验程序（特别是对最短燃弧时间按步长 6°的调节）适应于试验的机理。

在额定压力下进行某些试验对于型式试验概念是更实际的方法，而且断路器在运行中通常是在其正常运行条件下工作的。

I.3.9 关于 6.111.9.1.2 和 6.111.9.1.3

在单相线路充电和电缆充电试验的试验方式 2（LC2 和 CC2）中，试验分成分闸操作和合—分操作循环（6.111.9.1.3）以满足或多或少的实际运行条件。但是，由于实际原因，且试验次数少，试验方式 2（LC2 和 CC2）的三相试验中（6.111.9.1.2）仅进行合—分操作循环。

I.3.10 关于 6.111.9.1.2 到 6.111.9.1.5

对于电容器组开合，由于涌流效应，合—分操作循环很重要。合—分操作循环对线路或电缆开合应用不重要，因此，对线路和电缆开合试验，仅要求少量的合分操作循环。

如果受试验站的限制，不可能在合—分操作循环中满足规定的要求，有必要进行一系列单独的关合试验以再现关合涌流引起的磨损(仅对电容器组关合试验)并验证规定的预击穿性能(即预击穿从一组触头转到另一组触头而不产生过度地磨损且预击穿出现在弧触头间而不是在主触头间,等等)。

保持了三相和单相试验的次数大致相同。

电容器组开合试验的强制性顺序是因为有必要在试验开始时引入涌流的效应。

I.3.11 关于 6.111.9.1.4 和 6.111.9.1.5

因为实际运行中大量的操作与型式试验中限定次数的操作类似,所以,在电容器组开合试验中进行大量的(分别为 80 和 120)合—分操作循环以模拟运行中的磨损,即使合—分操作循环不是正常的开合顺序。

即使实际运行中的开合方式一直在 100%的额定电流下,对于电容器组开合试验的试验方式 1(BC1)也需进行,这是因为:

——10%~40%额定电流的试验涵盖了实际电流下的增加的次数;

——容性电流开合性能得以改善。

I.3.12 关于 6.111.9.2

C1 级试验的要求根据 ANSI/IEEE C37.012[11]导出。

附　录　J
(资料性附录)
近区故障试验试验电流及线路长度的公差

对应于标准线路长度的线路电抗可用下面公式计算：

$$X_{L,stand}=\frac{1-\frac{I_{L,stand}}{I_{sc}}}{\frac{I_{L,stand}}{I_{sc}}}X_{source} \quad \cdots\cdots\cdots\cdots (J.1)$$

式中：

$I_{L,stand}$ ——标准线路长度的近区故障开断电流；

$X_{L,stand}$ ——标准线路长度的线路电抗；

X_{source} ——额定短路开断电流的电抗。

如果实际使用线路的电抗与对应于标准线路长度的线路电抗的差对 L_{90} 在 -20% 范围内，对 L_{75} 和 L_{60} 在 $\pm20\%$ 范围内，如 6.109.2 所述，则相关的电流值可计算如下：

$$I_{L,act}=\frac{U_r}{\sqrt{3}(X_{L,act}+X_{source})} \quad \cdots\cdots\cdots\cdots (J.2)$$

式中：

$I_{L,act}$ ——实际线路长度的近区故障开断电流；

$X_{L,act}$ ——实际线路长度的线路电抗。

由标准线路长度和实际线路长度与标准线路长度偏差的百分比可以计算实际线路长度：

$$l_{act}=l_{stand}\left(1+\frac{d}{100}\right) \quad \cdots\cdots\cdots\cdots (J.3)$$

式中：

l_{stand} ——标准线路长度；

l_{act} ——实际线路长度；

d ——实际线路长度与标准线路长度偏差的百分数。

用下面公式可以计算出实际线路电抗：

$$X_{L,act}=X_{L,stand}\frac{l_{act}}{l_{stand}}=X_{L,stand}\left(1+\frac{d}{100}\right) \quad \cdots\cdots\cdots\cdots (J.4)$$

用下面公式可以计算出实际近区故障开断电流的百分数 $I_{perc,act}$：

$$I_{perc,act}=\frac{I_{L,act}}{I_{sc}}100=\frac{I_{perc,stand}}{1+\frac{d}{100}\left(1-\frac{I_{perc,stand}}{100}\right)} \quad \cdots\cdots\cdots\cdots (J.5)$$

考虑了线路长度的最大公差，表 J.1 中给出了对应于每个近区故障开断电流 $I_{perc,stand}$ 的实际近区故障开断电流的百分比。

表 J.1 近区故障开断电流的百分比

近区故障开断电流的标准值 $I_{perc,stand}$ %	偏差 d %	近区故障开断电流的实际值 $I_{perc,act}$ %
90	−20	91.8
90	0	90
75	−20	78.9
75	+20	71.4
60	−20	65.2
60	+20	55.5

附 录 K
（资料性附录）
本标准中使用的符号和缩写表

本标准中使用的符号和缩写表见表K.1。

表K.1 本标准中使用的符号和缩写表

符号/缩写词	范 例	含 义
%dc	4.101.3	直流分量的百分数
τ	4.101.3	时间常数
ω	表11	角频率
τ_1	图9	标准时间常数
τ_2	图9	特殊工况的时间常数
τ_3	图9	特殊工况的时间常数
τ_4	图9	特殊工况的时间常数
τ_5	图9	特殊工况的时间常数
Δt_1	6.102.10.2.1.2	大半波的持续时间
Δt_2	6.102.10.2.1.2	小半波的持续时间
A	表31	断路器接线端子的表示
A	6.101.6.2	水平力的方向
A_1	附录P	计算变量
A_2	附录P	计算变量
a	表31	断路器接线端子的指示
B	表31	断路器接线端子的指示
b	表31	断路器接线端子的指示
B_1	6.101.6.2	水平力的方向
B_2	6.101.6.2	水平力的方向
BC1	6.111.9	电容器组电流，试验方式1
BC2	6.111.9	电容器组电流，试验方式2
BS	图F.7	后备开关
C	表31	断路器接线端子的指示
c	A.2	行波传播的速度
c	表31	断路器接线端子的指示
C	H.2.1	单个电容器组的电容
C	表13	合闸操作
C.B.	图12a)	断路器
C_1	图H.3	连接的首组电容器组的电容

表 K.1(续)

符号/缩写词	范　例	含　义
C_1	6.101.6.2	垂直力的方向
C1	3.4.114	低重击穿概率的断路器的等级
C_2	图 H.3	连接的第二组电容器组的电容
C_2	6.101.6.2	垂直力的方向
C2	3.4.115	非常低重击穿概率的断路器的等级
CC1	6.111.9	电缆充电电流,试验方式 1
CC2	6.111.9	电缆充电电流,试验方式 2
C_d	图 12a)	电源侧时延电容
C_{dL}	图 15	线路侧时延电容
C_L	图 F.9	电源电容
C_n	图 H.3	连接的第 n 组电容器组的电容
CO	4.104	合—分操作循环
CU	图 F.7	操作顺序的控制单元
D	图 F.7	并联开关二极管
D	图 22	操动机构
d	附录 J	线路实际长度与标准长度的偏差
dα	6.102.10.2.1.1	确定燃弧时间的角差
$\left(\frac{du}{dt}\right)_{SLF}$	A.3	SLF 的电源侧 TRV 的上升率
$\left(\frac{du}{dt}\right)_{TF}$	A.3	出线端故障 T100s 的 TRV 上升率
du_L/dt	6.109.3	线路侧 TRV 上升率
E	图 F.6	工频恢复电压
E1	3.4.112	基本电寿命的断路器的等级
E2	3.4.113	延长电寿命的断路器的等级
F	表 31	断路器的框架指示
f_{bi}	表 9	涌流的频率(背对背的)
f_i	表 7	确定 ITRV 波形的乘数
f_r	4.4	额定频率
F_{shA}	6.101.6.1	端子负荷,水平力
F_{shB}	6.101.6.1	端子负荷,水平力
F_{sr1}、F_{sr2}、F_{sr3}、F_{sr4}	6.101.6	额定静态端子负荷(合力)
F_{sv}	6.101.6.1	端子负荷,垂直力
F_{th}	表 14	水平静拉力
F_{thA}	表 14	水平静拉力,纵向的

表 K.1（续）

符号/缩写词	范　例	含　义
F_{thB}	表 14	水平静拉力，横向的
F_{tv}	表 14	垂直静拉力
F_{wh}	6.101.6.2	由覆冰的断路器上的风压导致的水平力
$\hat{I}$	表 15	和短路电流峰值相关的峰值电流
$\hat{i}$	H.2.2	涌流峰值
I_{AC}	图 8	电流交流分量的峰值
I_{bb}	表 9	额定背对背电容器组开断电流
I_{bi}	表 9	额定背对背电容器组关合涌流
I_c	表 9	额定电缆充电开断电流
i_d	D.1.1	任一时刻的直流分量值
I_d	表 10	额定失步开断电流
I_{d0}	D.1.1	直流分量的初始值
I_{DC}	图 8	电流的直流分量
I_i	F.3.4	注入电流
i_i	F.3.4	注入电流
I_k	4.6	额定短时耐受电流
I_l	表 9	额定线路充电开断电流
I_L	6.109.2	近区故障试验电流
$I_{L,act}$	附录 J	对应于实际线路长度的近区故障开断电流
$I_{L,stand}$	附录 J	对应于标准线路长度的近区故障开断电流
I_{MC}	图 8	关合电流
I_p	4.7	额定峰值耐受电流
$I_{perc,act}$	附录 J	实际近区故障开断电流的百分数
$I_{perc,stand}$	附录 J	近区故障开断电流的标准值
I_r	4.5	额定电流
I_{sb}	表 9	额定单个电容器组开断电流
I_{sc}	4.101	额定短路开断电流
i_{sc}	F.3.4	短路电流
I_{si}	表 10	额定电容器组关合涌流
ITRV	4.102.1	初始瞬态恢复电压
k	A.2	峰值系数（近区故障的）
k_1	附录 P	计算变量
k_2	附录 P	计算变量
k_3	附录 P	计算变量

表 K.1（续）

符号/缩写词	范 例	含 义
K	图 F.7	二极管旁路开关
k_{af}	4.102.2	振幅系数(瞬态恢复电压的)
k_c	6.111.7	容性电压系数
k_i	A.3	ITRV 峰值系数
k_p	6.102.10.2.5	确定各个极中 TRV 用的电压系数
k_{pp}	4.102.2	首开极系数
L	图 15	到故障点的线路长度
l	H.2.1	电容器组间的导体总长度
L'	H.2.1	单位长度导体的电感
L_0	图 H.3	电容器组的电源侧电感
L_1	图 H.3	连接的第一台电容器组的电感
L_2	图 H.3	连接的第二台电容器组的电感
L_{60}	6.109.2	60%额定短路电流时的近区故障试验方式
L_{75}	6.109.2	75%额定短路电流时的近区故障试验方式
L_{90}	6.109.2	90%额定短路电流时的近区故障试验方式
L_a	H.2.3	母线的附加电感
l_{act}	附录 J	线路实际长度
L_B	A.1	电源侧母线的电感
L_b	H.2.1	电容器组的电感
LC1	6.111.9	线路充电电流，试验方式 1
LC2	6.111.9	线路充电电流，试验方式 2
L_f	6.109.3	近区故障电流系数
L_L	A.1	线路侧电感
L_n	图 H.3	连接的第 n 台电容器组的电感
L_s	A.1	电源侧电感
l_{stand}	附录 J	标准线路长度
M	表 10	断路器的质量
m	表 10	开断用流体的质量
M1	3.4.116	基本机械寿命的断路器的等级
M2	3.4.117	延长机械寿命的断路器的等级
MS	图 F.7	合闸开关
NSDD	3.1.126	非保持破坏性放电
O	4.104	分闸操作
O_1	图 F.8	阴极射线示波器　通道 1

表 K.1（续）

符号/缩写词	范　例	含　义
O_2	图 F.8	阴极射线示波器　通道 2
O—t—CO	4.104	分—t—合分操作顺序
OP1	6.110.3	失步试验方式 1
OP2	6.110.3	失步试验方式 2
p_{re}	表 10	开断用的额定压力
p_{rm}	表 10	操作用的额定压力
Q_b	H.2.1	单个电容器组的容量
RV	表 O.3	恢复电压
RRRV	表 21	恢复电压的上升率
S	图 H.3	涌流的上升率
s	图 F.9	开关继电器
s	A.2	RRRV 系数
S1	3.4.119	额定电压 3.6 kV 以上，126 kV 以下断路器的等级，用于电缆系统
S2	3.4.120	额定电压 3.6 kV 以上，126 kV 以下断路器的等级，用于线路系统
SLF	6.104.5.2	近区故障
T	6.102.10.2.1.1	工频的一个周期
TRV	表 O.3	瞬态恢复电压
$t_{arc,max}$	6.102.10.2.1.1	最长燃弧时间
$t_{arc,med}$	6.102.10.2.1.1	中燃弧时间
$t_{arc,min}$	6.102.10.2.1.1	最短燃弧时间
$t_{arc,new,min}$	6.102.10.2.3	新的最短燃弧时间
$t_{arc,ult,max}$	6.102.10.2.3	最终的最长燃弧时间
t'	4.102.2	到达 u' 的时间（画时延线）
t'	4.104	额定操作顺序中的时间间隔
t''	4.104	额定操作顺序中的时间间隔
t_1	4.109.1	T30、T60 和 T100s 中记录的最长开断时间
t_1	4.102.2	到达 u_1（TRV 的）的时间
$t_{1,sp}$	6.108.2	单相、异相接地故障时到达 u_1（TRV 的）的时间
t_2	4.109.1	记录的最长空载分闸时间
t_2	4.102.2	到达 u_c（四参数 TRV 的）的时间
$t_{2,sp}$	6.108.2	单相、异相接地故障时到达 $u_{c,sp}$（四参数 TRV 的）的时间
t_3	4.109.1	额定分闸时间

表 K.1（续）

符号/缩写词	范　例	含　义
t_3	4.102.2	到达 u_c（两参数 TRV 的）的时间
$t_{3,sp}$	6.108.2	单相、异相接地故障时到达 $u_{c,sp}$（两参数 TRV 的）的时间
T_A	6.101.3.3	周围空气温度
t_a	6.101.2.4	两次操作之间的时间间隔
t_a	6.108.3	单相开断的燃弧时间
$t_{a,100s}$	6.108.3	T100s 中首开极的最短燃弧时间
t_b	4.109.1	额定开断时间
t_d	4.102.2	时延
t_{dL}	6.104.5.2	线路侧时延（近区故障的）
T_H	6.101.3.4	最高周围空气温度
t_i	4.102.2	到达 u_i（ITRV 的）的时间
t_k	4.8	额定短路持续时间
T_L	6.101.3.3	最低周围空气温度
t_L	A.2	到达线路侧 TRV 第一峰值的时间
t_m	A.3	到达 U_m 电压水平的时间
T_{max}	6.101.4.2	高温（湿度试验）
T_{min}	6.101.4.2	低温（湿度试验）
T_{op}	4.101.2	首先分闸极的分闸时间
T_{op}	6.106.5	最短分闸时间
T_r	4.101.2	继电器时间，额定频率的半个周期
t_T	A.3	线路侧 TRV（SLF 的）到达峰值的时间
t_x	6.101.3.3	低温试验的时间间隔
u'	4.102.2	参考电压（画时延线）
u_0	A.1	开断（SLF）瞬间线路上的电压降
u_1	4.102.2	第一参考电压（四参数参考线）
u_A	O.3.1.2	与电流回路相连的辅助单元的端子与外壳之间的生成电压
u_B	O.3.1.2	受试单元的端子间的 TRV
$U_{C/E}$	表 O.1	电源侧端子与大地之间的电压
$U_{C'/E}$	表 O.1	负载侧端子与大地之间的电压
$U_{C/C'}$	表 O.1	分闸触头间的电压
u_E	O.3.1.2	外壳与大地之间的电压
u_c/t_3	6.104.5.1	恢复电压的上升率（两参数参考线）
u_1/t_1	4.102.2	恢复电压的上升率（四参数参考线）
$u_{1,sp}$	6.108.2	单相、异相接地故障的第一参考电压

表 K.1（续）

符号/缩写词	范　例	含　义
$u_{1,\mathrm{test}}$	A.3	近区故障试验期间 u_1 的实际值
U_a	4.9	辅助和控制回路电源的额定电压
u_c	4.102.2	参考电压（TRV 峰值）
$u_{c,\mathrm{sp}}$	6.108.2	单相、异相接地故障的参考电压
U_{CB}	图 12a）	断路器断口电压
U_{cp}	图 F.1	有抑制时测得的 TRV
U_G	A.1	电源电压
u_i	4.102.2	参考电压（ITRV 峰值的）
u_{i0}	A.3	母线电压降
U_L	A.1	线路电压降
u_L	A.2	线路瞬时电压降
u_L^*	6.109.3	线路两端的峰值电压（SLF 的）
$u_{L,\mathrm{mod}}^*$	6.109.3	调节的线路两端的峰值电压（SLF 的）
U_m	A.1	总的感应电压的峰值
U_{op}	表 10	操动机构（合闸和分闸装置）的额定电源电压
U_p	表 10	额定雷电冲击耐受电压
U_r	4.1	额定电压
U_s	表 10	额定操作冲击耐受电压
U_S	图 12a）	电源侧电抗两端的电压
u_s^*	A.3	第一峰值处电源侧的电压
u_T	A.3	总的第一峰值电压
U_x	A.1	电源侧（SLF 时）的电压降
u_x	A.1	开断（SLF 时）瞬间电源侧（SLF 的）的电压降
V_{sc}	F.3.4	最大短路电流相应的 TRV 的电压校准
X_B	图 12a）	母线的工频电抗
X_L	图 15	线路侧的工频电抗
$X_{L,\mathrm{act}}$	附录 J	实际线路长度的线路电抗
$X_{L,\mathrm{stand}}$	附录 J	标准线路长度的线路电抗
X_N	图 13	中性线电抗
X_S	图 12a）	电源侧工频电抗
X_{source}	附录 J	额定短路开断电流对应的（电源侧）电抗
Z	图 15	线路的波阻抗
Z	6.103.3	阻抗
Z_0	6.103.3	零序阻抗

表 K.1（续）

符号/缩写词	范 例	含 义
Z_1	4.102.3	正序阻抗
Z_a	图 13	相间阻抗
Z_b	图 13	相对地阻抗
Z_i	表 7	母线波阻抗
Z_i	图 12a)	ITRV 控制元件
Z_S	图 12a)	电源侧 TRV 控制元件

附 录 L
（资料性附录）
额定电压1 kV以上，100 kV以下断路器TRV修正的注解

2002年10月在北京召开的SC 17A会议，IEC SC 17A/WG35已经准备了关于额定电压1 kV以上，100 kV以下断路器TRV修正的提议。

此提议采用CIGRE研究委员会A3(开关设备)工作组的数据，该工作组研究了修改额定电压126 kV以下断路器TRV要求的必要性。1983年，CIGRE SC A3特别工作组报告了在中压网络的瞬态恢复电压。研究的结果发表在第88期的Electra杂志。另一个CIGRE工作组，WG 13.05，研究了由开断变压器馈电故障和变压器二次故障产生的TRV，第102期的Electra杂志(1985年)上提供了研究结果。1992年，CIGRE SC A3与CIRED共同成立工作组CC-03再次调查中压开关设备TRV的确定。调查的结果在第134期的CIGRE技术手册(1998年)上发表，并且与早期研究结果一致。

L.1 概述

这个修改引起的主要变化总结如下：

a) 为了包含标称电压1 kV以上，100 kV以下的所有网络类型(配电、工业和输电)，为了标准化，定义了两类系统：

——电缆系统

电缆系统在3.1.132中定义。

——线路系统

线路系统在3.1.133中定义。

b) 对于指定与接有小电容(电缆长度短于20 m)的变压器相连的断路器的特殊情况，规定了特殊的试验方式T30，以验证其开断变压器限制故障的能力，这些包含在新的附录M(规范性的附录)中。

一般情况下，如果连接的电容足够大，标准试验方式T30可验证开断变压器限制故障的能力。

c) 对于额定电压15 kV及以上和直接与架空线路连接的断路器，近区故障是强制的试验项目。对于额定电压48.3 kV及以上的断路器，按照本标准已有的规定，其额定短路电流应该高于12.5 kA(即$I_{SC} \geqslant 16$ kA)。

d) 直接与电抗器串联的断路器的特殊情况包含在新条款8.103.7中。

L.2 出线端故障

L.2.1 线路系统中断路器的TRV

线路系统按照北美的实践比按照欧洲的实践更常见，因此，按照ANSI C37.06—2000表2中列出的TRV额定值是确定新的表22的基础。t_3值为在ANSI中规定的T_2值的0.88。

注：系数0.88可由理论的“1－cos”波形乘以1/2振幅系数得到。在ANSI C37.06—2000中，对于额定电压小于100 kV的断路器，标准的TRV波形“1－cos”与串联或并联的阻尼回路的精确数学公式不一致，对于这种情况，另外的比值t_3/T_2适用。

对出线端故障和近区故障，时间t_3等于$4.65 \times U_r^{0.7}$(t_3为微秒，U_r为kV)。此公式以ANSI/IEEE C37.06—2000的表2中额定电压15.5 kV、25.8 kV、48.3 kV和72.5 kV给出的数值中导出。相同的公式可用于其他额定电压。

恢复电压上升率由 u_c 和 t_3 得来。

对于失步时间 t_3，认为是出线端故障时间 t_3 的两倍。

L.2.2 时延

在电缆系统中的断路器，表 21 中的时延：

对于额定电压小于 52 kV，时延 t_d 和 GB 1984—2003 的相同。其公式推广到所有的电缆系统（额定电压小于 100 kV）。

在线路系统中的断路器，表 22 中的时延：

表 22 中，对于额定电压 48.3 kV～52 kV 和 72.5 kV，时延 t_d 是 $0.05\times t_3$，和 GB 1984—2003 的时延相同。公式已扩展到更低的额定电压等级，同样的，预期的 TRV 波形的起始部分没有变化（起始部分是指数函数，即使在配电和二次输电系统中的短线路长度也可满足）。在最坏的情况下（$U_r=$ 15 kV），没有对要求进行过度评判，2 μs 的时延值和对额定电压高于 72.5 kV 断路器的规定相同。

事实表明，在大短路电流时，开断的热现象，时延可能是关键的且不得不考虑。但是，如 GB 1984—2003 的表 12 和表 13 所示，当进行近区故障试验时，可进行检验。因此，事实上对于额定电压高于 38 kV 已经是这种情况，在 T100 试验期间，允许有更长的时延，直到 $0.15\times t_3$，条件是进行近区故障试验。这种可能性在表 22 中指出。

L.2.3 T100s 和 T100a 的振幅系数

对于电缆系统中的断路器，保留了 GB 1984—2003 中的数值 1.4，源于本标准的过去版本的值得肯定的经验。

对于线路系统中的断路器，选取数值 1.54（在 ANSI C37.06—2000 中确定的）。

L.2.4 T10、T30 和 T60 的振幅系数

对于电缆系统中的断路器，对于 T60 保留 GB 1984—2003 中的数值 1.5，源于获得的值得肯定的经验。对于 T10 和 T30，振幅系数已经从 1.5 分别上升到 1.6 和 1.7，对 TRV 的影响主要来自具有低阻尼的变压器上的电压变化，它与电源电压组合导致 TRV 具有相当高的振幅系数。

对于线路系统中的断路器，数值从 ANSI C37.06—2000 中选取：T60 为 1.65，T30 为 1.74，T10 为 1.8。

L.3 近区故障

在 IEC 62271-100 的第一版中，额定电压 52 kV 和 72.5 kV 且直接与架空线相连的断路器，规定了近区故障要求。

在 IEC 62271-100 的第二版中，额定电压 15 kV 及以上且直接（借助母线）与架空线相连的 S2 级断路器，规定了近区故障要求，不考虑电源侧网络的类型。

对于 48.3 kV，网络、变电站的结构与分布和 52 kV、72.5 kV 系统相同。48.3 kV 的近区故障试验方式与 52 kV、72.5 kV 规定的方式相似。

对于额定电压 15 kV、25.8 kV 和 38 kV，特性和程序略有不同。通常没有设备连接在断路器的线路侧，线路特性适用于实际上无时延电容：$t_{dL}<0.1$ μs。因为至故障位置的线路长度应与实际距离相对应。试验方式 L_{90} 可以省略，采用 L_{75} 的线路长度的公差。

认为规定的近区故障试验涵盖了三相近区故障以及两相和单相故障，原因如下：

——从开断极的端子来看，典型的波阻抗应这样，对所有情况、所有三极开断的 RRRV 被在表 8 中规定的特性所涵盖；

——单相近区故障试验的燃弧窗口(180°～dα),对于有效接地和非有效接地系统,覆盖了多相故障情况的要求;

——三相故障开断时,TRV峰值耐受由出线端故障试验方式T100验证。

L.4 失步

失步状态下开断,没有足够的系统信息来修正TRV参数。CIGRE SC A3已经调查导致失步开断电流的系统和运行状态。因此,失步开断的TRV基本上没有改变。

所有情况下,失步下t_3的值是出线端故障方式T100的两倍。

L.5 串联电抗器故障

由于大多数限流电抗器具有非常小的固有电容,这些电抗器瞬态的固有频率可能会非常高。当开断出线端故障(电抗器在断路器电源侧)或在电抗器(电抗器在断路器负载侧)后开断一个故障时,与这种类型的电抗器直接串联的断路器将面临高频TRV。产生TRV的频率一般要超出标准的TRV值很多。

这种情况下,有必要采取限制措施,例如采用电容器与电抗器并联或者接地。这种限制措施非常有效而且很经济[12]。强烈推荐使用,除非利用试验能验证在要求的高频TRV下,断路器可以成功的开断故障。

根据IEC SC 17A,WG 35成员的观点,TRV限制措施的运行经验非常好而且相关的花费相对较低,以至于对断路器的这类应用不会规定特殊的要求。

L.6 最后开断极的TRV试验回路结构

在IEC 62271-100第一版的表2中,给出了额定电压高于72.5 kV断路器的第二和第三开断极的瞬态恢复电压的乘数,注1表明,额定电压小于等于72.5 kV数值正在考虑中。

对于额定电压小于等于72.5 kV的断路器,没有足够的信息可以用来确定数值,除了那些为更高额定电压规定的数值。在2003年10月蒙特利尔(CA)会议中,IEC SC 17A已经决定把表2的正确性扩展到1 kV及以上的所有额定电压。数值将在研究结果发布之后修改。

附 录 M
（规范性附录）
额定电压 3.6 kV 及以上，126 kV 以下断路器开断变压器限制故障的要求

图 M.1 和图 M.2 给出了变压器限制的故障的两个典型事例。这些故障类型可分为：

——变压器馈电故障　（图 M.1）；

——变压器二次侧故障　（图 M.2）。

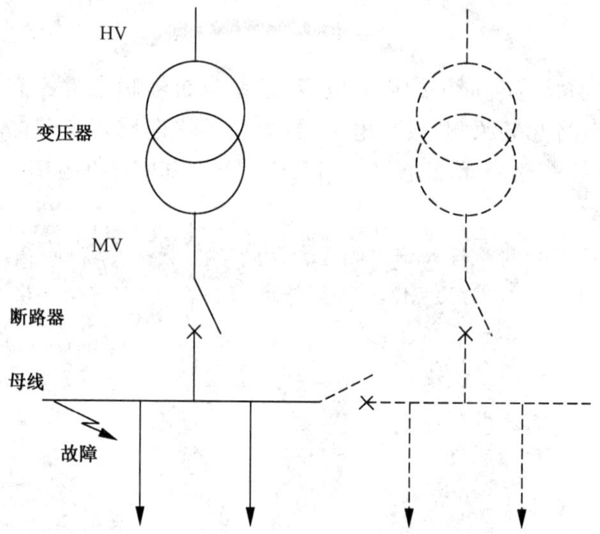

图 M.1　变压器限制的故障的第一个事例（也称为变压器馈电故障）

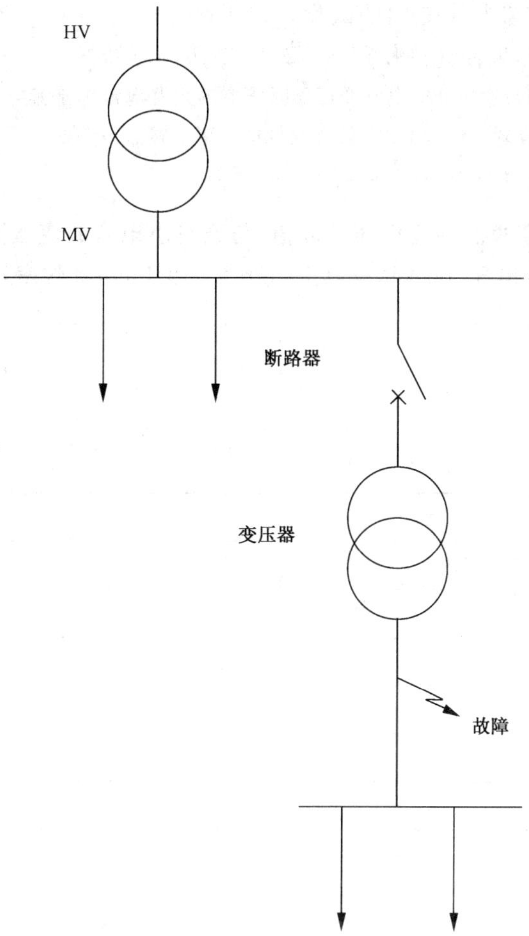

图 M.2　变压器限制的故障的第二个事例(也称为变压器二次侧故障)

因为绝大多数的变电站都有不止一台变压器,所以变压器断路器的开断电流是变电站全部短路电流的一小部分。通常,即使所需的开断容量很不相同,但变压器断路器和输出馈线也规定相同的开断容量。对于这种过分的要求,有两个原因:变电站内的所有断路器具有一致性,变压器断路器需要大的额定电流,额定值之间的标准配合可能意味着额定短路开断容量要高于必要值。因此,为了标准化,规定方式 T30 来验证开断变压器限制的故障时断路器的能力。

应考虑两种应用情况:

a) 在变压器和断路器之间有足够的对地电容的情况下,T30 可涵盖变压器限制的故障,对于 S1 级断路器 TRV 参数值在表 21 中给出,对于 S2 级断路器 TRV 参数值在表 22 中给出。在使用电缆和绝缘母线的场合,变压器和断路器连接的对地电容一般超过要求值。

注 1:计算表明,附加电容(对于将变压器固有频率降低到表 21 和表 22 规定的 T30 的 TRV 频率是必需的)与额定电压无关且与额定短路电流成比例。附加的对地电容至少应为:

$$C_0 = 0.6 \times I_{30}(50\ \text{Hz})$$

其中:

I_{30}是额定短路电流的 30%,单位 kA。

C_0,单位 nF。

标准电缆(0.3 nF/m～0.5 nF/m)很容易提供需要的附加电容值。

例如:频率 50 Hz、额定短路开断电流 31.5 kA 的断路器,对于型式试验 T30 包含的开断变压器限制的故障,电缆的最短长度是(0.6×0.3×31.5)/0.3=19 m,假定电容值为 0.3 nF/m。

b) 在变压器和断路器之间连接的电容低于上述 a)中确定的 C_0 值的特殊情况,可以用表 M.1 中规定的 TRV 对断路器规定专门的试验方式 T30。

或者,应当增加电容,以便允许使用 S1 级或 S2 级断路器。

注 2:可能存在变电站只有一台变压器馈电且变压器断路器的短路电流等于其额定短路电流的特殊应用情况。在这种情况下,进行试验方式 T100 可以验证开断性能。当连接有足够的电容,即上述项 a)说明的,或者可以增加电容来获得由表 1 或表 2 中的数值涵盖的 TRV 参数。

表 M.1 T30 预期瞬态恢复电压标准值,与连有小电容的变压器相连的断路器,额定电压 3.6 kV 及以上,126 kV 以下,两参数表示法

额定电压 U_r kV	试验方式	首开极系数 k_{pp} p.u.	振幅系数 k_{af} p.u.	TRV 峰值 u_c kV	时间 t_3 μs	时延 t_d μs	电压 u' kV	时间 t' μs	RRRV[a] u_c/t_3 kV/μs
3.6	T30	1.5	1.6	7.1	4.5	1	2.4	2	1.58
7.2	T30	1.5	1.6	14.1	5.5	1	4.7	3	2.56
12	T30	1.5	1.6	23.5	6.5	1	7.8	3	3.62
24	T30	1.5	1.6	47	9.5	1	15.7	5	4.95
40.5	T30	1.5	1.6	79	12	1.8	26.3	6	6.58
72.5	T30	1.5	1.6	142	18	3	47.4	9	7.89

[a] RRRV 等于恢复电压上升率。

附 录 N
（规范性附录）
机械特性的使用和相关要求

型式试验前，应建立断路器的机械特性，例如，记录空载行程曲线。也可利用特征参数来实现，例如，在某一行程的瞬时速度等。机械特性是为了表征断路器的机械性能。

机械特性可以用来确认在机械、关合、开断和开合型式试验中使用的不同试品的机械动作方式相同。用于机械、关合、开断和开合型式试验的所有试品的机械特性应在下述包络线内。如果因为不同的试验室所用的测量方法不同，而不能对包络线进行直接比较时，制造厂应提供证据说明这些包络线一致。

在试验报告中，应注明用于记录机械特性的传感器的类型和位置。机械特性曲线可以在动力传动链的任一部分测量，并可以被连续地或离散地记录。若离散测量，对于完整的行程至少应给出 20 个离散数值。

参考的机械特性也可以用来确定：该参考曲线上下允许偏差的限值。根据该参考曲线，对于分闸操作，应从触头分离时刻到触头行程终止时刻，以及对于合闸操作，应从触头运动开始到触头接触时刻，画出两条包络线。两条包络线距初始曲线的距离应在总行程的±5%范围内，如图 23b）所示。断路器的总行程为 40 mm 或更小时，两条包络线距初始点的距离应为±2 mm。已经发现，对于某些断路器的设计，这些方法不适用，例如真空断路器或某些额定电压 40.5 kV 及以下的断路器。在这种情况下，制造厂应规定证明断路器能正确操作的适当方法。

如果要使用不同于曲线的机械特性，制造商应规定替代方法和使用的公差。

图 23 是为了图解的目的，且仅说明了分闸操作。这些都是理想的，没有考虑到触头的摩擦效应或行程终止时阻尼引起的外形偏差。尤其重要的是，应注意到这些图中并没有表示出阻尼效应。行程终止时产生的振荡取决于驱动系统的阻尼效应。这些振荡的形状可以是设计的结果，也可能是由不良设计、制造、装配或调整导致的。因此，行程终止时曲线上的任何超出包络线公差范围的偏差，为了表明与参考曲线的等效性，在放弃或接受该曲线之前，对其作出完整的解释和推断是很重要的。通常，应接受所有包络线范围内的曲线。

包络线可以在垂直方向移动，直到一条曲线覆盖了参考线。这就分别给出和参考触头行程曲线的最大允许偏差分别为−0%、+10%和−10%、+0%［见图 23c）和图 23d）］。为了得到和参考线 10%的最大的总偏差，包络线的移动在整个试验过程中只允许使用一次。

表 N.1 列出了空载、关合和开断型式试验和有关的参考机械特性。

表 N.1 与机械特性有关的型式试验汇总

适用的条款	应记录的试验	评估方法	应用/注释
6.101.1.1 机械特性	型式试验开始前的空载试验	不适用	参考的机械特性的一般导则
6.101.1.3 试验前后应记录的断路器的特性和整定值	机械试验和环境试验前后	不适用	记录 6.101.1.3 列出的项目
6.101.2.2 （机械）试验前，断路器的状态	机械试验前空载试验	a	三极断路器独立操作的单极上的机械试验

表 N.1（续）

适用的条款	应记录的试验	评估方法	应用/注释
6.101.2.5 机械操作试验检验判据	机械试验后空载试验	b	
6.101.3.3 低温试验	低温试验前后空载试验	b	取决于最低温度规定
6.101.3.4 高温试验	高温试验前后空载试验	b	
6.101.4.2 试验程序(湿度试验)	试验中和试验后(空载操作)	b	状态检验,要求时
6.101.6 端子静负载试验	端子负载试验前后空载试验	a	亦可参见 6.101.6
6.102.2 试品的数量	关合和开断试验前空载试验	a	如果使用了不止一个试品,对第二个试品
6.102.3.3 多箱型	试验前空载试验	a	多箱型的常规操作
	T100s 关合和开断操作	c	
6.102.4.1 三极断路器单极的单相试验	试验前空载试验	a	配共用操动机构的断路器
	T100s 关合和开断操作	c	
6.102.4.2 单元试验	试验前空载试验	a	一极中有两个或更多非独立操作单元的断路器
	T100s 关合和开断操作	c	
6.102.6 (关合和开断)试验前的空载操作	试验前空载试验 d	a d	所有的关合和开断试验
6.102.7 替代的操动机构	试验前空载试验	a	等价替代的操动机构
	T100s 关合和开断操作	c	
6.102.9.2 一个短路试验方式后的状态	试验方式后空载试验	d	如果试验方式后,零部件更换或维修
6.102.9.3 一个短路试验系列后的状态	试验系列后空载试验	d	
6.112.2 用于自动重合闸方式的 E2 级断路器	试验系列后空载试验	d	状态检验,要求时

[a] 6.101.1.1 中给出了方法的评估;机械特性的比较。

[b] 6.101.1.3 和 6.101.1.4 中给出了方法的评估。

[c] 6.102.4.1 中给出了单极试验的方法评估。

[d] 6.102.6 中给出了试验方法。

附 录 O
（资料性附录）
金属封闭和落地罐式断路器的短路和开合试验程序的导则

O.1 简介

本附录包含与金属封闭和落地罐式断路器短路关合和开断以及开合性能有关的型式试验的资料和推荐的试验回路和程序。如果其他方法能给断路器提供适合的负荷，也可采用。其他试验，例如绝缘试验、出厂试验、交接试验及现场试验均不在此附录范围之内。

本附录评价了各种试验情况，并给出了特殊试验回路，或利用为敞开式设备开发的试验回路所要求的特殊措施。原则上，上述试验可用直接和合成试验回路进行，合成试验见 GB/T 4473—2008。

O.2 概述

O.2.1 金属封闭断路器的关合和开断试验的特征

金属外壳内的断路器应该完成其职能，这与在绝缘外壳中普通的条件是不同的。

对关合和开断试验有某些影响的主要特征：

a) 开关单元是给定变电站设计的组成部分，因此，当确定试验条件时，应该要考虑变电站的周围组件。

b) 一个极，甚至所有三个极的几个开断单元可能安装在一个共用外壳内。由于绝缘介质的高绝缘强度，所以变电站开关单元的各部件以及其他的带电和接地部件都离的很近。这样可能导致开关单元的部件与其周围部件之间，引起不同物理性质的、强烈的相互作用。同样会导致被试部件和周围部件间的电容较高而电感较低。

   在确定试验要求时，应该考虑这种相互作用的实际情况。

c) 在金属封闭设备内，绝缘表面受到较高的电场作用，这可能使得它们对沉积物敏感。

O.2.2 试验用单元的降低数

在大容量试验站中，甚至在采用合成试验回路的试验室内都很难获得适用于供整台断路器或整极试验的装置。

因此，有必要对整台断路器的部件进行试验。

随着选用方法的不同，应当分析试验部件和被省略部件之间的相互影响：

——断路器各单元和变电站的周围部件之间；

——极间或各极和外壳之间；

——不同的单元之间或单元和外壳之间。

此分析中，需要区分：

——一个外壳内的单极之间；

——一个外壳内的三极之间。

也有必要区分两个不同负荷（通常可以分别处理）之间：

——开断间隙的负荷；

——相间或各相和外壳间的绝缘负荷。

O.2.3 特性和可能的相互作用的一般描述

可能影响试验结果的且不能用单元试验或单极试验加以考虑的相互作用，应分别要求整极或三极试验。

O.2.3.1 变电站周围部件的影响

组成元件，如母线段、馈电电缆、套管、电压互感器和避雷器都可能会影响试验回路的预期负荷。

系统的这些组成元件的影响大小取决于试验方式，一方面，在 SLF 和出线端故障 ITRV 情况下，周围元件的大电容能降低断路器上的负荷；而在另一方面，当采用低阻抗连接线时，电容器组的开合将会更严酷。

O.2.3.2 极间、开断单元和外壳之间的相互作用

断路器的元件之间可能会出现各种类型的不同物理性质的相互作用，最重要的是：

——机械的；

——静电的；

——电磁的；

——气体动态的。

大多数情况下，这些相互作用的强烈程度取决于受试对象的具体结构。如果在给定的结构中排除了某种特殊的相互作用，就不再需要调整试验以包括这种相互作用。这种情况下，需要证明所考虑的相互作用对试验结果的影响可以忽略不计，试验结果可以通过模型计算或采用特殊测量技术的试验来验证。应该用同样的验证来评判试验中出现过的相互作用的程度，相互作用应在试验中描述。此外，应该考虑开关装置的结构布置对端子不是对称的情况。

O.2.3.2.1 机械作用

6.102.3 和 6.102.4 适用。

O.2.3.2.2 静电作用

6.102.4.2.2 适用。

同触头间隙的电场一样，多断口断路器单元间的电压分布，会受到大电容尤其是接地外壳和其他带电部件的影响。对于不同的接地情况，在不同的试验方式下，电压分布可能是不同的。

各单元间的电压分布可以作为各单元两端及其对外壳电容的函数来确定。触头表面的最大梯度，甚至当电压分布是假定的理想情况时，也可取决于灭弧室的数量，并且对同样的断路器，还取决于断路器内的开断单元的位置。

触头间隙中的电场受下列因素影响：

——带电体和外壳间的短间隙；

——存在邻近的带电体。

上述典型应力的确定取决于断路器的具体结构和最临界负荷范围的位置。

O.2.3.2.3 电磁的相互作用

单极和三极断路器都会受到电磁的相互作用，这些作用可能对电弧和可移件产生附加力。如果三极在一个外壳内，这种相间的相互作用会更加明显。

外壳内的感应电流和返回电流会产生额外的影响，比如接地部件之间的压降会影响到辅助设备或保护设备。

O.2.3.2.4 气体动态的相互作用

热的、游离的和/或污染废气可能影响到共用外壳中极间的和极与外壳之间的绝缘强度。类似的影响还会出现在具有一个以上开断单元的一个极的各单元之间。

O.3 单极在一个外壳内的试验

O.3.1 短路关合和开断试验

试验回路应符合图 25a)、图 26a)、图 27a)和图 28a)，试验回路图 25b)、图 26b)、图 27b)和图 28b)不能使接地故障情况下金属封闭和落地罐式断路器正确地承受负荷。

应满足 6.102 的试验条件。合成试验回路应符合 GB/T 4473—2008 的第 4 章、第 5 章和第 6 章。

对单相试验，应该考虑两种情况：

a) 三极断路器的单极试验(见 O.3.1.1)；

b) 单元试验(见 O.3.1.2)。

O.3.1.1 三极断路器的单极试验

当使用图 27a)和图 28a)中的试验回路时，全部电压应施加到断路器的一个端子上，而另一个端子和外壳接地。恢复电压最好为交流的。应使用常规的直接或合成回路。

O.3.1.2 单元试验

对于相互作用的影响，应该采取特殊的预防措施[见 6.102.4.2.1b)]。

单元试验时要求的电压负荷是：

——全极瞬态恢复电压及相关带电部分和外壳之间的恢复电压，恢复电压最好为交流的；

——这些电压的一部分取决于受试单元的数量和试验单元两端的电压分布。

所有单元应该开断短路电流，以确保单元间有恰当的相互作用及带电部件和外壳之间的绝缘有恰当的影响。

此试验程序只可用于装有第三根套管的断路器。

连接受试单元和电压回路之间的套管，允许利用其他单元作为辅助断路器，此套管不应该对受试单元产生任何机械的、静电的和电磁的相互作用。

合成回路见 GB/T 4473—2008，既可用于电流注入，也可用于电压注入，此回路包括：

——在受试单元端子间给出了试验电压 u_B 下总 TRV 的要求部分的常规的合成试验回路。

——给对地绝缘的外壳施加适当的电压 u_E 的附加试验回路(合成的、直流或交流电源)。

GB/T 4473—2008 中半极试验的例子表明，要求的电压 u_B、u_E 和连接到电流回路的辅助单元端子和外壳之间的合成电压 u_A。整极的电压负荷是施加在受试单元的接地端子和外壳之间。

如果不可能同时施加电压负荷 u_B 和 u_E，那么可以使用多部试验程序(见 6.102.4.3)。在第一部分中，只检查受试单元的性能(断路器的外壳接地)。在第二部分中，检查极的带电部分和外壳之间的绝缘。例如，这可以通过在降低电压下(取决于可使用的电流源)使所有单元开断短路电流且在绝缘外壳和地之间施加电压来实现。在 TRV 峰值出现的瞬间，施加到外壳上的电压的瞬时值应等于“降低的电压”和施加在加压端子和外壳之间总的 TRV 峰值之差。

存在不使用第三根套管的试验回路。受试单元两端所要求的电压由并联大电容的其他单元产生。此回路的使用对相互作用阶段是无效的并且可能只有经制造商和用户同意才可使用。如果在相互作用阶段断路器的热特性已单独经过验证(比如通过两部试验或通过进行近区故障试验),那么此回路可以用于基本的短路试验方式。

需要注意的是在进行基本短路试验方式时,燃弧时间和热验证试验期间得到的燃弧时间相差不大。

注 1:过去,某些单元试验一直在并非所有单元都在开断短路电流的试验回路中进行。这种试验回路只能用于忽略由于气体环流引起的相互作用的情况。但是忽略这种相互作用的情况基本上没有,并且也很难验证。

在此回路中,断路器的一部分被短接。假设这样不会产生任何的机械、静电的或电磁的互相作用,并且应对气体环流引起的相互作用给予特别的注意。

适于电流和电压注入的合成试验回路见 GB/T 4473—2008。

施加到外壳上的电压 u_E 的值和极性应使得断路器的带电端和外壳之间的合成电压等于整极试验电压所要求的值。

注 2:对于大部分断路器而言,关合和开断短路电流期间带电部件和外壳之间的绝缘可用短路试验方式 T100s 和 T100a 进行验证。短路试验方式 T10、T30 和 T60 可用常规的单元试验程序进行。

注 3:为了使断路器的控制回路与带电外壳断开,可成功地采用光导纤维传输技术;操作合、分线圈所需要的电源可由压缩空气驱动的透平发动机组来提供。

O.3.2 近区故障试验

使用合成试验方法时,GB 1984—2003 的 6.109 和 GB/T 4473—2008 的 4.2.1、4.2.2 和 6.109 适用。

只要已经进行了基本短路试验方式,那么近区故障试验时不需要进一步注意带电部件和外壳之间的绝缘。

O.3.3 容性电流开合试验

试验程序应和 6.111 一致。

表 O.1 给出了在实际运行情况下三相容性电流开合时电源侧和负载侧电压以及恢复电压。

表 O.2 给出了在单相容性电流开合时电源侧、负载侧以及恢复电压的对应值。

如果在检查触头间恢复电压耐受能力的试验时(见 6.111.5)电源侧和负载侧的施加电压最少等于表 O.1 和表 O.2 给出的带电部件和外壳之间的要求值,那么不必进行附加试验。

对于单相试验来说,根据 6.111.7,带电部件和外壳之间的绝缘负荷不是总能正确模拟。应对带电部件和外壳之间的绝缘耐受能力进行验证并且由任何能够证明带电部件和外壳之间耐受能力的试验方法完成,值由表 O.2 给出。

对于用来证明中性点不接地的电容器组的三相开合和中性点非有效接地系统的开合所进行的单相试验,可以通过下述试验方法之一来证明绝缘耐受能力,但并不限于这些试验方法:

a) 在电源侧或负载侧带有中间接地点的开合试验,该试验会导致电源侧带电部件和外壳之间的电压为 $1.5\times U_r\sqrt{2}/\sqrt{3}$,恢复电压为 $2.8\times U_r\sqrt{2}/\sqrt{3}$。
b) 根据 6.111.7 作为开合试验的附加绝缘试验,目的是在端子和外壳之间施加适当的直流和/或工频绝缘负荷。应在断路器电源侧的端子上加工频电压,并且维持 1 min。应在断路器的负载侧端子上以两个极性施加直流电压,并维持 0.3 s。电压可以在不同阶段加于端子上。
c) 根据制造商的协议,试验可以在具有中性点接地的供电回路中进行,电源电压为 $1.5\times U_r\sqrt{2}/\sqrt{3}$。

表 O.1 实际运行条件下三相容性电流开合：电源侧、负载侧电压和恢复电压的标准值

断路器端子上的电压	中性点有效接地系统的电压值			中性点非有效接地系统的电压值
	不接地的电容器	接地电容器组和屏蔽电缆	线路	所有情况
$U_{C/E}$	$U_r\sqrt{2}/\sqrt{3}$	$U_r\sqrt{2}/\sqrt{3}$	$U_r\sqrt{2}/\sqrt{3}$	$1.5\times U_r\sqrt{2}/\sqrt{3}$
$U_{C'/E}$	$1.5\times U_r\sqrt{2}/\sqrt{3}$	$U_r\sqrt{2}/\sqrt{3}$	$1.2\times U_r\sqrt{2}/\sqrt{3}$	$U_r\sqrt{2}/\sqrt{3}$
$U_{C/C'}$	$2.5\times U_r\sqrt{2}/\sqrt{3}$	$2\times U_r\sqrt{2}/\sqrt{3}$	$2.2\times U_r\sqrt{2}/\sqrt{3}$	$2.5\times U_r\sqrt{2}/\sqrt{3}$

假定 C 极为首开极。
C：电源侧；C′：负载侧；C/C′：分闸触头间。
U_r 为额定电压；
$U_{C/E}$ 为电源侧端子对地电压；
$U_{C'/E}$ 为负载侧端子对地电压；
$U_{C/C'}$ 为分闸触头间电压。
注 1：如果电源侧零序电容相比负载侧来说可以忽略，则采用中性点非有效接地系统所表示的值。
注 2：极的名称在图 O.1 中说明。

表 O.2 对于试验室单相试验，根据 6.111.7 的容性电流开合试验电源侧、负载侧电压值和恢复电压

断路器端子上的电压	中性点有效接地系统的电压值			中性点非有效接地系统的电压值
	不接地的电容器	接地电容器组和屏蔽电缆	线路	所有情况
$U_{C/E}$	$1.3\times U_r\sqrt{2}/\sqrt{3}$	$U_r\sqrt{2}/\sqrt{3}$	$1.2\times U_r\sqrt{2}/\sqrt{3}$	$1.5\times U_r\sqrt{2}/\sqrt{3}$
$U_{C'/E}$	$1.5\times U_r\sqrt{2}/\sqrt{3}$	$U_r\sqrt{2}/\sqrt{3}$	$1.2\times U_r\sqrt{2}/\sqrt{3}$	$1.3\times U_r\sqrt{2}/\sqrt{3}$
$U_{C/C'}$	$2.8\times U_r\sqrt{2}/\sqrt{3}$	$2\times U_r\sqrt{2}/\sqrt{3}$	$2.4\times U_r\sqrt{2}/\sqrt{3}$	$2.8\times U_r\sqrt{2}/\sqrt{3}$

假定 C 极为首开极。
C：电源侧；C′：负载侧；C/C′：分闸触头间。
U_r 为额定电压；
$U_{C/E}$ 为电源侧端子对地电压；
$U_{C'/E}$ 为负载侧端子对地电压；
$U_{C/C'}$ 为分闸触头间电压。
注：极的名称在图 O.1 中说明。

除了表 O.1 和 O.2 的条件之外，下列各段给出了关于 6.111.7 的项 d）和 e）的资料。

当电源的中性点有效接地和存在单相或两相接地故障时，健全相的电压可达到 $1.4\times U_r\sqrt{2}/\sqrt{3}$。精确值取决于零相序阻抗。在这种情况下，电源侧和负载侧端子对地电压值应该是：

——$U_{C/E}=U_{C'/E}=1.4\times U_r\sqrt{2}/\sqrt{3}$

——$U_{C/C'}=2.8\times U_r\sqrt{2}/\sqrt{3}$（恢复电压）

当电源的中性点非有效接地和存在单相或两相接地故障时，健全相的电压可达到约 $1.7\times U_r\sqrt{2}/\sqrt{3}$。

这种情况下，电源侧和负载侧端子对地电压值应该是：

——$U_{C/E}=U_{C'/E}=1.7\times U_r\sqrt{2}/\sqrt{3}$

——$U_{C/C'}=3.4\times U_r\sqrt{2}/\sqrt{3}$（恢复电压）

O.3.3.1　三极断路器的单极试验

应该使用直接回路或合成回路。

在某些合成试验回路中，两个电压被合并在断路器的一个端子上，而另一端子接地。

这种情况下，对于对地绝缘来说是比较严酷的，并可能影响断路器两端试验的严酷程度。

为了补偿这种影响，可以对外壳施加一偏压。

与电流注入回路和与采用两个工频电源的回路的有关方法在 GB/T 4473—2008 中说明。

O.3.3.2　单元试验

应该考虑邻近元件(例如外壳)之间的间隙内的局部电场畸变。在某些情况下，取决于极的单元的数量，试验回路不能重现在受试单元的带电件与外壳之间所要求的直流和交流恢复电压。

只有一个端子上对地电场强度等于整极试验时对地电场强度，才允许单元试验。此条件可用下列方法满足：

——用适当电压将对地绝缘的断路器外壳通电。

——在两种电压(交流和直流)叠加在一个端子上而另一个端子接地的条件下进行半极试验。

O.3.4　失步开合试验

本标准的 6.110 适用。

应考虑到下述情况：

——在这些试验期间，机械的、磁的和气体动态的相互作用低于或小于在短路试验和近区故障试验期间的情况。

——在各相和外壳之间以及相间的电压负荷，可能等于或小于在短路试验条件下的值。

注：为了模拟电网条件，推荐将外壳接地并将电压施加到断路器的两侧。

由于外壳接地和一个端子接地将在各相和外壳之间产生比较严酷的负荷。因此，这一试验布置应得到制造商的同意。

从试验的观点出发，应该考虑下述两种情况：

a)　三极断路器的单极试验(见 O.3.4.1)；

b)　单元试验(见 O.3.4.2)。

O.3.4.1　三极断路器的单极试验

在对称回路中，直接或合成试验方法参见图 51，将电压施加在两侧而外壳接地。恢复电压最好为交流的。

合成试验回路在 GB/T 4473—2008 中描述。

另外，在断路器的一个端子接地并且外壳带电并与地绝缘的情况下，可使用常规的直接回路或合成回路。

O.3.4.2　单元试验

为了在端子和外壳之间重现正确的电压负荷，外壳应该绝缘并且使用如 O.3.1.2 所描述的电压源供电。

如果在短路试验期间，端子和外壳之间所要求的电压负荷已经检验过，则允许在外壳和断路器的一个端子接地的情况下进行单元试验。

O.4 三极在一个外壳内的试验

O.4.1 出线端故障试验

当可以用直接回路来检验三相断路器时，直接试验应包括全部的负荷。

当使用合成方法时，为了保证开断单元中和在各极与外壳之间施加适当的负荷，应当满足下述的一般要求：

a) 受试的三极断路器应通以完整的三相电流；

注：短路试验方式 T10、T30 和 T60 可在单相试验回路中进行。

b) 对于试验方式 T100s 和 T100a，关于试验回路所要求的资料在 GB/T 4473—2008 中给出；

c) 不同极之间和各极与外壳之间的 TRV 和 RV 的最大负荷在表 O.3 和 O.4 中给出（也可见图 O.2 和图 O.3）。

可以使用 GB/T 4473—2008 中描述的合成回路来验证这些负荷。

对于试验方式 T100a，应参考 GB/T 4473—2008。恢复电压应为交流的。

表 O.3 试验方式 T10、T30、T60 和 T100s，首开极系数 1.5 三相开断过程中的电压值

		TRV 峰值/第一极 TRV 峰值 %		恢复电压(RV)峰值 p.u.	du/dt %
		第一极开断瞬间	第二极开断瞬间		
相	a	0	58	1	70
	b	0	58	1	70
	c	100	—	1	100
相间	a-b	0	115	1.732	
	b-c	100	58	1.732	
	c-a	100	58	1.732	

u_c 为第一极 TRV 峰值 $=1.5\times1.4\times U_r\sqrt{2}/\sqrt{3}$

1 p.u $=U_r\sqrt{2}/\sqrt{3}$

c 相为首开极。

表 O.4 试验方式 T10、T30、T60 和 T100s，首开极系数 1.3 三相开断过程中的电压值

		TRV 峰值/第一极 TRV 峰值 %			恢复电压(RV)峰值 p.u.	du/dt %
		第一极开断瞬间	第二极开断瞬间	第三极开断瞬间		
相	a	0	0	77	1	70
	b	0	98	—	1	95
	c	100	—	—	1	100
相间	a-b	0	98	98	1.732	
	b-c	100	89	—	1.732	
	c-a	100	—	91	1.732	

u_c 为第一极 TRV 峰值 $=1.3\times1.4\times U_r\sqrt{2}/\sqrt{3}$

1 p.u $=U_r\sqrt{2}/\sqrt{3}$

c 相为首开极。

a) 按 6.105.1 的要求，在每一试验方式的试验之间，为了使时间间隔减至最小，同时也为了避免改变高压回路至断路器的连接线，所有要求的燃弧时间应施加到同一相上。

b) 所有上述的负荷最好在同一试验中施加，如果不可能，允许采用多部试验程序。

O.4.2 近区故障试验

如同对单箱壳型那样，此试验是基于单相接地故障的开断(见 O.3.2)。

因此，仅一极应承受短路电流和全部电压。见 6.102.3 和 6.102.4。

O.4.3 容性电流开合试验

优先选用三相试验。

在单相试验情况下，某些附加的绝缘试验是必需的(见 O.3.3)。在三相情况下，应该考虑对地绝缘和极间绝缘。此绝缘试验，按其要求，可单独进行，见表 O.5。

表 O.5 实际运行条件(最大标准电压值)下容性电流开合

端子间电压	中性点有效接地系统			中性点非有效接地系统
	不接地电容器组	接地电容器组	线路	
A 对地	1.0	1.0	1.0	1.5
A′对地	1.5	1.0	1.2	1.0
A-A′	2.5	2.0	2.2	2.5
A′-B′	⩽1.73	⩽1.73	⩽1.73	⩽1.73
A′-C′	2.37	2.0	2.1	2.37
B′-C′	⩽1.73	2.0	1.9	⩽1.73
A-B′	1.87	2.0	2.0	1.87
A-C′	1.87	2.0	1.9	1.87
B-A′	2.5	2.0	2.2	2.5
B-C′	1.87	2.0	1.9	1.87
C-A′	2.5	2.0	2.2	2.5
C-B′	1.87	2.0	2.0	1.87
A-A′：首开极；A：电源侧；A′：负载侧。				

注 1：如果电源侧零序电容相比于负载侧可以忽略不计，则采用中性点非有效接地系统所示的值。

注 2：1 p.u.$=U_r\sqrt{2}/\sqrt{3}$

注 3：A 极开断后的第一次电流过零时，B 极和 C 极开断。

注 4：A-B、A-C 和 B-C 的电压值所有情况下等于 $U_r\sqrt{2}$。

注 5：表格中不包括 B 对地、B′对地、B-B′和 C 对地、C′对地和 C-C′的电压值，因为它们的电压值低于 A 极相应的值。

O.4.4 失步开合试验

可以使用单相试验。因为电流较小和由于在断口两侧分摊而使对外壳的电压较低，所以不需要考虑三相试验。

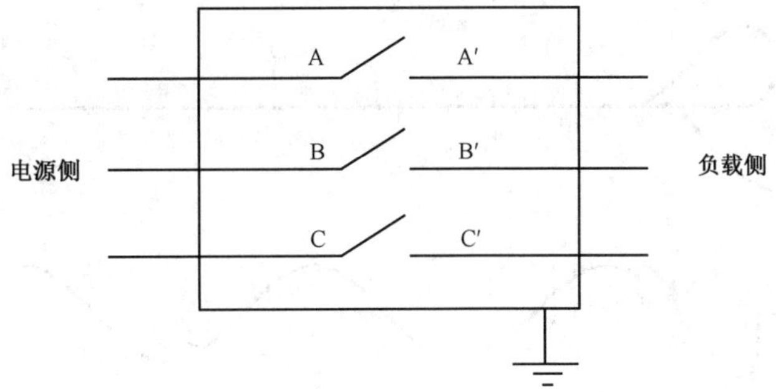

图 O.1　表 O.1 和表 O.2 中考虑的试验布置

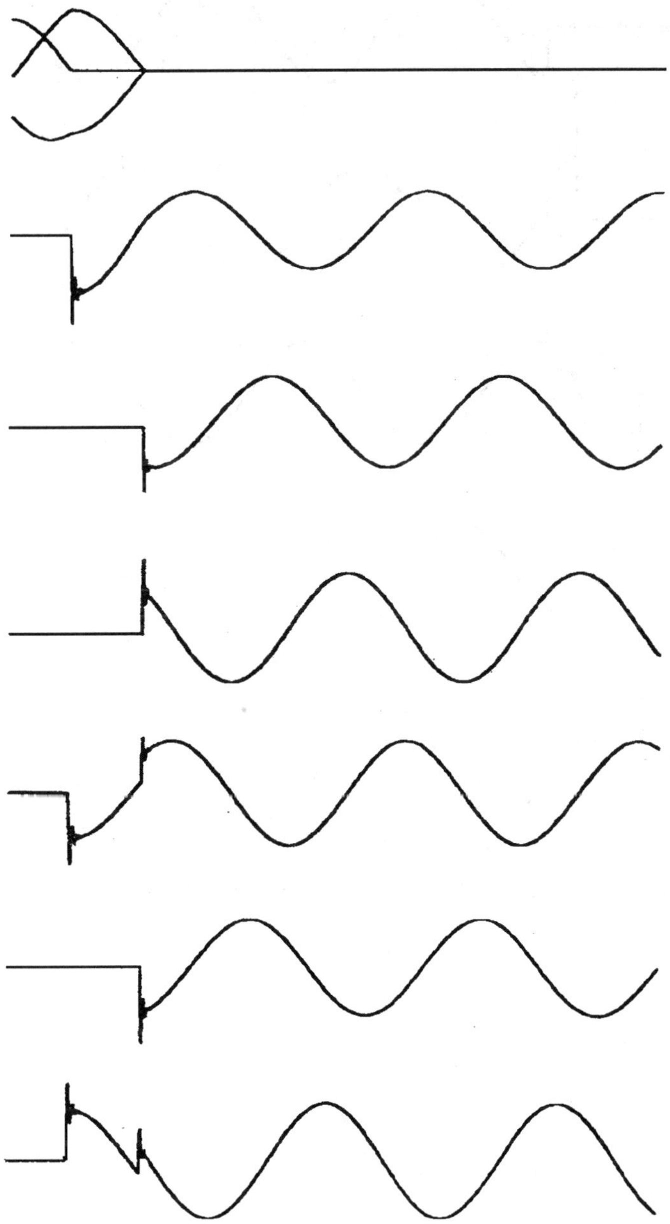

图 O.2　如图 25a)所示的，表明三相开断过程中对称电流、相对地和相间电压的波形示例

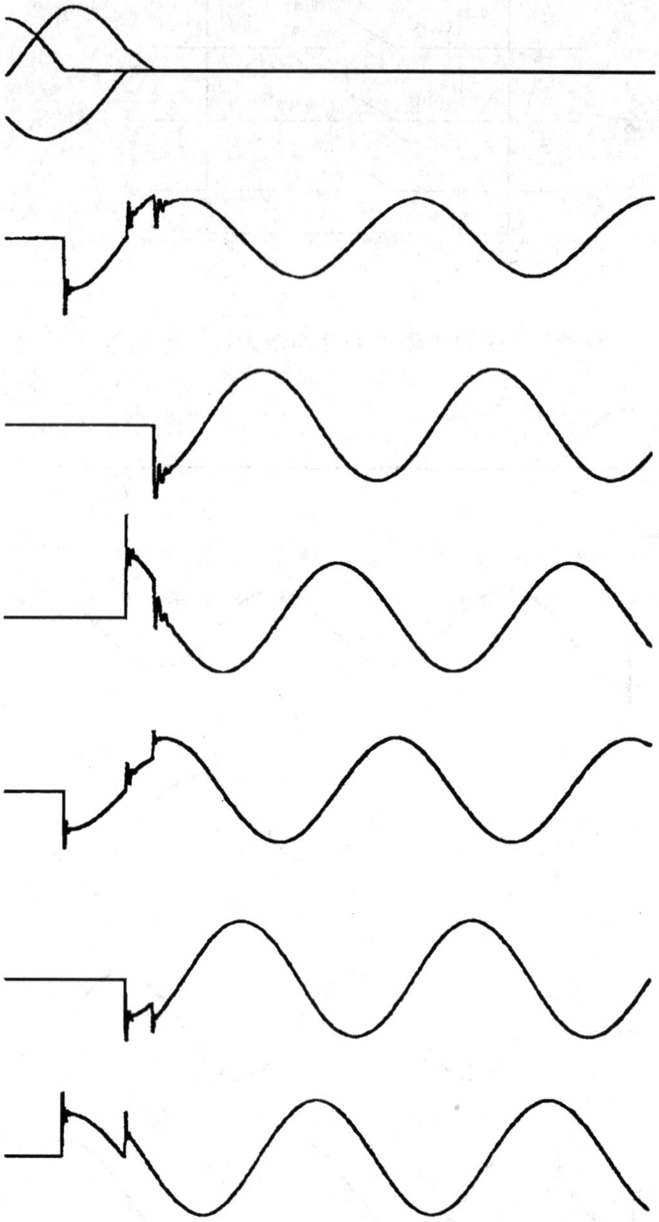

图 O.3　如图 26a)所示的,表明三相开断过程中对称电流、相对地和相间电压的波形的示例

附 录 P
（规范性附录）
非对称故障条件下(T100a)TRV 参数的计算

本附录适用于非对称故障条件下预期 TRV 参数的计算。

注 1：本附录中给出的计算仅适用于首开极。对于第 2 和第 3 开断极，见表 6。

注 2：非对称电流开断 TRV 的计算的详细资料见 GB/T 4473—2008。

非对称故障条件中，叠加在故障电流上的直流分量改变了最终的 di/dt 和 TRV。

对于 di/dt，在对称故障条件时达到最大值。在非对称故障条件下，di/dt 被降低且是电流零点直流分量的函数。电流零点时要求的 di/dt 应按下述公式计算：

a） 对于小半波：

$$\frac{di}{dt}(\text{p.u.})_{-}=\sqrt{(1-p^2)}-\frac{p}{2\pi f\tau} \qquad \text{(P.1)}$$

b） 对于大半波：

$$\frac{di}{dt}(\text{p.u.})_{+}=\sqrt{(1-p^2)}+\frac{p}{2\pi f\tau} \qquad \text{(P.2)}$$

式中：

$di/dt(\text{p.u.})$——对称故障条件时 di/dt 的标幺值；

$-$ ——小半波的下标；

$+$ ——大半波的下标；

p ——电流零点的直流分量的标幺值；

f ——频率，单位为赫兹(Hz)；

τ ——短路电流的直流时间常数，单位为秒(s)。

开断时，和对称故障条件不同，电流零点时刻不对应于外施电压的峰值。直流分量改变电流零点和外施工频电压之间的相位角。根据电流零点时刻和外施工频电压峰值之间相位移来修正 TRV 幅值的大小(u_1，u_c)。

相应的 TRV 幅值(u_1，u_c)应按下列公式计算：

c） 两参数 TRV

$$u_c(\text{p.u.})=\frac{k_1 A_1}{2\pi f} \qquad \text{(P.3)}$$

以及

$$k_{1-}=\sin(2\pi f t_3-a\sin p)+p\times e^{-\frac{t_3}{\tau}}\text{(对于小半波)} \qquad \text{(P.4)}$$

$$k_{1+}=\sin(2\pi f t_3+a\sin p)-p\times e^{-\frac{t_3}{\tau}}\text{(对于大半波)} \qquad \text{(P.5)}$$

$$A_1=\frac{2\pi f}{\sin(2\pi f t_3)} \qquad \text{(P.6)}$$

式中：

u_c ——对称情况下的 TRV 峰值的标幺值；

k_1 ——计算常数；

$-$ ——小半波的下标；

$+$ ——大半波的下标；

A_1——计算常数；

p ——电流零点的直流分量的标幺值；

f ——频率,单位为赫兹(Hz);

τ ——短路电流的直流时间常数,单位为秒(s);

t_3 ——规定的 t_3,单位为秒(s)。

d) 四参数 TRV

$$u_1(\text{p.u.})=\frac{k_1A_1}{2\pi f} \qquad (P.7)$$

以及

$$k_{1-}=\sin(2\pi ft_1-a\sin p)+p\times e^{-\frac{t_1}{\tau}}(对于小半波) \qquad (P.8)$$

$$k_{1+}=\sin(2\pi ft_1+a\sin p)-p\times e^{-\frac{t_1}{\tau}}(对于大半波) \qquad (P.9)$$

$$A_1=\frac{2\pi f}{\sin(2\pi ft_1)} \qquad (P.10)$$

式中:

u_1——对称情况下 TRV 峰值的标幺值;

k_1——计算常数;

$-$——小半波的下标;

$+$——大半波的下标;

A_1——计算常数;

p ——电流零点的直流分量的标幺值;

f ——频率,单位为赫兹(Hz);

τ ——短路电流的直流时间常数,单位为秒(s);

t_1——规定的 t_1,单位为秒(s)。

以及

$$u_c(\text{p.u.})=\frac{k_2A_1}{1.4\times 2\pi f}-\frac{k_3A_2}{2\pi f} \qquad (P.11)$$

以及

$$k_{2-}=\sin(2\pi ft_2-a\sin p)+p\times e^{-\frac{t_2}{\tau}}(对于小半波) \qquad (P.12)$$

$$k_{2+}=\sin(2\pi ft_2+a\sin p)-p\times e^{-\frac{t_2}{\tau}}(对于大半波) \qquad (P.13)$$

$$k_{3-}=\sin[2\pi f(t_2-t_1)-a\sin p]+p\times e^{-(\frac{t_2-t_1}{\tau})}(对于小半波) \qquad (P.14)$$

$$k_{3+}=\sin[2\pi f(t_2-t_1)+a\sin p]-p\times e^{-(\frac{t_2-t_1}{\tau})}(对于大半波) \qquad (P.15)$$

$$A_1=\frac{2\pi f}{\sin(2\pi ft_1)} \qquad (P.16)$$

$$A_2=\frac{A_1\sin(2\pi ft_2)/1.4-2\pi f}{\sin[2\pi f(t_2-t_1)]} \qquad (P.17)$$

式中:

u_c ——对称情况下 TRV 峰值的标幺值;

k_2 ——计算常数;

k_3 ——计算常数;

$-$ ——小半波的下标;

$+$ ——大半波的下标;

A_1——计算常数;

A_2——计算常数;

p ——电流零点的直流分量的标幺值;

f ——频率,单位为赫兹(Hz);

τ ——短路电流的直流时间常数,单位为秒(s);

t_1 ——规定的 t_1,单位为秒(s);

t_2 ——规定的 t_2,单位为秒(s)。

作为例子,按下述参数计算:

——断路器的额定电压:		145 kV
——额定频率:		50 Hz
——额定短路开断电流:		40 kA
——短路电流的直流时间常数:		45 ms
——首开极系数:		1.3
——最短开断时间:		43 ms
——额定 TRV 参数(对称情况下的):	u_1	154 kV
	t_1	77 μs
	u_c	215 kV
	t_2	231 μs

根据表 15,可以给出下述参数:

a) 对于小半波:

——电流零点的直流分量的百分数:37.9%(0.379 p.u.);

——电流零点的 di/dt 的百分数:89.9%(0.899 p.u.)。

b) 对于大半波:

——电流零点的直流分量的百分数:28.9%(0.289 p.u.);

——电流零点的 di/dt 的百分数:97.8%(0.978 p.u.)。

按照前面的公式可以计算出下述数值:

$k_{1-}=0.021\ 85$;

$k_{1+}=0.023\ 57$;

$A_1=12\ 988.28$;

$u_{1-}=0.903\ 19$ p.u.;

$u_{1+}=0.974\ 26$ p.u;

$k_{2-}=0.066\ 16$;

$k_{2+}=0.070\ 13$;

$k_{3-}=0.043\ 90$;

$k_{3+}=0.046\ 95$;

$A_2=7\ 413.155$;

$u_{c-}=0.917\ 64$ p.u;

$u_{c+}=0.963\ 25$ p.u;

根据这些结果,施加到断路器上的最终的修正过的 di/dt 和 TRV 为:

a) 对于小半波:

$di/dt=0.899\ \text{p.u.}\times 40\ \text{kA}\times\sqrt{2}\times 2\pi f=15.98\ \text{A}/\mu\text{s}$

$u_1=0.903\ 19\ \text{p.u.}\times 154\ \text{kV}=139.1\ \text{kV}$

$t_1=77\ \mu\text{s}$

$u_1/t_1=1.81\ \text{kV}/\mu\text{s}$

$u_c=0.917\ 64\ \text{p.u.}\times 215\ \text{kV}=197.3\ \text{kV}$

$t_2=231\ \mu\text{s}$

b) 对于大半波：

$di/dt=0.978\ p.u.\times 40\ kA\times\sqrt{2}\times 2\pi f=17.38\ A/\mu s$

$u_1=0.974\ 26\ p.u.\times 154\ kV=150.0\ kV$

$t_1=77\ \mu s$

$u_1/t_1=1.95\ kV/\mu s$

$u_c=0.963\ 25\ p.u.\times 215\ kV=207.1\ kV$

$t_2=231\ \mu s$

通常，对于直接试验，如果回路元件已经调整到额定的 TRV，且在电流零点获得了要求的直流分量，则不需要进行上述计算，di/dt 的降低和 TRV 幅值调整（u_1 和/或 u_c）会自动满足。

上述计算应在下述情况下使用：

——合成试验时，为了设定回路元件以及电容器组的充电电压；

——直接试验中，为了在试验中获得施加的 TRV 参数的紧密配合；

——直接试验中，如果电流零点的直流分量超过了允许偏差，为了获得附录 B 和 6.104.5 中给出的偏差范围内的预期 TRV。

对于合成试验，可以采用下述两个选项：

——设定试验回路来获取与试验方式 T100s 相关的额定 TRV。

因为这些参数不会随着电流零点的直流分量的百分数线性变化，在这种情况下，所有的参数（di/dt、u_1 和 u_c）不可能同时满足。合成回路的充电电压应设定到获取最严酷的试验参数。

对于小半波试验，最严酷的试验参数总是 u_c，而对于大半波试验，最严酷的试验参数是 di/dt。

对于电压引入法，大半波试验的最严酷试验参数为 u_1。

——使用两个不同的试验回路，一个回路设定用来获取小半波试验相关的修正过的 TRV，另一个回路设定用来获取与大半波试验相关的修正过的 TRV。

在这种情况下，所有要求的参数（di/dt、u_1 和 u_c）（由上述计算）可以同时满足。

因为选择第一项可能使断路器过负荷，例如大半波试验，对 di/dt 所要求的修正可能会导致比要求值更高的 u_c，所以应由制造商选定选项。

附 录 Q
（资料性附录）
非对称试验方式 T100a 中，非对称判据应用的例子

本附录给出的例子是基于标准化的情况，并且给出了在实际试验中如何使用非对称判据的导则。给出了能涵盖试验室中可能出现的大多数状况的三种不同情况。

Q.1 断路器的额定短路开断电流的额定直流时间常数长于试验回路的时间常数时的三相试验

断路器的额定电压	24 kV
首开极系数	1.5
额定短路开断电流的额定直流时间常数	120 ms
试验回路的时间常数	60 ms
最短燃弧时间	7.5 ms
最短分闸时间	32.5 ms
触头分离时的直流分量	70.2%
最短开断时间	40 ms
频率	50 Hz

试验回路的时间常数与额定短路开断电流的额定直流时间常数不同。为了达到要求的参数，采用预脱扣和控制合闸方法时的试验数据。

注：为了改变试验电流的起始直流分量，合闸控制应使得试验电流的起始时刻出现在外施电压的选定时刻。

表 Q.1 试验回路的直流时间常数短于额定短路电流的额定直流时间常数时三相试验的试验参量的说明示例

参数	要求（表 19 中给出的和圆整值）		采用预脱扣和控制合闸方法时的试验数据		要求值和试验值之间的偏差/%
	首开极大半波	第二开断极大/小半波[a]	首开极大半波	第二开断极大/小半波[a]	
电流开断时的直流分量/%	62.1		54.2		−13
电流开断时的 di/dt/%	80.1		86.9		+8
最后电流半波的峰值/p.u.	1.66	1.34/0.72	1.61	1.32/0.76	−3 −1.5/+5.6[b]
最后电流半波的持续时间/ms	14.5	13.2/7.65	14.4	13.05/7.8	−2 −1/+2[b]
Δt/ms[c]		3		3.3	+10
$I \times t$/p.u. ms	24.07		23.18		−3.7

[a] 用网络计算程序计算的中性点非有效接地系统的预期值（见注）。

[b] 第二开断极。

[c] Δt 是首开极和后开极之间的时间间隔。

结论：可以采用预脱扣和控制合闸的方法来满足要求。TRV 和 di/dt 可能高于要求值，但是仍然在给定的偏差内。第二开断极的燃弧时间会稍长于要求值。试验数值涵盖了要求值。通过改变试验电流和/或 TRV 振幅系数，可以获得紧密的配合。图 Q.1 中给出了结果的图解。

从表 Q.1 看出，Q.1 给出的断路器的额定值全部由试验数据涵盖。应当注意电流零点非对称的百分数低于在触头分离时制造商给出的额定值。这种差异是正常的，因为由制造商规定的数值是基于规定的额定短路开断电流的直流时间常数 120 ms，不考虑燃弧时间和试验回路的直流时间常数。所满足的试验参数是 6.106.6 中规定的对最后电流半波所描述的参数。

注：推荐计算要求的三相或单相波形的方法(最简单的方法)是通过网络计算程序(例如 EMTP、MATHLAB 等)。要求的波形也可以通过手工采用基本的三相或单相短路电流方程来计算。

Q.2 断路器的额定短路开断电流的额定直流时间常数短于试验回路的时间常数时的单相试验

断路器的额定电压	550 kV
首开极系数	1.3
额定短路开断电流的额定直流时间常数	45 ms
试验回路的时间常数	60 ms
最短燃弧时间	7.5 ms
最短分闸时间	32.5 ms
触头分离时的直流分量	38.9%
最短开断时间	40 ms
频率	50 Hz

试验回路的时间常数与额定短路开断电流的额定直流时间常数不同。为了达到要求的参数，采用控制合闸方法时的试验数据。

表 Q.2 试验回路的直流时间常数长于额定短路电流的额定直流时间常数时单相试验的试验参量的说明示例

参数	要求(表 15 中给出的和圆整值)		采用控制合闸方法时的试验数据		要求值和试验值之间的偏差/%
	尽可能最长的燃弧时间的大半波	尽可能最短的燃弧时间的小半波	大半波	小半波	
电流开断时的直流分量/%	28.9	37.9	28.6	40.2	−10 +6.1[b]
电流开断时的 di/dt [a]/%	97.8	89.9	97.3	89.6	+0.5 −0.6[b]
最后电流半波的峰值/p.u.	1.33	0.59	1.32	0.57	−0.8 −3.4[b]
最后电流半波的持续时间/ms	12.3	7.35	12.15	7.35	−1.2 0[b]
u_1 [a]	96.5%	91.9%	96.0%	91.3%	−0.5 −0.7[b]
u_c [a]	92.3%	97.9%	91.9%	97.1%	−0.4 −0.9[b]
$I\times t$/p.u. ms	16.36	4.34	16.04	4.19	−2.0 −3.5[b]

[a] 在合成试验的情况下，有可能不依赖于时间常数来控制这些数值。

[b] 小半波。

结论:可以采用控制合闸的方法来满足所有试验要求。获得的所有数值与要求值非常接近。通过改变试验电流和/或 TRV 调节回路的 TRV 振幅系数可以获得紧密的配合。u_1 和 u_c 的值已从附录 P 的公式中导出。图 Q.2 中给出了结果的图解。

从表 Q.2 中可看出,Q.2 中给出的断路器的额定值全部由试验数据涵盖。应当注意电流零点非对称的百分数低于在触头分离时制造商给出的额定值。这种差异是正常的,因为制造商规定的数值是基于规定的额定短路开断电流的直流时间常数 45 ms,不考虑燃弧时间和试验回路的直流时间常数。所满足的试验参数是 6.106.6 中规定的对最后电流半波所描述的参数。

Q.3 断路器的额定短路开断电流的额定直流时间常数长于试验回路的时间常数时的单相试验

断路器的额定电压	550 kV
首开极系数	1.3
额定短路开断电流的额定直流时间常数	75 ms
试验回路时间常数	60 ms
最短燃弧时间	7.5 ms
最短分闸时间	32.5 ms
触头分离时的直流分量	56.7%
最短开断时间	40 ms
频率	50 Hz

试验回路的时间常数与额定短路开断电流的额定直流时间常数不同。为了达到要求的参数,采用控制合闸方法时的试验数据。

表 Q.3 试验回路的直流时间常数短于额定短路电流的额定直流时间常数时单相试验的试验参量的说明示例

参数	要求(表 17 中给出的和圆整值)		采用控制合闸方法时的试验数据		要求值和试验值之间的偏差/%
	尽可能最长的燃弧时间的大半波	尽可能最短的燃弧时间的小半波	大半波	小半波	
电流开断时的直流分量/%	47.2	56.4	39.2	48.6	−20 −16.6[b]
电流开断时的 di/dt[a]/%	90.2	80.2	94.1	84.9	+4.3 +5.8[b]
最后电流半波的峰值/p.u.	1.51	0.41	1.44	0.44	−4.6 +7.3[b]
最后电流半波的持续时间/ms	13.65	6.15	13.5	6.75	1.1 +9.8[b]
u_1[a]	88.1%	82.8%	92.3%	82.1%	+4.8 +5.2[b]
u_c[a]	81.3%	90.9%	86.6%	94%	+6.5 +3.4[b]
$I\times t$/p.u. ms	20.61	2.52	19.44	2.97	−5.7 +17.9[b]

[a] 在合成试验的情况下,有可能不依赖于时间常数来控制这些数值。

[b] 小半波。

结论:可以采用控制合闸的方法来满足所有试验要求。获取的所有数值(除了直流分量外)与要求值非常接近。在这种情况下,有必要采用附加的预脱扣的方法获取允许的偏差($^{-5}_{+10}$%)。通过改变试验电流和/或 TRV 调节电路的 TRV 振幅系数可以获得紧密的配合。u_1 和 u_c 的值已从附录 P 的公式中导出。图 Q.3 中给出了结果的图解。

从表 Q.3 中可看出,Q.3 中给出的断路器的额定值全部由试验数据涵盖。应当注意电流零点非对称的百分数低于在触头分离时制造商给出的额定值。这种差异是正常的,因为由制造商规定的数值是基于规定的额定短路开断电流的直流时间常数 75 ms,不考虑燃弧时间和试验回路的直流时间常数。所满足的试验参数是 6.106.6 中规定的对最后电流半波所描述的参数。

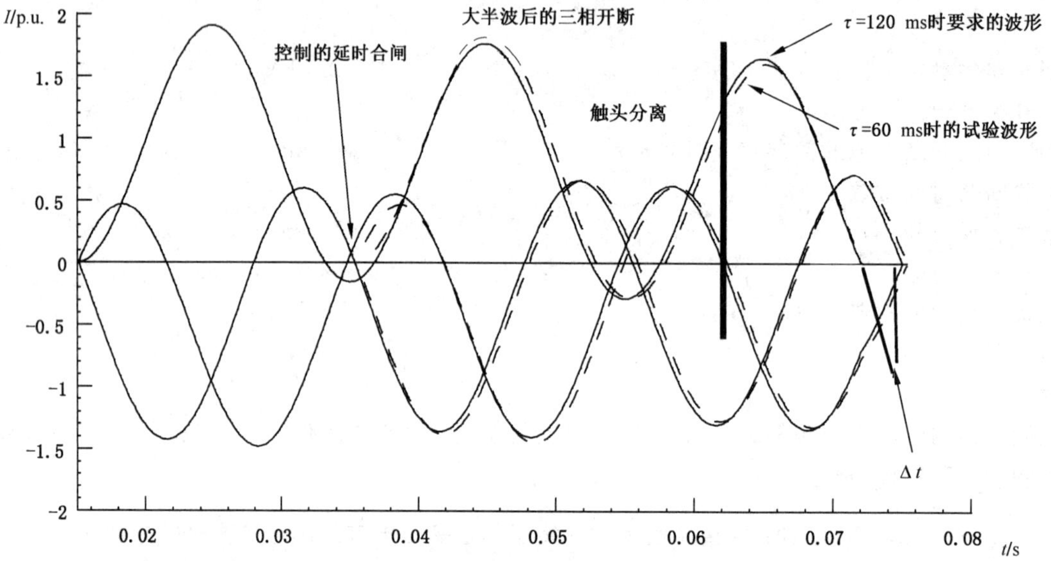

由于试验回路较短的时间常数,有必要使短路电流起始时刻迟延(预脱扣法,见 6.106.6.3 的注 1)且按此方法选择合闸相角来获得电流零点要求的直流分量。

图 Q.1 额定短路开断电流的额定直流时间常数长于试验回路的时间常数时断路器的三相试验

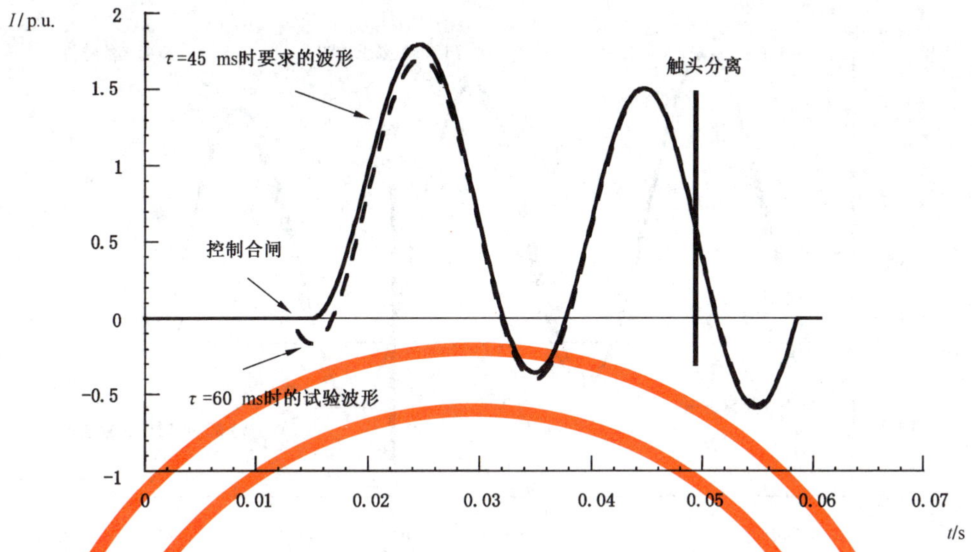

小半波后电流零点时开断

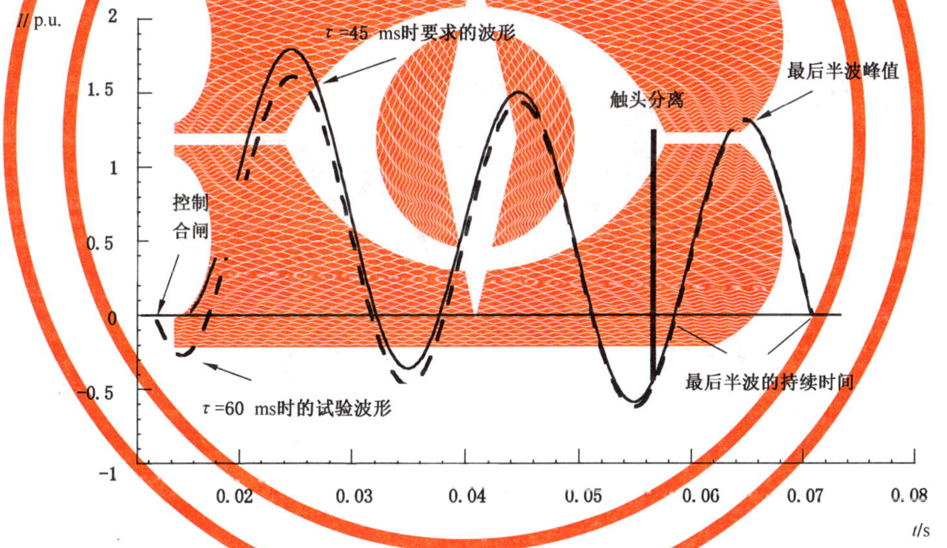

大半波后电流零点开断

图 Q.2　额定短路开断电流的额定直流时间常数短于试验回路时间常数时断路器的单相试验

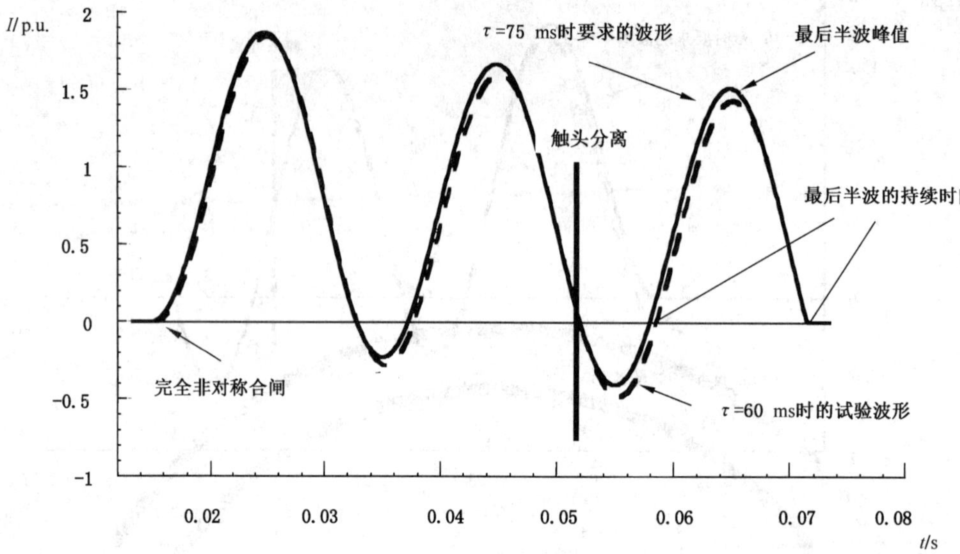

大半波后电流零点时开断

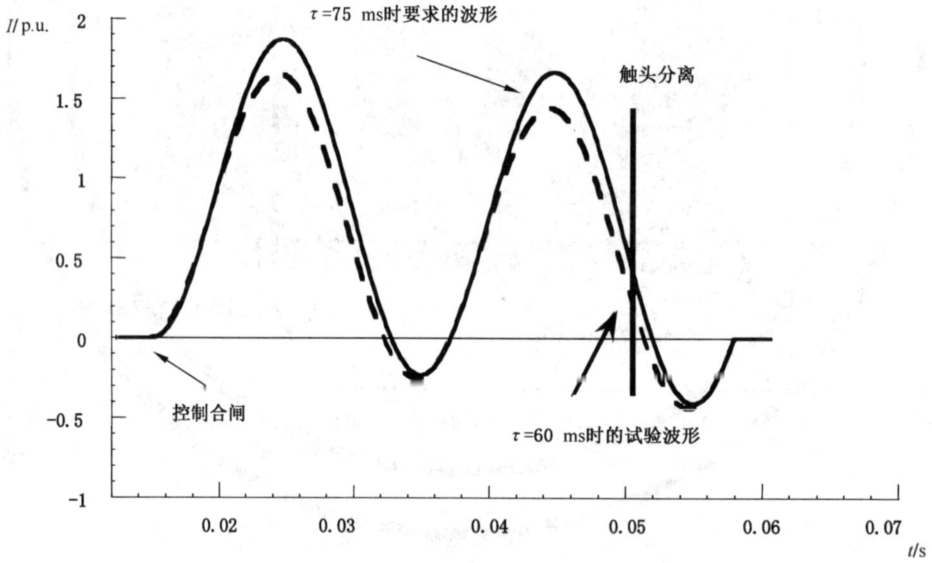

小半波后电流零点开断

图 Q.3 额定短路开断电流的额定直流时间常数长于试验回路的时间常数时断路器的单相试验

附 录 R
（规范性附录）
带有分闸电阻的断路器的要求

R.1 概述

本附录适用于接有与被断开回路串联的电阻的断路器。至少对开断操作，此电阻与主断口并联。开断过程中，主断口将电流转换到电阻器，然后与电阻器串联的电阻器断口开断剩余电流。

带有分闸电阻的断路器应该满足本标准正文的所有要求。考虑分闸电阻的存在，本附录补充了正文并且规定了具体的设计和试验要求。

典型的系统结构在图 R.1 中给出。

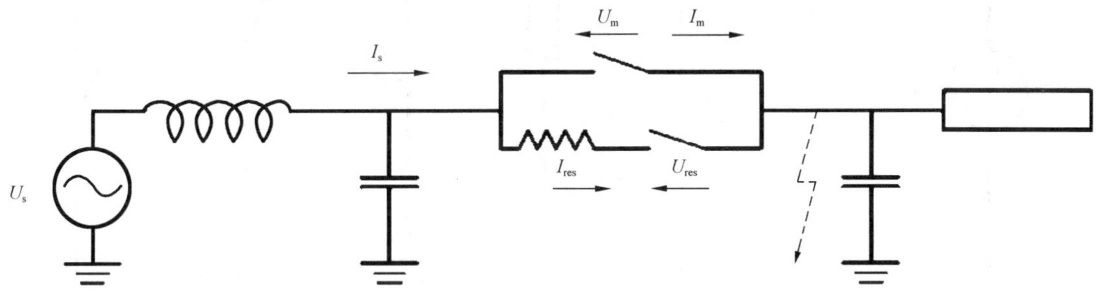

说明：

I_m ——通过主断口的电流；
I_{res} ——通过分闸电阻的电流；
I_s ——电源测电流；
U_m ——主断口两端的电压；
U_{res} ——分闸电阻两端的电压；
U_s ——电源测电压。

图 R.1 由带分闸电阻断路器开断的典型系统结构

R.2 开合性能验证

如果使用直接试验方法，则带有分闸电阻的断路器的开合性能会得到充分验证。若受试验设备限制，应使用合成试验方法，参见 GB/T 4473—2008 的附录 F。

应该获得适当的机械的和电气的操作时间，包括主断口和电阻器断口的预击穿时间和燃弧时间。

注 1：试验和运行期间连续操作的次数，受限于该电阻的热容量和冷却时间常数。

注 2：通常不带分闸电阻进行容性开合试验，考虑到该电阻对被开断电流和主断口和电阻器断口的恢复电压的影响，应调整试验参数。

由于使用合成回路限定的可用能量，合成试验应由三部分进行：

——主断口试验；

——电阻器断口试验；

——电阻器组的试验。

R.2.1 主断口试验

R.2.1.1 出线端故障和失步开合试验

通常使用合成试验方法进行这些试验。

由于试验设备的限制，通常不带分闸电阻进行这些试验。该电阻通过施加在开断条件下计算的修正电流和电压参数来考虑。

修正的 TRV 数值应基于各个工况来计算，取决于运行条件，例如短路电流和分闸电阻的阻抗值。可以使用暂态计算程序计算 TRV。这种情况下修正的 TRV 数值应由系统设计者规定。

修正的 TRV 参数也可以通过计算带有未对 TRV 产生影响的集中元件的回路中的电阻来获得。试验方式 T60 和 T100 的试验回路示例在图 R.2 中给出。试验方式 T10、T30 和 OP2 的试验回路示例在图 R.3 中给出。

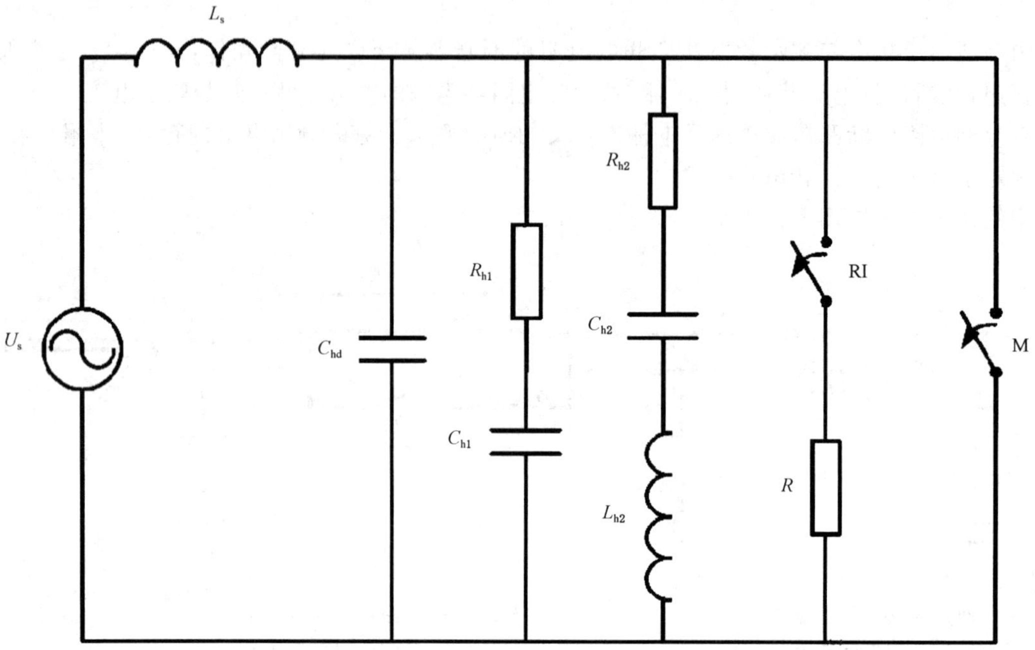

说明：

U_s ——电源电压；

L_s ——电源电感；

C_{hd}——时延电容；

R_{h1}——第 1 部分 TRV 电阻；

C_{h1}——第 1 部分 TRV 电容；

R_{h2}——第 2 部分 TRV 电阻；

C_{h2}——第 2 部分 TRV 电容；

L_{h2}——TRV 电感；

RI ——电阻器断口；

R ——电阻；

M ——主断口。

图 R.2 试验方式 T60 和 T100 的试验回路

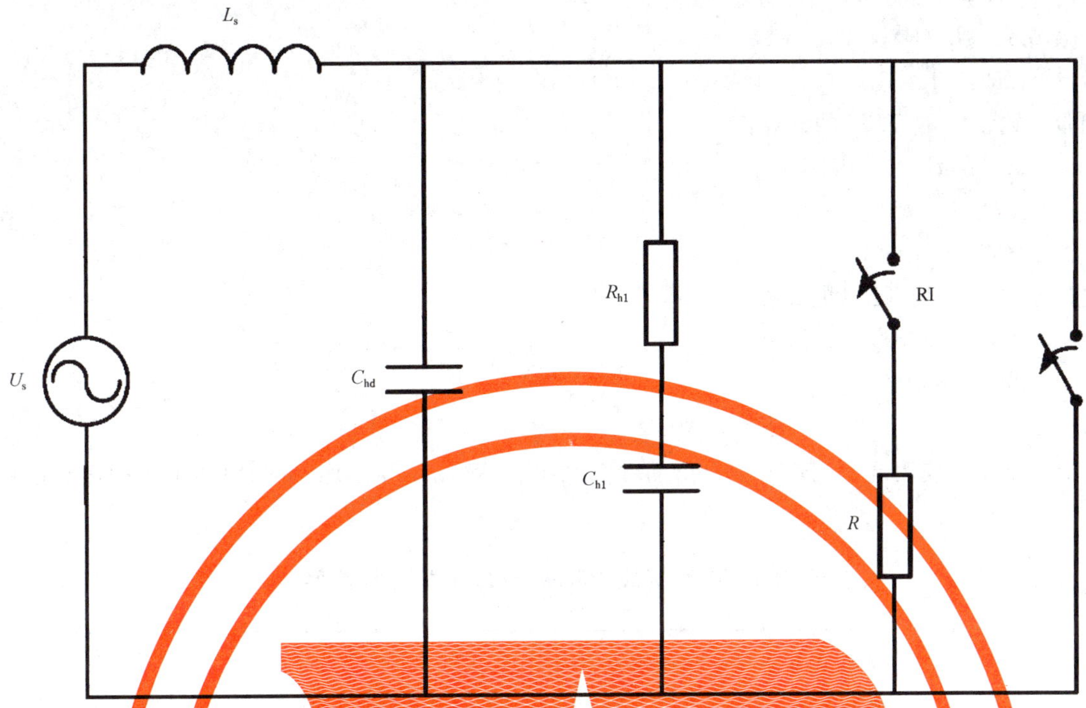

说明：

U_s ——电源电压；

L_s ——电源电感；

C_{hd}——时延电容；

R_{h1}——TRV 电阻；

C_{h1}——TRV 电容；

RI ——电阻器断口；

R ——电阻；

M ——主断口。

图 R.3 试验方式 T10、T30 和 OP2 的试验回路

参数计算：

$U_s = k_{pp} \times U_r / \sqrt{3}$

$L_s = (U_s / I_s) / \omega$

试验方式 T100 的 TRV 的计算：

$R_{h1} \approx (du/dt)/(di/dt)$

$C_{h1} \approx 0.31 \times L_s / R_{h1}^2$

$R_{h2} \approx 0.32 \times R_{h1}$

$C_{h2} \approx 0.7 \times C_{h1}$

$L_{h2} \approx 1.15 \times L_v$

$C_{hd} \approx t_d / R_{h1}$

试验方式 T60 的 TRV 的计算：

$R_{h1} \approx 0.9 \times (du/dt)/(di/dt)$

$C_{h1} \approx 0.3 \times L_s / R_{h1}^2$

$R_{h2} \approx 0.1 \times R_{h1}$

$C_{h2} \approx 1.16 \times C_{h1}$

$L_{h2} \approx 1.38 \times L_v$

$C_{hd} \approx t_d / R_{h1}$

试验方式 T30 的 TRV 的计算：

$R_{h1} \approx (du/dt)/(di/dt)$

$C_{h1} \approx 0.42 \times L_s / R_{h1}^2$

$C_{hd} \approx t_d / R_{h1}$

试验方式 T10 的 TRV 的计算：

$R_{h1} \approx 1.3 \times (du/dt)/(di/dt)$

$C_{h1} \approx 0.42 \times L_s / R_{h1}^2$

$C_{hd} \approx t_d / R_{h1}$

试验方式 OP2 的 TRV 的计算：

$R_{h1} \approx 1.85 \times (du/dt)/(di/dt)$

$C_{h1} \approx 2.55 \times L_s / R_{h1}^2$

$C_{hd} \approx t_d / R_{h1}$

表 R.1 给出了使用两个试验回路得出的计算结果。$TRV_{peak}(u_{cred})$的下降率在本表的最后一栏中给出。

表 R.1 出线端故障和失步 TRV 的计算结果

U_r kV	I_{sc} kA	f Hz	试验方式	R Ω	u_1 kV	t_1 μs	u_c kV	t_2 或 t_3 μs	u_{crd} %
1 100	50	50	T100s(b)	∞	808	404	1 617	1 212	0
1 100	50	50	T100s(b)	1 000	830	451	1 549	1 238	−4
1 100	50	50	T100s(b)	500	780	461	1 485	1 267	−8
1 100	50	50	T60	∞	808	269	1 617	1 212	0
1 100	50	50	T60	1 000	740	320	1 508	1 210	−7
1 100	50	50	T60	500	660	340	1 410	1 237	−13
1 100	50	50	T30	∞			1 660	332	0
1 100	50	50	T30	1 000			1 163	407	−30
1 100	50	50	T30	500			1 036	531	−38
1 100	50	50	T10	∞			1 897	271	0
1 100	50	50	T10	1 000			971	624	−49
1 100	50	50	T10	500			853	935	−55
1 100	50	50	OP2	∞			2 245	1 344	0
1 100	50	50	OP2	1 000			1 877	1 435	−16
1 100	50	50	OP2	500			1 639	1 502	−27

R.2.1.2 近区故障试验

通常使用合成试验方法进行这些试验。

由于试验设备的限制，通常不带分闸电阻进行这些试验。该电阻通过施加在开断条件下计算的修正电流和电压参数来考虑。

修正的 TRV 数值应基于各个工况来计算，取决于运行条件，例如短路电流和分闸电阻的阻抗值。可以使用暂态计算程序计算 TRV。这种情况下修正的 TRV 数值应由系统设计者规定。

修正的 TRV 参数也可以通过计算带有未对 TRV 产生影响的集中元件的回路中的电阻来获得。试验方式 L_{90} 的试验回路示例在图 R.4 中给出。

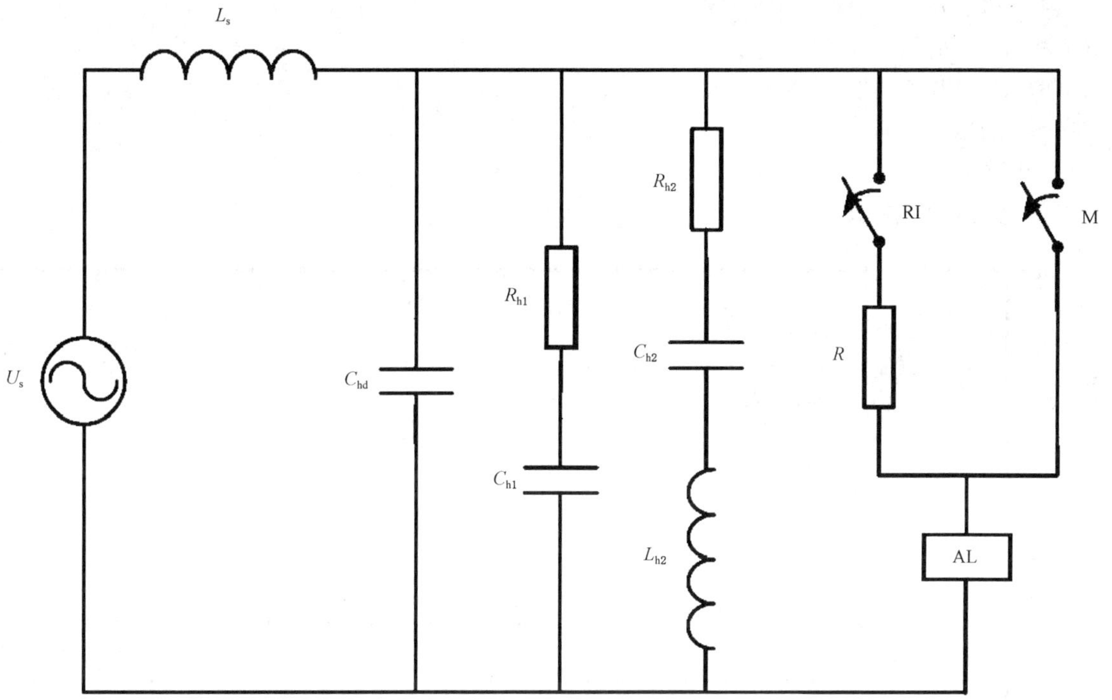

说明：

U_s ——电源电压；
L_s ——电源电感；
C_{hd} ——时延电容；
R_{h1} ——第 1 部分 TRV 电阻；
C_{h1} ——第 1 部分 TRV 电容；
R_{h2} ——第 2 部分 TRV 电阻；
C_{h2}——第 2 部分 TRV 电容；
L_{h2}——TRV 电感；
RI ——电阻器断口；
R ——电阻；
M ——主断口；
AL——人工线路。

图 R.4　近区试验方式 L_{90} 的试验回路示例

表 R.2 给出了使用图 R.4 中试验回路得出的计算结果。$TRV_{peak}(u_{cred})$的下降率在本表的最后一栏中给出。

表 R.2　试验方式 L_{90} 的 TRV 计算的结果

U_r kV	I_{sc} kA	f Hz	试验方式	R Ω	u_1 kV	t_1 μs	u_c kV	t_2 μs	u_{crd} %	k	Z Ω
					电源测					线路侧	
1 100	50	50	L_{90}	∞	674	337	1 347	1 011	0	1.6	330
1 100	50	50	L_{90}	1 000	635	350	1 302	1 050	−3	1.13	224
1 100	50	50	L_{90}	500	605	360	1 251	1 076	−7	0.87	173

试验方式 L_{90} 的 TRV 的计算：

——电源测

$R_{h1} \approx (du/dt)/(di/dt)$

$C_{h1} \approx 0.31 \times L_s / R_{h1}^2$

$R_{h2} \approx 0.32 \times R_{h1}$

$C_{h2} \approx 0.7 \times C_{h1}$

$L_{h2} \approx 1.15 \times L_v$

$C_{hd} \approx t_d / R_{h1}$

——线路侧

实际线路模拟见图 R.5。

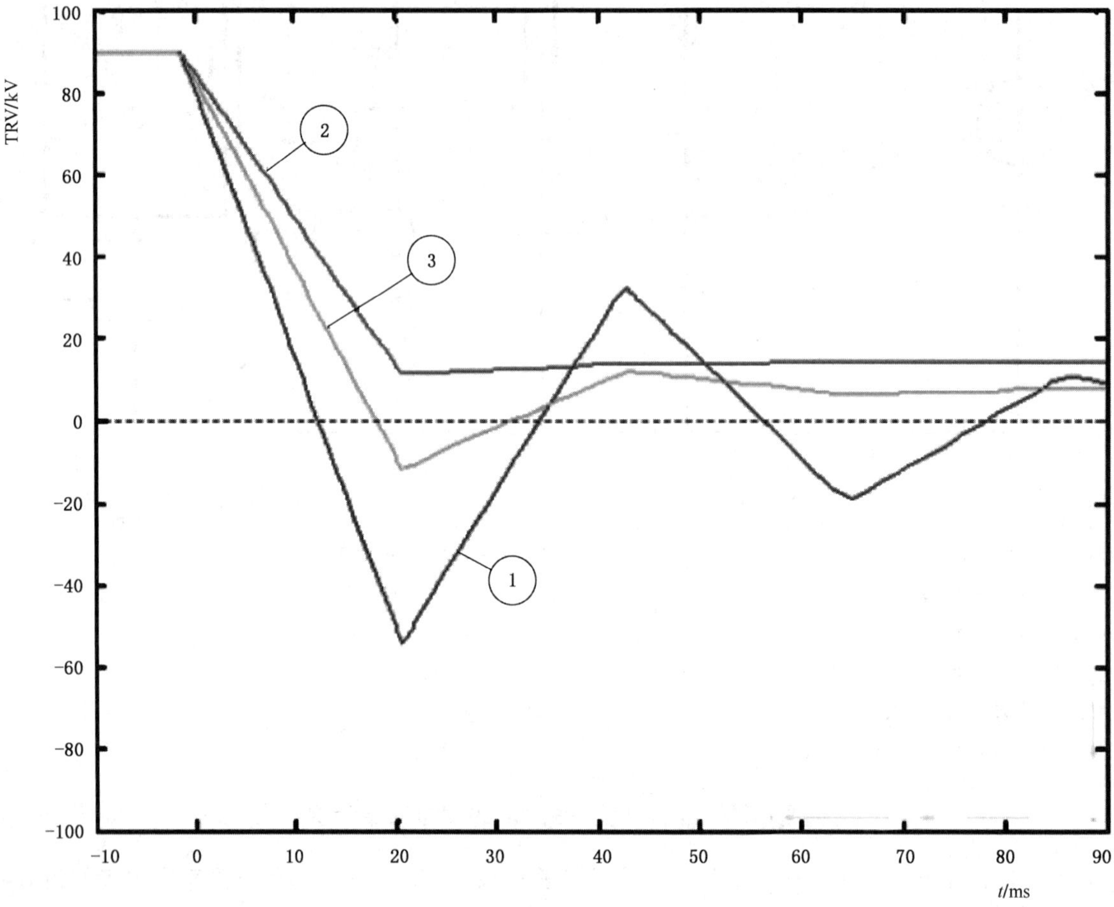

说明：

①——($R=\infty$)；$k=1.6$ 和 $Z=330\ \Omega$；

②——$R=500\ \Omega$；$k=0.87$ 和 $Z=173\ \Omega$；

③——$R=1\ 000\ \Omega$；$k=1.13$ 和 $Z=224\ \Omega$。

图 R.5　基于 $U_r=1\ 100$ kV、$I_{sc}=50$ kA 和 $f_r=50$ Hz 近区故障试验方式 L_{90} 真实线路模拟的示例

R.2.1.3　容性电流开合试验

带有分闸电阻的断路器的使用仅限架空线路开合。插入阶段恢复电压波形可表示如下：

$$U(t)=\frac{\sqrt{2}U_s R}{Z}[\cos\varphi \times e^{-(1/RC)t}-\cos(\omega t+\varphi)]$$

其中，U_s 为电源测电压，包括容性电压因数 k_c，以有效值(kV)形式表述。

C 线路侧电容(F)

R 分闸电阻值(Ω)

$Z=\sqrt{R^2+(1/\omega C)^2}$

$\varphi=\tan^{-1}(1/\omega RC)$

主断口线路充电电流试验分两部分进行：

a) 带有正弦恢复电压的试验方式 LC2 用来验证在电阻插入期间没有重击穿或重燃。如果发生重燃，则认为试验无效且应进行直接试验确认主断口的充分性能。

b) 带有修正的"1－cos"波形的试验方式 LC1 用来验证最大恢复电压峰值的电压耐受。修正的"1－cos"波形应在电流零点后等于或小于额定分闸电阻插入时间的时刻施加。

注：认为插入期间之后，恢复电压波形没有减小。可选的方法是通过一个试验进行此试验，用 6.111.9 描述的相同次数的试验来涵盖这两种情况。

主断口重击穿性能应符合 6.111.11。

容性电流开合的典型恢复电压波形见图 R.6。

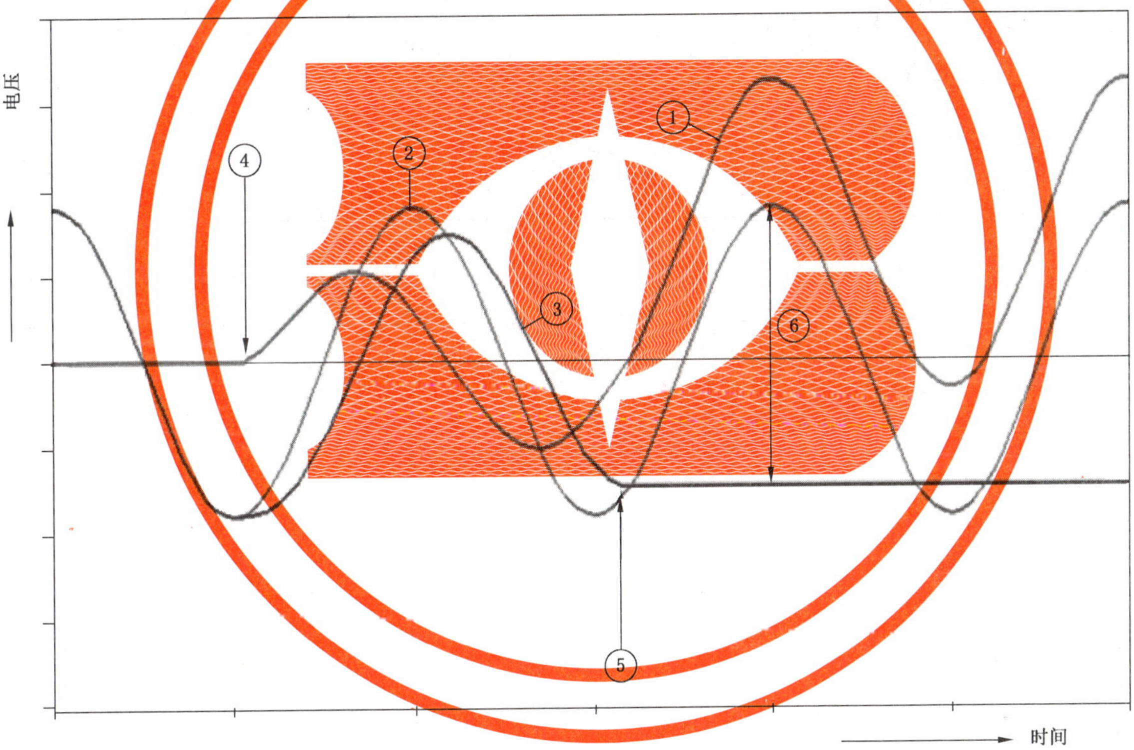

说明：

①——主断口端子两端的电压 U_m；

②——电源测电压 U_s；

③——负载测电压 U_l；

④——主断口开断；

⑤——电阻器断口开断；

⑥——电阻器断口端子两端的电压 U_{res}。

图 R.6 带分闸电阻的断路器容性电流开合的典型恢复电压波形

R.2.2 电阻器断口试验

R.2.2.1 出线端故障和失步开合试验

在额定电压高于 800 kV 的情况下，由于分闸电阻值在 500 Ω～2 000 Ω 范围内，电阻器断口的开断电流值通常约为 1.5 kA 或更小。假定短路电流在 40 kA～63 kA 范围内。则流经电阻器断口的电流约为额定短路电流的 1%～4%。仅在失步开合的情况下，电流可约为 3 kA。

如对主断口做的那样，应对每种特定情况计算修正的 TRV。

可以通过使用一个适当的暂态计算程序计算 TRV。

修正的 TRV 参数也可以通过计算带有集中元件的回路中电阻的影响来获得。试验回路示例在图 R.3 中给出。

典型的恢复电压波形和经过电阻器断口的电流见图 R.7。

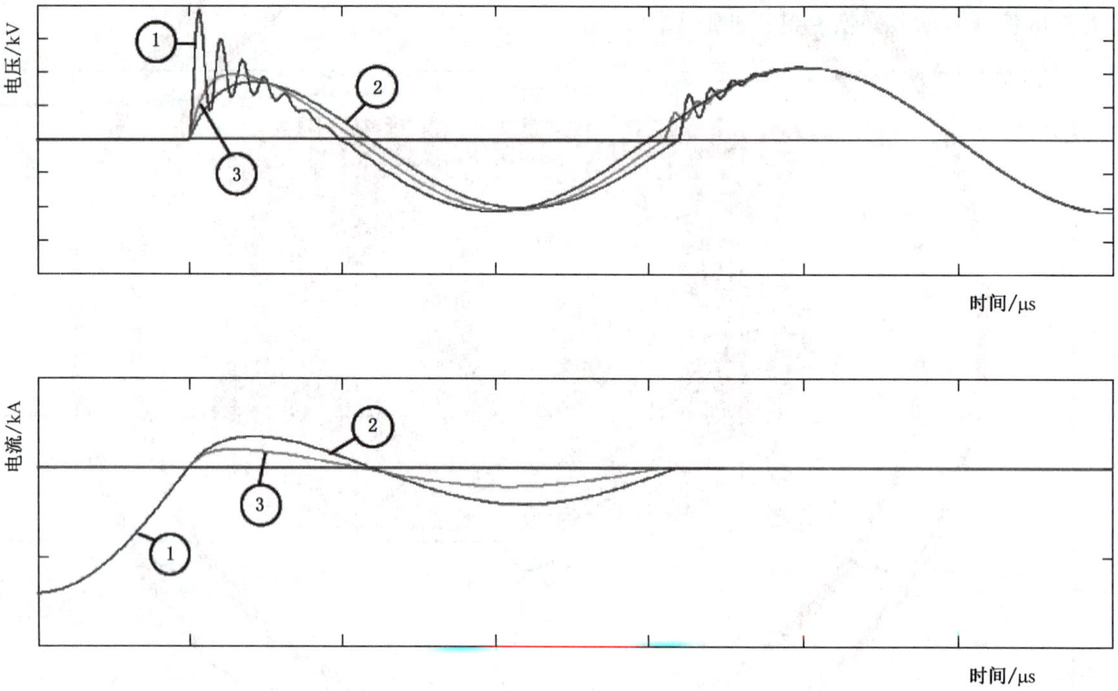

说明：

①——主断口，$R=\infty$；

②——$R=500\ \Omega$；

③——$R=1\ 000\ \Omega$。

图 R.7 配有分闸电阻的断路器的电阻器断口上的 T10
（基于 $U_r=1\ 100$ kV、$I_{sc}=50$ kA 和 $f_r=50$ Hz）的典型恢复电压波形

表 R.3 给出了使用图 R.3 中试验回路得出的计算结果。

表 R.3 试验方式 T10,TRV 计算的结果

U_r kV	I_{sc} kA	f Hz	试验方式	R Ω	u_c kV	t_3 μs	I_r kA
1 100	50	50	T10	∞			
1 100	50	50	T10	1 000	408	295	0.754
1 100	50	50	T10	500	673	287	1.46

如果进行了出线端故障试验方式 T10,则不需要重复其他出线端故障试验方式(T30、T60、T100a 和 T100s)。

R.2.2.2 近区故障(SLF)试验

电阻器断口的开断电流值参见 R.2.2.1。

如对主断口做的那样,应对每种特定情况计算修正的 TRV。

可以通过使用一个适当的暂态计算程序计算 TRV。

如果进行了出线端故障试验方式 T10,则电阻器断口不要求 SLF 试验。

R.2.2.3 容性电流开合试验

要求进行两个系列的线路充电电流开合试验:

a) LC1:对未配分闸电阻的断路器,使用规定的"1－cos"波形;

b) LC2:对配有分闸电阻的断路器,使用修正的"1－cos"波形。下面公式给出了修正时刻和在串有电阻 R 的电路中的电阻器断口的峰值恢复电压:

$$U(t)=\sqrt{2}U_s[\cos(\theta)-\cos(\omega t+\theta)]$$

其中 $\theta=\tan^{-1}(\omega CR)$

电阻器断口的重击穿性能应符合 6.111.11。

R.2.3 电阻器组的试验

电阻器组应承受电阻插入期间电流经过电阻产生的热应力。此试验可通过进行一次 T100s 操作,随后进行一个失步关合和开断试验方式(CO 操作)验证。试验期间,应在电阻元件中获得能量和电流水平。经制造厂同意,在失步条件下,如果实际使用的电流高于流过电阻器的电流,则允许减小电流持续的时间。这些试验可以用实际的断路器触头或一个辅助断口进行。

可以对包含至少 20 个串联电阻器元件的已预热到额定值的型材进行试验。此已定额的型材应模拟等于或比完整模型更严酷的热和绝缘的条件。

认为预期插入时间是,关合操作 10 ms 和开断操作 30 ms。

注:如果规定的插入时间与上述提及的不同,可以使用不同的插入时间。

两个额定注入能量之间的持续时间应由制造厂规定。

为了验证电阻器组的热容量,应在规定的冷却持续时间后进行第二个试验方式。电容器组在两个试验方式之间的冷却不应比运行条件有利。第二个试验方式之后,电阻器组不应有明显的劣化。

电阻器组和每个单独的电阻器元件的测量值应该是,试验后且经过足够的冷却时间后,电阻值变化不应超过试验前测量值的 2.5%。

R.3 开断操作的触头时延

电阻器应在开断操作期间的一段时间后插入回路。电阻器的机械插入时间应长于主断口的最长燃弧时间，30 ms 左右的数值一般是足够的(也应考虑电阻器断口的燃弧时间)。

取决于设计，相同的电阻器和成套电阻器断口可用于合闸和分闸。电阻器应在 3.7.145 定义的预插入时间内插入回路，并考虑电阻器断口和主断口的预计穿。

R.4 电流承载性能

电阻器应能在规定期间承载其电流，且没有任何异常情况，例如燃弧、对邻近部件闪络、开裂或任何机械损坏。其电气接触表面不应显示任何起弧迹象，例如灼烧痕迹。

支撑电阻器元件的绝缘材料，如果有，应耐受开断和关合操作期间电流经过电阻器引起的热和电气应力。

R.5 绝缘性能

见 6.2。

R.6 机械性能

机械操作试验(见 6.101.2)应在装配有主断口和电阻器断口及电阻器组的断路器的一个极或多极上进行。

在机械试验期间和之后，电阻器元件应满足 6.101.1.4 规定的状态。另外，电阻器元件不应显示任何损坏，例如破碎、裂缝等。试验后测量的电阻器组的电阻值变化不应超过试验前测量值的 2.5%。

R.7 分闸电阻器技术规范的要求

对带有分闸电阻的断路器，应规定下述内容：

——电阻值；

——电阻器的插入时间；

——工作周期。

两个连续的 R.2.3(一个工作周期是指出线端故障下的一个 O 和另一个是指失步下的一个 CO)中规定的工作周期之间的时间应由制造厂规定。

R.8 恢复电压波形的例子

图 R.5～图 R.13 给出了不同开断和开合条件下的波形。目的是给出图形说明并图解分闸电阻的作用。

R.8.1 出线端故障

开断大短路电流的情况例如 T100s，主断口和电阻器断口波形的典型示例在图 R.8 中给出，相应的电流见图 R.9。

相比小短路电流的情况例如 T30 和 T10,TRV 波形见图 R.10,电流波形见图 R.11。

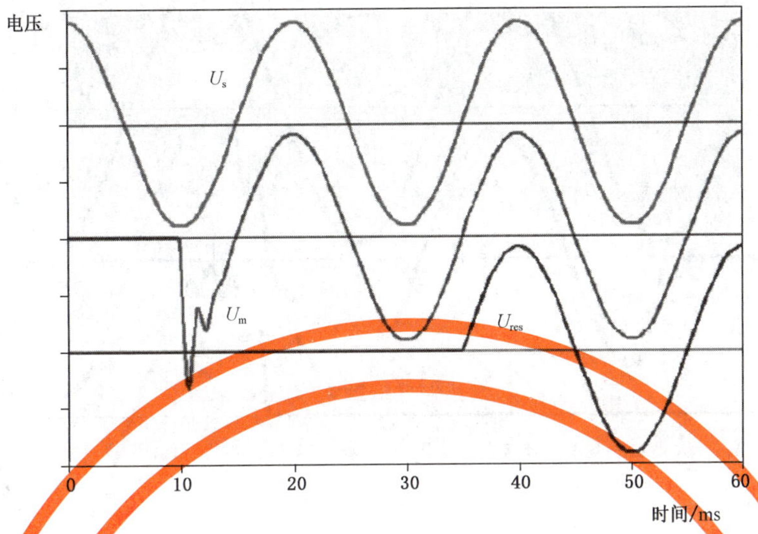

说明:

U_m ——主断口两端的电压;

U_{res} ——分闸电阻两端的电压;

U_s ——电源电压。

图 R.8　大短路电流开断操作的 TRV 波形

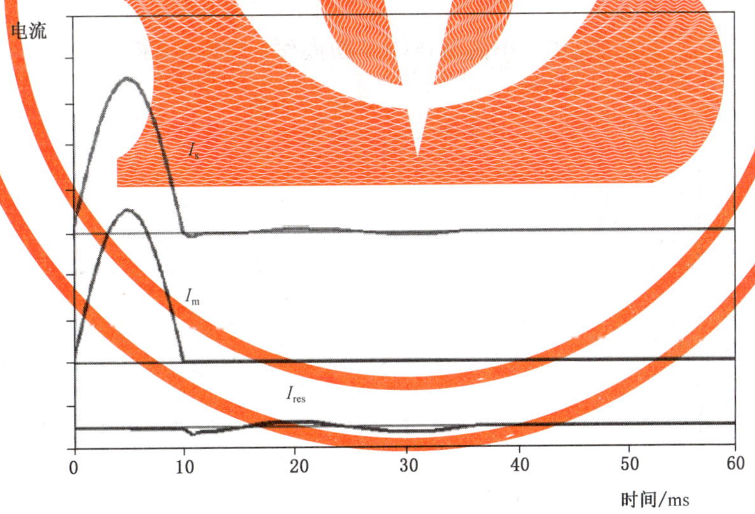

说明:

I_m ——主断口电流;

I_{res} ——分闸电阻电流;

I_s ——电源电流。

图 R.9　大短路电流开断操作情况的电流

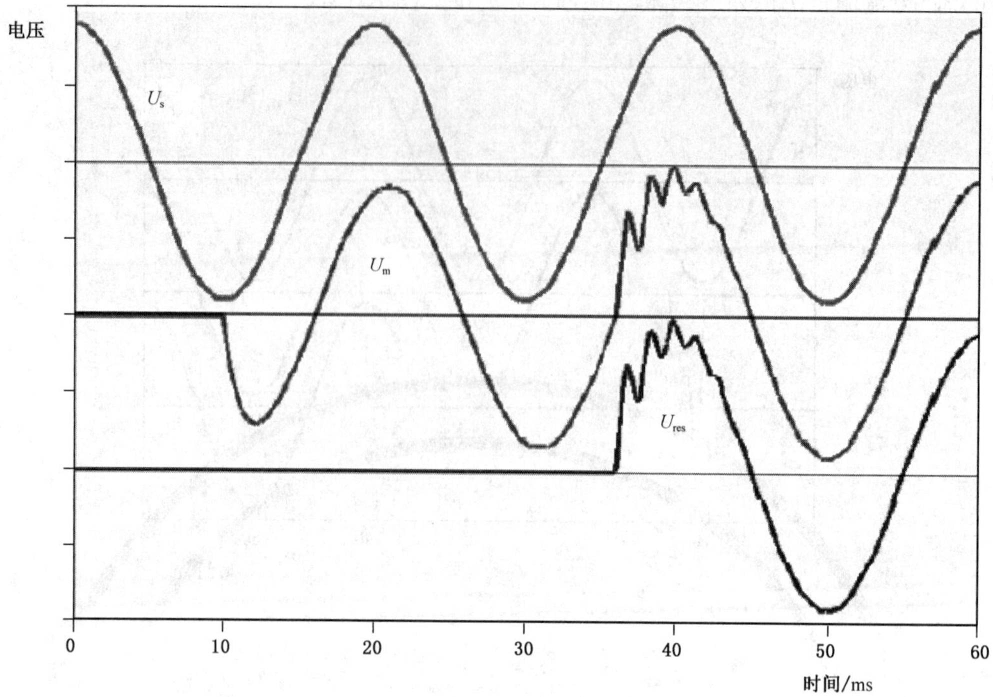

说明：

U_m ——主断口两端的电压；

U_{res} ——分闸电阻两端的电压；

U_s ——电源电压。

图 R.10　小短路电流开断操作的 TRV 波形

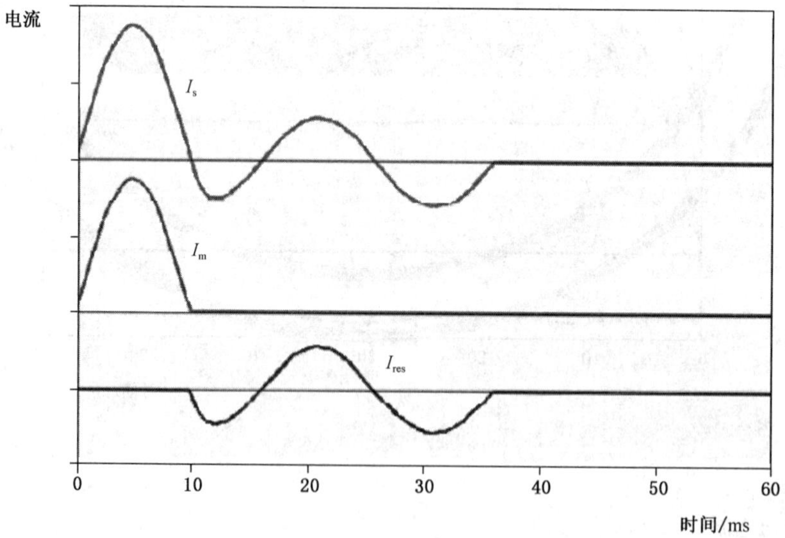

说明：

I_m ——主断口电流；

I_{res} ——分闸电阻电流；

I_s ——电源电流。

图 R.11　小短路电流开断操作情况的电流

R.8.2 线路充电电流开断

线路充电电流开断操作的典型恢复电压波形见图 R.12，电流波形见图 R.13。

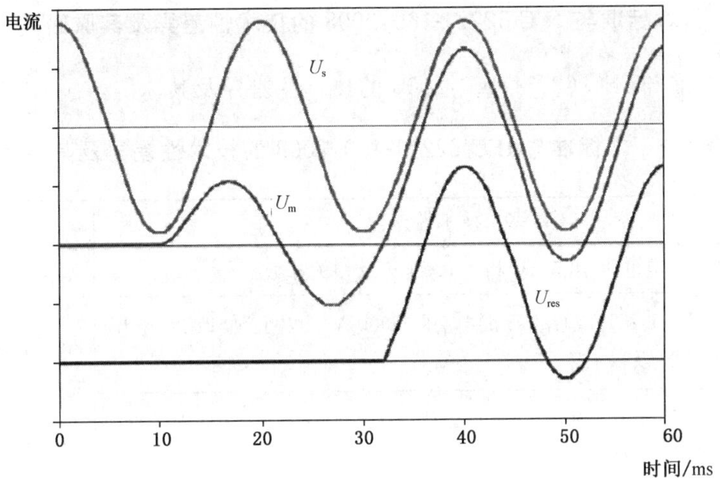

说明：

U_m ——主断口两端的电压；

U_{res} ——分闸电阻两端的电压；

U_s ——电源电压。

图 R.12 线路充电电流开断操作的电压波形

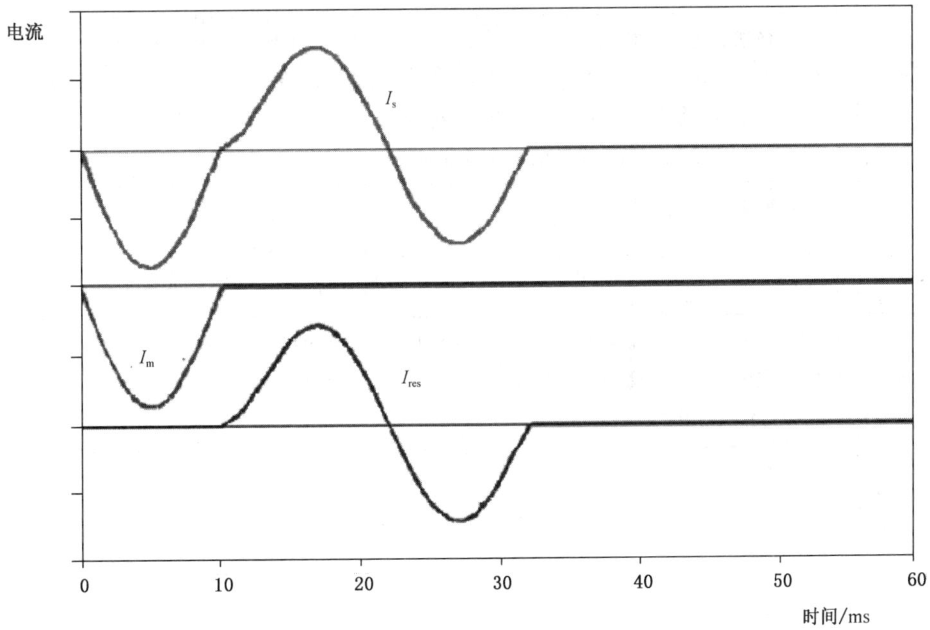

说明：

I_m ——主断口电流；

I_{res} ——分闸电阻电流；

I_s ——电源电流。

图 R.13 线路充电电流开断操作的电流波形

附　录　S
（资料性附录）
本标准与 IEC 62271-100:2008 的技术性差异及其原因

表 S.1 给出了本标准与 IEC 62271-100:2008 的技术性差异及其原因。

表 S.1　本标准与 IEC 62271-100:2008 的技术性差异及其原因

本标准章条编号	技术性差异	原因
全文	增加额定电压 40.5 kV 和 1 100 kV 及相关参数	根据我国电网实际情况
1.1	将 IEC 62271-100:2008 的“电压 1 000 V 及以上”修改为“电压 3 000 V 及以上”	根据我国行业分工
	将 IEC 62271-100:2008 的“运行频率 60 Hz 及以下”修改为“运行频率 50 Hz”	按照我国电网运行频率
3.8	删除 IEC 62271-100:2008 “定义索引”	本标准不需要定义索引
5.8.103	并联脱扣器动作的最低电源电压，根据 GB/T 11022—2011 的 5.8 的要求，将 5.8.103 中的“20%”改为“30%”	与 GB/T 11022—2011 保持一致
6.108.3	“单相和异相接地故障试验”中的 6.108.3“试验方式”，将“试验方式由一个单独的开断操作组成”改为“试验方式由一个额定操作顺序组成”	根据我国制造和使用部门的需要
6.101.6.2	端子静负载试验，将表 14 中的 252 kV～363 kV 的纵向水平拉力由 1 250 N 改为 1 500 N；将 550 kV～800 kV 的纵向水平拉力 1 750 N 和垂直水平拉力 1 250 N 分别改为 2 000 N 和 1 500 N；并增加了 1 100 kV 的参数要求	根据我国制造和使用部门的需要
8.103.6	额定短路持续时间的标准值，根据 GB/T 11022—2011 的 4.8 的要求，由“1 s”改为“2 s”；推荐值由“0.5 s、2 s 和 3 s”改为“3 s 和 4 s”	与 GB/T 11022—2011 保持一致
6.104.6	表 21 中，额定电压 3.6 kV 及以上 126 kV 以下 S1 级断路器的预期瞬态恢复电压的标准值，T10 和 T30 的振幅系数由“1.6”和“1.7”改为“1.5”和“1.5”	根据我国制造和使用部门的需要

附 录 T
（资料性附录）
本标准与 IEC 62271-100:2008 的章条编号对照

本标准与 IEC 62271-100:2008 相比，部分章条编号作了编辑性修改，增加了部分章条编号。具体章条编号对照情况见表 T.1。

表 T.1 本标准与 IEC 62271-100:2008 的章条编号对照情况

本标准章条编号	对应的 IEC 62271-100:2008 章条编号
—	3.8
4.1	—
4.2	4.1
4.3	4.2
4.4	4.3
4.5	4.4
4.6	4.5
4.7	4.6
4.8	4.7
4.9	4.8
4.10	4.9
4.11	4.10
4.101	4.101
4.101.1	—
4.101.2	4.101.1
4.101.3	4.101.2
6	6
6.1	—
6.1.1	—
6.1.2	—
6.1.3	6.1.1
6.1.4	6.1.2
6.1.5	6.1.3

参 考 文 献

[1] IEC 60077 Railway applications—Electric equipment for rolling stock

[2] IEC 62271-109 High-voltage switchgear and controlgear—Part 109: Alternating-current series capacitor by-pass switches

[3] IEC 60143-2 Series capacitors for power systems—Part 2: Protective equipment forseries capacitor banks

[4] CIGRE Technical Brochure 305,2006: Guide for application of IEC 62271-100 and IEC 62271-1—Part 2: Making and breaking tests

[5] IEC 62271-310 High-voltage switchgear and controlgear—Part 310: Electricalendurance testing for circuit-breakers of rated voltage 72,5 kV and above

[6] ISO Guide to the expression of uncertainty in measurement

[7] A.Pons,A. Sabot, G. Babusci. Electrical endurance and reliability of circuit-breakers. Common experience and practice of two utilities. IEEE Transactions on Power Delivery, Vol. 8, No. 1, January 1993

[8] ANSI C37.06.1:2000 Guide for high-voltage circuit breakers rated on a symmetricalcurrent basis-designated "definite purpose for fast transient recovery voltage rise times"

[9] IEC 62271-200 High-voltage switchgear and controlgear—Part 200: AC metal enclosed switchgear and controlgear for rated voltages above 1 kV and up to and including 52 kV

[10] IEC 62271-203 High-voltage switchgear and controlgear—Part 203: Gas-insulated metal-enclosed switchgear for rated voltages of 72,5 kV and above

[11] ANSI/EEE C37.012-1979 IEEE Application Guide for Capacitance Current Switching for AC High-Voltage Circuit Breakers Rated on a Symmetrical Current Basis

[12] IEEE Transactions on Power Delivery, Vol. 11, N°2, April 1996, pp 865-870

下列文件提供附加信息：

IEC 60044-1 Instrument transformers—Part 1: Current transformers

IEC 60044-2 Instrument transformers—Part 2: Inductive voltage transformers

IEC 60099-4 Surge arresters—Part 4: Metal oxide surge arresters without gaps for a.c.systems

IEC 60186 Voltage transformers

IEC/TR 62271-300 High-voltage switchgear and controlgear—Part 300: Seismingqualification of alternating current circuit-breakers

ANSI/IEEE C37.013—1997 Standard for AC high-voltage generator circuit breakers rated on a symmetrical current basis

ANSI/IEEE C37.09—1999 Test procedure for AC high-voltage circuit breakers rated on asymmetrical current basis

IEEE 100 The authoritative dictionary of IEEE standards terms, 7th edition,2000

ICS 29.130.10
K 43

中华人民共和国国家标准

GB 1985—2014
代替 GB 1985—2004

高压交流隔离开关和接地开关

High-voltage alternating-current disconnectors and earthing switches

(IEC 62271-102:2001+A1:2011,MOD)

2014-06-24 发布　　2015-01-22 实施

中华人民共和国国家质量监督检验检疫总局
中国国家标准化管理委员会　发布

前　言

本标准的全部技术内容为强制性(除术语和定义)。

本标准按照 GB/T 1.1—2009 给出的规则起草。

本标准代替 GB 1985—2004《高压交流隔离开关和接地开关》。

本标准与 GB 1985—2004 的主要差异有：

——按照 IEC 62271-102:2001+A1:2011,增加术语“组合功能接地开关”和“解锁点”的定义;根据需要,增加术语“M1 级接地开关”和“M2 级接地开关”的定义。

——增加额定电压 1 100 kV 隔离开关、接地开关的相关技术要求。

——将接地开关的额定短路持续时间由 2 s 改为至少 2 s。

——补充了额定电压 24 kV、31.5 kV 隔离开关推荐的额定端子静态机械负荷。

——修改了 M1 级隔离开关和接地开关机械寿命的额定值。

——补充了额定电压 40.5 kV 隔离开关的额定母线转换电压。

——修改了气体绝缘金属封闭开关设备中的隔离开关母线充电电流开合能力的规定值;增加了空气绝缘的隔离开关小容性电流开合能力的额定值。

——增加了隔离开关小感性电流开合能力的额定值。

——修改了 B 类接地开关的额定感应电流和额定感应电压的标准值以及相关的试验回路参数。

——引用了 GB/T 11022—2011 的 6.1.1 中关于应进行型式试验的六种情况的规定,并明确了其 d)项中要求的验证试验项目。

——将无线电干扰电压试验中 $1.1U_r/\sqrt{3}$ 下的无线电干扰电平由不超过 2 000 μV 改为按照 GB/T 11022—2011。

——根据 IEC 62271-102:2001+A1:2011,全面修改了接地开关短路关合性能试验。

——按照 IEC/TR 62271-305:2009,增加了空气绝缘的隔离开关小容性电流开合试验。

——增加了隔离开关小感性电流开合试验。

——按照 GB/T 11022—2011,增加了 5.19、5.20、6.10 和 6.11。

——按照 GB/T 11022—2011,增加了 11.2 和 11.3,原 11.1～11.4 顺延为 11.4～11.7。

——按照 GB/T 11022—2011,增加了第 12 章。

——按照 IEC 62271-102:2001+A1:2011,用新的图 6 替换原图 6。

——根据 IEC 62271-102:2001+A1:2011,增加了附录 G。根据 IEC/TR 62271-305:2009,增加了附录 H、附录 I、附录 J 和附录 K。GB 1985—2004 的原附录 G 顺延为附录 L,并按 GB 311.1—2012 进行了修改。

——对有关条款以及附录 B、附录 C、附录 E 和附录 F 中部分条款的编号作了编辑性修改。

——增加了附录 M 和附录 N。

本标准使用重新起草法修改采用 IEC 62271-102:2001《高压开关设备和控制设备　第 102 部分:交流隔离开关和接地开关》+IEC 62271-102 A1:2011《高压开关设备和控制设备　第 102 部分:交流隔离开关和接地开关》,并将 IEC/TR 62271-305:2009《高压开关设备和控制设备　第 305 部分:额定电压 52 kV 以上空气绝缘隔离开关的容性电流开合能力》的内容纳入其中。本标准与之相比存在技术性差异,这些差异涉及的条款已通过在其外侧页边空白位置的垂直单线(|)进行了标识,附录 M 中给出了相应技术性差异及其原因一览表。

本标准对 IEC 62271-102:2001《高压开关设备和控制设备　第 102 部分:交流隔离开关和接地开

关》+IEC 62271-102 A1:2011《高压开关设备和控制设备　第102部分:交流隔离开关和接地开关》和IEC/TR 62271-305:2009《高压开关设备和控制设备　第305部分:额定电压52 kV以上空气绝缘隔离开关的容性电流开合能力》的全部章条编号作了编辑性修改,附录N中给出了本标准与IEC 62271-102和IEC/TR 62271-305的章条编号对照情况。

本标准应与GB/T 11022—2011一起使用,除非本标准另有规定,本标准执行GB/T 11022—2011的规定。为了简化相同要求的重复表述,本标准的章、条号与GB/T 11022—2011相同。对于这些章、条内容的补充在同一引用标题下给出,而附加的条款从101开始编号。

本标准由中国电器工业协会提出。

本标准由全国高压开关设备标准化技术委员会(SAC/TC 65)归口。

本标准负责起草单位:新东北电气集团高压开关有限公司、西安高压电器研究院有限公司。

本标准起草单位:中国电力科学研究院、平高集团有限公司、西安西电开关电气有限公司、西安西电高压开关有限责任公司、华东电网有限公司、天水长城开关厂有限公司、河北省电力公司、辽宁高压电器设备质量检测有限公司、北京科锐配电自动化股份有限公司、湖南长高高压开关集团股份公司、山东泰开隔离开关有限公司、江苏省如高高压电器有限公司、苏州阿尔斯通高压电气开关有限公司、ABB(中国)有限公司、金华电力开关有限公司、云南云开电气股份有限公司、阿海珐输配电厦门华电有限公司、北京北开电气股份有限公司、国网电力科学研究院、泉州亿兴电力有限公司。

本标准主要起草人:张姝、江海、孟维东、吴鸿雁、田恩文、杨大锟、张勐。

本标准参与起草人:王平、贾涛、吴钊、王挺、崔景春、孔祥军、张重乐、李庆余、阎关星、夏立国、王周康、王鑫、王宇驰、刘兆林、刘爱华、霍凤鸣、杨英杰、胡兆明、廖俊德、邓文华、韩长庚、任晓东、李朝晖、王俊、顾恩捷、黄立群、叶树新、卢德银、龚绍成、周小琳、尹弘彦、汪海波、王铮。

本标准所代替标准的历次版本发布情况为:

——GB 1985—1980、GB 1985—1989、GB 1985—2004;

——GB/T 13601—1992。

高压交流隔离开关和接地开关

1 概述

1.1 范围

本标准适用于设计安装在户内和户外，且运行在频率50 Hz、标称电压3 000 V及以上的系统中，端子是封闭的和敞开的交流隔离开关和接地开关。

本标准也适用于这些隔离开关和接地开关的操动机构及其辅助设备。

封闭式开关设备和控制设备中的隔离开关和接地开关的附加要求在GB 3906、GB 7674和IEC 62271-201中给出。

注：本标准不包括将熔断器作为其一个组件的隔离开关。

1.2 规范性引用文件

下列文件对于本文件的应用是必不可少的。凡是注日期的引用文件，仅注日期的版本适用于本文件。凡是不注日期的引用文件，其最新版本（包括所有的修改单）适用于本文件。

GB 311.1—2012 绝缘配合 第1部分：定义、原则和规则（IEC 60071-1:2006+A1:2012，MOD）

GB/T 311.2—2013 绝缘配合 第2部分：使用导则（IEC 60071-2:1996，MOD）

GB/T 1804—2000 一般公差 未注公差的线性和角度尺寸的公差（eqv ISO 2768-1:1989）

GB 1984—2014 高压交流断路器（IEC 62271-100:2008，MOD）

GB/T 2900.20—1994 电工术语 高压开关设备（neq IEC 60050）

GB 3906—2006 3.6 kV～40.5 kV交流金属封闭开关设备和控制设备（IEC 62271-200:2003，MOD）

GB/T 4109—2008 交流电压高于1 000 V的绝缘套管（IEC 60137 Ed.6.0，MOD）

GB 4208—2008 外壳的防护等级（IP代码）（IEC 60529:2001，IDT）

GB/T 4473—2008 高压交流断路器的合成试验（IEC 62271-101:2006，MOD）

GB/T 7354—2003 局部放电测量（IEC 60270:2000，IDT）

GB 7674—2008 额定电压72.5 kV及以上气体绝缘金属封闭开关设备（IEC 62271-203:2003，MOD）

GB/T 11022—2011 高压开关设备和控制设备标准的共用技术要求（IEC 62271-1:2007，MOD）

GB/Z 24837—2009 1 100 kV高压交流隔离开关和接地开关技术规范

GB/T 26218（所有部分） 污秽条件下使用的高压绝缘子的选择和尺寸确定（IEC/TS 60815，MOD）

IEC 60865-1:1993 短路电流 效应的计算 第1部分：定义和计算方法（Short-circuit currents—calculation of effects—Part 1:Definitions and calculation methods）

IEC 62271-201:2006 高压开关设备和控制设备 第201部分：额定电压1 kV以上52 kV及以下交流绝缘封闭开关设备和控制设备（High-voltage switchgear and controlgear—Part 201: AC insulation-enclosed switchgear and controlgear for rated voltages above 1 kV and up to and including 52 kV）

2 正常和特殊使用条件

GB/T 11022—2011 的第 2 章适用。

3 术语和定义

GB/T 11022—2011 的第 3 章适用，并作如下补充：

本章包括所需要的定义，其中的大多数参照 GB/T 2900.20—1994。

3.1

通用术语 general terms

3.1.101

户内开关设备和控制设备 indoor switchgear and controlgear

[GB/T 2900.20—1994，定义 3.3]

3.1.102

户外开关设备和控制设备 outdoor switchgear and controlgear

[GB/T 2900.20—1994，定义 3.4]

3.1.103

（隔离开关或接地开关一个部件的）温升 temperature rise(of a part of a disconnector or earthing switch)

部件温度与周围空气温度之差。

3.1.104

用户 user

使用隔离开关或接地开关的个体或法定团体。

注：用户可以包括隔离开关或接地开关的买主（如电力供应商），也可以包括承包公司、负责安装、维修的人员或操作人员，或其他对隔离开关、接地开关或变电站暂时或长期负责的人员，乃至开关设备的运行人员。

3.2

开关设备和控制设备的总装 assemblies of switchgear and controlgear

没有特别的定义。

3.3

总装的组成部分 parts of assemblies

没有特别的定义。

3.4

开关装置 switching devices

3.4.101

隔离开关 disconnector

GB/T 2900.20—1994 的 3.24 适用，并补充下面的注：

注 1："很小的电流"意指这样的电流，像套管、母线、联接线、非常短的电缆的容性电流，断路器上永久连接的均压阻抗的电流以及电压互感器和分压器的电流（见附录 H）。按此定义，额定电压 363 kV 及以下时，不超过 0.5 A 的电流是一个很小的电流；额定电压 550 kV 及以上且电流超过 0.5 A 时，应向制造厂咨询。

"电压无显著变化"是指感应式电压调节装置或断路器被旁路和母线转换的应用情况。

注 2：对额定电压 40.5 kV 及以上的隔离开关，可以规定开合母线转换电流的额定性能。

3.4.101.1

M0 级隔离开关　disconnector class M0

具有 1 000 次操作循环的机械寿命，适合输、配电系统中使用且满足本标准一般要求的隔离开关。

3.4.101.2

M1 级隔离开关　disconnector class M1

具有 3 000 次操作循环的延长的机械寿命的隔离开关，主要用于隔离开关和同等级的断路器关联操作的场合。

3.4.101.3

M2 级隔离开关　disconnector class M2

具有 10 000 次操作循环的延长的机械寿命的隔离开关，主要用于隔离开关和同等级的断路器关联操作的场合。

3.4.102

单柱式隔离开关(接地开关)　single-column disconnector(earthing switch)

[GB/T 2900.20—1994，定义的 3.25]

注：例如摺架式和半摺架式隔离开关。

3.4.103

双柱式隔离开关　double-column disconnector

[GB/T 2900.20—1994，定义 3.26]

3.4.104

三柱式隔离开关　three-column disconnector

[GB/T 2900.20—1994，定义 3.27]

3.4.105

接地开关　earthing switch

GB/T 2900.20—1994 的 3.28 适用，并补充下面的注：

注 1：额定电压 72.5 kV 及以上的接地开关可具有开合和承载感应电流的额定值。

注 2：这些装置有时可能要在短路条件下运行。不同的接地开关等级与短路关合操作的次数相关。

注 3：对于特殊的应用，例如由故障触发合闸的接地开关，其试验程序和试验次数可以由制造厂和用户之间商定。

3.4.105.1

E0 级接地开关　earthing switch class E0

适合于输、配电系统中使用，满足本标准一般要求，不具备短路关合能力的接地开关。

3.4.105.2

E1 级接地开关　earthing switch class E1

适合于输、配电系统中使用，满足本标准一般要求，具备经受两次短路关合操作能力的接地开关。

注：该级接地开关在额定关合电流下能够经受两次关合操作。

3.4.105.3

E2 级接地开关(额定电压 40.5 kV 及以下的接地开关)　earthing switch class E2 (for earthing switches up to and including 40.5 kV)

适合于标称电压 35 kV 及以下系统中使用，满足本标准一般要求，具备经受五次短路关合操作能力的接地开关。

注：E2 级中增加关合操作次数限于电压直至并包括 40.5 kV，仅依据这种网络的典型运行条件和保护系统。

3.4.105.4

M0 级接地开关　earthing switch class M0

适合于输、配电系统中使用，满足本标准一般要求，具备经受 1 000 次操作循环能力的接地开关。

3.4.105.5

M1级接地开关　earthing switch class M1

具有3 000次操作循环的延长的机械寿命的接地开关，主要用于接地开关和同等级的断路器关联操作的场合。

3.4.105.6

M2级接地开关　earthing switch class M2

具有10 000次操作循环的延长的机械寿命的接地开关，主要用于接地开关和同等级的断路器关联操作的场合。

3.4.105.7

组合功能接地开关　combined function earthing switch

具有共用触头系统，供接地用并至少具有下列功能之一的接地开关：

——隔离；

——关合和/或开断负荷电流；

——关合和/或开断电流直至额定短路电流。

3.4.105.8

解锁点　toggle point

储能机构导致其储存的能量释放的动作位置。

3.5

开关装置的部件　parts of switching devices

3.5.101

开关装置的极　pole of a switching device

仅与开关装置主回路的一个电气上独立的导电路径相关的开关装置的一部分，它不包括为所有的极一起安装和操作提供方式的那些部分。

注：如果开关装置只有一极，则称为单极开关装置。如果多于一极，只要这些极可以一起操作，则称为多极(两极、三极等)开关装置。

3.5.102

(开关装置的)主回路　main circuit(of a switching device)

[GB/T 2900.20—1994，定义2.24]

3.5.103

(机械开关装置的)触头　contact (of a mechanical switching device)

[GB/T 2900.20—1994，定义4.1]

3.5.104

主触头　main contact

[GB/T 2900.20—1994，定义4.4]

3.5.105

控制触头　control contact

[GB/T 2900.20—1994，定义4.6]

3.5.106

"a"触头　"a" contact

动合触头(常开触头)　make contact

[GB/T 2900.20—1994，定义4.8]

3.5.107

“b”触头　“b” contact

动断触头(常闭触头)　break contact

[GB/T 2900.20—1994,定义 4.9]

3.5.108

位置信号装置　position signalling device

隔离开关或接地开关的一个部件,它用辅助能量指示主回路的触头处于分闸位置或处于合闸位置。

3.5.109

端子(作为一个元件)　terminal(as a component)

用来把装置和外部导体连接的元件。

3.5.110

(单柱式隔离开关)接触区　contact zone(for single-column disconnectors)

为使静触头能与动触头正确接触,静触头可以占据的位置的空间区域。

3.6

操作　operation

3.6.101

(机械开关装置的)操作　operation(of a mechanical switching device)

[GB/T 2900.20—1994,定义 5.1]

3.6.102

(机械开关装置的)操作循环　operation cycle(of a mechanical switching device)

[GB/T 2900.20—1994,定义 5.5]

3.6.103

(机械开关装置的)合闸操作　closing operation(of a mechanical switching device)

[GB/T 2900.20—1994,定义 5.3]

3.6.104

(机械开关装置的)分闸操作　opening operation(of a mechanical switching device)

[GB/T 2900.20—1994,定义 5.2]

3.6.105

正向驱动操作　positively driven operation

[GB/T 11022—2011,定义 3.6.4]

3.6.106

(机械开关装置的)人力操作　dependent manual operation (of a mechanical switching device)

GB/T 2900.20—1994 的 5.9 适用,并补充下面的注:

注 1:人力操作可以用手柄或摇杆(水平的或垂直的)进行。

注 2:人力操作的接地开关不规定短路关合能力。

3.6.107

(机械开关装置的)动力操作　dependent power operation (of a mechanical switching device)

[GB/T 2900.20—1994,定义 5.10]

3.6.108

(机械开关装置的)储能操作　stored energy operation (of a mechanical switching device)

借助于开合操作前储存在机构自身中的且足以完成预定条件下规定的操作循环的能量进行的操作。

3.6.109

(机械开关装置的)不依赖人力的操作　independent manual operation (of a mechanical switching device)

[GB/T 2900.20—1994,定义 5.12]

3.6.110

(机械开关装置的)合闸位置　closed position (of a mechanical switching device)

GB/T 2900.20—1994 的 5.32 适用,并补充下面的注:

注:预定连续性是指在此位置下触头能完全接触且能够承载额定电流和额定短路电流(如适用)。

3.6.111

(机械开关装置的)分闸位置　open position (of a mechanical switching device)

[GB/T 2900.20—1994,定义 5.33]

3.6.112

联锁装置　interlocking device

使开关装置的操作取决于设备的一个或几个其他部件的位置或动作的装置。

3.7

特性参量　characteristic quantities

3.7.101

(接地开关的)峰值关合电流　peak making current (of an earthing switch)

关合操作期间,电流出现后的瞬态过程中,接地开关一极中电流的第一个大半波的峰值。

注:除非另有说明,在这里,对于三相回路,(峰值)关合电流的单个值是指任一相中的最大值。

3.7.102

峰值电流　peak current

电流出现后的瞬态过程中,电流的第一个大半波的峰值。

3.7.103

(隔离开关的)正常电流　normal current (of a disconnector)

在规定的使用和性能条件下,隔离开关的主回路能够连续承载的电流。

3.7.104

短时耐受电流　short-time withstand current

在规定的使用和性能条件下,在规定的短时间内,回路和处于合闸位置的开关装置能够承载的电流。

3.7.105

峰值耐受电流　peak withstand current

在规定的使用和性能条件下,回路和处于合闸位置的开关装置能够耐受的峰值电流。

3.7.106

额定值　rated value

通常由制造厂对在规定的工作条件下的元件、装置或设备所规定的参数值。

3.7.107

绝缘水平　insulation level

在规定的条件下,所设计的装置的绝缘应耐受的试验电压。

3.7.108

1 min 工频耐受电压　one minute power frequency withstand voltage

在规定的试验条件下,隔离开关或接地开关的绝缘耐受的工频正弦交流电压的有效值。

3.7.109

冲击耐受电压　impulse withstand voltage

在规定的试验条件下,隔离开关或接地开关的绝缘耐受的标准冲击电压波的峰值。

注:视波形而定,此术语可以限定为操作冲击耐受电压或雷电冲击耐受电压。

3.7.110

外绝缘　external insulation

大气中的空气间隙以及与空气接触的隔离开关或接地开关的固体绝缘表面,它承受电压的作用并受到大气和其他外部条件(例如污秽、湿气、鸟兽等)的影响。

注:外绝缘可以是气候防护的,也可以是非气候防护的,分别对应于设计用在户外或封闭掩体内。

3.7.111

内绝缘　internal insulation

设备绝缘的内部的固体、液体或气体绝缘部分,它不受大气和其他外界条件的影响。

3.7.112

自恢复绝缘　self-restoring insulation

破坏性放电后,能完全恢复其绝缘性能的绝缘。

3.7.113

非自恢复绝缘　non-self-restoring insulation

破坏性放电后,丧失其绝缘性能或不能完全恢复其绝缘性能的绝缘。

注:3.7.112 和 3.7.113 的定义仅适用于绝缘试验期间因施加试验电压而引起放电的情况。但是,在运行中发生的放电可能引起自恢复绝缘部分或全部丧失其原有的绝缘性能。

3.7.114

并联绝缘体　parallel insulation

绝缘子布置由两个或多个绝缘子并联,两个或多个绝缘子间的距离可能影响其绝缘强度的情况。

注:对于端子是敞开的隔离开关和接地开关,如果操作(驱动)绝缘子靠近支持绝缘子设置时,就成为并联绝缘体。

3.7.115

破坏性放电　disruptive discharge

在电压作用下与绝缘失效有关的现象。此时,受试绝缘完全被放电所桥接,使电极间的电压降低到零或接近于零。

注1:本术语适用于固体、液体和气体介质以及它们的组合体中的放电。

注2:固体介质中的破坏性放电导致绝缘强度永久性丧失(非自恢复绝缘);而在液体或气体介质中,绝缘强度的丧失可能仅是暂时的(自恢复绝缘)。

3.7.116

电气间隙　clearance

两个导电部件间的、沿这些导电部件间最短路径的直线距离。

3.7.117

极间电气间隙　clearance between poles

相邻极的任何导电部件的电气间隙。

3.7.118

对地电气间隙　clearance to earth

任何导电部件和任何接地或打算接地的部件间的电气间隙。

3.7.119

触头开距　clearance between open contacts

GB/T 2900.20—1994 的 5.22 适用,并补充下面的注:

注:确定总开距时,应当考虑到各段开距之和。

3.7.120

（机械开关装置一极的）隔离断口　isolating distance（of a pole of a mechanical switching device）

符合对隔离开关所规定的安全要求的断开触头间的电气间隙。

3.7.121

端子机械负荷　mechanical terminal load

作用在每个端子上的外部负荷。

注 1：该外部负荷是隔离开关或接地开关可能承受的机械合力。不包括作用于设备本身上的风力，因为它们不构成端子的外部负荷。

注 2：隔离开关或接地开关可能承受大小、方向和作用点不同的几个机械力。

注 3：通常，按此定义的端子负荷不适用于封闭式开关设备。

3.7.121.1

端子静态机械负荷　static mechanical terminal load

每个端子上的静态机械负荷等于隔离开关或接地开关由软导线或硬导线与该端子连接时，该端子所承受的机械力。

3.7.121.2

端子动态机械负荷　dynamic mechanical terminal load

静态机械负荷和短路条件下电磁力的组合负荷。

3.7.122

开合母线转换电流　bus-transfer current switching

不是将负荷开断，而是将负荷从一条母线转移到另一条母线上时，隔离开关在有载条件下所进行的开断和关合操作。

3.7.123

开合感应电流　induced current switching

用接地开关开断或关合感性或容性电流的操作，这些电流是由平行的高压线路在已接地的或未接地的线路中所感应的电流。

注：当两条或多条输电线路一起安装在线路杆塔上时，或者两条或多条线路安装在邻近设置的不同杆塔上时，带电的线路将对不带电的线路产生电磁感应和静电感应能量，根据不带电的线路是一端接地或两端接地，在不带电的线路上将流过容性或感性电流。

4　额定值

4.1　概述

GB/T 11022—2011 的 4.1 适用，并对额定值列项作如下补充：

l）　额定短路关合电流（仅对接地开关）；

m）额定接触区（仅对单柱式隔离开关）；

n）　额定端子机械负荷；

o）　隔离开关母线转换电流开合能力的额定值；

p）　接地开关感应电流开合能力的额定值；

q）　隔离开关和接地开关机械寿命的额定值；

r）　接地开关电寿命的额定值；

s）　隔离开关小容性电流开合能力的额定值；

t）　隔离开关小感性电流开合能力的额定值。

4.2 额定电压(U_r)

GB/T 11022—2011 的 4.2 适用。

4.3 额定绝缘水平

GB/T 11022—2011 的 4.3 适用,并作如下补充:

对于隔离断口与底座平行且与接地开关组合成一体的隔离开关,如果最小间隙下的 1 min 工频耐受电压不低于 6.2.6 中的规定,则认为当接地开关动触头与对面的隔离开关带电部分暂时接近过程中满足了安全要求。

注 1:除了配人力操动机构的接地开关操作的短时间内的绝缘强度应符合 6.2.6 的要求之外,绝缘强度的暂时降低不构成安全问题。正因为如此,且不考虑老化,降低的绝缘强度是可以接受的。因为在接地过程中雷电和操作冲击发生的概率很低,所以不要求进行冲击电压试验。

注 2:对仅配人力操动机构的接地开关,如果有更高要求的耐受电压值,则可以由用户与制造厂协商。

注 3:如果最小的暂时电气间隙大于 GB/T 311.2—2013 中给出的电气间隙,则不需要试验。

变压器中性点接地用隔离开关的额定绝缘水平参见附录 L。

4.4 额定频率(f_r)

GB/T 11022—2011 的 4.4 适用。

4.5 额定电流和温升

GB/T 11022—2011 的 4.5 适用。本条款一般仅适用于隔离开关。

注:根据隔离开关主电流路径的形状、结构和材料,应考虑集肤效应,因为经验表明,矩形导体在 60 Hz 下运行时的温升与 50 Hz 相比相差大于 5%。

4.6 额定短时耐受电流(I_k)

GB/T 11022—2011 的 4.6 适用,并作如下补充:

除非另有规定,构成组合功能接地开关组成元件的接地开关的额定短时耐受电流,应等于组合功能接地开关的额定短时耐受电流。

4.7 额定峰值耐受电流(I_p)

GB/T 11022—2011 的 4.7 适用,并作如下补充:

除非另有规定,构成组合功能接地开关组成元件的接地开关的额定峰值耐受电流,应等于组合功能接地开关的额定峰值耐受电流。

4.8 额定短路持续时间(t_k)

GB/T 11022—2011 的 4.8 适用,并作如下补充:

除非另有规定,接地开关短时耐受电流的额定持续时间至少为 2 s。

4.9 合闸和分闸装置及辅助和控制回路的额定电源电压(U_a)

GB/T 11022—2011 的 4.9 适用。

4.10 合闸和分闸装置及辅助回路的额定电源频率

GB/T 11022—2011 的 4.10 适用。

4.11 可控压力系统用压缩气源的额定压力

GB/T 11022—2011 的 4.11 适用。

4.12 绝缘和/或操作用的额定充入水平

GB/T 11022—2011 的 4.12 适用。

4.101 额定短路关合电流

具有额定短路关合电流的接地开关，应能在任何外施电压直到并包括其额定电压下，关合任何电流直到并包括其额定短路关合电流。

如果接地开关具有额定短路关合电流，它应等于额定峰值耐受电流。

除非另有规定，构成组合功能接地开关组成元件的接地开关的额定短路关合电流，应等于组合功能接地开关的额定峰值关合电流。

4.102 额定接触区

制造厂应规定接触区的额定值(用 x_r、y_r 和 z_r 来表示)。表 1 和表 2 中的值仅供参考。额定值应从制造厂获得。接触区也与静触头允许的角度偏移有关。

表 1 静触头由软导线支承时推荐的接触区

U_r/kV	x/mm	y/mm	z_1/mm	z_2/mm
72.5	100	300	200	300
126	100	350	200	300
252	200	500	250	450
363	200	500	300	450
550	200	600	400	500

U_r ——额定电压；

x ——支承导线纵向位移的总幅度(温度的影响)；

y ——水平总偏移(与支承导线垂直方向的偏移)(风的影响)；

z ——垂直偏移(温度和冰的影响)。

注：静触头由软导线固定时，z_1 值适用于短跨档，z_2 值适用于长跨档。

表 2 静触头由硬导线支承时推荐的接触区

U_r/kV	x/mm	y/mm	z/mm
72.5,126	100	100	100
252,363	150	150	150
550	175	175	175
800	200	200	200

U_r ——额定电压；

x ——支承导线纵向位移的总幅度(温度的影响)；

y ——水平总偏移(与支承导线垂直方向的偏移)(风的影响)；

z ——垂直偏移(冰的影响)。

为使隔离开关有正确的功能，用户在确定变电站设计和绝缘子的抗弯强度时，应考虑到运行条件，确保静触头在这些限值内（见 8.102.3）。

4.103 额定端子机械负荷

额定端子机械负荷应由制造厂规定。

隔离开关和接地开关在承受其额定端子静态机械负荷时应能合闸和分闸。

在最不利的条件下，隔离开关或接地开关的端子允许承受的最大端子静态机械负荷是该隔离开关的额定端子静态机械负荷。

推荐的额定端子静态机械负荷在表 3 中给出。而且将它们作为指南使用。

表 3 推荐的额定端子静态机械负荷

额定电压 U_r kV	额定电流 A	双柱式或三柱式隔离开关		单柱式隔离开关		垂直力 F_c^a N
		水平纵向负荷 F_{a1} 和 F_{a2} N	水平横向负荷 F_{b1} 和 F_{b2} N	水平纵向负荷 F_{a1} 和 F_{a2} N	水平横向负荷 F_{b1} 和 F_{b2} N	
		见图 7		见图 8		
12 24	[b]	500	250	—	—	300
31.5 40.5 72.5	≤1 250	750	400	800	400	500
	≥1 600	750	500	800	500	750
126	≤2 500	1 000	750	1 000	750	1 000
	≥3 150	1 250	750	1 250	750	1 000
252	≤1 600	1 500	1 000	2 000	1 500	1 000
	≥2 000	1 500	1 000	2 000	1 500	1 250
363	≤2 500	1 500	1 000	2 000	1 500	1 250
	≥3 150	1 500	1 000	2 000	1 500	1 500
550	≤3 150	2 000	1 500	3 000	2 000	1 500
	4 000	2 000	1 500	4 000	2 000	1 500
800	≤3 150	2 000	1 500	3 000	2 000	1 500
	4 000	2 000	1 500	4 000	2 000	1 500
1 100[c]	≥4 000	5 000	4 000	—	—	5 000

注：31.5 kV 隔离开关仅电气化铁道供电系统用。

[a] F_c 是模拟由连接导线的重量引起的向下的力。软导线的重量已计入纵向或横向力中。

[b] 额定电流包含所有电流参数。

[c] 1 100 kV 隔离开关和/或接地开关的额定端子静态机械负荷取自 GB/Z 24837—2009。

隔离开关或接地开关的端子允许承受的最大外部动态机械负荷是该隔离开关的额定动态机械负荷。

短路条件下，隔离开关和接地开关应能承受其额定端子动态机械负荷。

隔离开关或接地开关的端子机械负荷的额定值，不仅取决于它的设计，而且取决于它所用的绝缘子的强度。

绝缘子所需的弯曲强度应该计算。计算时应考虑绝缘子上面的端子所处的高度以及作用在绝缘子上的附加力(见 3.7.121 和 8.102.4)。

4.104 隔离开关母线转换电流开合能力的额定值

额定值及所有的其他细节在附录 B 中给出。

本条款适用于额定电压 40.5 kV 及以上的隔离开关。

4.105 接地开关感应电流开合能力的额定值

额定值及所有的其他细节在附录 C 中给出。

本条款适用于额定电压 72.5 kV 及以上的接地开关。

4.106 隔离开关和接地开关机械寿命的额定值

根据制造厂规定的维修方案,隔离开关和接地开关应能完成表 4 规定次数的操作。

表 4 隔离开关和接地开关的机械寿命分类

等 级	机械寿命分类	操作循环的次数
M0	基本的机械寿命	1 000
M1	延长的机械寿命	3 000
M2	延长的机械寿命	10 000

4.107 接地开关电寿命的额定值

表 5 规定了接地开关电寿命的分级。

表 5 接地开关电寿命的分级

等 级	接地开关的类型
E0	没有关合能力的接地开关
E1	具有耐受 2 次短路关合操作能力的接地开关
E2	具有耐受 5 次短路关合操作能力的接地开关

4.108 隔离开关小容性电流开合能力的额定值

空气绝缘的隔离开关小容性电流开合能力的额定值:

a) 额定电压 126 kV～363 kV,1.0 A(有效值);

b) 额定电压 550 kV 及以上,2.0 A(有效值)。

气体绝缘金属封闭开关设备中的隔离开关,其母线充电电流开合能力的规定值见表 F.2。

4.109 隔离开关小感性电流开合能力的额定值

空气绝缘的隔离开关和气体绝缘金属封闭开关设备中的隔离开关小感性电流开合能力的额定值:

a) 额定电压 126 kV～363 kV，0.5 A(有效值)；

b) 额定电压 550 kV 及以上，1.0 A(有效值)。

5 设计和结构

5.1 对隔离开关和接地开关中液体的要求

GB/T 11022—2011 的 5.1 适用。

5.2 对隔离开关和接地开关中气体的要求

GB/T 11022—2011 的 5.2 适用。

5.3 隔离开关和接地开关的接地

GB/T 11022—2011 的 5.3 适用，并作如下补充：

如果金属外壳和操动机构不与隔离开关或接地开关的金属底座安装在一起，并在电气上没有联结时，则金属外壳和操动机构上应提供标有保护接地符号的接地端子。

5.4 辅助和控制设备

GB/T 11022—2011 的 5.4 适用，并见本标准的 5.104。

5.5 动力操作

GB/T 11022—2011 的 5.5 适用，并作如下补充：

本要求也适用于动力操作的、具有额定开合和/或关合电流的隔离开关和接地开关。

配气动或液压操动机构的隔离开关和接地开关，当气(液)源压力在其额定值的 85%和 110%之间时，应能进行合闸和分闸。脱扣器的操作见 5.8。

5.6 储能操作

GB/T 11022—2011 的 5.6 适用。

5.7 不依赖人力的操作

GB/T 11022—2011 的 5.7 适用。

5.8 脱扣器的操作

GB/T 11022—2011 的 5.8 适用。

5.9 低压力和高压力闭锁和监视装置

GB/T 11022—2011 的 5.9 适用。

5.10 铭牌

GB/T 11022—2011 的 5.10 适用，并作如下补充：

——隔离开关和接地开关(及其操动机构)的铭牌应按照表 6 标识；

——在正常运行和安装位置，铭牌应明显可见。

表 6 铭牌内容

项目	缩写	单位	隔离开关	接地开关[b]	操动机构
制造厂			×	×	×
型号			×	×	×
出厂编号			×	×	×
制造年份			×	×	×
额定电压	U_r	kV	×	×	
额定雷电冲击耐受电压	U_p	kV	×	×	
额定电压 363 kV 及以上的额定操作冲击耐受电压	U_s	kV	×	×	
额定电流	I_r	A	×		
额定短时耐受电流	I_k	kA	×	×	
额定短路持续时间	t_k	s	(×)[a]	(×)[a]	
绝缘和/或操作用的额定充入压力	p_{re}	MPa	×	×	×
辅助回路的额定电源电压	U_a	V			×
额定端子静态机械负荷	F	N	(×)	(×)	
隔离开关的机械寿命等级	M_r		(×)[c]		
接地开关的机械寿命等级	M_r			(×)[c]	
接地开关的电寿命等级	E_r			(×)[c]	
质量(包括液体)	m	kg	(×)	(×)	(×)

注 1：×表示的值的标识是强制性的。

注 2：(×)表示的值的标识是非强制性的。

注 3："额定"一词在铭牌上可不出现。

[a] 如果 t 不是 1 s 时是强制性的。

[b] 当接地开关与隔离开关组合为一体时，不要求有单独的铭牌。接地开关的短路额定值与隔离开关不同的情况除外。

[c] 如果不同于 M0 级或 E0 级，则等级的标识是强制性的。为了避免额外的留空要求，等级可包含在型号中。

5.11 联锁装置

GB/T 11022—2011 的 5.11 适用。

5.12 位置指示

GB/T 11022—2011 的 5.12 适用(亦见 5.104)。

5.13 外壳提供的防护等级

GB/T 11022—2011 的 5.13 适用，对二次设备的箱体补充如下：

户外设备的箱体提供的防护等级最低应为 IP3XDW。

户内设备的箱体提供的防护等级最低应为 IP2X。

此外，通常不要求在外壳打开后阻止人员偶然触及危险部位的防护(见 GB/T 11022—2011 第 11 章)。

5.14 爬电距离

GB/T 11022—2011 的 5.14 适用，并作如下补充：

虽然爬电距离可按 GB/T 11022—2011 的 5.14，但对并联绝缘体的两个或多个并联绝缘子之间的距离应予以考虑。

5.15 气体和真空的密封

GB/T 11022—2011 的 5.15 适用。

5.16 液体的密封

GB/T 11022—2011 的 5.16 适用。

5.17 易燃性

GB/T 11022—2011 的 5.17 适用。

5.18 电磁兼容性(EMC)

GB/T 11022—2011 的 5.18 适用。

5.19 X 射线发射

GB/T 11022—2011 的 5.19 不适用。

5.20 腐蚀

GB/T 11022—2011 的 5.20 适用。

5.101 对接地开关的专门要求

接地开关可动部件与其底座之间的铜质软连接的截面积应不小于 50 mm^2。

铜质软连接截面积的这个最小值是为了保证机械强度和抗腐蚀性能给出的。

当该软连接用来承载短路电流时，则应进行相应的设计。如果采用其他材料，则应具有等效的截面积。

5.102 对隔离开关隔离断口的要求

为了安全，隔离开关的设计应使得从其一侧的端子到另一侧任一端子不会流过危险的泄漏电流。

当运行中用可靠的接地连接将所有泄漏电流引入地下或所用的绝缘材料能有效地防止污秽时，则这一安全要求已经满足。

注：由于 GB/T 11022—2011 对隔离断口规定了比相对地绝缘更高的耐受试验水平，通常，隔离开关的隔离间隙要比相对地的绝缘距离长。

如果需要长的爬电距离，相对地绝缘距离就会变得比隔离间隙长。对此情况，为使隔离间隙保持低的破坏性放电概率，可能需要使用避雷器或棒状放电器之类的保护装置。

5.103 机械强度

具有额定端子静态机械负荷的隔离开关和接地开关，按制造厂的说明书安装好后，应能承受其额定端子静态和动态机械负荷，而不损害其可靠性和载流能力。

5.104 隔离开关和接地开关的操作——动触头系统的位置及其指示、信号装置

5.104.1 位置的可靠性

隔离开关和接地开关及其操动机构应这样设计：在重力、风压、振动、合理的撞击作用或其操作系统连杆受到意外碰撞的情况下，均不会脱离其分闸或合闸位置。

为了安全起见，(例如维修时)隔离开关和接地开关应能在机械上暂时锁定在分闸或合闸位置上。

注：由钩棒操作的隔离开关或接地开关，后一段的要求可不必满足。

5.104.2 对动力操动机构的附加要求

动力操动机构也应该提供人力操作装置。人力操作装置(例如手柄)接到动力操动机构上时，应能保证动力操动机构的控制电源可靠地断开。

5.104.3 位置指示和位置信号

5.104.3.1 概述

除非动触头分别到达其合闸或分闸位置，并满足 5.104.1 第 1 段的要求，否则不应该发出合闸和分闸位置指示和位置信号。

注："合闸位置"和"分闸位置"的定义见 3.6.110 和 3.6.111。

5.104.3.2 位置指示

位置指示应能识别隔离开关或接地开关的工作位置。对于分闸位置，如果满足下列条件之一，则这个要求已经满足：

——隔离断口或间隙明显可见；

——保证隔离断口或间隙的每一个动触头的位置已由可靠的、看得见的位置指示装置指示。

注：在某些地区，隔离开关的设计应使隔离断口是明显可见的。

动触头和位置指示装置之间的传动链应设计得有足够的机械强度，以满足特定试验(附录 A)的要求。为保证正向驱动操作，位置指示传动链应是连续的机械连接。位置指示装置可用适当的方法直接标示在动力传动链的机械部件上。应力限制装置(如有)不应是位置指示传动链的部件。

如果隔离开关或接地开关的所有极用机械方法组合在一起能够作为一个独立元件进行操作，允许用一个共用的位置指示装置。

5.104.3.3 由辅助触头发出的电气位置信号

只有当隔离开关或接地开关所有极的位置都符合 5.104.3 规定时，才能发出隔离开关或接地开关所有极的共用信号。

如果隔离开关或接地开关的所有极用机械方法组合在一起能够作为一个独立元件进行操作，允许用一个共用的位置指示装置。

5.105 人力操作允许的最大力

5.105.1 概述

下面给出的值通常对电动机操作的隔离开关和接地开关维修用手柄的操作也适用。

注：如适用，这些值包括破冰操作的操作力。

高于正常操作高度的操作高度应由制造厂和用户之间协商。

5.105.2 需要多于一转的操作

需要多于一转(例如手动曲柄)操作隔离开关或接地开关所需的力应不大于 60 N,并且在最多为需要的总转数的 10%的转数内,操作力的最大值允许为 120 N。

5.105.3 需要一转以内的操作

需要一转以内(例如摇杆)操作隔离开关或接地开关所需的力应不大于 250 N(见 GB/T 11022—2011 的 5.6.4)。在转动角度最大为 15°的范围内,操作力的最大值允许为 450 N。

5.106 尺寸公差

隔离开关和接地开关的安装尺寸、高压连接和接地连接尺寸的线性和角度尺寸公差,GB/T 1804—2000 适用。

6 型式试验

6.1 总则

GB/T 11022—2011 的第 6 章适用,并作如下补充:

6.1.1 概述

GB/T 11022—2011 的 6.1.1 适用,并对其 d)项所要求的验证试验项目明确如下:

——短时工频耐受电压试验(干试)(仅对气体绝缘金属封闭开关设备中的隔离开关和接地开关);

——机械寿命试验;

——温升试验(仅对隔离开关)。

6.1.2 试验的分组

GB/T 11022—2011 的 6.1.2 适用,并对 GB/T 11022—2011 中给出的型式试验作如下补充:

型式试验:

——操作和机械寿命试验(6.102);

适用时的型式试验:

——接地开关短路关合能力试验(6.101);

——严重冰冻条件下的操作(6.103);

——极限温度下的操作(6.104);

——位置指示装置正确功能试验(6.105 和附录 A);

——隔离开关母线转换电流开合能力试验(6.106 和附录 B);

——接地开关感应电流开合能力试验(6.107 和附录 C);

——隔离开关小容性电流开合能力试验(6.108、附录 F 和附录 H);

——隔离开关小感性电流开合能力试验(6.109)。

对于型式试验,最多用 4 台试品;对于适用时的型式试验,允许用附加的试品。

6.1.3 确认试品用的资料

GB/T 11022—2011 的 6.1.3 适用。

6.1.4 型式试验报告包含的资料

GB/T 11022—2011 的 6.1.4 适用，并作如下补充（如适用）：

型式试验时所用绝缘子的下列细节是特别重要的，并应在相应的试验报告中给出：

——额定弯曲强度；

——支持绝缘子（和操作绝缘子，适用时）的额定扭转强度；

——元件的高度和数量；

——爬电距离和伞形。

在绝缘试验时，应包括在指示或信号装置能发出分闸位置信号时所对应的最小间隙下的数据。应指明试验时所采用的最小间隙尺寸和最小对地高度尺寸（见 6.2.4）。还应给出最低的绝缘部件对地的距离。

在短路试验时，应包括下列资料：

——被试开关设备与试验回路的其他部分机械和电气连接的细节，包括端子静态机械负荷和导体的尺寸；

——采用的安装布置方面的资料；

——对单柱式隔离开关，静触头与上面导线安装方面的资料；

——三极共用一台操动机构的隔离开关或接地开关，操动机构的布置方式；

——短路试验前、后的接触电阻；

——如果可能，试验前、后的触头接触压力。

6.2 绝缘试验

6.2.1 概述

GB/T 11022—2011 的 6.2.1 适用。

6.2.2 试验时周围的大气条件

GB/T 11022—2011 的 6.2.2 适用。

6.2.3 湿试验程序

GB/T 11022—2011 的 6.2.3 适用。

6.2.4 绝缘试验时隔离开关和接地开关的状态

GB/T 11022—2011 的 6.2.4 适用，并作如下补充：

处于分闸位置的隔离开关或接地开关的绝缘试验，应在指示或信号装置能够发出分闸信号时隔离开关的最小隔离断口或接地开关的最小间隙下进行，或在与 5.104 中规定的锁定布置一致的最小隔离断口下进行，无论哪种情况，隔离断口或间隙均为最小。

这一要求对单独操作（如钩棒操作）的隔离开关和接地开关不适用。

6.2.5 通过试验的判据

GB/T 11022—2011 的 6.2.5 适用，并补充下面的注：

注 1：如果大气校正因数 K_t 小于 1.00 而大于 0.95，试验时未采用大气校正因数，则允许按照 GB/T 11022—2011 的 6.2.5 中规定的判据。而且，如果在 15 次冲击中外绝缘上发生一次或两次破坏性放电，则应采用合适的校正因数重复进行验证闪络的特殊试验系列，以使外绝缘不出现破坏性放电。

注 2：带有试验套管的 GIS 中的隔离开关或接地开关进行试验时，因试验套管不是隔离开关或接地开关的一部分，故应不考虑和计入试验套管上出现的闪络。

注 3：实验室应使用足够的检测方法，如照片、录像、内部检查等，来确定观测到的破坏性放电的位置。

适用时，应考虑 GB 3906—2006 和 GB 7674—2008 的要求。

6.2.6 试验电压的施加和试验条件

GB/T 11022—2011 的 6.2.6 适用，并作如下补充：

对于隔离断口与底座平行且与接地开关组合成一体的隔离开关，应在接地开关动触头的最不利位置，用表 7 中给出的工频试验电压进行试验（见 4.3）。

表 7　1 min 工频耐受电压

额定电压 U_r kV	试验电压 kV	
	中性点固定接地	中性点不接地
72.5	84	94
126	145	164
252	291	—
363	419	—
550	635	—
800	924	—
1 100	1 100[a]	—

注 1：解释性的注参见附录 D。

注 2：额定电压较低的隔离开关，这些试验不作要求。

[a] 1 100 kV 隔离开关的试验电压取自 GB/Z 24837—2009。

在两端均停电后才能操作的隔离开关，这些试验不需进行。

6.2.7 额定电压 $U_r \leqslant 252$ kV 的隔离开关和接地开关的试验

GB/T 11022—2011 的 6.2.7 适用。

6.2.8 额定电压 $U_r > 252$ kV 的隔离开关和接地开关的试验

GB/T 11022—2011 的 6.2.8 适用。

6.2.9 户外绝缘子的人工污秽试验和户内隔离开关、接地开关的凝露试验

户外绝缘子的人工污秽试验，GB/T 11022—2011 的 6.2.9 适用，并作如下补充：

注：应注意研究并联绝缘体在污秽和降雨条件下的性能（可能需要进行附加的污秽试验）。

户内隔离开关和接地开关，适用时按有关标准进行凝露试验。

6.2.10 局部放电试验

GB/T 11022—2011 的 6.2.10 适用。

6.2.11 辅助和控制回路的试验

GB/T 11022—2011 的 6.2.11 适用。

6.2.12 作为状态检查的电压试验

GB/T 11022—2011 的 6.2.12 适用。

6.3 无线电干扰电压(r.i.v)试验

GB/T 11022—2011 的 6.3 适用。

6.4 回路电阻的测量

GB/T 11022—2011 的 6.4 适用。

6.5 温升试验

GB/T 11022—2011 的 6.5 适用。

6.6 短时耐受电流和峰值耐受电流试验

6.6.1 概述

GB/T 11022—2011 的 6.6.1 适用。

6.6.2 隔离开关和接地开关以及试验回路的布置

GB/T 11022—2011 的 6.6.2 适用,并作如下补充:

6.6.2.101 一般试验条件

试验时,隔离开关或接地开关应装上它自己的操动机构,尽量使试验有代表性。

装有适应母线转换电流开合能力需要的辅助装置的隔离开关和装有适应感应电流开合能力需要的辅助装置的接地开关,应装上这些装置进行试验。

试验应在操动机构和主触头的最不利位置进行。应考虑到 5.104.3 的要求,适用时,还应按照附录 A。

如果设计要求调整位置指示器或位置信号装置时,应按说明书进行。对绝缘试验和短路试验,这些装置不允许有差异。

如果设计允许有偏差,则在试验前由制造厂事先声明。短时耐受电流和峰值耐受电流试验,应在信号装置整定在使由该信号装置指示的主触头处于最不利状态时的最大或最小规定偏差下进行。这个要求对单独操作(如钩棒操作)的隔离开关和接地开关不适用。

总之,绝缘试验、短时耐受电流和峰值耐受电流试验,位置信号装置应采用相同的整定。

注:对绝缘试验,主触头最不利的状态是指出现“分闸”信号时的间隙最小;对短路试验,主触头最不利的状态是指合闸操作期间出现“合闸”信号时的最初位置。

为了使试验结果具有通用性,隔离开关和接地开关应按图 3、图 4、图 5 和图 6 中规定的试验布置进行试验。如果试验中使用软导线,隔离开关和接地开关应施加其额定端子静态机械负荷。

——对图 4 的说明:

- 变电站中指定与软导线或硬导线连接的隔离开关应用软导线进行试验。并且,除非另有规定,应按图 4 中给出的尺寸的试验布置,在施加其额定端子静态机械负荷(图 7 中的水平纵向 F_{a1})的条件下进行试验。指定仅与硬导线连接的隔离开关,可以用硬导线按与本图相同尺寸的试验布置进行试验。所用导线的尺寸应在试验报告中指明。
- 与试验布置有关的所有细节是强制性的,这里作为一个例子给出了隔离开关和接地开关试验布置的细节。

- 为了试验的标准化，当用软导线进行试验时，且开关设备的额定电流大于 1 250 A、1 s 短路持续时间的短时耐受电流大于 31.5 kA 时，应采用中心线距离为 70 mm±30 mm、没有支撑的两根软导线进行试验。用户要求有支撑的试验布置应由制造厂和用户协商。这样的试验布置以及由制造厂和用户协商的试验布置的任何差异应在试验报告中清楚地说明。额定电压 363 kV 及以上的隔离开关和接地开关一般应用双股导线进行试验。所用的软导线的直径为 32 mm±3.2 mm。
- 除被试隔离开关或接地开关坚固地固定在底座上的情况外，应考虑到支承结构的弹性常数(IEC 60865-1:1993)。
- 试验报告或试验证书中应清楚地提供用于试验的安装布置的细节或者隔离开关坚固地固定到底座上的记录。

注 1：应注意，试验时不要由于与电源的连接线而引起不代表运行条件的力，并且，施加的端子静态机械负荷不应大于被试开关设备的额定端子静态机械负荷。隔离开关或接地开关在施加 50%额定端子静态机械负荷后，在施加 100%负荷之前可以调整。

注 2：原则上，图 4 也适用于接地导体布置得当的接地开关的试验。

——对图 5 的说明：

- 为了试验的标准化，当用软导线进行试验时，且开关设备的额定电流大于 1 250 A、1 s 短路持续时间的短时耐受电流大于 31.5 kA 时，应采用中心线距离为 70 mm±30 mm、没有支撑的两根软导线进行试验。其他有支撑的试验布置可由制造厂和用户协商。其差异应在试验报告中说明。额定电压 363 kV 及以上的隔离开关和接地开关，应用双股导线进行试验。
- 除被试隔离开关或接地开关坚固地固定在底座上的情况外，应考虑到支承结构的弹性常数(IEC 60865-1:1993)。
- 试验报告或试验证书中应清楚地提供用于试验的安装布置的细节或者隔离开关坚固地固定到底座上的记录。

注 1：应注意，试验时不要由于与电源的连接线而引起不代表运行条件的力，并且，施加的端子静态机械负荷不应大于被试开关设备的额定端子静态机械负荷。

注 2：原则上，图 5 也适用于接地导体布置得当的整体接地开关的试验。

注 3：如果试验布置中，短路侧的下层导线不能支撑，可用被试隔离开关来支撑。结果可能引起较高的端子动态机械负荷。

试验布置也应反映电磁力有助于隔离开关或接地开关分闸的最不利情况。对与隔离开关组合的接地开关进行试验时，试验接线应与隔离开关试验时的接线相同。

三极共用一台操动机构的隔离开关或接地开关，试验时，操动机构应安装在离被试极的距离不小于产品相间距离的位置。

不与隔离开关组合的接地开关，应按对隔离开关同样要求的试验布置进行试验。

装在封闭式开关设备中的隔离开关和接地开关，应按相应于 GB 3906—2006、GB 7674—2008 或 IEC 62271-201:2006 成套开关设备的元件进行试验。

对单柱式隔离开关，在接触区内触头的垂直位置的选择，应反映静触头由软导线或硬导线支承时的最不利条件。如有怀疑，应在触头处于额定接触区范围内的最高和最低位置进行试验。

全部试验最好用三相进行。如果进行单相试验，试验最好在两相邻极上进行。如果试验在一极上进行，则返回导线离试验极的距离为相间距离。返回导线应与隔离开关或接地开关主电流路径平行且离底座的高度也相同，对于具有立式动触头的隔离开关和接地开关，返回导线与之等效。返回导线的长度应与图 3～图 6 所示相当。

6.6.2.102 额定电压 40.5 kV 及以下的隔离开关和接地开关

隔离开关和接地开关应采用图 3 所示的试验布置。

6.6.2.103 额定电压 72.5 kV 及以上的隔离开关和接地开关

具有水平隔离断口的隔离开关和相应的接地开关应采用图 4 给出的单相试验布置;具有垂直隔离断口的单柱式隔离开关和相应的接地开关应采用图 5 和图 6 给出的单相试验布置。

注:由于运行条件的特殊需要,仅在用户和制造厂协商的基础上,其试验布置才允许与这些试验布置有差异。

三相试验布置仿照图 4～图 6 的单相试验布置同样的通用模式。

6.6.3 试验电流和持续时间

GB/T 11022—2011 的 6.6.3 适用。

6.6.4 在试验过程中隔离开关和接地开关的性能

GB/T 11022—2011 的 6.6.4 适用,并作如下补充:

a) 处于合闸位置的隔离开关,在额定短路持续时间内承受额定峰值耐受电流和额定短时耐受电流时,不应引起:

1) 隔离开关任何部件的机械损伤;

2) 触头分离;

3) 电弧。

在短路试验期间触头系统的状况,应通过记录隔离开关主电流路径两端之间的电压降来证实。

b) 接地开关承受额定峰值耐受电流和额定短时耐受电流时,应不产生明显的触头烧损或熔焊。

如果在短时耐受电流和峰值耐受电流试验后观测到触头烧损或触头熔焊,则应进行第二次峰值耐受电流试验,该次试验应在两次试验之间不允许作任何维修的情况下进行。两次试验之间,允许间隔足够的时间,使触头冷却。在第二次试验之前,应进行空载操作。

第二次试验后,如果接地开关依然保持完好的接地连接,则认为接地开关满足要求。

仅允许触头轻微的熔焊是指接地开关在 4.9、4.10、4.11 和/或 4.12 以及 5.5、5.6 给定的条件下,对动力操动机构用额定值能够操作;对人力操动机构用 5.105 规定值的 120%能够操作。

6.6.5 试验后隔离开关和接地开关的状态

GB/T 11022—2011 的 6.6.5 适用,并作如下补充:

如果主回路很长(额定电压超过 126 kV)的隔离开关的回路电阻与试验前相比增加了不止 10%,则可能需要补充进行触头和可动连接上的电阻测量。隔离开关这些部件任何一个的电阻增加不应大于 20%。

对封闭式隔离开关和接地开关,不可能进行全面的目视检查时,下面的状态检查适用:

——对隔离间隙和对地的绝缘强度,GB/T 11022—2011 的 6.2.12 适用;

——对承载电流的能力,见 GB/T 11022—2011 的 4.5.3 的说明 6。

6.7 防护等级检验

GB/T 11022—2011 的 6.7 适用。

6.8 密封试验

GB/T 11022—2011 的 6.8 适用。

6.9 电磁兼容性试验(EMC)

GB/T 11022—2011 的 6.9 适用。

6.10 辅助和控制回路的附加试验

GB/T 11022—2011 的 6.10 适用。

6.11 真空灭弧室的 X 射线试验程序

GB/T 11022—2011 的 6.11 不适用。

6.101 接地开关短路关合能力试验

6.101.1 一般试验条件

符合 3.4.105 定义、具有短路电流关合能力的 E1 或 E2 级接地开关，应在按照 6.101.7 试验程序的关合试验系列中分别经受 2 次(E1 级)或 5 次(E2 级)关合操作。

对于组合功能接地开关，首先应对其他功能按照相关标准进行短路关合试验，接着进行接地功能的短路关合试验，没有中间维修。

作为替代，组合功能接地开关的短路关合试验，可以按照指定的等级在新的组合功能接地开关上进行，先至少进行一次其他功能的短路关合试验，接着进行接地功能的短路关合试验，没有中间维修。

6.101.2 受试接地开关的布置

接地开关应在有代表性的安装和使用条件下进行试验，这些条件涉及接线、支撑、外壳和尺寸方面。

其操动机构应按照规定的方式操作，特别是，如果操动机构是电动、液压或气动操作的，应在最低电源电压或压力下操作。

对于充气的接地开关，试验应在供绝缘和关合操作用气体的最低功能压力下进行。

注 1：为了试验方便，如果不能提高触头合闸速度，可以提高合闸操作线圈的电源电压，以获得稳定的合闸时间。

注 2：为了试验方便，在解锁点处可以采用电动或气动释放的锁闩来获得准确的合闸时间。

注 3：不依赖人力操作的接地开关，可以按照为实现遥控可能性的目的所提供的布置方式进行操作。

注 4：为了试验的目的，可能需要例如用行程记录仪来测量行程特性。

6.101.3 试验频率

接地开关应在额定频率下进行试验，频率允许偏差为±10%。

但是，在 50 Hz 或 60 Hz 电源频率下，按照峰值系数为 2.6 或以上试验，涵盖了两个频率的要求。

6.101.4 试验电压

试验电压如下：

a) 对于三相试验，外施电压相间的平均值应不低于额定电压 U_r，并且，未经制造厂同意，应不超过该值的 10%。每极外施电压和平均值之间的差值应不超过 5%。

b) 对于单相试验，外施电压应不低于相对地电压值 $U_r/\sqrt{3}$，并且，未经制造厂同意，应不超过该值的 10%。对于合闸过程中三相触头接触瞬间之间的差值超过额定频率半个周波的接地开关，对于中性点非有效接地系统，外施电压应不低于 1.5 倍相对地电压值 $U_r/\sqrt{3}$；对于中性点有效接地系统，外施电压应不低于 1.3 倍相对地电压值 $U_r/\sqrt{3}$。

为了试验方便或由于试验设施的限制，可以采用替代的试验方法。替代的试验方法在附录 G 中规定。

6.101.5 试验的短路关合电流

关合试验时的短路电流应用峰值电流和对称电流有效值来表示。对于接地开关，0.2 s 时每相中对称电流的有效值至少应为额定短时耐受电流的80%。预期峰值电流应等于额定短路关合电流(I_{ma}),其允许偏差为-0%和+5%。

短路电流的持续时间至少应为0.2 s。

接地开关应能关合电压波上任一相位上产生预击穿的电流。两种极端情况规定如下:

a) 在电压波的峰值处(允许偏差为-30电度~+15电度)关合,产生一个对称短路电流和最长的预击穿时间;

b) 在电压波零点处关合,无预击穿,产生一个完整的非对称短路电流。

注:为了获得完整的非对称短路电流,试验b)可以在降低的外施电压下进行。

6.101.6 试验回路

关合试验应用三相试验回路或单相试验回路进行。

三相试验涵盖了:

——不同相之间的相互作用;

——操动机构上的应力(在共用一台操动机构的情况下)。

三极接地开关应在三相回路中进行试验。但是,在下列情况下,额定电压72.5 kV及以上的接地开关允许进行单相试验:

a) 每极单独储存合闸能量的多箱壳型或敞开型接地开关;

b) 逐极操作的接地开关。

出于试验的目的,认为在中性点不接地或中性点固定接地的回路中关合试验的严酷度是相当的。因此,为了涵盖中性点有效接地系统和中性点非有效接地系统两种系统中的应用,可以用任一种试验回路进行三相短路关合试验。

6.101.7 试验程序

对于E1级接地开关,除非实验室在合闸操作之间需要更多的空载试验,否则,试验应按照在两次C操作之间具有一次单独的空载O,即C-O(空载)-C的两次C操作的顺序进行。

对于E2级接地开关,试验顺序为2C-x-2C-y-1C,其中,x和y表示任意次数的空载试验。除非实验室在合闸操作之间需要更多的空载试验,否则,2C操作由C-O(空载)-C组成。两次合闸操作之间的时间间隔不作要求。

在试验顺序期间不允许维修。

由于各极中的极间不同期性或预击穿起始瞬间不同,在一极中可能出现比额定值大的峰值关合电流。如果在一极中电流比其他两极迟几毫秒开始流通,正是这种情况。如果在这种情况下接地开关失效,则认为接地开关试验失败。

试验过程中,应达到表8规定的关于关合电流和预击穿时间的要求。

表8 关合电流和预击穿时间的要求

E1级	E2级
2次试验	5次试验
至少一次试验满足6.101.5 a)的要求	至少两次试验满足6.101.5 a)的要求
至少一次试验满足6.101.5 b)的要求	至少两次试验满足6.101.5 b)的要求
注:通常,具有短路关合能力的接地开关触头的合闸速度应足够高,以便在相同的试验中,在不同的相上能够获得最大的预击穿和最大的峰值电流。	

6.101.8 关合短路电流时接地开关的性能

关合试验时，下述规定适用：

a) 对于具有额定短路关合电流的封闭式接地开关，关合短路时既不应向外壳外面喷射火焰、液体、气体，又不应向外壳外面喷射微粒；

b) 对于敞开式接地开关，火焰或金属微粒不应喷射到超出制造厂规定的范围而危及位于这些范围之外的任何操作者。

6.101.9 短路关合试验后接地开关的状态

完成规定的操作之后，接地开关的机械部件、与电场控制有关的部件(例如 GIS 中接地开关的电场控制电极)和绝缘子应几乎和试验前的状态相同。绝缘性能不应降低。短路关合性能和短时电流耐受性能可能受损。

注：通常认为，在规定的关合操作次数后，相应于短路关合和短时电流耐受能力的接地开关的使用寿命就结束了，需要维修或更换。

为了验证这个要求，接地开关应满足下列检查条件：

a) 机械条件：每次操作后，仅允许触头轻微熔焊。在 5.5 和 5.6 中规定的条件下，动力操动机构用额定值应能使接地开关分闸和合闸；人力操动机构使用正常的操作手柄，用 5.105 中规定值的 120%应能使接地开关分闸和合闸。

b) 电气连续性：空载操作后的目视检查对于检验接地开关的电气连续性通常是足够的。如果对电气连续性表示怀疑，应按照 GB/T 11022—2011 的 6.10.3 进行测量。

c) 绝缘要求：目视检查对于检验上述要求通常是足够的。有怀疑时，应按照 6.2.12 进行作为状态检查的电压试验。作为替代，对于额定电压 72.5 kV 以上可以采用 GB 1984—2014 的 6.2.11。如果适用，应使用供绝缘用气体的最低功能压力。对于终身密封的接地开关，作为状态检查的电压试验是强制性的。

6.101.10 无效试验

在无效试验的情况下，可能需要进行比本标准要求的更多次数的短路关合试验。无效试验是本标准要求的一个或多个试验参数不满足的试验。这包括例如电流、电压、时间因素、波形上的相位要求(如被规定的话)以及合成试验的附加特征。

与本标准的偏差可导致试验欠严酷或更严酷。表 9 中考虑了四种不同情况。

表 9 无效试验

与标准相关的试验条件	接地开关通过试验	接地开关试验失败
更严酷	试验有效，接受结果	应以正确的参数重复进行试验。 不需要修改接地开关的设计
欠严酷	应以正确的参数重复进行试验。 不需要修改接地开关的设计	需要修改接地开关的设计，以改善其关合性能。 在修改后的接地开关上重做整个试验

试验方式的无效部分可在接地开关不经检修的情况下重复进行。在这些情况下，试验报告应包括无效试验。但是，如果接地开关在该附加的试验过程中失败，或根据制造厂的判断，接地开关可以修整并重复整个试验方式。如果由于技术原因，某一次操作不能再现时，只要以其他的方式能够提供证据证明接地开关没有失败且要求的试验值已经满足，则本次操作不应认为无效。

6.101.11 型式试验报告

所有的型式试验结果应该记入型式试验报告中。型式试验报告应包含足够的数据以证明接地开关符合该额定值，还应包括能够用来确认被试接地开关主要部件的足够信息。参见 GB/T 11022—2011 的 6.1.3。

试验报告应包括 6.101.2、6.101.4、6.101.5、6.101.6 和 6.101.7 中规定的信息。

应提供典型示波图或类似的记录，以便能够确定下列参数：

——用峰值表示的关合电流和 0.2 s 时的有效值；

——外施电压；

——关合瞬间电压的瞬时值；

——预击穿时间。

应包括涉及接地开关支撑结构的一般信息。如果适用，应记录与试验过程中使用的操动机构相关的信息。

6.102 操作和机械寿命试验

6.102.1 概述

由一台操动机构操作的三极隔离开关和/或接地开关，如适用，端子负荷应同时施加在所有的端子上。

6.102.2 一般试验条件

试验可在试验场所任何方便的周围空气温度下进行。电源电压应在流过全电流的情况下，在操动机构的端子上测量。应包括操动机构组成部分的辅助设备。

6.102.3 接触区试验

进行本试验是为了验证静触头在相应于 4.102 规定的额定接触区范围内的各种位置(对应图 1、图 2)下，单柱式隔离开关能够满意地操作。处于分闸位置的开关设备，静触头应放置在下列位置(对应图 1、图 2)，h 是静触头高出安装平面的最高位置(由制造厂规定)：

a) 在总装配垂直轴上的高度 h 处。

b) 在同一轴上的高度 $h-z_r$ 处。

c) 在高度等于 h 处，并从该轴水平移动 $+y_r/2$。

d) 在高度等于 h 处，并从该轴水平移动 $-y_r/2$。

下标 r，表示由制造厂规定的隔离开关接触区的额定值。

处于分闸位置的开关设备，静触头应放置在下列位置，x_r 是静触头沿 x 方向位移的总幅度。

e) 在距离等于 $+x_r/2$。

f) 在距离等于 $-x_r/2$。

在每个位置，开关设备应能正确地合闸和分闸。

6.102.4 机械寿命试验

6.102.4.1 试验程序

机械寿命试验应由 1 000 次操作循环组成，并且，如适用，对三极隔离开关或接地开关在图 7、图 8 所示的 F_{a1} 或 F_{a2} 方向施加 50%额定端子静态机械负荷，在主回路中没有电压和电流的情况下进行试验。对具有两个或三个绝缘子柱并且通常是水平隔离断口的隔离开关，50%额定端子静态机械负荷应施加在隔离开关的两侧,而且方向相反。对一个绝缘子柱(操作用绝缘子不计入)的隔离开关和接地开关,端子负荷仅施加在隔离开关或接地开关的一侧上。

在每次操作循环中,都应达到合闸和分闸位置。

试验时,控制、辅助触头和位置指示装置(如有)规定的动作应按本标准 5.104 和 GB/T 11022—2011 的 5.4 进行验证。

试验应在装有自身操动机构的隔离开关和接地开关上进行。试验过程中,允许按制造厂的说明书进行润滑,但不得进行机械调整或其他维护。

配动力操动机构的隔离开关或接地开关:

——在额定电源电压和/或压缩气源的额定压力下进行 900 次合-分操作循环;

——在规定的最低电源电压和/或压缩气源的最低压力下进行 50 次合-分操作循环;

——在规定的最高电源电压和/或压缩气源的最高压力下进行 50 次合-分操作循环。

这些操作应以通电的电气元件的温度不超过 GB/T 11022—2011 表 3 中给定的值的速率进行。

在试验开始前,制造厂应规定在试验系列前、后可以用来进行比较的参数,例如:

——动作时间;

——最大的能量消耗;

——仅配人力操动机构的隔离开关和/或接地开关的最大操作力;

——辅助触头和位置指示装置(如适用)满意动作的验证。

对人力操作的隔离开关和接地开关,为了便于试验,操作手柄可用外部的动力操作装置代替。在这种情况下,不必改变电源电压。按 5.105 的要求,作为对直接测量的替代方法,操作力可由输入功率并计及操作速率计算出来。

6.102.4.2 成功操作的验证

机械寿命试验程序进行的前、后,应在不施加端子静态机械负荷的条件下进行下列试验系列之一:

——在规定的最低电源电压和/或操作用压力源最低压力下进行五次合-分操作循环;

——在规定的操作用压力源最高压力下进行五次合-分操作循环(仅对气动或液压操作的隔离开关或接地开关);

——用人力进行五次合-分操作循环(仅对人力操作的隔离开关或接地开关)。

在这些操作循环期间,应记录或计算其操作特性,如动作时间、最大的能量消耗。仅配人力操动机构的隔离开关和/或接地开关,应记录最大操作力。应验证辅助触头以及位置指示装置(如有)能满意动作。

配备联锁的隔离开关和接地开关还应进行下列操作:

应经受五次操作循环的操作(相关标准另有要求的情况除外)来检查相关联锁的动作情况。在每次操作之前,联锁应置于阻止开关装置操作的位置。在进行这些试验时,不应对开关装置或联锁进行调整。

如果开关装置和联锁能按正确的工作程序工作,且在试验前、后开关装置操作所需的力几乎相同,则认为试验是满意的。

如果开关装置不能操作,则认为联锁是满意的。

机械寿命试验前、后,按 6.102.4.1 的要求,测量的每个参数的平均值之间的变化应由制造厂确认,并包含在试验报告中。

试验后,所有零部件(包括触头)都应处于良好状态,并且没有过度的磨损,也可见 GB/T 11022—2011 的 4.5.3 的说明 6。

机械寿命试验前、后应测量主回路电阻,试验前后的数值变化应不大于 20%。

对气体绝缘的隔离开关和接地开关,在机械寿命试验前、后应进行密封试验。

因为要考虑周围空气温度的影响，所以应记录该温度。

6.102.5 施加额定端子静态机械负荷时的操作

应在端子上分别施加下列额定端子静态机械负荷的情况下，以额定动力源各进行 20 次操作循环：

——水平纵向负荷按 F_{a1} 或 F_{a2} 方向施加；

——水平横向负荷按 F_{b1} 或 F_{b2} 方向施加，且两者在同一方向；

——F_c 是模拟由连接导线的重量引起的向下的力。软导线的重量已计入纵向或横向力中。

对仅由人力操作的隔离开关和接地开关，操作循环次数可减少到 10 次。

对具有水平隔离断口的隔离开关，负荷应同时施加在两侧。

在试验前和施加上 50%额定水平纵向或水平横向端子机械力后，隔离开关和/或接地开关可以调整。

在每次操作时，隔离开关或接地开关应正确地合闸和分闸。

为了进行验证，在整个操作循环序列前、后，6.102.4.2 和 6.102.4.1 中对机械寿命试验所要求的相应比较适用，联锁的验证除外。

6.102.6 延长的机械寿命试验

M1 级、M2 级隔离开关和/或接地开关应进行本条款规定的试验。

对于 GIS 中的隔离开关和接地开关，试验期间外壳不应打开。

频繁操作的隔离开关和/或接地开关，例如与断路器关联操作的隔离开关和/或接地开关，要求的延长的机械寿命试验应按如下规定进行：

a) 延长的机械寿命试验程序由按照 6.102.2 和 6.102.4.1 进行的合-分操作次数组成。

根据运行要求，应进行下列操作循环次数之一：

1) 3 000(M1 级隔离开关和/或接地开关)；

2) 10 000(M2 级隔离开关和/或接地开关)。

在每个 1 000 次操作循环系列之后，或在维护间隔期间，应记录或计算操作特性。

在规定的试验系列之间，允许按制造厂的说明书进行某些维护，如润滑和机械调整。重要的分部件(如触头)不允许更换。

试验期间的维护方案应由制造厂在试验前明确，并记录在试验报告中。

b) 在进行整个机械寿命试验程序的前、后，应按 6.102.4.2 中的要求验证操作特性。

还应进行下列试验：

1) 如果适用，接触区试验(6.102.3)；

2) 如果适用，施加额定端子静态机械负荷时操作的验证(6.102.5)。

c) 在整个试验程序结束之后，应进行下列检查和试验：

1) 在制造厂给定的操作信号的最短持续时间下满意动作的验证；

2) 机械行程限位装置的良好状况的验证；

3) 机械作用力限制装置(如有)动作的验证。

d) 在整个试验程序结束后，所有部件(包括触头)均应处于良好状态，且没有表现出按照 GB/T 11022—2011 相关条款中的过度磨损，也可见 GB/T 11022—2011 的 4.5.3 的说明 6。

6.103 严重冰冻条件下的操作

6.103.1 概述

GB/T 11022—2011 的 2.2.2 e)考虑的覆冰范围从 1 mm～20 mm，但不超过 20 mm。

按GB/T 11022—2011的2.2.2 e)的规定，认为10 mm和20 mm覆冰是严重冰冻条件的典型情况。

装有适应母线转换电流开合能力(仅对隔离开关)和感应电流开合能力(仅对接地开关)需要的辅助装置的隔离开关和接地开关，应装上这些装置进行试验。

6.103.2 引言

冰的形成可能使电力系统的运行发生困难。在某种大气条件下，冰的沉积有时能达到使户外开关设备难以操作的厚度。

大自然产生的覆冰可分为两大类：

a) 透明的冰：通常是由于降雨时通过温度稍低于水的冰点的空气而生成；

b) 冰霜：由大气中的潮气在冷的表面上凝结形成，具有白色的外观。

6.103.3 适用性

只有制造厂声称隔离开关和接地开关适合于在严重结冰的条件下操作时，才进行本条款规定的试验。下面叙述产生可与自然界中遇到的冰层相比较的透明覆冰的程序，以便能够进行可再现试验。就严重冰冻条件而论，可供选择的冰层厚度分为两级：10 mm和20 mm。

注：隔离开关开合母线转换电流用的转换触头和装到接地开关上的供开合感应电流用的辅助装置，可能在严重冰冻条件下不能履行这些开合性能。

6.103.4 试验布置

a) 受试隔离开关或接地开关的所有部件，连同其操动机构，都应安装在能将温度降至约−10 ℃的室内，或者如果希望在自然冰冻条件下进行试验，则应安装在室外。试验期间，允许对控制机构的加热元件通电。为了适应现有的试验设施，只要受影响的部件的旋转角度和牵引连杆的弯曲度保持不变，可以缩短支持和操作绝缘子以及其他操作部件的长度来降低总装配的高度。

注1：在选择所要求的致冷能力时，应考虑试验期间用来喷淋受试设备的水的热容量。

b) 如果每极都有独立的操动机构，则三极开关设备可用单极进行试验。在三极开关设备的三个极共用一台操动机构的情况下，必须用完整的三极开关设备进行试验。唯一例外的情况是：如果实验室不能容纳电压高于72.5 kV的完整的标准三极开关设备，则可能需要用共用的操动机构来操作单极进行试验。在此情况下，因为关系到操动机构操作三极开关设备的能力，因此，应记录试验程序的准确细节和测量到的转矩，以便评估试验结果。这种单极试验方式须经用户同意。但是，只要可能，应优先提供安装结构或布置变更的替代方案，以便能进行三极试验。

c) 隔离开关和接地开关应分别从分闸位置和合闸位置开始操作进行试验。

d) 试验前，应当用适当的溶剂除去运行中不用润滑的部件上的油或润滑脂的痕迹，因为油或润滑脂的薄膜会阻碍冰的黏附和明显改变试验结果。

e) 为了便于测量冰的厚度，试验期间，应当在能接受到和受试开关设备大致相同降雨量的地方，水平地放置一根长为1 m、直径为30 mm的铜棒或铜管，如果试棒和受试开关设备单位表面积的比热容相差很大，即使同样的喷淋条件，也可能产生差别很大的覆冰。采用短时喷淋和较长时间冷冻交替的方法，可使这些冰层厚度的差别最小。

f) 试验布置应使整个开关设备能被人工降雨从上面由垂线到45°的各种角度进行喷淋。喷淋中所用的水应冷却到0 ℃～3 ℃之间的温度，并且应当在到达试品时仍为液态。

注2：作为导则，曾发现，为了使结冰的沉积速度大约为6 mm/h，要求在每平方米面积上每小时喷水20 L～80 L之间。

g) 经过调整后，在严重冰冻条件下的操作之前，隔离开关和接地开关应经受 7.101 的出厂机械操作试验。

6.103.5 试验程序

6.103.5.1 冰层的形成

应该产生要求厚度为 10 mm 或 20 mm 的固态透明的冰层。结冰的典型试验程序叙述如下：

a) 将受试隔离开关或接地开关处于分闸或合闸位置，使空气温度降低到 2 ℃，并开始喷淋预先冷却过的水，连续喷淋至少 1 h，在此期间保持空气温度在 0.5 ℃～3 ℃之间。
b) 在继续喷水的同时，将室温降低到－7 ℃～－3 ℃范围内。温度变化的速度不是很严格的，因此可用任一种现有制冷设备来实现。
c) 保持室温在－7 ℃～－3 ℃范围内，并继续喷水，直到在试棒的上表面能测得规定的冰层厚度为止。应控制水量，使得整个隔离开关或接地开关上覆盖的冰层厚度以大约 6 mm/h 的速率增加。
d) 中断喷水并保持室温在－7 ℃～－3 ℃范围内至少 4 h。这样可保证隔离开关或接地开关的所有部件和冰层都具有设定的恒定温度。经过该硬化期以后，应检查隔离开关和/或接地开关及其辅助设备的满意动作。

6.103.5.2 操作的检查

对人力操作的隔离开关或接地开关，如果能操作到其最终的合闸或分闸位置，并且未遭受以后可能妨碍其机械或电气性能的损坏，则认为已满意地完成了试验。对于电动、气动或液压操作的隔离开关或接地开关，如果供给其操动机构额定电压或压力时，在第一次操作时就能达到其最终的合闸或分闸位置，并且未遭受以后可能妨碍其机械或电气性能的损坏，则认为已满意地完成了试验。

接着的试验将证明隔离开关或接地开关能够耐受其额定电流、额定短时耐受电流和额定峰值耐受电流(如适用)：

——在合闸操作后，立即用一个最高电压 100 V 的电池和灯泡线路来检查电接触状况；
——在温度恢复到正常周围空气温度以后，应当测量主电流路径的电阻，应没有明显的变化。

6.104 极限温度下的操作

6.104.1 概述

这些试验仅适用于户外隔离开关和接地开关，并且仅在用户有特殊要求时才进行。

如果开关设备的每极都有单独的操动机构，则可对三极开关设备的单极进行试验。当三极开关设备的三极共用一台操动机构时，应对完整的三极开关设备进行试验。

例外情况：如果实验室不能容纳额定电压高于 72.5 kV 的完整的标准三极开关设备，可能需要用共用的操动机构来操作单极进行试验。此种情况下，因为关系到操动机构操作三极开关设备的能力，因此应记录试验程序的准确细节和测量到的转矩，以便评估试验结果。这种单极试验方式须经用户同意。但是，只要可能，应优先提供安装结构或布置变更的替代方法，以便能进行三极试验。

从发出“分闸”命令开始直到收到“到达分闸位置”信号为止，或直到到达实际分闸位置为止所需的时间(取两者中的较长者)，应记录在试验报告中。

同样地，应记录全合闸时间或合闸信号时间。

6.104.2 最低周围空气温度下的操作

处于合闸位置的隔离开关或接地开关连同它的操动机构和辅助设备应放置在实验室内。温度应降低到相应于隔离开关或接地开关等级(见 GB/T 11022—2011 的 2.2)的最低周围空气温度,并维持在该温度 12 h。该开关设备应能在最低和最高操作能源下顺利地完成 3 次操作循环。试验期间,控制机构的加热元件允许通电。

对气体绝缘的隔离开关和接地开关,在最低周围空气温度下操作的前、后,应按 GB/T 11022—2011 的 6.8 进行密封试验。

6.104.3 最高周围空气温度下的操作

处于合闸位置的隔离开关或接地开关连同它的操动机构和辅助设备应放置在实验室内。温度应升高到最高周围空气温度 40 ℃(见 GB/T 11022—2011 的 2.2),维持在该温度至少 4 h 并应长至足以使整个试品和实验室之间达到温度平衡。隔离开关或接地开关应能在最低和最高操作能源下顺利地完成 3 次操作循环。

6.105 位置指示装置正确功能试验

如果用位置指示装置来代替明显可见的隔离断口或间隙时,这些试验适用。

试验要求的细节在附录 A 中给出。

6.106 母线转换电流开合试验

此试验仅适用于具有额定母线转换电流开合能力的隔离开关。

试验要求的细节在附录 B 中给出。

6.107 感应电流开合试验

此试验仅适用于具有额定感应电流开合能力的接地开关。

试验要求的细节在附录 C 中给出。

6.108 小容性电流开合试验

此试验仅适用于具有小容性电流开合能力的隔离开关。

对于气体绝缘金属封闭开关设备中的隔离开关,试验要求的细节在附录 F 中给出。

对于空气绝缘的隔离开关,试验要求的细节在附录 H 中给出。

6.109 小感性电流开合试验

此试验仅适用于额定电压 126 kV 及以上、具有小感性电流开合能力的隔离开关。

在额定相电压($U_r/\sqrt{3}$)下,以额定小感性电流进行 3 次合-分操作循环。

7 出厂试验

7.1 概述

GB/T 11022—2011 的 7.1 适用,并作如下补充:

在出厂试验的列项中补充:

f) 符合 7.101 的机械操作试验。

如果经制造厂和用户之间协商需要提供出厂试验的试验报告,制造厂的质量保证体系已经认证合格,则按其质量手册出具的报告是可以接受的。

7.2 主回路的绝缘试验

GB/T 11022—2011 的 7.2 适用。

如果不满足 GB/T 11022—2011 的 7.1 第 3 段或 7.2 的第 3 段的条件,则下述要求适用:

试验隔离开关时,试验条件应符合表 10 的规定,缩写的说明见 GB/T 11022—2011 的图 3。

表 10 工频电压试验

试验条件序号	隔离开关的位置	电压施加于	接地于
1[a]	合 闸	AaCc	BbF
2[a]	合 闸	Bb	AaCcF
3	分 闸	ABC	abcF
4	分 闸	abc	ABCF
5[b]	分 闸	ABC	接地开关

[a] 如果极间绝缘是大气压力下的空气,则序号 1 和序号 2 的试验条件可以合并,试验电压施加在连接在一起的主回路的各部分和底座之间。

[b] 接地开关所处的位置应是接地开关动触头的端部和 ABC 的带电部分之间间隙最短的位置。

试验接地开关时,应在接地开关处于分闸位置时施加试验电压于:

——在相邻且绝缘的端子与接地的底座(例如 A 对 B 与接地的 F)之间;

——在连在一起的所有绝缘的端子和接地的底座(例如 ABC 与接地的 F)之间。

7.3 辅助和控制回路的绝缘试验

GB/T 11022—2011 的 7.3 适用。

7.4 主回路电阻的测量

GB/T 11022—2011 的 7.4 仅适用于隔离开关。

7.5 密封试验

GB/T 11022—2011 的 7.5 适用。

7.6 设计和外观检查

GB/T 11022—2011 的 7.6 适用。

7.101 机械操作试验

操作试验是为了保证隔离开关或接地开关在其操动机构规定的电源电压和气(液)源压力限值范围内,具有规定的操作性能所进行的试验。

试验在主回路上无电压和无电流流过的情况下进行,应验证当其操动机构通电时隔离开关或接地开关能正确地分闸和合闸。

试验应按 6.102.4.2 进行。6.102.4.2 中提到的试验程序只进行一次。

这些试验期间,不应进行调整且操作无误。在每次操作循环中,均应到达合闸位置和分闸位置,并且有规定的指示和信号。

试验后,隔离开关或接地开关的部件不应损坏。

额定电压 72.5 kV 及以上的隔离开关和接地开关，出厂机械操作试验可以在分装上进行。

如果出厂机械操作试验是在单独的组件上进行的，则在交接试验时，机械操作试验应在装配完整的隔离开关上在现场重做。其操作总次数与 6.102.4.2 规定的次数相同。

注：如果操作点和开关设备之间使用了复杂的连接，并且支撑点安置在比较薄弱的支承件上时，这种机械操作试验不能代表变电站的操作条件。

8 隔离开关和接地开关的选用导则

8.101 概述

选择隔离开关和接地开关时，应考虑现场的下列条件和要求：

——正常电流负荷和过负荷情况；

——存在的故障条件；

——由变电站设计得出的端子静态和动态机械负荷；

——与隔离开关或接地开关连接用的导线，或悬挂分离触头用的导线，是硬导线还是软导线；

——环境状况(气候、污秽等)；

——变电站的海拔；

——所要求的操作性能(机械寿命)；

——开合要求(隔离开关开合母线转换电流，接地开关开合感应电流，接地开关的短路关合能力)。

应考虑到整个系统将来可能的发展，隔离开关或接地开关不仅要适合当前的要求，而且要适合将来的要求，选择隔离开关或接地开关时应留有一定的裕度。

8.102 正常运行条件下额定值的选择

如果适用，隔离开关或接地开关应采用第 4 章中给出的所有额定特性和等级，并和下列条款结合起来考虑。

8.102.1 额定电压和额定绝缘水平的选择

隔离开关或接地开关的额定电压按至少等于它们的安装地点的系统最高电压来选择。

隔离开关或接地开关的额定电压应从 GB/T 11022—2011 的 4.2 和 4.3 给出的标准值及其相应的绝缘水平中选取。

应从 GB/T 11022—2011 的表 1、表 2 和本标准的附录 L 中选取隔离开关和接地开关的绝缘水平。对于要求高于这些表中给出的绝缘水平的安装地点的隔离开关或接地开关，应在询问单中规定(见 9.101)。

8.102.2 额定电流的选择

隔离开关的额定电流应当从 GB/T 11022—2011 的 4.5.1 给出的标准值中选取。

应当注意隔离开关没有标准化的持续过电流能力。因此，选择隔离开关时，应使其额定电流适应于运行中可能出现的任何负载电流。在预期有频繁和严重的间歇过电流的场所，应向制造厂咨询。

注：不言而喻，额定电流是隔离开关除了罕见的使用情况之外能够连续承载的电流。此类情况可能遇到，例如，对于发电机隔离开关，它就可能在电流接近额定电流下处于合闸位置很长时间工作而不进行操作，且周围空气温度较高。在此情况下，应向制造厂咨询。

8.102.3 额定接触区的选择

额定接触区应按 4.102 的要求来选择。

选择额定接触区时，用户应验证在相应于下述附加约束条件的特定用途时(如适用)，不超过制造厂规定的额定接触区：

——由作用在与工作母线垂直的其他相连的元件上的风力和由设备位移产生的纵向偏移；

——由与工作母线垂直的其他相连的元件上的风力和由设备位移产生的横向偏移；

——由挂在母线上的其他垂直负荷和由与母线连接的其他设备的操作所施加的操作负荷产生的垂直偏移。

8.102.4 额定端子机械负荷的选择

额定端子静态和动态机械负荷应按4.103的要求和3.7.121的定义来选择。在规定额定端子负荷时，用户应考虑最不利的条件。

注：建议按下列条件来计算要求的端子静态机械负荷：

——规定的最低周围空气温度；

——−10 ℃＋冰载＋风载；或

——−5 ℃＋风载(热带地区)。

在计算要求的端子静态和动态机械负荷和要求的绝缘子的强度时，应考虑由与隔离开关或接地开关连接的导线产生的力，包括导线上由风和冰(如适用)产生的力。

8.102.5 40.5 kV及以上隔离开关母线转换电流开合能力的选择

尽管按照隔离开关的定义，隔离开关仅在开断或关合的电流很小时，或在其每极的端子之间的电压没有发生显著的变化时，才能开断和关合回路，但在某些使用场合，隔离开关用来将负载从一个母线系统转换到另一个母线系统。虽然母线联络开关是接通的，对于隔离开关来说，负载转换也可能是更严酷或欠严酷的开合操作，这取决于变电站的尺寸和被转换的电流大小。

如果要求有母线转换电流开合能力，则转换电流和预期恢复电压的数值应从附录B给出的值中选取，并在询问单中予以规定(见第9章)。

8.102.6 72.5 kV及以上接地开关感应电流开合能力的选择

接地开关的定义未包括开合能力。当开断或关合的电流很小和/或接地开关每极的端子之间的电压很低，以致仅发生可忽略的电弧时，一台标准的接地开关能够从变电站或线路的一个隔离段断开与接通对地的连接。按照隔离开关的定义，认为不超过0.5 A的电流是很小的电流。

在高电压线路杆塔布置中，有时采用同一线路杆塔上架设多于一个系统的布置。在此情况下，当线路一侧接地或不接地，另一线路与系统连接并可能承载负荷电流时，接地开关必须开合感应电流。接地开关开合的感应电流的大小取决于线路之间的容性、感性耦合因数以及平行系统的电压、负载和长度。

如果要求感应电流开合能力，则应从附录C给出的值中选取，并在询问单中规定(见第9章)。

8.102.7 当地的环境状况

隔离开关和接地开关的正常和特殊使用条件，GB/T 11022—2011的第2章适用。

对于隔离开关和接地开关，在某些地区，由于存在烟尘、化学气体、盐雾等，户内和户外污秽条件是不利的。如果知道存在这些不利条件，应对隔离开关或接地开关所采用的设计和材料给予特殊考虑。

对通常暴露在大气中的绝缘子，要求的爬电距离应按GB/T 11022—2011的5.14来选择。在污秽大气条件下，绝缘子的性能也取决于人工清洗、自然清洗的频繁程度或采取的其他污秽控制措施。

注：如果已通过试验证明瓷绝缘子的设计满足用户的要求，则可采用小于额定相电压和统一爬电比距的乘积确定的公称爬电距离。

对端子敞开的户内开关设备，在盐分沉积严重的沿海地区，额定电压40.5 kV以上时，推荐使用户外绝缘的开关设备，因为它通常比特殊的户内绝缘更适合。也可用GIS。

如果隔离开关或接地开关安装处的风压超过 700 Pa 时，则应在询问单中明确。

如果隔离开关或接地开关装设在预期覆冰厚度超过 1 mm 的环境下，则应在询问单中明确，并考虑 6.103 的要求。

8.102.8 地震条件

GB/T 11022—2011 的 2.3.5 适用。

8.102.9 使用于高海拔地区

GB/T 11022—2011 的 2.3.2 适用。

8.102.10 额定短时耐受电流和额定短路持续时间的选择

GB/T 11022—2011 的 4.6 和 4.8 适用。

图 4、图 5 和图 6 中给出的短路试验的布置是最低要求。因为这些试验布置不能排除存在隔离开关承受较高应力的电站设计的情况。

注：电流和时间之间的关系由公式 $I^2 \cdot t$ = 常数给出。

8.102.11 额定峰值耐受电流和接地开关的额定短路关合电流的选择

选择的隔离开关或接地开关的额定峰值耐受电流应不小于实际系统中出现的故障电流的最大峰值（按系统时间常数的实际值来考虑）。

应考虑 GB/T 11022—2011 的 4.7 的规定。

以上所述也适用于接地开关的额定短路关合电流（如适用）。

9 随询问单、标书和订单提供的资料

9.1 概述

下列资料是按 GB/T 11022—2011 的要求规定的。这些资料有助于处理第 8 章给出的信息。

9.101 随询问单和订单提供的资料

当查询或订购隔离开关或接地开关时，查询者应提供下列详细资料：

a) 系统的详细资料，即标称电压和最高电压、频率、相数及中性点接地的细节。

b) 运行条件，包括最低和最高周围空气温度（后者如果高于正常值）；超过 1 000 m 时的海拔以及可能存在或出现的任何特殊条件，例如，异常的暴露在水蒸气、潮气、烟雾、爆炸性气体、过度的灰尘或含盐的空气中（见 8.102.7～8.102.9）。

c) 隔离开关或接地开关的特性。应提供下列资料（如适用）：

  1) 极数。

  2) 安装场所：户内或户外。

  3) 额定电压。

  4) 额定绝缘水平：如果相应于给定的额定电压在不同的绝缘水平中选取时，或者如果要求的绝缘水平是非标准的（见 GB/T 11022—2011 的表 1、表 2）；对额定电压≥363 kV 的隔离开关和接地开关的额定操作冲击耐受电压。

  5) 额定频率。

  6) 额定电流（仅对隔离开关）。

  7) 额定峰值耐受电流和额定短时耐受电流。

8） 额定短路关合电流(如有,仅对接地开关)(见 3.4.105)。

9） 短路持续时间的规定值(如果是非标准的)。

10） 额定端子静态和动态机械负荷(见 4.103)。

11） 与隔离开关或接地开关连接用的导线,或悬挂分离触头用的导线,是硬导线还是软导线。

12） 安装条件和高压接线,例如隔离开关和接地开关静触头的悬挂位置;由设备或不由设备提供的支承结构。

13） 对隔离开关和接地开关所用绝缘子的要求:

- 取自 GB/T 26218 系列的污秽等级;
- 伞裙外形(如适用),取自 GB/T 26218 系列;
- 见本标准 9.101 c)10)。

注:绝缘子的其他特性由开关设备制造厂负责。

14） 适用时,要求的接触区。

15） 适用时,附加的要求:

- 人工污秽;
- 严重冰冻条件下的操作;
- 开合母线转换电流(仅对隔离开关);
- 开合感应电流(仅对线路接地开关);
- 延长的机械寿命:M1 级或 M2 级;
- 短路关合能力:E1 级或 E2 级(仅对接地开关)。

d） 操动机构和相关设备的特性,特别是:

1） 操作方法:人力的或动力的;

2） 对不依赖人力的操作:延时时间;

3） 操作高度高于正常的操作高度;

4） 动力操作采用的动力源类型(例如压缩气体、直流、交流)及其额定值(压力、电压、频率);

5） 辅助触头的数量和型式;

6） 防护等级(如果高于 5.13 的规定)。

e） 有关压缩气体使用的要求以及压力容器的设计和试验的要求。

f） 需要用户见证的出厂试验和附加的检查。

如果订单中有规定,下列检验可要求作为发运前的最后检验,在用户在场的情况下进行。这些检验可以对一个订货合同定购的单元数中的一个单元或其总数的 1%上进行抽样试验:

1） 防腐蚀的涂镀层(油漆、电镀层等)厚度;

2） 电气控制布线检查(如有);

3） 附件和文件(安装和使用说明书、储存和运输说明书);

4） 动作时间(如适用)。

g） 上面未包括但可能影响投标和订货所涉及的特殊条件的任何其他资料。

9.102 随标书提供的资料

如适用,随标书提供的资料应包括 9.101 中规定的要求,并指明与询问单的细节一致和不一致之处。此外,如有要求,应提供所有说明性的材料和图样以及型式试验证书或报告。

9.102.1 额定值和特性

a） 极数;

b） 安装场所:户内或户外;

c) 额定电压；
d) 额定绝缘水平，尤其是额定操作冲击耐受电压(如适用)；
e) 额定频率；
f) 额定电流(仅对隔离开关)；
g) 额定短时耐受电流和额定峰值耐受电流；
h) 额定短路关合电流(仅对接地开关)；
i) 特殊要求时规定的型式试验；
j) 隔离开关开合母线转换电流的额定值(按照附录B)；
k) 接地开关开合感应电流的额定值(类别按照附录C)；
l) 隔离开关的额定机械寿命(等级M)；
m) 接地开关的额定机械寿命(等级M)；
n) 接地开关的额定电寿命(等级E)；
o) 隔离开关小容性电流开合能力的额定值；
p) 隔离开关小感性电流开合能力的额定值。

9.102.2 结构特点

a) 整台隔离开关或接地开关的质量。
b) 空气中的最小间隙：
  1) 极间；
  2) 对地；
  3) 隔离断口(仅对隔离开关)。
c) 单柱式隔离开关和接地开关的额定接触区。
d) 防腐蚀。
e) 具有悬挂式静触头的隔离开关，在触头打开或闭合时要求的反作用力，这些力的大小及其方向由制造厂在技术文件中指明。

9.102.3 隔离开关或接地开关的操动机构及其辅助设备

a) 操动机构的类型。
b) 操动机构的额定电源电压和/或额定压力源压力。
c) 在额定电源电压下操作隔离开关或接地开关所需的电流；在操动机构端子上的最大电流和最高电压。
d) 在额定气源压力下操作隔离开关或接地开关所需的空气量(如适用)。
e) 辅助触头的数量和类型。
f) 定位装置的设计或定位方法的说明。
g) 指示和信号装置的设计。

9.102.4 外形尺寸和其他资料

制造厂应提供隔离开关或接地开关在分闸位置和合闸位置时有关外形尺寸的必要资料，还应提供隔离开关和接地开关的固定尺寸和质量。除非另有规定，隔离开关和接地开关图样上给出的尺寸公差应为GB/T 1804—2000标准化的公差。

还应给出维修方面的一般资料(见10.5)。

9.102.5 设备的状态

制造厂应将隔离开关和/或接地开关运输和交付时的组装状态通知用户。

10 运输、储存、安装、运行和维修规则

10.1 概述

GB/T 11022—2011 的 10.1 适用。

10.2 运输、储存和安装时的条件

GB/T 11022—2011 的 10.2 适用。

10.3 安装

GB/T 11022—2011 的 10.3 适用，并作如下补充：

只要可行，隔离开关和接地开关应按一个单元包装。

装有多于一个单元或多于一个元件（绝缘子、传动杆、操动机构和类似元件）的包装箱和板条箱，应清楚地予以标识，并附有箱内所装物品的清单。

10.4 运行

GB/T 11022—2011 的 10.4 适用。

10.5 维修

GB/T 11022—2011 的 10.5 适用，并作如下补充：

具有母线转换电流开合能力的隔离开关，为了估计维修间隔，应考虑操作次数。

11 安全

11.1 概述

GB/T 11022—2011 的 11.1 适用，并作如下补充：

注：术语"有资质的人员"和"指派的人员"分别在 IEV 826-09-01 和 IEV 826-09-02 中定义。根据地方安全法规，对"有资质的人员"和"指派的人员"的要求可能有差异。

11.2 制造商的预防措施

GB/T 11022—2011 的 11.2 适用。

11.3 用户的预防措施

GB/T 11022—2011 的 11.3 适用。

11.4 电气方面

GB/T 11022—2011 的 11.4 适用。

11.5 机械方面

GB/T 11022—2011 的 11.5 适用。

11.6 热的方面

GB/T 11022—2011 的 11.6 适用，5.13 作为补充。

11.7 操作方面

GB/T 11022—2011 的 11.7 适用，5.104 作为补充。

12 产品对环境的影响

GB/T 11022—2011 的第 12 章适用。

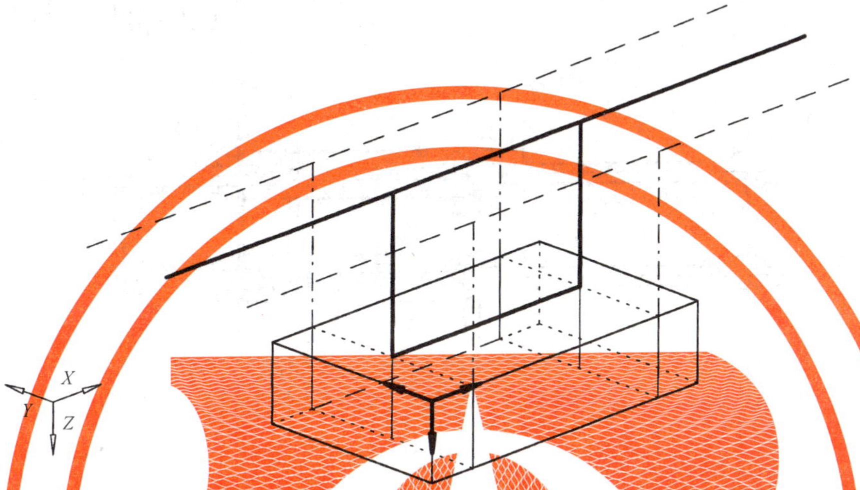

说明：

X ——支承导线的纵向（温度的影响）；

Y ——支承导线的横向（风的影响）；

Z ——垂直偏移（温度和冰的影响）。

图 1 静触头方向与支承导线平行

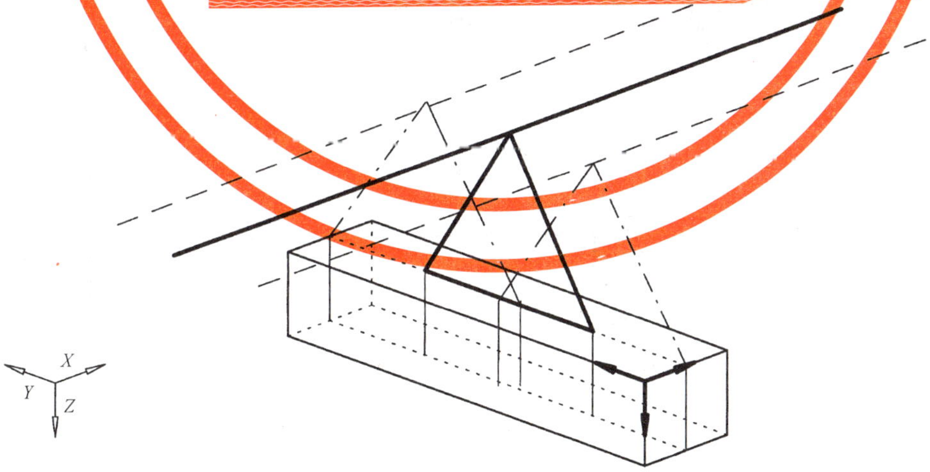

说明：

X ——支承导线的纵向（温度的影响）；

Y ——支承导线的横向（风的影响）；

Z ——垂直偏移（温度和冰的影响）。

图 2 静触头方向与支承导线垂直

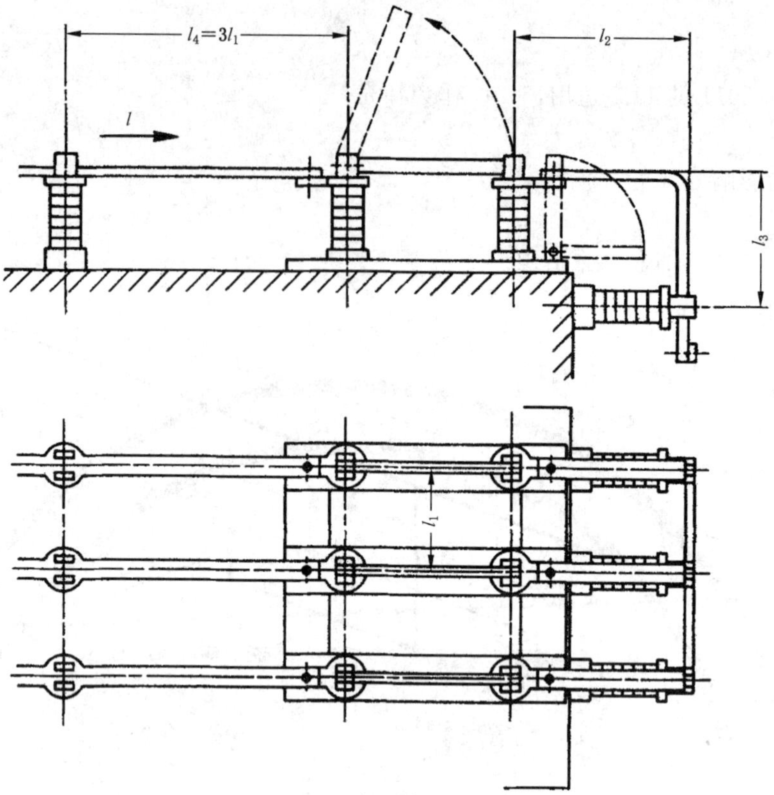

注 1：应注意，不要由于与电源的连接线而引起不代表运行条件的力。
注 2：距离 l_2 和 l_3 应尽可能地小，但不小于 l_1。

图 3　额定电压 40.5 kV 及以下隔离开关和接地开关的三相试验布置

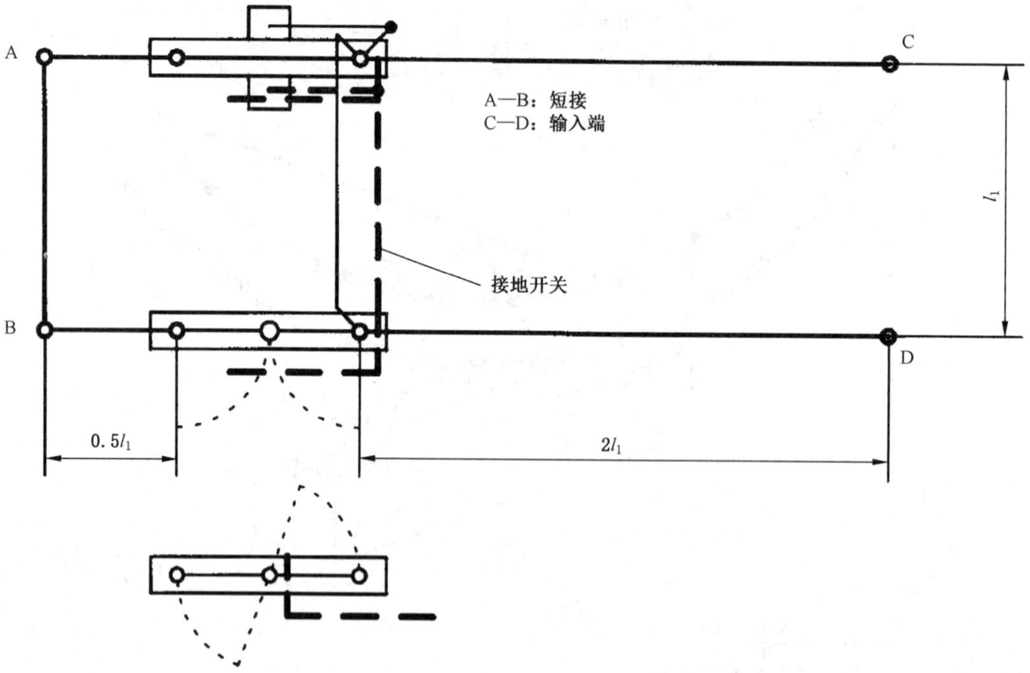

说明：
l_1——制造厂规定的相邻极间的最小中心距离。

图 4　额定电压 72.5 kV 及以上、具有水平隔离断口的隔离开关和接地开关的单相试验布置

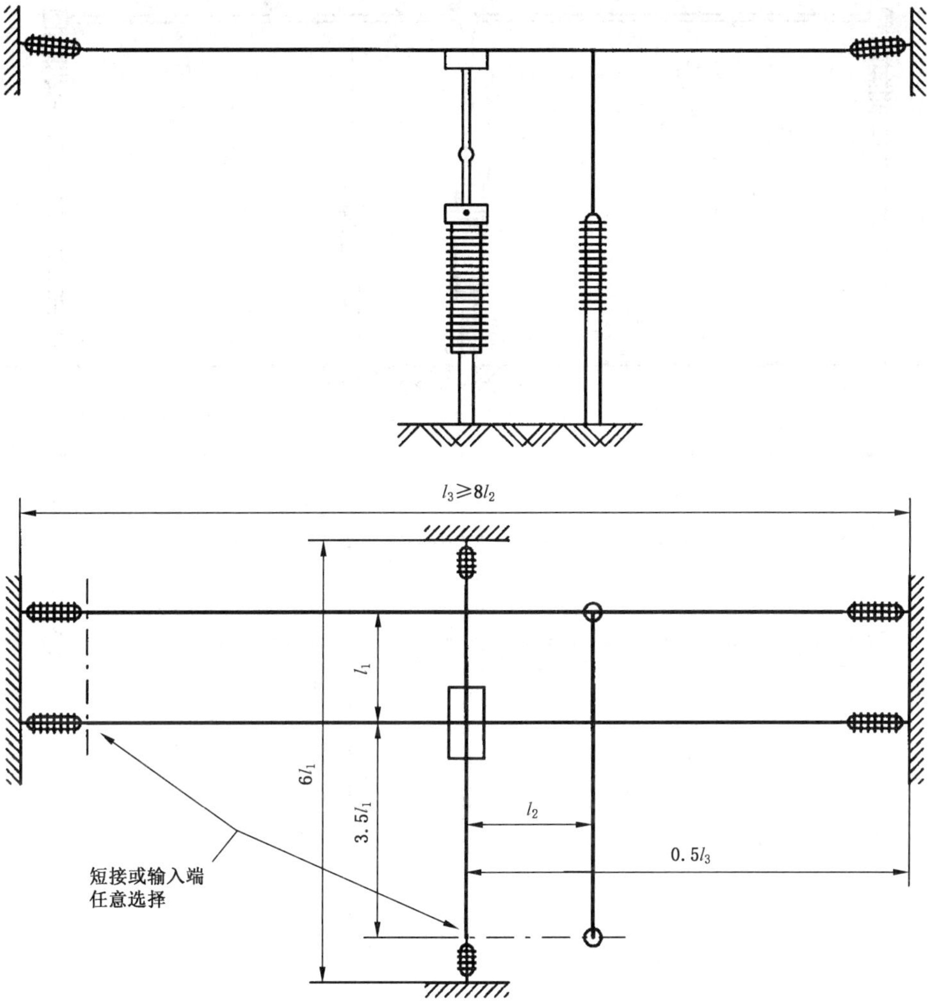

说明：

l_1、l_2——制造厂规定的相邻极间的最小中心距离。

图 5 额定电压 72.5 kV 及以上、使用软导线、具有垂直隔离断口的单柱式隔离开关(接地开关)的单相试验布置

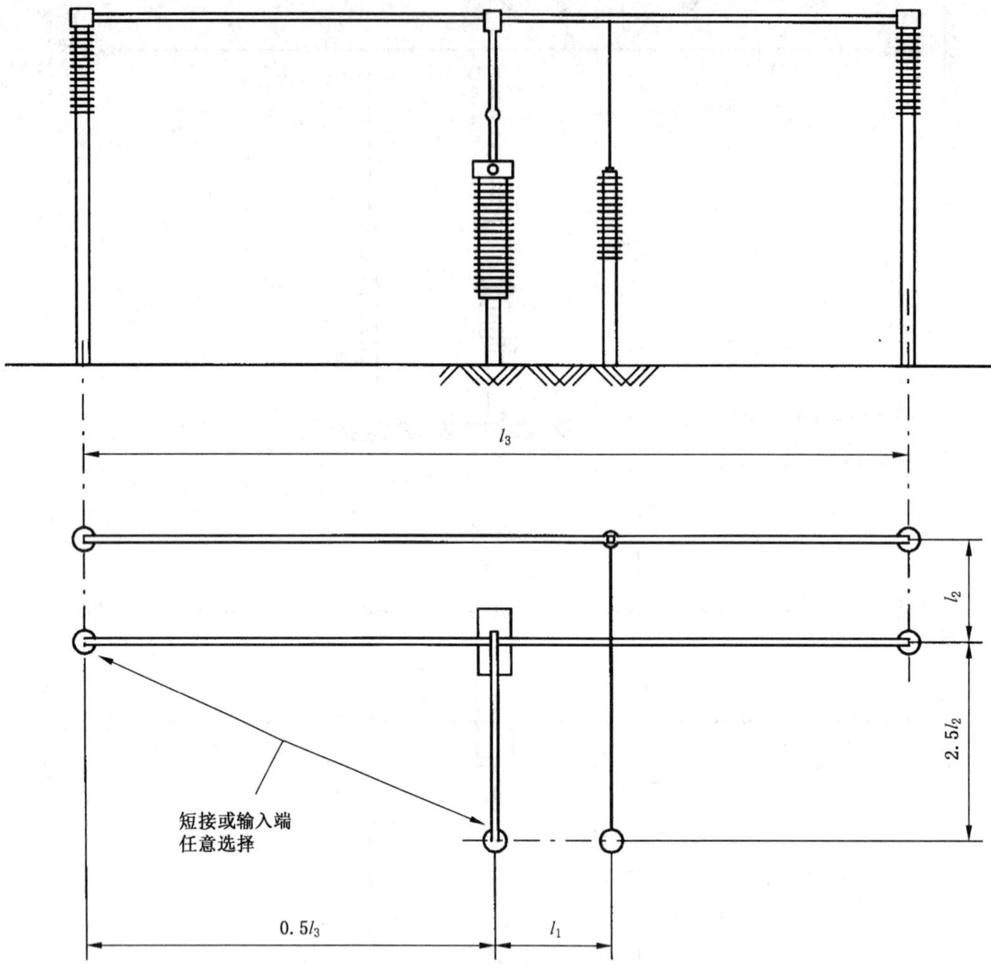

说明：

l_1、l_2——制造厂规定的相邻极间的最小中心距离。

当 $U_r \leqslant 126$ kV 时：$l_3 \geqslant 4l_1$；

当 $U_r \geqslant 252$ kV 时：$l_3 = 20$ m±2 m。

除被试隔离开关或接地开关坚固地固定在底座上的情况外，应考虑到支承结构的弹性常数(IEC 60865-1:1993)。

试验报告或试验证书中应清楚地提供用于试验的安装布置的细节或者隔离开关坚固地固定到底座上的记录。

图 6　额定电压 72.5 kV 及以上、使用硬导线、具有垂直隔离断口的单柱式隔离开关(接地开关)的单相试验布置

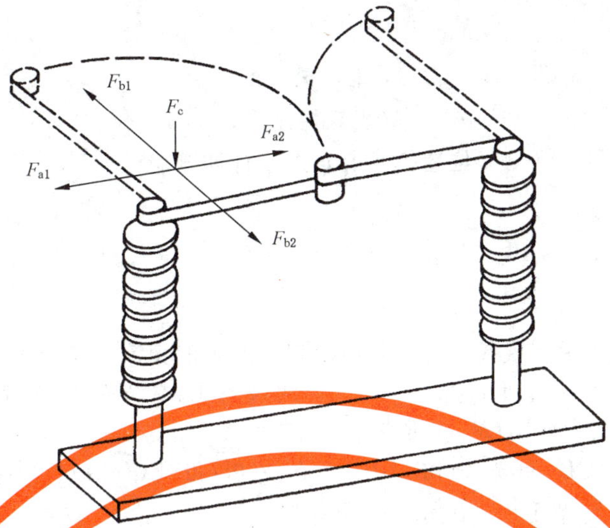

图 7　双柱式隔离开关施加额定端子机械负荷的例子

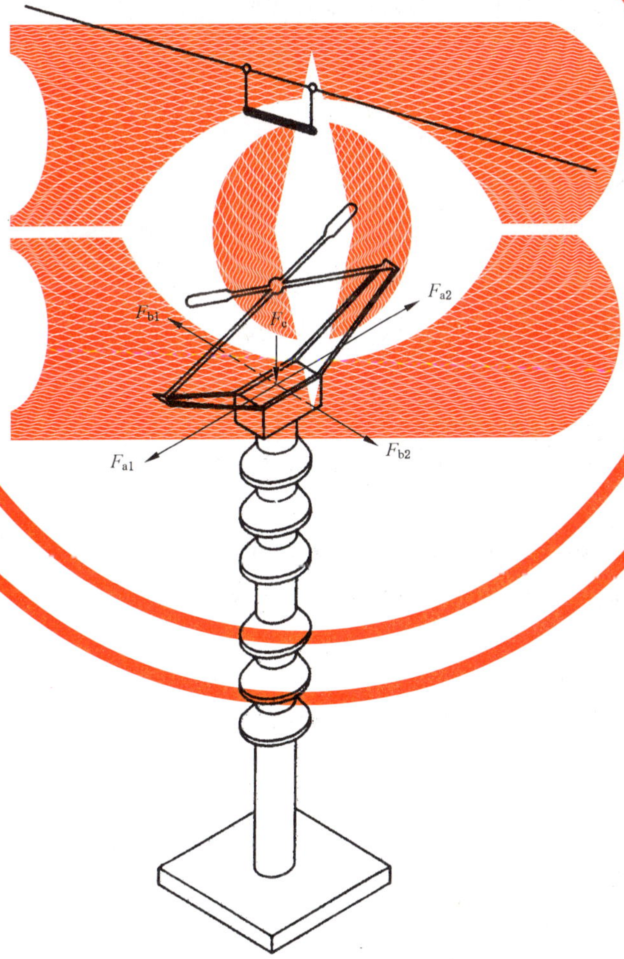

注：摺架的上方是静触头。

图 8　摺架式隔离开关施加额定端子机械负荷的例子

附 录 A
（规范性附录）
位置指示装置的设计和试验

A.1 概述

本附录适用于用位置指示装置代替可见隔离断口或间隙的交流隔离开关和接地开关。

注：根据 5.104.3 的规定，如果隔离断口或间隙不可见，可以使用可靠的位置指示装置来指示保证隔离开关的隔离断口或接地开关的间隙的每个动触头的位置。

作为对本标准的补充，GB 3906—2006、GB 7674—2008 和 IEC 62271-201:2006 也接受用可靠的指示装置表示动触头位置来代替可见的隔离断口或间隙。

本附录旨在确定通过机械联结方式与隔离开关或接地开关的动触头连接的位置指示装置的设计要求和必要的型式试验。

为了指示装置可靠，应满足下面补充的设计和试验要求。

A.2 正常和特殊使用条件

本标准的第 2 章适用。

A.3 术语和定义

就本附录而言，本标准第 3 章的定义适用，并作如下补充。

A.3.5.111

动力传动链 power kinematic chain

从(并包括)操动机构直到(并包括)动触头的机械连接系统(图 A.1)。

A.3.5.112

位置指示传动链 position indicating kinematic chain

从(并包括)动触头直到(并包括)指示装置的机械连接系统。

A.3.5.113

联结点 connecting point

动力和指示传动链共用部分的点，该点在上游的最高处。

A.3.5.114

解开点 opening point

与动力传动链的联结点最接近的上游方向上的点，动力传动链可在该点解开。

A.3.5.115

应力限制装置 strain limiting device

将传递到开关装置下游侧的转矩限制到一个规定值的装置，它不考虑施加到上游侧的转矩大小。

A.4 额定值

本标准的第 4 章适用。

A.5 设计和结构

本标准的第5章适用，并作如下补充：

A.5.104.3.1 可靠的位置指示装置

位置指示装置的传动链应设计得具有足够的机械强度，以满足规定的型式试验要求。为了确保正向驱动操作，位置指示传动链应当是连续的机械连接。可通过适当的方法把位置指示装置直接标示在动力传动链的机械部件上。应力限制装置（如果有）不属于位置指示传动链的组成部分。

A.6 型式试验

本标准的第6章适用，并作如下补充：

A.6.105 位置指示装置正确功能试验

除了在本标准第6章中规定的型式试验的试验期间指示装置的正确功能得到验证之外，根据开关装置的类型，设备还应通过A.6.105.1中的一项和A.6.105.2中的试验。

试验时，测量的力/转矩分别是通过解开点从动力传动链的上游部分传递到下游部分的力 F_m 或转矩 T_m。由操动机构施加的力/转矩，是当动力传动链保持在与下列试验位置相对应的位置时进行一次试操作来测量的：

——对隔离开关：动触头被锁定时的合闸位置；

——对接地开关：动触头被锁定时的分闸位置。

对多极开关设备，仅指具有最长动力传动链的极的动触头被锁定。

A.6.105.1 动力传动链的试验

A.6.105.1.1 无应力限制装置、动力操作的隔离开关和接地开关

配电动的、液压的和气动的操动机构。

试验应按下面的程序进行（见图A.1）：

——将动力传动链在解开点解开；

——对操动机构施加GB/T 11022—2011的4.9、4.11和/或4.12中给出的110%额定电源电压或110%额定气（液）源压力，产生的力（F_m）或转矩（T_m）是在对操动机构发出分闸或合闸命令后在解开点上测量的；

——隔离开关或接地开关在其相应的试验位置，在解开位置的动力传动链下游的解开点上施加 $1.5F_m$ 的力或 $1.5T_m$ 的转矩。

试验结果：见A.6.105.3。

注：操动机构本身可被用来提供1.5倍的最大力/转矩。

A.6.105.1.2 无应力限制装置、人力操作的隔离开关和接地开关

试验应按下面的程序进行：

——将隔离开关或接地开关置于试验位置；

——在操动机构操作手柄握紧部位长度的二分之一处施加750 N的力。

试验结果：见A.6.105.3。

注：配相应于A.6.105.1.1和A.6.105.1.2两种类型操动机构的开关装置，在解开点上施加的力/转矩应为最大值。

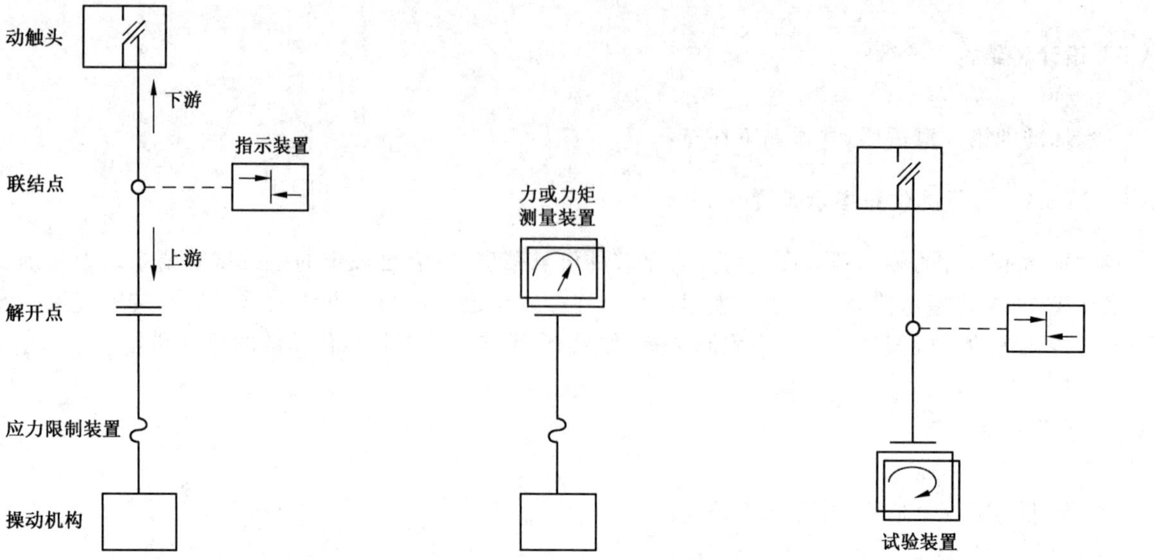

a） 机械连接原理图　　b） 测量示意图（A.6.105.1.2 除外）　　c） 试验示意图（A.6.105.1.2 除外）

说明：

—— 动力传动链；

- - - 指示传动链。

注：上游是指朝着能源的方向，下游是指朝着触头的方向。

图 A.1 位置指示装置

A.6.105.1.3 有应力限制装置、动力/人力操作的隔离开关和接地开关

试验应按下面的程序进行：

——将动力传动链在解开点解开。

——由应力限制装置传递的力 F_m 或转矩 T_m，是在用动力操动机构或用手柄试图操作开关装置，直到应力限制装置动作为止时，在动力传动链上游的解开点上测量的。对操动机构施加 GB/T 11022—2011 的 4.9、4.11 和/或 4.12 中给出的 110%额定电源电压或 110%额定气(液)源压力，或在人力操动机构的情况下，在操动机构操作手柄握紧部位长度的二分之一处施加直到应力限制装置动作的力(最大为 750 N)。

——隔离开关或接地开关在其相应的试验位置，在解开位置的动力传动链下游的解开点上施加 $1.5F_m$ 的力或 $1.5T_m$ 的转矩。

试验结果：见 A.6.105.3。

A.6.105.1.4 无应力限制装置、由锁扣装置的脱扣器驱动的不依赖动力/人力操作的隔离开关和接地开关

试验应按下面的程序进行：

——将动力传动链在解开点解开。

——操动机构已储存操作能量。

注：操动机构的储能可用人力或动力进行。

——给操动机构施加分闸或合闸命令并在动力传动链的解开点上测量产生的力 F_m 或转矩 T_m。

——隔离开关或接地开关在其相应的试验位置，在解开位置的动力传动链下游的解开点上施加 $1.5F_m$ 的力或 $1.5T_m$ 的转矩。

试验结果：见 A.6.105.3。

A.6.105.1.5 有或无应力限制装置、不依赖动力/人力操作的隔离开关和接地开关

试验应按下面的程序进行：

——将动力传动链在解开点解开。

——对操动机构施加 GB/T 11022—2011 的 4.9、4.11 和/或 4.12 中给出的 110%额定电源电压或 110%额定气(液)源压力，并在动力传动链的解开点上测量传递的力 F_m 或转矩 T_m。

注 1：根据操动机构的类型，在操动机构中的操作能量向动力传动链释放之前，分闸或合闸命令可能使操动机构储存操作能量。

——对人力操动机构，在操作手柄握紧部位长度的二分之一处施加直到 750 N 的力，并在动力传动链的解开点上测量传递的力 F_m^* 或转矩 T_m^*。

注 2：根据操动机构的类型，在操动机构中的操作能量向动力传动链释放之前，人力分闸或合闸操作可能使操动机构储存操作能量。

——隔离开关或接地开关在其相应的试验位置，在解开位置的动力传动链下游的解开点上施加 $1.5F_m^*$ 的力或 $1.5T_m^*$ 的转矩。当提供动力和人力两种操作时，施加的力或转矩应取两者中的最大值。

试验结果：见 A.6.105.3。

A.6.105.2 位置指示传动链的试验

如果位置指示装置直接标示在动力传动链的机械部件上，则不需要试验。

在运行操作时，如果在动力传动链和位置指示装置之间的位置指示传动链部分处在能提供等效于 GB 4208—2008 中的 IP2XC 的最低防护等级的外壳内，并且此外壳按 GB/T 11022—2011 的 6.7.2 通过了能量为 2 J 的机械碰撞试验，则不要求进行补充的试验，但应考虑下面的要点。

碰撞应施加到对指示传动链和指示装置的防护来说很可能是最薄弱的外壳的点上。

对所有其他情况，试验应在阻塞位置指示装置而不是动触头的情况下进行。

试验结果：见 A.6.105.3。

A.6.105.3 试验结果

每一试验通过的条件：

——试验后，位置指示装置能正确地指示动触头的位置。

——位置指示传动链没有永久变形。如果在动力传动链联结点的上游发生变形或断裂，为了完成所要求的操作，允许更换零件。但这种情况应在型式试验报告中记载。

A.7 出厂试验

本标准的第 7 章适用，并作如下补充：

机械操作试验期间，应验证位置指示装置能正确地指示动触头的分闸和合闸位置。

附　录　B
（规范性附录）
隔离开关开合母线转换电流

B.1　概述

本附录适用于额定电压 40.5 kV 及以上、能够开合母线转换电流的交流隔离开关。

注：额定电压 40.5 kV 以下的隔离开关也可进行开合母线转换电流，但母线转换电流的额定值和型式试验不属于正常要求。试验可按照用户和制造厂之间的协议进行。

本附录的目的，是为了对用于将负荷电流从一个母线系统转换到另一个母线系统的隔离开关规定这方面的开合要求和试验方法。对这种开合方式，要求隔离开关具有的关合和开断能力取决于转换的负荷值、母线联结位置和被操作的隔离开关之间的环路尺寸。

B.2　正常和特殊使用条件

本标准的第 2 章适用。

B.3　术语和定义

就本附录而言，本标准第 3 章的定义适用，并作如下补充：

B.3.7.124

母线转换电流　bus-transfer current

当隔离开关将负荷从一个母线系统转换到另一个母线系统时，隔离开关能够开合的电流。

B.3.7.125

母线转换电压　bus-transfer voltage

隔离开关开断母线转换电流之后或关合母线转换电流之前，出现在隔离开关断口上的工频电压。

B.3.7.126

额定母线转换电流　rated bus-transfer current

在额定母线转换电压下隔离开关能够开合的最大的母线转换电流。

B.3.7.127

额定母线转换电压　rated bus-transfer voltage

最大的母线转换电压，隔离开关在此电压下应能开合额定母线转换电流。

B.4　额定值

本标准的第 4 章适用，并作如下补充：

用于将负荷从一个母线系统转换到另一个母线系统的隔离开关的补充额定值应从下面选取：

B.4.104.1　额定母线转换电流

对于空气绝缘和气体绝缘的隔离开关，其额定母线转换电流值均应是 80% 的额定电流。通常，不论隔离开关的额定电流多大，额定母线转换电流不超过 1 600 A。某些场合，母线转换电流可能超过 1 600 A。

注：选择最大额定母线转换电流 1 600 A 作为能够被开合的典型的最大电流，即使隔离开关的额定电流可能很大。选择隔离开关通常是依据短时电流额定值和额定电流值。因此，隔离开关承载的最大的持续电流，可能显著地小于其额定电流。

B.4.104.2 额定母线转换电压

额定母线转换电压在表 B.1 中给出。其他的额定母线转换电压可由制造厂规定。

表 B.1 隔离开关的额定母线转换电压

额定电压 U_r kV	空气绝缘的隔离开关(有效值) V	气体绝缘的隔离开关(有效值) V
40.5 72.5 126	100	10、30[a]
252 363	300	20、100[a]
550 800	400	40、100[a]
1 000[b]	400	400
注：用气体绝缘的隔离开关开合空气绝缘母线的转换电流时，其额定母线转换电压应按照空气绝缘的隔离开关的额定母线转换电压。		
[a] 适用于长母线的场合。 [b] 1 100 kV 隔离开关的额定母线转换电压取自 GB/Z 24837—2009。		

B.5 设计和结构

本标准的第 5 章适用，并作如下补充：

B.5.10 铭牌

应在具有关合和开断母线转换电流能力的隔离开关的铭牌上，标识出额定母线转换电流。

B.6 型式试验

本标准的第 6 章适用，并作如下补充：

具有关合和开断母线转换电流能力的隔离开关，除本标准第 6 章规定的试验外，还应经受母线转换条件下的关合和开断试验。

注：对于结构细节的变化，如果制造厂能证明所做的这种变化不影响某项型式试验的结果，则不必重做该项型式试验。如果制造厂能够证明其他隔离开关操作该母线转换电流开合装置的方式和已做过型式试验的隔离开关一样，则意味着一个给定设计的母线转换电流开合装置也可用于其他隔离开关而不必重做该项型式试验。其理由是：隔离开关的母线转换电流开合能力，仅取决于试验回路的特性值和隔离开关的操作速度，而与隔离开关的绝缘性能和电流额定值无关。

B.6.106 关合和开断试验

B.6.106.1 被试隔离开关的布置

被试隔离开关应整体安装在其自身的支架或等价的支架上。其操动机构应按规定的方式进行操作，特别是，如果是动力（电动或气动）操作的，应分别在最低电源电压或最低空气压力下进行操作。

开始进行关合和开断试验之前，应进行空载操作并记录隔离开关操作特性的细节，例如运动速度、合闸时间和分闸时间。

对于气体绝缘的隔离开关，试验应在最小气体密度下进行。

配人力操动机构的隔离开关可以采用动力操作方式进行遥控操作，动力操作的速度应与人力操作所获得的速度等值。

注1：应进行试验，来验证人力操作的隔离开关在制造厂规定的最低操作速度下能满意地操作。

应考虑隔离开关两个端子中每一个端子的带电效应。当隔离开关一侧的实际布置不同于另一侧时，试验回路的电源侧应当连接到代表最严酷运行条件的一侧。有怀疑时，50%次数的开断和关合试验将试验回路的电源侧接到隔离开关的一侧进行，而另50%次数的开断和关合试验将电源接到隔离开关的另一侧进行。

若下列条件不比整台三极隔离开关试验时更有利，则仅需在三极隔离开关的一极上进行单相试验：

——关合速度；

——开断速度；

——相邻相的影响。

注2：如果能够证明燃弧时间和电弧延伸没有相邻相牵连的可能性，则单极试验足以验证隔离开关的关合和开断性能。如果根据单极试验能确定电弧可能到达相邻相，则应当使用专门的隔离开关布置进行三极试验。

B.6.106.2 试验回路和隔离开关的接地

隔离开关的底座应当接地。试验回路应按图B.1接地。对于气体绝缘的隔离开关，可能有必要使用一种代替的试验回路（见B.6.106.6）。

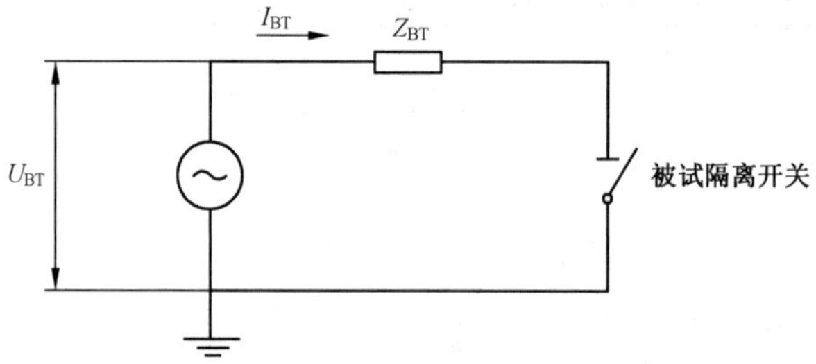

试验回路A

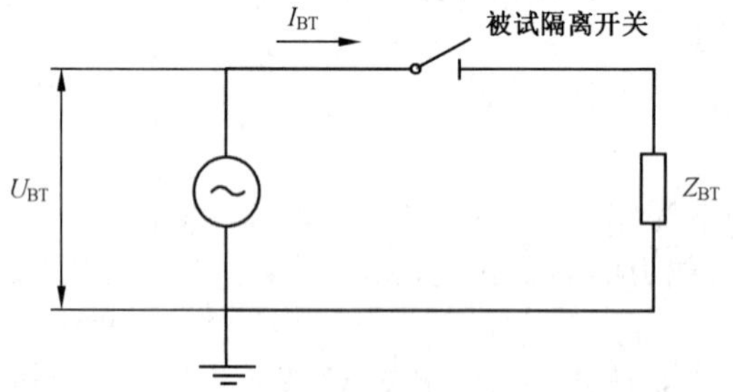

试验回路B

说明：

I_{BT}——额定母线转换电流，$I_{BT}=U_{BT}/Z_{BT}$。

图B.1 母线转换电流关合和开断试验的试验回路

B.6.106.3 试验频率

隔离开关最好在额定频率下进行试验。然而，为了试验方便，试验可在50 Hz或60 Hz下进行，并认为两者是等价的。

B.6.106.4 试验电压

试验电压应合理选择，以便在打开的隔离开关端子之间产生所要求的额定母线转换电压（$^{+10}_{\ 0}\%$），其值由表 B.1 给出。

试验电压应在电流开断后立即测量。

如 B.6.106.1 所述，通常仅要求进行单极试验。如果要求进行三极试验，则每一相的试验电压与平均试验电压相差应不大于 10%。

在开断后，工频恢复电压至少应保持 0.3 s。

B.6.106.5 试验电流

试验电流应等于 B.4.104.1 规定的额定母线转换电流（$^{+10}_{\ 0}\%$）。试验电流应在隔离开关操作之前测量。

被开断的电流应是衰减很小的对称电流。隔离开关的触头应在闭合回路产生的瞬态电流消失后才能分开。

如果进行三极试验，试验电流应是所有三极电流的平均值。每一相的试验电流与试验电流平均值相差不大于 10%。

B.6.106.6 试验回路

可进行现场试验或试验室试验。对于实验室试验，试验回路 A 和试验回路 B（见图 B.1）的功率因数应不超过 0.15。在实验室方便的情况下，可使用两个试验回路中的任一个。

试验回路元件的特性值 U_{BT} 和 Z_{BT} 按提供所要求的试验电流和工频恢复电压来选择。

如果要求进行三极试验，则三相试验回路的每一相中应包括与单相试验回路相同的元件，以便得到合适的试验电压和电流。电源回路的中性点应接地。

注 1：可以使用能够产生所要求的试验电流和电压及合适的瞬态恢复电压（TRV）参数的其他试验回路。

注 2：对于气体绝缘的隔离开关，开合时对地的绝缘完整性通常是不成问题的。有怀疑时，可以用隔离开关的额定相对地电压施加到外壳上进行试验。可以使用单独的电压源。

注 3：对于现场试验，试验电流和电压可能不能达到所要求的允差。可按制造厂和用户之间的协议，放弃这些要求。

由于连接的母线系统的波阻抗影响，预期的 TRV 波形应呈三角形。然而，为了试验方便，可以采用频率不低于 10 kHz，预期振幅系数不小于 1.5，具有（1－cos）波形的瞬态恢复电压。

注 4：控制 TRV 的元件可加到试验回路中。

注 5：试验时，被试隔离开关的电弧电压与试验电压相比通常相对地高，这将引起 TRV 的明显衰减和电流的相位偏移，使得试验电流在相位上与试验电压几乎同相。因此，TRV 参数（上升率和峰值）是不明显的，不要求详细规定。

B.6.106.7 试验方式

应进行 100 次关合-开断操作循环。

注：100 次操作循环验证电寿命是不够的，但将提供触头磨损的迹象。

分闸操作应继合闸操作之后并经过一段延时进行，且两个操作之间的延时应足以使瞬态电流得以消失。

在整个试验过程中，隔离开关不应进行检修和调整。

B.6.106.8 试验过程中隔离开关的性能

隔离开关应成功地完成试验，且没有过度的机械或电气损伤。

在操作过程中，如果不损伤隔离开关的绝缘水平和不危害就地操作人员和在附近的其他人员，则允许从隔离开关向外喷射火焰或金属微粒。

B.6.106.9 试验后隔离开关的状况

隔离开关的机械功能和绝缘与试验前的状况基本相同。隔离开关应能够承载其额定电流且温升不超过规定值。

只要符合隔离开关预期的操作寿命，允许有机械磨损和由于燃弧而引起的烧蚀痕迹。如果有用于灭弧的材料，其性能可能受损，其数量可能降低到正常水平以下。在绝缘子上可能有由灭弧介质分解而产生的沉淀物。

在分闸位置，隔离开关的隔离性能不应由于绝缘件的劣化而降低到相应于正常磨损和老化的水平以下。

验证上述要求是否满足，试验后对隔离开关进行目视检查和空载操作通常是足够的。有怀疑时，可能需要进行适当的试验予以核实。

如果对隔离开关的绝缘性能有怀疑，则应按 GB/T 11022—2011 的 6.2.12 进行状态检查试验予以验证。

B.6.106.10 型式试验报告

全部型式试验结果都应记录在型式试验报告中，其中应包含证明试验符合本标准的足够数据。型式试验报告还应包括足以确认被试隔离开关的主要部件的资料。

试验报告应包含下述资料：

a) 试验的典型示波图或类似的记录(每 10 次操作中至少一张示波图)；

b) 试验回路；

c) 试验电流；

d) 试验电压；

e) 工频恢复电压；

f) 预期瞬态恢复电压；

g) 燃弧时间；

h) 关合和开断操作的次数；

i) 试验后触头状况的记录(见 B.6.106.9)。

应当包括关于隔离开关支承结构的一般资料。如适用，应记录试验期间隔离开关的动作时间和使用的操动机构的类型。

附　录　C
（规范性附录）
接地开关开合感应电流

C.1　概述

本附录适用于额定电压72.5 kV及以上、能够开合感应电流的交流接地开关。

注：额定电压40.5 kV及以下的接地开关偶尔也要求开断和关合感应电流，但感应电流的额定值和型式试验不属于正常要求。试验可按用户和制造厂之间的协议进行。

本附录的目的，是为了将输电线路接地用的接地开关的开合要求标准化。在多路架空输电线路布置的情况下，不带电并且接地的输电线路上可能通过电流，这是由于与相邻带电线路的容性和感性耦合的结果。因此，用于这些线路接地的接地开关应能保证下列运行条件：

——当接地连接在线路的一端开路，接地开关在线路的另一端操作时，开断和关合容性电流；

——当线路的一端接地，接地开关在线路的另一端操作时，开断和关合感性电流；

——持续承载容性和感性电流。

C.2　正常和特殊使用条件

本标准的第2章适用。

C.3　术语和定义

本标准第3章适用，并补充如下：

C.3.4.105.9

A类接地开关　class A earthing switch

指定在与相邻带电线路耦合长度较短或耦合弱的线路中使用的接地开关。

C.3.4.105.10

B类接地开关　class B earthing switch

指定在与相邻带电线路耦合长度较长或耦合强的线路中使用的接地开关。

注：列入A类和B类、具有关合能力(E1级和E2级)的接地开关将有一个组合的等级符号，如A+E1、B+E2等。

C.3.7.128

电磁感应电流　electromagnetically induced current

当不带电的输电线路的另一端已经接地，与该线路平行和邻近的线路带电，接地开关使不带电的输电线路的一端接地或不接地时，接地开关能够开合的感性电流。

注1：两端接地的不带电线路中的感性电流，取决于带电线路中的电流大小和与带电线路的耦合因数，耦合因数由杆塔上的线路布置情况来确定。

注2：当线路另一端已经接地时，跨接在线路一端且打开的接地开关上的感性电压，取决于带电线路中的电流大小、与带电线路的耦合因数(耦合因数由杆塔上的线路布置情况来确定)以及与带电线路邻近的那部分接地线路的长度。

C.3.7.129

静电感应电流　electrostatically induced current

当不带电的输电线路的另一端开路，且与带电线路平行和相邻，接地开关使不带电的输电线路的一端接地或不接地时，接地开关能够开合的容性电流。

注 1： 一端接地的不带电线路中的容性电流，取决于带电线路的电压、与带电线路的耦合因数(耦合因数由杆塔上的线路布置情况来确定)以及接地线路的接地端和开路端之间的长度。

注 2： 当线路另一端开路时，跨接在线路一端且打开的接地开关上的容性电压，取决于带电线路的电压和与带电线路的耦合因数，耦合因数由杆塔上的线路布置情况来确定。

C.4 额定值

本标准的第 4 章适用，并作如下补充：

可能要求额定电压 72.5 kV 及以上的接地开关具有感应电流和感应电压的额定值。对这种情况下使用的接地开关，根据开合方式的严酷程度可分为 A 类和 B 类(见 C.3.4.105.9 和 C.3.4.105.10)。

C.4.105.1 额定感应电流

电磁感应和静电感应电流的额定值应分别规定。

额定感应电流是在额定感应电压下接地开关能够开合的最大电流。

额定感应电压是最高工频电压，在该电压下，接地开关能够开合额定感应电流。

两类接地开关的额定感应电流列于表 C.1 中。超过表 C.1 中 B 类接地开关的感应电流由制造厂和用户之间协商。

表 C.1 接地开关的额定感应电流和电压的标准值

额定电压 U_r kV	电磁耦合				静电耦合			
	额定感应电流(有效值) A		额定感应电压(有效值) kV		额定感应电流(有效值) A		额定感应电压(有效值) kV	
	类别		类别		类别		类别	
	A	B	A	B	A	B	A	B
72.5	50	100	0.5	4	0.4	2	3	6
126	50	100	0.5	6	0.4	5	3	6
252	80	160	1.4	15	1.25	10	5	15
363	80	200	2	22	1.25	18	5	22
550	80	200	2	25	2	25,50	8	25,50
800	80	200	2	25	3	25,50	12	32
1 100[a]	待定							

注 1： A 类接地开关：用于耦合弱或比较短的平行线路。B 类接地开关：用于耦合强或比较长的平行线路。

注 2： 在某些情况(接地的线路很长一段与带电线路邻近，带电线路上有很大负荷，带电线路的运行电压比接地线路的高等)下，其感应电流和感应电压可能高于表中的值。对于这类情况，额定值应由制造厂和用户协商确定。

注 3： 对于单相试验和三相试验(见 C.6.107.6)，额定感应电压均相应于线对地的值。

[a] 由于目前的 1 100 kV 输电线路为示范工程，只有一条线路，接地开关不存在开合电磁感应和静电感应电流的问题。因此，该电压等级的标准值待定。

接地开关应能承载额定感应电流(见 C.6.5)。

C.4.105.2 额定感应电压

电磁感应电压和静电感应电压的额定值应分别规定。

两类接地开关的额定感应电压列于表 C.1 中。超过表 C.1 中 B 类接地开关的感应电压由制造厂和用户之间协商。

C.5 设计和结构

本标准的第 5 章适用,并作如下补充:

C.5.10 铭牌

应在具有关合和开断感应电流能力的接地开关的铭牌上标识出类别符号。

C.6 型式试验

本标准的第 6 章适用,并作如下补充:

具有关合和开断额定感应电流能力的接地开关的型式试验应包括:

——电磁感应电流关合和开断能力试验;

——静电感应电流关合和开断能力试验。

C.6.5 温升试验

一般不要求做试验,因为接地开关的额定短时耐受电流可以用于说明典型的感应电流标准值所引起的接地开关的温升很低。有怀疑时,应根据制造厂和用户之间的协议进行温升试验。

如要求试验,GB/T 11022—2011 的 6.5 适用。

C.6.107 关合和开断试验

C.6.107.1 被试接地开关的布置

被试接地开关应完整地安装在其自身的支架上或一等价的支架上。其操动机构应以规定的方式操作,特别是,如果是电动或气动操作的,应分别在最低电源电压或最低气压下进行操作。

开始进行关合和开断试验前,应进行空载操作并记录接地开关操作特性的细节,例如运动速度、分闸时间和合闸时间等。

对于气体绝缘的接地开关,试验应在最小气体密度下进行。

配人力操动机构的接地开关,可以采用动力操作方式进行遥控操作,动力操作的速度应与人力操作获得的速度等值。

注 1:应进行试验来验证人力操作的接地开关在制造厂规定的最低操作速度下能满意地操作。

如果下列条件不比整台三极接地开关试验时更有利,则仅需在三极接地开关的一极上进行单相试验:

——关合速度;

——开断速度;

——相邻极的影响或与带电相的邻近程度。

注 2：如果能够证明燃弧时间和电弧延伸不可能发生相邻带电相牵连的可能性，则单极试验足以验证接地开关的关合和开断性能。如果根据单极试验能确定电弧可能到达相邻带电相，则应当使用专门的接地开关布置进行三极试验。

C.6.107.2 试验回路和接地开关的接地

试验回路应通过接地开关的端子接地，通常接地开关的一个端子是接地的。

C.6.107.3 试验频率

接地开关最好在额定频率下进行试验。然而，为了试验方便，试验可以在 50 Hz 或 60 Hz 下进行，并认为两者是等价的。

C.6.107.4 试验电压

试验电压应合理选择，使关合前或开断后在接地开关端子间产生合适的工频电压，其值为表 C.2 所给出的值（$^{+10}_{\ 0}\%$）。对于电磁感应电流的开合，试验电压应在电流开断后立即进行测量。对于静电感应电流的开合，试验电压应在接地开关关合前瞬间进行测量。

如 C.6.107.1 中所述，通常仅要求进行单极试验。如果要求进行三极试验，则每相的试验电压与平均试验电压相差应不超过 10%。

工频试验电压在开断后应至少维持 0.3 s。

C.6.107.5 试验电流

试验电流应等于表 C.1 中给出的额定感应电流（$^{+10}_{\ 0}\%$）。

被开断的电流应是衰减很小的对称电流。接地开关的触头应在闭合回路产生的瞬态电流消失后才能分开。

如果进行三极关合和开断试验，试验电流应按所有三极中电流的平均值度量。每相试验电流与平均试验电流相差应不超过 10%。

对于容性电流开断试验，在触头分离前，试验电流的波形应尽可能地接近正弦波。如果总电流的有效值与基波分量有效值之比不超过 1.2，则认为此条件已满足。触头分离前，试验电流每工频半波通过零点不得多于一次。

C.6.107.6 试验回路

可以进行现场试验或实验室试验。对于实验室试验，可用电容、电感和电阻组成的集中元件来代替输电线路。

如果要求进行三极试验，则三相试验回路每相中应包含与单相试验回路相同的元件，以便产生合适的试验电压和电流。电源回路的中性点应接地。

注 1：只要能产生所要求的试验电流和电压以及合适的瞬态恢复电压参数，也可采用规定以外的其他试验回路。

注 2：对于现场试验，试验电流和电压可能不能达到所要求的允差。可根据制造厂和用户之间的协议，放弃这些要求。应该指出，如果电压互感器接到被开合的接地线路上，开合过程中可能出现铁磁谐振，这取决于互感器的特性和接地线路的长度。

C.6.107.6.1 电磁感应电流关合和开断试验的试验回路

单相试验回路（图 C.1）由产生合适的试验电压和试验电流的电源回路构成，回路的功率因数不超过 0.15。选择元件 R 和 C，以产生合适的瞬态恢复电压参数。阻尼电阻 R 可以与电容 C 串联或并联。

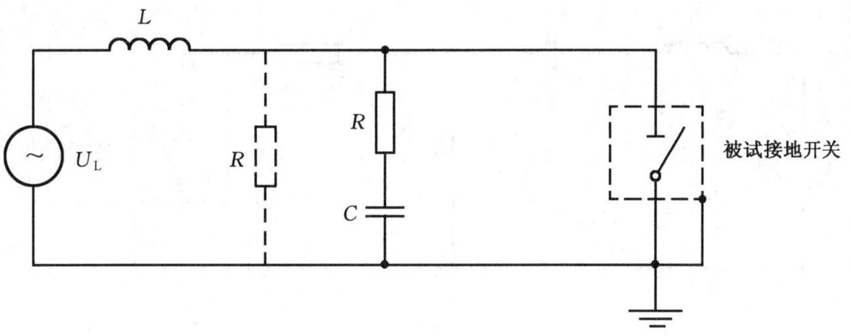

图 C.1 电磁感应电流关合和开断试验的试验回路

电源电压(U_L)和电感(L)的值可以按表 C.1 中给出的值进行计算,以便产生合适的试验电流和工频恢复电压值。

预期瞬态恢复电压波形应具有三角波的形式,这种波是由于所连输电线路的波阻抗造成的。为了试验方便,也可采用具有(1－cos)形式的瞬态恢复电压。可以选择 R 和 C 的值以产生表 C.2 中规定的合适的瞬态恢复电压参数。

表 C.2 电磁感应电流开断试验恢复电压的标准值

额定电压 U_r kV	A 类			B 类		
	工频恢复电压(有效值) $(^{+10}_{0}\%)$ kV	TRV 峰值 $(^{+10}_{0}\%)$ kV	到达峰值的时间 $(^{0}_{-10}\%)$ μs	工频恢复电压(有效值) $(^{+10}_{0}\%)$ kV	TRV 峰值 $(^{+10}_{0}\%)$ kV	到达峰值的时间 $(^{0}_{-10}\%)$ μs
72.5	0.5	1.1	100	4	9	400
126	0.5	1.1	100	6	14	600
252	1.4	3.2	200	15	34	1 100
363	2	4.5	325	22	49	1 300
550	2	4.5	325	25	57	1 600
800	2	4.5	325	28	63	2 000
1 100	待定					

注 1:恢复电压对单相或三相试验有效。

注 2:预期瞬态恢复电压(TRV)波形可以是三角形或(1－cos)形式(见 C.6.107.6.1)。到达峰值的时间对于两种波形均适用。

C.6.107.6.2 静电感应电流关合和开断试验的试验回路

为了实验室试验的方便,可以选用图 C.2 中的试验回路 1 或 2,因为只要满足回路参数方程式,这些回路均等价。

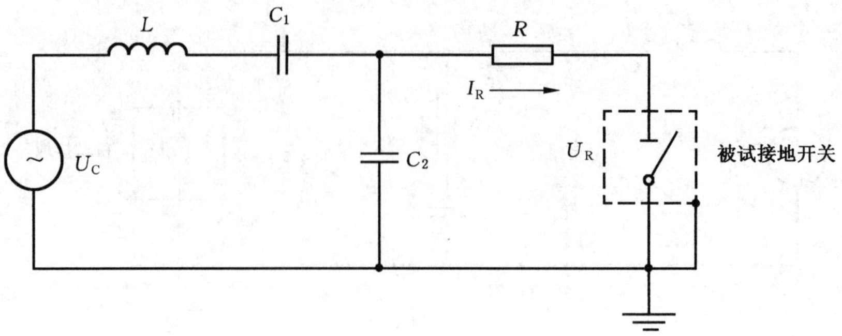

试验回路1

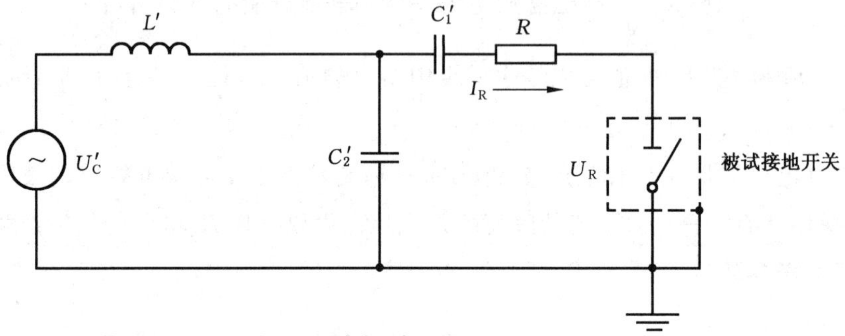

试验回路2

$$L = Z_0^2 \times C_1 \qquad L' = L \times \left(\frac{C_1}{C_1 + C_2}\right)^2$$

$$U_C = \frac{I_R}{\omega C_1} \qquad U'_C = \left(\frac{C_1}{C_1 + C_2}\right) \times U_C \text{ 或 } U'_C = U_R$$

$$C_2 = C_1\left(\frac{U_C}{U_R} - 1\right) \qquad C_1{}' = C_1 + C_2 \qquad C_2{}' = C_2\left(1 + \frac{C_2}{C_1}\right)$$

式中：

Z_0——线路的波阻抗：

- 对于额定电压 72.5 kV～126 kV：425 Ω；
- 对于额定电压 252 kV：380 Ω；
- 对于额定电压 363 kV～1 100 kV：325 Ω。

说明：

I_R ——表 C.1 规定的额定感应电流；

U_R——表 C.1 规定的额定感应电压；

C_1 ——表 C.3 给出的试验回路的电容。

图 C.2 静电感应电流关合和开断试验的试验回路

试验回路的功率因数应不超过 0.15。试验回路 1 中的电源电压(U_C)、电感 L 和电容 C_2 的值可以从表 C.1 中的额定电流和额定电压及表 C.3 中给出的 C_1 值，利用图 C.2 中注明的方程式计算出来。这将产生合适的试验电流和电压值以及合适的涌流频率和试验回路的波阻抗。试验回路 2 中的参数值可以由试验回路 1 导出的值进行计算。

表 C.3 静电感应电流关合和开断试验的试验回路的电容(C_1 值)

额定电压 U_r kV	试验回路的电容 μF	
	A 类	B 类
	±10%	±10%
72.5	0.07	0.27
126	0.07	0.40
252	0.15	0.80
363	0.29	1.18
550	0.35	1.47
800	0.35	1.47
1 100	待定	

注：C_1 值可以由下式计算：

$$C_1 = (6D)/(\pi Z_0)$$

式中：

D ——线路长度，单位为千米(km)；

Z_0——线路波阻抗，单位为欧(Ω)。

波阻抗的设定值是：

——对于额定电压 72.5 kV～126 kV：425 Ω；

——对于额定电压 252 kV：380 Ω；

——对于额定电压 363 kV～800 kV：325 Ω。

不超过(从隔离开关看去的)容抗[$\omega(C_1+C_2)=\omega C'_1$]的 10%的电阻($R$)可以接入图 C.2 所示的回路中。然而，所选择的电阻值既不应大于所考虑的输电线路的波阻抗，也不应导致接地开关合闸时涌流的非周期性阻尼。

C.6.107.7 试验方式

对于每一个静电和电磁感应电流关合和开断试验，应进行 10 次关合-开断操作循环。

注：10 次操作循环对于验证电寿命是不充分的，但将提供触头磨损的迹象。

分闸操作应继合闸操作之后进行，两次操作之间应有足够的时延，使得任何瞬态电流得以消失。

在整个试验程序进行中，接地开关不应进行检修和调整。

C.6.107.8 试验过程中接地开关的性能

接地开关应成功地完成试验，且没有过度的机械或电气损伤。

在操作过程中，如果不损伤接地开关的绝缘水平和不危害就地操作人员或在附近的其他人员，允许从接地开关向外喷射火焰或金属微粒。

接地开关在试验过程中出现的重击穿的次数不予考虑。

C.6.107.9 试验后接地开关的状态

接地开关的机械功能和绝缘与试验前的状况基本相同。接地开关应能承载其额定峰值耐受电流和额定短时耐受电流。

只要符合接地开关预期的操作寿命和维修规范,允许有机械磨损和电弧烧蚀的痕迹。如果有用于灭弧的材料,其性能可能受损,其数量可能降低到正常水平以下。在绝缘子上可能有由灭弧介质的分解而产生的沉淀物。

验证上述要求是否满足,试验后对接地开关进行目视检查和空载操作通常是足够的。有怀疑时,可能需要进行适当的试验予以核实。

如果对接地开关的绝缘性能有怀疑,则应按 GB/T 11022—2011 的 6.2.12 进行状态检查试验予以验证。

C.6.107.10 型式试验报告

全部型式试验结果应记录在型式试验报告中,其中应包含证明试验符合本标准的足够数据。型式试验报告还应包括足以确认被试接地开关的主要部件的资料。

试验报告应包括下列资料:

a) 典型的示波图或类似的记录;

b) 试验回路;

c) 试验电流;

d) 试验电压;

e) 工频恢复电压;

f) 预期瞬态恢复电压;

g) 燃弧时间;

h) 关合和开断操作的次数;

i) 试验后接地开关的状况。

应当包括关于接地开关支承结构的一般资料。如适用,应记录试验期间接地开关的动作时间和使用的操动机构的类型。

附　录　D
（资料性附录）
接地开关操作（暂时接近）时最不利的绝缘位置的试验电压

为了对暂时接近时的绝缘强度进行标准化，应考虑下列事实：

——额定电压直到并包括 126 kV，系统存在两种型式，一种是中性点固定接地系统，另一种是中性点经消弧线圈接地的谐振接地系统；

——额定电压 252 kV 及以上，中性点固定接地是标准的接地方式；

——额定电压 363 kV 及以上，其工频耐受电压与系统电压的比例和 363 kV 以下的试验电压与系统电压的比例相比是降低了（在较高电压范围，操作冲击试验已经标准化了）。

因此，对于暂时接近，有理由对较低电压范围的两个不同试验电压（一个对固定接地系统，另一个对谐振接地系统）和对 220 kV 及以上的系统电压仅有的一个试验电压进行标准化。

由于 330 kV 及以上系统的工频耐受电压相对较低，所以 252 kV 的隔离开关和接地开关处于一个独特的位置。一方面它们属于固定接地系统的范围；另一方面它们属于试验电压低于 300 kV 的范围。因此，有必要考虑是否把要求的绝缘强度与标准化了的工频耐受电压（线对地）或是与额定电压联系起来考虑。

与线对地耐受电压的固定关系，会对较低的额定电压给出过高的值；对较高的额定电压给出很低的值。

由于变电站中的安全距离与绝缘试验电压无关而与额定电压有关，因此，暂时接近的绝缘强度也应与额定电压和电网的接地方式有关。而且，应考虑试验电压可能偶尔有变化这个事实，但相对于暂时接近的距离不应导致试验电压的改变。

因此，为了标准化，试验电压建议采用下列值：

a）　额定电压直到并包括 126 kV：

　　——中性点固定接地系统：$2\times U_r/\sqrt{3}$；

　　——中性点不接地系统：$1.3\times U_r$。

b）　额定电压 252 kV 直到并包括 800 kV，它们一般是固定接地的：

　　——$2\times U_r/\sqrt{3}$。

c）　额定电压 1 100 kV，它们一般是固定接地的：

　　——1 100 kV。

在计及以上叙述的细节后，对接地开关动触头处于最不利的位置时建议的试验电压在表 7 中给出。

附 录 E
（规范性附录）
对气体绝缘和/或金属封闭开关设备中使用的隔离开关和接地开关的特殊要求

E.1 概述

E.1.1 范围和对象

本附录专门适用于设计用于额定电压3.6 kV及以上、运行频率50 Hz的气体绝缘和金属封闭开关设备中的交流隔离开关和接地开关。

这里，仅考虑履行隔离开关或接地开关特殊功能的那些元件。如果隔离开关和接地开关被组合到一个隔室或一个壳体中，根据电压等级，GB 3906—2006或GB 7674—2008适用。

E.1.2 规范性引用文件

本标准的1.2适用。

E.2 正常和特殊使用条件

本标准的第2章适用。

E.3 术语和定义

本标准的第3章适用，并作如下补充：

E.3.5.116

套管 bushing

[GB 7674—2008，定义3.109]

E.3.7.130

（外壳的）设计温度 design temperature（of the enclosure）

[GB 7674—2008，定义3.112]

E.3.7.131

（外壳的）设计压力 design pressure（of the enclosure）

[GB 7674—2008，定义3.113]

E.3.7.132

绝缘和/或开合用的额定充入压力（或密度） rated filling pressure（or density）for insulation and/or switching

[GB/T 11022—2011，定义3.6.5.1]

E.3.7.133

绝缘和/或开合用的最低功能压力（或密度） minimum functional pressure（or density）for insulation and/or switching

[GB/T 11022—2011，定义3.6.5.5]

E.4 额定值

本标准的第 4 章适用,并对额定值列项作如下补充:

s) 适用时,额定母线充电电流开合能力(见附录 F)。

E.4.3 额定绝缘水平

GB/T 11022—2011 的 4.3 适用。

E.4.12 绝缘和/或操作用的额定充入水平

GB/T 11022—2011 的 4.12 适用。

E.5 设计和结构

本标准的第 5 章适用,并作如下补充:

E.5.3 隔离开关和接地开关的接地

GB/T 11022—2011、GB 7674—2008 和 GB 3906—2006 的 5.3 适用。

如果为了试验目的,有外部连接穿过接地开关,它需要和接地部位隔离,这种外部连接应能耐受额定短路电流。该外部连接拆去时,相应的绝缘水平(DC 和 AC)由制造厂规定。如果需要,应给出外部接地连接绝缘系统的介质损耗(mW)。

E.5.10 铭牌

本标准的 5.10 适用,并作如下补充:

应提供下列数据:

——供操作用的额定压力;

——最小气体密度(或压力);

——外壳的设计压力。

E.5.107 内部故障

适用时,见 GB 3906—2006 的 5.101 或 GB 7674—2008 的 5.102。

E.5.108 外壳

适用时,见 GB 3906—2006 的 5.102 或 GB 7674—2008 的 5.103 和 GB/T 11022—2011 的 5.13。

E.5.109 压力释放

适用时,见 GB 3906—2006 的 5.103.2.4 或 GB 7674—2008 的 5.105。

E.6 型式试验

本标准的第 6 章适用,并作如下补充:

E.6.1 概述

构成气体绝缘或金属封闭开关设备和控制设备主回路元件的隔离开关和接地开关,应在其安装和使用的适当条件下,即它们应在气体绝缘或金属封闭开关设备和控制设备中的正常安装状态,装上布置可能影响其性能的所有相关元件(如连接件、支承件、排气装置等)的情况下,按本附录进行试验以验证其额定特性。

注:在确定哪些相关的元件影响性能时,应特别注意短路电流所产生的机械力、电弧生成物的排放、破坏性放电的可能性等方面。应该认识到,在某些情况下这种影响可能是微不足道的。

E.6.1.2 试验的分组

本标准的 6.1.2 适用,并作如下补充:

——隔离开关开合母线充电电流试验(E.6.108)(适用时的型式试验);

——外壳的压力耐受试验(E.6.110)(适用时的型式试验);

——内部故障电弧试验(E.6.111)(适用时的型式试验)。

E.6.2.10 局部放电试验

GB/T 11022—2011 的 6.2.10 适用。

除非已在 GB 3906—2006 和 GB 7674—2008 的 6.2.9 中规定,否则不要求在整台隔离开关或接地开关上做局部放电试验。但是,当隔离开关或接地开关所用的元件在相关的标准(例如 GB/T 4109—2008)中包含了局部放电测量时,制造厂应提出证据表明这些元件通过了按相关标准要求的局部放电试验。局部放电测量见 GB/T 7354—2003。

注 1:局部放电试验的测量结果是发现受试设备某些缺陷的一个合适的方法,也是绝缘试验的一个有益的补充。经验表明,在特定的结构中,局部放电可以导致设备的绝缘强度降低,尤其是固体绝缘。

注 2:为测量或发现局部放电,除了 GB/T 7354—2003 考虑的一种方法外,根据协议也可采用其他方法,例如超高频或声学法。

E.6.6.2.101 短路试验的一般试验条件

GB/T 11022—2011 的 6.6.2 和本标准的 6.6.2.101 适用。

E.6.102.4 机械寿命试验

配备联锁的隔离开关和接地开关,应经受 5 次操作循环的操作(相关标准另有要求的情况除外)来检查相关联锁的动作情况。在每次操作之前,联锁应置于阻止开关装置操作的位置。在进行这些试验时,不应对开关装置或联锁进行调整。

如果开关装置和联锁能按正确的工作程序工作,且在试验前、后开关装置操作所需的力几乎相同,则认为试验是满意的。

如果开关装置不能操作,则认为联锁是满意的。

E.6.104 极限温度下的操作

为了验证在极限温度下能满意地工作,应按 GB/T 11022—2011 的 6.8 进行密封试验。

E.6.108 隔离开关开合母线充电电流试验

试验要求的细节在附录 F 中给出。

E.6.110 外壳的压力耐受试验

GB 3906—2006 和 GB 7674—2008 的 6.103 适用。

E.6.111 内部故障电弧试验

GB 3906—2006 的 6.106 和 GB 7674—2008 的 6.105 适用。

E.7 出厂试验

本标准的第 7 章适用，并作如下补充：

E.7.1 主回路的绝缘试验

补充如下：

注：对于密封元件，绝缘试验应在额定充入压力下进行。

E.7.101 机械操作试验

本标准的 7.101 适用，并作如下补充：

配备联锁的隔离开关和接地开关，应经受 5 次操作循环的操作来检查相关联锁的动作情况。每次操作之前，应按 6.102.4.2 和 E.6.102.4 的规定，分别对每个开关装置进行一次试操作。

试验在主回路中没有电压或电流流过的条件下进行，特别是应该检验在操动机构规定的电源电压和压力源压力极限范围内，开关装置能正确地合闸和分闸。

E.7.102 局部放电测量

GB 3906—2006 的 7.101 和 GB 7674—2008 的 7.1.2 适用。

注 1：局部放电试验的测量结果可用来发现潜在的悬浮物质和制造缺陷。

注 2：为测量或发现局部放电，除了 GB/T 7354—2003 考虑的一种方法外，根据协议也可采用其他方法，例如超高频或声学法。

E.7.103 外壳的压力耐受试验

GB 3906—2006 的 7.103 和 GB 7674—2008 的 7.101 适用。

E.8 隔离开关和接地开关的选用导则

本标准的第 8 章适用。

E.9 随询问单、标书和订单提供的资料

本标准、GB 3906—2006 或 GB 7674—2008 的第 9 章适用，并作如下补充：

E.9.102.1 额定值和特性

o) 开合母线充电电流的能力。

E.10 运输、储存、安装、运行和维修规则

GB 3906—2006 和 GB 7674—2008 的第 10 章适用，并对 GB 3906—2006 和 GB 7674—2008 的 10.4 作如下补充：

为了维修，气体绝缘开关设备中的隔离开关只有在六氟化硫气体压力不低于其最低功能压力(密度)时，认为才具有其全部的绝缘性能。

附 录 F
(规范性附录)
额定电压72.5 kV及以上气体绝缘金属封闭开关设备——隔离开关开合母线充电电流的要求

F.1 概述

已经发现,特别是在550 kV和更高的系统电压等级上,当气体绝缘金属封闭开关设备的隔离开关开合小的容性电流[例如用隔离开关接通或断开空载的母线(管)段或断路器的并联电容器]时,可能会发生对地破坏性放电。近几年,通过在全世界范围内的调查,搞清了产生这种情况的原因,并对非常快速的瞬态过电压现象——随着气体绝缘金属封闭开关设备的隔离开关履行容性电流开合这种固有的职能时产生的现象的复杂性,有了深刻的了解。由此可以断定:正确的隔离开关设计对避免对地产生破坏性放电是至关重要的。

F.1.1 范围和对象

本附录适用于额定电压72.5 kV及以上的交流气体绝缘金属封闭隔离开关。

本附录规定了气体绝缘金属封闭隔离开关用于开合例如接通或断开母线段或均压电容器时所出现的小容性电流(空载电流)的试验要求。

注:在同一回路中几台隔离开关同时操作是不合理的,本标准对这种情况不予考虑。

F.2 正常和特殊使用条件

本标准的第2章适用。

F.3 术语和定义

对于本附录,下列定义适用。

F.3.7.134

母线充电电流 bus-charging current

接通或断开部分母线系统或类似的容性负载时隔离开关应能开合的电流,用稳态有效值表示。

F.3.7.135

对地瞬态电压 transient voltage to earth;TVE

合闸操作过程中第一次预击穿时出现的对地电压。

F.6 型式试验

对于额定电压252 kV及以下的隔离开关,通常不需要进行试验,但也可根据用户和制造厂之间的协议进行。

注:因为额定电压252 kV及以下时,在大多数情况下,规定的雷电冲击耐受水平(LIWL)和额定电压之比足够高,所以不需要进行试验。

F.6.108.1 母线充电电流关合和开断的试验方式

确定了三个试验方式：

——试验方式 1：非常短的母线(管)段的开合；

——试验方式 2：在 180°失步条件下对断路器并联电容器的开合；

——试验方式 3：电流开合能力试验。

注 1：试验方式 1 是正常的型式试验且是强制性的。

注 2：试验方式 2 是根据用户与制造厂之间的协议，按照本附录进行的特殊型式试验。如果断路器未装设并联电容器，则试验方式 2 是不必要的。

注 3：试验方式 3 是根据用户与制造厂之间的协议，按照本附录进行的特殊型式试验。当断开较长的不带电母线或其他已带电部分(如短电缆等)时，仅用于说明隔离开关的电流开断能力。

典型的电流值在表 F.2 中给出。

F.6.108.2 受试隔离开关的布置

受试隔离开关的操动机构在试验中应按制造厂规定的方式操作，并且，特别是对动力操作的，应在规定的最低电源电压和/或最低压力下操作。

开始进行关合和开断试验之前，应进行空载操作并记录隔离开关动作特性的细节，例如合闸时间和分闸时间。

试验应在受试隔离开关正常运行的最小气体密度下进行。相关的隔室也应处于其最小密度。

大多数情况下，隔离开关的实际布置都是不对称的(例如不对称的屏蔽，或动触头/静触头的差别等)。由于这些原因，隔离开关的布置应使其在最不利的条件下进行试验。对于试验方式 1，最不利的布置认为是能在合闸操作时产生最大预击穿距离的布置。对于试验方式 2 和试验方式 3，认为隔离开关的实际布置不甚重要。

注：同样设计的隔离开关可垂直安装与水平安装均是一种普遍情况。在这种情况下，触头的速度可能变化。然而，对于这些试验，认为与规定速度的偏差不超过±15%是可以接受的。

只要引起的动作速度变化不超过±15%，则仅须对三极操作的隔离开关的一极进行单极试验。

对处于一个外壳内的三极隔离开关，最好进行三相试验。但是，在验证关合和开断性能时，本附录规定的单相试验也能被接受。不参与开合过程的其他两极应在两端接地。

F.6.108.3 试验频率

隔离开关最好在额定频率下试验。然而，为了试验方便，可以在 50 Hz 或 60 Hz 下进行试验且认为是等价的。

F.6.108.4 关合和开断试验的试验电压

在关合和开断试验过程中，开合操作前后的工频电压应至少保持 0.3 s。在负载侧有直流预充电电压的情况下(试验方式 1)，在合闸操作之前，该直流电压应按规定的数值施加大约 1 min。在分闸操作和合闸操作之间，负载侧不应接地。试验回路不应包含能引起已充电荷衰减的元件。

参考图 F.1、图 F.3 和图 F.4，试验布置的电源侧和负载侧的试验电压应按表 F.1 中给出的数值施加。

表 F.1 中的试验电压对隔离开关的开断操作有效。在试验方式 3 的情况下，当隔离开关处于合闸位置时，试验电压可能明显偏高。这是由谐振现象引起的，尤其是如果电源变压器的阻抗高，这对用于交流电压绝缘试验的变压器是正常的。

注：上面提及的电压上升会提高试验条件。它不应超过 10%。

表 F.1 关合和开断试验的试验电压

试验方式	试验电压	
	电源侧 U_1	负载侧 U_2
1	$1.1\times U_r/\sqrt{3}$	用负极性直流电压预充电 $-1.1\times U_r\sqrt{2}/\sqrt{3}$
2	$1.1\times U_r/\sqrt{3}$	反相的交流电压 $1.1\times U_r/\sqrt{3}$
3	$U_r/\sqrt{3}$	—

注 1：U_r 是额定电压。

注 2：选取系数 1.1 是考虑这类开合现象固有的统计结果，并且为了将试验操作次数限制到表 F.3 中规定的试验操作次数。因为试验方式 3 仅用来说明隔离开关的开合能力，所以试验电压的这种提高是不必要的。

F.6.108.5 关合和开断试验的试验回路

F.6.108.5.1 开合非常短的母线(管)段——试验方式 1

图 F.1 给出了试验方式 1 的试验回路。负载侧应由长度为 d_2(范围为 3 m～5 m)的母线段表示。与电源侧连接应通过长度 d_1 的另一母线段来实现。为了获得典型的非常快速瞬态(VFT)的条件，比值 d_2/d_1 应在 0.36～0.52 的范围内。电源侧回路应具有附加的集中电容 C_1。C_1 值的选取应使得隔离开关端子对地电压的峰值满足 F.6.108.5.1.1 的规定。

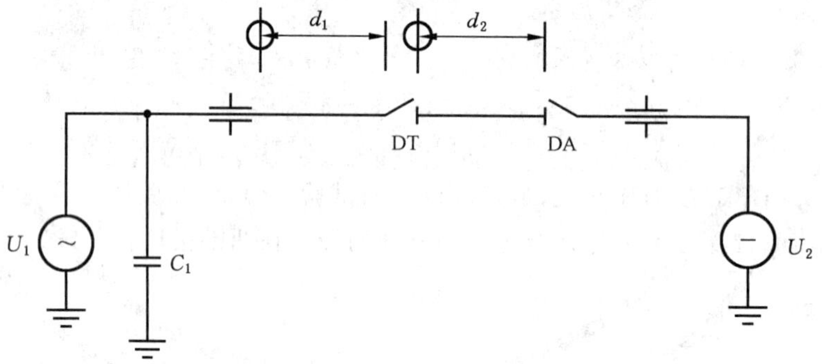

说明：

DT——被试隔离开关；

DA——辅助隔离开关。

图 F.1 试验方式 1 的试验回路

在开始合闸操作之前，负载侧应按照表 F.1 中的直流电压进行充电，然后，直流电压源由辅助隔离开关 DA 断开。

注：母线长度 d_1 和 d_2 是清楚的，并选取下列距离：

——d_1：被试隔离开关(DT)的打开触头到套管接头的距离；

——d_2：被试隔离开关(DT)的打开触头到辅助隔离开关(DA)的打开触头的距离。

F.6.108.5.1.1 瞬态电压值

合闸操作过程中，隔离开关处的电压瞬变现象用来表征试验回路的特性且在试验条件下保证一致的过电压特性。瞬态电压有两个重要的性质不同的方面——非常快速的瞬变（VFT）现象和快速瞬变（FT）现象。VFT 现象由 F.6.108.5.1 中描述的回路布置确定。对于这种试验布置，快速瞬变现象的回路响应应在下列条件下通过直接测量（见 F.6.108.10）至少验证一次：

——电源侧试验电压：$U_r/\sqrt{3}$；

——负载侧电压：0（没有预充电）。

对于这些条件，合闸操作过程中第一次预击穿时对地瞬态电压的峰值 u_{TVE} 应不低于 $1.4 \times U_r \times \sqrt{2}/\sqrt{3}$（实用上，5%的变化是可以接受的）且到达峰值的时间应小于 500 ns（见图 F.2）。

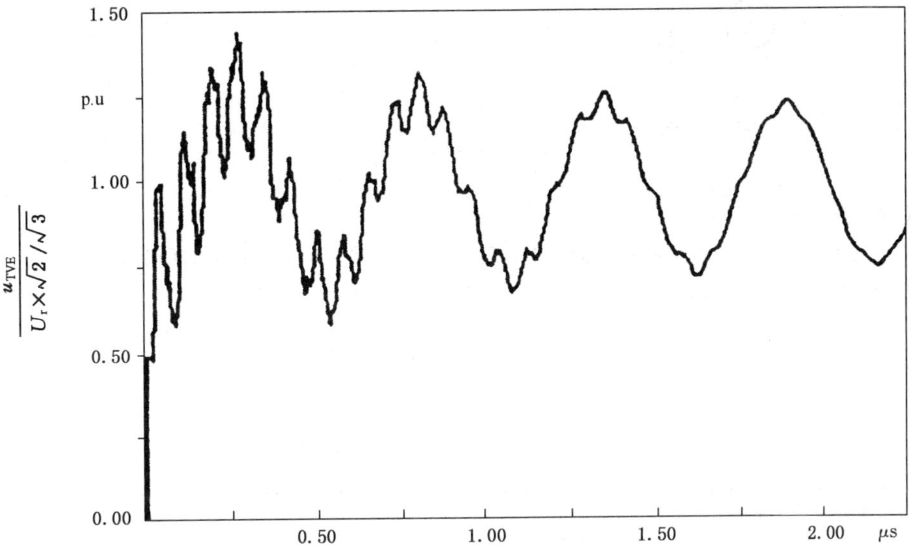

图 F.2 典型的电压波形（包含 VFT 和 FT 分量）

F.6.108.5.2 失步开合——试验方式 2

图 F.3 给出了失步开合的试验回路。断路器的并联电容 CP，可以用断路器实际使用的电容，或者用电容值等于或大于实际运行中所用电容的电容值的电容来代替。

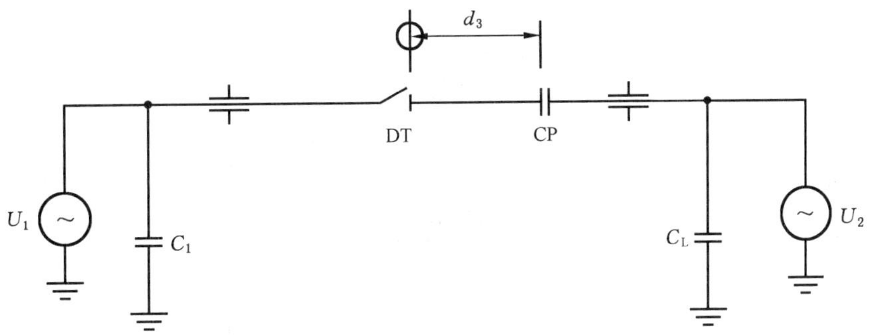

说明：

DT——被试隔离开关；

CP——断路器并联电容器或等效电容器。

图 F.3 试验方式 2 的试验回路

应该确定（断路器的）电容器和隔离开关之间可能的最短连接线 d_3。试验回路的其他连接长度不作规定，但应优先用尽可能短的标准元件来实现。

集中电容 C_L(见图 F.3)的值应不小于 400 pF。比值 C_1/C_L 应为 4～6。

F.6.108.5.3　电流开合能力试验——试验方式 3

图 F.4 所示的试验回路适用。对于这种开合情况，母线段的具体长度是不重要的。在负载侧应增加一个集中电容 C_L，以获得表 F.2 中给出的规定的母线充电电流，偏差为±10%。

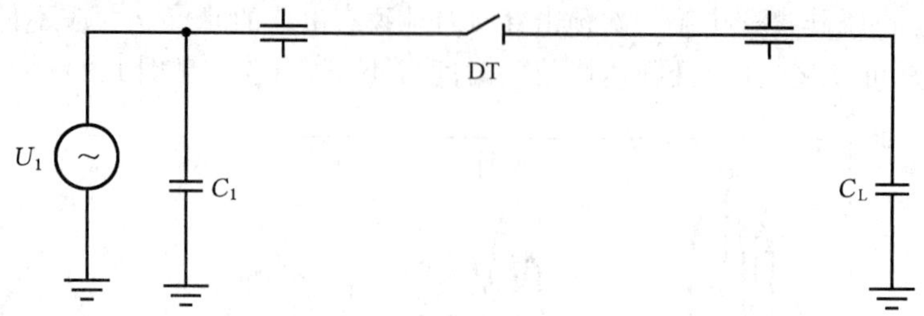

说明：

DT——被试隔离开关。

注 1：为了降低因较高电源阻抗引起的谐振效应，可以在电源侧接入一方便数值的集中电容 C_1。

注 2：可能影响瞬态恢复条件的更详细试验条件，按照用户与制造厂之间的协议。

图 F.4　试验方式 3 的试验回路

表 F.2　规定的母线充电电流

额定电压 U_r(有效值)/kV	72.5	126	252	363	550	800	1 100
母线充电电流(有效值)/A	0.2	0.5	1.0	2.0	2.0	2.0	2.0
注：实用上，这些值一般是不会超过的。它们适用于 50 Hz 和 60 Hz。如果实用中需要更高的数值，则这些数值应由用户和制造厂的协议确定。							

F.6.108.6　关合和开断试验的实施

在每个试验方式过程中，各试验系列应在不对隔离开关进行检修和调整的情况下进行。表 F.3 给出了规定的试验次数。

表 F.3　规定的试验次数

试验方式	关合和开断操作的次数	
	标准隔离开关	快速隔离开关[a]
1	50[b]	200[a,c]
2	50	200
3	50	50

[a] 隔离开关触头分离瞬间的触头运动速度在 1 m/s 或更高范围内的隔离开关。

[b] 在隔离开关最不利的布置不能清楚地确定(参见 F.6.108.2)的情况下，试验方式 1 应在对面的隔离开关端子上重复进行。

[c] 如果试验电压提高(以涵盖统计结果)到下列数值，则试验次数可以减到 50 次：

——电源侧：$U_r\times1.2/\sqrt{3}$；

——负载侧(直流电压预充电)：$-U_r\times1.2\times\sqrt{2}/\sqrt{3}$。

F.6.108.7 关合和开断试验过程中隔离开关的性能

隔离开关应成功地完成试验而不出现机械的或电气的损坏。

相对地破坏性放电或在三相共外壳的情况下的相间破坏性放电都是不允许的。

注：必须用适当的测量或探测装置，以便能够正确地探测到对地或相间的破坏性放电。

F.6.108.8 试验后的状态

隔离开关的机械功能应与试验前的状态基本上相同。只要隔离开关在分闸和合闸位置的绝缘性能不降低，则有电弧烧蚀和绝缘子表面上有分解物沉淀的痕迹是可以接受的。

试验方式 1 和试验方式 2 后不需采取特别的行为去验证这一要求。

注：关于试验方式 3，适当的验证程序正在考虑中。

F.6.108.9 型式试验报告

全部型式试验结果应记录在型式试验报告中，其中应包含证明试验符合本标准的足够数据。型式试验报告还应包括足以确认被试隔离开关的主要部件的资料。

其次，试验报告应包含下列资料：

a) 一次关合和一次开断操作的典型示波图；
b) 试验回路；
c) 稳态试验电流(仅对试验方式 3)；
d) 试验电压；
e) 瞬态电压特性；
f) 触头运动的典型示波图；
g) 试验过程中的气体压力；
h) 关合和开断操作的次数；
i) 试验后的状态；
j) 故障探测系统的类型；
k) 操动机构的电源电压或压力。

F.6.108.10 测量要求

通常，试验方式 1 和试验方式 2 要求专业化的测量：

——对地瞬态电压 u_{TVE} 的测量；

——试验方式 1 时，为保证直到合闸操作开始负载侧电压(U_2)满足规定要求所需的测量。

测量的要求：

——对采用的每一试验回路，TVE 验证至少应进行一次。配置变化如不同的连接引线长度、设备的方位等，都认为是试验回路的变化，并要求附加的测量。

——TVE 测量应在距离隔离开关弧触头 1 m 范围内进行。如果不可能，只要所进行的其他测量(在试验段内，但在 1 m 范围之外)至少有一次可以验证计算方法的有效性，则 TVE 验证可以通过计算机计算。

——应该注意考虑可能的杂散工频干扰。

——TVE 测量应在足够的频带宽度下进行，以便正确地记录 VFT 分量。

注：VFT 的测量正在考虑中。

附 录 G
（规范性附录）
短路电流关合试验的替代试验方法

G.1 概述

本附录中规定了为获得相应于正确的关合电流条件和正确的预击穿时间的替代的试验方法。

对于采用替代方法的试验，试验中应获得要求的预击穿时间，关合角度可以扩大到相应于电流源电压峰值的－40 电度和＋15 电度。

注：在－40 电度处的预击穿能量要大于－30 电度和＋15 电度界限范围内的预击穿能量。

G.2 替代的方法

G.2.1 在额定电压和额定短路电流下的合成试验方法

可以采用 GB/T 4473—2008 第 5 章中规定的合成试验方法。

试验回路和特殊要求应满足 6.101.5 a)的要求。

G.2.2 降低电压的试验方法

G.2.2.1 概述

为了获得额定电压下的试验和降低电压下的替代试验之间可比较的结果，在降低电压下的关合试验过程中获得的预击穿时间，应不短于额定电压下试验的预击穿时间。

该试验分解成两部分：

——第 1 部分：在额定电压和降低的电流下试验，以确定接地开关的预击穿时间。

——第 2 部分：在降低的电压和额定短路关合电流下试验，并且具有要求的预击穿时间。

G.2.2.2 第 1 部分：确定预击穿时间

预击穿时间应通过在额定电压和降低的电流下进行的关合试验来确定。接地开关的布置如 6.101.2 所述。电流应足够小，使得触头表面不受触头磨损的影响。在这些试验的每次试验时都应确定预击穿时间。

为测定预击穿时间所进行的 10 次关合试验，应使得电流激发瞬间相应于外施交流电压波形峰值处的－15 电度～＋15 电度的角度。应计算所测量的这些真实的预击穿时间的平均值和标准偏差(σ)，并在第 2 部分(见 G.2.2.3)中使用。

作为替代，可以采用直流电压。直流电压应相应于试验电压的峰值。根据关合时电压的极性，预击穿时间可能不同。因此，10 次关合试验应分成正极性下 5 次操作和负极性下 5 次操作。应计算两个极性中出现的最长预击穿时间平均值及其标准偏差(σ)，并在第 2 部分中使用。

注：应当注意，应用适当的方法，例如用行程传感器或等效的装置来测量预击穿时间。对于三相装置，一相可以用来测量预击穿时间，其他相可以用来测量实际的触头接触。所有三极上接触时间测量的空载操作可以用来校正极间时间的分散性。

G.2.2.3 第 2 部分：在降低的电压下的短路电流关合试验

在降低的电压下用额定短路电流进行关合试验期间，预击穿时间至少应等于第 1 部分(见 G.2.2.2)

所述的试验中确定的预击穿时间的平均值加 2σ。

在降低的电压下试验期间获得的短路电流，至少应等于额定短路电流。

为了获得要求的预击穿时间，电流激发可以用下面列举的三种方法来实现：

方法 1：降低电压的电流源和任一波形的电压源应足够大，以便在波形上的适当相位上激发预击穿。

方法 2：对于气体绝缘的接地开关，可以降低气体压力和电流源的外施电压两者，以便仍能获得要求的预击穿时间。

不仅降低气体压力，试品还可以充以替代的介质，例如空气或氮气。

由于降低气体压力或用替代的介质代替气体，触头接触时刻的速度的变化应不大于 10%。

注 1：为了获得正确的预击穿时间，用第 1 部分中所述的相同方法，可能对估算降低的压力下要求的电压有用处。

注 2：在采用降低压力或替代气体的情况下，因为其瞬态压力可能低于或高于采用运行气体和额定充入压力时的运行条件下的预期值，因此，防爆膜的性能可能得不到验证。

方法 3：用降低电压的电流源和用最大直径 0.5 mm 的熔丝来激发预击穿。在所有三相中均需要这种熔丝。

注 3：为了估算熔丝的长度，可能需要一些额外的试验。

附 录 H
（规范性附录）
额定电压 126 kV 及以上空气绝缘隔离开关的容性电流开合能力

H.1 概述

H.1.1 范围

本附录适用于额定电压 126 kV 及以上的空气绝缘隔离开关。本附录叙述了容性电流开合方式并给出了在实验室验证开合能力的试验导则。装有辅助开断装置的空气绝缘隔离开关包含在本范围内。

注：对于人力操作的隔离开关，应考虑操作人员运行中的安全性，且应认识到此处叙述的开合试验（用电动机操作的隔离开关实施的）的结果未必能代表实际运行中此类隔离开关的性能。如果开合试验表明可能存在延长的电弧持续时间，则需要特别注意。

H.1.2 背景和目的

隔离开关没有电流开断额定值，但是，凭借在分闸操作中的一个或多个动触头，它们具有一定的电流开合能力。对于空气绝缘隔离开关的容性电流，过去该值被定为 0.5 A 或更小且没有规定试验。对于气体绝缘的隔离开关，要求的容性电流开合能力以及试验要求在附录 F 中规定。

用户对用空气绝缘隔离开关开合容性电流的要求常常超过上述规定的 0.5 A。因此，本附录的目的是提供开合方式的分析（参见附录 I）并确定试验程序。

H.6 开合试验

H.6.108.1 受试隔离开关的布置

受试隔离开关应完整地安装在其自身的支架或等效的支架上。为了安全起见以及获得稳定的结果，仅应使用电动机操作。电动机应在其最低电源电压下操作。

进行开合试验前，应进行主回路电阻测量和空载操作，并记录隔离开关动作特性的细节，例如触头分离（起弧时刻）、合闸时间和分闸时间。只要被试极相比于完整的三极隔离开关在下列方面没有处于更有利的条件，则仅需对三极隔离开关的一极进行单相试验：

——合闸时间；

——分闸时间；

——相邻相的影响。

注：只要燃弧时间和电弧长度不存在卷入相邻相的可能性，则单相试验就足以验证隔离开关的开合性能。如果单相试验期间遇到了过分的电弧长度，则应进行三相试验。电弧朝向相邻相的顶端长度等于或大于相间金属间距的一半就认为是过分的。

H.6.108.2 试验回路和隔离开关的接地

隔离开关的框架应接地且应测量流入地的电流。

H.6.108.3 试验频率

隔离开关可以采用 50 Hz 或者 60 Hz 进行试验，认为两个频率是等价的。

H.6.108.4　试验电压

试验电压应为基于隔离开关额定电压的相对地电压。三相试验时，试验电压应为基于三相施加的隔离开关的额定电压。

注：由于实验室的限制，允许对两断口隔离开关的一个断口施加一半的试验电压进行试验。假定两个断口的电压均匀分布。

H.6.108.5　试验电流

试验电流见 4.108。超过 4.108 电流水平的试验电流，应根据用户和制造厂之间的协议。

注：变电站设备和线路的典型容性充电电流值在附录 J 中给出。

H.6.108.6　试验回路

原理上的试验回路如图 H.1 所示。

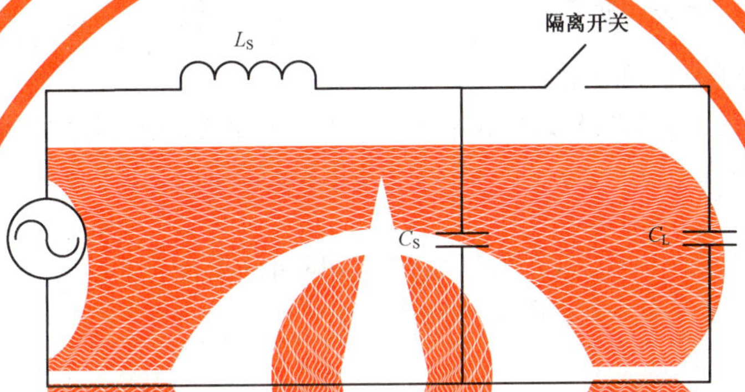

说明：

L_S ——短路电感；

C_S ——电源侧电容；

C_L ——负载侧电容。

图 H.1　原理上的容性电流开合试验回路

L_S 应基于在受试隔离开关的额定电压下的额定短时耐受电流。但是，这就需要一个具有强大电源的回路，这在很多情况下是不现实的。替代的回路在附录 K 中描述。

对每一试验电流，试验应在 $C_S/C_L=0.1$ 时进行。

试验参量的允许偏差如表 H.1 所示。

表 H.1　试验偏差

试验参量	偏差
试验电压	±5%
试验电流	±10%
C_S/C_L	±20%

H.6.108.7　试验

H.6.108.7.1　试验方式和测量

对每一试验电流应进行 20 次 CO 操作，合闸前负载电容上没有残留电荷。认为 20 次这种操作统计上是可以接受的。恢复电压应在隔离开关到达其完全分闸位置后保持10 s。

试验期间应进行下列测量：

——工频电源电压以及负载侧直流和瞬态过电压；

——电流；

——燃弧时间；

——电弧扩张的视频记录(目的是为了记录沿着隔离开关纵向看去的极端的垂直和水平电弧长度)。

注：如果试验在户外进行，应记录大气条件包括风的方向和速度、湿度、空气压力和温度。这些项目不需要修正。

H.6.108.7.2 试验期间隔离开关的性能

试验期间隔离开关应满足下列要求：

a) 隔离开关应在(一个或数个)动触头到达其完全分闸位置之前开断电流；

b) 三相试验时没有出现接地故障或相间故障。

H.6.108.7.3 试验后隔离开关的状态

试验后隔离开关应满足下列要求：

a) 认为外观检查足以验证机械部件和绝缘件基本处于和试验前一样的状态；

b) 主触头的状态，尤其在磨损、接触区、压力和运动自由度方面应该能够承载隔离开关的额定电流；

c) 试验后的主回路电阻值不应超出试验前的主回路电阻值的±10%；

d) 试验前后的动作时间应基本相同。

H.6.108.8 试验报告

所有试验的结果应记录在试验报告中。应包括足够的信息以便能够确认受试隔离开关的主要部件。

试验报告至少应包括下列信息：

a) 所进行的试验的典型示波图和类似记录；

b) 试验回路；

c) 试验电流；

d) 试验电压包括过电压；

e) 燃弧时间；

f) 在垂直和水平方向上电弧的极限长度；

g) CO 操作的次数；

h) 试验后主触头和弧触头状态的记录；

i) 试验顺序前后主回路的电阻值；

j) 试验前后的动作时间；

k) 大气条件：环境温度、空气压力、湿度以及如果在户外，风的方向和速度。

应包括隔离开关支架的一般信息。应记录试验期间所用的操动机构的类型。

附 录 I
（资料性附录）
空气绝缘隔离开关容性电流开合分析

容性电流开合是回路和电弧相互作用的事件，因重击穿和燃弧时间的不同严酷度也不一样。重击穿的严酷度用频率、电流以及过电压幅值来表述，取决于如图 I.1 容性电流开合回路中所示的电源侧电容（C_S）和负载侧电容（C_L）的相应值。

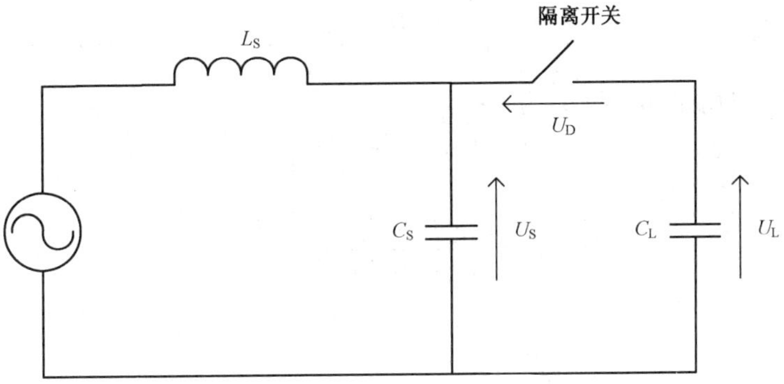

说明：

L_S ——短路电感；

C_S ——电源侧电容；

C_L ——负载侧电容；

U_S ——电源侧电压；

U_L ——负载侧电压；

U_D ——隔离开关两端的电压。

图 I.1 容性电流开合回路

典型的试验示波图如图 I.2 所示，其性能的解释如下。

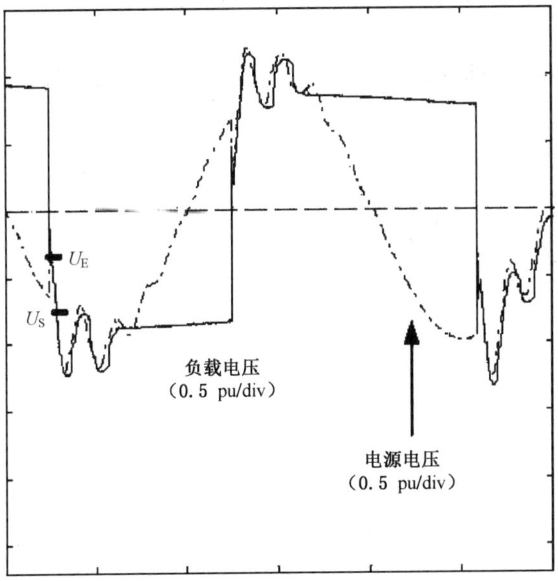

a） $C_S/C_L=2.5$

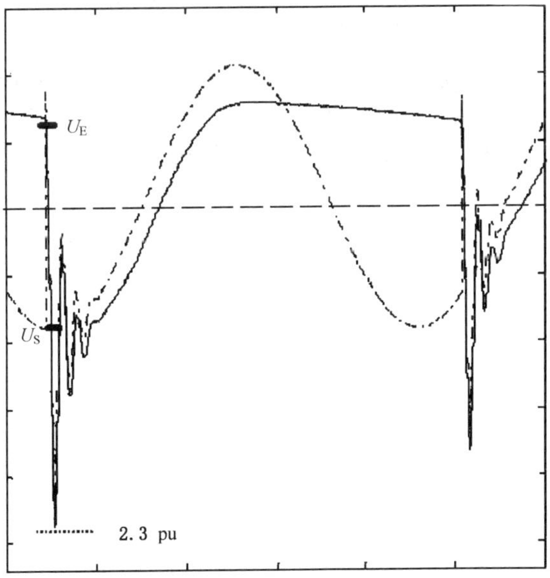

b） $C_S/C_L=0.04$

说明：

C_S ——电源侧电容；

C_L ——负载侧电容；

U_E ——均衡电压；

U_S ——电源侧电压。

图 I.2 电流为 2 A 以及 C_S/C_L 的比值为 2.5 和 0.04 时的试验示波图

当重击穿发生时，C_S 和 C_L 上的电压将首先均衡于 U_E（均衡电压）。取电源侧和负载侧电容上的电压为 U_S 和 U_L，相应的电荷为：

$$Q_S = U_S C_S$$

$$Q_L = U_L C_L$$

和

$$Q_{total} = U_S C_S + (-U_L C_L)$$

在重击穿和电荷重新分布后，U_E 由下式给出：

$$U_E = \frac{Q_{total}}{C_S + C_L}$$

或

$$U_E = \frac{U_S C_S - U_L C_L}{C_S + C_L} \quad \cdots\cdots\cdots\cdots(\text{I.1})$$

重击穿前隔离开关两端的电压 U_D 为：

$$U_D = U_S + U_L$$

将 U_L 代入式(I.1)中：

$$U_E = \frac{U_S C_S - C_L(U_D - U_S)}{C_S + C_L}$$

或

$$U_E = U_S - \frac{U_D}{1 + C_S/C_L} \quad \cdots\cdots\cdots\cdots(\text{I.2})$$

对地峰值过电压值 U_{OV} 由下式给出：

$$U_{OV} = U_S + \beta(U_S - U_E) \quad \cdots\cdots\cdots\cdots(\text{I.3})$$

这里，β 为衰减系数，其值小于 1。

用式(I.2)代入：

$$U_{OV} = U_S + \beta\left(\frac{U_D}{1 + C_S/C_L}\right) \quad \cdots\cdots\cdots\cdots(\text{I.4})$$

对比值 C_S/C_L 的关联性很明显且可以概括如下：

——$C_S/C_L>1$，U_S 和 U_E 之间的差就会小，由于注入电弧的能量较少，产生较低的 U_{OV} 和较短的燃弧时间[见图 I.2 a)]。

——$C_S/C_L<1$，U_S 和 U_E 之间的差就会大，由于注入电弧的能量较多，产生较高的 U_{OV} 和较长的燃弧时间[见图 I.2 b)]。

通过电弧流入 C_L 的重击穿电流 I_{LR} 用图 I.3 中的回路计算。

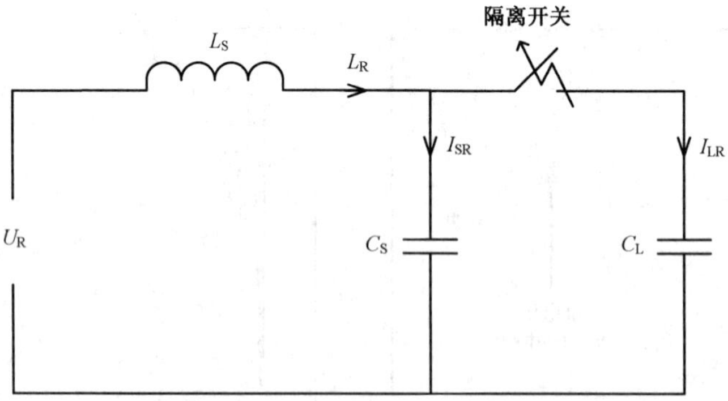

说明：

U_R ——电源侧电压；

L_S ——短路电感；

I_R ——电源电流；

I_{SR} ——流过电源侧电容的电流；

I_{LR} ——重击穿电流；

C_S ——电源侧电容；

C_L ——负载侧电容。

图 I.3 计算重击穿电流的回路

I_R 由下式给出：

$$I_R = \frac{U_R}{\sqrt{\frac{L_S}{C_S + C_L}}}$$

这里，$U_R = U_S - U_E$

$$I_{LR} = \frac{I_R}{\omega(C_S + C_L)} \times \omega C_L$$

$$= U_R \sqrt{\frac{C_S + C_L}{L_S}} \times \frac{C_L}{C_S + C_L}$$

$$= U_R \sqrt{\frac{C_L}{L_S}\left(\frac{1}{1 + C_S/C_L}\right)} \quad \cdots\cdots (I.5)$$

因此，I_{LR} 取决于 C_L、L_S 以及比值 C_S/C_L。式(I.4)和式(I.5)说明这些参数应在型式试验回路中正确地体现来获得有效的试验。

对于开合试验，取 $C_S/C_L = 0.1$ 代表了绝大多数的应用。L_S 数值的选取基于隔离开关所处的系统的故障水平等于隔离开关的额定短时耐受电流。

除了比值 C_S/C_L 和 L_S 的影响外，电弧也可能会呈现出趋向于增长燃弧时间的热特性。基于对现场和实验室试验的观察结果，燃弧时间的关联性可以概括如下：

——对于 1 A 及以下的电流，热效应不明显，且燃弧时间主要取决于耐受恢复电压时达到的最短隔离开关触头间隙和比值 C_S/C_L。

——对于大于 1 A 的电流，热效应显著，且燃弧时间除取决于耐受恢复电压时达到的最短隔离开关触头间隙和比值 C_S/C_L 外，还取决于电流的幅值。

——当 $C_S/C_L < 1$ 时，在任何电流下都可能出现最长燃弧时间，因此，在这种情况下需要给予适当的注意。

附 录 J
（资料性附录）
变电站空气绝缘设备的容性充电电流

变电站空气绝缘设备的典型容性充电电流值见表J.1、表J.2和表J.3。

表J.1 245 kV及以下的容性充电电流

设备类型	容性电流 A					
	72.5 kV		145 kV		245 kV	
	50 Hz	60 Hz	50 Hz	60 Hz	50 Hz	60 Hz
CT	≤0.04	≤0.04	≤0.04	≤0.04	≤0.04	≤0.04
CVT(4 000 pF)	0.05	0.06	0.11	0.13	0.18	0.21
母线(每米)	1.7×10^{-4}	2×10^{-4}	0.32×10^{-3}	0.39×10^{-3}	0.54×10^{-3}	0.65×10^{-3}

表J.2 300 kV～550 kV的容性充电电流

设备类型	容性电流 A					
	300 kV		420 kV		550 kV	
	50 Hz	60 Hz	50 Hz	60 Hz	50 Hz	60 Hz
CT	0.05	0.06	0.08	0.09	0.1	0.12
CVT(4 000 pF)	0.22	0.26	0.3	0.37	0.4	0.48
母线(每米)	0.66×10^{-3}	0.8×10^{-3}	0.84×10^{-3}	1.0×10^{-3}	1.1×10^{-3}	1.3×10^{-3}

表J.3 800 kV～1 200 kV的容性充电电流

设备类型	容性电流 A					
	800 kV		1 100 kV		1 200 kV	
	50 Hz	60 Hz	50 Hz	60 Hz	50 Hz	60 Hz
CT	≤0.15	≤0.18	TBD	TBD	TBD	TBD
CVT(5 000 pF)	0.72	0.87	1.0	1.2	1.1	1.3
母线(每米)	1.8×10^{-3}	2.2×10^{-3}	2.5×10^{-3}	3.0×10^{-3}	2.8×10^{-3}	3.3×10^{-3}
TBD＝有待确定。						

如果使用了光电式仪用互感器将会有与支柱绝缘子大约相同的电容，即大约50 pF，且相关的容性充电电流就可以忽略。

附 录 K
（资料性附录）
空气绝缘隔离开关容性电流开合的试验回路

认为图 K.1 中的基本的容性电流开合回路代表了短路阻抗 L_S 基于隔离开关的额定短时耐受电流时的真实情况。当隔离开关间隙重击穿时，重击穿电流基本上有三个分量：

a) 高频（HF）分量（用回路 C_S-隔离开关-L_{hf}-C_L 的实线环路表示）；

b) 中频（MF）分量（用回路 U_S-L_S-隔离开关-L_{hf}-C_L 的虚线环路表示）；

c) 工频（PF）分量（用回路 U_S-L_S-隔离开关-L_{hf}-C_L 的虚线环路表示）。

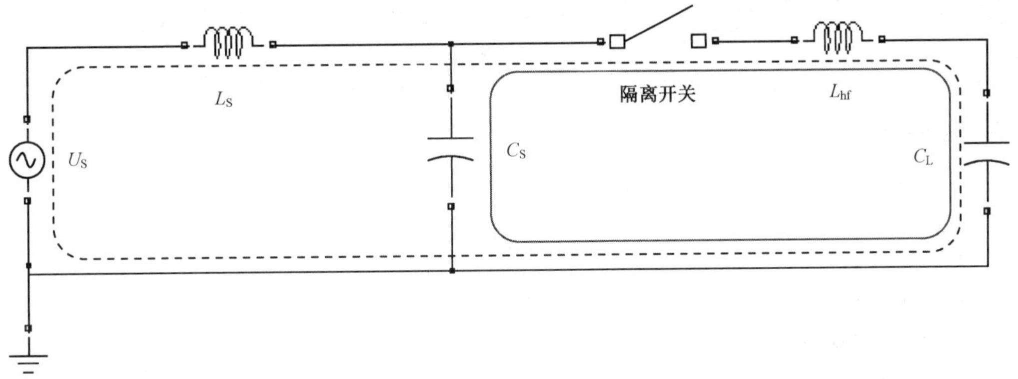

说明：

U_S ——电源侧电压；

L_S ——短路电感；

C_L ——负载侧电容；

L_{hf} ——C_S 和 C_L 环路的电感；

C_S ——电源侧电容。

图 K.1 基本的容性电流开合回路

这些电流决定了注入弧道的热能量、电弧的最终热量和间隙的最终恢复。这些分量中的每一个对热过程都有其自己的影响，就幅值和/或持续时间而论：HF（几个 kA，但持续时间很短）、MF（几百安培，持续时间较长）、PF（几安培，但持续时间长）。

但是，上述回路是不实用的，因为它意味着：电流只有几安培的试验应在电源非常强（必须能提供短时电流）的回路中进行。对于中等电压等级（>145 kV）都意味着此试验不可能进行。

作为替代，推荐的试验回路如图 K.2 所示。

本回路中，电源可以很弱（$L_{S2} \gg L_S$），而所有其他元件可以保持和原始回路的元件相同：$C_{S1} \cong C_S$，$C_{L1} \cong C_L$ 以及 $L_{S1} \cong L_S$。实际上，电容器 C_{P1}（中频电流时呈现低阻抗）使回路的（弱）电源部分与其相对地高的阻抗回路并联。

进行了模拟试验，比较了基本回路和三个 C_{P1} 值（1 000 nF，100 nF 和 10 nF）以及两个 C_{S1}/C_{L1}（0.1 和 1）值的替代回路。其六张图中的每一张如图 K.3 所示，实线是根据替代回路描绘的，虚线（用于比较）是根据基本回路描述的。六张图的每一张中的上面的图形为流过隔离开关的重击穿电流，下面的图形为正比于电弧供给间隙的能量的合成电流。

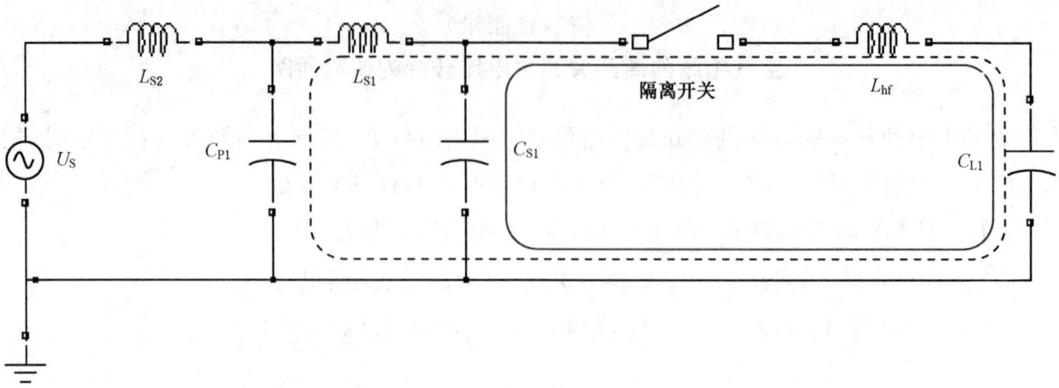

说明：

U_S ——电源侧电压；

L_{S2} ——试验电源侧电感；

C_{P1} ——试验电源侧电容；

C_{S1} ——电源侧电容；

C_{L1} ——负载侧电容；

L_{hf} ——C_S 和 C_L 环路的电感；

L_{S1} ——短路电感。

图 K.2　替代的试验回路

模拟针对额定电压 245 kV、容性电流 2 A（$C_L=45$ nF）。杂散电感 L_{hf}取 20 μH 且 $L_{S2}=5L_S$。认为电源在正峰值电压且负载在−100 kV 的残留电压处重燃。

各图的分析说明：

a) 粗略地，电弧能量的 50％由高频电流提供，而与电源回路无关且在非常短的时间内释放。

b) 在相对较长的时间内，其他 50％是由中频电流提供的，这取决于隔离开关在零点开断该电流的能力。因此，本部分取决于电源侧的拓扑学结构。

c) 在 C_{P1}数值大的情况下，基本回路和替代回路之间的等价性较好。

d) 近似于 5 倍 C_L 数值的 C_{P1}值可以很好地显示重击穿时的现象。

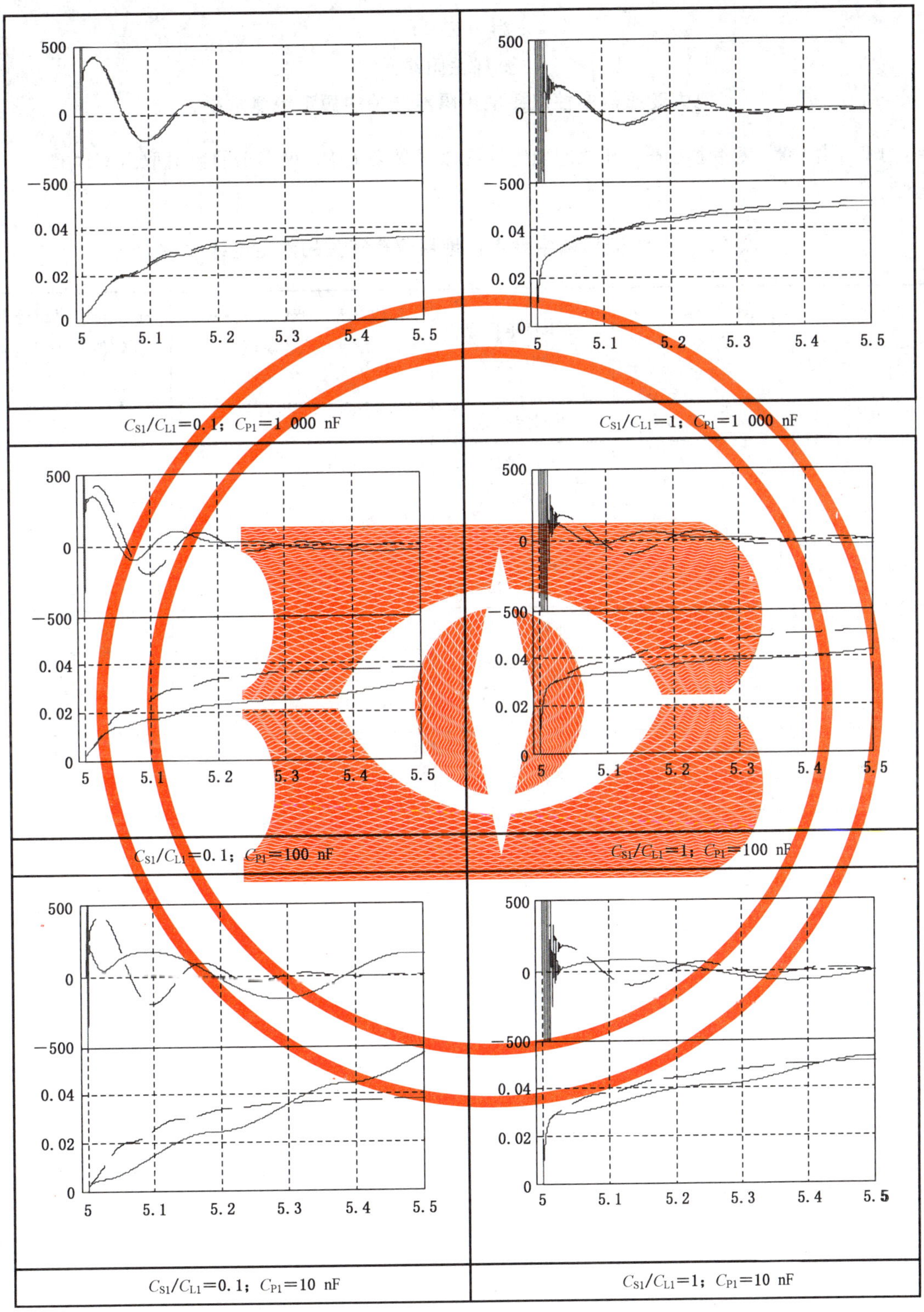

$C_{S1}/C_{L1}=0.1$；$C_{P1}=1\ 000$ nF

$C_{S1}/C_{L1}=1$；$C_{P1}=1\ 000$ nF

$C_{S1}/C_{L1}=0.1$；$C_{P1}=100$ nF

$C_{S1}/C_{L1}=1$；$C_{P1}=100$ nF

$C_{S1}/C_{L1}=0.1$；$C_{P1}=10$ nF

$C_{S1}/C_{L1}=1$；$C_{P1}=10$ nF

注：横轴的单位为 ms，纵轴的单位为 A。

图 K.3　基本回路（虚线）和替代回路（实线）的重击穿和合成电流

附　录　L
（资料性附录）
电力变压器中性点接地用隔离开关的额定绝缘水平

电力变压器中性点接地用隔离开关的额定绝缘水平见表 L.1。表 L.1 的数值取自 GB 311.1—2012 的表 6。

表 L.1　电力变压器中性点接地用隔离开关的额定绝缘水平

隔离开关的额定电压 U_r kV	系统标称电压（有效值） kV	变压器中性点接地方式	雷电冲击全波（1.2/50 μs）耐受电压（峰值） kV	1 min 工频耐受电压（有效值）（干试与湿试） kV
126	110	不固定接地	250	95
252	220	固定接地	185	85
		不固定接地	400	200
363	330	固定接地	185	85
		不固定接地	550	230
550	500	固定接地	185	85
		经小电抗接地	325	140
800	750	固定接地	185	85
1 100	1 000	固定接地	325	140
			185	85

附 录 M
（资料性附录）
本标准与 IEC 62271-102:2001+A1:2011 的技术性差异及其原因

表 M.1 给出了本标准与 IEC 62271-102:2001+A1:2011 的技术性差异及其原因。

表 M.1 本标准与 IEC 62271-102:2001+A1:2011 的技术性差异及其原因

本标准章条编号	技术性差异	原 因
1.1	将 IEC 62271-102:2001+A1:2011 的"电压 1 000 V 及以上"修改为"标称电压 3 000 V 及以上"	根据我国行业分工
	将 IEC 62271-102:2001+A1:2011 的"运行频率60 Hz 及以下"修改为"运行频率 50 Hz"	按照我国电网运行频率
3.4.101	注 2 中，修改了额定电压值，由 IEC 62271-102:2001+A1:2011 的 52 kV 修改为 40.5 kV	根据我国电力用户的使用需要
3.4.101.2	修改了 M1 级隔离开关的操作循环次数，由 IEC 62271-102:2001+A1:2011 的 2 000 次修改为 3 000 次	根据我国电力用户的使用需要
3.4.105.5	增加了"M1 级接地开关"的定义	根据我国制造和使用部门的需要
3.4.105.6	增加了"M2 级接地开关"的定义	根据我国制造和使用部门的需要
4.1	增加了"t)隔离开关小感性电流开合能力的额定值"	根据我国电力用户的使用需要
4.3	增加了"电力变压器中性点接地用隔离开关的额定绝缘水平"	为这种隔离开关的绝缘水平提供依据
4.103	表 3 中，修改了推荐的额定端子静态机械负荷；增加了额定电压 12 kV、24 kV、31.5 kV、40.5 kV 和 1 100 kV 推荐的额定端子静态机械负荷	根据我国电力用户的使用需要
4.104	修改了额定电压值，由 IEC 62271-102:2001+A1:2011 的 52 kV 修改为 40.5 kV	根据我国电力用户的使用需要
4.106	表 4 中，修改了 M1 级隔离开关的操作循环次数，由 IEC 62271-102:2001+A1:2011 的 2 000 次改为 3 000 次；纳入了 IEC 62271-102:2001+A1:2011 中的 M0 级接地开关的机械寿命分类，增加了 M1 级、M2 级接地开关的机械寿命分类	根据我国制造和使用部门的需要
4.108	增加了"空气绝缘的隔离开关小容性电流开合能力的额定值"	根据我国电力用户的使用需要
4.109	增加了本条款"隔离开关小感性电流开合能力的额定值"	与 4.1 中增加项 t)的目的相一致
5.10	表 6 中，增加了"接地开关的机械寿命等级"	与本标准增加 3.4.105.4、3.4.105.5 和 3.4.105.6 的目的一致
5.19	增加了本条款"X 射线发射"	与 GB/T 11022—2011 的 5.19 对应

表 M.1（续）

本标准章条编号	技术性差异	原　因
5.20	增加了本条款“腐蚀”	与 GB/T 11022—2011 的 5.20 对应
6.1.1	“GB/T 11022—2011 的 6.1.1 适用”，意味着增加了应进行型式试验的六项规定，并明确了其项 d）中要求的验证试验项目。这些在 IEC 62271-102：2001＋A1：2011 的 6.1 中未要求	贯彻 GB/T 11022—2011 需要
6.1.2	增加了隔离开关小感性电流开合能力试验	与 4.1 中增加项 t）的目的相一致
6.2.6	表 7 中，按附录 D 的规定，确定了额定电压 126 kV、252 kV 和 363 kV 的试验电压	这三个等级的额定电压与 IEC 62271-1：2007 的额定电压有差异
	表 7 中，增加了 1 100 kV 隔离开关的试验电压	为 1 100 kV 相关隔离开关提供试验依据
6.2.9	增加了户内隔离开关、接地开关的凝露试验	根据我国电力用户的使用需要
6.10	增加了该条内容	与 GB/T 11022—2011 的 6.10 对应
6.11	增加了该条内容	与 GB/T 11022—2011 的 6.11 对应
6.102.1、6.102.4.1、6.102.4.2、6.102.5 和 6.102.6	在涉及考核接地开关的段落中，将接地开关列入其中	弥补 IEC 62271-102：2001＋A1：2011 中，未明确接地开关如何进行操作和机械寿命试验的缺陷
6.102.4.2	增加了配备联锁的隔离开关和接地开关的验证要求	弥补 IEC 62271-102：2001＋A1：2011 中，对配备联锁的隔离开关和接地开关未规定联锁功能验证的缺陷
6.102.6	将 M1 级隔离开关机械寿命试验的操作循环次数由 2 000 次修改为 3 000 次	与 3.4.101.2 的修改相协调
6.108	增加了空气绝缘的隔离开关小容性电流开合试验	为这种隔离开关提供试验依据
6.109	增加了本条款“小感性电流开合试验”	为隔离开关的这种试验提供试验依据
8.102.1	增加了引用附录，比 IEC 62271-102：2001＋A1：2011 的内容增加了引用本标准附录 L	根据我国电力用户的使用需要
9.102.1	增加了“m）　接地开关的额定机械寿命（等级 M）”	与本标准增加 3.4.105.4、3.4.105.5 和 3.4.105.6 相对应
	增加了“p）　隔离开关小感性电流开合能力的额定值”	与本标准增加 4.109 相对应
11.2	增加了本条款“制造商的预防措施”	与 GB/T 11022—2011 的 11.2 对应
11.3	增加了本条款“用户的预防措施”	与 GB/T 11022—2011 的 11.3 对应
12	增加了本章“产品对环境的影响”	与 GB/T 11022—2011 的第 12 章对应
附录 B	修改了表 B.1 中的隔离开关的额定母线转换电压。增加了额定电压 40.5 kV 的额定母线转换电压	根据我国电力用户的使用需要

表 M.1（续）

本标准章条编号	技术性差异	原　因
附录 C	修改了表 C.1 中 B 类接地开关的额定感应电流和电压的标准值	根据我国电力用户的使用需要
	修改了表 C.2 中 B 类接地开关电磁感应电流开断试验恢复电压的标准值	与表 C.1 的修改相关
	修改了表 C.3 中额定电压 126 kV、252 kV B 类接地开关静电感应电流关合和开断试验的试验回路的电容（C_1）值	与表 C.1 的修改相关
C.6.107.8	增加了“接地开关在试验过程中出现的重击穿的次数不予考虑”的规定	明确重击穿的判据
附录 D	增加了项“c)”	明确 1 100 kV 的试验电压
E.6.1.2	修改了型式试验的类别	与 6.1.2 中型式试验的分类原则相一致
F.6.108.5.3	修改了表 F.2 中规定的母线充电电流	根据我国电力用户的使用需要
附录 H	增加了本附录“额定电压 126 kV 及以上空气绝缘隔离开关的容性电流开合能力”。额定电压 72.5 kV 空气绝缘隔离开关的容性电流开合能力不予规定	将 IEC/TR 62271-305:2009 的内容纳入本标准中
附录 I	增加了本附录“空气绝缘隔离开关容性电流开合分析”	将 IEC/TR 62271-305:2009 的内容纳入本标准中
附录 J	增加了本附录“变电站空气绝缘设备的容性充电电流”	
附录 K	增加了本附录“空气绝缘隔离开关容性电流开合的试验回路”	
附录 L	增加了本附录“电力变压器中性点接地用隔离开关的额定绝缘水平”	同 4.3

附　录　N
（资料性附录）
本标准与 IEC 62271-102:2001+A1:2011 和 IEC/TR 62271-305:2009 的章条编号对照

本标准与 IEC 62271-102:2001+A1:2011 相比，部分章条编号作了编辑性修改，增加了部分章条编号；本标准全面修改了 IEC/TR 62271-305:2009 的章条编号。具体章条编号对照情况见表 N.1。

表 N.1　本标准与 IEC 62271-102:2001+A1:2011 和 IEC/TR 62271-305:2009 的章条编号对照

本标准章条编号	对应的 IEC 62271-102:2001+A1:2011 章条编号	对应的 IEC/TR 62271-305:2009 章条编号
3.4.105.5	—	—
3.4.105.6	—	—
3.4.105.7	3.4.105.5	—
3.4.105.8	3.4.105.6	—
4.1	—	—
4.2	4.1	—
4.3	4.2	—
4.4	4.3	—
4.5	4.4	—
4.6	4.5	—
4.7	4.6	—
4.8	4.7	—
4.9	4.8	—
4.10	4.9	—
4.11	4.10	—
4.12	—	—
4.108	—	—
4.109	—	—
5.19	—	—
5.20	—	—
6.1	—	—
6.1.1	6.1	—
6.1.2	6.1.1	—
6.1.3	6.1.2	—
6.1.4	6.1.3	—
6.2.1	—	—
6.2.2	6.2.1	—

表 N.1（续）

本标准章条编号	对应的 IEC 62271-102:2001+A1:2011 章条编号	对应的 IEC/TR 62271-305:2009 章条编号
6.2.3	6.2.2	—
6.2.4	6.2.3	—
6.2.5	6.2.4	—
6.2.6	6.2.5	—
6.2.7	6.2.6	—
6.2.8	6.2.7	—
6.2.9	6.2.8	—
6.2.10	6.2.9	—
6.2.11	6.2.10	—
6.2.12	6.2.11	—
6.6.1	—	—
6.6.2	6.6.1	—
6.6.2.101	6.6.1.101	—
6.6.2.102	6.6.1.102	—
6.6.2.103	6.6.1.103	—
6.6.3	6.6.2	—
6.6.4	6.6.3	—
6.6.5	6.6.4	—
6.10	—	—
6.11	—	—
6.102.1	—	—
6.102.2	6.102.1	—
6.102.3	6.102.2	—
6.102.4	6.102.3	—
6.102.4.1	6.102.3.1	—
6.102.4.2	6.102.3.2	—
6.102.5	6.102.4	—
6.102.6	6.102.5	—
6.103.1	—	—
6.103.2	6.103.1	—
6.103.3	6.103.2	—
6.103.4	6.103.3	—
6.103.5	6.103.4	—

表 N.1（续）

本标准章条编号	对应的 IEC 62271-102:2001＋A1:2011 章条编号	对应的 IEC/TR 62271-305:2009 章条编号
6.103.5.1	6.103.4.1	—
6.103.5.2	6.103.4.2	—
6.104.1	—	—
6.104.2	6.104.1	—
6.104.3	6.104.2	—
6.109	—	—
7.1	—	—
7.2	7.1	—
7.3	7.2	—
7.4	7.3	—
7.5	7.4	—
7.6	7.5	—
9.1	—	—
10.1	—	—
10.2	10.1	—
10.3	10.2	—
10.4	10.3	—
10.5	10.4	—
11.1	—	—
11.2	—	—
11.3	—	—
11.4	11.1	—
11.5	11.2	—
11.6	11.3	—
11.7	11.4	—
12	—	—
B.4.104.1	B.4.106.1	—
B.4.104.2	B.4.106.2	—
C.3.4.105.9	C.3.4.105.4	—
C.3.4.105.10	C.3.4.105.5	—
C.4.105.1	C.4.107.1	—
C.4.105.2	C.4.107.2	—
C.6.107	C.6.105	—

表 N.1（续）

本标准章条编号	对应的 IEC 62271-102:2001+A1:2011 章条编号	对应的 IEC/TR 62271-305:2009 章条编号
C.6.107.1	C.6.105.1	—
C.6.107.2	C.6.105.2	—
C.6.107.3	C.6.105.3	—
C.6.107.4	C.6.105.4	—
C.6.107.5	C.6.105.5	—
C.6.107.6	C.6.105.6	—
C.6.107.6.1	C.6.105.6.1	—
C.6.107.6.2	C.6.105.6.2	—
C.6.107.7	C.6.105.7	—
C.6.107.8	C.6.105.8	—
C.6.107.9	C.6.105.9	—
C.6.107.10	C.6.105.10	—
E.3.7.130	E.3.7.129	—
E.3.7.131	E.3.7.130	—
E.3.7.132	E.3.7.131	—
E.3.7.133	E.3.7.132	—
E.4.3	E.4.2	—
E.4.12	E.4.10	—
E.5.107	E.5.105	—
E.5.108	E.5.106	—
E.5.109	E.5.107	—
E.6.1.2	E.6.1.1	—
E.6.2.10	E.6.2.9	—
E.6.6.2.101	E.6.6.1.101	—
E.6.102.4	E.6.102.3	—
E.6.110	E.6.109	—
E.6.111	E.6.110	—
E.9.102.1	E.9.102.2	—
F.3.7.134	F.3.7.133	—
F.3.7.135	F.3.7.134	—
F.6.108.1	F.6.1	—
F.6.108.2	F.6.2	—
F.6.108.3	F.6.3	—
F.6.108.4	F.6.4	—
F.6.108.5	F.6.5	—

表 N.1（续）

本标准章条编号	对应的 IEC 62271-102:2001+A1:2011 章条编号	对应的 IEC/TR 62271-305:2009 章条编号
F.6.108.5.1	F.6.5.1	—
F.6.108.5.1.1	F.6.5.1.1	—
F.6.108.5.2	F.6.5.2	—
F.6.108.5.3	F.6.5.3	—
F.6.108.6	F.6.6	—
F.6.108.7	F.6.7	—
F.6.108.8	F.6.8	—
F.6.108.9	F.6.9	—
F.6.108.10	F.6.10	—
附录 H	—	正文
H.1	—	—
H.1.1	—	1
—	—	2
—	—	3
H.1.2	—	4
H.6	—	5
H.6.108.1	—	5.1
H.6.108.2	—	5.2
H.6.108.3	—	5.3
H.6.108.4	—	5.4
H.6.108.5	—	5.5
H.6.108.6	—	5.6
H.6.108.7	—	5.7
H.6.108.7.1	—	5.7.1
H.6.108.7.2	—	5.7.2
H.6.108.7.3	—	5.7.3
H.6.108.8	—	5.8
附录 I	—	附录 A
附录 J	—	附录 B
附录 K	—	附录 C
附录 L	—	—
附录 M	—	—
附录 N	—	—

ICS 77.160
H 71

中华人民共和国国家标准

GB/T 2085.4—2014

铝粉　第4部分：氮气雾化铝粉

Aluminum powder—Part 4：Nitrogen atomized aluminum powder

2014-06-09 发布　　2014-12-01 实施

中华人民共和国国家质量监督检验检疫总局
中国国家标准化管理委员会　发布

前　言

GB/T 2085《铝粉》分为四个部分：

——第1部分：空气雾化铝粉；

——第2部分：球磨铝粉；

——第3部分：粉碎铝粉；

——第4部分：氮气雾化铝粉。

本部分为GB/T 2085—2014的第4部分。

本部分按照GB/T 1.1—2009给出的规则起草。

本部分由全国有色金属标准化技术委员会(SAC/TC 243)归口。

本部分负责起草单位：湖南金天铝业高科技股份有限公司。

本部分参加起草单位：东北轻合金有限责任公司、东营金茂铝业高科技有限公司、新疆众和股份有限公司、广亚铝业有限公司、佛山市南海彩士乐粉末涂料有限公司、佛山市顺德区德福生金属粉末有限公司、时力粉末涂料有限公司。

本部分主要起草人：李清洲、石金光、胡大君、谭碧海、胥福顺、石广福、谢国安、陈永鸿、柳国彪、吴庆松、洪涛、刘大立、朱汉亭。

铝粉　第4部分:氮气雾化铝粉

1　范围

GB/T 2085 的本部分规定了氮气雾化铝粉(以下简称“铝粉”)的要求、试验方法、检验规则、标志、包装、运输、贮存及质量证明书与订货单(或合同)等内容。

本部分适用于以氮气雾化法生产的供晶体硅太阳能电池背场铝浆、铝颜料、耐火材料、复合钢管、氮化铝陶瓷材料等使用的铝粉。

2　规范性引用文件

下列文件对于本文件的应用是必不可少的。凡是注日期的引用文件,仅注日期的版本适用于本文件。凡是不注日期的引用文件,其最新版本(包括所有的修改单)适用于本文件。

GB 190　危险货物包装标志

GB/T 3199　铝及铝合金加工产品　包装、标志、运输、贮存

GB/T 4456　包装用聚乙烯吹塑薄膜

GB/T 5314　粉末冶金用粉末　取样方法

GB 12463　危险货物运输包装通用技术条件

GB/T 20975(所有部分)　铝及铝合金化学分析方法

SN/T 0370.3　出口危险货物包装检验规程　第3部分:使用鉴定

YS/T 617.1　铝、镁及其合金粉理化性能测定方法　第1部分　活性铝、活性镁、活性铝镁量的测定　气体容量法

YS/T 617.7　铝、镁及其合金粉理化性能测定方法　第7部分　粒度分布的测定　激光散射/衍射法

YS/T 871　高纯铝化学分析方法　痕量杂质元素的测定　辉光放电质谱法

3　术语和定义

下列术语和定义适用于本文件。

3.1

粒度集中系数　granularity concentrate coefficient

粉体粒度分布特性指标。粒度集中系数越小表示粉体颗粒大小越均匀,粒度集中系数越大表示粉体颗粒大小相差越大。

粒度集中系数按式(1)计算:

$$S=\frac{X_{90}-X_{10}}{X_{50}} \quad \cdots\cdots(1)$$

式中:

S　——粒度集中系数;

X_{90}——负累计粒度分布曲线上对应体积分数为90%的粒径,单位为微米(μm);

X_{10}——负累计粒度分布曲线上对应体积分数为10%的粒径,单位为微米(μm);

X_{50}——中位径或中值径，即负累计粒度分布曲线上对应体积分数为 50 %的粒径，单位为微米（μm）。

3.2

结团 agglomerate

颗粒相互粘结形成的不易分散的团块现象。

4 要求

4.1 产品分类

铝粉按中位径和粒度集中系数划分为 38 个牌号，见表 1。牌号采用“FLPN”加三位（或二位）数字、加小数点、再加一位数字的形式表示。“FLPN”为氮气雾化铝粉的标识代号；小数点和其前后的两位数字代表粒度集中系数上限（“0.0”代表无上限要求），其余的数字代表铝粉中位径。

4.2 粒度分布

铝粉中位径、粒度集中系数要求见表 1。需方对中位径、粒度集中系数有特殊要求时，由供需双方协商确定，并在订货单（或合同）中注明。

表 1 牌号和粒度分布

牌号	中位径 X_{50}/μm	粒度集中系数 S
FLPN320.0	≥32	—
FLPN291.1	29±3	<1.1
FLPN291.6		<1.6
FLPN290.0		≥1.6
FLPN251.1	25±1	<1.1
FLPN251.6		<1.6
FLPN250.0		≥1.6
FLPN221.1	22±1	<1.1
FLPN221.6		<1.6
FLPN220.0		≥1.6
FLPN201.1	20±1	<1.1
FLPN201.5		<1.5
FLPN200.0		≥1.5
FLPN181.1	18±1	<1.1
FLPN181.5		<1.5
FLPN180.0		≥1.5
FLPN161.1	16±1	<1.1
FLPN161.5		<1.5
FLPN160.0		≥1.5

表 1（续）

牌号	中位径 X_{50}/μm	粒度集中系数 S
FLPN141.4	14±1	<1.4
FLPN141.7		<1.7
FLPN140.0		≥1.7
FLPN101.4	10±1	<1.4
FLPN101.7		<1.7
FLPN100.0		≥1.7
FLPN81.5	8±1	<1.5
FLPN81.7		<1.7
FLPN80.0		≥1.7
FLPN61.7	6±1	<1.7
FLPN61.8		<1.8
FLPN60.0		≥1.8
FLPN41.7	4.5±0.5	<1.7
FLPN41.8		<1.8
FLPN40.0		≥1.8
FLPN31.7	3.5±0.5	<1.7
FLPN30.0		≥1.7
FLPN21.7	2±1.0	<1.7
FLPN20.0		≥1.7

4.3 化学成分

铝粉的化学成分应符合表 2 的规定。

表 2 化学成分

牌号	活性铝/% 不小于	杂质含量(质量分数)/% 不大于										
		Fe	Cu	Si	Sb	As	Ba	Cd	Cr	Pb	Hg	Se
FLPN21.7、FLPN20.0	97.0	0.12	0.015 0	0.10	0.001 0	0.001 0	0.025 0	0.001 5	0.002 5	0.002 5	0.001 0	0.005 0
其他	98.0											

4.4 外观质量

4.4.1 铝粉呈银灰色或灰色，球形颗粒状。

4.4.2 铝粉应无杂物和结团现象。

5 试验方法

5.1 粒度分布按 YS/T 617.7 的规定进行测定。

5.2 化学成分中活性铝按 YS/T 617.1 的规定进行测定。Fe、Cu、Si、Sb、Cd、Cr、Pb 、As、Hg 等元素测定按 GB/T 20975 规定的方法进行测定。Ba、Se 元素测定按 YS/T 871 规定的方法进行。

5.3 铝粉颜色以目视法判定,球形形状用 100 倍的放大镜检测。

6 检验规则

6.1 检查和验收

6.1.1 产品应由供方进行检验,保证产品质量符合本部分及订货单(或合同)的规定,并填写质量证明书。

6.1.2 需方应对收到的产品按本部分的规定进行检验。检验结果与本部分及订货单(或合同)的规定不符时,应自收到产品之日起 45 天内以书面形式向供方提出,由供需双方协商解决。如需仲裁,可委托供需双方认可的单位进行,并在需方共同取样。

6.2 组批

产品应成批提交验收,每批应由同一牌号和规格的产品组成。每批重量应不大于 5 t。如需方对批重有特殊要求,由供需双方协商,并在订货单(或合同)中注明。

6.3 取样和制样

6.3.1 取样

产品取样应按照 GB/T 5314 的规定进行。

6.3.2 制样

将所取样品混匀,用四分法缩分出不少于 250 g 的平均试样。将平均试样分成两等份,一份供检验分析用,另一份封装于密闭的容器中交实验室封存供备查,试样保存期为 6 个月。

6.4 检验项目

每批产品出厂前应进行中位径 X_{50}、粒度集中系数 S、化学成分(Sb、As、Ba、Cd、Cr、Pb、Hg、Se 元素含量除外)、外观质量的检验,需方要求对其他项目进行检验时,应在订货单(或合同)中注明。

6.5 检验结果判定

6.5.1 任一试样的化学成分不合格时,产品能区分批次的,则判该试样代表的批次不合格,其他批次依次检验,合格者交货。不能区分批次的,则判该批产品不合格。

6.5.2 中位径 X_{50}、粒度集中系数 S、外观质量检验结果不合格时,应从该批产品(包括该不合格试样代表的那件产品)中另取双倍数量的试样进行重复试验。重复试验结果全部合格,则判该批产品合格。若重复试验结果中仍有试样不合格,则判该批产品不合格。

7 包装、运输、贮存和标志

7.1 包装

7.1.1 产品包装要求应符合 GB 12463 的规定。

7.1.2 用户有特殊要求时，产品包装可采用 SN/T 0370.3 的规定，但需在订货单(或合同)中注明。

7.1.3 铝粉采用金属容器或塑料编织袋内衬塑料袋复合包装，铝粉中位径 X_{50} 不大于 11 μm 时，外包装应采用金属容器。

7.1.4 内、外包装应封闭严密，完整无损。外包装为金属容器时，每件净重量不宜超过 200 kg。外包装为塑料编织袋时，每件净重量不宜超过 50 kg。

7.1.5 铝粉采用密封性能好的塑料袋作为内包装。塑料袋用聚乙烯制造，膜厚不应小于 0.1 mm。塑料袋接缝和封口处应热合牢固，无硬伤、孔洞、污垢，其物理机械性能符合 GB/T 4456 的规定。

7.1.6 外包装用塑料编织袋应防水、防撒漏，内粘塑料薄膜。

7.1.7 外包装用金属容器应做好防锈处理，其内、外表面应干燥、光滑、无毛刺、无破损，性能应符合 GB 12463的要求。

7.1.8 需方对产品包装有其他特殊要求时，由供需双方协商确定，并在订货单(或合同)中注明。

7.2 运输和贮存

7.2.1 铝粉包装件在装卸、运输作业时，应轻装轻卸，不得摔、碰、撞、击、拖拉、倾倒和滚动。不准许与火种接近。

7.2.2 铝粉应防水，用棚(篷)车或集装箱运输，车辆应采取防静电措施。

7.2.3 铝粉应贮存在通风、干燥的库房内，不应与氧化剂、酸类、碱类混合贮存，并避免阳光直晒。

7.3 标志

7.3.1 在每件包装上用油漆或其他不易褪色的颜料注明：

a) 生产厂名称；
b) 产品牌号；
c) 批号；
d) 毛重和净重；
e) 本部分编号；
f) 生产日期；
g) “易燃”“防潮”字样。

7.3.2 每批产品应附质量证明书，注明：

a) 供方名称；
b) 产品名称；
c) 产品牌号；
d) 批号；
e) 件数和净重；
f) 检验结果；
g) 本部分编号；
h) 生产日期。

7.4 其他要求

其他包装、运输、贮存和标志要求按 GB/T 3199 的规定执行，危险货物标志应符合 GB 190 的规定。

8 订货单(或合同)内容

订购本部分所列产品的订货单(或合同)内应包括下列内容：

a） 产品名称；

b） 牌号；

c） 重量；

d） 本部分编号；

e） 特殊批重要求；

f） 特殊包装要求；

g） 是否需要检测 Sb、As、Ba、Cd、Cr、Pb、Hg、Se 元素含量；

h） 其他特殊要求。

ICS 71.100.01;87.060.10
G 55

中华人民共和国国家标准

GB/T 2383—2014
代替 GB/T 2383—2003

粉状染料　筛分细度的测定

Powder dyes—Determination of fineness by sieve analysis

2014-07-08 发布　　2014-12-01 实施

中华人民共和国国家质量监督检验检疫总局
中国国家标准化管理委员会　发布

前 言

本标准按照 GB/T 1.1—2009 给出的规则起草。

本标准代替 GB/T 2383—2003《染料　筛分细度的测定》，与 GB/T 2383—2003 相比，主要技术变化如下：

——标准名称修改为《粉状染料　筛分细度的测定》(见标准名称，2003 年版的标准名称)；

——增加了引用标准(见第 2 章)；

——增加了原理(见第 3 章)；

——增加了振动筛法(见 5.2)；

——增加计算结果修约规则内容(见 5.3)；

——修改了试验报告的内容(见第 6 章，2003 年版的第 5 章)。

本标准由中国石油和化学工业联合会提出。

本标准由全国染料标准化技术委员会(SAC/TC 134)归口。

本标准起草单位：大连理工大学、沈阳化工研究院有限公司、国家染料质量监督检验中心。

本标准主要起草人：彭孝军、杨振梅、姬兰琴、王勇。

本标准所代替标准的历次版本发布情况为：

——GB/T 2383—1980、GB/T 2383—2003。

粉状染料 筛分细度的测定

1 范围

本标准规定了粉状染料筛分细度(简称细度)的测定方法。

本标准适用于各类粉状有机染料筛分细度的测定。

2 规范性引用文件

下列文件对于本文件的应用是必不可少的。凡是注日期的引用文件,仅注日期的版本适用于本文件。凡是不注日期的引用文件,其最新版本(包括所有的修改单)适用于本文件。

GB/T 2374—2007 染料 染色测定的一般条件规定

GB/T 8170—2008 数值修约规则与极限数值的表示方法和判定

3 原理

粉状染料经过一定规格的标准筛过筛后,以残余物的质量分数来表示筛分细度。

4 仪器和设备

所用设备应符合GB/T 2374—2007中第4章的规定,包括:

a) 分析天平:感量不大于0.000 1 g;

b) 标准筛:符合测试规定孔径的标准筛;

c) 自动标准振筛机:摇动频率221次/min,振动频率147次/min,回转半径12.5 mm,振幅5 mm。

5 分析步骤

5.1 手筛法

称取试样约10 g(精确至0.001 g),在规定孔径的标准筛上振动过筛,然后用软毛刷轻刷直至放在标准筛下面的白纸在30 s内无细粒落下为止。收集筛子上的残余染料,称量(精确至0.000 1 g)。

5.2 振动筛法

称取试样约10 g(精确至0.001 g),置于与接收盘吻合的规定孔径的标准筛中,盖上盖子,将试验筛安装在自动标准振筛机上振摇。10 min后关闭振筛机,让粉尘沉降数秒钟后揭开筛盖,用软毛刷清扫所有堵塞筛眼的物料,收集筛子上的残余染料,称量(精确至0.000 1 g)。

5.3 计算

筛分细度 w 以质量分数(%)表示,按式(1)计算:

$$w = \frac{m_1}{m_0} \times 100\% \qquad \cdots\cdots(1)$$

式中：

m_1——样品过筛后残余物的质量，单位为克(g)；

m_0——样品的质量，单位为克(g)。

计算结果按 GB/T 8170—2008 中第 3 章的规定，修约到小数点后一位。

6 试验报告

试验报告包括以下内容：

a) 被测染料的名称；

b) 本标准编号；

c) 标准筛的孔径；

d) 试验方法；

e) 测试结果；

f) 在测试过程中的特殊情况；

g) 与本方法的差异；

h) 试验日期。

ICS 71.100.01;87.060.10
G 55

中华人民共和国国家标准

GB/T 2386—2014
代替 GB/T 2386—2006

染料及染料中间体　水分的测定

Dyestuffs and intermediate of dyes—Determination of moisture content

2014-07-08 发布　　2014-12-01 实施

中华人民共和国国家质量监督检验检疫总局
中国国家标准化管理委员会　发布

前　言

本标准按照 GB/T 1.1—2009 给出的规则起草。

本标准代替 GB/T 2386—2006《染料及染料中间体　水分的测定》，与 GB/T 2386—2006 相比，主要技术变化如下：

——修改了结果的保留精度（见 3.1、3.2、3.3，2006 年版的 3.1、3.2、3.3）；

——增加了快速烘干法（见 3.2.2）；

——修改了试验报告内容（见第 4 章，2006 年版的第 4 章）。

本标准由中国石油和化学工业联合会提出。

本标准由全国染料标准化技术委员会（SAC/TC 134）归口。

本标准起草单位：金华双宏化工有限公司、沈阳化工研究院有限公司、国家染料质量监督检验中心。

本标准主要起草人：马君庆、徐建成、章国栋、杨振梅。

本标准所代替标准的历次版本发布情况为：

——GB 2386—1980、GB/T 2386—2003、GB/T 2386—2006；

——GB/T 13753—1992。

染料及染料中间体　水分的测定

1　范围

本标准规定了染料及染料中间体水分的测定方法。

本标准适用于各类染料、染料中间体水分的测定，其中卡尔·费休法及卡尔·费休改良法适用于染料及染料中间体中微量水分的测定，但不适用于能与卡尔·费休试剂的主要成分反应并生成水的样品以及能还原碘或氧化碘化物样品中水分的测定。

2　规范性引用文件

下列文件对于本文件的应用是必不可少的。凡是注日期的引用文件，仅注日期的版本适用于本文件。凡是不注日期的引用文件，其最新版本(包括所有的修改单)适用于本文件。

GB/T 2374—2007　染料　染色测定的一般条件规定

GB/T 8170—2008　数值修约规则与极限数值的表示方法和判定

3　试验方法

3.1　溶剂抽提法

3.1.1　试剂

试剂应符合如下要求：

a)　甲苯：化学纯。

b)　二甲苯：化学纯。

3.1.2　仪器和设备

所用设备应符合 GB/T 2374—2007 中第 4 章的规定，设备包括：

a)　架盘天平：感量不大于 0.1 g。

b)　水分测定器，结构见图 1。

3.1.3　测定步骤

在清洁、干燥的水分测定器的蒸馏瓶中放入被测试染料样品 20 g～50 g(精确至 0.1 g)，加入 100 mL～125 mL 用水饱和过的甲苯或二甲苯，将蒸馏瓶与刻度帽及冷凝器连接后，置于加热浴中加热，使甲苯或二甲苯沸腾回流，控制回流速度，使冷凝液以每秒钟 2～5 滴的速度从冷凝管末端滴下。当刻度帽中水的体积不再增加、上层溶液变为透明时，则停止加热，冷却 30 min，从刻度帽中读出水的体积；若上层溶液呈现浑浊，则将接受管放入温水中，使其澄清，然后冷却到室温读数；若冷凝管内壁沾有水滴，可加大火焰或增加电压，加热数分钟，把水滴冲进接受器，然后冷却到室温读数。仍无效，就用金属丝或细玻璃棒带有橡皮或塑料头的一端，把冷凝器内壁的水滴刮入接受器中，然后冷却到室温读数。

另做一平行空白试验：在清洁、干燥的蒸馏瓶中加入 100 mL～125 mL 用水饱和过的甲苯或二甲苯，另用移液管加入 0.50 mL 蒸馏水，以下操作与试样处理相同，最后从刻度帽中读出水的体积。

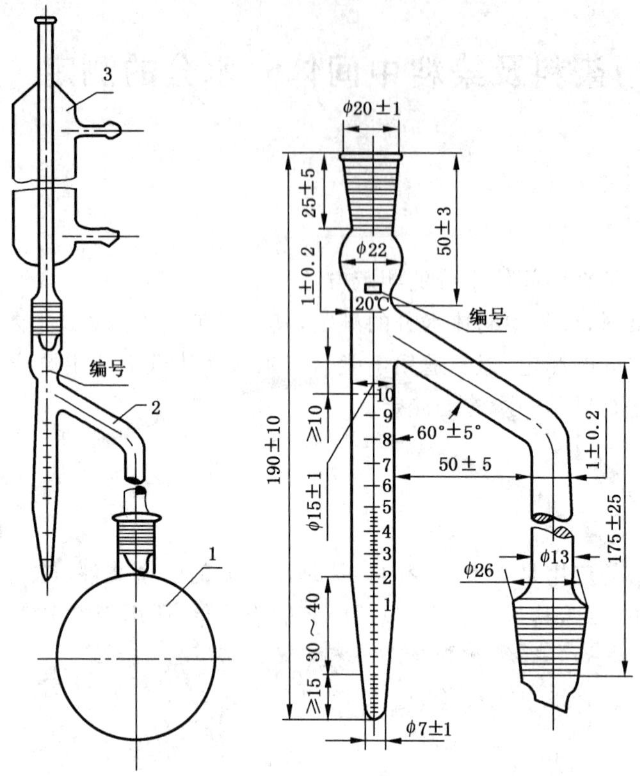

说明：
1——蒸馏瓶；
2——接受器；
3——冷凝管。

图 1 水分测定器的结构图

3.1.4 结果计算

水分含量 w 以质量分数计,数值用%表示,按式(1)计算：

$$w=\frac{V-(V_1-V_0)}{m}\times 100\% \quad \cdots\cdots(1)$$

式中：
w ——水分的质量分数,%；
V_0 ——空白试验时另加的蒸馏水体积,单位为毫升(mL)；
V_1 ——空白试验时蒸出水的体积,单位为毫升(mL)；
V ——测试样时蒸出水的体积,单位为毫升(mL)；
m ——试样质量,单位为克(g)。

注：水在室温的相对密度数值可以视为1,因此用水的毫升数作为水的克数。

计算结果按 GB/T 8170—2008 中第3章的规定,修约到小数点后一位。

3.2 烘干法

3.2.1 恒量法(仲裁检验方法)

3.2.1.1 仪器和设备

所用设备应符合 GB/T 2374—2007 中第4章的规定,设备包括：

a) 称量瓶；
b) 分析天平：感量不大于 0.000 1 g；
c) 烘箱：灵敏度能控制在±2 ℃，装有温控装置；
d) 干燥器：内盛适当的干燥剂。

3.2.1.2 测定步骤

3.2.1.2.1 确定试样量

根据被测试样的水分含量来确定试样的质量(g)，见表 1。

表 1 推荐使用水分含量和试样量对应关系

水分含量(质量分数) %	试样量 g
0.01～0.1	≥10
0.1～1.0	10～5
1.0～10	5～1
>10	1

3.2.1.2.2 确定烘干温度

除另有规定外，试样的烘干温度一般规定为 100 ℃～105 ℃。特殊产品，烘干温度可根据产品性质，在相应产品标准中另行规定。

3.2.1.2.3 测定

用已恒量的扁形称量瓶(干燥方法同试样，恒量误差±0.000 4 g)称取试样适量(精确至 0.000 2 g)，置于烘箱中，于 100 ℃～105 ℃或根据试样的性质于相应产品标准中所规定温度下烘至恒量(恒量误差±0.000 4 g)。

3.2.1.3 结果计算

水分含量 w 以质量分数计，数值用%表示，按式(2)计算：

$$w=\frac{m_2-m_1}{m}\times 100\% \qquad \cdots\cdots(2)$$

式中：
w ——水分的质量分数，%；
m_2 ——干燥前称量瓶连同试样的质量，单位为克(g)；
m_1 ——干燥后称量瓶连同试样的质量，单位为克(g)；
m ——试样质量，单位为克(g)。
计算结果按 GB/T 8170—2008 中第 3 章的规定，修约到小数点后一位。

3.2.2 快速法

3.2.2.1 仪器和设备

所用设备应符合 GB/T 2374—2007 中第 4 章的规定，设备包括：

a） 称量瓶；

b） 分析天平：感量不大于0.000 1 g；

c） 烘箱：灵敏度能控制在±2 ℃，装有温控装置；

d） 干燥器：内盛适当的干燥剂。

3.2.2.2 测定步骤

称量瓶在100 ℃～105 ℃的烘箱中烘干2 h，在干燥器中冷却30 min后称取称量瓶质量m_1。然后，把1 g～5 g染料试样加入到称量瓶中，再称取称量瓶和试样的总质量m_2。然后把称量瓶放置于100 ℃～105 ℃的烘箱中烘干2 h。在干燥器中冷却30 min后称取干燥后称量瓶和试样的总质量m_3。所有称量应精确到0.000 1 g。

3.2.2.3 结果计算

水分含量w以质量分数计，数值用%表示，按式(3)计算：

$$w=\frac{m_2-m_3}{m_2-m_1}\times 100\% \qquad (3)$$

式中：

w ——水分的质量分数，%；

m_2——干燥前称量瓶连同试样的质量，单位为克(g)；

m_3——干燥后称量瓶连同试样的质量，单位为克(g)；

m_1——称量瓶质量，单位为克(g)。

计算结果按GB/T 8170—2008中第3章的规定，修约到小数点后一位。

3.3 真空干燥法

3.3.1 试剂和材料

浓硫酸(或灼烧过的氯化钙)。

3.3.2 仪器

所用设备应符合GB/T 2374—2007中第4章的规定，设备包括：

a） 称量瓶；

b） 分析天平：感量不大于0.000 1 g；

c） 真空干燥器。

3.3.3 测定步骤

用已恒量的扁形称量瓶(干燥方法同试样，恒量误差±0.000 4 g)称取磨细的试样约5 g～10 g(精确至0.000 2)，置于放浓硫酸(或灼烧过的氯化钙)的真空干燥器中，抽真空干燥至恒量(恒量误差±0.000 4 g、真空度为9.33×10^4 Pa～9.46×10^4 Pa)。

3.3.4 结果计算

水分含量w以质量分数计，数值用%表示，按式(4)计算：

$$w=\frac{m_2-m_1}{m}\times 100\% \qquad (4)$$

式中：

w ——水分的质量分数，%；

m_2——干燥前称量瓶连同试样的质量，单位为克(g)；

m_1——干燥后称量瓶连同试样的质量，单位为克(g)；

m ——试样质量，单位为克(g)。

计算结果按 GB/T 8170—2008 中第 3 章的规定，修约到小数点后一位。

3.4 卡尔·费休法及卡尔·费休改良法

3.4.1 原理

卡尔·费休试剂(碘、二氧化硫、吡啶和甲醇组成的溶液)能与试样中的水分定量反应，反应式如下：

$$H_2O+I_2+SO_2+3C_5H_5N \rightarrow 2C_5H_5N \cdot HI+C_5H_5N \cdot SO_3$$

$$C_5H_5N \cdot SO_3+CH_3OH \rightarrow C_5H_5N \cdot OSO_2 \cdot OCH_3$$

以合适的溶剂溶解样品，用已知滴定度的卡尔·费休试剂滴定，即可测出样品中的水分。

卡尔·费休试剂可购买，如 KFR-06 无吡啶卡尔·费休试剂，也可按 3.4 制备。

3.4.2 试剂与材料

3.4.2.1 甲醇

分析纯。

3.4.2.2 乙二醇甲醚

分析纯，500 mL 乙二醇甲醚中加入约 50 g 分子筛，塞上瓶塞，放置过夜，吸取上层清液使用。

3.4.2.3 吡啶

分析纯。

3.4.2.4 三氯甲烷

分析纯。

3.4.2.5 样品溶剂

样品溶剂应符合如下要求：

a) 4 体积甲醇和 1 体积吡啶混合；

b) 4 体积乙二醇甲醚和 1 体积吡啶混合；

c) 1 体积甲醇和 3 体积三氯甲烷混合。

除以上几种混合溶剂外，还可根据具体样品选择适当的溶剂。

3.4.2.6 卡尔·费休试剂

3.4.2.6.1 二氧化硫处理：用硫酸分解无水亚硫酸钠制取或使用钢瓶装二氧化硫，均需经干燥脱水处理。二氧化硫发生装置参见附录 A。

3.4.2.6.2 卡尔·费休试剂的制备：取 85 g 碘于干燥的 1 L 具塞棕色瓶中，加入 670 mL 甲醇，盖上瓶塞，摇荡至碘全部溶解，再加入 270 mL 吡啶混匀，缓慢通入上述二氧化硫约 65 g 于此溶液中(略有过量也无妨)，通二氧化硫时应用冰水浴冷却，使溶液温度不超过 20 ℃。试剂应放置暗处至少 24 h 后使用，应避免大气中湿气的影响。新配制的试剂滴定度为 3 mg/mL～4 mg/mL。若使用甲醇制备，滴定度需使用前标定、当日有效；若使用乙二醇甲醚制备，可按时标定。

3.4.2.7 卡尔·费休改良试剂(改良法用)

取63 g碘于干燥的1 L具塞棕色瓶中,加入600 mL甲醇,25 g无水碘化钠(于120 ℃烘箱中干燥2 h)和85 g无水乙酸钠(在120 ℃烘箱中干燥2 h),盖上瓶塞,摇荡至碘及盐类全部溶解(甲液)。

通二氧化硫于用冰水浴冷却的甲醇中,使每升甲醇含有256 g二氧化硫(乙液),通二氧化硫时溶液温度不超过20 ℃。

加90 mL乙液(含23 g二氧化硫)或直接通23 g二氧化硫气体于甲液中,再用甲醇稀释至1 L,置于暗处备用,应避免大气中湿度的影响。

新配置好的试剂滴定度为3.5 mg/mL～4.5 mg/mL,需逐日标定。

3.4.2.8 干燥剂

干燥剂应符合如下要求:

a) 5 A分子筛:ϕ3 mm～ϕ5 mm颗粒,在500 ℃下活化2 h后,置干燥器中备用。
b) 活性硅胶:用作填充干燥剂。
c) 硅酮润滑脂:润滑磨砂玻璃接头用。

3.4.3 仪器及装置

3.4.3.1 水分测定仪:测定装置参见附录B,由以下各部件组成:

a) 自动滴定管:分度值为0.05 mL;
b) 反应瓶;
c) 铂电极;
d) 电磁搅拌器;
e) 微安计;
f) 磨口棕色玻璃贮瓶;
g) 终点电测装置:线路方框图参见附录C。

安装前,玻璃器皿均应于110 ℃下烘干。安装时应注意密封,凡与空气相通处均应接上硅胶干燥管;磨砂玻璃接头应涂上硅酮润滑脂。

3.4.3.2 微量注射器:10 μL。

3.4.4 测定步骤

3.4.4.1 终点的确定

本标准规定用直接电量法确定终点,其原理为:在浸入溶液中的两铂电极间加一电压,若溶液中有水存在,则阴极极化,两铂电极间无电流通过。滴定至终点时,溶液中同时有碘及碘化物存在,阴极去极化,溶液导电,电流突然增加至一最大值并稳定约1 min,此时即为终点。

3.4.4.2 卡尔·费休试剂及卡尔·费休改良试剂滴定度的标定

用微量注射器吸取5 μL水,称取其质量(精确至0.000 2 g),重复两次,取算术平均值作为5 μL水的质量。

加20 mL甲醇于反应瓶中,使电极浸入甲醇,盖上瓶塞,开动电磁搅拌器,用卡尔·费休试剂或卡尔·费休改良试剂滴定甲醇中水分至电流表指针产生较大偏转并保持约1 min不变为空白滴定终点,不记录耗用试剂的体积。

用微量注射器注入5 μL水于反应瓶中,用卡尔·费休试剂或卡尔·费休改良试剂滴定至电流表指针偏转停留在空白滴定时相同的位置并保持 1 min 不变为终点，记录耗用试剂的体积。

试剂滴定度按式(5)计算：

$$T = \frac{m_1}{V_1} \quad \cdots\cdots(5)$$

式中：

T ——卡尔·费休试剂(或卡尔·费休改良试剂)的滴定度，单位为毫克每毫升(mg/mL)；

m_1——水的质量，单位为毫克(mg)；

V_1 ——滴定耗用的卡尔·费休试剂(或卡尔·费休改良试剂)体积，单位为毫升(mL)。

3.4.5 样品中水分的测定

在反应瓶中，加一定体积(浸没电极)的样品溶剂，在搅拌下用卡尔·费休试剂或卡尔·费休改良试剂滴定至电流表指针产生较大偏转并保持 1 min 不变为空白滴定终点。液体试样用吸量管定量吸取试样迅速加入反应瓶中；固体试样用玻璃称样管称取试样(精确至 0.001 g)迅速加入反应瓶中，盖上瓶塞，用卡尔·费休试剂或卡尔·费休改良试剂滴定至电流表指针偏转停留在空白滴定时相同的位置并保持 1 min 不变为终点，记录耗用试剂的体积。

样品中水分 w 以质量分数计，数值用%表示，按式(6)或式(7)计算：

$$w = \frac{TV_2}{1\,000m_2} \times 100\% \quad \cdots\cdots(6)$$

或

$$w = \frac{TV_2}{1\,000\rho V_3} \times 100\% \quad \cdots\cdots(7)$$

式中：

w ——试样中水分的质量分数，%；

T ——卡尔·费休试剂(或卡尔·费休改良试剂)的滴定度，单位为毫克每毫升(mg/mL)；

m_2——固体试样的质量，单位为克(g)；

V_2 ——滴定耗用的卡尔·费休试剂(或卡尔·费休改良试剂)体积，单位为毫升(mL)；

V_3 ——液体试样的体积，单位为毫升(mL)；

ρ ——液体试样的相对密度，单位为克每立方厘米(g/cm^3)。

计算结果按 GB/T 8170—2008 中第 3 章的规定，修约到小数点后两位。

4 试验报告

试验报告包括以下内容：

a) 被测样品的名称；

b) 本标准编号；

c) 使用仪器的名称、型号；

d) 试验方法；

e) 测试结果；

f) 在测试过程中的特殊情况；

g) 与本方法的差异；

h) 试验日期。

附　录　A
（资料性附录）
卡尔·费休试剂（或改良试剂）配制装置

卡尔·费休试剂（或改良试剂）配制装置见图 A.1。

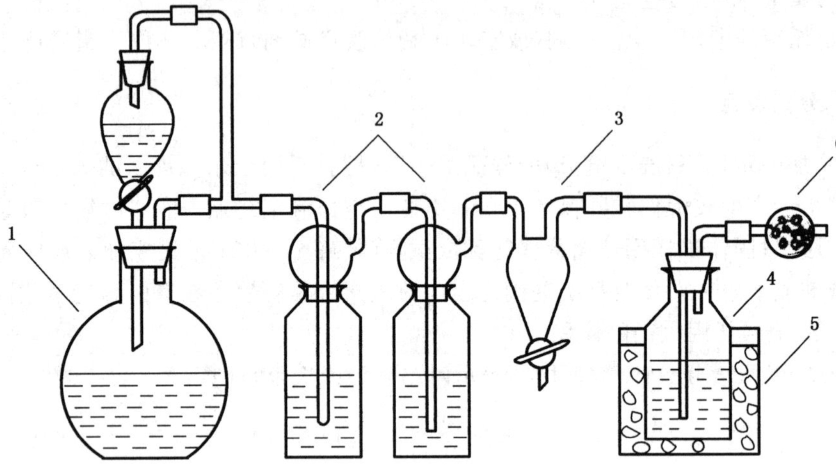

说明：

1——二氧化硫气体发生器；

2——浓硫酸洗瓶；

3——分离器；

4——盛有碘、甲醇等溶液的吸收瓶；

5——冰水浴；

6——干燥管。

图 A.1　卡尔·费休试剂（或改良试剂）配制装置

附 录 B
（资料性附录）
水分测定装置

水分测定装置见图 B.1。

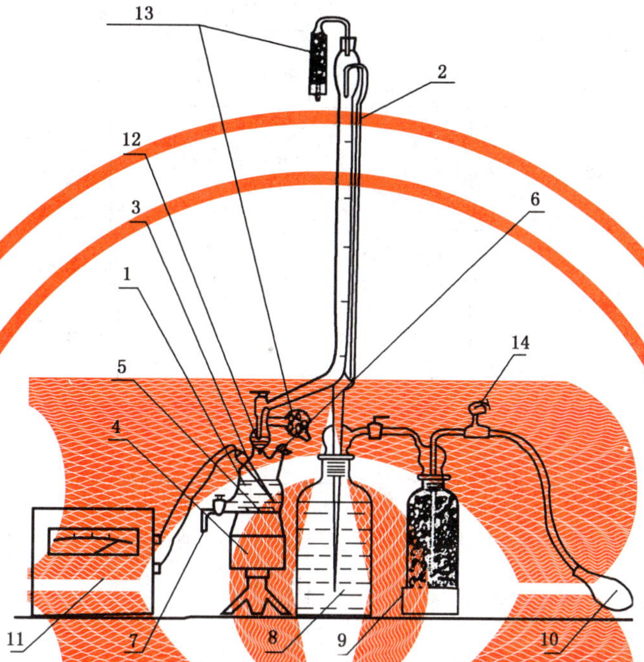

说明：
1 ——反应瓶；
2 ——自动滴定管；
3 ——铂电极；
4 ——电磁搅拌器；
5 ——搅拌子；
6 ——进样口；
7 ——废液排放口；
8 ——试剂贮瓶；
9 ——干燥瓶；
10——压气球；
11——终点电测装置；
12——磨口接头；
13——干燥管；
14——螺旋夹。

图 B.1 水分测定装置

附　录　C
（资料性附录）
终点电测装置线路方框图

终点电测装置线路方框图见图 C.1。

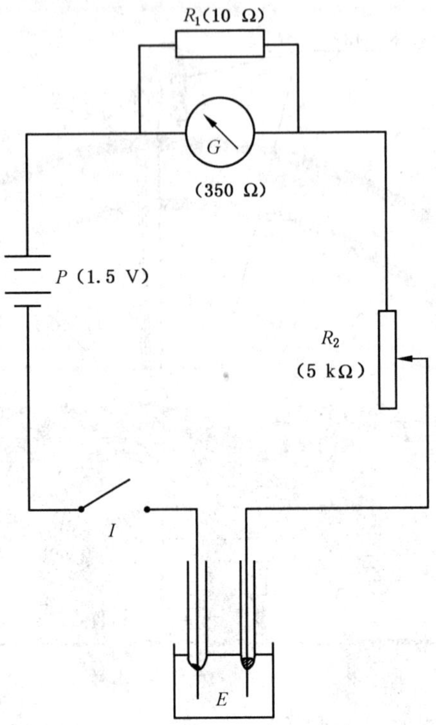

说明：
P ——电磁；
I ——开关；
E ——铂电极；
R_1——电阻；
R_2——电阻；
G ——微安表。

图 C.1　终点电测装置线路方框图

ICS 71.100.01;87.060.10
G 55

中华人民共和国国家标准

GB/T 2391—2014
代替 GB/T 2391—2006

反应染料　固色率的测定

Reactive dyes—Determination of degree of fixation

2014-07-08 发布　　2014-12-01 实施

中华人民共和国国家质量监督检验检疫总局
中国国家标准化管理委员会　发布

前　言

本标准按照 GB/T 1.1—2009 给出的规则起草。

本标准代替 GB/T 2391—2006《反应染料　固色率的测定》，与 GB/T 2391—2006 相比主要技术变化如下：

——修改了有关洗涤的表述(见 6.1.2，2006 年版的 6.1.2)；

——修改了染色条件的表述和表 1、表 2 的内容(见 6.2.1，2006 年版的 6.2.1)；

——增加了染浴配制内容(见 6.2.2)；

——修改了染色操作的表述(见 6.2.3，2006 年版的 6.2.2)；

——修改了皂煮的表述(见 6.2.4，2006 年版的 6.2.3)；

——修改了试液的配制及测试的表述(见 6.2.5 和 6.2.6，2006 年版的 6.2.4)。

本标准由中国石油和化学工业联合会提出。

本标准由全国染料标准化技术委员会(SAC/TC 134)归口。

本标准起草单位：浙江瑞华化工有限公司、沈阳化工研究院有限公司、国家染料质量监督检验中心。

本标准主要起草人：阮方平、王勇、鲁国海、姬兰琴。

本标准所代替标准的历次版本发布情况为：

——GB 2391—1980、GB/T 2391—2003、GB/T 2391—2006；

——GB 2393—1980。

反应染料 固色率的测定

1 范围

本标准规定了反应染料固色率的测定方法。

本标准适用于反应染料印花固色率和染色固色率的测定。

2 规范性引用文件

下列文件对于本文件的应用是必不可少的。凡是注日期的引用文件，仅注日期的版本适用于本文件。凡是不注日期的引用文件，其最新版本(包括所有的修改单)适用于本文件。

GB/T 2374—2007 染料 染色测定的一般条件规定

GB/T 2387—2013 反应染料 色光和强度的测定

3 原理

将试样在棉布上直接印花。通过对未经汽蒸固着的印花布样和经汽蒸固着的印花布样进行充分洗涤，然后分别测定各洗涤液的吸光度值，来计算试样在纤维上的印花固色率。

试样在棉纱上染色，通过染色残液和标准染液的吸光度值计算试样在棉纤维上的吸色率。将色纱上未固着的水解染料洗涤，然后通过标准皂液与皂煮残液的吸光度值计算试样在棉纤维上的染色固色率。

4 试剂和材料

所用试剂应符合 GB/T 2374—2007 中第 3 章规定。

试剂和材料如下：

a) 氯化钠；

b) 无水硫酸钠；

c) 无水碳酸钠；

d) 磷酸钠；

e) 净洗剂 MA(净洗剂 LS，2-甲氧基-5-油酰氨苯磺酸钠)，工业品，含量≥95%。

5 仪器和设备

所用设备应符合 GB/T 2374—2007 中第 4 章的规定。

仪器和设备如下：

a) 分光光度计；

b) 实验室用染样机；

c) 实验室用汽蒸机或蒸箱；

d) 实验室用印花机；

e) 索氏脂肪抽出器，150 mL。

6 试验方法

6.1 印花固色率

6.1.1 印花

印花深度规定为 2%。

按 GB/T 2387—2013 中 6.3 的规定印花，印花完毕，立即将印花后布样在同条花纹上准确剪取面积相等的两份（一般为 10 cm×10 cm，其上有 2～3 条花纹）。其中一份不经烘干、汽蒸，立即进行洗涤（A 试样）；另一份按 GB/T 2387—2013 中 6.3 的有关规定烘干、汽蒸后进行洗涤（B 试样）。

6.1.2 洗涤

将按 6.1.1 制备的 A、B 试样分别放入已经加入 60 mL 水的 150 mL 低型烧杯中，用玻璃棒充分搅拌，1 min 后，将试样从烧杯中取出，放入已经预置有 100 mL 水的索氏脂肪抽出器中，加热回流，直至回流液无色。取出试样，用少量水冲洗，分别把有色液收集于 500 mL 容量瓶中，冷却至室温，用蒸馏水稀释至刻度。如果洗涤液颜色过深，则应进一步稀释。汽蒸试样洗涤液的再稀释倍数记为 m，未汽蒸试样洗涤液的再稀释倍数记为 n。

6.1.3 印花固色率的测定

将按 6.1.2 制备的洗涤液，用分光光度计在其最大吸收波长处分别测定各试样洗涤液的吸光度值。

印花固色率 F 按式(1)计算：

$$F=\left(1-\frac{E_1 m}{E_2 n}\right)\times 100\% \qquad \cdots\cdots(1)$$

式中：

F ——印花固色率，%；

E_1 ——经汽蒸试样洗涤液的吸光度值；

m ——经汽蒸试样洗涤液的再稀释倍数；

E_2 ——未汽蒸试样洗涤液的吸光度值；

n ——未汽蒸试样洗涤液的再稀释倍数。

6.2 染色固色率

6.2.1 染色条件

染色条件应符合如下要求：

a) 染色深度：1%(owf)；

b) 染色纤维：纱线，10 g；

c) 染色浴比：1∶20；

d) 吸色温度、固色温度、染色时间：见表 1；

e) 助剂和用量：见表 2。

表 1 各类型反应染料的吸色温度、固色温度和染色时间

染料类型	X 型	K 型	KN 型	M 型
吸色温度/℃	20	40	60	70
固色温度/℃	40	90	60	70
染色时间/min	90	120	90	90
注：如个别反应染料的吸色温度、固色温度另有需要者，可在该染料产品标准中另行规定。				

表 2 各类型反应染料的助剂和用量

染料类型	染浴和标准染液		标准皂液	
	电解质/(g/L)	碱剂/(g/L)	碱剂/(g/L)	净洗剂 MA/(g/L)
X 型	氯化钠，50	无水碳酸钠，10	无水碳酸钠，10	1
KN 型	无水硫酸钠，60	磷酸钠，6	磷酸钠，6	1
K 型	氯化钠，60	无水碳酸钠，15	无水碳酸钠，15	1
M 型	无水硫酸钠，60	无水碳酸钠，20	无水碳酸钠，20	1
注：如个别反应染料的电解质、碱剂用量另有需要者，可在该染料产品标准中另行规定。				

6.2.2 染浴配制

以 M 型反应染料为例，染浴配制见表 3。

表 3 染浴的配制

单位为毫升

染浴组分	染缸编号和染浴中各组分的体积			
	1	2	3	4
	染浴	标准染色原液	标准皂煮原液	皂煮液
2 g/L 染料样品溶液	50	50	50	—
200 g/L 硫酸钠溶液	60	60	—	—
200 g/L 碳酸钠溶液	20	20	20	—
10 g/L 净洗剂 MA 溶液	—	—	25	25
蒸馏水	70	70	105	225

6.2.3 染色操作

按表 3 规定配制染浴、标准染色原液、标准皂煮原液和皂煮液，电解质(氯化钠或无水硫酸钠)在染色前加入。染浴、标准染色原液和标准皂煮原液同时放入染色机中，调整到表 1 规定的吸色温度。把经沸水处理 15 min 的白纱线，绞干至质量约 20 g(含水量约 100%)，放入染浴中进行染色，在规定的吸色温度染色 30 min 后，分别往染浴、标准染色原液、标准皂煮原液中加入所需的碱剂，并升温至表 1 规定的固色温度，到达表 1 规定的染色时间后，取出色纱，把色纱绞干至质量约 20 g(含水量约 100%)，待皂煮。色纱中挤出的液体回收并入染色残液中。

6.2.4 皂煮

将上述绞干的色纱放入 250 mL 浓度为 1 g/L 的净洗剂 MA 溶液(皂煮液)中,在水浴中皂煮 15 min(皂煮温度 93 ℃~95 ℃,浴比 1∶25),取出色纱,绞干至质量约 20 g(含水量约 100%)。并用约 200 mL 蒸馏水,分 3 次洗涤色纱,每次洗涤后,色纱均应绞干至质量约 20 g(含水量约 100%)。每次色纱中挤出的液体回收并入皂煮残液中。

6.2.5 测试溶液的配制

6.2.5.1 标准染液的配制

把按 6.2.3 处置的标准染色原液冷却到室温后,定容到 500 mL 容量瓶中。用移液管从中吸取 5 mL~20 mL(根据具体情况确定吸取体积)到 100 mL 容量瓶中,然后用水稀释到刻度。稀释倍数记为 n_1。

6.2.5.2 染色残液的配制

把按 6.2.3 染色的染色残液冷却到室温后,定容到 500 mL 容量瓶中。用移液管从中吸取 20 mL~100 mL(根据具体情况确定吸取体积)到 100 mL 容量瓶中,然后用水稀释到刻度。稀释倍数记为 n_2。

6.2.5.3 标准皂液的配制

把按 6.2.3 处置的标准皂煮原液冷却到室温后,定容到 500 mL 容量瓶中。用移液管从中吸取 5 mL~20 mL(根据具体情况确定吸取体积)到 100 mL 容量瓶中,然后用水稀释到刻度。稀释倍数记为 n_3。

6.2.5.4 皂煮残液的配制

把按 6.2.4 皂煮的皂煮残液冷却到室温后,定容到 500 mL 容量瓶中。用移液管从中吸取 20 mL~100 mL(根据具体情况确定吸取体积)到 100 mL 容量瓶中,然后用水稀释到刻度。稀释倍数记为 n_4。

6.2.6 测定

用分光光度计在标准染液的最大吸收波长处,以蒸馏水为空白溶液,分别测定标准染液、染色残液、标准皂液、皂煮残液的吸光度值 D_1、D_2、D_3、D_4。然后计算吸色率 E 和固色率 F。

6.2.7 计算

6.2.7.1 吸色率的计算

吸色率 E 按式(2)计算:

$$E=\left(1-\frac{D_2 n_2}{D_1 n_1}\right)\times 100\% \qquad \cdots\cdots(2)$$

式中:

E ——吸色率,%;

D_2 ——染色残液的吸光度值;

n_2 ——染色残液的稀释倍数;

D_1 ——标准染液的吸光度值;

n_1 ——标准染液的稀释倍数。

6.2.7.2 **染色固色率的计算**

染色固色率 F 按式(3)计算:

$$F = E - \frac{D_4 n_4}{D_3 n_3} \times 100\% \quad \cdots\cdots(3)$$

式中:

F ——染色固色率,%;

E ——吸色率,%;

D_4 ——皂煮残液的吸光度值;

n_4 ——皂煮残液的稀释倍数;

D_3 ——标准皂液的吸光度值;

n_3 ——标准皂液的稀释倍数。

7 试验报告

试验报告包括以下内容:

a) 被测染料的名称;

b) 本标准编号;

c) 试验条件;

d) 使用仪器的名称、型号;

e) 测试结果;

f) 在测试过程中的特殊情况;

g) 与本方法的差异;

h) 试验日期。

ICS 71.100.01;87.060.10
G 55

中华人民共和国国家标准

GB/T 2392—2014
代替 GB/T 2392—2006

染料　热稳定性的测定

Dyes—Determination of thermo stability

2014-07-08 发布　　2014-12-01 实施

中华人民共和国国家质量监督检验检疫总局
中国国家标准化管理委员会　发布

前 言

本标准按照 GB/T 1.1—2009 给出的规则起草。

本标准代替 GB/T 2392—2006《染料　热稳定性的测定》,与 GB/T 2392—2006 相比,主要技术变化如下:

——修改了焙烘温度的表述(见 6.1.3,2006 年版的 6.1.3);

——增加了仪器测定方法(见 6.3.2);

——修改了试验报告的内容(见第 7 章,2006 年版的第 7 章)。

本标准由中国石油和化学工业联合会提出。

本标准由全国染料标准化技术委员会(SAC/TC 134)归口。

本标准起草单位:江苏远征化工有限公司、沈阳化工研究院有限公司、国家染料质量监督检验中心。

本标准主要起草人:姬兰琴、王海民、叶丽丽、杨桂芳、冯玉洁。

本标准所代替标准的历次版本发布情况为:

——GB/T 2392—1980、GB/T 2392—2006。

——GB/T 1640—1979。

染料 热稳定性的测定

1 范围

本标准规定了反应染料和可溶性还原染料热稳定性的测定方法。

本标准适用于反应染料和可溶性还原染料热稳定性的测定。

2 规范性引用文件

下列文件对于本文件的应用是必不可少的。凡是注日期的引用文件，仅注日期的版本适用于本文件。凡是不注日期的引用文件，其最新版本(包括所有的修改单)适用于本文件。

GB/T 1637 可溶性还原染料 色光和强度的测定

GB/T 2374—2007 染料 染色测定的一般条件规定

GB/T 2387 反应染料 色光和强度的测定

GB/T 6688—2008 染料 相对强度和色差的测定 仪器法

3 原理

将试样密封于安瓿瓶中，在 70 ℃下连续焙烘一定时间后，经染色或印花，与未经焙烘的同一试样进行对比，以色光的变化和强度下降，来表示其热稳定性。

4 试剂和材料

所用试剂应符合 GB/T 2374—2007 中第 3 章规定，包括：

安瓿瓶，容量 20 mL。

5 仪器和设备

所用设备应符合 GB/T 2374—2007 中第 4 章的规定，包括：

a) 电热恒温烘箱；

b) 实验室用染样机；

c) 实验室用印花机。

6 试验方法

6.1 试样准备

6.1.1 安瓿瓶的准备

将安瓿瓶洗净，放入水中沸煮 1 h，取出，在 100 ℃的烘箱中烘干，放在干燥器中冷却到室温。

6.1.2 试样装瓶

将试样装入2个按6.1.1准备的安瓿瓶中，染料的最高表面需离瓶口不少于10 cm，瓶颈内壁部分不可让染料污染。用喷灯将安瓿瓶口熔融密封。在瓶上粘贴标签，并注明样品名称和时间。在操作过程中，应始终保持瓶口向上。

6.1.3 焙烘

将密封的2个安瓿瓶同时置于70 ℃的电热恒温烘箱中，在70 ℃±2 ℃下焙烘72 h后，取出安瓿瓶，冷却到室温。

6.2 染色或印花

以未经焙烘的原试样作为标准样品，以经过焙烘的样品作为试样，反应染料按GB/T 2387的有关规定测定试样的色光和强度；可溶性还原染料按GB/T 1637的有关规定测定试样的色光和强度。

6.3 结果判定

6.3.1 目测评定

按GB/T 2374—2007中7.1.1的有关规定进行评定。以未经焙烘的原样作为标准，经过焙烘的试样的色光变化和强度下降即可表示该染料样品的热稳定性。

6.3.2 仪器测定

按GB/T 6688—2008中5.4.2的有关规定测定强度，按GB/T 6688—2008中6.4的规定测定色差和评定色光。以未经焙烘的原样作为标准，经过焙烘的试样的色光变化和强度下降即可表示该染料样品的热稳定性。

7 试验报告

试验报告包括以下内容：

a） 被测染料的名称；

b） 本标准编号；

c） 试验条件；

d） 使用仪器的名称、型号；

e） 结果评定方法；

f） 测试结果；

g） 在测试过程中的特殊情况；

h） 与本方法的差异；

i） 试验日期。

ICS 71.100.01;87.060.10
G 55

中华人民共和国国家标准

GB/T 2399—2014
代替 GB/T 2399—2003

阳离子染料　染色色光和强度的测定

Cationic dyes—Determination of dyeing shade and relative strength

2014-07-08 发布　　2014-12-01 实施

中华人民共和国国家质量监督检验检疫总局
中国国家标准化管理委员会　发布

前　言

本标准按照GB/T 1.1—2009给出的规则起草。

本标准代替GB/T 2399—2003《阳离子染料　染色色光和强度的测定》，本标准与GB/T 2399—2003相比，主要技术变化如下：

——修改了染色条件中有关浴比的表述(见6.1.2,2003年版的6.1.1)；

——对染色时间进行了修改(见6.1.4.3,2003年版的6.1.3.3)；

——明确了结果评定的两种方法(见6.2,2003年版的6.2)；

——修改了试验报告的内容(见第7章,2003年版的第7章)。

本标准由中国石油和化学工业联合会提出。

本标准由全国染料标准化技术委员会(SAC/TC 134)归口。

本标准起草单位：浙江闰土股份有限公司、沈阳化工研究院有限公司、国家染料质量监督检验中心。

本标准主要起草人：陈素娟、杨振梅、赵明华、王勇、阮文娣。

本标准所代替标准的历次版本发布情况为：

——GB/T 2399—1980、GB/T 2399—2003。

阳离子染料　染色色光和强度的测定

1　范围

本标准规定了阳离子染料染色色光和强度的测定方法。

本标准适用于阳离子染料染色色光和强度的测定。

2　规范性引用文件

下列文件对于本文件的应用是必不可少的。凡是注日期的引用文件，仅注日期的版本适用于本文件。凡是不注日期的引用文件，其最新版本(包括所有的修改单)适用于本文件。

GB/T 2374—2007　染料　染色测定的一般条件规定

GB/T 6688—2008　染料　相对强度和色差的测定　仪器法

3　原理

采用试样与同品种的标准样品于同一条件下，在腈纶纤维上进行染色。以标准样品的染色强度为100分，色光为标准，进行目测比较，评定试样的色光和强度，或用测色仪测定试样的色光和强度。

4　试剂和材料

所用试剂应符合GB/T 2374—2007中第3章的规定。

5　仪器和设备

所用设备应符合GB/T 2374—2007中第4章的规定，设备包括：

a)　分析天平：感量不大于0.000 1 g；

b)　实验室用染色机；

c)　测色仪。

6　试验方法

6.1　染色

6.1.1　一般条件

染色一般条件应符合GB/T 2374的有关规定。染色方法的选择须根据具体品种、性能，以给色力最高为原则。染色深度根据具体品种选定，以符合分档清晰为原则。

6.1.2　染色条件

a)　纤维：腈纶膨体纱，纤维质量为2 g；

b） 染色深度：0.2%～2%（*owf*）；

c） 染色浴比：1∶100，在染色均匀的前提下，也可根据实际情况选择其他浴比；

d） 冰乙酸：1%（*owf*）；

e） 结晶乙酸钠：1%（*owf*）；

f） 无水硫酸钠：10%（*owf*）；

g） 染浴 pH：4.5±0.2。

根据染料性质，需加阻染剂时，在产品标准中另行规定。

6.1.3 染浴的配制

准确称取染料标准品和样品各 0.2 g(精确到 0.000 5 g)，各加入 100 g/L 的乙酸溶液 2 mL，调成浆状，加入 400 mL 约 90 ℃的热水，搅拌使之溶解，冷却到室温。用水稀释到 1 000 mL 容量瓶中，配成 0.2 g/L的染料溶液，摇匀待用。染料溶液需随用随配，隔日皆不可用。

以不加阻染剂染色，染色深度为 0.5%，染色浴比 1∶100 为例，在 5 个染缸中按表 1 的规定配制染浴。如采用其他浴比，加入的蒸馏水量按浴比重新计算。

表 1 染浴配方

单位为毫升

染浴组分	1	2	3	4	5
	染浴中各组分的体积				
0.2 g/L 染料标样溶液	47.5	50	52.5	—	—
0.2 g/L 染料试样溶液	—	—	—	47.5	50
10 g/L 乙酸溶液	2	2	2	2	2
10 g/L 结晶乙酸钠溶液	2	2	2	2	2
100 g/L 无水硫酸钠溶液	2	2	2	2	2
蒸馏水	146.5	144	141.5	146.5	144

6.1.4 染色操作

6.1.4.1 纤维的前处理

将经编号的腈纶纤维按浴比 1∶100，放入每升含净洗剂 JU 0.5 g 的 60 ℃的净洗液中，保温浸泡 20 min，取出，用流水洗净，挤干，放在蒸馏水中待用。

6.1.4.2 染色升温曲线

不加阻染剂的染色升温曲线见图 1。

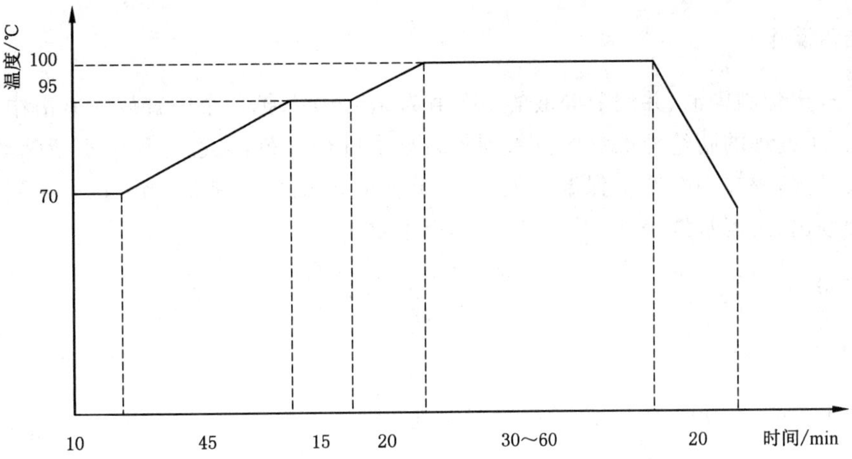

图 1 不加阻染剂升温曲线

加阻染剂的染色升温曲线见图 2。

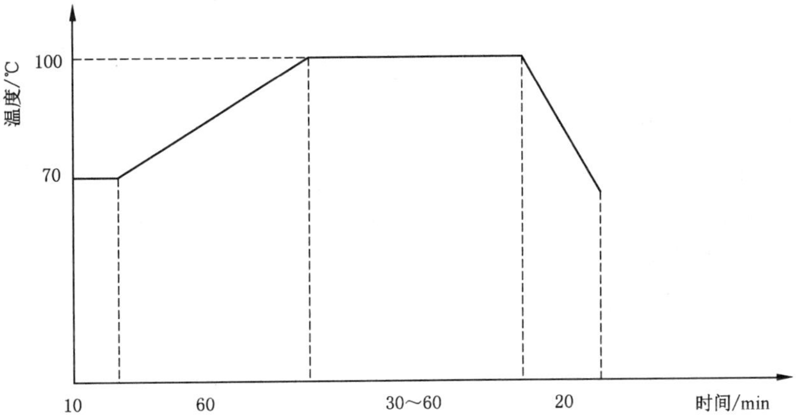

图 2 加阻染剂升温曲线

迁移性阳离子染料的染色升温曲线见图 3。

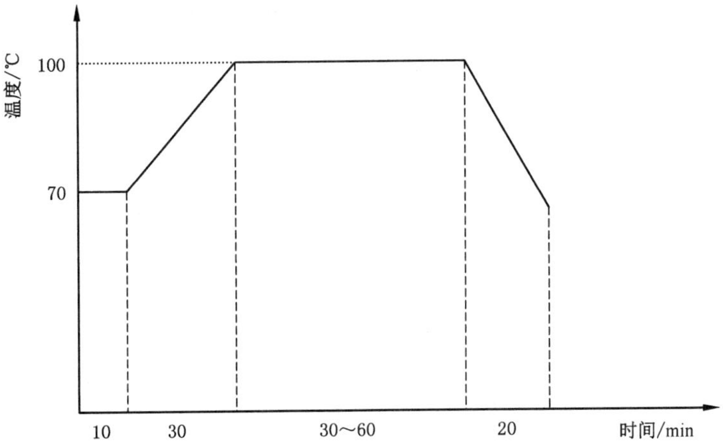

图 3 迁移性阳离子染料升温曲线

6.1.4.3 染色操作

按表1规定配制染液，并调节染液的pH值为4.5±0.2，把各个染缸放入染浴中，升温到70℃。把已经按6.1.4.1处理的腈纶纤维顺序投入到各染缸中进行染色，染色过程中不断翻动。按6.1.4.2规定的升温曲线升温，并在100℃下保温染色30 min～60 min，然后在20 min内降温到60℃。染毕，把纤维从染缸中取出，用流水洗净，晾干或在60℃以下烘干。

6.2 结果评定

6.2.1 目测评定

按GB/T 2374—2007中7.1.1的有关规定进行评定。

6.2.2 仪器测定

按GB/T 6688—2008中5.4.2的有关规定测定强度，按GB/T 6688—2008中6.4的规定测定色差和评定色光。

7 试验报告

试验报告包括以下内容：

a) 被测染料的名称；
b) 本标准编号；
c) 染色方法及染色深度；
d) 使用仪器的名称、型号；
e) 结果评定方法；
f) 测试结果；
g) 在测试过程中的特殊情况；
h) 与本方法的差异；
i) 试验日期。

ICS 71.100.01;87.060.10
G 55

中华人民共和国国家标准

GB/T 2400—2014
代替 GB/T 2400—2006

阳离子染料 染腈纶时配伍指数的测定

Cationic dyes—Determination of compatible index in acrylic dyeing

2014-09-03 发布 2015-05-01 实施

中华人民共和国国家质量监督检验检疫总局
中国国家标准化管理委员会 发布

前　言

本标准按照 GB/T 1.1—2009 给出的规则起草。

本标准代替 GB/T 2400—2006《阳离子染料　染腈纶时配伍指数的测定》。与 GB/T 2400—2006 相比，除编辑性修改外主要技术变化如下：

——修改了原理中配伍指数的表示方法（见第 3 章，2006 年版的第 3 章）；

——修改了染色条件和染色操作的表述结构（见 6.1、6.2，2006 年版的 6.1、6.2）；

——修改了标准染料及相关内容（见表 1，2006 年版的表 1）；

——修改了配伍指数表示方法（见 6.3，2006 年版的 6.3）。

本标准由中国石油和化学工业联合会提出。

本标准由全国染料标准化技术委员会（SAC/TC 134）归口。

本标准起草单位：广东德美精细化工股份有限公司、烟台市金河保险粉厂有限公司、沈阳化工研究院有限公司、国家染料质量监督检验中心。

本标准主要起草人：徐龙鹤、马君庆、张宝健、郭玉良、王勇、王国清、刘金华。

本标准所代替标准的历次版本发布情况为：

—— GB/T 2400—1980、GB/T 2400—2006。

阳离子染料　染腈纶时配伍指数的测定

1　范围

本标准规定了阳离子染料染腈纶时配伍指数的测定方法。

本标准适用于阳离子染料染腈纶时配伍指数的测定。

2　规范性引用文件

下列文件对于本文件的应用是必不可少的。凡是注日期的引用文件，仅注日期的版本适用于本文件。凡是不注日期的引用文件，其最新版本(包括所有的修改单)适用于本文件。

GB/T 2374—2007　染料　染色测定的一般条件规定

GB/T 2399—2014　阳离子染料　染色色光和强度的测定

3　原理

采用黄、蓝两色标准染料各一套，每套由5个染料组成，各自有相对应的配伍指数，分别以1、2、3、4、5级表示，以此作为评比标准。将染料样品与色光差异较大的一套标准染料分别进行拼混染色，然后对染样进行评比，以此测定其配伍指数。

4　试剂和材料

所用试剂和材料应符合GB/T 2374—2007中第3章规定。

5　仪器和设备

所用仪器和设备应符合GB/T 2374—2007中第4章的规定：

a)　分析天平：感量不大于0.000 1 g；

b)　实验室用染样机；

c)　酸度计。

6　试验方法

6.1　染色条件

6.1.1　染色一般条件规定

染色一般条件应符合GB/T 2374—2007和GB/T 2399—2014的规定。

6.1.2　染色深度

待测染料的染色深度，以1/1染色标准深度的1/2为宜。

拼色用标准染料的染色深度见表1。

表1 标准染料的染色深度、配伍指数及染色条件

标准染料	染料名称	染色深度/%(owf)	配伍指数	染色温度/℃	染色时间/min
黄色染料	C.I.碱性橙42	0.45	1	90	3
	C.I.碱性黄29(200%)	0.25	2	90	4
	C.I.碱性黄28(200%)	0.15	3	90	5
	C.I.碱性黄15	0.75	4	95	5
	C.I.碱性橙48	0.65	5	95	5
蓝色染料	C.I.碱性蓝69	0.55	1	90	3
	C.I.碱性蓝45	2.7	2	90	4
	C.I.碱性蓝47(200%)	0.6	3	90	5
	C.I.碱性蓝77	0.6	4	95	5
	C.I.碱性蓝22(200%)	1.2	5	95	5

6.1.3 染浴配方

染浴配方如下：

——染料用量：待测染料用量加上拼色用标准染料用量；

——冰乙酸：1%(owf)；

——结晶乙酸钠：1%(owf)；

——染浴pH值：4.5±0.2；

——染色浴比：1∶100。

以待测阳离子蓝X-GRL 300%[1/1染色标准深度为0.4%(owf)]与黄色标准染料拼染为例，染浴如表2配制。

表2 染浴配方

染浴组成	染缸编号和染浴中各组分的体积/mL				
	1	2	3	4	5
1 g/L碱性橙42溶液	9	—	—	—	—
0.5 g/L碱性黄29(200%)溶液	—	10	—	—	—
0.3 g/L碱性黄28(200%)溶液	—	—	10	—	—
1 g/L碱性黄15溶液	—	—	—	15	—
1 g/L碱性橙48溶液	—	—	—	—	13
0.2 g/L阳离子蓝X-GRL(300%)溶液	20	20	20	20	20
10 g/L冰乙酸溶液	2	2	2	2	2
10 g/L结晶乙酸钠溶液	2	2	2	2	2
水	167	166	166	161	163

6.2 染色操作

按 6.1.3 的规定配制染浴，各染浴分别调节到表 1 规定的染色温度，将按 GB/T 2399—2014 中 6.1.3.1规定处理的等量(2 g)织物 30 份(每只染缸要用 6 份织物)，分别将第一份织物入染，到表 1 规定的时间后，取出织物，挤干，并用少量已经用稀乙酸调整 pH 到 4.5 的水洗涤织物，洗液并入原染缸，保持原来体积。然后换第二份织物入染，重复以上操作。其余 4 份织物相继入染，只是最后一份(第六份)织物进行沸染，竭染。所有织物取出后洗净、晾干，并按入染先后顺序排好，待评定。

6.3 结果评定

把按 6.2 染色的织物，按染缸分为 5 套，每套共 6 份织物按入染先后排列，每套织物各自分别评定。凡同一染缸染制的 6 份织物，其先后色泽一致的或相似的，则此试样的配伍指数就是标准染料所对应的配伍指数，若试验结果介于二个相临的标准之间，则可评为 1～2 级、2～3 级、3～4 级、4～5 级，如评定结果在 1 级或 5 级之外，则可评定为 1 级－或 5 级＋。

6.4 评定实例

如上述阳离子蓝 X-GRL 与黄色标准染料拼混染色的结果如表 3 所示。

表 3 试验结果

黄色标准染料的配伍指数	阳离子蓝 X-GRL 与各黄色标准染料拼染后织物的色泽及变化
1	墨绿色，染样色光明显先黄后蓝
2	黄光绿色，尚均匀，可以目测出染样色光先黄后稍蓝
3	绿色，较均匀，可以目测出前后染样色光基本一致
4	蓝光绿色，染样色光明显先蓝后黄
5	绿光蓝色，染样色光极明显先蓝后黄

根据表 3 的试验结果，可以评定该染料的配伍指数为 3 级。

7 试验报告

试验报告包括以下内容：

a) 被测染料的名称；

b) 本标准编号、年代号；

c) 试验条件；

d) 使用仪器的名称、型号；

e) 测试结果；

f) 在测试过程中的特殊情况；

g) 与本方法的差异；

h) 试验日期。

ICS 71.100.01;87.060.10
G 55

中华人民共和国国家标准

GB/T 2403—2014
代替 GB/T 2403—2006

阳离子染料 染腈纶时染浴pH适应范围的测定

Cationic dyes—Determination of suitable range of pH of dyeing liquor in acrylic dyeing

2014-07-08 发布　　　　2014-12-01 实施

中华人民共和国国家质量监督检验检疫总局
中国国家标准化管理委员会　发布

前 言

本标准按照 GB/T 1.1—2009 给出的规则起草。

本标准代替 GB/T 2403—2006《阳离子染料 染腈纶时染浴 pH 适应范围的测定》，与 GB/T 2403—2006相比主要技术变化如下：

——增加了染浴 pH 的误差范围(见 6.2、6.3，2006 年版的 6.2、6.3)；

——修改了部分 pH 的调节方法(见 6.2，2006 年版的 6.2)；

——修改了结果评定的内容(见 6.4，2006 年版的 6.4)；

——修改了试验报告内容(见第 7 章，2006 年版的第 7 章)。

本标准由中国石油和化学工业联合会提出。

本标准由全国染料标准化技术委员会(SAC/TC 134)归口。

本标准起草单位：江苏和利瑞科技发展有限公司、沈阳化工研究院有限公司、国家染料质量监督检验中心。

本标准主要起草人：王勇、任小强、卜益民、杨桂芳。

本标准所代替标准的历次版本发布情况为：

——GB/T 2403—1980、GB/T 2403—2006。

阳离子染料
染腈纶时染浴 pH 适应范围的测定

1 范围

本标准规定了阳离子染料染腈纶时染浴 pH 适应范围的测定方法。

本标准适用于阳离子染料染腈纶时染浴 pH 适应范围的测定。

2 规范性引用文件

下列文件对于本文件的应用是必不可少的。凡是注日期的引用文件,仅注日期的版本适用于本文件。凡是不注日期的引用文件,其最新版本(包括所有的修改单)适用于本文件。

GB/T 2374—2007 染料 染色测定的一般条件规定

GB/T 2399 阳离子染料 染色色光和强度的测定

GB/T 4841.1 染料染色标准深度色卡 1/1

GB/T 6688—2008 染料 相对强度和色差的测定 仪器法

3 原理

阳离子染料在不同 pH 下进行沸染,然后观察其强度与色光的变化,可根据强度和色光的变化评定染色的 pH 适应范围。

4 试剂和材料

试剂和材料应符合 GB/T 2374—2007 中第 3 章的有关规定。

5 仪器和设备

仪器和设备应符合 GB/T 2374—2007 中第 4 章的有关规定。

本标准涉及的仪器和设备如下:

a) 实验室用染色机;

b) 酸度计。

6 试验方法

6.1 染色一般条件规定

染色一般条件应符合 GB/T 2374 和 GB/T 2399 的规定。

染色深度:1/1 染色标准深度,应符合 GB/T 4841.1 的有关规定。

6.2 染浴 pH 调节

染浴 pH 按表 1 的规定调节。

表 1 染浴 pH 调节

染浴 pH	助剂及用量	pH 的调节
2±0.2	5%氯化钾	用稀盐酸溶液调节
3±0.2	1%冰乙酸和 5%无水硫酸钠	用稀乙酸溶液调节
4±0.2	1%冰乙酸和 5%无水硫酸钠	用稀乙酸溶液或稀氢氧化钠溶液调节
5±0.2	1%结晶乙酸钠和 5%无水硫酸钠	用稀氢氧化钠溶液调节
6±0.2	1%结晶乙酸钠和 5%无水硫酸钠	用稀氢氧化钠溶液调节
7±0.2	5%磷酸氢二钠和 5%无水硫酸钠	用稀氢氧化钠溶液调节
8±0.2	5%磷酸氢二钠和 5%无水硫酸钠	用稀氢氧化钠溶液调节
标样,4.5±0.2	1%结晶乙酸钠和 5%无水硫酸钠	用稀乙酸和稀乙酸钠溶液调节

6.3 染色操作

按表 2 的规定配制染浴,按表 1 方法调节各染浴的 pH。按 GB/T 2399 规定进行染色,染色升温过程如图 1。

表 2 染浴的配制

染缸编号	1	2	3	4	5	6	7	8	9
染色深度	1/1×0.95	1/1	1/1	1/1	1/1	1/1	1/1	1/1	1/1
染浴 pH	4.5±0.2	4.5±0.2	2±0.2	3±0.2	4±0.2	5±0.2	6±0.2	7±0.2	8±0.2

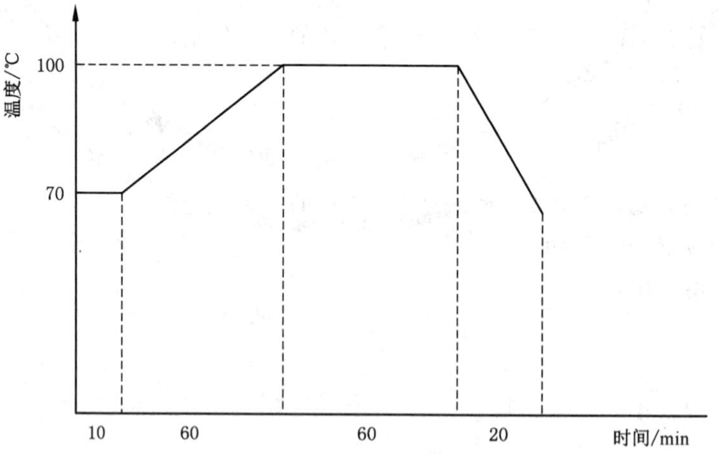

图 1 染色升温曲线

6.4 结果评定

6.4.1 评定方法

按 6.3 染色的各织物晾干后，以 pH=4.5 下染色得到的织物为对比标样，各不同 pH 下染色的织物分别与对比标样对比，按 6.4.2 目测评定或 6.4.3 仪器测定规定的方法评定强度和色光。

凡评定结果色光为近似～微并且强度≥95 分的均为 pH 稳定范围。以稳定的 pH 的最小值至最大值表示染浴的 pH 适应范围。

6.4.2 目测评定

按 GB/T 2374—2007 中 7.1.1 的有关规定进行评定。

6.4.3 仪器测定

按 GB/T 6688—2008 中 5.4.2 的有关规定测定强度，按 GB/T 6688—2008 中 6.4 的规定测定色差和评定色光。

7 试验报告

试验报告包括以下内容：

a） 被测染料的名称；

b） 本标准编号；

c） 试验条件；

d） 使用仪器的名称、型号；

e） 结果评定方法；

f） 测试结果；

g） 在测试过程中的特殊情况；

h） 与本方法的差异；

i） 试验日期。

ICS 71.100.01;87.060.10
G 56

中华人民共和国国家标准

GB/T 2404—2014
代替 GB 2404—2006

氯苯
Chlorobenzene

2014-07-08 发布　　　　2014-12-01 实施

中华人民共和国国家质量监督检验检疫总局
中国国家标准化管理委员会　发布

前　言

本标准按照GB/T 1.1—2009给出的规则起草。

本标准代替GB 2404—2006《氯苯》,与GB 2404—2006相比,主要技术变化如下:

——修改了标准属性,由强制性修改为推荐性;

——增加了CAS RN(见第1章);

——调整了控制项目的顺序(见第3章中的表1,2006年版的第3章);

——增加了安全信息(见第4章);

——修改了气相色谱使用的色谱柱,由填充柱改为毛细管柱(见6.3,2006年版的5.4);

——修改了气相色谱检测器,由热导检测器修改为氢火焰离子化检测器(见6.3,2006年版的5.4);

——修改了气相色谱操作条件(见6.3,2006年版的5.4);

——修改了气相色谱定量方法,由校正峰面积归一化法修改为峰面积归一化法(见6.3,2006年版的5.4);

——删除了气相色谱相对保留值表和相对校正因子表(见6.3,2006年版的5.4)。

本标准由中国石油和化学工业联合会提出。

本标准由全国染料标准化技术委员会(SAC/TC 134)归口。

本标准起草单位:安徽八一化工股份有限公司、中国石化集团南京化学工业有限公司、沈阳化工研究院有限公司。

本标准主要起草人:沈日炯、杨宝德、杜建国、季浩、董如胜、吕咏梅。

本标准所代替标准的历次版本发布情况为:

——GB 2404—1980、GB 2404—1992、GB 2404—2006。

氯　苯

警告:使用本标准的人员应有实验室工作的实践经验。本标准并未指出所有的安全问题。使用者有责任采取适当的安全和健康措施,并保证符合国家有关法规规定的条件。

1　范围

本标准规定了氯苯的要求、安全信息、采样、试验方法、检验规则以及标志、标签、包装、运输和贮存。

本标准适用于氯苯的产品质量控制。

结构式:

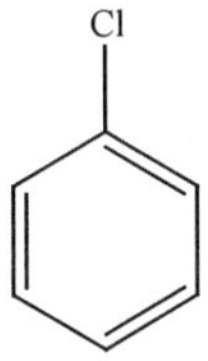

分子式:C_6H_5Cl

相对分子量:112.56(按2011年国际相对原子质量)

CAS RN: 108-90-7

2　规范性引用文件

下列文件对于本文件的应用是必不可少的。凡是注日期的引用文件,仅注日期的版本适用于本文件。凡是不注日期的引用文件,其最新版本(包括所有的修改单)适用于本文件。

GB 190　危险货物包装标志

GB/T 191　包装储运图示标志

GB/T 2386—2006　染料及染料中间体　水分的测定

GB/T 6678—2003　化工产品采样总则

GB/T 6682—2008　分析实验室用水规格和试验方法

GB/T 8170—2008　数值修约规则与极限数值的表示和判定

GB/T 9722—2006　化学试剂　气相色谱法通则

GB 12268—2012　危险货物品名表

GB 12463　危险货物运输包装通用技术条件

GB 15258　化学品安全标签编写规定

GB 15603　常用化学危险品贮存通则

GB/T 16483　化学品安全技术说明书　内容和项目顺序

3　要求

氯苯的质量应符合表1的要求。

表 1　氯苯的质量要求

项目		指标			试验方法
		优等品	一等品	合格品	
外观		无色或微带黄色的透明液体			6.2
氯苯的纯度/%	≥	99.80	99.50	99.00	6.3
低沸物含量/%	≤	0.05	0.15	0.20	6.3
高沸物含量/%	≤	0.15	0.35	0.65	6.3
水分的质量分数/%	≤	0.05	0.10	0.15	6.4
酸度(以 H_2SO_4 计)/%	≤	0.001	0.001	0.001	6.5

4　安全信息

4.1　安全

根据 GB 12268—2012 规定，氯苯为易燃液体，属于第 3 类危险化学品，UN 号：1134，易燃，遇明火、高热或氧化剂接触，有引起燃烧爆炸的危险。对中枢神经系统有抑制和麻醉作用；对皮肤和黏膜有刺激性。使用及搬运过程中应采取必要的防护措施，严格注意安全。

4.2　安全技术说明书

按 GB/T 16483，氯苯出厂应提供详细的安全技术说明书。安全技术说明书应包括如下内容：

a)　该产品的危险性信息；

b)　安全使用方法；

c)　运输、储存要求；

d)　防护措施；

e)　应急处理措施等。

5　采样

以批为单位采样，生产厂以均匀产品为一批。氯苯用铁桶装运时，每批采样数应符合 GB/T 6678—2003中 7.6 的规定，取样时用玻璃管取样器从桶的上、中、下三部分取样；氯苯用槽车运输时用玻璃制取样瓶从上、中、下三部(上部离液面 1/10 液层，下部离底部 1/10 液层)取出等量样品。采样总量不得少于 500 mL。所采样品的包装应完好，采样时勿使外界杂质落入产品中。将采取的样品充分混匀后，分装于两个清洁、干燥、密封良好的容器中，其上粘贴标签。注明：产品名称、批号、生产厂名称、取样日期、地点。一个供检验，一个保存备查。

6　实验方法

6.1　一般规定

除非另有规定，仅使用确认为分析纯的试剂和 GB/T 6682—2008 中规定的三级水。检验结果的判定按 GB/T 8170—2008 中的 4.3.3 修约值比较法进行。

6.2 外观的评定

在自然光线下采用目视评定。

6.3 氯苯纯度及有机杂质的测定

6.3.1 方法提要

采用毛细管柱气相色谱法对氯苯及其有机杂质进行分离，使用氢火焰离子化检测器(FID)进行检测，用峰面积归一化法求得氯苯纯度及其有机杂质的含量。

6.3.2 仪器设备

6.3.2.1 气相色谱仪：仪器灵敏度和稳定性应符合 GB/T 9722—2006 中 6.3 和 6.4 的规定。

6.3.2.2 检测器：氢火焰离子化检测器(FID)。

6.3.2.3 色谱柱：内径 0.32 mm，长 30 m，膜厚 0.25 μm 毛细管柱，固定相为 5%苯基-95%甲基聚硅氧烷或能达到同等分离效果的其他毛细管柱。

6.3.2.4 微量注射器。

6.3.2.5 色谱工作站或积分仪。

6.3.3 色谱操作条件

色谱操作条件如表 2 所示。

表 2 色谱操作条件

控制参数	操作条件
载气	氮气
载气压力/kPa	70
检测器温度/℃	300
汽化室温度/℃	300
燃烧气(氢气)流量/(mL/min)	30
助燃气(空气)流量/(mL/min)	300
补偿气(氮气)流量/(mL/min)	20
分流比	50∶1
柱温/℃	80
注：可根据仪器设备不同，选择最佳分析条件。	

6.3.4 测定步骤

开启色谱仪。待仪器各项操作条件稳定后，进试样 1.0 μL，待出峰完毕后，用色谱工作站或积分仪进行结果处理。

6.3.5 结果计算

氯苯的纯度及各有机杂质的含量以 w_i 计，数值用%表示，按式(1)计算：

$$w_i = \frac{A_i}{\sum A_i} \times 100\% \quad \cdots\cdots\cdots\cdots(1)$$

式中：

A_i ——各组分的峰面积数值；

$\sum A_i$——各组分的峰面积数值的总和。

氯苯峰之前各组分之和为低沸物，氯苯峰之后各组分之和为高沸物。

计算结果保留到小数点后两位。

6.3.6 允许差

氯苯纯度平行测定结果之差应不大于 0.30%，有机杂质平行测定结果之差应不大于 0.010%，取其算术平均值作为测定结果。

6.3.7 色谱图

色谱图见图 1。

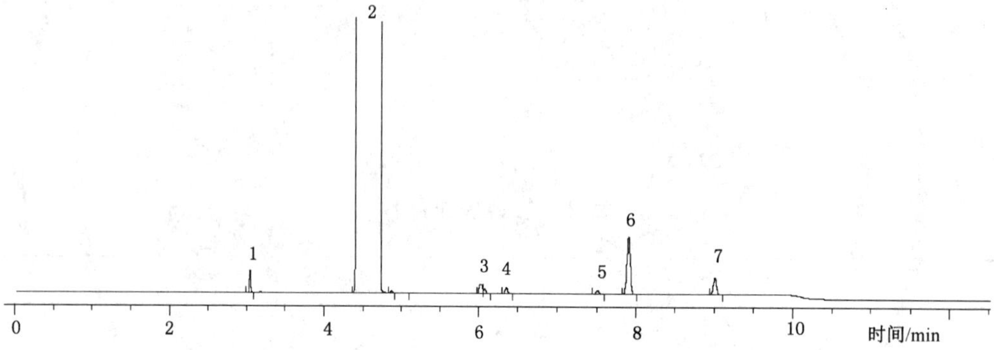

说明：

1——苯(低沸物)；

2——氯苯；

3——氯甲苯；

4——二氯噻吩；

5、6、7——二氯苯。

图 1 氯苯气相色谱示意图

6.4 水分的质量分数测定

按 GB/T 2386—2006 中 3.4 的规定进行。

氯苯进样量 25 mL。氯苯密度按 1.105 8 g/mL 计算。

6.5 酸度的测定

6.5.1 试剂

刚果红指示液：1 g/L。

6.5.2 分析步骤

用移液管吸取 20 mL 试样于 250 mL 带磨口塞的锥形瓶中，加入新煮沸并冷却的水 50 mL，经强烈振荡 3 min,静置分层后,再加入刚果红指示液 2 滴,上层液不变蓝为合格,即含酸(以 H_2SO_4 计)在 0.001%以下。

7 检验规则

7.1 检验分类

表 1 所列的所有检验项目为出厂检验项目。

7.2 出厂检验

氯苯应由生产厂的质量检验部门进行检验合格,附合格证明后方可出厂。生产厂应保证所有出厂的氯苯均符合本标准的要求。

7.3 复验

如果检验结果中有一项指标不符合本标准要求时,应重新从槽车(或两倍量桶数)取样进行检验,重新检验的结果,即使只有一项指标不符合本标准要求时,则整批产品不合格。

8 标志、标签、包装、运输和贮存

8.1 标志

氯苯的每个包装容器上都应按 GB 190 和 GB/T 191 中的有关规定涂印耐久、清晰的标志,标志内容至少应有:

a) 产品名称;
b) 生产厂名称、地址;
c) 生产日期;
d) 生产许可证编号和标志;
e) 净含量;
f) 警示标志(易燃液体)。

槽车装运时,可在发货单上写明并将以上各项印刷在牛皮纸上,装入塑料夹中,牢固地拴在槽车的特定位置上。

8.2 标签

产品应有标签,标签上应注明产品生产日期、合格证明、执行标准编号、批号和等级。

标签的编写应符合 GB 15258 的规定。

8.3 包装

氯苯采用专用槽车或铁桶装运。铁桶包装时,每桶净含量为 200 kg±2 kg。其他包装可与用户协商确定。

产品的包装应符合 GB 12463 的有关规定。

8.4 运输

储运中应符合 GB/T 191 及我国铁路部门对危险货物贮存和运输有关规定。

8.5 贮存

贮存应符合 GB 15603 的有关规定。氯苯为二级易燃液体，且易挥发，应贮存在禁火区，与火源隔离，防止阳光曝晒或在温度较高的地方存放。

ICS 19.040
K 04

中华人民共和国国家标准

GB/T 2423.20—2014/IEC 60068-2-43:2003

环境试验 第2部分:试验方法 试验Kd:接触点和连接件的硫化氢试验

Environmental testing—Part 2: Test methods—Test Kd: Hydrogen sulphide test for contacts and connections

(IEC 60068-2-43:2003, Environmental testing—Part 2-43: Tests—Test Kd: Hydrogen sulphide test for contacts and connections, IDT)

2014-09-30 发布 2015-04-01 实施

中华人民共和国国家质量监督检验检疫总局
中国国家标准化管理委员会 发布

前　言

本部分为GB/T 2423的第20部分,GB/T 2423标准的组成部分见资料性附录NA。

本部分按照GB/T 1.1—2009给出的规则起草。

本部分使用翻译法等同采用IEC 60068-2-43:2003(第2版)《环境试验 第2-43部分:试验 试验Kd:接触点和连接件的硫化氢试验》。

本部分与IEC 60068-2-43:2003(第2版)相比,主要做了下列编辑性修改:

——本部分名称改为"环境试验　第2部分:试验方法　试验Kd:接触点和连接件的硫化氢试验";

——IEC 60068-2-43:2003(第2版)第1章及参考文献中提及IEC 60355:1971,由于IEC 60355:1971已废除,为了使标准更好地应用,本部分引用了GB/T 2424.10—2012;

——增加了资料性附录NA。

本部分由全国电工电子产品环境条件与环境试验标准化技术委员会(SAC/TC 8)提出并归口。

本部分起草单位:中国电器科学研究院有限公司、深圳市计量质量检测研究院、无锡苏南试验设备有限公司、上海市计量测试技术研究院、宁波中科集成电路设计中心有限公司。

本部分主要起草人:许雪冬、揭敢新、朱建华、倪一明、张爱亮、柯赐龙、黄开云、王俊。

环境试验　第2部分:试验方法
试验 Kd:接触点和连接件的硫化氢试验

1　范围和目的

本试验:

——为评价用于接触点和连接件的银和银合金变色提供了一种加速试验方法;

——尤其适用于作对比试验;

——不宜作为通用腐蚀试验,即它可能无法预测接触点和连接件在工业大气中的腐蚀行为。

注:鉴于加速腐蚀试验获得的信息有限,应特别注意 GB/T 2424.12 给出的本试验导则。并参考 GB/T 2424.10。

本试验的目的是:

a)　确定含硫化氢的大气对下面材料制成的接触点和连接件的接触特性的影响:

——银或银合金;

——有其他保护层的银;

——用银或银合金覆盖的金属。

b)　检查用上述材料做成的无焊料连接件的紧密性和有效性。

在所有试验中,主要根据试验样品在含有硫化氢大气中暴露所引起的接触电阻的变化值进行性能评价。

2　规范性引用文件

下列文件对于本文件的应用是必不可少的。凡是注日期的引用文件,仅注日期的版本适用于本文件。凡是不注日期的引用文件,其最新版本(包括所有的修改单)适用于本文件。

IEC 60512-2-1:2002　电子设备连接器　试验和测量　第2-1部分:电连续性和接触电阻试验　试验2a:接触电阻　毫伏法(Connectors for electronic equipment—Tests and measurements—Part 2-1: Electrical continuity and contact resistance tests—Test 2a:Contact resistance—Millivolt level method)

3　试验设备

3.1　概述

试验设备包括气候系统、试验箱体、气体输送系统以及测量气体浓度的装置,见附录A。

3.2　试验箱

试验箱及其附件所采用的材料不应吸收硫化氢或与其反应,且不影响试验气体的腐蚀效果。气体可通过足够大直径的管道进出试验箱,经过试验箱的气体总流量能使箱内气体每小时更换3～5次。箱内的排出气体不允许进入实验室。

试验箱结构的具体要求(包括试验气体的发生方式)需满足下述条件:

a)　试验箱内试验样品所在空间的条件应在规定的范围内;

b)　试验样品不应直接经受进入气流的冲击;

c) 试验气体对试验样品平均相对速度应为 20 m/h～60 m/h(约为 6 mm/s～17 mm/s)或是缓慢地搅拌气体，使气体对所有试验样品的相对速度近似相同；
d) 试验箱的内壁不允许出现凝露；
e) 应避免太阳光直射试验箱，且试验箱内的任一暴露表面的光照度(来自日光或白炽灯或荧光灯)应在 50 lx～300 lx。

试验箱示意图见附录 A。

4 试验气体

试验箱内气体应满足以下条件：
——硫化氢：10×10^{-6}～15×10^{-6}(体积分数)；
——温度：(25±2)℃；
——相对湿度：75%。

相对湿度应尽可能维持在 75%，在任何情况下都不应超过 80%或低于 70%。

用能保证获得均匀混合物的方法，在一定量的空气中混合入硫化氢(任何方便的来源)、水蒸汽得到试验用气体(要得到少量硫化氢均匀分布的混合气体，可能需要分步进行混合)。

5 预处理

受试样品不应以任何方式进行清洗，对于产品说明书及相关规范有规定的或有关双方达成协议的除外。

6 试验方法

6.1 初始检测

相关规范可以要求在试验前及试验后，结合机械试验(例如冲击或振动试验)进行电阻的测量。

应根据相关规范规定对试验样品进行机械检查及机械耐久性试验。

应按照 IEC 60512-2-1:2002 进行接触电阻的测量，以免破坏接触表面上形成的膜。

6.2 试验程序

试验开始前应测量稳定条件下硫化氢的浓度、温度以及相对湿度。在试验过程中进行定期检测以确保这些条件能达到要求。

注意试验样品在摆放时不应相互接触、覆盖或遮蔽，以免阻挡试验气体。

应做好充分的预防措施以确保接触点在暴露过程中不被干扰。

试验样品暴露时接触点应按照相关规范的规定断开和(或)闭合。

试验样品暴露时应无电气负载或由相关规范规定。

根据相关规范规定，试验样品应在试验气体中连续暴露 4 d、10 d 或 21 d。

6.3 最后检测

在测量接触电阻之前，应从箱内取出试验样品，在标准恢复条件下放置 1 h～2 h。

应做好充分的预防措施以确保接触点不被干扰。接触电阻的测量方法应与初始检测时的方法相同。

注：如果必要的测量不能在规定的时间内完成，那么在恢复条件下放置时间最长可延至24 h，并在报告中说明。

一般来讲，试验样品在接触点闭合的状态下进行暴露时，可在断开前进行接触电阻测量。试验样品在接触点断开的状态下进行暴露时，接触点可闭合一次再进行接触电阻测量。

最后检测前接触点的处理以及测量细节均应按照相关规范的规定进行。

详细规范可以规定试验样品的外观检查。

7 详细规定

相关规范应给出下列细节：

a) 试验前进行的测量、检查和机械耐久性试验；

b) 试验过程中接触点是闭合还是断开；

c) 若适用，试验样品的电负载或工作条件；

d) 试验持续时间；

e) 试验结束时应进行的测量、检查和外观检查。

附 录 A
（资料性附录）
试验气体的产生

作为一个例子，本附录以示意图描述了通过直接混合必需成分产生试验气体的装置。只要符合本部分的所有规定，其他的装置和混合、控制方法也可以采用。

图 A.1 中的试验装置是由空调装置、带计量泵的供气装置、试验箱、用于清洗排出的硫化氢气体的气体洗涤瓶、气体流量计和抽气泵组成。

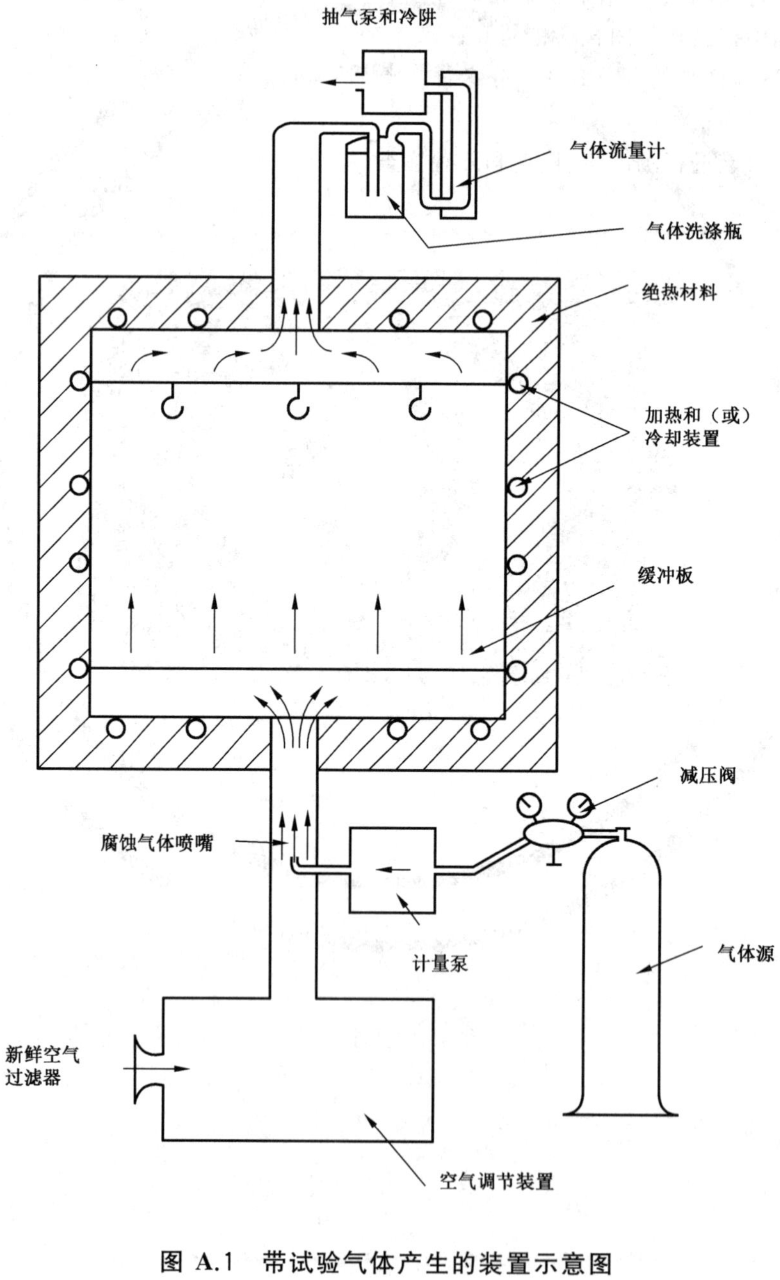

图 A.1 带试验气体产生的装置示意图

附 录 NA
(资料性附录)
GB/T 2423 标准的组成部分

除本部分外,GB/T 2423 标准的组成部分如下:

GB/T 2423.1—2008 电工电子产品环境试验 第2部分:试验方法 试验A:低温(IEC 60068-2-1:2007,IDT)

GB/T 2423.2—2008 电工电子产品环境试验 第2部分:试验方法 试验B:高温(IEC 60068-2-2:2007,IDT)

GB/T 2423.3—2006 电工电子产品环境试验 第2部分:试验方法 试验Cab:恒定湿热试验(IEC 60068-2-78:2001,IDT)

GB/T 2423.4—2008 电工电子产品环境试验 第2部分:试验方法 试验Db 交变湿热(12 h+12 h循环)(IEC 60068-2-30:2005,IDT)

GB/T 2423.5—1995 电工电子产品环境试验 第2部分:试验方法 试验Ea和导则:冲击(idt IEC 60068-2-27:1987)

GB/T 2423.6—1995 电工电子产品环境试验 第2部分:试验方法 试验Eb和导则:碰撞(idt IEC 60068-2-29:1987)

GB/T 2423.7—1995 电工电子产品环境试验 第2部分:试验方法 试验Ec和导则:倾跌与翻倒(主要用于设备型样品)(idt IEC 60068-2-31:1982)

GB/T 2423.8—1995 电工电子产品环境试验 第2部分:试验方法 试验Ed:自由跌落(idt IEC 60068-2-32:1990)

GB/T 2423.10—2008 电工电子产品环境试验 第2部分:试验方法 试验Fc:振动(正弦)(IEC 60068-2-6:1995,IDT)

GB/T 2423.15—2008 电工电子产品环境试验 第2部分:试验方法 试验Ga和导则:稳态加速度(IEC 60068-2-7:1986,IDT)

GB/T 2423.16—2008 电工电子产品环境试验 第2部分:试验方法 试验J和导则:长霉(IEC 60068-2-10:2005,IDT)

GB/T 2423.17—2008 电工电子产品环境试验 第2部分:试验方法 试验Ka:盐雾(IEC 60068-2-11:1981,IDT)

GB/T 2423.18—2012 环境试验 第2部分:试验方法 试验Kb:盐雾,交变(氯化钠溶液)(IEC 60068-2-52:1996,IDT)

GB/T 2423.19—2013 环境试验 第2部分:试验方法 试验Kc:接触点和连接件的二氧化硫试验(IEC 60068-2-42:2003,IDT)

GB/T 2423.21—2008 电工电子产品环境试验 试验M:低气压试验方法(IEC 60068-2-13:1983,IDT)

GB/T 2423.22—2012 环境试验 第2部分:试验方法 试验N:温度变化(IEC 60068-2-14:2009,IDT)

GB/T 2423.23—2013 环境试验 第2部分:试验方法 试验Q:密封

GB/T 2423.24—2013 环境试验 第2部分:试验方法 试验Sa:模拟地面上的太阳辐射及其试验导则(IEC 60068-2-5:2010,IDT)

GB/T 2423.25—2008 电工电子产品环境试验 第2部分:试验方法 试验Z/AM:低温/低气压综合试验(IEC 60068-2-40:1976,IDT)

GB/T 2423.26—2008 电工电子产品环境试验 第2部分:试验方法 试验Z/BM:高温/低气压综合试验(IEC 60068-2-41:1976,IDT)

GB/T 2423.27—2005 电工电子产品环境试验 第2部分:试验方法 试验Z/AMD:低温/低气压/湿热连续综合试验(IEC 60068-2-39:1976,IDT)

GB/T 2423.28—2005 电工电子产品环境试验 第2部分:试验方法 试验T:锡焊(IEC 60068-2-20:1979,IDT)

GB/T 2423.30—2013 环境试验 第2部分:试验方法 试验XA和导则:在清洗剂中浸渍(IEC 60068-2-45:1980/Amd 1:1993,MOD)

GB/T 2423.32—2008 电工电子产品环境试验 第2部分:试验方法 试验Ta:润湿称量法可焊性(IEC 60068-2-54:2006,IDT)

GB/T 2423.33—2005 电工电子产品环境试验 第2部分:试验方法 试验Kca:高浓度二氧化硫试验

GB/T 2423.34—2012 环境试验 第2部分:试验方法 试验Z/AD:温度/湿度组合循环试验(IEC 60068-2-38:2009,IDT)

GB/T 2423.35—2005 电工电子产品环境试验 第2部分:试验方法 试验Z/AFc:散热和非散热试验样品的低温/振动(正弦)综合试验(IEC 60068-2-50:1983,IDT)

GB/T 2423.36—2005 电工电子产品环境试验 第2部分:试验方法 试验Z/BFc:散热和非散热试验样品的高温/振动(正弦)综合试验(IEC 60068-2-51:1983,IDT)

GB/T 2423.37—2006 电工电子产品环境试验 第2部分:试验方法 试验L:沙尘试验(IEC 60068-2-68:1994,IDT)

GB/T 2423.38—2008 电工电子产品环境试验 第2部分:试验方法 试验R:水试验方法和导则(IEC 60068-2-18:2000,IDT)

GB/T 2423.39—2008 电工电子产品环境试验 第2部分:试验方法 试验Ee:弹跳(IEC 60068-2-55:1987,IDT)

GB/T 2423.40—2013 环境试验 第2部分:试验方法 试验Cx:未饱和高压蒸汽恒定湿热(IEC 60068-2-66:1994,IDT)

GB/T 2423.41—2013 环境试验 第2部分:试验方法 风压

GB/T 2423.43—2008 电工电子产品环境试验 第2部分:试验方法 振动、冲击和类似动力学试验样品的安装(IEC 60068-2-47:2005,IDT)

GB/T 2423.45—2012 环境试验 第2部分:试验方法 试验Z/ABDM:气候顺序(IEC 60068-2-61:1991,MOD)

GB/T 2423.47—1997 电工电子产品环境试验 第2部分:试验方法 试验Fg:声振(idt IEC 60068-2-65:1993)

GB/T 2423.48—2008 电工电子产品环境试验 第2部分:试验方法 试验Ff:振动-时间历程法(IEC 60068-2-57:1999,IDT)

GB/T 2423.49—1997 电工电子产品环境试验 第2部分:试验方法 试验Fe:振动——正弦拍频法(idt IEC 60068-2-59:1990)

GB/T 2423.50—2012 环境试验 第2部分:试验方法 试验Cy:恒定湿热主要用于元件的加速试验(IEC 60068-2-67:1995,IDT)

GB/T 2423.51—2012 环境试验 第2部分:试验方法 试验Ke:流动混合气体腐蚀试验(IEC 60068-2-60:1995,IDT)

GB/T 2423.52—2003 电工电子产品环境试验 第2部分:试验方法 试验77:结构强度与撞击(IEC 60068-2-27:1999,IDT)

GB/T 2423.53—2005 电工电子产品环境试验 第2部分:试验方法 试验Xb:由手的摩擦造成标记和印刷文字的磨损(IEC 60068-2-70:1995,IDT)

GB/T 2423.54—2005 电工电子产品环境试验 第2部分:试验方法 试验Xc:流体污染(IEC 60068-2-74:1999,IDT)

GB/T 2423.55—2006 电工电子产品环境试验 第2部分:环境测试 试验Eh:锤击试验(IEC 60068-2-75:1997,IDT)

GB/T 2423.56—2006 电工电子产品环境试验 第2部分:试验方法 试验Fh:宽带随机振动(数字控制)和导则(IEC 60068-2-64:2008,IDT)

GB/T 2423.57—2008 电工电子产品环境试验 第2部分:试验方法 试验Ei:冲击 冲击响应谱合成(IEC 60068-2-81:2003,IDT)

GB/T 2423.58—2008 电工电子产品环境试验 第2部分:试验方法 试验Fi:振动 混合模式(IEC 60068-2-80:2005,IDT)

GB/T 2423.59—2008 电工电子产品环境试验 第2部分:试验方法 试验Z/ABMFh:温度(低温、高温)/低气压/振动(随机)综合(IEC 60068-2-80:2005,IDT)

GB/T 2423.60—2008 电工电子产品环境试验 第2部分:试验方法 试验U:引出端及整体安装件强度(IEC 60068-2-21:2006,IDT)

GB/T 2423.101—2008 电工电子产品环境试验 第2部分:试验方法 试验:倾斜和摇摆

GB/T 2423.102—2008 电工电子产品环境试验 第2部分:试验方法 试验:温度(低温、高温)/低气压/振动(正弦)综合

参 考 文 献

［1］ GB/T 2421.1 电工电子产品环境试验 概述和指南(GB/T 2421.1—2008,IEC 60068-1:1988,IDT)

［2］ GB/T 2424.10—2012 环境试验 大气腐蚀加速试验的通用导则

［3］ GB/T 2424.12 环境试验 第2部分:试验方法 试验Kd:接触点和连接件的硫化氢试验导则(GB/T 2424.12—2014,IEC 60068-2-46:1982,IDT)

ICS 19.040
K 04

中华人民共和国国家标准

GB/T 2424.12—2014/IEC 60068-2-46:1982

环境试验　第2部分:试验方法 试验Kd:接触点和连接件的硫化氢试验导则

Environmental testing—Part 2:Test methods—Guidance to test Kd:Hydrogen sulphide test for contacts and connections

(IEC 60068-2-46:1982,Basic environmental testing procedures—Part 2:Tests—Guidance to test Kd:Hydrogen sulphide test for contacts and connections,IDT)

2014-09-30 发布　　2015-04-01 实施

中华人民共和国国家质量监督检验检疫总局
中国国家标准化管理委员会　发布

前　言

GB/T 2424 包含以下部分：

——GB/T 2424.1　电工电子产品环境试验　高温低温试验导则

——GB/T 2424.2　电工电子产品环境试验　湿热试验导则

——GB/T 2424.5　电工电子产品环境试验　温度试验箱性能确认

——GB/T 2424.6　电工电子产品环境试验　温度/湿度试验箱性能确认

——GB/T 2424.7　电工电子产品环境试验　试验 A 和 B(带负载)用温度试验箱的测量

——GB/T 2424.10　环境试验　大气腐蚀加速试验的通用导则

——GB/T 2424.11　环境试验　第 2 部分：试验方法　试验 Kc：接触点和连接件的二氧化硫试验导则

——GB/T 2424.12　环境试验　第 2 部分：试验方法　试验 Kd：接触点和连接件的硫化氢试验导则

——GB/T 2424.15　电工电子产品环境试验　温度/低气压综合试验导则

——GB/T 2424.17　电工电子产品环境试验　第 2 部分：试验方法　试验 T：锡焊试验导则

——GB/T 2424.19　电工电子产品环境试验　模拟贮存影响的环境试验导则

——GB/T 2424.22　电工电子产品基本环境试验规程　温度(低温、高温)和振动(正弦)综合试验导则

——GB/T 2424.25　电工电子产品环境试验　第 3 部分：试验导则　地震试验方法

——GB/T 2424.26　电工电子产品环境试验　第 3 部分：支持文件和导则　振动试验选择

——GB/T 2424.27　环境试验　支持文件和指南　温湿度试验箱不确定度计算

本部分为 GB/T 2424 的第 12 部分。

本部分按照 GB/T 1.1—2009 给出的规则起草。

本部分使用翻译法等同采用 IEC 60068-2-46:1982(第 1 版)《基本环境试验规程　第 2 部分：试验　试验 Kd：接触点和连接件的硫化氢试验导则》。

本部分与 IEC 60068-2-46:1982(第 1 版)相比，主要做了下列编辑性修改：

——本部分的名称改为："环境试验　第 2 部分：试验方法　试验 Kd：接触点和连接件的硫化氢试验导则"；

——为与新版 GB/T 2424 标准格式一致，增加了第 1 章"范围"和第 2 章"规范性引用文件"，并相应调整其他章条号；

——IEC 60068-2-46:1982(第 1 版)第 7 章中，提及 IEC 60355:1971，由于 IEC 60355:1971 已废除，为了标准更好地应用，本部分引用了 GB/T 2424.10—2012；

——将表 1、表 2 作为资料性附录"硫化氢污染数据"(见附录 A)。

本部分由全国电工电子产品环境条件与环境试验标准化技术委员会(SAC/TC 8)提出并归口。

本部分起草单位：中国电器科学研究院有限公司、无锡苏南试验设备有限公司、深圳市计量质量检测研究院、宁波捷胜海洋开发有限公司、上海市质量监督检验技术研究院。

本部分主要起草人：黄开云、王俊、倪一明、朱建华、贺波、卢兆明、揭敢新、许雪冬。

环境试验 第2部分:试验方法 试验Kd:接触点和连接件的硫化氢试验导则

1 范围

GB/T 2424的本部分适用于为有关设计和试验人员在应用硫化氢试验规范时提供指导。

2 规范性引用文件

下列文件对于本文件的应用是必不可少的。凡是注日期的引用文件,仅注日期的版本适用于本文件。凡是不注日期的引用文件,其最新版本(包括所有的修改单)适用于本文件。

GB/T 2423.20—2014 环境试验 第2部分:试验方法 试验Kd:接触点和连接件的硫化氢试验(IEC 60068-2-43:2003,IDT)

3 概述

接触点和连接件在预期寿命期间的良好性能取决于许多参数,其中某些参数由其设计决定(如型式、材料、力等);另一些参数则由对其有影响的环境决定。考虑环境的影响,特别要注意大气中所含的污染物(通常含量很少)。

银和某些银合金因对许多环境中存在的微量硫化氢特别敏感而变色,变色产物呈暗色,主要由β-硫化银组成。

使用这些金属作为触点材料制成的可分离的电连接件,可能导致接触电阻和接触噪声的增加。

4 大气中的硫化氢

细菌对植物、土壤、污水和动物排泄物里硫酸盐进行还原,放出硫化氢。在大气中硫化氢容易被氧化为二氧化硫,雨水将二氧化硫带到地面。土壤中含氧的地方,某些细菌将二氧化硫变成硫酸盐。在腐烂的有机物质造成缺氧条件时或产生缺氧的地方,硫酸盐还原菌完成循环,变硫酸盐成硫化氢,它是大气中天然硫的主要来源。因此,硫化氢是一种广泛分布的空气污染物。

当无雨水的冲洗时,二氧化硫将在大气中聚积。城市地区燃烧矿物燃料产生二氧化硫进入大气。大气中二氧化硫的含量可能是硫化氢含量的10～1000倍,成为主要的腐蚀原因。但在同样的浓度条件下,两者中硫化氢更具有腐蚀性,尤其是对银和铜(参见GB/T 2423.19)。

虽然自然环境的硫化氢是硫的主要来源,但是工业生产过程中也能产生硫化氢。炼油厂、化工厂和煤气厂是主要的来源。通常报导的大气中硫化氢浓度是$(1\sim30)\times10^{-9}$(体积分数)。许多地方的峰值超过了这个值,尤其在发生源的附近,浓度更高。表A.1是硫化氢测量浓度统计分布实例。表A.2举出了一系列站点测量的有代表性的硫化氢浓度。这些浓度足以引起银的自然变色了。其他硫的污染物就远没有那么重要。

二氧化硫在浓度和湿度都不高时,对银几乎没有影响,所以实际上很难发现它的变色产物。两种最普通的有机硫污染物——甲基硫醇和二硫化碳，完全不会使银变色。某些有机硫的衍生物像单体硫蒸气一样使银变色，但它们仅在个别环境里存在。

5 试验目的和使用范围

5.1 接触点和连接件的型式

本试验专门用于特定类型接触点和连接件(熔焊和钎焊除外)，因此有必要简单叙述这些类型接触点和连接件。

接触点和连接件可分为两类：永久型和临时型。两种类型都是通过外力作用使金属表面相互结合。

永久型连接件受力非常大，常常会导致金属的永久性变形，且可能形成局部焊接。这样的连接件不能在其使用寿命期间通断。永久型连接件有包接和绕接等形式。

临时型连接件，触点金属的受力比较轻，在使用寿命期间可多次接通和断开。临时型连接件有：连接器、开关和继电器。有时把临时型连接件中金属间的接触区叫做接触点。

根据负载和用途的不同，临时型连接件的接触点或接触面可采用不同的金属制造。

除贵金属外的多数金属都会发生大气腐蚀。接触材料一旦腐蚀，接触电阻就会增加。贵金属接触点的广泛应用会提高成本，因此普遍采用贵金属合金或在基体金属上覆盖贵金属或贵金属合金作为接触材料。

永久型连接件通常不采用贵金属，表面必然发生硫化氢腐蚀。但是，设计和制造合理的、采用冷焊接和高压工艺的包接或绕接连接件，连接面不会发生腐蚀。然而，制造粗糙或热循环所致连接性能下降的连接件，腐蚀气体会渗入接触区，导致接触电阻增加。

5.2 试验目的

本试验用来评定银和某些银合金的变色结果。尽管对某些银合金接触点的元件仅进行过有限的试验，但已被银的实验室试验和现场试验广泛证实。

当上述的变色试验用于不同触点材料的试验样品时，试验条件就可以引起不同的加速作用(见第7章)，要求有丰富的经验和大量的试验来评价相应的结果。银和钯的接触点合金的试验表明本方法是适用的，但还是需要注意这些情况。

当试验用于银合金和与其他材料相连的银的接触点及连接件时，可以预料，和贵金属一起的银的试验样品，其试验结果比含有大量贱金属的银合金更真实。下面举例说明：

——金接触点基本上不受试验影响；
——银上含有金层的触点或紧靠银的金触点将因硫化银蔓延而受影响。这两种现象是现场情况的真实反映；
——铜和高含铜合金(如磷青铜和黄铜)在试验气体里因产生硫化铜而严重变色。然而，实际上这种形式的变暗很少起主要作用，因生成氧化物的地方阻止了硫化物的生长。如果要求试验的变色特性和自然发生的相似，那么本试验在这种场合是不适用的。

6 试验参数

6.1 概要

本试验适用于主要由银和银合金制成的接触点和连接件(见第5章)。而判断其好坏的依据是接触电阻。由试验条件产生的变色层对接触电阻的影响，应和自然产生的变色层对接触电阻的影响相似；同时试验又应加速变色膜的生长。但这两点要求往往是相互矛盾的。由于快速生长的变色层往往比自然生长的变色层软和附着得少，所以应在加速试验（用增加污染物浓度和湿度的方法达到）和实际的接触电阻变化过程之间找到一个适当的方案。

该试验确定试验参数的原则是在符合接触电阻实际变化状况的前提下，采用最高的硫化氢浓度和相对湿度。

试验的主要参数是：

——硫化氢浓度；

——相对湿度；

——温度；

——流速；

——试验持续时间；

——照度。

6.2 硫化氢浓度

经验指出，当硫化氢浓度大于 15×10^{-6}（体积分数）时，银的沉积物变得柔软，与实际不符。事实上，银的变色速度对硫化氢浓度不是很敏感，所以没有必要用较高的硫化氢浓度。

如取非常低的硫化氢浓度，由于试验箱壁的表面吸附和它强烈依赖于试验样品周围的局部气流，会引起许多困难，而且浓度太低对某些类型的试验样品加速作用太小（见第 7 章）。

6.3 相对湿度

湿度很小的变化对变色作用有很大影响。资料表明，相对湿度低于 70%时几乎不发生腐蚀，而当相对湿度大于 85%时，变色速度迅速增加，但形成的变色层根本不是那些实际上已发现的类型。鉴于观察到硫化银针状的生长物，在相对湿度 85%时，可能出现毛细凝聚现象。为此在整个试验期间，应小心控制湿度在规定的范围之内。可使用任何已知的方法测定相对湿度，只要它有足够的精度，能测量规定的允许误差。用干湿球法来测量相对湿度是有效的方法。

6.4 温度

当温度高于 30 ℃时，就有改变自然腐蚀机理的倾向；当温度较低时，试验时间又太长；温度（25±2）℃是最满意的适中方案。为了使相对湿度在规定的范围以内，应严格控制温度。

6.5 流速

使用连续气流流经试验箱，使硫化氢浓度恒定，又不因箱内吸附表面吸收气体而使浓度降低。用移动试验样品或搅拌箱内气体的方法，使试验气体和试验样品间的相对速度在规定的范围内。这样可避免试验箱内静止气阱所造成的局部低浓度。应注意保证箱内试验样品周围都有气流，也保证试验箱不过载。为了保证所有试验样品在整个试验期间都处于同样的试验条件。上述这些措施都是必需的。

6.6 试验持续时间

暴露在试验气体中引起的变色和试验触点的性能下降是随着暴露时间的延长而增加的，虽然不成正比关系，但还是可以由延长暴露时间来得到试验的不同严酷程度。如第 7 章和图 1 所示。

6.7 照度

已知银在光亮中比在黑暗中变色快，为此规定了试验的照度。所选择的照度等级应可以在丙烯酸树脂试验箱内达到（试验箱应避免日光直射，但需得到正常的自然或人工光照）。

6.8 试验条件的控制

为了保证试验结果的重现性,需要严格控制试验条件。特别要注意控制相对湿度(见 6.3)和温度(见 6.4)。为保证在整个试验期间试验参数维持不变,需要连续或经常监测试验条件。

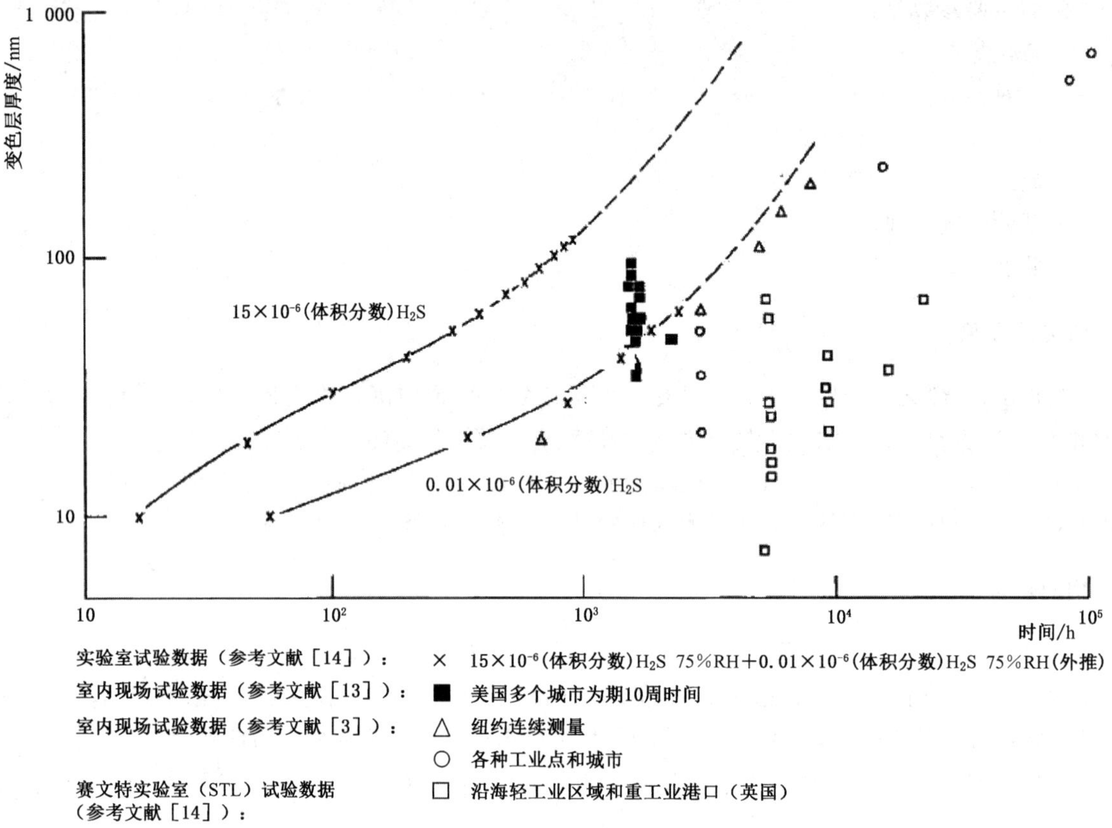

图 1 在相对湿度 75%银的动态变色趋势和现场试验数据的比较

7 试验严酷程度

原则上不可能仅把某单一的加速因素作为试验条件,因为产生加速作用要取决于试验样品的结构、材料及其使用条件。本部分是根据目前经验得出的一般性导则。随着试验数据的积累此导则会更加完善。

当评定试验结果或为特殊场合选择相应的试验持续时间时,应作下列考虑。

如果触点表面无屏蔽或无密封,将它暴露在流通的试验气体中,那么增加试验气体中的硫化氢浓度,对触点表面变暗速率的影响相当小。当浓度从 10×10^{-9}(体积分数)(自然浓度)增加到 15×10^{-6}(体积分数)(试验浓度)时,变暗速率增加 10 倍或更少。图 1 就是相同类型的试验样品在上述条件下的实验室和现场试验的比较。显然,目前试验方法对试验样品的加速作用,小于某些严酷的现场环境试验。要注意到图 1 适用于材料试验,实际触点的试验加速系数还将取决于触点型式。

绝大多数实际试验样品的内部触点,通常由元件或部件结构局部密封或屏蔽。当自然存在的硫化氢浓度很低时,变色速率受污染物通过大气到触点的迁移量的限制(即紧靠触点表面的硫化氢浓度较试验样品周围的浓度低)。

如果污染物浓度较高,有局部密封或屏蔽措施的触点防护效果非常小。

正如前面指出的,无屏蔽的试验样品在含有十亿分之几的硫化氢实际大气中很快就会变色,所以试验对这类试验样品的加速作用小。有局部密封或屏蔽的试验样品在现场环境里的变色速率较低,所以试验对这类试验样品的加速作用较大。

8 试验结果的评定

本试验的主要评定标准是接触电阻的变化,其次是外观变化。应指出,大多数金属和合金在本试验里将变色,而这种腐蚀是意料之中的,因而根据接触电阻的变化来判断其性能。

当包接和绕接的永久型连接件试验时,被测接点的电阻会发生变化。由于接合点不是气密接合或接合不良,接触电阻会显著增加。

当临时型连接件试验时,触点可以呈接触或非接触状态(即闭合或打开)。接触的触点(闭合状态)应试验结束后,在没有干扰时测量接触电阻。非接触的触点(打开状态)在试验结束后,仅在第一次接触时进行接触电阻测量。

本试验主要是为触点设计的,而这些触点是用来输送小电流、低电压信号的,为了不破坏生成的腐蚀膜,应使用低电压小电流的测量方法(最大值为 20 mV、50 mA)。

9 使用本试验和编写规范人员注意事项

本试验为评定含有硫化氢的大气对接触点和连接件的影响提供了加速手段。它特别适用于作为对比试验。

试验结果和使用寿命之间的联系,受许多因素的影响,仅能根据多年试验的经验和现场的工作情况进行比较粗略的估计。因而不能期望本试验会对任何自然大气中使用的被试接触点和连接件的真实使用寿命作直接而精确的测定。

本试验不适于作为“一般腐蚀试验”,即不能预测大气组成中不同于硫化氢的多数腐蚀剂的腐蚀作用(参见 GB/T 2424.10—2012)。

另外,本试验非常适用于批量生产的元件和同类元件性能的比较。随着时间的推移,可能发现本试验还有其他用途。

附 录 A
（资料性附录）
硫化氢污染数据

表 A.1 硫化氢测量浓度统计分布实例

浓度范围（$\times 10^{-9}$）[a]	出现次数
<5	2 974
5～9	122
10～19	33
20～29	6
>30	3
注：匹兹堡市奥克兰区，参考文献[7]。	
[a] 体积分数。	

表 A.2 一系列站点测量的有代表性的硫化氢浓度

地点	硫化氢浓度（$\times 10^{-9}$）[a]	
	平均值	峰值
纽约（写字楼）[b]	9	28
新泽西州（化工厂）	25	102
新泽西州（炼油厂）	194	1 600
洛杉矶（写字楼）	13	22
布法罗（铸造厂）	74	120
亚拉巴马州（造纸厂）	18	33
伦敦（夏季）[c]	0.1～0.5	
伦敦（冬季）	0.5～1	
伦敦（雾，1962 年 12 月）	5～10	33
底特律[d]	110	610
荷兰（四个站点）[e]	85	724
匹兹堡[f]	5～10	>30
北九洲、四国岛（日本）[g]	100	
赛文特伦特实验室（洛伦兹标准电子公司）、哈洛、埃塞克斯（英国）（市区）[h]	0.15	
罗托鲁阿（新西兰）[i]	4～180	5 500
伦敦（冬季）[j]	0.2	

表 A.2（续）

地点	硫化氢浓度（$\times 10^{-9}$）[a]	
	平均值	峰值
威尔士东南部[k]:农村（近海）	0.1～0.3	
安静住宅区	0.2～0.4	
城市干道	0.3～0.8	
拥挤的城市中心	0.5～1.4	
重工业区	1～60	

a 体积分数。

b 参考文献[3]。

c 参考文献[4]。

d 参考文献[5]。

e 参考文献[6]。

f 参考文献[7]。

g 参考文献[8]。

h 参考文献[9]。

i 参考文献[10]。

j 参考文献[11]。

k 参考文献[12]。

参 考 文 献

[1] GB/T 2423.19 环境试验 第2部分:试验方法 试验Kc:接触点和连接件的二氧化硫试验(GB/T 2423.19—2013,IEC 60068-2-42:2003,IDT)

[2] GB/T 2424.10—2012 环境试验 大气腐蚀加速试验的通用导则

[3] R.V.Chiarenzelli:Proc.3rd Symposium on Electric Contacts,University of Maine,1966,and Proc.Eng.Seminar on Electric Contacts,University of Maine,June 1965,p.65.

[4] J.Minster:Nature,3rd August 1963,199(4892),p.474.

[5] M.Katz:Air pollution,WHO,Geneva,1961,p.97.

[6] J.Boeseken and H.O.Muller:Rec.Trav.Chim.,13,1931,p.1117.

[7] J.Sensenbaugh et al.:Air Repair,4(1),p.5.

[8] Inagaki and Emukai:Review of El.Communications Laboratories,Vol.20,Nos.11-12,Nov./Dec.1972.

[9] W.A.Crossland and C.R.Wright:ITT Technical Report STL,1164.

[10] J.F.Elliott and A.G.Franks:Systems Technology,Jan.1969,p.39.

[11] A.R.Meetham:Atmospheric Pollution,its Origins and Prevention,1952,London,Pergamon Press,p.187.

[12] A.P.Smith,D.E.Jenkins and D.E.Cunningworth:J.Appl.Chem.,11,Sept.1961,p.137.

[13] W.E. Campbell and U. B. Thomas: Proc. Eng. Seminar on Electric Contact Phenomena, Illinois Institute of Technology,Chicago,Nov.1968,p.233.

[14] W.A.Crossland,E.Knight and C.R.Wright:Proc,19th Holm Seminar on Electric Contacts,Ⅲ,Chicago,1973,p.265.

ICS 71.060.10
G 13

中华人民共和国国家标准

GB/T 2449.1—2014
代替 GB/T 2449—2006

工业硫磺　第1部分：固体产品

Sulphur for industrial use—Part 1: Solid product

2014-09-03 发布　　　　2015-05-01 实施

中华人民共和国国家质量监督检验检疫总局
中国国家标准化管理委员会　发布

前言

GB/T 2449《工业硫磺》分为两个部分：

——第1部分：固体产品；

——第2部分：液体产品。

本部分为GB/T 2449的第1部分。

本部分按照GB/T 1.1—2009给出的规则起草。

本部分代替GB/T 2449—2006《工业硫磺》。与GB/T 2449—2006相比，主要技术变化如下：

——删除了对液体工业硫磺的要求(见第3章，2006年版的第3章)；

——删除了液体工业硫磺的采样方法(见2006年版的4.2)；

——修改了重量法测定硫质量分数的允许差的要求(见5.2.2.5，2006年版的5.1.2.5)；

——修改了测定水分质量分数的分析步骤的内容(见5.3.3，2006年版的5.2.3)；

——修改了砷质量分数测定方法中的砷标准溶液的浓度、吸收液要求和工作曲线的含量范围(见5.7.1.2.10、5.7.1.4.1、5.7.1.4.2和5.7.2.4.1，2006年版的5.6.1.2.10、5.6.1.4.2和5.6.2.4.2)；

——修改了铁质量分数测定方法中的工作曲线的含量范围(见5.8.1.4.1，2006年版的5.7.1.4.2)；

——修改了检验规则的部分内容(见第6章，2006年版的第6章)；

——修改了标志、包装、运输和贮存的部分内容(见第7章，2006年版的第8章)；

——删除了原标准的附录B和附录C(见2006年版的附录B和附录C)。

本部分由中国石油和化学工业联合会提出。

本部分由全国化学标准化技术委员会硫和硫酸分技术委员会(SAC/TC 63/SC 7)归口。

本部分起草单位：南化集团研究院、云南省产品质量监督检验研究院、淮安市产品质量监督检验所、山东华星石油化工集团有限公司、中国石化达州天然气净化有限公司、中国石油西南油气田分公司、实联化工(江苏)有限公司、江苏省质量协会、瓮福达州化工有限责任公司。

本部分主要起草人：邱爱玲、冯俊婷、他德洪、汤立忠、田爽、于艳秋、李文龙、林先景、狄伟、周明清。

GB 2449、GB 2450、GB 2451、GB 2452、GB 2453、GB 2454、GB 2455、GB 2456、GB 2457和GB 2458于1981年首次发布，GB 7683、GB 7684和GB 7685于1987年首次发布，1992年第一次修订时将GB 2449—1981～GB 2458—1981及GB 7683—1987～GB 7685—1987合并为GB/T 2449—1992《工业硫磺及其试验方法》；2006年第二次修订为GB/T 2449—2006《工业硫磺》；本次为第三次修订。

工业硫磺　第1部分:固体产品

警告——本部分中使用的部分试剂具有毒性或腐蚀性,部分操作具有危险性。本部分并未揭示所有可能的安全问题,使用者应严格按照有关规定正确使用,并有责任采取适当的安全和健康措施。

1　范围

GB/T 2449的本部分规定了固体工业硫磺的要求、采样、试验方法、检验规则及标志、包装、运输、贮存和安全。

本部分适用于由石油炼厂气、天然气、焦炉气等回收制得的固体工业硫磺,也适用于由硫铁矿等制得的固体工业硫磺。

2　规范性引用文件

下列文件对于本文件的应用是必不可少的。凡是注日期的引用文件,仅注日期的版本适用于本文件。凡是不注日期的引用文件,其最新版本(包括所有的修改单)适用于本文件。

GB 190　危险货物包装标志

GB/T 601　化学试剂　标准滴定溶液的制备

GB/T 602　化学试剂　杂质测定用标准溶液的制备

GB/T 603　化学试剂　试验方法中所用制剂及制品的制备

GB/T 610　化学试剂　砷测定通用方法

GB/T 6003.1—2012　试验筛　技术要求和检验　第1部分:金属丝编织网试验筛

GB/T 6678　化工产品采样总则

GB/T 6679　固体化工产品采样通则

GB/T 6682　分析实验室用水规格和试验方法

GB/T 8170　数值修约规则与极限数值的表示和判定

3　要求

3.1　外观

固体工业硫磺有块状、粉状、粒状和片状等,呈黄色或者淡黄色,无肉眼可见杂质。

3.2　技术指标

固体工业硫磺的质量应符合表1的要求。

表 1

项目			技术指标		
			优等品	一等品	合格品
硫(S)(以干基计),w/%		≥	99.95	99.50	99.00
水分,w/%		≤	2.0	2.0	2.0
灰分(以干基计),w/%		≤	0.03	0.10	0.20
酸度(以 H_2SO_4 计)(以干基计),w/%		≤	0.003	0.005	0.02
有机物(以 C 计)(以干基计),w/%		≤	0.03	0.30	0.80
砷(As)(以干基计),w/%		≤	0.000 1	0.01	0.05
铁(Fe)(以干基计),w/%		≤	0.003	0.005	—
筛余物[a],w/%	粒径>150 μm	≤	0	0	3.0
	粒径为 75 μm～150 μm	≤	0.5	1.0	4.0
[a] 筛余物指标仅用于粉状硫磺。					

4 采样

4.1 采样方法

4.1.1 包装产品的采样

按照 GB/T 6678 中的规定确定采样单元数,生产企业可根据生产周期等实际情况确定具体的抽样方案。从随机选定的每个采样单元中采样,不同形状的产品采样方式为:

——对于粒状、片状、粉状产品,用采样器插入 2/3 深处采样;

——对于块状产品,用手锤在不同部位敲取块径小于 25 mm 的碎块。

采得样品充分混合均匀后缩分成 2 kg 的实验室样品。

4.1.2 散装产品的采样

产品按照 GB/T 6679 中的规定确定采样单元(或点)数。从随机选定的每个采样单元(或点)上采样,不同形状的产品采样方式为:

——对于粒状、片状产品,用采样器插入 0.3 m～0.5 m 的深处采样;

——对于块状产品,用手锤在不同部位敲取块径小于 25 mm 的碎块。

采得样品充分混合均匀后缩分成 2 kg 的实验室样品。

4.2 实验室样品处理

实验室样品等量分为试验样和保留样,分别装入样品瓶(袋)内密封。样品瓶(袋)上应贴上标签,标明产品名称、等级、批号、采样日期、采样人等,其中保留样的保留时间应不少于 30 d。

4.3 试样的制备

将取得的约 1 kg 试验样磨碎至通过孔径为 2.00 mm 的试验筛(粉状硫磺不必研磨),以缩分法分成两份,一份供测定水分的质量分数、200 ℃时残渣的质量分数(测定方法参见附录 A)用。另一份继续磨碎至通过孔径为600 μm的试验筛,用缩分法分成两份,一份供测定灰分的质量分数、有机物的质量分数、铁的质量分数用;另一份继续磨碎至通过孔径为250 μm的试验筛,供测定硫的质量分数(重量法)、酸度和砷的质量分数用。所用的试验筛均应符合GB/T 6003.1—2012中R40/3系列的要求。

5 试验方法

警告——二硫化碳有毒易燃,相关操作应在通风橱内进行。

5.1 通则

本部分中所用的试剂和水,在没有注明其他要求时,均指分析纯试剂和符合GB/T 6682规定的三级水。试验中所用标准滴定溶液、杂质测定用标准溶液、制剂及制品,在没有注明其他要求时,均按GB/T 601、GB/T 602、GB/T 603的规定制备。

5.2 硫质量分数的测定

5.2.1 差减法 仲裁法

5.2.1.1 原理

本方法通过扣除杂质(灰分、酸度、有机物和砷)的质量分数总和的方法,计算得出工业硫磺中硫的质量分数。

5.2.1.2 结果计算

硫的质量分数 w_1,按公式(1)计算:

$$w_1 = 1 - (w_3 + w_4 + w_5 + w_6) \qquad \cdots\cdots(1)$$

式中:

w_3——灰分的质量分数;

w_4——酸度;

w_5——有机物的质量分数;

w_6——砷的质量分数。

5.2.2 重量法

5.2.2.1 原理

将试料用二硫化碳洗脱后称量,计算得出工业硫磺中硫的质量分数。本方法适用于优等品硫磺中硫质量分数的测定。

5.2.2.2 试剂

二硫化碳。

5.2.2.3 仪器

5.2.2.3.1 玻璃砂芯坩埚:3号,孔径为16 μm~30 μm,容积30 mL。

5.2.2.3.2 抽滤瓶:500 mL。

5.2.2.3.3 真空泵。

5.2.2.3.4　恒温干燥箱:可控制温度 105 ℃～110 ℃。

5.2.2.4　分析步骤

称取 2 g～3 g 试样(见 4.3),精确至 0.000 1 g,置于已于 105 ℃～110 ℃干燥至恒量的玻璃砂芯坩埚(见 5.2.2.3.1)中。

连接好抽气装置。在通风橱内,将盛有试料的玻璃砂芯坩埚安装在抽滤瓶(见 5.2.2.3.2)上,用滴管向坩埚内加入适量的二硫化碳,用玻璃棒搅拌使硫磺溶解,开启真空泵(见 5.2.2.3.3)以适宜速率抽滤。继续用二硫化碳洗涤溶解,至绝大部分硫磺溶解后,以二硫化碳洗涤坩埚壁及其底部,抽滤。

将盛有残渣的玻璃砂芯坩埚移入温度为 105 ℃～110 ℃的恒温干燥箱(见 5.2.2.3.4)中干燥45 min,取出放在干燥器中冷却至室温。再用二硫化碳洗涤坩埚 5～8 次,然后移入温度为 105 ℃～110 ℃的恒温干燥箱中干燥 30 min,取出放在干燥器中冷却至室温后称量,精确至 0.000 1 g。按以上操作重复用二硫化碳处理直至连续两次称量相差不超过 0.000 3 g。

5.2.2.5　结果计算

硫的质量分数 w_1,按公式(2)计算:

$$w_1=\left[1-\frac{m_2-m_1}{m\times(1-w_2)}\right]\times 100\%-w_4 \quad\cdots\cdots(2)$$

式中:

m_2——坩埚和坩埚中剩余物的质量的数值,单位为克(g);

m_1——坩埚的质量的数值,单位为克(g);

m ——试料的质量的数值,单位为克(g);

w_2——水分的质量分数;

w_4——酸度。

取平行测定结果的算术平均值为测定结果。平行测定结果的绝对差值应不大于 0.05%。

5.3　水分质量分数的测定

5.3.1　原理

试料在恒温干燥箱中于 80 ℃干燥后,称量其减少的质量即为失去水的质量。

5.3.2　仪器

5.3.2.1　称量瓶:70 mm×35 mm。

5.3.2.2　恒温干燥箱:可控制温度 80 ℃±2 ℃。

5.3.3　分析步骤

称取约 25 g 试样(见 4.3),精确至 0.01 g,置于已于 80 ℃±2 ℃干燥至恒量的称量瓶中,记录称量瓶和试料的总质量,精确至 0.000 1 g。将盛有试料的称量瓶放入温度控制在 80 ℃±2 ℃的恒温干燥箱内干燥 3 h,取出放在干燥器中冷却至室温,称量,精确至 0.000 1 g。重复以上操作,直至连续两次称量相差不超过 0.002 0 g。如果干燥总时间超过 16 h 仍未恒量,则记录最后一次称量结果。

5.3.4　结果计算

水分的质量分数 w_2,按公式(3)计算:

$$w_2 = \frac{m_1 - m_2}{m} \times 100\% \qquad \cdots\cdots(3)$$

式中：

m_1——干燥前称量瓶和试料的质量的数值，单位为克(g)；

m_2——干燥后称量瓶和试料的质量的数值，单位为克(g)；

m ——试料的质量的数值，单位为克(g)。

取平行测定结果的算术平均值为测定结果。平行测定结果的绝对差值应符合表2的规定。

表 2

水分的质量分数 %	平行测定结果的绝对差值 %
≤0.10	≤0.05
>0.10～≤0.50	≤0.1
>0.50	≤0.2

5.4 灰分质量分数的测定

5.4.1 原理

在空气中缓慢燃烧试料，然后在高温电炉中于800 ℃～850 ℃下灼烧，冷却，称量。

5.4.2 仪器

5.4.2.1 石英皿(或瓷皿)：容量50 mL～100 mL。

5.4.2.2 高温电炉：可控制温度800 ℃～850 ℃。

5.4.3 分析步骤

称取约25 g试样(见4.3)，精确至0.01 g，置于已于800 ℃～850 ℃灼烧至恒量的石英皿(见5.4.2.1)中，在通风橱内置于电热板上使硫磺缓慢燃烧。燃烧完毕后，将石英皿移入高温电炉(见5.4.2.2)内，在800 ℃～850 ℃下灼烧40 min。取出石英皿，稍冷后置于干燥器中，冷却至室温后称量，精确至0.000 1 g。重复以上操作，直至连续两次称量相差不超过0.000 3 g。

5.4.4 结果计算

灰分的质量分数 w_3，按公式(4)计算：

$$w_3 = \frac{m_2 - m_1}{m \times (1 - w_2)} \times 100\% \qquad \cdots\cdots(4)$$

式中：

m_2——石英皿和灰分的质量的数值，单位为克(g)；

m_1——石英皿的质量的数值，单位为克(g)；

m ——试料的质量的数值，单位为克(g)；

w_2——水分的质量分数。

取平行测定结果的算术平均值为测定结果。平行测定结果的绝对差值应符合表3的规定。

表 3

灰分的质量分数 %	平行测定结果的绝对差值 %
≤0.03	≤0.003
>0.03～≤0.07	≤0.005
>0.07～≤0.10	≤0.01
>0.10～≤0.30	≤0.02
>0.30	≤0.05

5.5 酸度的测定

5.5.1 通则

本方法中的用水除应符合 GB/T 6682 中三级水规定的要求外，使用前还应煮沸并冷却。

5.5.2 原理

用水-异丙醇混合液萃取硫磺中的酸性物质，以酚酞为指示剂，用氢氧化钠标准滴定溶液滴定。

5.5.3 试剂

5.5.3.1 异丙醇。

5.5.3.2 氢氧化钠标准滴定溶液：$c(NaOH)=0.5$ mol/L。

5.5.3.3 氢氧化钠标准滴定溶液：$c(NaOH)=0.05$ mol/L。

量取 10.00 mL 氢氧化钠标准滴定溶液(见 5.5.3.2)置于 100 mL 容量瓶中，用水稀释至刻度，摇匀。此溶液使用时配制。

5.5.3.4 酚酞指示液：10 g/L。

5.5.4 分析步骤

称取约 25 g 试样(见 4.3)，精确至 0.01 g，置于 250 mL 具磨口塞的锥形瓶中，加入 25 mL 异丙醇(见 5.5.3.1)，盖上瓶塞，使硫磺完全润湿。再加入 50 mL 水，塞上瓶塞，摇振 2 min，放置 20 min，其间不时地摇振，加 3 滴酚酞指示液(见 5.5.3.4)，用氢氧化钠标准滴定溶液(见 5.5.3.3)滴定至溶液为粉红色并保持 30 s 不褪。

同时做空白试验。

5.5.5 结果计算

酸度以硫酸(H_2SO_4)的质量分数 w_4 计，按公式(5)计算：

$$w_4=\frac{[(V-V_0)/1\,000]cM/2}{m\times(1-w_2)}\times 100\%=\frac{(V-V_0)cM}{2\,000m\times(1-w_2)}\times 100\% \quad\cdots\cdots\cdots\cdots(5)$$

式中：

V ——测定所消耗的氢氧化钠标准滴定溶液(见 5.5.3.3)的体积的数值，单位为毫升(mL)；

V_0 ——空白试验所消耗的氢氧化钠标准滴定溶液的体积的数值，单位为毫升(mL)；

c ——氢氧化钠标准滴定溶液的实际浓度的准确数值，单位为摩尔每升(mol/L)；

M ——硫酸的摩尔质量的数值,单位为克每摩尔(g/mol)(M=98.08);

m ——试料的质量的数值,单位为克(g);

w_2——水分的质量分数。

取平行测定结果的算术平均值为测定结果。平行测定结果的绝对差值应符合表4的规定。

表 4

酸度的质量分数 %	平行测定结果的绝对差值 %
≤0.002 0	≤0.000 3
>0.002 0~≤0.006 0	≤0.000 4
>0.006 0~≤0.020	≤0.002
>0.020	≤0.003

5.6 有机物质量分数的测定

5.6.1 滴定法 仲裁法

5.6.1.1 通则

本方法中的用水除应符合 GB/T 6682 中三级水规定的要求外,使用前还应煮沸并冷却。

5.6.1.2 原理

试料在氧气流中燃烧,生成二氧化硫、三氧化硫,在铬酸和硫酸溶液中被氧化吸收。试料中的有机物燃烧生成二氧化碳,用氢氧化钡溶液吸收,然后以酚酞和甲基红-亚甲基蓝作指示剂滴定。

5.6.1.3 试剂和材料

5.6.1.3.1 硫酸。

5.6.1.3.2 三氧化铬溶液:500 g/L。

5.6.1.3.3 氢氧化钡溶液:$c[1/2Ba(OH)_2]$=0.05 mol/L。使用时现配,溶液中加入数滴酚酞指示液。该溶液需用装有碱石棉的捕集管与空气中的二氧化碳隔绝。

5.6.1.3.4 过氧化氢溶液:1+4。

5.6.1.3.5 盐酸标准滴定溶液:$c(HCl)$=0.5 mol/L。

5.6.1.3.6 盐酸标准滴定溶液:$c(HCl)$=0.05 mol/L。

量取 50.00 mL 盐酸标准滴定溶液(见 5.6.1.3.5)置于 500 mL 容量瓶中,用水稀释至刻度,摇匀。此溶液使用时配制。

5.6.1.3.7 氢氧化钠标准滴定溶液:$c(NaOH)$=0.5 mol/L。

5.6.1.3.8 氢氧化钠标准滴定溶液:$c(NaOH)$=0.05 mol/L。

量取 50.00 mL 氢氧化钠标准滴定溶液(见 5.6.1.3.7)置于 500 mL 容量瓶中,用水稀释至刻度,摇匀。此溶液使用时配制。

5.6.1.3.9 甲基红-亚甲基蓝混合指示液。

5.6.1.3.10 酚酞指示液:10 g/L。

5.6.1.3.11 铂石棉:含铂质量分数为5%~10%。

5.6.1.3.12 碱石棉。

5.6.1.3.13 玻璃棉。

5.6.1.3.14 氧气：纯氧，贮于钢瓶中，配备氧气减压器。

5.6.1.4 仪器

5.6.1.4.1 瓷舟：88 mm×12 mm。

5.6.1.4.2 滴定管：10 mL，分度值为 0.05 mL。

5.6.1.4.3 燃烧和吸收装置：如图 1 所示。

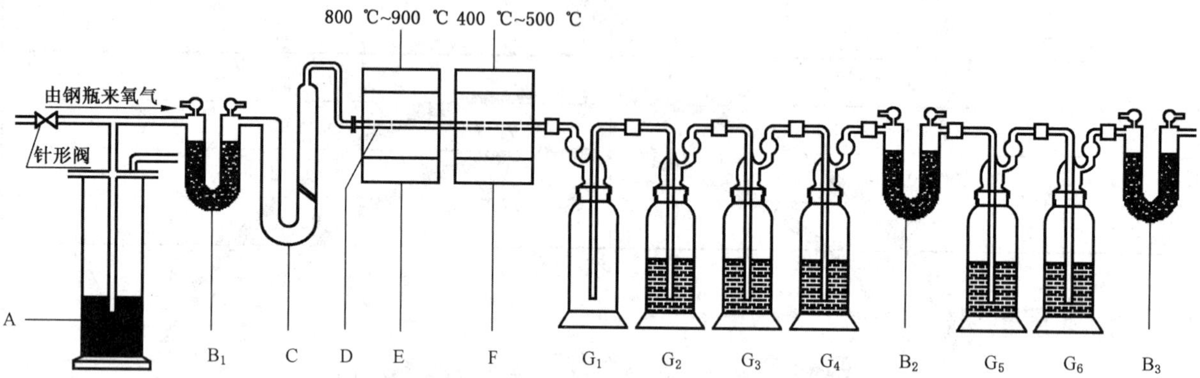

说明：

A ——汞封：有一内管插入汞面以下 1 cm 深处。

B_1、B_3 ——U 形管：具有两支侧管和磨口塞，侧管直径为 15 mm，U 形管高 150 mm，在干燥的管中装入碱石棉(见 5.6.1.3.12)，在碱石棉上面垫一层玻璃棉(见 5.6.1.3.13)。

B_2 ——U 形管：外形大小同 B_1，其中疏松地填入玻璃棉(见 5.6.1.3.13)，用以捕集测定时产生的酸蒸气。如酸蒸气过多，致使氢氧化钡完全被中和，则用孔径为 15 μm～40 μm 的烧结玻璃过滤器替换 U 形管 B_2 重新测定。

C ——流量计：用于测量 20 mL/min～200 mL/min 的氧气流量。

D ——燃烧管：外径 15 mm、长 700 mm 的透明石英管，管的一端有 15 mm 长的一段外径缩为 4 mm。其中装入铂石棉(见 5.6.1.3.11)，其长度略小于管式炉 F 加热段的长度。

E ——管式炉：燃烧过程中可控制温度 800 ℃～900 ℃。

F ——管式炉：燃烧过程中可控制温度 400 ℃～500 ℃。

G_1～G_6——洗气瓶：容量均为 250 mL。

图 1 燃烧和吸收装置

5.6.1.5 分析步骤

5.6.1.5.1 燃烧装置的准备

除非需要开启，U 形管 B_1、B_2 和 B_3 的气孔均应关闭。

向洗气瓶 G_2 中装入至少 50 mL 三氧化铬溶液(见 5.6.1.3.2)，洗气瓶 G_3 和 G_4 中各装入至少 50 mL 硫酸(见 5.6.1.3.1)。

按图 1 所示，用橡皮短管连接整个装置。

5.6.1.5.2 空白试验

使管式炉 F 升温，同时以约 100 mL/min 的流速使氧气(见 5.6.1.3.14)通过装置。

当管式炉 F 温度达到 400 ℃～450 ℃后约 30 min，取下洗气瓶 G_5、G_6，各加入 20 mL 氢氧化钡溶液(见 5.6.1.3.3)、40 mL 水和 5 mL 过氧化氢溶液(见 5.6.1.3.4)，再将洗气瓶 G_5、G_6 接回装置中。应尽

快地进行这些操作，以避免吸收空气中的二氧化碳。

在继续以约 100 mL/min 的流速使氧气通过装置的情况下，使管式炉 E 通电，升温至 400 ℃～450 ℃，并维持此温度约 10 min，再继续升温至 800 ℃～900 ℃，并维持此温度约 30 min。切断管式炉 E 的电源，继续通氧气约 30 min，再切断管式炉 F 的电源。

拆下洗气瓶 G_5 和 G_6，打开瓶盖，用少量水冲洗，洗液并入吸收液中，然后按下述步骤分别做空白滴定。

以酚酞指示液（见 5.6.1.3.10）为指示剂，用盐酸标准滴定溶液（见 5.6.1.3.6）滴定吸收液至终点。

然后往每个洗气瓶中加 2～3 滴甲基红-亚甲基蓝混合指示液（见 5.6.1.3.9），加入一定体积（一般为 10.00 mL）过量的盐酸标准滴定溶液（见 5.6.1.3.6），摇匀，用氢氧化钠标准滴定溶液（见 5.6.1.3.8）返滴定。

空白试验所耗用的盐酸标准滴定溶液一般应少于 0.2 mL。

对 G_5 和 G_6 两洗气瓶内的吸收液做空白试验所消耗的盐酸标准滴定溶液的体积 V_0，数值以毫升（mL）表示，按公式（6）分别计算：

$$V_0 = V_1 - V_2 \qquad \cdots\cdots(6)$$

式中：

V_1——加入的盐酸标准滴定溶液（见 5.6.1.3.6）的体积的数值，单位为毫升（mL）；

V_2——返滴定消耗的氢氧化钠标准滴定溶液（见 5.6.1.3.8）的体积的数值，单位为毫升（mL）。

在计算中如盐酸和氢氧化钠标准滴定溶液的实际浓度不恰为 0.050 00 mol/L，应将 V_1 和 V_2 换算为盐酸和氢氧化钠标准滴定溶液的浓度为 0.050 00 mol/L 时的体积的数值。

5.6.1.5.3 称样及燃烧

在瓷舟中称取 1.0 g～1.5 g 试样（见 4.3），精确至 0.001 g。

使管式炉 F 升温，并以约 100 mL/min 的流速使氧气（见 5.6.1.3.14）通过装置。

当管式炉 F 温度达到 400 ℃～450 ℃后约 30 min，取下洗气瓶 G_5、G_6，各加入 20 mL 氢氧化钡溶液（见 5.6.1.3.3）、40 mL 水和 5 mL 过氧化氢溶液（见 5.6.1.3.4）。然后将洗气瓶 G_5、G_6 接回装置中。应尽快地进行这些操作，以避免吸收空气中的二氧化碳。

将盛有试料的瓷舟，送至燃烧管 D 中位于管式炉 E 前不加温的部位，立即以 100 mL/min 的流速通入氧气，并使管式炉 E 升温。

当管式炉 E 温度达到 450 ℃时，维持此温度不再上升。向瓷舟方向缓慢移动管式炉 E，使硫磺燃烧，而微量的含碳物留在瓷舟和燃烧管 D 内。如果燃烧过于激烈，吸收瓶 G_2 中的三氧化铬溶液可能回抽，应增大氧气流速予以防止。如果硫磺升华到瓷舟外并冷凝在瓷舟和铂石棉之间，应移动管式炉 E 使硫磺燃烧完全。

硫磺缓慢燃烧完毕后，将管式炉 E 移至加热瓷舟的位置，升温至 800 ℃～900 ℃，加热燃烧管 D 和瓷舟约 30 min，使残留的碳燃烧和碳酸盐分解。切断管式炉 E 的电源，继续通氧气约 30 min，吹净装置，再切断管式炉 F 的电源。

5.6.1.5.4 测定释放出的二氧化碳量

当二氧化碳全部被吸收（可观察洗气瓶 G_5、G_6 中的沉淀是否完全）后，拆下洗气瓶 G_5 和 G_6，打开瓶盖，用少量水冲洗，洗液并入吸收液中。然后按下述步骤分别测定两个洗气瓶中所吸收的二氧化碳。

以酚酞指示液（见 5.6.1.3.10）为指示剂，用盐酸标准滴定溶液（见 5.6.1.3.6）滴定吸收液，剧烈地搅拌，切勿滴过终点。

然后往每个洗气瓶中加 2～3 滴甲基红-亚甲基蓝混合指示液（见 5.6.1.3.9），加入一定体积（一般为 10.00 mL）过量的盐酸标准滴定溶液（见 5.6.1.3.6），摇匀，用氢氧化钠标准滴定溶液（见 5.6.1.3.8）返滴定。

中和 G_5、G_6 两洗气瓶中 CO_3^{2-} 所消耗的盐酸标准滴定溶液的体积 V_3，数值以毫升(mL)表示，按公式(7)分别计算：

$$V_3 = V_4 - V_5 - V_0 \quad \cdots\cdots(7)$$

式中：

V_4——加入的盐酸标准滴定溶液(见5.6.1.3.6)的体积的数值，单位为毫升(mL)；

V_5——返滴定消耗的氢氧化钠标准滴定溶液(见5.6.1.3.8)的体积的数值，单位为毫升(mL)；

V_0——由公式(6)得到的空白试验消耗的盐酸标准滴定溶液的体积的数值，单位为毫升(mL)。

在计算中如盐酸和氢氧化钠标准滴定溶液的实际浓度不恰为0.050 00 mol/L，应将 V_4 和 V_5 换算为盐酸和氢氧化钠标准滴定溶液的浓度为0.050 00 mol/L时的体积的数值。

5.6.1.6 结果计算

有机物的质量分数 w_5，按公式(8)计算：

$$w_5 = \frac{[V/1\,000]cM/2}{m \times (1 - w_2)} \times 1.25 \times 100\% = \frac{VcM}{1\,600m(1 - w_2)} \times 100\% \quad \cdots\cdots(8)$$

式中：

V ——测定所消耗的盐酸标准滴定溶液(见5.6.1.3.6)的总体积[即公式(7)中 G_5、G_6 两洗气瓶 V_3 的和]的数值，单位为毫升(mL)；

c ——盐酸标准滴定溶液的实际浓度的准确数值，单位为摩尔每升(mol/L)；

M ——碳的摩尔质量的数值，单位为克每摩尔(g/mol)(M=12.012)；

m ——试料的质量的数值，单位为克(g)；

w_2 ——水分的质量分数；

1.25 ——碳换算为有机物的系数。

取平行测定结果的算术平均值为测定结果。平行测定结果的绝对差值应符合表5的规定。

表5

有机物的质量分数 %	平行测定结果的绝对差值 %
≤0.030	≤0.006
>0.030~≤0.060	≤0.010
>0.060~≤0.20	≤0.02
>0.20	≤0.08

5.6.2 重量法

5.6.2.1 原理

硫磺试料在温度为250 ℃和800 ℃两次灼烧后，所得残余物的质量差即为灼烧过程中有机物损失的质量。

5.6.2.2 仪器

5.6.2.2.1 石英皿(或瓷皿)：容量50 mL~100 mL。

5.6.2.2.2 恒温干燥箱：可控制温度250 ℃±2 ℃。

5.6.2.2.3　高温电炉：可控制温度 800 ℃～850 ℃。

5.6.2.3　分析步骤

称取约 50 g 试样(见 4.3)，精确至 0.01 g，置于已预先灼烧至恒量的石英皿(见 5.6.2.2.1)中，在砂浴(或可调温电炉)上熔融并燃烧试料(注意控制温度不要高于 250 ℃，也可在点燃后从砂浴上拿开)后，将石英皿与残余物在恒温干燥箱(见 5.6.2.2.2)中于 250 ℃下烘 2 h，以除去微量硫。将石英皿与残余物(由有机物和灰分组成)移入干燥器，冷却至室温，称量，精确至 0.000 1 g。将带有残余物的石英皿在高温电炉(见 5.6.2.2.3)内于 800 ℃～850 ℃灼烧 40 min，取出，在干燥器中冷却至室温，称量，精确至 0.000 1 g。重复操作直至恒量。由 250 ℃和 800 ℃灼烧后两次称量的质量差计算出有机物的质量分数。

5.6.2.4　结果计算

有机物的质量分数 w_5，按公式(9)计算：

$$w_5 = \frac{m_1 - m_2}{m \times (1 - w_2)} \times 100\% \quad \cdots\cdots (9)$$

式中：

m_1——250 ℃灼烧后石英皿和残余物的质量的数值，单位为克(g)；

m_2——800 ℃灼烧后石英皿和残余物的质量的数值，单位为克(g)；

m ——试料的质量的数值，单位为克(g)；

w_2——水分的质量分数。

取平行测定结果的算术平均值为测定结果，平行测定结果的相对偏差应不大于 30%。

5.7　砷质量分数的测定

5.7.1　二乙基二硫代氨基甲酸银分光光度法　仲裁法

5.7.1.1　原理

试料溶解于四氯化碳中，用溴和硝酸氧化。在硫酸介质中，用金属锌将砷还原为砷化氢，用二乙基二硫代氨基甲酸银的三乙醇胺-三氯甲烷溶液或吡啶溶液吸收砷化氢，生成紫红色胶态银溶液，然后对此溶液进行吸光度的测定。反应式如下：

$$AsH_3 + 6Ag(DDTC) = 6Ag + 3H(DDTC) + As(DDTC)_3$$

5.7.1.2　试剂和材料

5.7.1.2.1　无砷金属锌：粒径 0.5 mm～1 mm 或 5 mm。粒径 5 mm 者使用前需用(1+1)盐酸溶液处理，然后用蒸馏水洗净。

5.7.1.2.2　硝酸。

5.7.1.2.3　硫酸溶液：1+1。

5.7.1.2.4　碘化钾溶液：150 g/L。

5.7.1.2.5　氯化亚锡溶液：400 g/L。

溶解 40 g 氯化亚锡于 100 mL(3+1)盐酸溶液中。

5.7.1.2.6　溴-四氯化碳溶液：溴与四氯化碳体积比为 2∶3。

5.7.1.2.7　吸收液 A：二乙基二硫代氨基甲酸银三氯甲烷溶液[简称 Ag(DDTC)三氯甲烷溶液]，2.5 g/L。

称取 0.25 g 二乙基二硫代氨基甲酸银，研碎后用适量三氯甲烷溶解。加入 1.0 mL 三乙醇胺，再用三氯甲烷稀释至 100 mL。静置后过滤于棕色瓶中,贮存于冰箱内备用。

5.7.1.2.8 吸收液 B:二乙基二硫代氨基甲酸银吡啶溶液[简称 Ag(DDTC)吡啶溶液],5 g/L。

该溶液应保存在密闭棕色玻璃瓶中,有效期为两周。

5.7.1.2.9 砷标准溶液:0.1 mg/mL。

5.7.1.2.10 砷标准溶液:1 μg/mL。

量取 1.00 mL 砷标准溶液(见 5.7.1.2.9)置于 100 mL 容量瓶中,用水稀释至刻度,摇匀。此溶液使用时现配。

5.7.1.2.11 乙酸铅棉花:用 200 g/L 的乙酸铅溶液将脱脂棉浸透,取出沥干,在室温下干燥,保存在密闭容器内。

5.7.1.3 仪器

5.7.1.3.1 试验用常规仪器:所用的玻璃仪器都应用铬酸洗液洗涤,然后用水充分洗涤干净,烘干。

5.7.1.3.2 分光光度计:具有 540 nm 波长。

5.7.1.3.3 定砷仪:如图 2 所示。

单位为毫米

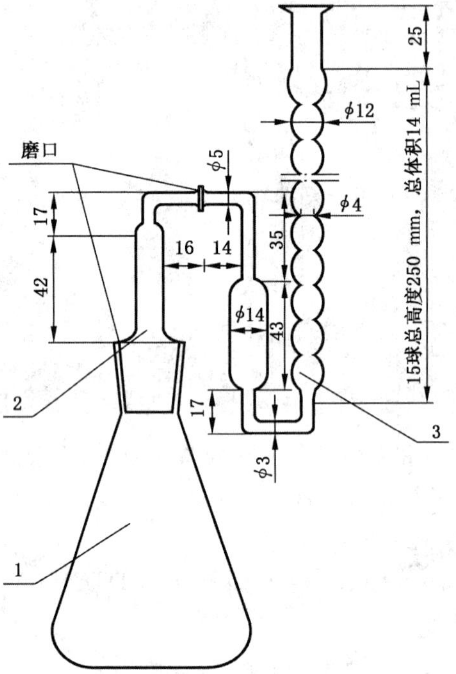

说明:

1 ——锥形瓶:容积 100 mL,用于发生砷化氢。

2 ——连接导管:用于捕集硫化氢,并将砷化氢导入吸收器。

3 ——15 连球吸收器:吸收砷化氢。

图 2 定砷仪

5.7.1.4 分析步骤

警告:基于吡啶的毒性和难闻的气味,操作时应小心,并应在良好的通风橱内进行。溶解试料时应戴医用手套。

5.7.1.4.1 吸收液的选择

可根据分析的需要来判断选择吸收液A(见5.7.1.2.7)或吸收液B(见5.7.1.2.8),但在测定过程中,标准、试样及空白都应用同一吸收液。

5.7.1.4.2 工作曲线的绘制

向6个定砷仪的锥形瓶中分别加入砷标准溶液(见5.7.1.2.10)0 mL、0.50 mL、1.00 mL、2.00 mL、3.00 mL、4.00 mL。向每一个定砷仪的锥形瓶中加入10 mL硫酸溶液(见5.7.1.2.3),加水至体积约40 mL,加入2 mL碘化钾溶液(见5.7.1.2.4)和2 mL氯化亚锡溶液(见5.7.1.2.5),摇匀,静置15 min。

在每支连接导管中塞入少量乙酸铅棉花(见5.7.1.2.11),以便吸收与砷化氢一同逸出的硫化氢。

在磨口玻璃接头上涂上薄薄一层真空油脂。量取5.0 mL吸收液A(见5.7.1.2.7)或吸收液B(见5.7.1.2.8)于15连球吸收管中。静置15 min后,借助漏斗往定砷仪的锥形瓶中加入5 g金属锌粒(见5.7.1.2.1),迅速按图2所示连接仪器,放置45 min,使反应完全。

拆开15连球吸收管,摇晃此吸收管,使在较低部位形成的红色沉淀溶解,用三氯甲烷或吡啶将吸收液体积补充到5.0 mL,混匀。

在540 nm波长处,用1 cm比色皿,以不加砷标准溶液的空白溶液作参比,用分光光度计(见5.7.1.3.2)测定溶液的吸光度。此种有色溶液在暗处可以稳定约2 h,因此必须在2 h内完成测定。

以上述溶液中砷的质量(单位为微克)为横坐标,对应的吸光度值为纵坐标,绘制工作曲线或根据所得吸光度值计算出线性回归方程。

5.7.1.4.3 试液的制备

称取约5 g试样(见4.3),精确至0.001 g,置于400 mL烧杯中。在良好的通风橱内,向烧杯中加入20 mL溴-四氯化碳溶液(见5.7.1.2.6),静置45 min,在轻微搅拌下,分三次加入25 mL硝酸(见5.7.1.2.2),也可分数次加入,以防止亚硝酸烟的逸出太快。第一次加入约5 mL硝酸,加盖表面皿,摇匀。细心观察,待烧杯口稍有棕色烟冒出时,立即将烧杯置于冰水浴中,不断摇动,直至无明显棕色烟冒出。然后按相同步骤再次加入硝酸,直至加完硝酸而烧杯内剩余少量的溴为止。如果硫磺未能完全溶解,应再用数毫升溴-四氯化碳溶液和硝酸继续溶解。

为了除去多余的溴、四氯化碳和硝酸,将烧杯置于沸水浴上加热,至溶液呈无色透明。如果溶液浑浊,则冷却后再加一些硝酸,蒸发至不再有亚硝酸烟逸出,且溶液呈无色透明。再用少量水冲洗烧杯,将烧杯置于砂浴(或可调温电炉)上蒸发至逸出白色硫酸烟雾,冷却。如此重复三次,以除去痕量的亚硝酸化合物。待溶液冷却后,用水稀释至约80 mL。

然后根据试料中含砷量的多少,对溶液分别作以下处理:

——当试料中砷的质量分数小于0.000 1%时,将试液转移至定砷仪的锥形瓶中,加热浓缩至体积约为40 mL。

——当试料中砷的质量分数在0.000 1%~0.001%之间时,将试液移入100 mL容量瓶中,用水稀释至刻度,摇匀。量取该溶液20.00 mL,置于定砷仪的锥形瓶中,加入10 mL硫酸溶液(见5.7.1.2.3)和10 mL水。

——当试料中砷的质量分数大于0.001%时,将试液移入500 mL容量瓶中,用水稀释至刻度,摇匀。量取该溶液20.00 mL,置于定砷仪的锥形瓶中,加入10 mL硫酸溶液(见5.7.1.2.3)和10 mL水。

5.7.1.4.4 测定

向盛有40 mL溶液(见5.7.1.4.2)的定砷仪的锥形瓶中,加入2 mL碘化钾溶液(见5.7.1.2.4)和

2 mL氯化亚锡溶液(见5.7.1.2.5),摇匀,静置15 min。然后按“在每支连接导管中塞入少量乙酸铅棉花……测量溶液的吸光度”的步骤进行。

同时做空白试验。

5.7.1.5 结果计算

根据试液和空白试验溶液的吸光度值差从工作曲线上查得相应的砷的质量或用线性回归方程计算出砷的质量。

砷(As)的质量分数 w_6,按公式(10)计算:

$$w_6 = \frac{m_1 \times 10^{-6}}{m \times (1 - w_2)} \times 100\% \qquad \cdots\cdots(10)$$

式中:

m_1——从工作曲线上查得的或用线性回归方程计算出的砷的质量的数值,单位为微克(μg);

m ——试料的质量的数值,单位为克(g);

w_2——水分的质量分数。

取平行测定结果的算术平均值为测定结果。平行测定结果的绝对差值应符合表6的规定。

表 6

砷的质量分数 %	平行测定结果的绝对差值 %
≤0.001	≤0.000 1
>0.001~≤0.005	≤0.000 5
>0.005~≤0.010	≤0.001
>0.01~≤0.05	≤0.005
>0.05	≤0.01

5.7.2 砷斑法

5.7.2.1 原理

试料溶解于四氯化碳中,用溴和硝酸氧化。在硫酸介质中,用金属锌将砷还原为砷化氢,砷化氢在溴化汞试纸上形成棕色砷斑,与标准色阶比较,测定砷的质量分数。

5.7.2.2 试剂和材料

5.7.2.2.1 无砷金属锌:粒径0.5 mm~1 mm或5 mm。粒径5 mm者使用前需用(1+1)盐酸溶液处理,然后用蒸馏水洗净。

5.7.2.2.2 硝酸。

5.7.2.2.3 硫酸溶液:1+1。

5.7.2.2.4 碘化钾溶液:150 g/L。

5.7.2.2.5 氯化亚锡溶液:400 g/L。

溶解40 g氯化亚锡于100 mL(3+1)盐酸溶液中。

5.7.2.2.6 溴-四氯化碳溶液:溴与四氯化碳体积比为2∶3。

5.7.2.2.7 砷标准溶液:1 μg/mL。

量取1.00 mL砷标准溶液(见5.7.1.2.9)置于100 mL容量瓶中,用水稀释至刻度,摇匀。此溶液使用时现配。

5.7.2.2.8　溴化汞试纸。

5.7.2.3　仪器

定砷仪：规格和装置应符合 GB/T 610 的规定。

5.7.2.4　分析步骤

5.7.2.4.1　标准色阶的制作

取 7 个定砷瓶，分别加入砷标准溶液(见 5.7.2.2.7)0 mL、0.50 mL、1.00 mL、2.00 mL、4.00 mL、6.00mL、8.00 mL，加入 10 mL 硫酸溶液(见 5.7.2.2.3)和一定量的水，使体积约为 50 mL，再分别加入 2 mL碘化钾溶液(见 5.7.2.2.4)和 2 mL 氯化亚锡盐酸溶液(见 5.7.2.2.5)，摇匀，静置 15 min。加入 5 g 无砷金属锌(见 5.7.2.2.1)，立即按 GB/T 610 中的定砷装置图所示连接好仪器，使反应进行 45 min，取出溴化汞试纸并注明相应的砷质量，用熔融石蜡浸透，贮于干燥器中。

5.7.2.4.2　试液的制备

同 5.7.1.4.3，仅将 5.7.1.4.3 中的“置于定砷仪的锥形瓶中”改为“置于定砷瓶中”。

5.7.2.4.3　测定

将定砷瓶中的试液(见 5.7.2.4.2)分别按照 5.7.2.4.1 中“加入 2 mL 碘化钾溶液……使反应进行 45 min”的步骤进行处理。取出溴化汞试纸，用熔融石蜡浸透，将所得色斑与标准色阶(见 5.7.2.4.1)比较，查出试样中的砷质量。

5.7.2.5　结果计算

砷(As)的质量分数 w_6，按公式(11)计算：

$$w_6=\frac{m_1\times 10^{-6}}{m\times(1-w_2)}\times 100\% \qquad (11)$$

式中：

m_1——与标准色斑比较，试料中的砷的质量的数值，单位为微克(μg)；

m ——试料的质量的数值，单位为克(g)；

w_2——水分的质量分数。

取平行测定结果的算术平均值为测定结果。平行测定结果的绝对差值应符合表 7 的规定。

表 7

砷的质量分数 %	平行测定结果的绝对差值 %
≤0.001	≤0.000 1
>0.001～≤0.005	≤0.000 5
>0.005～≤0.010	≤0.001
>0.010～≤0.05	≤0.005
>0.05	≤0.02

5.8 铁质量分数的测定

5.8.1 邻菲啰啉分光光度法 仲裁法

5.8.1.1 原理

试料燃烧后，残渣溶解于硫酸中，用氯化羟胺还原溶液中的铁，在 pH 为 2～9 的条件下，二价铁离子与 1,10-菲啰啉反应生成橙色络合物，对此络合物作吸光度测定。

5.8.1.2 试剂

5.8.1.2.1 硫酸溶液：1＋1。

5.8.1.2.2 盐酸溶液：1＋10。

5.8.1.2.3 氯化羟胺溶液：10 g/L。

5.8.1.2.4 乙酸-乙酸钠缓冲溶液：pH≈4.5。

5.8.1.2.5 1,10-菲啰啉溶液：1 g/L。

称取 0.1 g 邻菲啰啉溶于少量水中，加入 0.5 mL 盐酸溶液(见 5.8.1.2.2)，溶解后用水稀释至 100 mL，避光保存。

5.8.1.2.6 铁(Fe)标准溶液：0.1 mg/mL。

5.8.1.2.7 铁(Fe)标准溶液：10 μg/mL。

量取 10.00 mL 铁标准溶液(见 5.8.1.2.6)置于 100 mL 容量瓶中，用水稀释至刻度，摇匀。此溶液使用时现配。

5.8.1.3 仪器

5.8.1.3.1 分光光度计：具有 510 nm 波长。

5.8.1.3.2 高温电炉：可控制温度 600 ℃～650 ℃。

5.8.1.4 分析步骤

5.8.1.4.1 工作曲线的绘制

取 5 只 50 mL 容量瓶，分别加入铁标准溶液(见 5.8.1.2.7) 0 mL、2.50 mL、5.00 mL、7.50 mL、10.00 mL。对每只容量瓶中的溶液做下述处理：加水至约 25 mL，加入 2.5 mL 氯化羟胺溶液(见 5.8.1.2.3)和 5 mL 乙酸-乙酸钠缓冲溶液(见 5.8.1.2.4)，5 min 后加 5 mL 1,10-菲啰啉溶液(见 5.8.1.2.5)，用水稀释至刻度，摇匀，放置 15 min～30 min，显色。

在 510 nm 波长处，用 1 cm 比色皿，以不加铁标准溶液的空白溶液作参比，用分光光度计(见 5.8.1.3.1)测定上述溶液的吸光度。

以上述溶液中铁的质量(单位为微克)为横坐标，对应的吸光度值为纵坐标，绘制工作曲线或根据所得吸光度值计算出线性回归方程。

5.8.1.4.2 试液的制备

称取约 25 g 试样，精确到 0.01 g，置于 50 mL 瓷坩埚中，在砂浴(或可调温电炉)上缓慢地加热燃烧坩埚中的硫磺，燃烧完毕后，移至高温电炉(见 5.8.1.3.2)中在 600 ℃下灼烧 30 min。取出冷却，加 5 mL 硫酸溶液(见 5.8.1.2.1)，在砂浴(或可调温电炉)上加热使残渣溶解，蒸干硫酸。冷却后，加 2 mL 盐酸溶液、20 mL 水，再加热溶解残渣，冷却后移入 100 mL 容量瓶中，用水稀释至刻度，摇匀。

5.8.1.4.3 测定

量取一定体积的试液(见 5.8.1.4.2)置于 50 mL 容量瓶中,使其相应的铁质量在 50 μg~100 μg 之间,加水稀释至约 25 mL。然后按 5.8.1.4.1 中"加入 2.5 mL 氯化羟胺溶液……用分光光度计测定试液的吸光度"的步骤进行。

同时做空白试验。

5.8.1.5 结果计算

根据试液和空白试验溶液的吸光度值差从工作曲线上查得相应的铁的质量或用线性回归方程计算出铁的质量。

铁(Fe)的质量分数 w_7,按公式(12)计算:

$$w_7 = \frac{m_1 \times 10^{-6}}{m \times (1 - w_2)} \times 100\% \qquad \cdots\cdots(12)$$

式中:

m_1——从工作曲线上查得的或用线性回归方程计算出的铁的质量的数值,单位为微克(μg);

m ——试料的质量的数值,单位为克(g);

w_2——水分的质量分数。

取平行测定结果的算术平均值为测定结果。平行测定结果的绝对差值应符合表 8 的规定。

表 8

铁的质量分数 %	平行测定结果的绝对差值 %
≤0.001	≤0.000 2
>0.001~≤0.003	≤0.000 6
>0.003~≤0.005	≤0.001
>0.005~≤0.05	≤0.005
>0.05	≤0.02

5.8.2 原子吸收分光光度法

5.8.2.1 通则

本方法所用的水全部为符合 GB/T 6682 规定的二级水。

5.8.2.2 原理

将硫磺灼烧后的灰分溶解于稀硝酸中,用原子吸收分光光度计在波长 248.3 nm 处,以空气-乙炔火焰测定溶液的吸光度,用标准曲线法计算测定结果。硫磺中的杂质不干扰测定。

5.8.2.3 试剂

5.8.2.3.1 硫酸溶液:1+1。

5.8.2.3.2 硝酸溶液:1+2。

5.8.2.3.3　铁(Fe)标准溶液:100 μg/mL。

称取 0.864 g 硫酸铁铵[$NH_4Fe(SO_4)_2 \cdot 12H_2O$],溶解于 600 mL 水中,加 10 mL 硝酸溶液(见 5.8.2.3.2),移入 1 000 mL 容量瓶中,用水稀释至刻度,摇匀。

5.8.2.4　仪器

5.8.2.4.1　瓷坩埚:容量约 50 mL。

5.8.2.4.2　高温电炉:可控制温度 600 ℃～650 ℃。

5.8.2.4.3　原子吸收分光光度计(附有铁空心阴极灯)。

5.8.2.5　分析步骤

5.8.2.5.1　工作曲线的绘制

取 6 只 50 mL 容量瓶,分别加入铁标准溶液(见 5.8.2.3.3)0 mL、0.50 mL、1.00 mL、2.00 mL、3.00 mL、4.00 mL,各加入 25 mL 硝酸溶液(见5.8.2.3.2),用水稀释至刻度,摇匀。

在原子吸收分光光度计(见 5.8.2.4.3)上,按仪器工作条件,用空气-乙炔火焰,以不加入铁标准溶液的空白溶液调零,于波长 248.3 nm 处测定溶液的吸光度。

以上述溶液中铁的质量(单位为微克)为横坐标,对应的吸光度值为纵坐标,绘制工作曲线,或根据所得吸光度值计算出线性回归方程。

5.8.2.5.2　测定

称取约 25 g 试样(见 4.3)(视试样中含铁量的多少,可适当改变称样量),精确到 0.01 g,置于 50 mL 瓷坩埚中,在砂浴(或可调温电炉)上缓慢地加热燃烧坩埚中的硫磺,燃烧完毕后,移至高温电炉(见 5.8.2.4.2)中在 600 ℃下灼烧 30 min。取出冷却,加 5 mL 硫酸溶液(见 5.8.2.3.1),在可调温电炉(或砂浴)上加热使残渣溶解,蒸干硫酸。冷却后,用 25 mL 硝酸溶液(见 5.8.2.3.2)分多次溶解残渣,冷却后移入 50 mL 容量瓶中,用水稀释至刻度,摇匀。

在原子吸收分光光度计上,按仪器工作条件,用空气-乙炔火焰,以不加入铁标准溶液的空白溶液调零,于波长 248.3 nm 处测定溶液的吸光度。

同时做空白试验。

5.8.2.6　结果计算

根据试液和空白试验溶液的吸光度值差从工作曲线上查出或根据线性回归方程计算出被测溶液中铁的质量。

铁(Fe)的质量分数 w_7,按公式(13)计算:

$$w_7 = \frac{m_1 \times 10^{-6}}{m \times (1 - w_2)} \times 100\% \qquad \cdots\cdots(13)$$

式中:

m_1——从工作曲线上查得的或用线性回归方程计算出的铁的质量的数值,单位为微克(μg);

m ——试料的质量的数值,单位为克(g);

w_2——水分的质量分数。

取平行测定结果的算术平均值为测定结果。平行测定结果的相对偏差应符合表 9 的规定。

表 9

铁的质量分数 %	平行测定结果的相对偏差 %
<0.005	≤20
≥0.005	≤10

5.9 粉状硫磺筛余物质量分数的测定

5.9.1 仪器

5.9.1.1 试验筛:75 μm 和 150 μm,符合 GB/T 6003.1—2012 中 R40/3 系列,附有筛底和筛盖。

5.9.1.2 振筛机。

5.9.2 分析步骤

称取约 20 g 粉状硫磺试样(见 4.3),精确至 0.01 g,置于孔径为 150 μm 的试验筛上,将孔径为 75 μm的试验筛、筛底依次放在孔径为 150 μm 的试验筛下面,盖上筛盖,机械振筛(或手工振筛) 20 min。然后打开筛盖,用软毛刷捻碎结成块的硫磺粉,将筛网背面的硫磺刷入下面的筛或筛底盘中,盖上筛盖再进行过筛,直至筛余物不再通过为止。

过筛完毕,用软毛刷把两个筛内的剩余物分别移至两个已称量的表面皿上,称量,精确至 0.000 1 g。

5.9.3 结果计算

每号筛内筛余物的质量分数 w_8,按公式(14)计算:

$$w_8 = \frac{m_2 - m_1}{m} \times 100\% \quad \cdots\cdots(14)$$

式中:

m_2——表面皿和筛上物的质量的数值,单位为克(g);

m_1——表面皿的质量的数值,单位为克(g);

m ——试料的质量的数值,单位为克(g)。

6 检验规则

6.1 固体工业硫磺应由生产企业的质量监督检验部门负责按批检验,以一定时期内用同一原料连续稳定生产的产品为一批,该时期最长不超过 3 d。生产企业应保证每批出厂的产品符合本部分的要求。每批产品都应附有质量证明书或产品合格证,其内容包括产品名称、产品等级、生产企业名称和地址、批号或生产日期、本部分编号等。

6.2 对由石油炼厂气和天然气回收制得的优等品和一等品固体工业硫磺,本部分所列的全部项目为型式检验项目,其中硫的质量分数、水分的质量分数、灰分的质量分数、酸度的质量分数、有机物的质量分数和筛余物的质量分数(粉状硫磺)为出厂检验项目。在正常生产情况下,每月至少进行一次型式检验。

对由石油炼厂气和天然气回收制得的合格品固体工业硫磺以及由焦炉气和硫铁矿等其他原料生产的固体工业硫磺,本部分所列的全部项目为出厂检验项目。

6.3 检验结果按 GB/T 8170 中规定的修约值比较法判定是否符合本部分。若检验结果有一项指标不符合本部分的要求,应重新自两倍量的包装中或取样点上取样复验,复验结果即使有一项指标不符合本部分的要求,则整批产品为不合格。

6.4 使用单位有权按照本部分的规定对收到的固体工业硫磺进行验收,核准其质量是否符合本部分的要求。当供需双方对产品质量发生异议时,应由有资质的第三方检验机构仲裁检验。

7 标志、包装、运输和贮存

7.1 固体工业硫磺产品的包装容器上应有明显、牢固的标志,内容包括:产品名称、产品等级、生产企业名称和地址、商标、批号或生产日期、净含量、本部分编号、生产许可证标志和编号以及符合 GB 190 规定的"易燃固体"标志。

7.2 固体工业硫磺可用塑料编织袋或者内衬塑料薄膜袋进行包装,也可散装,其中包装块状硫磺可不用内衬塑料薄膜袋,散装产品应遮盖,但粉状硫磺不可散装。

7.3 固体工业硫磺的运输按国家的有关规定执行。

7.4 块状、粒状硫磺可贮存于露天或仓库内;粉状、片状硫磺贮存于有顶盖的场所或仓库内。袋装产品不许放置在上下水管道和取暖设备的近旁。

8 安全

8.1 固体工业硫磺无毒、易燃。硫磺粉尘易爆。使用和运输固体工业硫磺时应防止生成或泄出硫磺粉尘。

8.2 严格遵守国家有关消防、危险品的安全条例。固体工业硫磺堆放场所和仓库应设置专门的灭火器材,严禁明火。允许以喷水等方法熄灭烧着的硫磺。

8.3 从事工业硫磺生产、运输、贮存及加工的工作人员,操作时应使用必要的防护用品。

附 录 A
（资料性附录）
200 ℃时残渣质量分数的测定

A.1 原理

试料在 200 ℃时，于氮气流中缓慢地蒸发挥发物质和硫磺，然后称量残渣。

A.2 仪器

A.2.1 瓷舟：60 mm×30 mm×15 mm 或 50 mm×28 mm×15 mm。

A.2.2 恒温干燥箱：能控制温度 200 ℃±2 ℃，底部具有氮气入口。

A.2.3 缓冲瓶、洗气瓶：容积为 250 mL 的洗气瓶。一只为空瓶，作缓冲用；另一只内装 3/4 容积、密度为 1.84 g/cm^3 的硫酸，作洗气用。

A.2.4 氮气：贮于钢瓶中，配备氧气减压器。

A.3 分析步骤

A.3.1 试样的制备

取适量试样（见 4.3），在恒温干燥箱内于 80 ℃干燥 2 h，置于干燥器中冷却，备用。

A.3.2 测定

称取约 2 g 试样（见 A.3.1），精确至 0.000 1 g，置于已预先于 200 ℃干燥至恒量的瓷舟中，移入恒温干燥箱（见 A.2.2）中。在恒温干燥箱底部氮气入口处接一根玻璃管，用橡皮管将其与洗气瓶、缓冲瓶（见 A.2.3）相连，缓冲瓶再与氮气钢瓶的氧气减压器出口接头相连，通入氮气（见 A.2.4），恒温干燥箱温度控制在 200 ℃，氮气流速控制为每秒 2～3 个气泡。使试料中硫磺和挥发物质慢慢蒸发约 12 h。然后取出瓷舟，在干燥器中冷却，称量，精确至 0.000 1 g。再将瓷舟置于恒温干燥箱中，重复上述操作，直至两次称量之差不超过 0.001 0 g。

A.3.3 结果计算

200 ℃时残渣的质量分数 w_9，按公式（A.1）计算：

$$w_9 = \frac{m_2 - m_1}{m} \times 100\% \qquad \cdots\cdots\cdots(A.1)$$

式中：

m_2——瓷舟和残渣的质量的数值，单位为克（g）；

m_1——瓷舟的质量的数值，单位为克（g）；

m ——试料的质量的数值，单位为克（g）。

取平行测定结果的算术平均值为测定结果。平行测定结果的绝对差值应不大于 0.080%。

ICS 25.100.70
J 43

中华人民共和国国家标准

GB 2494—2014
代替 GB 2494—2003

固结磨具 安全要求

Bonded abrasive products—Safety requirements

2014-06-09 发布 2015-01-01 实施

中华人民共和国国家质量监督检验检疫总局
中国国家标准化管理委员会 发布

前　言

本标准的6.3.3和第7章为推荐性的，其余为强制性的。

本标准按照GB/T 1.1—2009给出的规则起草。

本标准代替GB 2494—2003《普通磨具　安全规则》，与GB 2494—2003相比主要技术变化如下：

——修改了规范性引用文件(见第2章，2003年版第2章)；

——增加了术语和定义(见第3章)；

——增加了符号和缩略语(见第4章)；

——增加了重大危险列表(见第5章)；

——修改了磨具的最高工作速度(见6.1和6.4，2003年版第3章)；

——增加了一般要求(见6.2)；

——增加了磨具的回转强度要求(见6.3.1)；

——增加了带柄磨头安全系数(见6.3.2)；

——增加了侧向负荷的要求(见6.3.3)；

——增加了磨具允许的不平衡量要求(见6.5)；

——增加了磨具的标识要求(见6.6)；

——增加了试验方法(见第7章)；

——增加了检验规则(见第8章)；

——修改了磨具的验收和贮存(见第9章，2003年版第4章)；

——修改了磨具的安装和使用(见第10章，2003年版第5章)。

本标准由中国机械工业联合会提出。

本标准由全国磨料磨具标准化技术委员会(SAC/TC 139)归口。

本标准起草单位：郑州磨料磨具磨削研究所、白鸽磨料磨具有限公司、鲁信创业投资集团股份有限公司、深圳市二砂深联有限公司、珠海大象磨料磨具有限公司。

本标准主要起草人：钟彦征、周岸、马建勇、杨少军、赖天忠、何晓荣。

本标准所代替标准的历次版本发布情况为：

——GB 2494—1995、GB 2494—2003。

固结磨具　安全要求

1　范围

本标准规定了固结磨具安全要求用术语和定义、符号和缩略语、重大危险列表、安全技术要求、试验方法、检验规则、验收和贮存、安装和使用。

本标准适用于固结磨具。

2　规范性引用文件

下列文件对于本文件的应用是必不可少的。凡是注日期的引用文件，仅注日期的版本适用于本文件。凡是不注日期的引用文件，其最新版本(包括所有的修改单)适用于本文件。

GB/T 2484　固结磨具　一般要求

GB/T 2485　固结磨具　技术条件

GB/T 2492　普通磨具　交付砂轮允许的不平衡量　测量

GB/T 2493　砂轮的回转试验方法

GB 4674　磨削机械安全规程

GB/T 16458　磨料磨具术语

GB/T 17588　砂轮磨削　基本术语

JB/T 4175　固结磨具　纤维增强树脂切割砂轮

JB/T 7992　普通磨具　外观、尺寸和形位公差试验方法

JB/T 10450　普通磨具　检验规则

3　术语和定义

GB/T 16458 和 GB/T 17588 界定的以及下列术语和定义适用于本文件。

3.1　磨削设备

3.1.1

固定式设备　stationary machines

操作时被固定在某个位置的机器，包括在使用时被牢固固定的摆动式机器和移动式机器。

3.1.2

移动式设备　mobile machines

操作过程中是不固定的，在使用过程中由手工操纵，但非手持的机器。

3.1.3

手持式设备　hand-held machines

磨削作业时持在手中的磨削机器。

3.1.4

全封闭式设备　machines with totally enclosed working area

带有使人员免受因磨具破裂而引发危害的防护罩的固定装置，加工过程(包括装载和卸载工件)都

在其内部进行的机器。

3.2 磨削方法

3.2.1

切割 cutting-off

用切割砂轮外圆周边切割或开槽。

3.2.2

重负荷磨削 high pressure grinding

接触压力大于1 500 N条件下进行的磨削。

3.3 应用类型

见表1。

表1 应用类型

磨削设备类型	应用类型	磨具	工件
固定式设备	机械操纵磨削	固定	机械操纵
		机械操纵	固定
		机械操纵	机械操纵
固定式和移动式设备	手动操纵磨削	手动操纵	固定
		固定	手动操纵
手持式设备	手持磨削	手动操纵	固定

3.3.1

机械操纵磨削 mechanically guided grinding

磨具和/或工件的进给运动由机械方式操纵。

3.3.2

手动操纵磨削 manually guided grinding

磨具和/或工件的进给运动由操作者手动操纵。

3.3.3

手持磨削 hand-held grinding

整个磨削机械由操作者手持操纵。

4 符号和缩略语

GB/T 2484和表2中给出的符号和缩略语适用于本文件。

表2 转速、线速度和安全系数符号

缩写	名称	定义	单位
n_{ab}	磨头偏转速度	离心力作用下磨头主轴偏转的速度	r/min
n_{max}	最高允许转速	磨具在最高工作速度时的每分钟转数	r/min
v_s	最高工作速度	磨具的最高允许线速度	m/s

表 2（续）

缩写	名称	定义	单位
v_{pr}	安全试验速度	由制造商试验的线速度	m/s
f_{pr}	安全试验速度系数	安全试验速度与最高工作速度之比值：$f_{pr}=v_{pr}/v_s$	—
f_{br}	破裂速度系数	最小破裂速度与最高工作速度之比：$f_{br}=v_{br\ min}/v_s$	—
v_{br}	破裂速度	磨具在回转离心力下破裂时的线速度	m/s
$v_{br\ min}$	最小破裂速度	磨具应至少达到，而不致因离心力作用发生破裂的线速度	m/s
S_{br}	防止离心力造成破裂的安全系数	破裂速度与最高工作速度之比的平方：$S_{br}=(v_{br}/v_s)^2$	—
S_{ab}	带柄磨头的主轴挠度安全系数	偏转速度除以最高允许转速：$S_{ab}=n_{ab}/n_{max}$	—
A	抗冲击力	砂轮的抗侧向冲击力	N·m
F_{S1}	单点侧向负荷	砂轮抗侧向单点冲击力	N
F_{S3}	三点侧向负荷	砂轮抗侧向三点冲击力	N

5 重大危险列表

固结磨具重大危险及其原因分析见表 3。

表 3 固结磨具重大危险及其原因分析一览表

危险名称	危险状况	本标准中相关的条款
碎块飞出	1.砂轮破裂：	
	—设计不当	6.1、6.2、6.3 和 6.4
	—制造缺陷	6.1
	—选择不当	6.6
	—装卸和储存不当	第 9 章
	—使用不当（安装和磨削工艺）	10.2
	2. 磨具成块脱落	第 9 章和第 10 章
振动	不平衡值过大：	
	—制造缺陷	6.4 和 6.5
	—使用不当	第 10 章
	—安装不正确	10.2

6 安全技术要求

6.1 通则

磨具应满足使用时能够抵抗预期的外力和负荷的原则，并按照下列范围的最高工作速度进行设计和制造：

＜16—16—20—25—32—35—40—45—50—63（或 60）—70（或 72）—80—100—125，单位为 m/s。

6.2 一般要求

6.2.1 外观

磨具外观应符合 GB/T 2485 的要求，有单列产品标准的还应符合单列产品标准的要求。

6.2.2 安全速度

安全速度试验用于识别那些显著影响磨具强度的缺陷。对于表 4 中安全系数为 1.75 和 2.0 的磨具，其安全试验速度系数为 1.1；其他磨具安全试验速度的系数全部为 1.3。

6.3 强度要求

6.3.1 安全系数

磨具(不含带柄磨头)的安全系数应符合表 4 的规定。

表 4 安全系数

机器类型	磨具类型	最高工作速度 v_s/(m/s)	安全系数 S_{br}	破裂速度系数 f_{br}
固定式设备	切割砂轮(510 mm≤D≤750 mm)	≤125	2.0	1.41
	切割砂轮(D>750 mm)	≤125	1.75	1.32
	所有其他类型	全部	3.0	1.73
移动式设备	磨削和切割砂轮	≤100	3.0	1.73
手持式设备	磨削和切割砂轮	≤100	3.0	1.73

6.3.2 带柄磨头的安全系数

带柄磨头在最高工作速度时应具有 $S_{br}=3.0$ 的安全系数以防止由离心力造成的破裂。带柄磨头柄应具有 $S_{ab}=1.3$ 的安全系数以防止挠曲，见附录 A。

6.3.3 侧向负荷能力

手持磨削的纤维增强钹形砂轮(27 型、28 型)、纤维增强平形切割砂轮(41 型)和纤维增强钹形切割砂轮(42 型)，其侧向负荷能力应符合表 5 的规定。

表 5 侧向负荷

磨具	最高工作速度 v_s m/s	外径 D mm	侧向负荷		
			单点侧向负荷试验	三点侧向负荷实验	冲击试验
			单点侧向负荷 F_{S1} N	三点侧向负荷 F_{S3} N	抗冲击力 A N·m
27 型和 28 型	≤80	115≤D<150	290	—	—
		150≤D<180	290	—	4.5
		180≤D<230	290	—	5.4
		D≥230	290	—	6.9

表 5（续）

磨具	最高工作速度 v_s m/s	外径 D mm	侧向负荷		
			单点侧向负荷试验	三点侧向负荷实验	冲击试验
			单点侧向负荷 F_{S1} N	三点侧向负荷 F_{S3} N	抗冲击力 A N·m
切割砂轮 （41 型和 42 型）	≤80	115≤D<150	40	—	—
		150≤D<180	50	—	1.0
		180≤D<230	50	—	1.2
		230≤D<300	50	—	1.5
	<80	300≤D≤406	60	65	3.0
	80≤v_s≤100	300≤D≤406	100	120	4.0

6.4 尺寸界限和最高工作速度

固结磨具的尺寸界限和最高工作速度应符合表 6 规定。

表 6　最高工作速度和尺寸界限

形状、名称、尺寸	机器类型	应用类型	一般要求								特殊要求						
			尺寸界限	最高工作速度/(m/s) 结合剂种类							尺寸界限	最高工作速度/(m/s) 结合剂种类					
				V	B	BF	R	RF	MG	PL		V	B	BF	R	RF	PL
平形砂轮 1 型-圆周型面- $D \times T \times H$	固定式设备	机械操纵磨削	$H \leqslant 0.67D$	40	50	63	50	—	25[a]	50	$H \leqslant 0.67D$	63(60)	63(60)	—	63	63	63
									16[b]		$H \leqslant 0.50D$	80	80	80	80	80	—
		全封闭机械操纵磨削		—	—	—	—	—	—	—	$H \leqslant 0.50D$	125	100	100	100	—	—
		机械操纵重负荷磨削	$H \leqslant 0.50D$	—	63～80	—	—	—	—	—	—	—	—	—	—	—	—
		全封闭机械操纵重负荷磨削		—	—	—	—	—	—	—	$H \leqslant 0.33D$	—	100	—	—	—	—
	固定式设备和移动式设备	手动操纵磨削	$H \leqslant 0.67D$	35	40	63	35	50	25[a]	50	$H \leqslant 0.50D$	—	63	—	63	63	—
					25[c]		25[c]		16[b]		$H \leqslant 0.33D$	—	—	80	—	80	—
	手持式设备	手持磨削	$H \leqslant 0.25D$	40	50	63	35	63	—	50	$H \leqslant 0.25D$	—	63	—	63	—	—
粘结或夹紧用筒形砂轮 2 型-$D \times T \times W$	固定式磨床	机械操纵磨削	$W < 0.17D$	32	40	—	—	—	25	40	$W < 0.17D$	63	63	—	—	—	50
		手动操纵磨削		25	32	—	—	—	—	40		—	50	—	—	—	50
单斜边砂轮 3 型-$D/J \times T \times H$	固定式设备	机械操纵磨削	$H \leqslant 0.67D$	40	50	—	50	—	—	50	$H \leqslant 0.67D$	63(60)	63(60)	—	63	—	63
											$H \leqslant 0.50D$	80	80	—	80	—	—
		全封闭机械操纵磨削		—	—	—	—	—	—	—	$H \leqslant 0.50D$	125	100	100	100	—	—
		手动操纵磨削		35	40	—	—	—	—	—		—	—	—	—	—	—
双斜边砂轮 4 型-$D \times T \times H$	固定式设备	手动操纵磨削	$H \leqslant 0.67D$	35	40	—	—	—	—	—	—	—	—	—	—	—	—
	手持式设备	手持磨削	$D \leqslant 200$	40	50	63	—	63	—	—	—	—	—	—	—	—	—

表 6（续）

形状、名称、尺寸	机器类型	应用类型	一般要求								特殊要求						
			尺寸界限	最高工作速度/(m/s)							尺寸界限	最高工作速度/(m/s)					
				结合剂种类								结合剂种类					
				V	B	BF	R	RF	MG	PL		V	B	BF	R	RF	PL
单面凹砂轮 5 型-圆周型面- $D\times T\times H$-$P\times F$	固定式设备	机械操纵磨削		40	50	—	50	—	—	50	$H\leqslant0.67D$ $E\geqslant0.50T$	63(60)	63(60)	63	63	63	63
											$H\leqslant0.50D$ $E\geqslant0.50T$	80	80	80	80	80	—
		全封闭机械操纵磨削	$H\leqslant0.67D$ $E\geqslant0.50T$	—	—	—	—	—	—	—	$H\leqslant0.50D$ $E\geqslant0.50T$	100	100	—	100	—	—
	固定式设备和移动式设备	手动操纵磨削		35	40	—	35	—	—	50	$H\leqslant0.50D$ $E\geqslant0.50T$	—	—	63	—	63	—
											$H\leqslant0.33D$ $E\geqslant0.50T$	—	—	80	—	80	—
	手持式设备	手持磨削	$H\leqslant0.25D$ $E\geqslant0.75T$	—	50	63	35	80	—	50	$H\leqslant0.25D$ $E\geqslant0.75T$	—	63	—	63	—	—
杯形砂轮 6 型- $D\times T\times H$-$W\times E$	固定式设备	机械操纵磨削	$E\geqslant0.20T$	32	35	—	40	—	—	40	$E\geqslant0.20T$	63(60)	63(60)	—	63	—	—
		手动操纵磨削		32	35	—	32	—	—	40		—	50	—	—	—	—
	手持式设备	手持磨削	$D\leqslant180$ $T\leqslant70$ $E\geqslant0.25T$	—	40	—	—	—	—	—	—	—	—	—	—	—	—

表 6（续）

<table>
<tr><th rowspan="4">形状、名称、尺寸</th><th rowspan="4">机器类型</th><th rowspan="4">应用类型</th><th colspan="8">一般要求</th><th colspan="7">特殊要求</th></tr>
<tr><th rowspan="3">尺寸界限</th><th colspan="7">最高工作速度/(m/s)</th><th rowspan="3">尺寸界限</th><th colspan="6">最高工作速度/(m/s)</th></tr>
<tr><th colspan="7">结合剂种类</th><th colspan="6">结合剂种类</th></tr>
<tr><th>V</th><th>B</th><th>BF</th><th>R</th><th>RF</th><th>MG</th><th>PL</th><th>V</th><th>B</th><th>BF</th><th>R</th><th>RF</th><th>PL</th></tr>
<tr><td rowspan="5">双面凹砂轮
7 型-圆周型面-
$D\times T\times H\text{-}P\times F/G$
8 型-$D\times T\times H\text{-}W\times J\times F/G$</td><td rowspan="5">固定式设备</td><td>机械操纵磨削</td><td rowspan="5">$H\leqslant 0.67D$
$E\geqslant 0.50T$</td><td rowspan="2">40</td><td rowspan="2">50</td><td rowspan="2">—</td><td rowspan="2">50</td><td rowspan="2">—</td><td rowspan="2">—</td><td rowspan="2">50</td><td>$H\leqslant 0.67D$
$E\geqslant 0.50T$</td><td>63(60)</td><td>63(60)</td><td>—</td><td>63</td><td>—</td><td>63</td></tr>
<tr><td rowspan="2">全封闭机械操纵磨削</td><td rowspan="4">$H\leqslant 0.50D$
$E\geqslant 0.50T$</td><td>80</td><td>80</td><td>—</td><td>80</td><td>—</td><td>—</td></tr>
<tr><td>—</td><td>—</td><td>—</td><td>—</td><td>—</td><td>—</td><td>—</td><td>100</td><td>100</td><td>—</td><td>100</td><td>—</td><td>—</td></tr>
<tr><td rowspan="2">手动操纵磨削</td><td rowspan="2">35</td><td rowspan="2">40</td><td rowspan="2">—</td><td>25[d]</td><td rowspan="2">40</td><td rowspan="2">—</td><td rowspan="2">—</td><td rowspan="2">—</td><td rowspan="2">—</td><td rowspan="2">—</td><td rowspan="2">—</td><td rowspan="2">—</td><td rowspan="2">—</td></tr>
<tr><td>35</td></tr>
<tr><td>双杯形砂轮
9 型-$D\times T\times H\text{-}W\times E$</td><td>固定式设备</td><td>机械操纵磨削</td><td>$E\geqslant 0.20T$</td><td>32</td><td>35</td><td>—</td><td>35</td><td>—</td><td>—</td><td>40</td><td>$E\geqslant 0.20T$</td><td>50</td><td>50</td><td>—</td><td>50</td><td>—</td><td>—</td></tr>
<tr><td rowspan="4">碗形砂轮
11 型-$D/J\times T\times H\text{-}W\times E$</td><td rowspan="3">固定式设备</td><td>机械操纵磨削</td><td>$E\geqslant 0.20T$</td><td>32</td><td>40</td><td>—</td><td>40</td><td>—</td><td>—</td><td>40</td><td>$E\geqslant 0.20T$</td><td>50</td><td>50</td><td>—</td><td>50</td><td>—</td><td>—</td></tr>
<tr><td>全封闭机械操纵磨削</td><td>—</td><td>—</td><td>—</td><td>—</td><td>—</td><td>—</td><td>—</td><td>—</td><td>$E\geqslant 0.20T$</td><td>63</td><td>80</td><td>—</td><td>63</td><td>—</td><td>50</td></tr>
<tr><td>手动操纵磨削</td><td>$E\geqslant 0.20T$</td><td>32</td><td>35</td><td>—</td><td>32</td><td>—</td><td>—</td><td>40</td><td>—</td><td>—</td><td>—</td><td>—</td><td>—</td><td>—</td><td>—</td></tr>
<tr><td>手持式设备</td><td>手持磨削</td><td>$E\geqslant 0.25T$</td><td>—</td><td>40</td><td>—</td><td>—</td><td>—</td><td>—</td><td>40</td><td>—</td><td>—</td><td>—</td><td>—</td><td>—</td><td>—</td><td>—</td></tr>
<tr><td rowspan="3">碟形砂轮
12a 型-$D/J\times T\times H$
12b 型-$D/J\times T\times H\text{-}U$</td><td rowspan="3">固定式设备</td><td>机械操纵磨削</td><td>$E\geqslant 0.50T$</td><td>32</td><td>40</td><td>—</td><td>40</td><td>—</td><td>—</td><td>40</td><td>$E\geqslant 0.50T$</td><td>50</td><td>50</td><td>—</td><td>50</td><td>—</td><td>—</td></tr>
<tr><td>全封闭机械操纵磨削</td><td>—</td><td>—</td><td>—</td><td>—</td><td>—</td><td>—</td><td>—</td><td>—</td><td>$E\geqslant 0.50T$</td><td>63</td><td>80</td><td>—</td><td>63</td><td>—</td><td>50</td></tr>
<tr><td>手动操纵磨削
（工具刃磨）</td><td>$E\geqslant 0.50T$</td><td>32</td><td>35</td><td>—</td><td>32</td><td>—</td><td>—</td><td>—</td><td>—</td><td>—</td><td>—</td><td>—</td><td>—</td><td>—</td><td>—</td></tr>
<tr><td rowspan="3">茶托形砂轮
13 型-$D/J\times T/U\times H\text{-}K$</td><td rowspan="3">固定式设备</td><td>机械操纵磨削</td><td>$E\geqslant 0.50T$</td><td>32</td><td>40</td><td>—</td><td>40</td><td>—</td><td>—</td><td>40</td><td>$E\geqslant 0.50T$</td><td>50</td><td>50</td><td>—</td><td>50</td><td>—</td><td>—</td></tr>
<tr><td>全封闭机械操纵磨削</td><td>—</td><td>—</td><td>—</td><td>—</td><td>—</td><td>—</td><td>—</td><td>—</td><td>$E\geqslant 0.50T$</td><td>63</td><td>80</td><td>—</td><td>63</td><td>—</td><td>50</td></tr>
<tr><td>手动操纵磨削
（工具刃磨）</td><td>$E\geqslant 0.50T$</td><td>32</td><td>35</td><td>—</td><td>32</td><td>—</td><td>—</td><td>—</td><td>—</td><td>—</td><td>—</td><td>—</td><td>—</td><td>—</td><td>—</td></tr>
</table>

表 6（续）

形状、名称、尺寸	机器类型	应用类型	一般要求								特殊要求						
			尺寸界限	最高工作速度/(m/s)							尺寸界限	最高工作速度/(m/s)					
				结合剂种类								结合剂种类					
				V	B	BF	R	RF	MG	PL		V	B	BF	R	RF	PL
磨头 16 型-$D\times T\times H$ 17a 型-$D\times T\times H$ 17b 型-$D\times T\times H$ 17c 型-$D\times T\times H$ 18a 型-$D\times T\times H$ 18b 型-$D\times T\times H$ 19 型-$D\times T\times H$	手持式设备	手持磨削	$D\leqslant 80$ $T\leqslant 100$	25	25	—	—	—	—	—	$D\leqslant 80$ $T\leqslant 100$	50	—	—	—	—	—
单面锥砂轮 20 型-$D/K\times T/N\times H$	固定式设备	机械操纵磨削	$H\leqslant 0.67D$ $E\geqslant 0.50T$	35	40	—	35	—	—	50	$H\leqslant 0.67D$ $E\geqslant 0.50T$	63(60)	63(60)	—	63	—	63
											$H\leqslant 0.50D$ $E\geqslant 0.50T$	80	80	—	80	—	—
		全封闭机械操纵磨削	$H\leqslant 0.67D$ $E\geqslant 0.50T$	40	50	—	50	—	—	—	$H\leqslant 0.67D$ $E\geqslant 0.50T$	100	100	—	100	—	—
双面锥砂轮 21 型-$D/K\times T/N\times H$	固定式设备	机械操纵磨削	$H\leqslant 0.67D$ $E\geqslant 0.50T$	35	40	—	35	—	—	50	$H\leqslant 0.67D$ $E\geqslant 0.50T$	63(60)	63(60)	—	63	—	63
											$H\leqslant 0.50D$ $E\geqslant 0.50T$	80	80	—	80	—	—
		全封闭机械操纵磨削	$H\leqslant 0.67D$ $E\geqslant 0.50T$	40	50	—	50	—	—	—	$H\leqslant 0.50D$ $E\geqslant 0.50T$	100	100	—	100	—	—

表 6（续）

形状、名称、尺寸	机器类型	应用类型	一般要求								特殊要求						
			尺寸界限	最高工作速度/(m/s)							尺寸界限	最高工作速度/(m/s)					
				结合剂种类								结合剂种类					
				V	B	BF	R	RF	MG	PL		V	B	BF	R	RF	PL
单面凹单面锥砂轮 22 型-$D/K\times T/N\times H\text{-}P\times F$	固定式设备	机械操纵磨削	$H\leqslant0.67D$ $E\geqslant0.50T$	35	40	—	35	—	—	50	$H\leqslant0.67D$ $E\geqslant0.50T$	63(60)	63(60)	—	63	—	63
											$H\leqslant0.50D$ $E\geqslant0.50T$	80	80	—	80	—	—
		全封闭机械操纵磨削	$H\leqslant0.67D$ $E\geqslant0.50T$	40	50	—	50	—	—	—	$H\leqslant0.50D$ $E\geqslant0.50T$	100	100	—	100	—	—
单面凹锥砂轮 23 型-D×T/N×H-P×F	固定式设备	机械操纵磨削	$H\leqslant0.67D$ $E\geqslant0.50T$	35	40	—	35	—	—	50	$H\leqslant0.67D$ $E\geqslant0.50T$	63(60)	63(60)	—	63	—	63
											$H\leqslant0.50D$ $E\geqslant0.50T$	80	80	—	80	—	—
		全封闭机械操纵磨削	$H\leqslant0.67D$ $E\geqslant0.50T$	40	50	—	50	—	—	—	$H\leqslant0.50D$ $E\geqslant0.50T$	100	100	—	100	—	—
双面凹单面锥砂轮 24 型-$D\times T/N\times H\text{-}P\times F/G$	固定式设备	机械操纵磨削	$H\leqslant0.67D$ $E\geqslant0.50T$	35	40	—	35	—	—	50	$H\leqslant0.67D$ $E\geqslant0.50T$	63(60)	63(60)	—	63	—	63
											$H\leqslant0.50D$ $E\geqslant0.50T$	80	80	—	80	—	—
		全封闭机械操纵磨削	$H\leqslant0.67D$ $E\geqslant0.50T$	40	50	—	50	—	—	—	$H\leqslant0.67D$ $E\geqslant0.50T$	100	100	—	100	—	—

表 6（续）

形状、名称、尺寸	机器类型	应用类型	一般要求								特殊要求						
			尺寸界限	最高工作速度/(m/s)							尺寸界限	最高工作速度/(m/s)					
				结合剂种类								结合剂种类					
				V	B	BF	R	RF	MG	PL		V	B	BF	R	RF	PL
单面凹双面锥砂轮 25 型-$D/K\times T/N\times H\text{-}P\times F$	固定式设备	机械操纵磨削	$H\leqslant0.67D$ $E\geqslant0.50T$	35	40	—	35	—	—	50	$H\leqslant0.67D$ $E\geqslant0.50T$	63(60)	63(60)	—	63	—	63
											$H\leqslant0.50D$ $E\geqslant0.50T$	80	80	—	80	—	—
		全封闭机械操纵磨削	$H\leqslant0.67D$ $E\geqslant0.50T$	40	50	—	50	—	—	—	$H\leqslant0.50D$ $E\geqslant0.50T$	100	100	—	100	—	—
双面凹锥砂轮 26 型-$D\times T/N\times H\text{-}P\times F/G$	固定式设备	机械操纵磨削	$H\leqslant0.67D$ $E\geqslant0.50T$	35	40	—	35	—	—	50	$H\leqslant0.67D$ $E\geqslant0.50T$	63(60)	63(60)	—	63	—	63
											$H\leqslant0.50D$ $E\geqslant0.50T$	80	80	—	80	—	—
		全封闭机械操纵磨削	$H\leqslant0.37D$ $E\geqslant0.50T$	40	50	—	50	—	—	—	$H\leqslant0.67D$ $E\geqslant0.50T$	100	100	—	100	—	—
钹形砂轮 27 型-$D\times U\times H$	手持式设备	手持式磨削	$D\leqslant230$ $H\leqslant22.2$ $3.5\leqslant U\leqslant10$	—	—	70,80	—	—	—	—	—	—	—	—	—	—	—
锥面钹形砂轮 28 型-$D\times U\times H$	手持式磨机	手持式磨削	$D\leqslant230$ $H\leqslant22.2$ $4<U\leqslant10$	—	—	70,80	—	—	—	—	—	—	—	—	—	—	—
柔性钹形砂轮 29 型-$D\times U\times H$			$D\leqslant230$ $H\leqslant22.2$	—	—	70,80	—	—	—	—	—	—	—	—	—	—	—

表 6（续）

形状、名称、尺寸	机器类型	应用类型	一般要求								特殊要求						
			尺寸界限	最高工作速度/(m/s)							尺寸界限	最高工作速度/(m/s)					
				结合剂种类								结合剂种类					
				V	B	BF	R	RF	MG	PL		V	B	BF	R	RF	PL
砂瓦 31 型-$B\times C\times L$	固定式设备	机械操纵磨削	夹头外端最大伸出长度 L_f $\leqslant 1.50C$	32	40	—	—	—	25	—	夹头外端最大伸出长度 L_f $\leqslant 1.50C$	63(60)	63(60)	—	—	—	—
		手动操纵磨削		32	32	—	—	—	25	—	—	—	—	—	—	—	—
粘结或夹紧用圆盘砂轮 35 型-$D\times T\times H$	固定式设备	机械操纵磨削	$H\leqslant 0.67D$	32	40	—	—	—	25	40	$H\leqslant 0.67D$	63(60)	63(60)	—	—	—	50
		手动操纵磨削		32	35	—	—	—	—	40	—	—	—	—	—	—	—
螺栓紧固平形砂轮 36 型 -$D\times T\times H$-嵌装螺母	固定式设备	机械操纵磨削	$H\leqslant 0.67D$	32	40	—	—	—	25	40	$H\leqslant 0.67D$	63(60)	63(60)	—	—	—	50
		手动操纵磨削		32	35	—	—	—	—	40		—	—	—	—	—	—
螺栓紧固筒形砂轮 37 型 -$D\times T\times W$-嵌装螺母	固定式设备	机械操纵磨削	$W\leqslant 0.17D$	32	40	—	—	—	—	40	$W\leqslant 0.17D$	63(60)	63(60)	—	—	—	50
		手动操纵磨削		32	35	—	—	—	—	40	—	—	—	—	—	—	—
单面凸砂轮 38 型- $D/J\times T/U\times H$	固定式设备	机械操纵磨削	$H\leqslant 0.67D$ $U\geqslant 0.025D$	40	50	—	50	—	—	50	$H\leqslant 0.67D$ $U\geqslant 0.005D$	63(60)	63(60)	—	63	—	—
											$H\leqslant 0.50D$ $U\geqslant 0.005D$	80	80	—	80	—	—
		全封闭机械操纵磨削		40	50	—	50	—	—	—	$H\leqslant 0.50D$ $U\geqslant 0.005D$	125	100	—	100	—	—

表 6（续）

形状、名称、尺寸	机器类型	应用类型	一般要求								特殊要求						
			尺寸界限	最高工作速度/(m/s)							尺寸界限	最高工作速度/(m/s)					
				结合剂种类								结合剂种类					
				V	B	BF	R	RF	MG	PL		V	B	BF	R	RF	PL
双面凸砂轮 39 型-$D/J \times T/U \times H$	固定式设备	机械操纵磨削	$H \leqslant 0.67D$ $U \geqslant 0.025D$	40	50	—	50	—	—	50	$H \leqslant 0.67D$ $U \geqslant 0.005D$	63(60)	63(60)	—	63	—	—
											$H \leqslant 0.50D$ $U \geqslant 0.005D$	80	80	—	80	—	—
		全封闭机械操纵磨削		40	50	—	50	—	—	—	$H \leqslant 0.50D$ $U \geqslant 0.005D$	125	100	—	100	—	—
平形切割砂轮 41 型-$D \times T \times H$	固定式设备	机械操纵切割	$T \leqslant 0.02D$ $H \leqslant 0.33D$	—	63	100	63	70	—	—	$T \leqslant 0.02D$ $H \leqslant 0.33D$	—	—	—	80	100	—
		手动操纵切割	$T \leqslant 0.02D$ $H \leqslant 0.33D$	—	50	70,80	50	70	—	—	$T \leqslant 0.02D$ $H \leqslant 0.33D$	—	—	100	—	—	—
		全封闭机械操纵切割	—	—	—	100	—	—	—	—	$T \leqslant 0.02D$ $H \leqslant 0.33D$	—	100	125	100	125	—
	移动式设备	手动操纵切割	$T \leqslant 0.02D$ $H \leqslant 0.25D$	—	—	70,80	—	—	—	—	$T \leqslant 0.02D$ $H \leqslant 0.33D$	—	—	100	—	—	—
	手持式设备	手持式切割	$D \leqslant 230$ $T \leqslant 3.2$ $H \leqslant 22.2$	—	—	70,80	—	—	—	—	$T \leqslant 0.02D$ $H \leqslant 0.33D$	—	—	125	—	—	—
			$D=300 \sim 400$ $T \leqslant 0.015D$ $H \leqslant 0.25D$	—	—	70,80	—	—	—	—	$D=300 \sim 400$ $T \leqslant 0.015D$ $H \leqslant 0.25D$	—	—	100	—	—	—

表 6（续）

<table>
<tr><th rowspan="4">形状、名称、尺寸</th><th rowspan="4">机器类型</th><th rowspan="4">应用类型</th><th colspan="8">一般要求</th><th colspan="7">特殊要求</th></tr>
<tr><th rowspan="3">尺寸界限</th><th colspan="7">最高工作速度/(m/s)</th><th rowspan="3">尺寸界限</th><th colspan="6">最高工作速度/(m/s)</th></tr>
<tr><th colspan="7">结合剂种类</th><th colspan="6">结合剂种类</th></tr>
<tr><th>V</th><th>B</th><th>BF</th><th>R</th><th>RF</th><th>MG</th><th>PL</th><th>V</th><th>B</th><th>BF</th><th>R</th><th>RF</th><th>PL</th></tr>
<tr><td rowspan="5">钹形切割砂轮
42 型-$D\times U\times H$</td><td rowspan="3">固定式设备</td><td>机械操纵切割</td><td>$U\leqslant 0.02D$
$H\leqslant 0.33D$</td><td>—</td><td>—</td><td>100</td><td>—</td><td>80</td><td>—</td><td>—</td><td>$U\leqslant 0.02D$
$H\leqslant 0.33D$</td><td>—</td><td>—</td><td>—</td><td>—</td><td>100</td><td>—</td></tr>
<tr><td>手动操纵切割</td><td>$U\leqslant 0.02D$
$H\leqslant 0.33D$</td><td>—</td><td>—</td><td>80</td><td>—</td><td>80</td><td>—</td><td>—</td><td>—</td><td>—</td><td>—</td><td>100</td><td>—</td><td>—</td><td>—</td></tr>
<tr><td>全封闭机械操纵切割</td><td>$U\leqslant 0.02D$
$H\leqslant 0.33D$</td><td>—</td><td>—</td><td>100</td><td>—</td><td>80</td><td>—</td><td>—</td><td>$U\leqslant 0.02D$
$H\leqslant 0.33D$</td><td>—</td><td>—</td><td>125</td><td>—</td><td>125</td><td>—</td></tr>
<tr><td>移动式设备</td><td>手动操纵切割</td><td>$U\leqslant 0.02D$
$H\leqslant 0.25D$</td><td>—</td><td>—</td><td>80</td><td>—</td><td>80</td><td>—</td><td>—</td><td>—</td><td>—</td><td>—</td><td>100</td><td>—</td><td>—</td><td>—</td></tr>
<tr><td>手持式设备</td><td>手持式切割</td><td>$D\leqslant 230$
$U\leqslant 3.2$
$H\leqslant 22.2$</td><td>—</td><td>—</td><td>70,80</td><td>—</td><td>—</td><td>—</td><td>—</td><td>—</td><td>—</td><td>—</td><td>100</td><td>—</td><td>—</td><td>—</td></tr>
<tr><td rowspan="2">带柄磨头[e]
5201 型-$D\times T\times S\text{-}L$
5202 型-$D\times T\times S\text{-}L$
5203 型-$D\times T\times S\text{-}L$
5204 型-$D\times T\times S\text{-}L$
5205 型-$D\times T\times S\text{-}L$
5206 型-$D\times T\times S\text{-}L$
5207 型-$D\times T\times S\text{-}L$</td><td>固定式设备</td><td>机械操纵磨削
（内圆磨削）</td><td>$10<T<20$
$D\leqslant 80$</td><td>35</td><td>40</td><td>—</td><td>35</td><td>—</td><td>—</td><td>50</td><td>$10<T<20$
$D\leqslant 80$</td><td>63(60)</td><td>63(60)</td><td>—</td><td>63</td><td>—</td><td>—</td></tr>
<tr><td>手持式设备</td><td>手持式磨削</td><td>$D\leqslant 80$
$T\leqslant 80$</td><td>25</td><td>25</td><td>—</td><td>25</td><td>—</td><td>—</td><td>50</td><td>—</td><td>50</td><td>63</td><td>—</td><td>—</td><td>—</td><td>—</td></tr>
<tr><td colspan="18">机器类型和应用类型见 3.1 和 3.3。
结合剂种类和标记见 GB/T 2484。</td></tr>
<tr><td colspan="18">[a] $D\leqslant 1\ 000$ mm。
[b] $D>1\ 000$ mm。
[c] 抛光砂轮。
[d] 导轮。
[e] 不同形状、尺寸和轴悬置长度的最高允许速度见附录 A。</td></tr>
</table>

6.5 允许的不平衡量

固结磨具允许的不平衡量应符合 GB/T 2492 的规定。

6.6 标志

固结磨具标志的内容应符合 GB/T 2485 的规定。

7 试验方法

7.1 一般检验

7.1.1 外观检验

外观检验按照 JB/T 7992 的规定。

7.1.2 安全速度试验

将固结磨具安装在符合 GB/T 2493 规定的砂轮回转试验机上，逐渐增加转速至试验速度时维持 30 s。

7.2 强度检验

7.2.1 破裂速度试验

将固结磨具安装在符合 GB/T 2493 规定的砂轮回转试验机上，逐渐增加转速至最小破裂速度。如果固结磨具达到了最小的破裂速度而没有破裂则为合格。所有经过破裂速度试验的固结磨具应销毁。

7.2.2 侧向负荷试验

侧向负荷试验方法按照 JB/T 4175 的规定。

7.3 不平衡量测量

不平衡量测量方法按照 GB/T 2492 的规定。

8 检验规则

8.1 出厂检验

出厂检验的主要项目及最小检测百分量应符合表 7 及 JB/T 10450 的规定。

表 7 出厂检验规则

磨具				最高工作速度	批量生产的最小测试百分量		
名称	类型	结合剂	尺寸 mm		安全速度试验	破裂速度试验	外观检测
非增强平形切割砂轮	41	B,R	$D<150$	全部	—	—	100%
			$150\leqslant D\leqslant 406$	全部	5%	0.1%	100%
			$D>406$	全部	5%	—	100%

表 7（续）

磨具				最高工作速度	批量生产的最小测试百分量		
名称	类型	结合剂	尺寸 mm		安全速度试验	破裂速度试验	外观检测
增强平形及钹形切割砂轮	41,42	BF,RF	$D<100$	全部	—	—	100%
			$100\leqslant D\leqslant 406$	全部	—	0.1%	100%
			$D>406$	全部	5%	0.1%	100%
增强平形砂轮、增强双斜边砂轮，增强单面凹砂轮及增强钹形砂轮	1,4,5,27,28	BF,RF	$D<100$	全部	—	—	100%
			$100\leqslant D\leqslant 406$	全部	—	0.1%	100%
			$D>406$	全部	5%	0.1%	100%
重负荷砂轮	1	B	$D\geqslant 400$	≤100	100%	—	100%
粘结或夹紧用筒形及圆盘砂轮，螺栓紧固平形及筒形砂轮	2,35,36,37	V,B,R,PL	全部	<50	—	—	100%
				≥50	10%	0.1%	100%
砂瓦	31	V,B,R	全部	—	—	—	100%
带柄磨头	52	V,B,R,PL	$D\leqslant 80$	≤63	—	—	100%
磨头	16,17,18,19	V,B,R	$D\leqslant 80$	全部	—	—	100%
杯形砂轮和碗形砂轮	6,11	V,B,R,PL	$D>125$	≤40	5%	—	100%
				>40	10%	0.1%	100%
所有其他磨具	全部	V,B,R,PL	$D<150$	全部	—	—	100%
			$150\leqslant D\leqslant 406$	<50	10%	0.1%	100%
				≥50	100%	—	100%
			$D>406$	全部			100%
		MG	全部	≤25	—	—	100%

产量的百分数，每批至少一片。

在安全速度测试或破裂速度测试都可接受的情况下，可任选一种。

8.2 委托和监督性检验

固结磨具安全速度和破裂速度试验规则见表 8，其余要求按照 JB/T 10450 的规定进行检验。

表 8 委托和监督性检验安全速度和破裂速度试验规则

机器类型	磨具类型	样本大小	安全速度试验百分量	破裂速度试验百分量
固定式设备	磨削砂轮（500 mm≤D≤1 100 mm）	10 片	90%	10%
	磨削砂轮（1 100 mm<D≤1 600 mm 或 T≥400 mm）	10 片	100%[a]	—
	所有其他类型	10 片	80%	20%
移动式设备	磨削和切割砂轮	10 片	80%	20%
手持式设备	磨削和切割砂轮	10 片	80%	20%

[a] 安全速度试验按最高工作速度的 1.5 倍进行。

9 验收和贮存

9.1 磨具搬运时应防止震动和碰撞。

9.2 磨具叠放时,叠放高度应不超过 1.5 m。

9.3 磨具存放时应防止变形。

9.4 磨具存放应防潮防冻。

9.5 树脂、橡胶和菱苦土结合剂磨具存放时间超过 1 年的,应重新进行安全速度试验,确认合格后方可使用。

9.6 凡有工作速度要求的磨具,应标明最高工作速度。

10 安装和使用

10.1 使用单位收到磨具后应仔细检验,察看其是否有裂纹和损伤,用木锤敲击应发出清脆的声音,在使用前应进行安全速度试验,未经安全速度试验的磨具严禁安装使用。

10.2 磨具的安装、使用及对使用设备的要求按 GB 4674 规定执行。

附 录 A
(资料性附录)
带柄磨头

A.1 最高允许回转速度计算实例

根据6.3.2,带柄磨头应有 $S_{ab}=1.3$ 以防止磨头柄的挠曲,该磨头的偏移很大程度上取决于磨头无支撑的伸出部分。为了确保夹具内的每个长度都符合安全系数,主轴的最高允许转速应以无支撑的伸出部分的函数给出。

通过计算可确定作为无支撑伸出部分的函数的最高允许转速,并具有以下的关系(使用符号见表A.2):

$$S_{ab}=\frac{n_{ab}}{n_{max}} \quad \cdots\cdots(A.1)$$

其中 $S_{ab}=1.3$

和

$$n_{ab}=\frac{30}{\pi}\sqrt{\frac{10^6}{\frac{e\cdot m\cdot L_m}{W\cdot R_e}+\frac{m\cdot L_m^3}{3\cdot E\cdot I}}} \quad \cdots\cdots(A.2)$$

其中

$$I=\frac{\pi}{64}\cdot S^4 \qquad W=\frac{\pi}{32}S^3 \quad \cdots\cdots(A.3)$$

重心近似距离 L_m 及等效质量 m 应作为磨头形状的函数来确定,见表A.1。

表 A.1 质心距 L_m 和折算质量 m

带柄磨头	质心距 L_m 和折算质量 m
带柄圆柱磨头 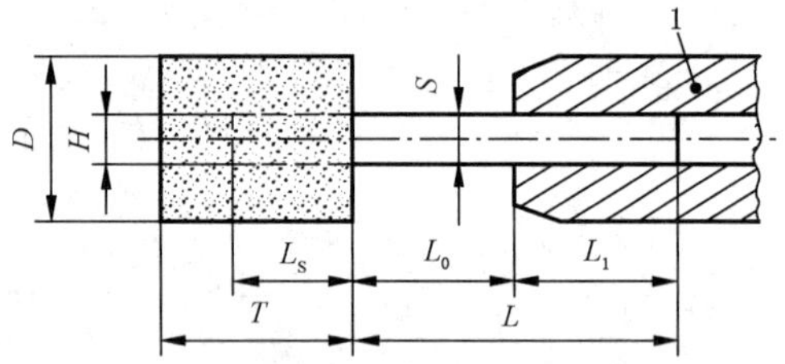 说明:1——夹具	$L_m=L_0+\frac{D^2\cdot T^2-L_s^2\cdot H^2}{2\cdot D^2\cdot T-2\cdot L_s\cdot H^2}$ $m=m_{sr}+\frac{\pi}{4}\cdot\rho_k\cdot(D^2\cdot T-L_s\cdot H^2)\cdot 10^{-3}$
带柄圆头锥磨头 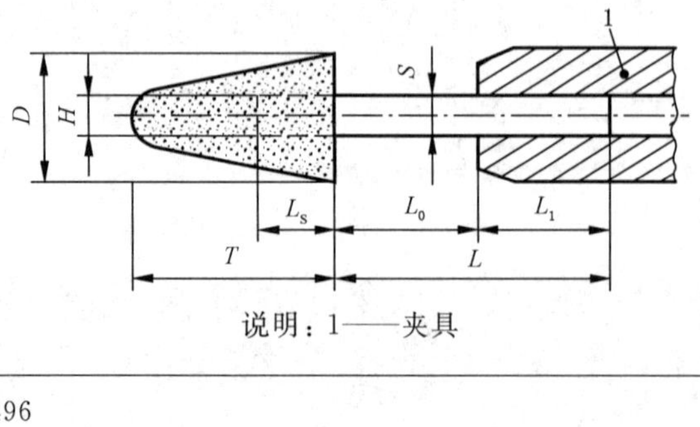 说明:1——夹具	$L_m=L_0+\frac{\frac{77}{168}D^2\cdot T^2-L_s^2\cdot H^2}{2\cdot(\frac{7}{12}D^2\cdot T-L_s\cdot H^2)}$ $m=m_{sr}+\frac{\pi}{4}\cdot\rho_k\cdot(\frac{7}{12}\cdot D^2\cdot T-L_s\cdot H^2)\cdot 10^{-3}$

表 A.1（续）

带柄磨头	质心距 L_m 和折算质量 m
带柄球形磨头 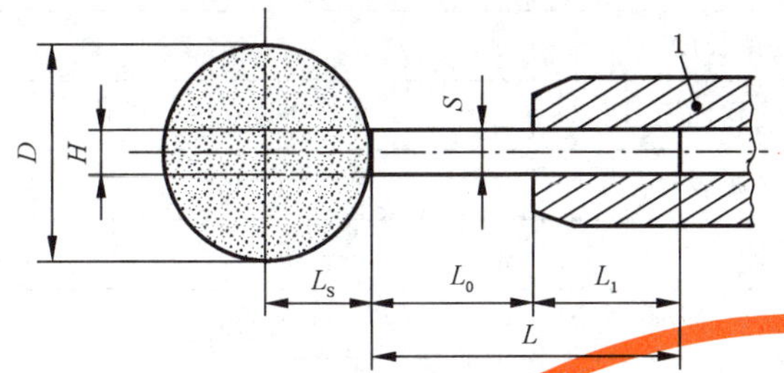 说明：1——夹具	$L_m=L_0+\dfrac{\frac{1}{3}\cdot D^4-\frac{1}{2}L_s^2\cdot H^2}{\frac{2}{3}\cdot D^3-L_s\cdot H^2}$ $m=m_{sr}+\frac{\pi}{4}\cdot\rho_k\cdot(\frac{2}{3}\cdot D^3-L_s\cdot H^2)\cdot 10^{-3}$
带柄半球形磨头 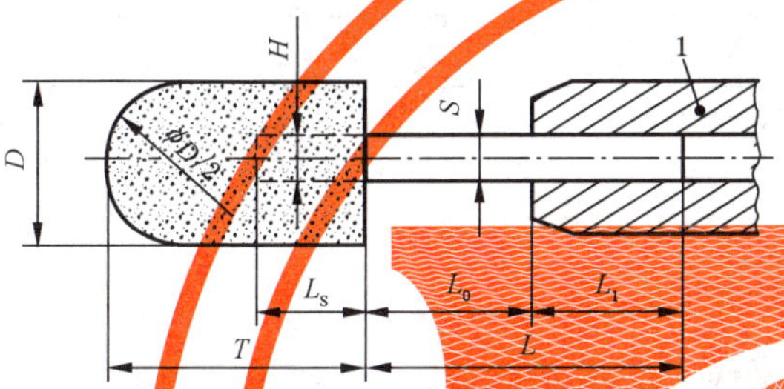 说明：1——夹具	$L_m=L_0+\dfrac{\frac{1}{2}\cdot[D^2\cdot(T^2-\frac{1}{3}\cdot D\cdot T+\frac{1}{24}\cdot D^2)-L_s^2\cdot H^2]}{D^2\cdot(T-\frac{1}{6}D)-L_s\cdot H^2}$ $m=m_{sr}+\frac{\pi}{4}\cdot\rho_k\cdot[D^2\cdot(T-\frac{D}{6})-L_s\cdot H^2]\cdot 10^{-3}$
带柄 60°锥磨头(锥尖完整) 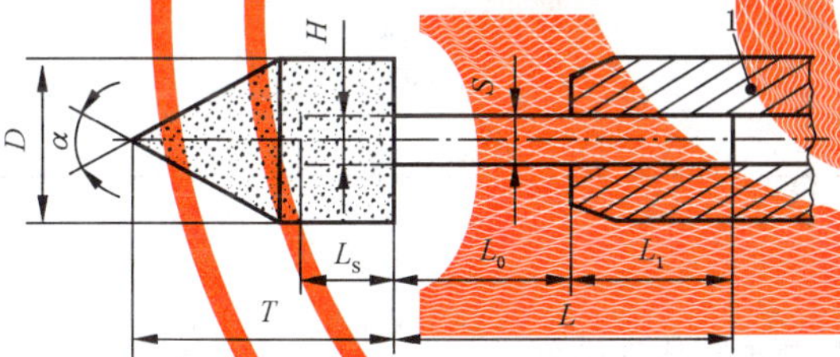 说明：1——夹具	$L_m=L_0+\dfrac{D^2\cdot(T^2-\frac{2\cdot\sqrt{3}}{3}\cdot D\cdot T+\frac{3}{8}\cdot D^2)-L_s^2\cdot H^2}{2\cdot[D^2\cdot(T-\frac{\sqrt{3}}{3}\cdot D)-L_s\cdot H^2]}$ $m=m_{sr}+\frac{\pi}{4}\cdot\rho_k\cdot[D^2\cdot(T-\frac{\sqrt{3}}{3}\cdot D)-L_s\cdot H^2]\cdot 10^{-3}$
带柄椭圆锥磨头 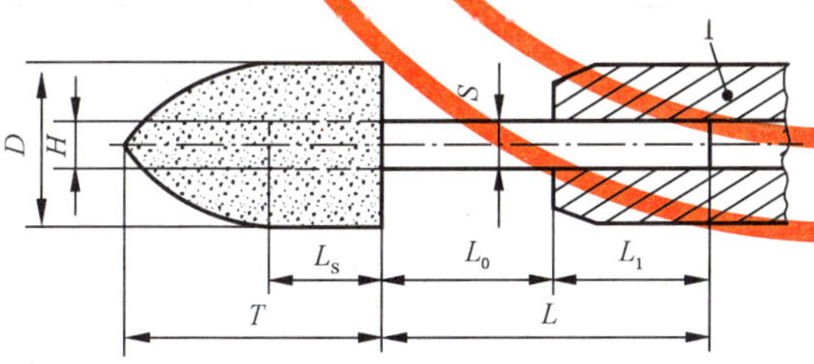 说明：1——夹具	$L_m=L_0+\dfrac{D^2\cdot(T^2-\frac{\sqrt{3}}{2}\cdot D\cdot T+\frac{1}{4}\cdot D^2)-L_s^2\cdot H^2}{2\cdot[D^2\cdot(T-\frac{\sqrt{3}}{4}\cdot D)-L_s\cdot H^2]}$ $m=m_{sr}+\frac{\pi}{4}\cdot\rho_k\cdot[D^2\cdot(T-\frac{\sqrt{3}}{4}\cdot D)-L_s\cdot H^2]\cdot 10^{-3}$
带柄截锥磨头 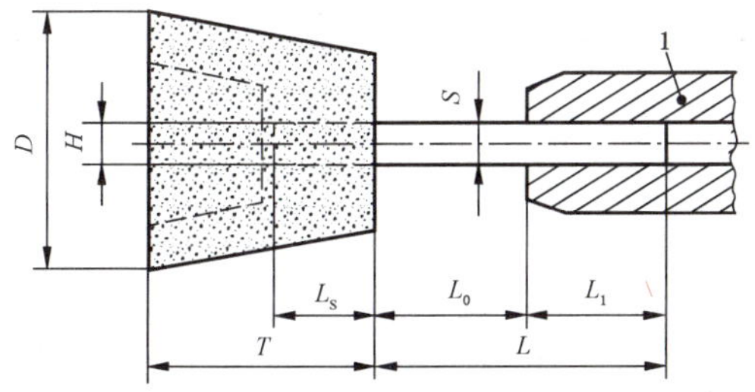 说明：1——夹具	$L_m=L_0+\dfrac{0.085\,2\cdot D^2\cdot T^2-\frac{1}{8}L_s^2\cdot H^2}{0.162\,8\cdot D^2\cdot T-\frac{1}{4}\cdot L_s\cdot H^2}$ $m=m_{sr}+\pi\cdot\rho_k\cdot(0.162\,8\cdot D^2\cdot T-L_s\cdot\frac{H^2}{4})\cdot 10^{-3}$

表 A.2 符号和参数进一步说明

缩写	说明	单位
L_0	带柄磨头柄无支撑部分	mm
L_1	带柄磨头的夹持长度	mm
E	带柄磨头柄材料的弹性模量	N/mm^2
R_e	带柄磨头柄的材料屈服极限	N/mm^2
e	质量偏心距	mm
ρ_s	带柄磨头柄的密度	g/cm^3
ρ_k	磨头的密度	g/cm^3
K_m	质量折算系数	—
m_{sr}	带柄磨头柄的折算质量	g
m_k	磨头的质量(不含柄)	g
m_s	带柄磨头柄的质量	g
L_s	带柄磨头柄的镶嵌长度 ——圆柱形($L_s=0.5T$); ——其他形状($L_s=0.4T$)	mm

K_m 的计算公式:$K_m=\dfrac{\dfrac{33}{140}+\dfrac{1\ 239}{6\ 720}\cdot\dfrac{m_s}{m_K}}{1+\dfrac{3}{4}\cdot\dfrac{m_s}{m_K}}$

m_{sr}的计算公式:$m_{sr}=K_m\cdot\pi\cdot\dfrac{S^2}{4}\cdot\rho_s\cdot(L_0+L_s)\cdot10^{-3}$

示例:带柄圆柱磨头最高回转速度计算见表 A.3 和表 A.4。

表 A.3 计算最高回转速度的特征参数

带柄磨头柄无支撑部分 L_0	5 mm、10 mm、15 mm、25 mm 和 30 mm
带柄磨头柄直径 S 的极限偏差	h9
带柄磨头柄长度 L 的极限偏差	±3 mm
带柄磨头柄材料的弹性模量	$E=210\ 000\ N/mm^2$
带柄磨头柄的材料屈服极限	$R_e=300\ N/mm^2$
质量偏心距	$e=0.2$ mm
带柄磨头柄的密度	$\rho_s=7.85\ g/cm^3$
磨头的密度	$\rho_k=2.5\ g/cm^3$

表 A.4 带柄磨头柄直径 S=8 mm 带柄圆柱磨头

D	T	S	L	悬长为 L_0 的最高允许回转速度 n_{max}					
				5	10	15	20	25	30
25	32	8	40	38 100	38 100	38 100	38 100	34 700	30 600
	40			38 100	38 100	36 600	32 100	28 300	25 200
	50			38 000	33 000	28 900	25 600	22 700	20 300
32	32	8	40	29 800	29 800	29 800	29 800	27 300	24 200
	40			29 800	29 800	28 700	25 200	22 300	19 800
40	20	8	40	23 800	23 800	23 800	23 800	23 800	23 800
	32			23 800	23 800	23 800	20 200	22 000	19 500
	40			23 800	23 800	23 000	20 200	17 900	15 900
50	8	8	40	19 000	19 000	19 000	19 000	19 000	19 000
	13			19 000	19 000	19 000	19 000	19 000	19 000
	25			19 000	19 000	19 000	19 000	19 000	19 000
	40			19 000	19 000	18 400	16 200	14 300	12 800
63	10	8	40	15 100	15 100	15 100	15 100	15 100	15 100
	16			15 100	15 100	15 100	15 100	15 100	15 100
	25			15 100	15 100	15 100	15 100	15 100	15 100

ICS 77.150.30
H 62

中华人民共和国国家标准

GB/T 2532—2014
代替 GB/T 2532—2005

散热器水室和主片用黄铜带

Brass strip for heat-exchanger water tank and header

2014-12-05 发布　　　　2015-05-01 实施

中华人民共和国国家质量监督检验检疫总局
中国国家标准化管理委员会　发布

前 言

本标准按照 GB/T 1.1—2009 给出的规则起草。

本标准代替 GB/T 2532—2005《散热器水室和主片用黄铜带》。本标准与 GB/T 2532—2005 相比主要变化如下：

——增加了 H66、H65、H63、H62 共 4 个牌号；

——状态按 GB/T 29094—2012《铜及铜合金状态表示方法》的规定，由“M(软)、TM(特软)”改为“软化退火(O60)、完全软化退火(O70)”；

——厚度范围由“0.5 mm～1.2 mm”扩大为“0.5 mm～2.0 mm”；

——对厚度偏差要求进行加严；

——带材的侧边弯曲度标距长度由 1 m 修改为 2 m，并对要求进行加严；增加了不同标距长度条件下侧边弯曲度数值等效换算的规定；

——对带材的拉伸性能及维氏硬度进行调整；

——对带材的晶粒度进行调整；

——增加了“带材化学成分分析方法按 YS/T 482、YS/T 483 的规定进行”的规定；

——增加了“带材的外形尺寸检验按 GB/T 26303.3 的规定进行”的规定；

——增加了“取样方法按 YS/T 668 的规定进行”的规定；

——增加了“试样制备按 YS/T 815 的规定进行”的规定。

本标准由全国有色金属标准化技术委员会(SAC/TC 243)归口。

本标准负责起草单位：菏泽广源铜带股份有限公司、安徽鑫科新材料股份有限公司、有色金属技术经济研究院。

本标准主要起草人：刘洪勤、彭作华、于连生、徐继玲、葛小牛、茆耀东。

本标准所代替标准的历次版本发布情况：

——GB/T 2532—1981、GB/T 2532—1997、GB/T 2532—2005。

散热器水室和主片用黄铜带

1 范围

本标准规定了散热器水室和主片用黄铜带的要求、试验方法、检验规则及标志、包装、运输、贮存、质量证明书和订货单(或合同)内容等。

本标准适用于农业机械、工程机械和汽车制造等工业部门制造散热器水室和主片专用黄铜带。

2 规范性引用文件

下列文件对于本文件的应用是必不可少的。凡是注日期的引用文件,仅注日期的版本适用于本文件。凡是不注日期的引用文件,其最新版本(包括所有的修改单)适用于本文件。

GB/T 228.1—2010 金属材料 拉伸试验 第1部分:室温试验方法

GB/T 4340.1 金属材料 维氏硬度试验 第1部分:试验方法

GB/T 5121(所有部分) 铜及铜合金化学分析方法

GB/T 5231 加工铜及铜合金牌号和化学成分

GB/T 8888 重有色金属加工产品的包装、标志、运输和贮存

GB/T 26303.3 铜及铜合金加工材外形尺寸检验方法 第3部分:板带材

YS/T 347 铜及铜合金平均晶粒度测定方法

YS/T 482 铜及铜合金分析方法 光电发射光谱法

YS/T 483 铜及铜合金分析方法 X射线荧光光谱法(波长色散型)

YS/T 668 铜及铜合金理化检测取样方法

YS/T 815 铜及铜合金力学性能和工艺性能试样的制备方法

3 要求

3.1 产品分类

3.1.1 牌号、状态、规格

带材的牌号、状态、规格应符合表1的规定。

表1 带材的牌号、状态和规格

牌号	代号	状态	规格/mm	
			厚度	宽度
H70	T26100	软化退火(O60) 完全软化退火(O70)	0.5~2.0	50~600
H68	T26300			
H66	C26800			
H65	C27000			
H63	T27300			
H62	T27600			

3.1.2 标记示例

带材标记按产品名称、本标准编号、牌号(或代号)、状态、厚度和宽度的顺序表示。标记示例如下：

用 H68(T26300)制造的、软化退火(O60)状态、厚度为 0.7 mm、宽度为 120 mm 的带材标记为：

铜带 GB/T 2532-H68 O60-0.7×120

或 铜带 GB/T 2532-T26300 O60-0.7×120

3.2 化学成分

带材的化学成分应符合 GB/T 5231 相应牌号的规定。

3.3 外形尺寸及其允许偏差

3.3.1 带材的厚度及其允许偏差应符合表 2 的规定。

表 2 带材的厚度及允许偏差

单位为毫米

厚度	厚度允许偏差[a]		
	宽度 50～200	宽度＞200～400	宽度＞400～600
0.5～0.8	±0.025	±0.030	±0.035
＞0.8～1.2	±0.030	±0.035	±0.040
＞1.2～2.0	±0.040	±0.045	±0.050
[a] 当需方要求厚度允许偏差为(+)或(−)单向偏差时，其值为表中数值的 2 倍。			

3.3.2 带材的宽度及其允许偏差应符合表 3 的规定。

表 3 带材的宽度及允许偏差

单位为毫米

宽度范围	50～200	＞200～300	＞300～600
宽度允许偏差[a]	±0.3	±0.4	±0.6
[a] 当需方要求宽度允许偏差为(+)或(−)单向偏差时，其值为表中数值的 2 倍。			

3.3.3 带材的侧边弯曲度应符合表 4 的规定。不同标距长度 L 条件下侧边弯曲度数值 h 按 $h_1/h_2=(L_1/L_2)^2$ 等效换算，如图 1 所示。

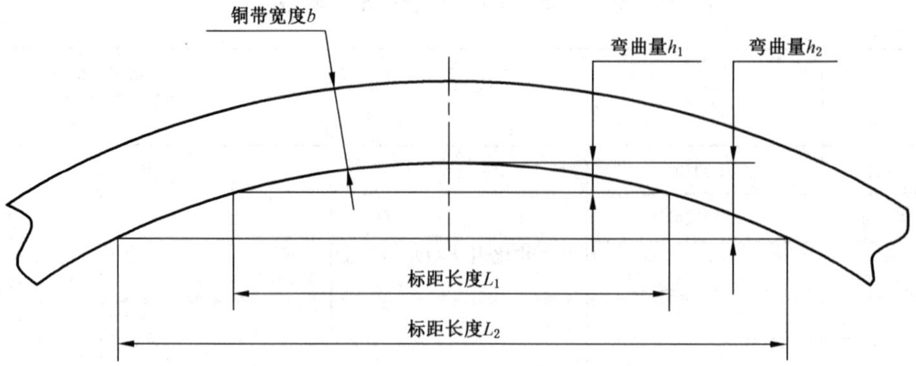

图 1 侧边弯曲度示意图

表 4 带材的侧边弯曲度

宽度范围/mm	侧边弯曲度/(mm/2 m) 不大于
50～100	12
＞100～600	8

3.3.4 带材两边应切齐、无裂边。带材应成卷供应。

3.4 力学性能

带材的拉伸试验和维氏硬度试验结果应符合表 5 的规定。

表 5 带材的力学性能

牌号	状态	抗拉强度 R_m/MPa	断后伸长率 $A_{11.3}$/% 不小于	维氏硬度 HV
H70、H68、H66 H65、H63、H62	O60	310～380	45	65～85
	O70	280～350	50	55～75

3.5 晶粒度

带材的晶粒度应符合表 6 的规定。

表 6 带材的晶粒度

状态	晶粒度/mm	
	最小值	最大值
O60	0.025	0.050
O70	0.040	0.075

3.6 表面质量

带材表面应光滑、清洁，不允许有影响使用的缺陷。

4 试验方法

4.1 化学成分

带材的化学成分分析按 GB/T 5121(所有部分)、YS/T 482、YS/T 483 的规定进行。化学成分仲裁分析方法按 GB/T 5121(所有部分)的规定进行。

4.2 外形尺寸及其允许偏差

带材的外形尺寸检验按 GB/T 26303.3 的规定进行。

4.3 力学性能

带材的拉伸试验按 GB/T 228.1—2010 的规定进行；用于仲裁的拉伸试样应符合 GB/T 228.1—2010 附录 B 表 B.1 中 P02 试样号的规定；带材的维氏硬度试验按 GB/T 4340.1 的规定进行。

4.4 晶粒度

带材的晶粒度检验按 YS/T 347 的规定进行。

4.5 表面质量

带材的表面质量应用目视进行检验。

5 检验规则

5.1 检查和验收

5.1.1 产品应由供方技术监督部门进行检验，保证产品质量符合本标准及订货单(或合同)的规定，并填写质量证明书。

5.1.2 需方应对收到的产品按本标准及订货单(或合同)的规定进行检验，如检验结果与本标准及订货单(或合同)的规定不符时，应以书面形式向供方提出，由供需双方协商解决。属于表面质量及尺寸偏差的异议，应在收到产品之日起一个月内提出；其他质量异议，应在收到产品之日起三个月内提出。如需仲裁，仲裁取样应由供需双方在需方共同进行。

5.2 组批

产品应成批提交验收，每批应由同一牌号、状态和规格的产品组成。每批重量应不大于 3 500 kg(如该批为同一熔次，可不限定组批量)。

5.3 检验项目

每批带材应进行化学成分、维氏硬度、晶粒度、外形尺寸及其允许偏差和表面质量的检验。若需方有拉伸试验要求时，还应进行拉伸试验。

5.4 取样

带材取样应符合表 7 的规定。取样方法按 YS/T 668 的规定进行。力学性能试样制备按 YS/T 815 的规定进行。

表 7 取样

检验项目	取样规定	要求的章条号	试验方法的章条号
化学成分	供方在熔铸过程中，每炉取一个试样；需方在每批中任取一个试样	3.2	4.1
外形尺寸及其允许偏差	逐卷	3.3	4.2
拉伸性能	每批任取两卷，每卷沿轧制方向取一个试样	3.4	4.3
维氏硬度	每批任取两卷，每卷取一个试样	3.4	4.3
晶粒度	每批任取两卷，每卷取一个试样	3.5	4.4
表面质量	逐卷	3.6	4.5

5.5 检验结果的判定

5.5.1 化学成分不合格时，判该批(或该炉)产品不合格。

5.5.2 外形尺寸及其允许偏差不合格时判该试样代表的该卷产品不合格。

5.5.3 力学性能、晶粒度不合格时，应从该批产品(包括该不合格试样代表的那卷产品)中另取双倍数量的试样进行重复试验。重复试验结果全部合格，则判该批产品合格。若重复试验结果中仍有试样性能不合格，则判该批产品不合格。

5.5.4 表面质量不合格时，判该卷产品不合格。

6 标志、包装、运输、贮存及质量证明书

带材的标志、包装、运输、贮存和质量证明书应符合 GB/T 8888 的规定。

7 订货单(或合同)内容

订购本标准所列产品的订货单(或合同)内应包括下列内容：

a) 产品名称；

b) 牌号；

c) 供应状态；

d) 规格；

e) 重量；

f) 尺寸允许偏差(需方有特殊要求时)；

g) 拉伸试验(需方有要求时)；

h) 本标准编号；

i) 其他。

ICS 73.040
D 21

中华人民共和国国家标准

GB/T 2565—2014
代替 GB/T 2565—1998

煤的可磨性指数测定方法
哈德格罗夫法

Determination of grindability index of coal—Hardgrove method

(ISO 5074:1994, Hard Coal—Determination of Hardgrove grindability index, MOD)

2014-06-09 发布　　　　2014-10-01 实施

中华人民共和国国家质量监督检验检疫总局
中国国家标准化管理委员会　发布

前　言

本标准按照 GB/T 1.1—2009 给出的规则起草。

本标准代替 GB/T 2565—1998《煤的可磨性指数测定方法(哈德格罗夫法)》。本标准与 GB/T 2565—1998 相比主要变化如下:

——增加了引言、试剂和材料、试验报告(见引言,第 4 章,第 11 章);

——增加了制样过程中对煤样进行空气干燥的要求(见 6.2);

——增加使用一元线性回归方程计算出哈氏可磨性指数(见附录 C 的 C.2)。

本标准使用重新起草法修改采用 ISO 5074:1994《硬煤　哈德格罗夫可磨性指数的测定方法》。

本标准与 ISO 5074:1994 相比在结构上有所调整,附录 A 中列出了本标准与 ISO 5074:1994 的章条编号对照一览表。

本标准与 ISO 5074:1994 相比存在技术性差异,这些差异涉及的条款已通过在其外侧页边空白位置的垂直单线(|)进行了标示,附录 B 中给出了相应技术性差异及其原因的一览表。

本标准由中国煤炭工业协会提出。

本标准由全国煤炭标准化技术委员会(SAC/TC 42)归口。

本标准起草单位:煤炭科学研究总院检测研究分院、神华销售集团有限公司。

本标准主要起草人:杨华玉、张云红、张宝青、薛俊海、王振华。

GB/T 2565—1998 历次版本发布情况为:

——GB 2565—1981;GB 2565—1987。

引　言

煤的可磨性指数是煤的物理-机械(如硬度、强度)等性能的综合体现,一般采用哈德格罗夫法(哈氏可磨性指数测定仪,简称哈氏仪)测定煤的可磨性指数,测定煤的可磨性指数目的是评价煤研磨成粉的难易程度。

影响煤的可磨性指数测定结果可靠性的两个重要的因素是煤样制备方法(煤样的粒度范围)和煤中的水分含量。

煤的可磨性指数可以用来评估工业用磨煤机的产率和能耗。

煤的可磨性指数测定方法
哈德格罗夫法

1 范围

本标准规定了哈德格罗夫法(以下简称哈氏法)测定煤的可磨性指数(HGI)的方法提要、试剂和材料、仪器设备、煤样制备、仪器校准、测定步骤、结果计算、方法精密度和试验报告等。

本标准适用于烟煤和无烟煤。

2 规范性引用文件

下列文件对于本文件的应用是必不可少的。凡是注日期的引用文件,仅注日期的版本适用于本文件。凡是不注日期的引用文件,其最新版本(包括所有的修改单)适用于本文件。

GB 474 煤样的制备方法

GB/T 483 煤炭分析试验方法一般规定

GB/T 6003.1 试验筛 技术要求和检验 第1部分:金属丝编织网试验筛

GB/T 19494.2 煤炭机械化采样 第2部分:煤样的制备

3 方法提要

一定粒度范围和质量的煤样,经哈氏可磨性测定仪研磨后在规定的条件下筛分,称量筛上煤样的质量,由研磨前的煤样量减去筛上煤样质量得到筛下煤样的质量,由煤的哈氏可磨性指数标准物质绘制的校准图上查得或者从一元线性回归方程中计算出煤的哈氏可磨性指数。

哈氏可磨性测定仪在用于测定煤的可磨性指数之前,应用煤的哈氏可磨性指数标准物质进行校准。

4 试剂和材料

4.1 煤的哈氏可磨性指数标准物质:国家一级有证标准物质(GBW 12005、GBW 12006、GBW 12007、GBW 12008),其哈氏可磨性指数(HGI)分别约为40、60、80和110。

4.2 软毛刷:刷毛长度为10 mm~30 mm的短毛刷和刷毛长度40 mm~80 mm的长毛刷。

5 仪器设备

5.1 哈氏可磨性指数测定仪

哈氏可磨性指数测定仪如图1所示,其中研磨件由主轴、研磨碗、研磨环、钢球组成,其规格和尺寸如图2所示。

电动机通过减速装置和一对齿轮减速后,带动主轴和研磨环以(20±1)r/min的速度旋转。研磨环驱动研磨碗内的8个钢球转动,钢球直径为25.4 mm,由重块、齿轮、主轴和研磨环施加在钢球上的总垂直力为(284±2)N。研磨碗与研磨环材质相同,并经过淬火处理。

5.2 筛子

5.2.1 试验筛:满足 GB/T 6003.1 规定,孔径为 0.071 mm、0.63 mm、1.25 mm,直径为 200 mm,并配有筛盖和筛底盘。

5.2.2 保护筛:能套在试验筛上的圆孔筛或方孔筛,孔径范围 13 mm~19 mm。

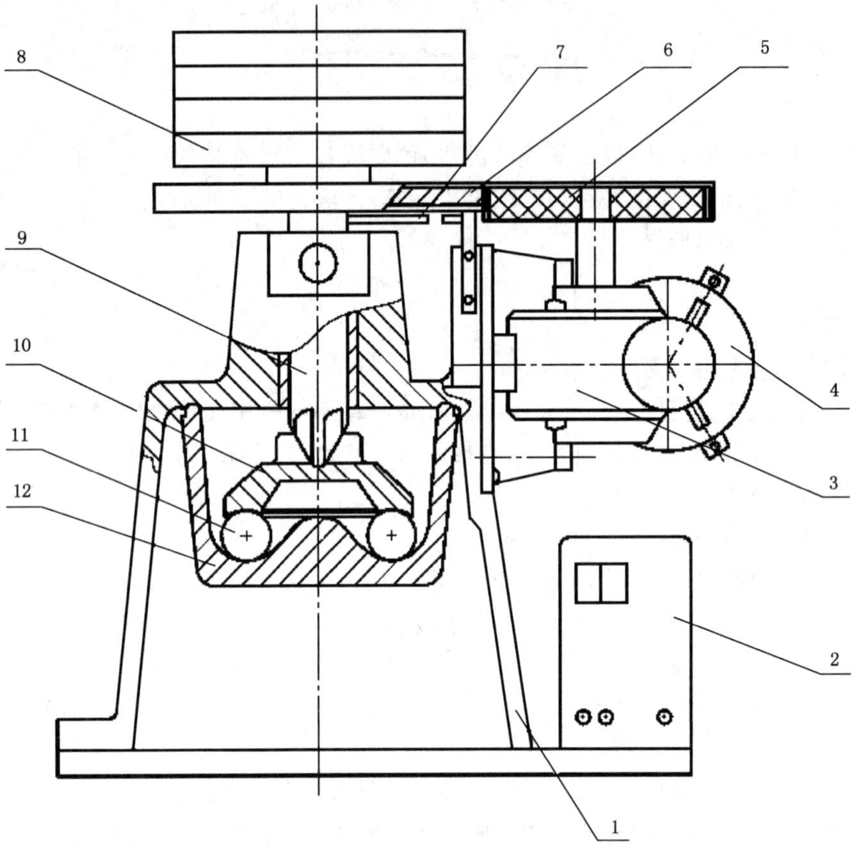

说明:

1 ——机座;
2 ——转数控制器;
3 ——减速器;
4 ——电动机;
5 ——小齿轮;
6 ——大齿轮;
7 ——传感器;
8 ——重块;
9 ——主轴;
10——研磨环;
11——钢球;
12——研磨碗。

图 1 哈氏可磨性指数测定仪

单位为毫米

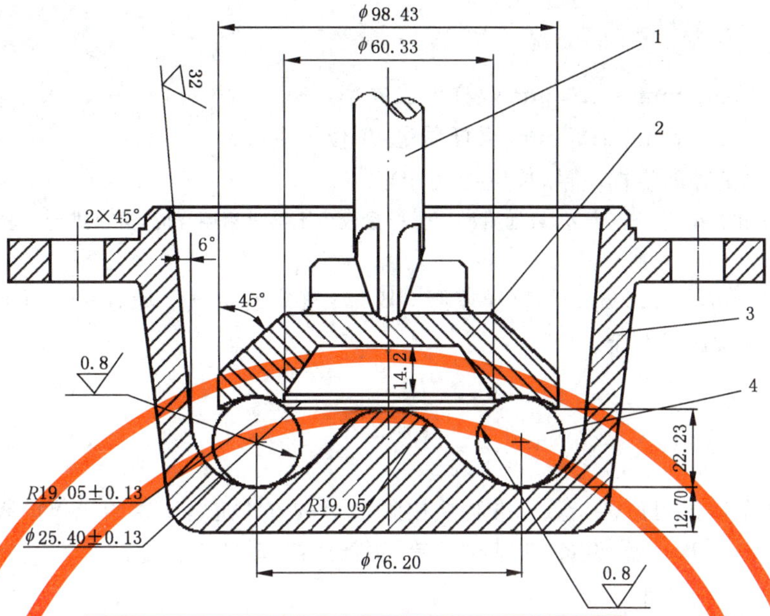

说明：

1——主轴；

2——研磨环；

3——研磨碗；

4——钢球。

图2 研磨件

5.3 振筛机：垂直振击频率为 $149\ \mathrm{min}^{-1}$，水平回转频率为 $221\ \mathrm{min}^{-1}$，回转半径为 12.5 mm。可容纳外径为 200 mm 的一组垂直套叠并加盖和筛底盘的筛子。

5.4 天平：最大称量 100 g，最小分度值 0.01 g。

5.5 工业天平：最大称量 1 500 g，最小分度值 1 g。

5.6 二分器：适合缩分小于 6 mm 和小于 1.25 mm 煤样，符合 GB 474 的规定。

5.7 破碎机：对辊破碎机，辊的间距可调，能将粒度 6 mm 的煤样破碎到 0.63 mm～1.25 mm，且产生小于 0.63 mm 的煤粉量最小。

6 煤样制备

6.1 按照 GB 474 或者 GB/T 19494.2 将煤样破碎到 6 mm。

6.2 将小于 6 mm 煤样用二分器缩分出约 1 kg，按照 GB 474 规定的空气干燥方法进行空气干燥，然后称量煤样质量 m_0（称准到 1 g）。

6.3 煤样用振筛机分批过由 1.25 mm 和 0.63 mm 组成的套筛，每批约 200 g。采用逐级破碎的方法，不断调节破碎机间隙，使其只能破碎较大的颗粒。经不断破碎、筛分直至上述煤样全部通过 1.25 mm 筛子。留取 0.63 mm～1.25 mm 的煤样，弃去筛下物。

6.4 称量 0.63 mm～1.25 mm 的煤样质量 $m_{(0.63\sim1.25)}$（称准至 1 g），计算这个粒度范围的煤样质量占破碎前煤样的总质量的百分数（出样率），若出样率小于 45%，则该煤样作废。再从 6 mm 煤样中缩分出 1 kg，按 6.3 制样方法重新制样。按照式(1)计算 0.63 mm～1.25 mm 煤样的出样率。

$$X=\frac{m_{(0.63\sim1.25)}}{m_0}\times100\%\qquad\cdots\cdots\cdots(1)$$

式中：

X ——0.63 mm～1.25 mm 煤样的出样率，%；

$m_{(0.63\sim1.25)}$ ——0.63 mm～1.25 mm 煤样质量，单位为克(g)；

m_0 ——破碎前煤样质量，单位为克(g)。

注：若重新制样的出样率仍小于 45%，或地质勘探煤样量较少不够重新制样时，可以进行试验，但应注明出样率，其结果供参考。

6.5 制备好的 0.63 mm～1.25 mm 的煤样按照 GB 474 规定的空气干燥方法进行空气干燥，达到空气干燥状态后按照第 8 章进行测定。

7 仪器校准

7.1 每年至少用煤的哈氏可磨性指数标准物质按附录 C 的方法进行一次哈氏仪的校准。

7.2 当更换操作人员以及仪器、设备(包括试验筛)更新或修理，或对测定结果有疑问时，应用煤的哈氏可磨性指数标准物质进行校准。

8 测定步骤

8.1 试运转哈氏仪，检查是否正常，仪器应能在运转(60±0.25)r 时自动停止；检查 0.071 mm 筛子的筛面，若筛面松弛应及时更换。

8.2 用短毛刷彻底清扫研磨碗、研磨环和钢球，并将钢球尽可能均匀地分布在研磨碗的凹槽内。

8.3 将 0.63 mm～1.25 mm 的煤样混合均匀，用二分器缩分出 120 g，用 0.63 mm 筛子在振筛机上筛 5 min，以除去小于 0.63 mm 的粉煤；再用二分器缩分出每份不少于 50 g 的两份煤样。

8.4 称取已除去粉煤的(50±0.01)g 煤样(m)，称准至 0.01 g。将煤样均匀倒入研磨碗内，平整其表面，并将落在钢球上和研磨碗凸起部分的煤样用短毛刷清扫到钢球周围，研磨环的十字槽与主轴下端十字头方向基本一致时将研磨环放在研磨碗内。

8.5 把研磨碗移入机座内，使研磨环的十字槽对准主轴下端的十字头，同时将研磨碗挂在机座两侧的螺栓上，拧紧固定，以确保总垂直力均匀施加在 8 个钢球上。

8.6 将计数器归零，启动电机，仪器运转(60±0.25)r 后自动停止。

8.7 将保护筛、0.071 mm 筛子和筛底盘从上到下叠套好，卸下研磨碗，用长毛刷把粘在研磨环上的煤粉刷到保护筛上，然后将磨过的煤样连同钢球一起倒入保护筛，并仔细将粘在研磨碗和钢球上的煤粉刷到保护筛上。再用长毛刷把粘在保护筛上的煤粉刷到 0.071 mm 筛子内。取下保护筛并把钢球放回研磨碗内。

8.8 将筛盖盖在 0.071 mm 筛子上，连筛底盘一起放在振筛机上振筛 10 min。取下筛子，用短毛刷将粘在 0.071 mm 筛底下表面的煤粉刷到筛底盘内，重新放到振筛机上振筛 5 min，再刷筛底下表面一次，振筛 5 min，再刷筛底下表面一次。

8.9 准确称取 0.071 mm 筛上的煤样质量 m_1 和 0.071 mm 筛下的煤样质量 m_2，称准至 0.01 g。筛上和筛下煤样质量之和与研磨前煤样质量相差不得大于 0.5 g，否则测定结果作废，应重做试验。

9 结果处理

9.1 按式(2)计算 0.071 mm 筛下煤样的质量(m_3)。

$$m_3 = m - m_1 \qquad \cdots\cdots (2)$$

式中：

m ——煤样质量，单位为克(g)；

m_1——筛上物质量，单位为克(g)；

m_3——筛下物质量计算值，单位为克(g)。

9.2 根据筛下物质量计算值 m_3，从哈氏仪的校准图上查得或者由一元线性回归方程计算煤的哈氏可磨性指数(见附录 C)。

9.3 取两次重复测定的算术平均值，按 GB/T 483 修约到整数报出。

10 方法的精密度

哈氏可磨性指数测定的重复性限和再现性临界差如表 1 规定。

表 1 测定煤的哈氏可磨性指数精密度

HGI 重复性限	HGI 再现性临界差
2	4

11 试验报告

试验结果报告至少应包括以下信息：

——样品编号；

——依据标准；

——试验结果；

——与标准的任何偏离；

——试验中出现的异常现象；

——试验日期。

附 录 A
（资料性附录）
本标准与 ISO 5074:1994 章条编号对照

表 A.1 给出了本标准章条编号与 ISO 5074:1994 章条编号对照一览表。

表 A.1 本标准章条编号与 ISO 5074:1994 章条编号对照

本标准章条编号	ISO 5074:1994 章条编号
引言	引言
1	1
2	2
—	3
3	4
4.1	附录 B
5	5
—	6
6	7
7	—
8	8
9	9
10	10
11	11
附录 A	—
附录 B	—
附录 C	附录 A
—	附录 C

附 录 B
（资料性附录）
本标准与 ISO 5074:1994 的技术性差异及其原因

表 B.1 给出了本标准与 ISO 5074:1994 的技术性差异及其原因一览表。

表 B.1 本标准与 ISO 5074:1994 技术性差异及其原因

本标准章条编号	技术性差异	原因
2	引用了与国际标准相应的中国标准，而非国际标准。	适合中国国情。
4.1	对煤的哈氏可磨性指数标准物质做出统一规定。	适合中国国情。
5.2.1	试验使用试验筛由国际标准系列筛改为相应的国内标准系列筛，用中国的 0.071 mm、0.63 mm 和 1.25 mm 孔径筛代替 ISO 标准的 0.075 mm、0.600 mm 和 1.18 mm 孔径筛。	适合中国标准筛系列，并经试验证明对试验结果没有显著影响。
6.4	若出样率小于 50%改为 45%，则该煤样作废。	适合中国煤种性质。
9.1	式(2)中煤样质量由 50 改为 m。	式(2)中煤样质量为 m 更为方便计算
10	再现性临界差为 4，国际标准为 5。	适合中国煤种性质，根据国内煤炭实验室协同试验结果给出。
—	删除 ISO 5074:1994 中附录 C。	因 ISO 5074:1994 规定各个国家可利用国际标准物质制备自己的国家标准物质，其含义为：一个国家应只有一套国家哈氏可磨性指数标准物质。正文中已对哈氏可磨性指数标准物质做出了规定，又不允许也无必要多家生产（在一个国家内），所以此附录不需要。

附 录 C
（规范性附录）
哈氏仪的校准

C.1 用4个煤的哈氏可磨性指数标准物质校准哈氏仪，并制作校准图或计算一元线性回归方程参数。

C.1.1 用待校准的哈氏仪，对4个煤的哈氏可磨性指数标准物质进行哈氏可磨性测定，每个煤的哈氏可磨性标准物质重复测定4次，计算0.071 mm筛下物质量，计算出4次0.071 mm筛下物质量算术平均值。

C.1.2 在直角坐标系图纸上，以4次0.071mm筛下物质量算术平均值为纵坐标，以相应的哈氏可磨性指数标准值为横坐标，根据最小二乘法原则对煤的哈氏可磨性指数标准物质的试验数据作图。所得的直线就是所用哈氏仪（及筛子等）的校准图。或者用一元线性回归方程表示校准曲线（哈氏可磨性指数值为因变量，筛下物质量的平均值为自变量），一元线性回归方程的相关系数（r）至少为0.99。

C.2 根据煤样筛下物质量，从校准图或用一元线性回归方程计算待测定煤样哈氏可磨性指数值。

注： 最小二乘法即是所作的直线使图上每个测量点沿 y 轴到该直线的距离平方和最小。

示例： 假定某试验室用本单位哈氏仪测得4个煤的可磨性指数标准物质的数据如表C.1所示。

表 C.1 校准哈氏可磨仪数据

煤的哈氏可磨性指数标准物质标准值 HGI	4次0.071 mm筛下物质量算术平均值/g
35	3.21
56	6.18
74	8.88
107	13.54

由表C.1结果绘制出校准图C.1或者计算出一元线性回归方程（$HGI = 6.95m'_2 + 12.71$，$r = 0.999\ 9$）。

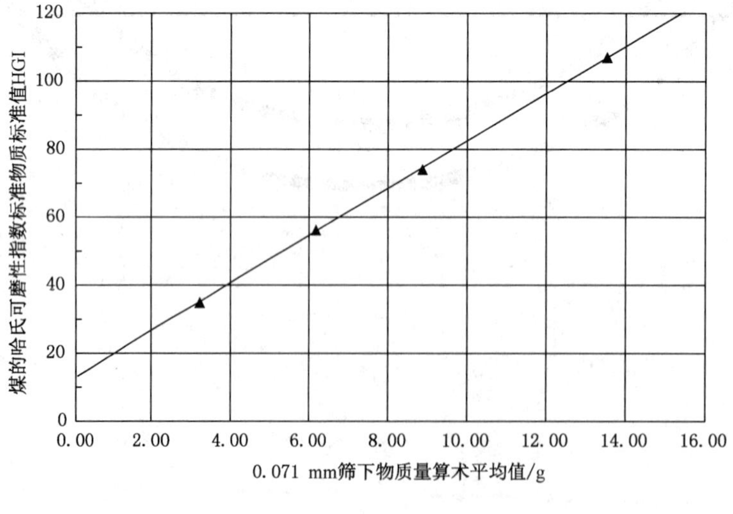

图 C.1 哈氏可磨性指数标准物质校准图示例

假设该试验室某个煤样用哈氏仪测定后计算出的筛下物质量 m_2' 为 7.20 g。从校准图 C.1 中查得或者从一元线性回归方程计算出可磨性指数值为 62.8，按照 GB/T483 的规定修约到整数，则该煤样的可磨性指数为 63。

中华人民共和国国家标准

GB 2711—2014

食品安全国家标准
面筋制品

2014-12-24 发布　　2015-05-24 实施

中华人民共和国
国家卫生和计划生育委员会　发布

前　言

本标准部分代替了 GB 2711—2003《非发酵性豆制品及面筋卫生标准》。

本标准与 GB 2711—2003 相比，主要变化如下：

——标准名称修改为“食品安全国家标准　面筋制品”；

——调整了适用范围；

——增加了术语和定义；

——修改了感官要求；

——修改了理化指标；

——修改了微生物限量。

食品安全国家标准
面筋制品

1 范围

本标准适用于预包装面筋制品。

2 术语和定义

2.1 面筋制品

以小麦粉为原料经加工去除淀粉后制得的蛋白产品，包括油面筋、水面筋和烤麸及其制品。

3 技术要求

3.1 原料要求

原料应符合相应的食品标准和有关规定。

3.2 感官要求

感官要求应符合表1的规定。

表1 感官要求

项　目	要　　求	检验方法
色泽	具有该产品应有的色泽	取适量试样置于白色瓷盘中，在自然光下观察色泽和形态。闻其气味，用温开水漱口，品其滋味
滋味、气味	具有该产品应有的滋味和气味，无异味	
状态	具有产品应有的形态，无霉变，无正常视力可见的外来异物	

3.3 污染物限量

污染物限量应符合GB 2762的规定。

3.4 微生物限量

3.4.1 致病菌限量应符合GB 29921中熟制粮食制品类的规定。

3.4.2 即食面筋制品的微生物限量还应符合表2的规定。

表 2 微生物限量

项　目	采样方案[a]及限量				检验方法
	n	c	m	M	
大肠菌群/(CFU/g)	5	2	10^2	10^3	GB 4789.3 平板计数法
[a] 样品的采样及处理按 GB 4789.1 执行。					

3.5 食品添加剂

食品添加剂的使用应符合 GB 2760 的规定。

中华人民共和国国家标准

GB 2712—2014

食品安全国家标准
豆制品

2014-12-24 发布　　2015-05-24 实施

中华人民共和国
国家卫生和计划生育委员会　发布

前言

本标准代替了 GB 2712—2003《发酵性豆制品卫生标准》，部分代替了 GB 2711—2003《非发酵性豆制品及面筋卫生标准》。

本标准与 GB 2711—2003 及 GB 2712—2003 相比，主要变化如下：

——标准名称修改为“食品安全国家标准　豆制品”；

——修改了范围；

——增加了术语和定义；

——修改了感官要求；

——修改了理化指标；

——修改了微生物限量。

食品安全国家标准

豆制品

1 范围

本标准适用于预包装豆制品。

本标准不适用于大豆蛋白粉。

2 术语和定义

2.1 豆制品

以大豆或杂豆为主要原料，经加工制成的食品，包括发酵豆制品、非发酵豆制品和大豆蛋白类制品。

3 技术要求

3.1 原料要求

原料应符合相应的食品标准和有关规定。

3.2 感官要求

感官指标应符合表1的规定。

表1 感官要求

项目	指标	检验方法
色泽	具有产品应有的色泽	液体样品取适量试样置于50 mL烧杯中，固体样品取适量试样置于白色瓷盘中，在自然光下观察色泽和状态。闻其气味，用温开水漱口，品其滋味
滋味、气味	具有产品应有的滋味和气味，无异味	
状态	具有产品应有的状态，无霉变，无正常视力可见的外来异物	

3.3 理化指标

理化指标应符合表2的规定。

表2 理化指标

项目	指标	检验方法
脲酶试验[a]	阴性	GB/T 5009.183
[a] 仅适用于豆浆。		

3.4 污染物限量和真菌毒素限量

3.4.1 污染物限量应符合 GB 2762 的规定。

3.4.2 真菌毒素限量应符合 GB 2761 的规定。

3.5 微生物限量

3.5.1 致病菌限量应符合 GB 29921 的规定。

3.5.2 即食豆制品中的微生物限量还应符合表 3 的规定。

表 3 微生物限量

项　目	采样方案[a] 及限量				检验方法
	n	c	m	M	
大肠菌群/(CFU/g 或 CFU/mL)	5	2	10^2	10^3	GB 4789.3　平板计数法

[a] 样品的采样及处理按 GB 4789.1 执行。

3.6 食品添加剂

食品添加剂的使用应符合 GB 2760 的规定。

中华人民共和国国家标准

GB 2718—2014

食品安全国家标准
酿造酱

2014-12-24 发布　　　　2015-05-24 实施

中华人民共和国
国家卫生和计划生育委员会　发布

前　言

本标准代替 GB 2718—2003《酱卫生标准》。

本标准与 GB 2718—2003 相比，主要变化如下：

——标准名称修改为“食品安全国家标准　酿造酱”；

——修改了范围；

——增加了术语和定义；

——修改了感官要求；

——修改了理化指标；

——修改了微生物限量。

食品安全国家标准
酿造酱

1 范围

本标准适用于酿造酱。
本标准不适用于半固态复合调味料。

2 术语和定义

2.1 酿造酱

以谷物和(或)豆类为主要原料经微生物发酵而制成的半固态的调味品,如面酱、黄酱、蚕豆酱等。

3 技术要求

3.1 原料要求

3.1.1 谷物、豆类应符合 GB 2715 的规定。
3.1.2 其他原辅料应符合相应的食品标准和有关规定。

3.2 感官要求

感官要求应符合表1的规定。

表1 感官要求

项目	要求	检验方法
滋味、气味	无异味,无异嗅	取适量试样于白色瓷盘中,在自然光线下,观察其状态,闻其气味。用温开水漱口,品其滋味
状态	无正常视力可见霉斑、外来异物	

3.3 理化指标

理化指标应符合表2的规定。

表2 理化指标

项目	指标	检验方法
氨基酸态氮/(g/100 g) ≥	0.3	GB/T 5009.40

3.4 污染物限量和真菌毒素限量

3.4.1 污染物限量应符合 GB 2762 的规定。

3.4.2 真菌毒素限量应符合 GB 2761 的规定。

3.5 微生物限量

3.5.1 致病菌限量应符合 GB 29921 的规定。

3.5.2 微生物限量应符合表 3 的规定。

表 3 微生物限量

项目	采样方案[a]及限量				检验方法
	n	c	m	M	
大肠菌群/(CFU/g)	5	2	10	10^2	GB 4789.3 平板计数法

[a] 样品的分析及处理按 GB 4789.1 和 GB/T 4789.22 执行。

3.6 食品添加剂

食品添加剂的使用应符合 GB 2760 的规定。